山地森林生态采运理论与实践

周新年 著

U0340428

中国林业出版社

图书在版编目（CIP）数据

山地森林生态采运理论与实践/周新年著. —北京：中国林业出版社，2018.12
ISBN 978-7-5038-9810-5

Ⅰ.①山…　Ⅱ.①周…　Ⅲ.①植物生态学 – 应用 – 木材采运　Ⅳ.①S782 ②S718.5

中国版本图书馆 CIP 数据核字（2018）第 239614 号

出版　中国林业出版社（100009　北京西城区刘海胡同7号）
E-mail　forestbook@163.com　电话　010 – 83143515
网址　www.cfph.com.cn
发行　中国林业出版社
印刷　三河市祥达印刷包装有限公司
版次　2018 年 12 月第 1 版
印次　2018 年 12 月第 1 次
开本　787mm×1092mm　1/16
印张　28.5
印数　1~600 册
字数　730 千字
定价　98.00 元

序 一

森林是陆地生态系统的主体，森林生态系统在维护生态安全、应对全球气候变化、发展社会经济及建设生态文明中起着重要作用。建设健康稳定高效的森林生态系统是林业的主要任务。

20世纪末，世界环境发展大会提出"可持续发展"后，"可持续森林经营"的思想得到世界公认。可持续森林经营对传统林业的主导思想"永续利用"的改变主要在于把以"利用"为中心改变为以"经营"为中心，二者同时要求森林永久地发挥多种效益。这就给林业工作者提出了更高的要求，如何经营森林，如何建设森林生态系统，使森林能够同时且长久地发挥森林的多种效益，其中就有一个重要的问题，如何在森林抚育和森林收获时保护和培育森林生态系统。这就是森林生态采运研究的主要任务。

我国从20世纪80年代已经开始了有关森林生态采运的研究，90年代列入国家攻关课题研究。本书作者是我国较早开展这方面研究的专家之一。本书汇集了他40多年的研究成果，重点阐述了我国山地森林生态采运作业的主要理论、技术和方法。总结了山地森林生态采运研究进展、存在问题及其对策，并指出了研究前景。

本书用较大篇幅阐述了山地森林采运作业对森林生态系统的影响，以此为基础提出山地森林采运作业系统与作业设计，有可靠的理论基础，对于我国山地森林的可持续经营具有重要的参考价值。

中国科学院院士 唐守正

2018 年 8 月 21 日

序 二

    山地一般指海拔在 500 m 以上的地貌，具有起伏大，坡度陡，沟谷深的特点。山地森林是森林的最主要组成部分，山地森林占地球陆地表面的 1/4，覆盖 $3725 \times 10^4 \ km^2$ 的地球表面。山地居住着世界上 1/8 的人口，为 50% 以上的地球人提供多样化的商品和服务。山地的大多数物品来源于面积占 25% 的山地森林。在保护生物多样性，维持生态系统稳定，以及发展社会经济等多方面起着至关重要的作用。

    中国是一个多山国家，国土面积 $960 \times 10^4 \ km^2$，全国地势由西向东逐渐倾斜，山地占陆地总面积近 70%，居住着占全国 1/3 的人口。山地集中了全国 90% 的森林资源，集中了大部分的天然林。因此，研究山地森林生态采运理论与技术，探讨适合我国的山地森林生态采运模式，对实现森林可持续经营有重要意义。

    《山地森林生态采运理论与实践》的撰写出版，为促进山地森林可持续经营，归纳山地森林生态采运理论与技术新进展，国内外山地森林采运作业对林地土壤、水源涵养、生物多样性、小气候、植被和林分结构等方面的影响，以及森林生态采运综合效益评价的新成果；择伐林地群落恢复研究、林地养分含量分析、择伐林分生长动态仿真与景观择伐空间结构分析等。如山地人工林未来应侧重研究基于分类功能的人工林生态采运技术、择伐空间的优化及可视化经营、择伐后生态恢复动态跟踪研究与环境友好木材物流系统的优化模型等，提出应加强对山地森林生态抚育间伐及作业技术体系的研究。本书注重山地森林生态采运理论与实践的紧密结合，注重理论与技术及其推广，注重设置典型样地与长期固定样地试验、合理制定试验方案与试验方法、科学试验测试与试验分析、归纳试验结论与试验讨论等。

    《山地森林生态采运理论与实践》的出版，不仅对各级政府在山地森林生态采运制定政策、作业技术体系与经营管理方面有重要参考价值，而且对山地人工林生态采运作业系统、山地天然林非商业性采运作业系统和森林生态采运工程设计计算机系统等的科研、工程设计和管理人员等都有重要的参考价值。

中国工程院院士

2018 年 8 月 23 日

序 三

《山地森林生态采运理论与实践》系作者在积累的科研、教学、生产和工程的丰富经验与大量的国内外最新资料基础上，对自己40多年来山地森林生态采运的数十项科研成果和200多篇研究论文，进行认真分析、归纳、探索、提炼与升华而形成的一部学术专著。

山地森林生态采运，是以森林生态理论与技术，指导山地森林采伐、木材集材与运材作业，使森林可持续利用、采伐和更新达到既利用森林，又促进森林生态系统的健康与稳定的目标。其内涵主要包含林分和景观两大内容。本书注重山地森林生态采运理论与实践的紧密结合，注重理论与技术及其推广，注重设置典型样地与长期固定样地试验、合理制定试验方案与试验方法、科学试验测试与试验分析、归纳试验结论与试验讨论等，总结了山地森林生态采运研究进展、存在问题及其对策，并指出了研究前景，重点研究山地人工林生态采运作业系统、山地天然林非商业性采运作业系统和森林生态采运工程设计计算机系统三大部分。

山地人工林生态采运作业系统，包括研究区域概况与试验方案设计、不同采运作业方式皆伐林地土壤理化性质影响、人工林择伐生态效果与生长动态仿真、皆伐作业对林地植被的影响与恢复、不同迹地清理方式对皆伐林地土壤温度的影响、不同采集作业方式对森林景观生态的影响、人工林生态采运工艺与设备选优、人工林生态采运作业系统评价与作业模式优化等。

山地天然林非商业性采运作业系统，包括天然马尾松林生态采运作业系统、常绿阔叶林生态采运作业系统和天然次生林择伐后生态恢复动态与作业系统等3个子系统。天然次生林择伐后生态恢复动态与作业系统包括研究区域概况与研究方法、不同强度择伐对林分生长的动态影响、不同强度择伐对群落物种多样性和稳定性影响、不同强度择伐对保留木更新格局影响、不同强度择伐后林分空间结构变化动态、不同强度择伐对凋落物养分含量影响、择伐强度对天然林伐后不同年限土壤理化特性影响、森林采伐对天然次生林碳储量影响动态、森林采伐后森林服务价值恢复动态、伐区综合效益评价与作业模式选优，以及天然次生林择伐作业系统等。

森林生态采运工程设计计算机系统，包括基于GIS的优选作业伐区决策支持系统、伐区调查设计计算机辅助系统、基于VB的伐区生产工艺平面图设计系统、森林资源二类调查辅助设计系统与林业架空索道设计系统等5个子系统。

　　本书对在林业工程、林学、生态学、风景园林学、环境科学与工程等领域工作的科研、教学、工程设计和管理人员具有重要的参考价值。

中国工程院院士

2018 年 8 月 28 日

前　　言

　　《山地森林生态采运理论与实践》系作者在积累的科研、教学、生产和工程的丰富经验与大量的国内外最新资料基础上，对自己 40 多年来的山地森林生态采运的数十项科研成果和 200 多篇研究论文，进行认真分析、归纳、探索、提炼与升华而形成的一部学术专著。

　　山地森林生态采运，是以森林生态理论与技术，指导山地森林采伐、木材集材与运材作业，使森林可持续利用、采伐和更新达到既利用森林，又促进森林生态系统的健康与稳定的目标。其内涵主要包含林分和景观两大内容。本书在撰写过程中，注重山地森林生态采运理论与实践的紧密结合，注重理论与技术及其推广，注重设置典型样地与长期固定样地试验、合理制定试验方案与试验方法、科学试验测试与试验分析、归纳试验结论与试验讨论等。总结了山地森林生态采运研究进展、存在问题及其对策，并指出了研究前景，重点研究山地人工林生态采运作业系统、山地天然林非商业性采运作业系统和森林生态采运工程设计计算机系统三大部分。

　　山地人工林生态采运作业系统，包括研究区域概况与试验方案设计、不同采运作业方式皆伐林地土壤理化性质影响、人工林择伐生态效果与生长动态仿真、皆伐作业对林地植被的影响与恢复、不同迹地清理方式对皆伐林地土壤温度的影响、不同采集作业方式对森林景观生态的影响、人工林生态采运工艺与设备选优、人工林生态采运作业系统评价与作业模式优化等。

　　山地天然林非商业性采运作业系统，包括天然马尾松林生态采运作业系统、常绿阔叶林生态采运作业系统和天然次生林择伐后生态恢复动态与作业系统等 3 个子系统。天然马尾松林生态采运作业系统包括松根采掘与集根试验研究、主伐方式对马尾松林地土壤理化性质的影响、松阔混交林林分空间结构分析、不同采集方式对马尾松林天然更新的影响和伐区采育作业系统综合效益评价等；常绿阔叶林生态采运作业系统包括影响伐区作业的生态因子分析、森林生态和森林采伐的关系、不同采伐集材方式对林地土壤理化性质影响和伐区采集作业系统综合效益评价等；天然次生林择伐后生态恢复动态与作业系统包括研究区域概况与研究方法、不同强度择伐对林分生长的动态影响、不同强度择伐对群落物种多样性和稳定性影响、不同强度择伐对保留木更新格局影响、不同强度择伐后林分空间结构变化动态、不同强度择伐对凋落物养分含量影响、择伐强度对天然林伐后不同年限土壤理化特性的影响、森林采伐对天然次生林碳储量影响动态、森林采伐后森林服务价值恢复动态、伐区综合效益评价与作业模式选优，以及天然次生林择伐作业系统等。

森林生态采运工程设计计算机系统，包括基于 GIS 的优选作业伐区决策支持系统、伐区调查设计计算机辅助系统、基于 VB 的伐区生产工艺平面图设计系统、森林资源二类调查辅助设计系统与林业架空索道设计系统等 5 个子系统。

本书适用于林业工程、林学、生态学、风景园林学、生物学、地理学、农林经济管理、机械工程、交通运输工程、土木工程、环境科学与工程等学科的科研、教学、工程设计和管理人员参考。

本书的部分研究得到了国家自然科学基金项目"中亚热带典型天然次生林对采伐干扰的长期响应机理与仿真研究（项目编号：30972359）"和"常绿阔叶林择伐作业的环境成本和择伐强度阈值的研究（31070567）"；福建省科技计划重点项目"中亚热带常绿阔叶林生态采伐作业系统研究"（K1996034）、"环境友好型的木材物流系统研究"（2005D106）和"南方天然异龄林生长动态仿真及择伐利用与更新技术的应用研究"（2007N0002）；福建省自然科学基金项目"亚热带生态公益林稳定性与健康经营模式研究"（2008J0327）、"常绿阔叶林不同强度采伐后碳储量动态变化"（2013J01072）和"人工针阔混交林择伐机理研究"（2006J0301）；福建省科技计划基金项目"人工林可持续经营的生态采运理论与模式研究"（2006F5006）；福建省林业厅科学基金项目"人工林考虑生态的木材采运配套技术研究"（闽林科〔2000〕8 号）、"南方针阔混交林择伐体系研究"（闽林科〔2006〕7 号）、"人工林不同择伐强度生态采伐作业技术研究"（闽林科〔2012〕2 号 K85120010）与"多功能便携式采集机研制及其生产工艺研究"（闽林科〔2013〕5 号 K851310301）以及福建农林大学高水平大学建设重点项目"高水平森林工程特色重点学科建设"（113－612014018）等数十项科学基金资助项目的支持。著者主持的"工程索道"课程，2010 年获国家级本科精品课程，2013 年入选国家级精品资源共享课建设，2016 年获首批"国家级精品资源共享课"殊荣称号，2018 年"基于创新能力培养的工程索道类课程改革与实践"获高等教育国家级教学成果二等奖。

谨向为本书作序的中国科学院院士唐守正、中国工程院院士尹伟伦和中国工程院院士李坚表示衷心感谢，谨向为本书提供过指导和帮助的教授、专家、著者指导过的学硕博士生和博士后，以及所有朋友表示衷心感谢。限于作者的理论和业务的水平，书中不足之处，恳请读者批评指正，不胜感谢。

周新年
2018 年 12 月

目　录

序　一
序　二
序　三
前　言

第1篇　山地森林生态采运研究综述

第1章　山地森林生态采运理论与技术 ……………………………………… (2)

1.1　山地森林生态采运理论 ……………………………………………… (3)

1.2　山地森林生态采运技术 ……………………………………………… (4)

　1.2.1　森林作业 ……………………………………………………… (4)

　1.2.2　森林景观 ……………………………………………………… (4)

　1.2.3　评价体系 ……………………………………………………… (5)

第2章　采伐对森林群落与环境的影响 ……………………………………… (6)

2.1　对土壤的影响 ………………………………………………………… (6)

　2.1.1　土壤理化性质影响 …………………………………………… (6)

　2.1.2　对土壤生物的影响 …………………………………………… (7)

2.2　对溪流水质的影响 …………………………………………………… (8)

2.3　对生物多样性影响 …………………………………………………… (9)

　2.3.1　林道网的修建 ………………………………………………… (9)

　2.3.2　采伐作业方式 ………………………………………………… (9)

　2.3.3　采伐与生态相互作用 ………………………………………… (10)

　2.3.4　择伐对林分结构及组成影响 ………………………………… (10)

　2.3.5　迹地清理方式 ………………………………………………… (10)

2.4　对伐区小气候影响 …………………………………………………… (11)

2.5　对伐区保留木影响 …………………………………………………… (11)

2.6　对植被和迹地更新影响 ……………………………………………… (11)

第3章　集运材作业对森林生态环境影响 ………………………………… (13)

3.1　集材作业对林地土壤影响 …………………………………………… (13)

　3.1.1　集材方式对迹地土壤理化性质影响 ………………………… (13)

　3.1.2　设备通过次数对迹地土壤特性影响 ………………………… (14)

3.2　采集运作业综合效益评价 …………………………………………… (14)

第4章　山地森林生态采运存在问题及对策 ……………………………… (16)

4.1　加大宣传力度，加强生态意识 ……………………………………… (16)

4.2　加大科研投入，加强装备研发 ·· (16)

4.3　加大指标评价，加强体系建立 ·· (16)

第5章　我国森林生态采运研究前景 ·· (18)

5.1　生态的天然林择伐及更新作业技术 ·· (18)

5.1.1　择伐林地群落恢复研究 ·· (18)

5.1.2　择伐林地养分含量分析 ·· (18)

5.1.3　择伐林分生长动态仿真 ·· (18)

5.1.4　景观择伐空间结构分析 ·· (18)

5.2　生态的人工林择伐及更新作业技术 ·· (19)

5.2.1　基于分类功能的人工林生态采运技术 ·· (19)

5.2.2　人工林择伐空间的优化及可视化经营 ·· (19)

5.2.3　人工林择伐后生态恢复长期动态跟踪 ·· (19)

5.2.4　环境友好型木材物流系统的优化模型 ·· (19)

5.3　山地森林生态抚育间伐及技术体系 ·· (20)

本篇参考文献 ··· (21)

第2篇　山地人工林生态采运作业系统研究

第1章　研究区域概况与试验方案设计 ·· (28)

1.1　研究区域自然概况 ··· (28)

1.2　研究区域人工林及采伐利用概况 ·· (28)

1.2.1　人工林资源概况 ·· (28)

1.2.2　人工林采伐利用概况 ·· (29)

1.3　试验方案设计 ··· (31)

第2章　不同采运作业方式皆伐对林地土壤理化性质的影响 ···················· (33)

2.1　皆伐对山地不同坡度土壤理化性质影响 ·· (33)

2.1.1　试验地概况 ·· (33)

2.1.2　土样采集与研究方法 ·· (33)

2.1.3　皆伐作业对山地土壤物理性质的影响 ·· (34)

2.1.4　皆伐作业对山地土壤化学性质的影响 ·· (35)

2.2　皆伐对不同林分结构人工林林地土壤的影响 ·· (35)

2.2.1　试验地概况 ·· (36)

2.2.2　试验方案设计与研究方法 ·· (36)

2.2.3　不同林分结构皆伐作业土壤理化性质的结果分析 ························· (36)

2.2.4　不同林分结构皆伐土壤理化性质指标受干扰程度 ························· (39)

2.3　不同集材方式对人工林皆伐迹地土壤的影响 ·· (41)

2.3.1　试验地概况 ·· (41)

2.3.2　试验方案设计与研究方法 ·· (42)

2.3.3　不同集材方式对皆伐迹地土壤理化性质结果分析 ……………………（42）

2.3.4　5种集材作业迹地土壤理化性质指标受干扰程度 ……………………（49）

2.4　不同运材方式对人工林皆伐迹地土壤的影响 ……………………………（52）

2.4.1　试验地概况 ……………………………………………………………（52）

2.4.2　试验方案设计与研究方法 ……………………………………………（52）

2.4.3　不同运材方式对皆伐迹地土壤理化性质影响的结果分析 ……………（53）

2.4.4　不同运材方式迹地土壤理化性质指标受干扰程度 ……………………（55）

2.5　不同采集作业对人工林林地土壤侵蚀的影响 ……………………………（56）

2.5.1　皆伐作业对林地坡面土壤侵蚀的影响 ………………………………（57）

2.5.2　集材作业对林地土壤侵蚀的影响 ……………………………………（57）

2.6　小结 ………………………………………………………………………（60）

第3章　人工林择伐生态效果与生长动态仿真研究 …………………………（61）

3.1　择伐林地土壤理化性质与凋落物养分含量影响 …………………………（62）

3.1.1　试验地概况 ……………………………………………………………（62）

3.1.2　择伐对林地土壤理化性质的影响 ……………………………………（63）

3.1.3　择伐后凋落物养分含量分析 …………………………………………（64）

3.2　杉木人工林择伐后生态效果与生长动态仿真 ……………………………（65）

3.2.1　试验地概况 ……………………………………………………………（66）

3.2.2　调查方法 ………………………………………………………………（66）

3.2.3　研究方法 ………………………………………………………………（69）

3.2.4　杉木人工林择伐后生态效果的综合分析 ……………………………（71）

3.2.5　杉木人工林不同强度择伐后生长动态仿真 …………………………（73）

3.2.6　杉木人工林择伐后生态恢复动态变化 ………………………………（76）

3.3　杉阔混交人工林林分空间结构分析 ………………………………………（80）

3.3.1　试验地概况 ……………………………………………………………（80）

3.3.2　研究方法 ………………………………………………………………（81）

3.3.3　杉阔混交人工林林分空间结构结果分析 ……………………………（82）

3.4　杉阔混交人工林择伐土壤温度变化分析 …………………………………（86）

3.4.1　研究方法 ………………………………………………………………（86）

3.4.2　杉阔混交人工林择伐土壤温度结果分析 ……………………………（87）

3.5　人工混交林伐后林分生长与物种多样性恢复动态 ………………………（90）

3.5.1　试验地概况 ……………………………………………………………（90）

3.5.2　研究方法 ………………………………………………………………（93）

3.5.3　人工混交林择伐后林分生长动态变化 ………………………………（93）

3.5.4　人工混交林伐后灌草物种多样性动态变化 …………………………（97）

3.6　杉阔混交人工林土壤呼吸变化规律 ………………………………………（101）

3.6.1　试验地概况 ……………………………………………………………（101）

　　3.6.2　研究方法 ……………………………………………………………（102）

　　3.6.3　杉阔混交人工林土壤呼吸变化结果分析 …………………………（103）

　3.7　小结 …………………………………………………………………………（105）

第4章　皆伐作业对林地植被的影响与恢复 …………………………………………（109）

　4.1　杉阔混交林皆伐前后植物种类组成变化 …………………………………（109）

　　4.1.1　试验地概况与研究方法 ……………………………………………（109）

　　4.1.2　杉阔混交林皆伐前后植物种类组成变化分析 ……………………（109）

　4.2　尾叶桉纯林皆伐前后植物种类组成变化 …………………………………（112）

　　4.2.1　试验地概况与研究方法 ……………………………………………（112）

　　4.2.2　尾叶桉纯林皆伐前后植物种类组成变化分析 ……………………（113）

　4.3　皆伐对不同林分结构林地植被影响分析 …………………………………（115）

　4.4　小结与建议 …………………………………………………………………（115）

第5章　不同迹地清理方式对皆伐林地土壤温度影响 ……………………………（116）

　5.1　试验地概况与试验方法 ……………………………………………………（116）

　　5.1.1　试验地概况 …………………………………………………………（116）

　　5.1.2　试验方法 ……………………………………………………………（116）

　5.2　不同林分结构林地皆伐前后土壤温度变化 ………………………………（117）

　5.3　不同迹地清理方式对林地土壤温度影响的比较 …………………………（118）

　　5.3.1　带堆法与散铺法对土壤温度影响的比较 …………………………（118）

　　5.3.2　火烧法与散铺法对土壤温度影响的比较 …………………………（119）

　　5.3.3　火烧法与带堆法对土壤温度影响的比较 …………………………（119）

　5.4　不同迹地清理方式对皆伐林地生境的影响 ………………………………（119）

第6章　不同采集作业方式对森林景观生态的影响 ………………………………（120）

　6.1　主伐作业方式的影响 ………………………………………………………（120）

　　6.1.1　皆伐的影响 …………………………………………………………（120）

　　6.1.2　择伐的影响 …………………………………………………………（122）

　6.2　集材作业方式的影响 ………………………………………………………（123）

　6.3　减少采集作业对森林景观生态影响的对策 ………………………………（123）

　　6.3.1　合理确定伐区大小和形状 …………………………………………（123）

　　6.3.2　合理确定伐区的配置形式 …………………………………………（124）

　　6.3.3　合理确定伐区道路网密度 …………………………………………（124）

　　6.3.4　皆伐迹地保留定量活立木 …………………………………………（124）

　　6.3.5　迹地清理火烧改为散铺法 …………………………………………（124）

　　6.3.6　以县市统筹木材生产规划 …………………………………………（124）

第7章　人工林生态采运工艺与设备选优 …………………………………………（126）

　7.1　人工林伐区木材生产工艺类型选优 ………………………………………（126）

　　7.1.1　人工林伐区木材生产主要工艺类型 ………………………………（126）

7.1.2　伐区木材生产工艺类型选优 ……………………………………（126）

7.2　人工林伐区采集作业设备选优 …………………………………………（127）

7.2.1　作业设备选择的原则 ……………………………………………（127）

7.2.2　伐区作业设备选型的方法 ………………………………………（127）

7.2.3　人工林伐区主要采集作业设备特点及适用条件 ………………（128）

7.2.4　人工林新型集材设备与工艺的试验研究 ………………………（129）

7.3　木材运输工艺与设备选优 ………………………………………………（145）

7.3.1　不同运材方式对森林生态环境的影响 …………………………（145）

7.3.2　木材公路运输工艺与设备 ………………………………………（147）

7.3.3　水路运材工艺与设备 ……………………………………………（148）

7.3.4　木材铁路运输 ……………………………………………………（149）

7.3.5　人工林木材运输模式研究 ………………………………………（149）

7.4　采伐迹地清理方式与更新造林方案选优 ………………………………（154）

7.4.1　采伐迹地清理方式 ………………………………………………（154）

7.4.2　更新造林方案选优 ………………………………………………（154）

第8章　人工林生态采运作业系统评价与作业模式优化 ……………………（155）

8.1　采伐作业机具综合评价与择优 …………………………………………（155）

8.1.1　经济效益分析 ……………………………………………………（155）

8.1.2　生态效益分析 ……………………………………………………（156）

8.1.3　社会效益分析 ……………………………………………………（156）

8.1.4　不同采伐机具综合评价与择优 …………………………………（156）

8.2　人工林伐区木材运输作业模式选优 ……………………………………（157）

8.2.1　各种效益分析 ……………………………………………………（158）

8.2.2　多目标决策综合评价法的基本原理 ……………………………（159）

8.2.3　4种运材作业模式综合效益与作业模式选优 …………………（161）

8.3　人工林伐区常用采集运作业模式经济效益评价 ………………………（162）

8.3.1　伐区不同作业模式作业成本计算 ………………………………（162）

8.3.2　伐区常用采集运作业模式经济效益评价 ………………………（164）

8.4　山地人工林生态采运作业模式选优 ……………………………………（165）

8.4.1　山地人工林伐区木材生产常用作业模式 ………………………（165）

8.4.2　各种效益分析 ……………………………………………………（165）

8.4.3　综合效益分析与作业模式选优 …………………………………（167）

8.5　小结 ………………………………………………………………………（169）

第9章　结论与讨论 ……………………………………………………………（171）

9.1　结论 ………………………………………………………………………（171）

9.2　讨论与建议 ………………………………………………………………（175）

本篇参考文献 ……………………………………………………………………（177）

第3篇 山地天然林非商业性采运作业系统研究

（包括天然林与天然次生林）

第1章 天然马尾松林生态采运作业系统 ·················· (180)

1.1 松根采掘与集根试验研究 ························ (180)

1.1.1 集体林松根采集调查研究 ·················· (180)

1.1.2 松根采集试验研究 ······················ (181)

1.1.3 松根采掘与集根试验结论 ·················· (184)

1.2 主伐方式对马尾松林地土壤理化性质的影响 ·········· (184)

1.2.1 试验地概况和研究方法 ···················· (184)

1.2.2 主伐方式对马尾松林地土壤理化性质影响分析 ···· (185)

1.2.3 主伐方式对马尾松林地土壤理化性质影响结论 ···· (186)

1.3 松阔混交林林分空间结构分析 ·················· (186)

1.3.1 试验地概况 ·························· (187)

1.3.2 研究方法 ···························· (187)

1.3.3 松阔混交林林分空间结构分析 ·············· (188)

1.3.4 松阔混交林林分空间结构分析结论 ············ (191)

1.4 不同采集方式对马尾松林天然更新的影响 ·········· (191)

1.4.1 试验区概况 ·························· (192)

1.4.2 材料与方法 ·························· (192)

1.4.3 不同采集方式对马尾松林天然更新影响分析 ······ (193)

1.4.4 不同采集方式对马尾松林天然更新影响结论 ······ (195)

1.5 伐区采育作业系统综合效益评价 ················ (195)

1.5.1 试验地自然概况 ························ (196)

1.5.2 研究方法 ···························· (196)

1.5.3 伐区作业的综合效益评价 ·················· (200)

1.5.4 伐区采育作业系统综合效益评价结论 ·········· (202)

第2章 常绿阔叶林生态采运作业系统研究 ·············· (204)

2.1 影响伐区作业的生态因子分析研究 ·············· (204)

2.1.1 森林生态和森林采伐的关系 ················ (204)

2.1.2 影响伐区作业的生态因子分析 ·············· (204)

2.2 研究区概况与试验方案设计 ·················· (208)

2.2.1 常绿阔叶林及采伐利用概况 ················ (208)

2.2.2 试验地概况 ·························· (208)

2.2.3 试验方案设计 ························ (209)

2.3 不同采伐、集材方式对林地土壤理化性质影响 ········ (211)

2.3.1 不同采伐、集材作业方式对林地土壤理化性状影响分析 ·· (212)

2.3.2 不同采伐、集材作业方式对林地土壤主要理化性质指标的干扰程度分析 ……………………………………………… (219)

2.3.3 小结与讨论 …………………………………………………… (224)

2.4 伐区采集作业系统综合效益评价 ………………………………… (224)

2.4.1 试验设计 ………………………………………………………… (225)

2.4.2 经济效益分析 …………………………………………………… (225)

2.4.3 生态效益分析 …………………………………………………… (227)

2.4.4 伐区作业模式优化方案选择 ………………………………… (228)

2.4.5 伐区采集作业系统综合效益评价结论 ……………………… (232)

第3章 天然次生林择伐后生态恢复动态与作业系统 ……………… (233)

3.1 研究区域概况与研究方法 ………………………………………… (233)

3.1.1 研究区域概况 …………………………………………………… (233)

3.1.2 试验与研究方法 ………………………………………………… (234)

3.2 不同强度择伐对林分生长的动态影响 ………………………… (241)

3.2.1 乔木层各树种重要值的动态变化 …………………………… (242)

3.2.2 乔木层6种优势种群生态位影响 …………………………… (246)

3.2.3 择伐林分直径分布的预测模型 ……………………………… (250)

3.2.4 择伐林分生长蓄积结构动态变化 …………………………… (257)

3.2.5 不同择伐强度林分生长动态仿真 …………………………… (258)

3.2.6 小结与讨论 …………………………………………………… (265)

3.3 不同强度择伐对群落物种多样性和稳定性影响 ……………… (267)

3.3.1 各层次物种丰富度 …………………………………………… (267)

3.3.2 群落物种多样性动态变化 …………………………………… (268)

3.3.3 物种多样性差异和变异分析 ………………………………… (269)

3.3.4 群落稳定性分析 ……………………………………………… (271)

3.3.5 小结和讨论 …………………………………………………… (272)

3.4 不同强度择伐对保留木更新格局影响 ………………………… (272)

3.4.1 不同强度择伐作业对保留木的损伤 ………………………… (272)

3.4.2 幼树幼苗动态变化 …………………………………………… (273)

3.4.3 主要树种更新密度 …………………………………………… (274)

3.4.4 主要树种更新格局 …………………………………………… (274)

3.4.5 小结与讨论 …………………………………………………… (275)

3.5 不同强度择伐后林分空间结构变化动态 ……………………… (276)

3.5.1 分析方法 ……………………………………………………… (276)

3.5.2 树种混交程度分析 …………………………………………… (276)

3.5.3 林木大小分化程度 …………………………………………… (278)

3.5.4 林木空间分布格局 …………………………………………… (280)

3.5.5 小结与讨论 …………………………………………………… (281)

3.6 不同强度择伐对凋落物养分含量影响 ·· (282)

   3.6.1 凋落物现存量分析 ·· (282)

   3.6.2 凋落物养分含量分析 ·· (282)

   3.6.3 小结与讨论 ·· (284)

3.7 择伐强度对天然林伐后不同年限土壤理化特性 ·· (284)

   3.7.1 数据分析与处理 ·· (284)

   3.7.2 天然林择伐后不同年限土壤理化特性结果分析 ·········· (285)

   3.7.3 小结与讨论 ·· (291)

3.8 森林采伐对天然次生林碳储量影响动态 ·· (292)

   3.8.1 研究边界 ·· (293)

   3.8.2 研究方法 ·· (294)

   3.8.3 生物量池碳储量 ·· (295)

   3.8.4 使用中的伐木制品池碳储量 ·· (296)

   3.8.5 废弃的伐木制品池碳储量及其排放 ·· (296)

   3.8.6 枯枝落叶池和土壤池碳储量 ·· (297)

   3.8.7 结果分析 ·· (298)

   3.8.8 讨论 ·· (298)

3.9 森林采伐后森林服务价值恢复动态 ·· (299)

   3.9.1 研究方法 ·· (299)

   3.9.2 参数取值 ·· (301)

   3.9.3 未采伐样地生态服务价值变化 ·· (301)

   3.9.4 择伐样地生态服务功能的恢复 ·· (302)

   3.9.5 总价值量变化 ·· (304)

   3.9.6 小结与讨论 ·· (304)

3.10 伐区综合效益评价与作业模式选优 ·· (305)

   3.10.1 经济效益分析 ·· (305)

   3.10.2 生态效益分析 ·· (307)

   3.10.3 指标值标准化 ·· (308)

   3.10.4 确定指标权重 ·· (308)

   3.10.5 综合评价分析 ·· (309)

   3.10.6 小结与讨论 ·· (310)

3.11 天然次生林择伐作业系统研究 ·· (310)

   3.11.1 择伐伐区调查 ·· (310)

   3.11.2 择伐方式选择 ·· (312)

   3.11.3 择伐强度确定 ·· (312)

   3.11.4 择伐周期确定 ·· (314)

   3.11.5 择伐木与保留木的选择 ·· (315)

   3.11.6 集材方式选择 ·· (316)

3.11.7　采集工艺类型选择 ···················· (319)

3.11.8　不同集材设备选择优化 ················ (322)

3.11.9　清林方式选择 ························ (323)

3.11.10　小结与讨论 ························ (323)

3.12　结论与讨论 ···························· (324)

3.12.1　结论与创新 ·························· (324)

3.12.2　讨论与建议 ·························· (327)

本篇参考文献 ································ (328)

第4篇　森林生态采运工程设计计算机系统

第1章　基于 GIS 的优选作业伐区决策支持系统 ·········· (333)

1.1　开发平台及运行环境 ····················· (333)

1.2　系统结构与功能 ························· (333)

1.2.1　系统结构 ···························· (333)

1.2.2　系统功能 ···························· (333)

1.3　系统数据分析设计与实现 ·················· (334)

1.3.1　空间数据分析设计 ···················· (335)

1.3.2　非空间数据分析设计 ·················· (335)

1.4　空间分析方法 ·························· (335)

1.4.1　叠加分析 ···························· (335)

1.4.2　缓冲区分析 ·························· (336)

1.5　优选作业伐区决策模型 ···················· (336)

1.5.1　合理采伐量计算模型 ·················· (336)

1.5.2　木材流分配模型 ······················ (336)

1.6　应用实例 ····························· (337)

1.7　小结与建议 ···························· (338)

第2章　伐区调查设计计算机辅助系统 ·············· (339)

2.1　系统概述 ····························· (339)

2.1.1　系统设计思想 ························ (340)

2.1.2　系统运行环境 ························ (340)

2.2　系统模块及其功能 ······················ (340)

2.2.1　全林每木资源调查模块 ················ (340)

2.2.2　非全林每木资源调查模块 ·············· (342)

2.2.3　伐区平面图设计模块 ·················· (342)

2.2.4　作业条件调查模块 ···················· (342)

2.2.5　定额维护模块 ························ (343)

2.2.6　数据维护模块 ························ (343)

2.2.7　打印空表模块 ························ (343)

2.2.8　退出系统 …………………………………………………………………（343）

2.3　系统模块流程图 ……………………………………………………………（343）

2.3.1　伐区采伐木蓄积量和材种出材量汇总模块流程 ……………………（343）

2.3.2　准备作业用工及费用设计模块流程 …………………………………（344）

2.3.3　采集归装段作业条件及作业设计模块流程 …………………………（344）

2.4　系统特点 ……………………………………………………………………（346）

2.5　小结 …………………………………………………………………………（346）

第3章　基于VB的伐区生产工艺平面图设计系统 ………………………………（347）

3.1　系统概述 ……………………………………………………………………（347）

3.1.1　系统设计思想 …………………………………………………………（347）

3.1.2　系统体系结构 …………………………………………………………（347）

3.1.3　系统运行环境 …………………………………………………………（348）

3.2　系统模块及其功能 …………………………………………………………（348）

3.2.1　文件模块 ………………………………………………………………（349）

3.2.2　图形模块 ………………………………………………………………（349）

3.2.3　工具模块 ………………………………………………………………（350）

3.2.4　接口模块 ………………………………………………………………（351）

3.2.5　帮助模块 ………………………………………………………………（351）

3.3　系统特点 ……………………………………………………………………（351）

3.4　系统实例 ……………………………………………………………………（351）

3.5　小结 …………………………………………………………………………（353）

第4章　森林资源二类调查辅助设计系统 ………………………………………（354）

4.1　森林资源抽样调查 …………………………………………………………（355）

4.1.1　系统抽样 ………………………………………………………………（355）

4.1.2　分层抽样 ………………………………………………………………（356）

4.2　森林资源小班调查 …………………………………………………………（357）

4.2.1　角规点布设 ……………………………………………………………（357）

4.2.2　角规绕测技术 …………………………………………………………（358）

4.3　二类调查中的蓄积量和生长量计算 ………………………………………（358）

4.3.1　小班蓄积量计算的数学模型 …………………………………………（358）

4.3.2　样地蓄积量计算的数学模型 …………………………………………（359）

4.4　系统运行环境及运行特点 …………………………………………………（364）

4.5　系统功能 ……………………………………………………………………（364）

4.6　系统框图 ……………………………………………………………………（364）

4.7　系统使用说明 ………………………………………………………………（364）

4.7.1　原始数据输入 …………………………………………………………（364）

4.7.2　系统变量说明 …………………………………………………………（365）

4.8　系统实例 ……………………………………………………………………（367）

4.8.1　按角规测树法作伐区蓄积量计算系统实例　………………（367）

4.8.2　按抽样调查法作蓄积量和生长量计算系统实例　…………（368）

第5章　林业架空索道设计系统　………………………………………（370）

5.1　悬链线理论单跨索道设计　…………………………………………（370）

5.1.1　悬索的假设条件　………………………………………………（370）

5.1.2　悬索无荷线形及拉力　…………………………………………（371）

5.1.3　振动波往返所需时间　…………………………………………（373）

5.1.4　悬索有荷线形及拉力　…………………………………………（375）

5.1.5　悬索安全性与耐久性　…………………………………………（378）

5.1.6　索道侧型设计　…………………………………………………（378）

5.1.7　系统实例　………………………………………………………（379）

5.2　无荷参数控制的抛物线理论多跨索道设计　………………………（381）

5.2.1　系统数学模型　…………………………………………………（382）

5.2.2　系统功能　………………………………………………………（387）

5.2.3　系统运行环境及运行特点　……………………………………（388）

5.2.4　系统设计方法　…………………………………………………（388）

5.2.5　系统实例　………………………………………………………（390）

5.3　有荷参数控制的抛物线理论多跨索道设计　………………………（393）

5.3.1　系统数学模型　…………………………………………………（393）

5.3.2　系统功能　………………………………………………………（402）

5.3.3　系统关键技术　…………………………………………………（403）

5.3.4　系统实例　………………………………………………………（403）

5.4　林业索道优化设计　…………………………………………………（406）

5.4.1　系统综述　………………………………………………………（406）

5.4.2　系统数学模型　…………………………………………………（409）

5.4.3　系统功能与流程图　……………………………………………（413）

5.4.4　系统使用说明　…………………………………………………（416）

5.4.5　系统实例　………………………………………………………（417）

本篇参考文献　……………………………………………………………（422）

附录　植物中文名、拉丁名对照表　…………………………………（423）

著者公开发表的山地森林生态采运部分论文论著目录　……………（425）

第1篇

山地森林生态采运研究综述

第1章
山地森林生态采运理论与技术

随着全球生态与环境问题的日益突出，可持续发展已成为一种必然趋势。传统的森林采伐以获取木材为主要目的，工业式的采伐方式，不仅带来了森林资源锐减、林地生产力下降和环境恶化等一系列的负面影响，而且影响了森林及其生长环境的健康发展。森林的适度采伐与更新既能满足人类的木材需求，又能调节森林结构。因此，世界各国都积极探索新的采伐方式，以减少森林采伐对环境的破坏，提出不少先进的"森林可持续经营"（Sustainable forest management）理论，如德国的近自然林业（forest close to nature），恒续林经营（continuous cover forest management），美国的森林生态系统经营（forest ecosystem management），新林业（new forestry）理论等。1990 年，国外"reduced impact logging"（简称 RIL）提出后，得到世界自然基金会和世界保护联盟等有影响力的国际环境组织的支持。1986 年，我国著名森林采运学专家陈陆圻教授正式提出"生态性森林采运"的新概念，举行了"以森林生态为基础的森林采运"学术研讨会。森林生态采运理论能促进森林生态系统的可持续发展，优化森林生态系统结构的采运技术体系。经过 30 年的发展，中国森林生态采运的研究取得了不少成果，不少学者对森林生态采运理论和技术进行了研究与实践。

山地一般指海拔在 500 m 以上的地貌，具有起伏大，坡度陡，沟谷深的特点。山地森林是森林的最主要组成部分，山地森林占地球陆地表面的 1/4，覆盖 3725×10^4 km² 的地球表面。山地地区居住着世界上 1/8 的人口，为 50% 以上的地球人提供多样化的商品和服务。山地地区的大多数物品来源于面积 25% 的山地森林。在欧洲，山地森林占整个森林面积的 28%，森林覆盖了 41% 的山地区域[1]。在保护生物多样性，维持生态系统稳定，以及发展社会经济等多方面起着至关重要的作用。

2015 年中共中央、国务院颁发的《国有林场改革方案》和《国有林区改革指导意见》中指出森林是陆地生态的主体，同时也是一个国家和民族生存的资本和根基，应坚持生态导向，保护优先。中国是一个多山国家，国土面积 960×10^4 km²，全国地势由西向东逐渐倾斜，山地占陆地总面积近 70%，居住着占全国 1/3 的人口。山地地形复杂，太阳辐射和大气环流作用明显，在中国森林的生长、自然分布和合理开发利用中具有重要地位。山地集中了全国90% 的森林资源，集中了大部分的天然林。因此，研究山地森林生态采运理论与技术，探讨适用中国的山地森林生态采运模式，对实现森林可持续经营有重要意义。

为促进山地森林可持续经营，归纳山地森林生态采运理论与技术新进展，国内外山地森林采运作业对林地土壤、水源涵养、生物多样性、小气候、植被和林分结构等方面的影响，以及森林生态采运综合效益评价的新成果，笔者针对山地森林生态采运理论与技术未能真正推广应用、无普遍适用的山地森林生态采运技术体系、无全面科学的山地森林生态采运的标准评价体系等问题，提出适合山地森林作业的对策：加大宣传力度，加强生态意识；加大科研投入，加强装备研发；加大指标评价，加强体系建立。提出考虑生态的山地天然林择伐及更新作业技术的研究前景：择伐林地群落恢复研究、林地养分含量分析、择伐林分生长动态仿真与景观择伐空间结构分析等。而山地人工林未来应侧重研究基于分类功能的人工林生态采运技术、择伐空间的优化及可视化经营、择伐后生态恢复动态跟踪研究与环境友好木材物流系统的优化模型等，最后提出应加强对山地森林生态抚育间伐及作业技术体系的研究。

1.1　山地森林生态采运理论

　　森林生态采运是保证生态过程正常进行的健康的森林经营管理方式，与森林保护的目的一致，符合生态学和生物学规律。只有森林生态采运才能保持森林生态系统的稳定性。因此，系统研究森林生态采运，意义深远重大，实用价值高，是现代林业实现森林资源可持续利用的重要举措。

　　森林生态采伐以生态学原理为指导，按森林的生态学特性进行伐区区划和设计、山场作业及组织管理等森林经营活动，把森林资源的利用和保护结合起来，以达到持续发展森林资源的目的[2-3]。森林生态采运可归纳为：选择合理采伐方式；选择合理集材方式和工艺类型；设计适合当地条件的机械装备；选留母树和保护幼树幼苗；伐后及时更新；合理布设林道网等[4]。森林生态采伐主要指森林生态采伐和集材作业。森林生态采运与森林生态采伐相比，还包括木材的运输过程。在森林采伐的生态环境保护研究中，习惯上使用"生态采伐"或"生态采运"等专业术语[5]。

　　森林生态采伐定义为在森林生态理论指导下，通过采伐和更新使森林的开发利用和森林生态系统的健康稳定相协调，使森林的经济效益与生态效益尽可能地达到对立的统一，以实现森林的可持续发展的森林作业。根据森林生态采伐原则，生态采伐理论的内涵应包含林分、景观和模拟自然干扰 3 个层次。提出应建立由共性技术原则和个性技术指标组成的森林生态采伐更新技术体系。共性技术原则适用于多种森林生态系统类型；个性技术指标则是针对特定森林生态系统。中国森林生态系统在共性技术方面，应注重分类制定不同区域的森林采伐作业规程，系统全面地研究森林生态采伐更新技术体系，建立有效的检测和监督体系，对森林采伐作业模式进行评价及选优，力求将采伐对森林生态系统结构与功能的影响降至最低；在个性技术要求上则应针对不同林分类型制定特定的采伐更新模式，在实现木材经济效益的同时，尽可能通过采伐对林分结构进行调整，确保森林系统多种功能的有效发挥[6-9]。

　　赵尘等提出采运工程生态学，它是将工业生态学与工程生态学的理论和方法，引入到采运工程的生态学研究中，以提升传统生态采运研究的理论和实践水平。《采运工程生态学研究》总结了生态采运研究进展，阐述了采运工程的工业生态学研究成果，提出了今后采运工程生态学的研究方向。重点研究南方人工林生态采运作业系统、按生命周期评价的人工林作业资源—环境—经济影响分析和南方人工林采运作业的清洁生产[10]。

　　山地森林生态采运是结合森林生态采运理论和山地森林特征，形成山地森林生态采运理论，以指导山地地区的森林采伐、集材与木材运输作业，采伐和更新为达到既充分利用森林资源，又维持森林生态系统的健康与稳定，实现山地森林的可持续利用。其重点内涵从林分和景观两大方面把握，包括山地森林生态采运的理论、技术、方法、问题，对策与趋势等的研究。

1.2　山地森林生态采运技术

1.2.1　森林作业

　　皆伐经济效率高，便于经营，在森林经营中广为应用，但伴随而来的是林地地力衰退与生态平衡失调等后果，不利于森林可持续经营。而择伐虽对林地环境因子有些影响，但较皆伐小得多，而且适度择伐可以对林分空间结构进行有效的调整，促进其稳定发展，有利于充分发挥森林功能，实现森林近自然经营，因此择伐越来越受关注。马长顺等研究表明，对于人工林采用 14～18 m 带宽，强度为 20% 的抚育采伐时，林地土壤化学性质较好，pH 呈弱酸性，微生物活性和土壤有机质含量较高，有利于林分生长[11]。胡云云等研究择伐对天然云冷杉林分生长和结构的影响，分析结果表明，在林分经营中采用强度 20%，以 6 年为 1 个周期进行择伐，可以加快林分生长，维持林分结构稳定性，实现林分的可持续经营[12]。郑丽凤等研究显示林地干扰程度随采伐强度的增加而增大，弱度和中度择伐迹地经过 10 年的恢复，土壤理化性质比伐前略有改善。分析不同山地森林采伐作业的环境成本，分析结果显示随着采伐强度的增大，环境成本增加，而从单位采伐量的环境成本来看，弱度择伐环境成本较小，其环境成本在 10 年后基本可忽略不计；极强度采伐的单位采伐量的环境成本最大；皆伐由于收获量大，低于极强度采伐[13]。有不少学者研究指出，低强度择伐可以提高种群的生存期望，使样地内的群落可在较短时间内恢复[14-15]。综合来看，中低强度择伐能够保证山地森林资源的稳定发展，是较为理想的森林作业方式。

　　周新年等研究指出天然林择伐是必要也是可行的，但目前择伐研究缺乏系统性，缺少定位定量研究；在实际应用中，存在择伐作业粗放问题，未充分考虑作业对生态环境的影响，未按实际进行合理采伐；并对此提出相应对策，如在思想上提高重视度，在行动上推广森林认证，开展联合攻关，研究适用的森林择伐技术等；并指出应加强择伐林地群落恢复、养分含量研究及林分生长动态仿真。而针对山地人工林由于多代连栽、皆伐作业与炼山等不合理经营方式，造成林地地力衰退，生产力下降，林分结构不合理等严重问题，指出应改革传统经营措施，采用择伐降低对林地干扰。归纳国内外人工林择伐技术的研究现状，针对我国山地人工林择伐存在的技术薄弱，作业难度大等问题，提出应加大择伐宣传力度，加强科研投入，研究适用的森林择伐技术及采集装备，并指出人工林择伐研究前景，如建立长期动态跟踪迹地，研究择伐后人工林的生态恢复等[16-18]。

　　我国山地林区常用火烧法来清理采伐剩余物，但不少学者研究指出炼山的清理方式会破坏林地土壤物理结构，影响土壤化学性质、降低土壤肥力，不利于林分生长[19]。杨国群研究不同清理方式对毛竹造林成活率、出笋数与投资成本等的影响，指出在皆伐迹地新造毛竹林时，应提倡采用不炼山与局部清理的林地清理方式，在杉木间伐林中宜采用局部清理套种毛竹的造林方式[20]。邓宝珍提出，采用生态型林地清理方式（即采用劈草、水平带状堆积采伐剩余物和带内定点挖穴）有利于杉木林分生长[21]。

1.2.2　森林景观

　　山地森林景观受海拔和坡向影响明显，斑块形状不规则，斑块平均面积较小且距离较近，极易因受干扰发生重大变化[22]。森林采伐对林分的干扰，主要通过修筑集材道及伐除林分中的立木两方面体现。其干扰结果常常直观地反映在森林景观上，如对一个林分进行皆伐，则景观上立即呈现出一个裸露的斑块。反之，通过合理的伐区布置，可以构建理想和谐的景观格局。采伐对森林景观的影响，通过地理信息系统、马尔柯夫模型、空间直观景观模型和二歧指示种分类，以研究森林采伐干扰对动物生境格局、森林景观格局、景观多样性、景观服务功能和景观效果的影响为重点，由微中观向宏观，由局部林区向大区域扩展；由采伐因子定性向定量和由景观格局指数向景观模型延伸研究[23]。

通过研究人工林伐区不同采集作业方式对森林景观生态的影响，是采伐强度和伐区设置的综合作用，皆伐对森林景观生态的影响大于择伐。伐区布置越分散，景观破碎度越大，因此径级择伐影响大于集约择伐；带状皆伐、大面积皆伐与伐区间隔排列的影响，分别大于块状皆伐、小面积皆伐和连续顺序排列。集材作业对森林景观生态的影响，由小到大依次为架空索道、绞盘机、土滑道、手板车和手扶拖拉机，并随集运材道路网密度的增大而增大；提出可以通过合理确定伐区大小和形状、伐区配置形式和伐区集运材道路网密度，在皆伐迹地上保留一定数量的活立木，迹地清理方式改火烧法为散铺法，伐区木材生产规划以县（市）为单位等方式来减少采集作业对森林生态及景观生态的影响[24]。

1.2.3　评价体系

邱仁辉等认为，中国森林生态采运受采伐作业的经济性制约，完善的作业技术是有效减少伐区作业对环境破坏的基础，提出完善采伐技术政策、优化采伐方式与伐区配置、合理选择集材方式、改进集材装备、保护保留木和伐区清理措施等建议，指出应因地制宜地开展森林生态采运研究，建立伐区作业的综合评价指标体系，并建立伐区作业生态损失补偿制度，以支持和鼓励研发采运作业新工艺和新设备[25]。董希斌等运用层次分析法建立森林生态系统评价模型，从森林生态采伐作业方式（包括作业工艺和作业技术）、生态采伐对森林生态健康影响评价（包括生态系统活力、组织结构和恢复能力），以及森林生态采运森林效益（生态效益、经济效益和社会效益）3 个方面对森林生态采运进行综合评价[26]。戚春华等根据森林生态系统综合效益最大化，以森林生态采伐评价为一级指标，森林采伐作业技术、森林生态环境效益和可持续发展等为二级指标，结合定性与定量方法、综合运用确定性评价与模糊评价、效益物替代法、机会成本法与条件价值法等对其进行评价[27]。邱荣祖等利用消耗评价法进行山地林道网对森林生态效益和生产效益负面影响进行定量评价，以确保林道网功能与森林生态系统的功能相协调，并开发了基于 GIS 的优选作业伐区决策支持系统和伐区楞场位置决策系统，为合理确定年采伐面积及其采伐量，进行伐区的布设安排，确定最小费用路径和最佳楞场空间位置[28-30]。

第 2 章
采伐对森林群落与环境的影响

森林采伐作业对森林群落影响可从采伐作业对土壤、溪流水质、生物多样性、伐区小气候、伐区保留木、植被和迹地更新等方面进行研究[31]。

2.1 对土壤的影响

森林采伐对林地内土壤产生干扰影响，主要是由于森林作业过程中，人畜、机械和木材在林地运行，以及修建的集运材道路与伐区楞场等工程对林地土壤产生的破裂和压实作用。破裂的土壤失去土壤表层和植被层的保护，在强雨水冲刷后，尤其在皆伐迹地，大量的土壤养分将流失，从而引起土壤地力衰退。而压实明显恶化了土壤物理性能，不同的采伐方式都在一定程度上破坏了土壤结构，影响林地表层土壤密度、总孔隙度、土壤持水量和排水能力等物理性质，进一步影响土壤中微生物的活动和土壤固氮等，改变土壤的化学元素含量，从而在一定程度上阻碍了保留木生长和种苗发芽。森林采伐对土壤的影响研究众多，除了对土壤理化性质较深入研究外，也对土壤中的生物进行定量研究。

2.1.1 土壤理化性质影响

土壤理化性质研究主要分为两方面：一方面是定量研究不同采伐方式对土壤理化性质的影响，另一方面是研究森林采伐对土壤 C、N 含量的影响。研究表明不同采伐方式都对土壤表土层的理化性质产生较大影响，具体表现为破坏土壤结构稳定，增加土壤密度，降低土壤持水量和孔隙度，降低土壤有机质含量和土壤肥力，其影响范围、时间和强度随采伐强度不同而不同，与林分结构、迹地清理方式和坡度等有关[32-36]。郑丽凤等对天然次生林进行长期动态跟踪，分析不同人为干扰 10 年后的土壤理化性质，指出林地干扰程度随采伐强度的增加而增大，弱度和中度择伐迹地经过 10 年的恢复，多项土壤理化性质指标比伐前略有改善，因此建议推广低强度择伐[37]。

森林是重要的碳源和碳汇，森林土壤碳占全球土壤碳的 73%，在全球碳循环中有着重要的地位。"低碳循环"引起世界各国的高度关注，如何降低大气中 CO_2 的含量及有效地开发利用 CO_2，更是引起了全世界的普遍重视。森林经营策略越来越倾向于促进碳储量，而森林生态系统固碳能力取决于植物的光合作用和土壤的呼吸作用[38-40]；因为 N 含量是限制森林土壤肥力的重要因素，森林作业伐除地上生物量导致的土壤淋溶和侵蚀造成的土壤层 N 流失等，加速了采伐迹地土壤的氮素限制问题[41-42]。

2.1.1.1 采伐影响土壤呼吸速率

土壤呼吸是指土壤释放 CO_2 的过程，主要是由微生物氧化有机物和根系呼吸产生，极少部分来自于土壤动物的呼吸和化学氧化。森林土壤呼吸作为全球碳循环的一个重要组成部分，往往用来评价土壤生物活性和土壤肥力及透气性。影响土壤呼吸的因素主要有：①采伐方式。鲁洋等在不同采伐强度对柳杉人工林土壤呼吸的影响研究表明，轻度的森林采伐（30%）能较好地保持林地的自然状态，对林地土壤影响较小，而高强度采伐作业会增大土壤呼吸速率，导致土壤 CO_2 排放量增加[43]。宁亚军等研究指出受干扰强度最大的人工林的土壤呼吸速率降低最为显著，而受干扰强度较小的其土壤呼吸速率基本和老龄林一致[44]。②温度。森林采伐后，林地土壤呼吸对温度的敏感性差异较大，孟春等通过测定小兴安岭地区针阔混交林不同强度择伐后 4 年的林地土壤呼吸速率和土壤温度，分析指出高强度（60% 和 70%）择伐引起环境变化的程度越大，使得土壤呼吸速率对土壤温度具有高的敏感性[45]。唐晓鹿等利用 LI-COR-8100 土壤 CO_2 通量自动测量系统对山区毛竹林 5 cm 深度土壤温湿度与呼吸速率，测定结果显示采伐显著增加了土壤温度，土壤总呼吸及组分呼吸与土壤温度呈指数相关，采伐影响了土壤呼吸的温度敏感性[46]。张正雄等研究皆伐对不同林分结构人工林土壤温度的影响指出，皆伐导致林地内大量植被破坏，从而引起土壤温度升高，皆伐前后林地土壤温度变化与迹地清理和林分结构有关。皆伐后 3 种迹地清理方法对林地土壤温度变化的影响依次为：火烧法 > 带堆法 > 散铺法[47]。因此在择伐作业中，应采用较小强度的择伐，迹地清理方式宜优先采用散铺法，以有效控制择伐迹地土壤 CO_2 的排放。

2.1.1.2　采伐影响土壤氮素储量

C/N 比是腐殖质中 N 的有效性和死地被物分解速度的一个指标，采伐干扰影响土壤中 C、N 的储量。骆土寿等对海南岛热带山地雨林原始林实施不同强度的采伐（30% 和 50%），测定土壤中 C、N 储量，指出 N 储量在强度采伐时达最高，原始林最低，而不同强度采伐的林地土壤 C/N 高低与 N 储量相反[48]。采伐干扰后的林地土壤全 N 增高，可能是由于采伐残留下大量的树枝和树叶，加大了养分归还，另外采伐减少了地上植物部分 N 素消耗量，使得土壤 N 得以储存。但有学者指出采伐剩余物管理措施对土壤全 C、全 N 含量的长期效应不显著[49]。杨秀云等对华北落叶松林下土壤有效氮含量的空间异质性特征进行研究，结果表明，采伐干扰对土壤硝态氮和铵态氮含量及其空间异质性有很大影响，受采伐干扰林分，土壤硝态氮和铵态氮含量明显增加，空间变异程度加大，且随机性变异所占比例增加，不同土层土壤硝态氮和铵态氮含量差异显著[50]。土壤中氮含量也受土壤微生物分解作用的影响。Holly M H 等的研究结果显示，土壤中氨氧菌群落组成影响土壤中 N 的生物利用度，氨氧菌群落组成与皆伐年限有关，皆伐迹地随林分更新时间增长，林地土壤中的 NO_3^- 和 NH_4^+ 含量反而降低[51]。

2.1.2　对土壤生物的影响

2.1.2.1　采伐影响土壤微生物

土壤是人类社会赖以生存和发展的重要物质条件，而土壤微生物是土壤中最活跃的成分，与土壤资源可持续利用密切关联。土壤微生物的活性，决定着土壤中有机碎屑的降解速率，是土壤有机碳分解周转的主要诱导因素，其分解功能、营养传递功能以及促进或抑制植物生长的功能等对自然循环有重要意义。采伐对土壤微生物的影响主要取决于采伐方式和迹地清理方式。Sirajul H S M 等对 3 块不同树龄（15、17、19 年）的混交林进行部分皆伐及火烧，对比邻近未干扰林地土壤微生物量，结果指出，不论是皆伐迹地还是火烧迹地中的细菌群落，如根瘤菌、放线菌、氨化菌、硝化菌和反硝化菌等细菌种群数都显著低于对照地，这可能与皆伐或火烧迹地林地含水量的降低和pH值的升高有关[52]。Siciliano S D等也指出土壤养分（有机质、含氮量和氯化物含量等）是影响微生物（尤其是真菌类）丰富度和均匀度的最主要因素，pH值则是影响微生物（尤其是细菌）谱系结构和密度的首要因素[53]。龙涛等对37年生马尾松样地土壤分3次取样，时间为采伐前、采伐半年后与采伐炼山后3个月。土壤微生物研究结果表明，处理方式对土壤微生物物种多样性都产生重要影响，与采伐前表层土壤微生物（0~10 cm）的物种丰富度相比，采伐后减少了14种，降低了30.43%；炼山处理后的林地土壤比对照减少16种，降幅为34.78%，而对10~20 cm土层微生物影响不显著。与采伐前相比，采伐和炼山处理对0~20 cm土壤微生物多样性都造成了不同程度的降低，对土壤微生物物种多样性影响大[54]。因此，在森林作业时应考虑到采伐和炼山对土壤微生物的影响，尽可能不采用皆伐，避免炼山处理。

2.1.2.2　采伐影响土壤动物

土壤动物群落作为森林生态系统中不可或缺的生物组分之一，不仅是森林土壤肥力的重要生物学指标，而且与森林土壤的形成、发育、演替及森林生态系统的生物元素循环密切相关。例如节肢动物是评价生态系统的生物指标，有助于调节养分动态和提高土壤质量，不少研究却指出采伐导致节肢动物密度下降，物种丰富度减少[55-56]。这可能是由于采伐干扰后林地凋落物减少，林地土壤动物失去主要食物，因此土壤动物个体和类群数都有所减少。采伐也导致土壤中动物的群落组成发生变化[57]。Jana L等对经过干扰3年后的塔特拉山脉云杉林土壤中的甲螨目进行研究，结果显示未受干扰样地中的甲螨目物种数为47种，比皆伐高出十几种，且平均丰富度比皆伐后迹地高4倍多；皆伐后经不同处理（移除或火烧）的迹地中甲螨目数量差异不显著，但种群结构存在差异[58]。但有研究指出，在未受干扰样地中的土壤动物群落个数及多样性并非最高，适度的干扰不仅不会降低土壤动物多样性，相反还能增加多样性[59-60]。这说明土壤动物多样性可能与采伐强度和种类有关。

2.2　对溪流水质的影响

森林流域由于林冠截留、地被物层过滤与土壤入渗等有效地过滤、吸收和净化了降雨径流中的泥沙、有机物质及污染物等，因此森林中溪流的水质比其他陆地水质一般都更好，但森林经营活动，例如皆伐等，都可能影响径流量和水中的沉淀物，从而降低水质。森林凋落物具有独特的蓄水功能，能有效拦蓄降雨，减少并过滤因地表径流带走的大量泥沙，涵养森林水源[61]。采伐干扰，尤其是皆伐后采用炼山处理，使得地面覆盖物大大减少，很大程度上影响了森林的截留及凋落物的蓄水功能。在山地地区，由于坡度较大，雨水冲刷作用更为明显，森林采伐极易造成山地森林水土流失。有研究指出，山地森林采伐后伴随着森林恢复演替，产水量将进一步下降[62]。

Khanal S等在密西西比河中东部利用SWAT评估皆伐对产水和产沙的影响研究指出，与未伐林地相比，10%、20%、30%、55%及75%的强度采伐后林区地表径流水量分别提高了17%、29%、46%、63%及96%，而水中泥沙等沉淀物含量则分别增加了33%、78%、113%、169%及250%[63]。森林采伐不仅影响了水的温度、pH值、导电率与浑浊度等物理性质，同时影响了水中的溶解氧等化学性质[64-65]。孙锡宏等对伐区河流进行试验观测，试验结果显示森林采伐后，迹地溪流水中的pH值、导电性与混浊度明显增高，干扰强度越大，增高幅度越大。在择伐区其增加幅度为 7.1%，而皆伐区的河流伐后 pH 值比伐前增大了 10.6%。这是由于采伐干扰使得土壤中相对碱性较高的成分在雨水的冲刷下，流入溪流中，使水中 pH 值增加。导电性是衡量水质的重要指标，择伐区溪流导电性均值提高了 24%，皆伐区溪流水的导电性均值提高了 32%。溪流受干扰后，水的混浊度发生巨大变化，择伐区溪流水的混浊度较未伐前的平均值提高了 1.2 倍，而皆伐区则提高了 5.8 倍。皆伐迹地溪流中的 K、Mg 及硝态氮都远远高于未伐区溪流，K 增加了 4.4 倍，Mg 增加了 2.3 倍，N 增加了 1.3 倍，NO_3-N 则增加了 32.3 倍。这是由于森林采伐干扰后，尤其是皆伐后，地面覆盖物大大减少，在降雨侵蚀影响下，水土流失严重，土壤中的化学元素流失，致使一些元素浓度明显增大[66]。

2.3　对生物多样性影响

森林生物多样性，指生物之间的多样性和变异及物种生存环境的生态复杂性，是生态系统内生物群落对生物和非生物环境综合作用的外在反映，是森林可持续发展的必要条件。森林作业作为人类开发和保护利用森林资源的重要手段之一，森林采伐作业的林道网修建、作业方式及迹地清理方式等都会对森林的生物多样性产生影响。

2.3.1　林道网的修建

在山地丘陵地带，地形条件复杂，往往需要修建林道网，而且修建林区道路过程中需要大填大挖，改变土体结构，使土壤理化性质发生显著变化，不利于之后弃养道路植被的更新生长。林区道路深入森林腹地，承担集运木材功能，其廊道和屏障作用突出，随着道路的纵横交错，在景观中形成道路网，造成森林斑块，边缘生境增加，景观格局趋于破碎化。景观的破碎化导致生物多样性降低的主要原因有：减少种群的生存面积，阻碍种群扩散和迁入，改变景观内部小气候，影响生境质量分布，改变景观结构等[67]。在洞庭湖湿地的研究发现，景观破碎导致小斑块越来越多，平均每个斑块面积缩小了 155.86%，影响了种群的生存，甚至导致一些稀有动物，如江豚、中华鲟与胭脂鱼等数量急剧减少，趋于灭绝[68]。Tetsuro H 等对未择伐林地和择伐后集材道、伐木道和贮木场中的蜣螂进行收集，利用线性模型 GLM 对比分析，结果显示蜣螂的总生物量和丰富度受林冠开度影响，由于修建道路而出现的空地很大程度地降低了蜣螂栖息地质量，导致其数量大幅度降低[69]。道路空地隔绝了森林动物的活动，影响森林动物的扩散模式和空间分布[70]。

2.3.2　采伐作业方式

物种的多样性是生物多样性的关键，是指群落中物种的数目和每一物种的个体数目，它既体现了生物与环境之间复杂关系，又体现了生物资源的丰富性。抚育间伐作为森林持续经营的有效措施，为林木创造了良好的生长环境，有利于提高物种多样性，发挥森林生态功能[71]。白艳等对间伐处理和主伐处理 20 多年后的兴安落叶松林多样性进行测定，结果表明与未伐林分相比，不同强度(17%、43% 和 65%)抚育后兴安落叶松林下植物种数目都有所增加，其中 43% 抚育林分灌木植物物种数目增加 33%，草本植物物种数目则增加了一倍，其物种多样性指数和均匀度指标均明显高于其他间伐样地，而不同主伐对物种多样性影响不同，渐伐后林下植物物种丰富度指数、多样性指数和均匀性指数变化基本都呈增大趋势,而皆伐后林分林下植物物种数目则减少,尤其是草本植物物种数减少了一半[72]。雷相东等研究抚育间伐对落叶松云冷杉混交林的影响,研究结果表明,中度间伐(20% 和 30%)样地的灌木层物种多样性最高,强度间伐次之,未伐对照样地最低[73]。主伐方式不同,对林分物种多样性影响不同,采伐干扰影响物种多样性的实质是光照条件改变[74]。适度采伐能够有效地改善林内环境,尤其是光照及温湿度,增加环境异质性,有利于促进林下植被的更新生长,提高林下植被物种丰富度。而皆伐导致森林环境及其小气候因子发生重大变化,林内光照加强,且林地失去立木的遮阴,使得林下喜阴植物生长受限,甚至死亡,导致植物丰富度降低。

2.3.3　采伐与生态相互作用

人类对森林的干扰,不仅对动植物丰富度造成了影响,同时影响动植物间的生态作用。采伐作业被认为是全球鸟类多样性的最大威胁,尤其皆伐作业,这是由于皆伐很大程度上减少了森林的结构多样性,而鸟类丰富度往往与植物结构多样性相关。择伐较皆伐影响小,但择伐也会破坏关键的生态相互作用(如植物传粉者和植物种子扩散等)。如 Velho N 等报道了择伐样地中食果鸟类的丰富度与结果树种的相互作用都受到了负面影响,采伐样地中体积较大的食果鸟类(如犀鸟)丰富度及相互作用强度降低[75]。Bregman T P 等[76]指出,在热带森林结构变化,导致食虫鸟类和大型食果鸟类大幅度降低。这一方面是由于森林采伐作业中常出现目标树种和鸟类的食物重叠,导致鸟类种群降低,影响树种的动力学补充,从而影响了群落组成和功能发挥;另一方面则是采伐造成森林景观破碎,导致鸟类的栖息地减少,影响了鸟类的物种多样性。

2.3.4　择伐对林分结构及组成影响

随着对木材需求的增加,未受干扰的森林越来越少,因此国外林业重点放在了如何使经营森林生物多样性价值最大化。在近自然经营理论指导下,外国学者开展了择伐对森林动态和更新影响的研究,尤其是对森林结构及组成的研究。如 Coveya K 等研究指出,经过 10 年再生,喜马拉雅山脉常绿阔叶林择伐样地物种丰富度并没有降低,但采伐样地中的多样性指标和均匀度指标都较低,并且与原始林相比,采伐样地中分布更随机[77]。Rutten G 等对乞力马扎罗山森林的研究指出,经过 40 年的恢复,与未伐林分相比,择伐森林小径木密度及相对丰富度更大,且直径、断面积、树冠面积与未伐林分差异不显著。但由于采伐的主要树种经过多年恢复其丰富度仍较未伐林分低,择伐林分结构仍存在退化,因此可持续择伐要求更长的周期和保留更大密度的林木[78]。

2.3.5　迹地清理方式

为了给各种更新方式创造有利条件,减少病虫害和预防森林火灾,以及利用木材,伐后需要对采伐迹地进行及时清理,采伐剩余物不同处理方式对森林生态环境存在不同程度的影响。张正雄等研究指出:火烧后表层土壤 0 ~ 5 cm 的土层温差可达到 5 ~ 10℃,火烧迹地地表温度比伐前高 44.27%,比散铺法高出 31.9%[79]。火烧引起的高温可以直接杀死土壤中的微生物,引起土壤微生物生物量的大幅度降低。不同的清理方式对迹地的水土流失及幼苗的更新生长有很大差异,火烧法迹地平均年径流量为 1721.43 m³/hm²,是未经处理迹地的 11.6

倍，年平均土壤侵蚀量则为 15793.4 kg/hm^2，为对照区的 81.2 倍；坡度大于 23°时，火烧迹地已达到中度侵蚀，火烧迹地有机质与养分流失相当严重，带堆法迹地水土流失和植被破坏较轻，而从造林成活率和更新苗木生长来看，火烧最好，带堆次之，未处理最差[80]。山地森林多处于丘陵地区，综合考虑水土、养分流失和造林更新影响，山地森林应禁止采用火烧法，选用堆腐法。

2.4　对伐区小气候影响

不同的采伐方式对生态环境的影响是不同的。森林的生态环境主要是指生物赖以生存的光、大气和水等。光照条件受林冠郁闭度、林窗大小和保留木树高等因素影响，不同的采伐方式其林内光照强度的变化不同。采伐强度越大，林分郁闭度越低，光照强度就越强。因此，渐伐和择伐的光照强度均弱于皆伐迹地。森林采伐后，吸收和固定 CO_2，生产有机物质，并释放 O_2 的光合作用过程也随之失去，同时就失去了净化大气和维持大气平衡的生态功能。森林采伐作业同时改变林分原有结构，失去部分或全部树冠的截留作用，消除了林冠对水分的再分配；树木的蒸腾作用减少或消失，使瞬间地表径流增大。采伐对土壤产生压实作用，使土壤密度增加，下渗径流减少，地表径流增加。康文星等对杉木人工林采伐后净化大气功能和蓄水能力进行分析，研究表明采伐 1 hm^2 杉木林，每年 O_2 释放量减少 14.73 t，CO_2 固定量减少 17.24 t，气态有机污染物净化量减少 9.775 t，土壤 CO_2 释放量增加 16.64 t，土壤蓄水量比有林区减少了 646 m^3，调洪能力减少 786 m^3，枯水期提供水量减少 318 m^3，每年泥沙量则增加了 48 t，比有林区多流失了纯 N 0.087 t，P 0.047 t 和 K 0.101 t[81-82]。

2.5　对伐区保留木影响

森林采伐作业对林地保留树木的影响可分为间接和直接两种。间接影响是森林采伐后对林地小气候产生影响，进而作用于保留木。如采伐造成土壤压实，土壤透气性、水分渗透性及导水率减少，增大了树木根系的穿透阻力，降低其摄取生长所需水分、养分和空气的能力，从而影响保留木的生长。直接影响是指采伐集材机械在伐区工作时会对保留木和幼树造成一定程度的损伤，如擦伤、刮伤、破裂与折断等，影响其抗病虫害能力，降低森林更新速率和林产品质量。董希斌等对落叶松人工林保留木的研究中发现：山区作业条件较为复杂，保留木损伤变化规律与采伐强度、林分密度不成比例关系，而是由采伐强度、林分密度、树种类型、作业工艺、地形地貌与作业人员的素质等因素综合作业的结果[83]。而不少学者研究则指出随着择伐强度的增加，保留木的损伤程度呈增大趋势，并且保留木的损伤还与胸径有关。胸径越大，保留木损伤率越大[84-85]。因此必须因地制宜，合理选择择伐强度和采集装备，提高作业人员的技术素质，才能有效降低保留木损伤率。

2.6　对植被和迹地更新影响

采伐干扰强度对植被群落的恢复有重大影响，其影响主要是通过改变群落的组成和结构[86-87]。卜文圣等对海南岛热带山地雨林老龄林，经过择伐和皆伐后自然恢复 40 年的次生林进行研究，分析结果表明，经过 40 年的恢复，择伐和皆伐干扰后自然恢复的次生林不同径级树种丰富度已经接近老龄林，其幼树、小树的多度与胸高断面积较老龄林有所改善，说明采伐干扰有助于森林更新，但总胸高断面积随着干扰强度的增加而逐渐降低，尽管经过长期恢复，干扰对胸高断面积的影响依然存在[88]。

第3章
集运材作业对森林生态环境影响

3.1 集材作业对林地土壤影响

当前，研究集材对土壤性质影响方面的文献主要集中在以下几个方面：①不同集材手段（装备）对土壤理化性质的影响；②作业车辆与土壤间的相互作用及对土壤力学指标的影响；③车辆通过次数对土壤指标的影响等。

3.1.1 集材方式对迹地土壤理化性质影响

山地森林集材方式主要有拖拉机集材、索道集材、滑道集材、手板车集材和绞盘机集材等。关于不同集材方式对土壤的影响研究已较为系统，集材方式对土壤的影响，见表1-3-1[89-95]。

表1-3-1 集材方式对环境因子的影响

集材方式	适用条件	影响方式	影响范围	干扰因子	改善措施
拖拉机集材	地势较平缓的丘陵林区或低山林区；特别适用于皆伐与中高强度择伐，单位面积出材量在100 m³/hm²以上，单株材积0.5 m³以上，平均集材距离500~800 m	重车挤压	①使大面积迹地土壤造成移动，对集材道压实较严重，削弱养分离子的扩散活动，影响养分矿物化；②对林内保留木和幼树有一定程度的擦伤和折断	走行次数和压实次数、轮胎宽度和集材方法	①采用履带式或宽轮胎拖拉机；②合理规划集材路线（陡坡地段，尽量沿等高线布道）；③拖拉机不下道，小集中单根抽，道旁保留丁字树等
索道集材	陡坡或地形复杂林区；单位面积出材量在70 m³/hm²以上，距离低于900 m	修建机房、埋设地锚；横向拖集；沿承载索运行时对土壤与植被的干扰	①全悬集材对土壤和幼树影响小，半悬集材造成枯落物和表土层严重移动；②改变土壤的水热条件	索道形式；拖集次数	①尽可能采用全悬式；②半悬式集材时，集材时间尽可能避开雨季；③单侧集材距高50~80 m
滑道集材	坡度较大，地形复杂，采用机械作业困难的山地林区	开挖修建；木材运行冲击	①木材对土滑道两侧及底部土壤产生冲击，加剧土壤流失；②拆除木、竹和塑料滑道材料后，使土壤裸露和疏松，易造成水土流失	滑道类型、长度与木材滑行速度	①加强塑料滑道材料和结构研究；②因地因材因时调控滑行速度

（续）

集材方式	适用条件	影响方式	影响范围	干扰因子	改善措施
手板车集材	适用于森林资源分散、单株材积小和经营规模较小的集体林区	重车挤压；修建板车道；废弃土石方	①集材道上土壤压实严重，土壤密度增加，持水性能下降，孔隙减少，土壤团聚体遭到破坏；②造成迹地大量枯落物和表土移动，导致土壤养分含量降低	行走次数与轮胎宽度	①适当加宽手板车胶轮半径，减少胶轮对地压力；②合理设置集材道，减少手板车在集材道上通过次数；■研制开发轻便安全性高的手板车
绞盘机集材	适用于皆伐作业，平坦和丘陵林区，特别是低湿和沼泽林地	拖曳木材	①木材拖曳过程中破坏土壤表面枯落物层和腐殖层，引起水土冲刷；②对幼苗小树破坏较大	集材距离；拖集方式	①采用半拖式，合理选择卷筒容绳量；②采伐迹地上采取适当措施，如将树丫截断散铺在林地上或沿等高线堆积

3.1.2　设备通过次数对迹地土壤特性影响

森林土壤是同时具有物理、化学和生物复杂性的高敏感系统，维持森林生态系统的生产力。土壤通过空隙系统的结构特征为植物根系提供水、空气和土壤有机质。但机械化森林采伐作业通过压实土壤破坏了这种结构。压实是当前导致土壤环境破坏和土壤退化的主要因素之一，压实程度与集运材方式、作业时间、次数、土壤结构与林地坡度等有关[96-99]。Hamid T 等对比分析了 3 种不同车载（1、2、3 kN）与 3 种不同车速（0.5、0.75、1 m/s），以及通过不同次数（1、2、3 次）下土壤的下沉度情况，对比结果表明：土壤的压实程度与车载、通过次数呈正比例关系，而与车速成负关系[100]。Najafi A 等研究了集材道坡度（<10%，10%~20%，>20%）和通过次数（3、7、14、20 次）对山地森林土壤干扰影响，结果显示集材导致土壤孔隙度、土壤含水量及森林地被物显著降低，与坡度<20% 相比，不同交通频率下坡度>20% 的土壤平均总孔隙度都明显降低了。孔隙度最小的是在集材道坡度为 20%，并经过 14 次运输压实的土壤。试验结果同时指出，集材坡度对土壤压实有重要影响[101]。Jaafari A 等测定不同坡度土壤化学性质在 Timberjack 450C 集材机 3 种不同水平（低强度 3~6 次、中强度 7~14 次与高强度 15 次以上）交通强度作用下的变化。测定结果显示，集材道土壤化学性质受坡度和交通强度的综合影响，交通强度越大，坡度越陡，土壤化学性质变化程度越大；与未受干扰的林地相比，受集材干扰的林地土壤单位体积密度增加了 19%~39%，土壤有机 C 含量降低 33%~67%，N 浓度下降 51%~80%，H^+ 浓度降低 78%~98%，K 浓度降低 34%。随着交通强度的增大，坡度对土壤性质的影响程度降低[102]。因此集材过程中应适当安排运材量，合理规划集材路线，选择合适车速。

3.2　采集运作业综合效益评价

为促进山地森林生态采运的顺利进行，学者们陆续开展了山地森林采集运综合效益的研究，以确定山地林区最佳采运作业方式。张正雄等研究表明，5 种山地人工林常用集材方式对林地土壤理化性质的干扰影响由小到大依次是：全悬索道集材、人力担筒集材、手板车集材、手扶拖拉机集材和土滑道集材。利用系统综合评价法对山地人工林集材作业方式进行计算，得出在相同作业条件下，人力担筒经济效益最差，土滑道社会效益最差，全悬索道综合效益最优。因此，建议在有条件的地方，尽可能采用全悬索道集材。对山地人工林 8 种常用采集运作业模式进行比选，得出山地人工林最佳采运模式为油锯采伐，手扶拖拉机集材，船运木材。在无水路运输条件的伐区，应优先采用油锯采伐，索道集材，农用车运材[103-105]。董希斌等在落叶松人工林采用 4 种不同的采集作业模式，综合考虑作业成本、作业效率、保留木损伤和土壤干扰，以及木材损耗，定量计算平缓坡和陡坡条件下不同采集作业模式的综合效益，认为择伐并采用畜力集材最佳[106]。周新年等采用多目标决策和层次分析法等定量计算山地伐区 6 种作业模式的经济效益和生态效益，进行选优，评价结果显示择伐作业以人力集材生态效益最好；小面积皆伐集材作业的优劣排序为：全悬索道集材，半悬索道集材，手板车集材，土滑道集材，拖拉机集材。指出小面积皆伐—全悬索道集材是目前伐区采集作业的优化作业模式，但考虑可持续发展，则应改皆伐为择伐[107-108]。冯辉荣等在福建邵武开展轻型索道集材与开路集材的对比试验，定量分析了两者的生态效益、经济效益及社会效益，分析结果充分体现了轻型索道集材对生态采伐的优势。虽然索道集材前期投入成本较高，但从林业可持续角度出发，索道单位成本低且有利于保护生态环境[109]。因此应因地制宜，合理确定山地森林采运作业方式，应尽量采用择伐代替皆伐作业，机械集材应优先考虑全悬索道集材。

第4章
山地森林生态采运存在问题及对策

4.1 加大宣传力度，加强生态意识

2003 年，我国就提出了林业可持续发展战略，但在实践中却受到一定阻碍。一方面是市场经济的不断发展，木材的需求不断增多，加之森林生态采运理论与技术较为复杂，成本较高，在缺乏国家补贴支持和短期经济利益驱使下，不少林场仍延续传统的采伐方式；另一方面则是由于国家在采运方面投入的科研经费有限，生态采运并未能真正推广实施。中国森林采运技术在森林可持续经营中具有双重性，应正确认识到森林生态采运技术的发展规律[4]。应把生态采运理论作为森林可持续经营的指导思想，将生态采运技术作为森林可持续经营的手段，并制定一系列的政策法规体系，如奖惩措施，对积极采用生态采运的，给予适当补助；而对无序和过量的采伐行为，进行相应的教育及惩罚。此外，应根据不同地区的森林特点，制定适宜的森林生态采运作业规程，确保山地森林生态采运作业的科学化和规范化，以实现森林资源的合理开发利用。

4.2 加大科研投入，加强装备研发

我国在山地森林生态采运上的研究多是理论方面，要在实际森林作业中进行生态采运，必须要有实用有效的生态技术与工程技术的支持。当前我国对技术体系的研究大多局限于特定地区的特定林分，并且由于专业角度不同，研究内容的侧重点也存在差异并且研究方法较为单一，系统性较差，无法形成一套普遍适用的体系。虽然对森林采集运作业方式的适用范围及其对生态环境的影响已有不少研究，但在实际应用中由于采集运装备的限制等因素，很多林业生产单位并未采用理论上经济环保的采集运方式。因此，应加大国家与生产单位的合作，如建立生产合作或科研合作机制，由生产单位主要出资，政府按农业机械方式提供一定比例的补助；或以生产单位作为科研基地，国家提供科研基金资助。在科研经费充足的情况下，根据林分类型，设置不同生态采运试验基地，将理论研究成果通过大量的试验进行验证和在实践中推广运用。此外，应加强对已有采集运装备进行改造，并积极研制轻型化、实用化的机械装备，以节约采集运作业成本，提高采运作业效率。

4.3 加大指标评价，加强体系建立

森林采运作业在不同程度上都对森林生态系统和服务功能产生影响，对这些影响进行科学的评价，有助于确定合理的生态采运模式及计算生态采运成本，为推广生态采运作业奠定

基础。山地森林生态采运评价指标体系涉及多个学科，各个指标量化方法也有所不同，虽然已有不少学者通过数学模型尝试建立森林生态采运评价指标体系，但由于指标考虑的因素及计量方法都有所不同，未形成意见一致的评价原则和评价指标，无法形成体系。只有根据不同地理区域，针对不同功能的森林，建立全面科学的生态采运的标准评价体系，对山地森林生态采运进行综合评价，才能确定合理的山地森林生态采运技术，促进森林的可持续发展，充分发挥森林的多功能效益。

第 5 章
我国森林生态采运研究前景

5.1　生态的天然林择伐及更新作业技术

5.1.1　择伐林地群落恢复研究

为充分发挥天然林的多种功能，中国天然林保护工程的经营目标应是多目标经营，而健康、复层与异龄的混交林具备多功能森林的条件[110]。因此应建立天然混交林择伐与更新长期跟踪试验样地，研究不同择伐强度下生物多样性、林内小气候与林分结构的变化动态，以及伐后群落动态恢复和林分生长情况；开展残次低产天然阔叶林择伐改造的研究；综合评价不同择伐强度的采运成本及环境成本，从而确定最佳择伐与更新作业技术，实现森林的可持续经营。

5.1.2　择伐林地养分含量分析

以未受干扰的天然林为对照，定性和定量分析择伐干扰对林地土壤养分含量、土壤微生物量和生物多样性等的影响，揭示其变化规律；将土壤碳含量作为森林碳循环的源头，对森林碳足迹进行跟踪研究；将择伐林地土壤氮含量的相关研究与土壤微生物多样性结合，研究择伐迹地土壤氮素限制问题；运用动力学原理探讨天然林择伐后林地土壤养分循环的变化规律。

5.1.3　择伐林分生长动态仿真

建立长期连续观测的固定试验样地，跟踪森林不同强度择伐及不同采运作业经营下的林分生长，分析影响林分生长的相关因子，选择最佳林分生长模型对其生长进行拟合，通过计算机图形仿真技术及面向对象的程序开发平台，构建面向真实森林的天然林择伐经营模型，模拟不同择伐、不同采运作业下林分的生长，探讨其对林木更新与生长的影响，为制定合理的森林采集运方案提供科学依据。

5.1.4　景观择伐空间结构分析

以健康森林结构特征为指导，确定天然次生林空间优化经营目标，结合空间结构参数及试验样地的空间结构数据，利用计算机编程建立林分空间结构分析及优化模型，以择伐为调整手段，合理确定采伐木，以实现近自然经营；研究择伐前后景观要素的组成特征和空间配置，根据试验样地情况，对其进行林分层次上的空间优化及景观层次上的规划配置，构建景观择伐优化模型，实现森林资源在林分和景观尺度上的优化配置，以探索伐后森林景观恢复模式，为森林景观管理提供科学依据。

5.2　生态的人工林择伐及更新作业技术

5.2.1　基于分类功能的人工林生态采运技术

　　针对人工纯林连栽造成生产力衰退的现象，我国积极开展了人工林混交造林研究。由于人工混交林的资源条件及林分组成，在生态采运中特别要注意维持树种多样性，避免景观破碎化，合理确定采伐木，促进植被恢复等问题，研究适用于人工混交林生态采运技术。针对如水源涵养林等以发挥生态效益为主要目的的人工林应制定择伐计划，确定合理的择伐强度及择伐周期。而对于人工商品林，应将重点放在如何结合森林三大效益，尤其是如何缓解经济效益和生态效益矛盾关系，系统地评价人工林不同的采集运作业模式，以便确定最优作业模式；对人工林采运作业设备和生产工艺进行改进，研发有利于生态采运和清洁生产的设备；运用工业生态学系统地分析人工林生态采运系统的信息、能量和物质流动模式；研究采伐剩余物的新用途，提高采伐剩余物的综合利用率。

5.2.2　人工林择伐空间的优化及可视化经营

　　大力发展数字林业，提高林业信息系统技术水平，利用 3S 技术、虚拟现实技术与人工智能技术等，通过森林经营目标制定更合理的经营方案，改变传统的直接凭借经验采伐的经营方式；通过样地实测数据，结合林分生长方程及计算机三维模拟技术，构建基于林分可视化模型，模拟林分生长及森林经营模式；以择伐为手段，对林分空间格局、林木竞争与树种混交等空间信息进行分析，对实际林分进行模拟择伐，以实现林分空间配置的优化，为合理确定择伐木和择伐强度提供科学依据。

5.2.3　人工林择伐后生态恢复长期动态跟踪

　　除了从空间上开展大量定量研究外，应建立长期动态跟踪的固定试验基地，对林地进行长期定位观测，分析采伐强度对人工林林地土壤理化性质、土壤碳氮储量及其分配格局、土壤微生物多样性及分解作用等的长期影响；不同强度择伐对人工林物种多样性、基因多样性及生物生态作用的动态影响；不同强度择伐后人工林林分结构及组成的影响；不同强度择伐对伐区保留木损伤及更新的动态影响；人工林择伐对景观格局破碎化及生态服务功能的影响；不同强度择伐对人工林的环境成本及林木成长潜力等影响。

5.2.4　环境友好型木材物流系统的优化模型

　　环境友好型木材物流系统定义为：在森林生态采运的理论指导下，以采运技术的创新为发展动力，以森林资源承载力及生态环境承载力为约束条件的木材物流系统，其最终目的是协调森林三大效益和促进其可持续发展[111]。在林业信息化的背景下，应结合计算机网络技术与数学模型，构建物流决策支持系统与物流信息查询平台，对环境友好型木材物流系统进行优化；利用优化算法如遗传算法与神经网络算法等对木材物流运输与选址进行比选，以确定最佳的楞场位置及集运顺序；应用多种评价法（如模糊综合评价法与可拓学优度法等）对物流系统的三大效益及木材物流成本分析进行评价，并将环境成本考虑到木材物流成本分析中。

5.3　山地森林生态抚育间伐及技术体系

森林抚育能够调整林分组成及结构布局，促进林木生长，提高林分质量。针对山地森林的不同分类，通过间伐调整用材林林分组成及结构，对大径材和珍贵树种进行培育；水源涵养林在维持群落物种多样性的基础上，进行必要的抚育和阔叶化改造；研究抚育间伐对山地森林凋落物分解和土壤呼吸的影响，探讨山地森林抚育间伐与碳储量的关系；综合分析不同时期的抚育间伐对次生林生长发育的影响，合理确定抚育间隔期；研究不同抚育采伐方式对山地森林直径分布、龄级结构、单株材积及林下植被等的影响，对不同森林抚育效果进行综合评价，探讨合理的间伐方式和间伐强度；研制便携式生态型育苗机械，包括筑床机、播种机、换床机、切根机和起苗机等，以节约抚育作业成本，提高抚育作业效率；构建可视化森林经营模型，为山地森林抚育经营提供科学依据，让尽可能多的林木实现近自然生长阴道[112-113]。

本篇参考文献

[1] Buttoud G, 李树林, 侯元兆, 等. 欧洲的山地森林[J]. 热带林业, 2002, 30(2): 46-47.

[2] 史济彦. 建立兼顾生态效益和经济效益的新型采运作业系统——谈我国森林采运工业的发展战略[J]. 森林工程, 1988, 4(2): 6-11.

[3] 赵秀海, 于兴军. 论森林生态采伐问题[J]. 吉林林学院学报, 2000, 16(2): 68-70.

[4] 郭建钢, 周新年, 刘小锋. 森林生态采运技术与森林可持续经营[J]. 福建林学院学报, 2000, 20(2): 189-192.

[5] 周新年, 张正雄, 巫志龙, 等. 森林生态采运研究进展[J]. 福建林学院学报, 2007, 27(2): 180-185.

[6] 张会儒, 唐守正. 森林生态采伐理论[J]. 林业科学, 2008, 44(10): 127-131.

[7] 张会儒, 唐守正. 森林生态采伐研究简述[J]. 林业科学, 2007, 43(9): 83-87.

[8] 张会儒. 基于减少对环境影响的采伐方式的森林采伐作业规程进展[J]. 林业科学研究, 2007, 20(6): 867-871.

[9] 张会儒, 汤孟平, 舒清态. 森林生态采伐的理论与实践[M]. 北京: 中国林业出版社, 2006.

[10] 赵尘, 张正雄, 余爱华, 等. 采运工程生态学研究[M]. 北京: 中国林业出版社, 2013.

[11] 马长顺, 王雨朦. 不同经营方式对人工林土壤化学性质的影响[J]. 森林工程, 2014, 30(1): 30-35.

[12] 胡云云, 闵志强, 高延, 等. 择伐对天然云冷杉林林分生长和结构的影响[J]. 林业科学, 2011, 47(2): 15-24.

[13] 郑丽凤, 周新年. 山地森林采伐作业的环境成本定量分析[J]. 山地学报, 2010, 28(1): 31-36.

[14] 齐麟, 赵福强. 不同采伐强度对阔叶红松林主要树种空间分布格局和物种空间关联性的影响[J]. 生态学报, 2015, 35(1): 46-55.

[15] 张悦, 易雪梅, 王远遐, 等. 采伐对红松种群结构与动态的影响[J]. 生态学报, 2015, 35(1): 38-45.

[16] 周新年, 巫志龙, 郑丽凤, 等. 森林择伐研究进展[J]. 山地学报, 2007, 25(5): 629-636.

[17] 周新年, 巫志龙, 罗积长, 等. 人工林生态采伐研究进展[J]. 山地学报, 2009, 27(2): 149-156.

[18] 周新年, 陈辉荣, 巫志龙, 等. 山地人工林择伐技术研究进展[J]. 山地学报, 2012, 30(1): 121-126.

[19] 潘辉. 不同林地清理方式对巨尾桉林地生产力的影响[J]. 福建林学院学报, 2003, 23(4): 312-316.

[20] 杨国群. 毛竹造林地不同清理方式对造林效果的影响[J]. 福建林业科技, 2012, 39(4): 34-37.

[21] 邓宝珍. 生态型林地清理对杉木生长及物种多样性的影响[J]. 林业科技开发, 2007, 21(5): 32-34.

[22] 杨国靖, 肖笃宁. 中祁连山浅山区山地森林景观空间格局分析[J]. 应用生态学报, 2004, 15(2): 269-272.

[23] 胡喜生, 周新年, 邱荣祖. 采伐对森林景观影响的研究进展[J]. 北华大学学报, 2009, 10(5): 442-447.

[24] 张正雄, 周新年, 陈玉凤, 等. 不同采集作业方式对森林景观生态的影响[J]. 中国生态农业学报, 2006, 14(4): 47-50.

[25] 邱仁辉, 周新年, 杨玉盛. 森林采伐作业环境保护技术[J]. 林业科学, 2002, 38(2): 144-151.

[26] 董希斌, 王立海, 刘美爽. 森林生态采伐评价模型[J]. 东北林业大学学报, 2008, 36(5): 70-71.

[27] 戚春华, 朱守林, 王效亮, 等. 森林生态采伐评价研究[J]. 内蒙古农业大学学报, 2003, 24(2): 15-18.

[28] 邱荣祖, 方金武, 许少洪, 等. 山地林道网对森林综合效益影响的计量评价[J]. 福建林学院学报,

2001，21(1)：24 - 27.

[29] 邱荣祖，周新年. 基于 GIS 的优选作业伐区决策支持系统[J]. 遥感信息，2001(3)：37 - 40.

[30] 邱荣祖，黄德华，翁发进，等. 基于 GIS 的伐区楞场位置决策系统[J]. 林业科学，2005，41(1)：211 - 214.

[31] 唐守正. 东北天然林生态采伐更新技术研究[M]. 北京：中国科学技术出版社，2005：305 - 316.

[32] 王立海. 森林采伐迹地清理方式对迹地土壤理化性质的影响[J]. 林业科学，2002，38(6)：87 - 92.

[33] 张正雄，周新年，陈玉凤，等. 皆伐对不同坡度及结构的林分土壤理化性状的影响[J]. 中国生态农业学报，2008，16(3)：693 - 700.

[34] 董希斌，杨学春，杨桂香. 采伐对落叶松人工林土壤性质的影响[J]. 东北林业大学学报，2007，35(10)：7 - 10.

[35] 杜秀娟. 森林采伐对土壤养分的影响[J]. 内蒙古林业调查设计，2013，36(5)：28 - 30.

[36] 徐少辉. 不同采伐强度对闽南山地马尾松林下植被和土壤肥力的影响试验[J]. 林业调查规划，2008，33(4)：136 - 139.

[37] 郑丽凤，周新年，巫志龙. 土壤理化性质在不同强度采伐干扰下的响应及其评价[J]. 福建林学院学报，2009，29(3)：199 - 202.

[38] Liu Shirong, John Inness, Wei Xiaohua. Shaping forest management to climate change：An overview[J]. Forest Ecology and Management, 2013, 300：1 - 3.

[39] Pan Y D, Birdsey R A, Fang J Y, et al. A large and Persistent carbon sink in the world's forests[J]. Science, 2011, 33：988 - 993.

[40] Valentini R, Matteucci G, Dolman A J, et al. Respiration as the main determinate of carbon balance in European forests[J]. Nature, 2000, 404：861 - 865.

[41] Rennenberg H, Dannenmann M, Gessler A, et al. Nitrogen balance in forest soils：nutritional limitation of plants under climate stresses[J]. Plant Biology, 2009, 11：4 - 23.

[42] Chanasyk D S, Whitson I R, Mafumo E, et al. The impacts of forest harvest and wildfire on soils and hydrology in temperate forests：a baseline to develop hypotheses for the Boreal Plain[J]. Journal of Environmental Engineering and Science, 2003, 2：51 - 62.

[43] 鲁洋，黄从德，李海涛，等. 不同采伐强度柳杉人工林的夏季土壤呼吸日变化[J]. 浙江林业科技，2009，29(2)：19 - 23.

[44] 宁亚军，陈世萍，钱海源，等. 浙江古田山亚热带常绿阔叶林不同干扰强度下土壤呼吸的日动态与季节变化[J]. 科学通报，2013，58(36)：3839 - 3848.

[45] 孟春，王立海，沈微. 择伐对小兴安岭地区针阔混交林土壤呼吸温度敏感性的影响[J]. 林业科学，2011，47(3)：102 - 106.

[46] 唐晓鹿，范少辉，漆良华，等. 采伐对幕布山区毛竹林土壤呼吸的影响[J]. 林业科学研究，2013，26(1)：52 - 57.

[47] 张正雄，赖灵基，陈玉凤. 不同林分结构人工林皆伐后不同土层温度的变化[J]. 西南林业大学学报，2013，33(4)：39 - 43.

[48] 骆土寿，陈步峰，陈永富，等. 海南岛霸王岭热带山地雨林采伐经营初期土壤碳氮储量[J]. 林业科学研究，2000，13(2)：123 - 128.

[49] 胡振宏，何宗明，范少辉，等. 采伐剩余物管理措施对二代杉木人工林土壤全碳、全氮含量的长期效应[J]. 生态学报，2013，33(13)：4205 - 4213.

[50] 杨秀云，韩有志，宁鹏，等. 砍伐干扰对华北落叶松林下土壤有效氮含量空间异质性的影响[J]. 环境科学学报，2011，31(2)：430 - 439.

[51] Holly M H, James J G. Relationship between ammonia oxidizing bacteria and bioavailability nitrogen in harves-

ted forest soil of central Alberta[J]. Soil Biology & Biochemistry, 2012, 46: 18 – 25.

[52] Sirajul H S M, Rahima F, Sohag M, *et al.* Clear felling and burning effects on soil nitrogen transforming bacteria and actinomycetes population in Chittagong University campus, Bangladesh[J]. Journal of Forestry Research, 2012, 23(1): 123 – 130.

[53] Siciliano S D, Palmer A S, Winsley T, *et al.* Soil fertility is associated with fungal and bacterial richness, whereas PH is associated with community composition in polar soil microbial communities[J]. Soil Biology & Biochemistry. 2014, 78: 10 – 20.

[54] 龙涛, 蓝嘉船, 陈厚荣, 等. 采伐和炼山对马尾松土壤微生物多样性的影响[J]. 南方农业学报, 2013, 44(8): 1318 – 1323.

[55] Bellocq M I, Smith S M, Doka M E. Short-term effects of harvest technique and mechanical site preparation on arthropod communities in jack pine plantations[J]. Insect Conserve, 2001(5): 187 – 196.

[56] Moore J D, Ouimet R, Camire C, *et al.* Effects of two silvicultural practices on soil fauna abundance in a northern hardwood forest, Québec, Canada[J]. Soil Science, 2002, 82: 105 – 113.

[57] 肖玖金, 张健, 杨万勤, 等. 巨桉人工林土壤动物群落对采伐干扰的初期响应[J]. 生态学报, 2008, 28(9): 4532 – 4539.

[58] Jana L, Peter L, Dana M, *et al.* The effect of clear-cutting and wildfire of soil Oribatida (Acari) in windthrown stands of the High Tatra Mountains(Slovakia)[J]. European Journal of Soil Biology, 2013, 55: 131 – 138.

[59] 陈小鸟, 由文辉, 王向阳, 等. 常绿阔叶林不同砍伐处理下土壤动物的群落特征[J]. 生物多样性, 2009, 17(2): 160 – 167.

[60] Simon B, Robert N C, Richard F. Changes in soil and litter arthropod abundance following tree harvesting and site preparation in a loblolly pine(Pinus taeda L.) plantation. 2004, 202: 195 – 208.

[61] 张洪亮, 张毓涛, 张新平, 等. 天山中部天然云杉林凋落物层水文生态功能研究[J]. 干旱区地理, 2011, 34(2): 271 – 277.

[62] 张远东, 刘世荣, 顾峰雪. 西南亚高山森林植被变化对流域产水量的影响[J]. 生态学报, 2012, 31(24): 7601 – 7608.

[63] Khanal S, Prem P B. Evaluating the Impacts of Forest Clear Cutting on Water and Sediment Yields Using SWAT in Missippi[J]. Journal of Water Resource and Protection. 2013(5): 474 – 483.

[64] Marryanna L, Siti A S, Saiful I K, *et al.* Water quality response to clear felling trees for forest plantation establishment at Bukit Tarek F. R. Selangor[J]. Journal of Physical Science. 2007, 18(1): 33 – 45.

[65] Marryanna L, Siti A S, Saiful I K, *et al.* Water quality changes on Highland Forest before, during and after Timber Harvesting. International conference on Environment [J]. Energy and Biotechnology. 2012, 33: 209 – 212.

[66] 孙锡宏, 赵来顺, 李耀翔, 等. 森林采伐作业对迹地径流水质的影响[J]. 森林工程, 2000, 16(3): 5 – 6, 31.

[67] 丁立仲, 徐高福, 卢剑波, 等. 景观破碎化及其对生物多样性的影响[J]. 江苏林业科技, 2005, 32(4): 45 – 49, 57.

[68] 袁正科, 李星照, 田大伦, 等. 洞庭湖湿地景观破碎与生物多样性保护[J]. 中南林学院学报, 2006, 26(1): 109 – 116.

[69] Tetsuro H, Niino M, Kon M, *et al.* Effects of logging road networks on the ecological functions of dung beetles in Peninsular Malaysia[J]. Forest Ecology and Management, 2014, 326: 18 – 24.

[70] Robinson C, Duinker P N, Beazley K F. A conceptual framework for understanding, assessing and mitigating ecological effects of forest roads[J]. Environ Rev, 2010, 18: 61 – 68.

[71] 李春义，马履一，徐昕. 抚育间伐对森林生物多样性影响研究进展[J]. 世界林业研究，2006，19(6)：27－32.

[72] 白艳，王建国，贺晓辉，等. 不同采伐方式对兴安落叶松林下物种多样性的影响[J]. 林业科学，2012，37(3)：20－23.

[73] 雷相东，陆元昌，张会儒，等. 抚育间伐对落叶松云冷杉混交林的影响[J]. 林业科学，2005，41(4)：78－85.

[74] 马万里，罗菊春，荆涛，等. 采伐干扰对长白山核桃楸林生物多样性的影响研究[J]. 植物研究，2007，27(1)：119－124.

[75] Velho N, Ratnam J, Srinivasan U, *et al.* Shifts in community structure of tropical tree and avian frugivores in forests recovering from past logging[J]. Biological Conservation, 2012, 153：32－40.

[76] Bregman T P, Sekercioglu C H, Tobias J A. Global patterns and predictors of bird species responses to forest fragmentation：Implications for ecosystem function and conservation[J]. Biological Conservation, 2014, 169：372－383.

[77] Coveya K, Carrollb C J W, Duguida M C, *et al.* Developmental dynamics following selective logging of an evergreen oak forest in the Eastern Himalaya, Bhutan：Structure, composition, and spatial pattern[J]. Forest Ecology and Management, 2015, 336：163－173.

[78] Rutten G, Ensslin A, Hemp A, et al. Forest structure and composition of previously selectively logged and non－logged montane forests at Mt. Kilimanjaro[J]. Forest Ecology and Management, 2015, 337：61－66.

[79] 张正雄，赵尘，周新年，等. 皆伐与不同迹地清理方式对我国南方林地土壤温度的影响[J]. 森林工程，2010，26(6)：1－3.

[80] 赵秀海，李毅，高凤国，等. 采伐迹地清理方式对水土流失及更新苗木的影响[J]. 吉林林学院学报，1996，12(2)：69－72.

[81] 康文星，田大伦，张合平. 杉木人工林采伐后净化大气环境效能损失的评价[J]. 林业科学，2002，38(5)：14－17.

[82] 康文星，田大伦. 杉木人工林采伐后水源涵养和固土保肥效益损失的评价[J]. 林业科学，2002，38(1)：111－115.

[83] 董希斌，杨学春，张泱，等. 落叶松人工林保留木损伤率的影响[J]. 东北林业大学学报，2007，35(9)：7－8.

[84] 邱仁辉，周新年. 不同强度的择伐作业对保留木与幼树幼苗的影响[J]. 森林工程，1997，13(3)：5－7.

[85] 张会儒. 落叶松人工林间伐技术优化研究[J]. 林业科学研究，2007，7(2)：175－179.

[86] Chazdon R L. Tropical forest recovery：legacies of human impact and natural disturbances. Perspectives in Plant Ecology[J]. Evolution and Systematics, 2003, 6(1/2)：51－71.

[87] Bonnell T R, Hurtado R R, Chapman C A. Post-logging recovery time is longer than expected in an East African tropical forest[J]. Forest Ecology and Management, 2011, 261(4)：855－864.

[88] 卜文圣，许涵，臧润国，等. 不同采伐干扰方式对热带山地雨林谱系结构的影响[J]. 林业科学，2014，50(4)：16－21.

[89] 郭建钢，周新年，丁艺，等. 不同集材方式对森林土壤理化性质的影响[J]. 浙江林学院学报，1997，14(4)：344－349.

[90] 郭建钢，周新年，丁艺，等. 山地森林采伐研究进展. // 中国林学会森林生态分会. 森林生态学论坛[I]. 北京：中国农业科技出版社，1999：59－64.

[91] 张正雄，周新年，邓盛梅，等. 人工林伐区索道集材对土壤理化性状的影响[J]. 南京林业大学学报，2009，33(5)：151－154.

[92] 张正雄，周新年，赵尘，等. 手板车集材对人工林林地土壤理化性质的影响[J]. 东北林业大学学报，2005，33(1)：14 – 15.

[93] Servadio P. Applications of empirical methods in central Italy for predicting field wheeled and tracked vehicle performance[J]. Soil & Tillage Research，2010，110：236 – 242.

[94] 粟金云. 山地森林采伐学[M]. 北京：中国林业出版社，1993：153 – 339.

[95] 周新年. 工程索道与悬索桥[M]. 北京：人民交通出版社，2013.

[96] Ramin N，Bagheri I，Basiri R. Soil disturbances due to machinery traffic on steep skid trail in the north mountainous forest of Iran[J]. Journal of Forestry Research，2010，21(4)：497 – 502.

[97] Yang DeLing，Wang LiHai，Ji ShuE，*et al*. Comparison of Skidding Performance of Small Track-type Experimental Prototype Skidder and J-50 Skidding Tractor[J]. Journal of Harbin Institute of Technology(New Series)，2013，20(1)：93 – 96.

[98] Horn R，Vossbrink J，Becker S. Modern forestry vehicles and their impacts on soil physical properties[J]. Soil & Tillage Research，2004，79：207 – 219.

[99] Ampoorter E，Nevel L V，Vos B D，*et al*. Assessing the effects of initial soil characteristics，machine mass and traffic intensity on forest soil compaction[J]. Forest Ecology and Management，2010，260：1664 – 1676.

[100] Hamid T，Aref M. Effect of velocity wheel load and multipass on soil compaction[J]. Journal of the Saudi Society of Agricultural Sciences，2014，13：57 – 66.

[101] Najafi A，Solgi A，Sadeghi S H. Soil disturbance following four wheel rubber skidder logging on the steep trail in the north mountainous forest of Iran[J]. Soil & Tillage Research，2009，103：165 – 169.

[102] Jaafari A，Najafi A，Zenner E K. Ground-based skidder traffic changes chemical soil properties in a mountainous Oriental beech(*Fagus Orientalis Lipsky*) forest in Iran[J]. Journal of Terramechanics，2014，55：39 – 46.

[103] 张正雄，周新年，陈玉凤. 人工林伐区不同集材方式对林地土壤的影响[J]. 山地学报，2007，25(2)：212 – 217.

[104] 张正雄. 山地人工林集材作业技术[J]. 山地学报，2002，20(6)：761 – 764.

[105] 张正雄，周新年，赵尘，等. 南方林区人工林生态采运作业模式优选[J]. 林业科学，2008，44(5)：128 – 134.

[106] 董希斌，王立海. 落叶松人工林采集作业模式的优选[J]. 林业科学，2007，43(9)：48 ~ 52.

[107] 周新年，邱仁辉，杨玉盛，等. 我国南方集体林区伐区采集作业模式选优[J]. 林业科学，2001，37(4)：99 – 106.

[108] 周新年，沈宝贵，游明兴，等. 伐区采集作业综合效益评价[J]. 山地学报，2002，20(3)：331 – 337.

[109] 冯辉荣，周新年，李闽晖，等. 轻型索道集材与开路集材三大效益对比分析[J]. 林业科学，2012，48(8)：129 – 134.

[110] 王宝，张秋良，王立明. 天然林多目标经营研究现状及趋势[J]. 西北林学院学报，2015，30(1)：189 – 195.

[111] 周新年，邱荣祖，张正雄，等. 环境友好型的木材物流系统研究进展[J]. 林业科学，2008，44(4)：132 – 138.

[112] 周新年，赖阿红，周成军，等. 山地森林生态采运研究进展[J]. 森林与环境学报，2015，35(2)：185 – 192.

[113] 尹伟伦. 全球森林与环境关系研究进展[J]. 森林与环境学报，2015，35(1)：1 – 7.

第 2 篇

山地人工林生态采运作业系统研究

第1章
研究区域概况与试验方案设计

1.1 研究区域自然概况

研究试验地选在闽西北地区(福建省南平和三明两地市)的主要林业县市建瓯市墩阳林业采育场(南平市)和永安市元沙林业采育场及燕江木材采购站(三明市)。

福建省建瓯市(东经117°45′58″~118°57′11″,北纬26°38′54″~27°20′26″)地处武夷山脉的东南部,鹫峰山脉的西北侧,为中亚热带山地丘陵区,海洋性季风气候,年平均气温18.7℃,年平均相对湿度为83%,年平均降水量为1733 mm,平均蒸发量为1450 mm,年日照时数为1612 h,全年无霜期平均为286天。土壤以砂岩和花岗片麻岩发育成的山地红壤或黄红壤为主,占林业用地面积的82.16%,土壤土层厚度大多在100 cm以上,土体结构A、B、C层次逐渐过渡。

永安市(东经116°56′~117°47′,北纬25°33′~26°12′)地形地貌属亚热带山地丘陵,东南部属戴云山玳瑁山脉,最高山峰海拔1705.7 m,西部和西北部属武夷山余脉的东南坡;土壤以花岗片麻岩发育成的山地红壤为主,占林业用地面积的72.38%,土壤土层厚度大多在100 cm以上,土体结构A、B、C层次逐渐过渡;气候属中亚热带季风气候,年平均气温19.4℃,相对湿度80%,年平均降水量1564.2 mm,雨季为4月下旬至6月中旬,占全年总降水量的40%以上。年蒸发量1455.5 mm,降水量高于蒸发量108.7 mm,水热资源丰富,十分有利于森林植物的生长。

1.2 研究区域人工林及采伐利用概况

1.2.1 人工林资源概况

福建省现有人工林大部分分布在闽西北地区(南平、三明两地市),大多数人工林都是在20世纪60~70年代开始营造的,现在采伐以人工林为主。人工林林种结构主要有杉木、马尾松纯林及其少量的混交林(杉马混交林、杉阔混交林和马阔混交林等),约占全部人工林的80%以上。长期出现林种单一的主要原因有2个方面:一方面,林业生产部门尤其是决策部门受经济利益驱使,不重视森林的生态效益,因为针叶树特别是杉木在较长的一段时期里在木材市场上属紧俏产品,且针叶树(杉木)具有速生丰产特点;另一方面,由于常绿阔叶林的造林技术和木材加工技术不过关,除少数几种珍贵林木外,都是低价品,林农称之为"杂木"。

(1)杉木、马尾松人工纯林:是营造大面积速生丰产林主要的经营类型。林分组成简单,多为杉木、马尾松单优势树种同龄林，林冠整齐；林下灌木、草本层的数量与立地条件、郁闭度以及造林前林地清理方式等有关。

（2）杉木、马尾松人工混交林：由于杉木、马尾松人工纯林存在组成单纯，层次结构简单，生态质量差，生态系统脆弱，针叶含灰分元素少，有机物分解缓慢，土壤微生物区系单纯，形成强酸性的腐殖质，肥力低，易发生森林火灾等缺点。

同人工纯林比较，人工混交林尤其是针阔混交林，不同程度上都产生了明显的经济效益和生态效益，如增加了单位面积蓄积量，提高了土壤肥力水平，改善了林内小气候条件，减轻了病虫的危害等。

我国木材生产在实施天然林保护工程以后，正经历着深刻的变革，从采伐天然林为主，转移到采伐人工林为主。天然林资源下降不利于生态环境可持续发展，人工林资源上升给林业工业可持续发展带来新的希望。由于人工林所选择的造林树种速生丰产，且与天然林相比，其生产力水平更高，单位面积出材量大，许多发达国家和发展中国家都把大力发展人工林作为解决 21 世纪木材需求的根本措施，并制定了长期的人工林发展规划，以此来解决环境和木材供需之间的矛盾。但是，由于不合理的造林、营林和采伐措施，使人工林生态问题逐渐暴露出来，主要表现在地力衰退、生物多样性降低、病虫害严重、森林生产力降低等问题，这些生态问题直接影响到人工林的可持续发展，应给予充分的重视。

1.2.2　人工林采伐利用概况

1.2.2.1　主要作业方式与设备

人工林林种、树种、林分结构等比较单一，径级较小。采伐作业方式与天然林有较大的不同。天然林主伐方式有皆伐、渐伐和择伐，而人工林主伐方式除部分针阔混交林和水源涵养林采用择伐外，其余均为皆伐(基本上为小块状皆伐)。采伐作业设备以油锯采伐为主，少量用弯把锯或斧头(主要在集体林区和私有林区中采伐杉木林使用)。集材方式则以手扶拖拉机、手板车、土滑道集材居多，少量集材用架空索道。运材方式主要是汽车、农用车陆路到材，水运到材的比例很小。迹地清理方式主要有炼山和条带堆腐法 2 种。伐后更新方式除部分择伐迹地采用天然更新或人促天然更新外，基本上实行人工更新。

1.2.2.2　伐区主要作业工序和作业项目

人工林伐区作业工序主要有：准备作业、采伐、造材、集材、归楞、装车、迹地清理、迹地更新。各工序之间相互衔接，随伐区木材生产工艺组织类型的不同而变化。每个作业工序又可分为数量不等的作业项目(表2-1-1)，工序中的作业项目彼此之间可以相互替代，采用何种作业项目可以进行选择。

表 2-1-1　人工林伐区生产作业工序和作业项目

准备作业	采　伐	造　材	集　材	归　楞	装　车	迹地清理	迹地更新	运　材
伐区调查设计	油锯伐木	油锯山场或楞场打枝造材	手扶拖拉机	人力归楞	人力装车	堆积法(散堆和带堆)	人工更新	农用车
修建集运材道	弯把锯伐木	弯把锯山场或楞场打枝造材	手板车		栈台装车	散铺法	天然更新	汽　车

（续）

准备作业	采 伐	造 材	集 材	归 楞	装 车	迹地清理	迹地更新	运 材
架设索道			架空索道		索道装车	火烧法	人促天然更新	船运
开设楞场			土滑道 担筒 溜山			不处理		排运

1.2.2.3　伐区主要木材生产工艺类型

人工林伐区木材生产工艺类型不仅与森林资源、自然地形和气候条件，以及采用的作业设备有关，而且还与搬运木材产品时所需的道路条件和交通状况密切相关。伐区木材生产工艺类型一般是以集材时的木材形式划分的。集材时的木材形式主要有 3 种，即：伐倒木、原条和原木。人工林集材作业时的木材形式除少量为原条外，大多为原木，故其生产工艺类型多数属于原木集材工艺类型。但由于伐区作业工序和项目很多，同一工序可以有不同的作业项目（表 2-1-1），因此它们可以组成许多伐区木材生产工艺类型，常见的人工林生产工艺类型及流程，如图 2-1-1。

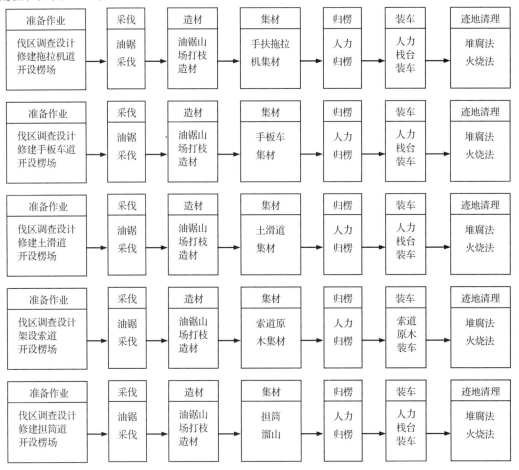

图 2-1-1　人工林伐区常见生产工艺类型

1.3　试验方案设计

（1）定量分析山地常用的皆伐人力溜山作业，对不同坡度杉木人工林迹地土壤理化性质的影响。

（2）选择常见的 4 种人工林林分结构（杉木纯林、杉阔混交林、马杉混交林和短轮伐期尾叶桉纯林），分析皆伐作业对其林地土壤理化性质的影响。4 种人工林林分结构对土壤的干扰程度，经主成分分析，进行科学排序。

（3）皆伐作业 5 种集材方式（手扶拖拉机、手板车、土滑道、全悬索道和担筒）进行对照，分析各种集材方式对林地土壤理化性质的影响。5 种集材方式对土壤的干扰程度，经主成分分析，进行科学排序。

（4）选择山地人工林常用的 2 种运材方式（农用车与汽车），分析各种运材方式土壤理化性质指标变化程度的影响。在考虑两者的运材量和对运材道面积影响的基础上，对 2 种运材作业后人工林皆伐迹地的土壤受干扰程度进行科学排序。

（5）调查分析不同采集作业对林地土壤侵蚀的影响。

（6）人工针阔混交林择伐前后采集土样，分析择伐对林地土壤理化性质的影响，并对择伐后凋落物养分含量进行分析。

（7）建立山地杉木人工林长期固定样地，从林分生长、物种多样性、土壤理化特性和凋落物现存量及其养分含量 4 个方面，对不同择伐强度下的生态效应进行比较分析；在不同强度择伐下，利用长期固定样地的连续实测数据，构建单木生长模型，实现择伐后不同时期的生长动态仿真；结合林分树种组成，利用描述空间结构的混交度、大小比数和角尺度 3 种结构参数，对杉阔混交人工林空间结构进行分析；对杉阔混交人工林择伐土壤温度变化进行分析。

（8）选择 2 种常见的人工林林分结构（杉阔混交林和短轮伐期尾叶桉纯林），分析皆伐作业对林地植被和物种多样性的影响。

（9）研究火烧法、带堆法和散铺法 3 种迹地清理方式对人工林皆伐林地土壤温度的影响，以及对不同林分结构皆伐林地土壤温度的影响。

（10）对人工林新型集材设备与工艺进行试验研究：对轻型遥控人工林集材索道与轻型人工林集材绞盘机（JS3-1.5、JS2-0.8 和 JSX2-0.4 型）进行试验研究，采用价值工程分析评价方法，对国内常用的轻型集材机械进行分析评价。

（11）通过对集材板车的结构、集材方法及其安全性的调研，研究其技术改进措施，以提高集材板车在陡坡集材时的安全性。

（12）调查分析陆路运输（包括公路和铁路）和水路运输（包括船运、排运和单漂流送）对森林生态环境的影响。通过各种木材运输工艺与设备的研讨，筛选出理想的运材方式和设备。

（13）通过木材汽车运输、汽水联运与汽铁联运等 3 种运输模式的技术经济分析，建立木材运输模式的数学模型，研究各木材运输模式的经济运距理论计算式。

（14）对人工林皆伐作业中的 2 种不同作业方法，即油锯采伐（机械作业）和弯把锯采伐（手工作业）进行三大效益综合评价。

（15）对南方人工林伐区常用 4 种木材运输作业模式（汽车运材、农用车运材、船运木材和排运木材）的经济效益、生态效益、社会效益及综合效益进行分析评价，并进行科学排序。

（16）将采、集、运 3 道作业工序作为一个综合系统，从经济、生态、社会效益角度和木材采运配套技术出发，对常用的 8 种不同采运作业模式进行定量分析和综合评价，得到在一定作业条件下，经济、生态和社会等综合效益最佳的人工林生态采运作业模式。

第2章
不同采运作业方式皆伐对林地土壤理化性质的影响

森林土壤是森林生态的重要组成部分，是林木赖以生存的物质基础，长期地维持和提高森林土壤肥力已成为生态系统稳定和林业持续发展的关键。伐区作业中如何减少对林地土壤的破坏，以及伐后更新如何同土壤条件相适应，是森林采伐中必须考虑的重要方面。

2.1 皆伐对山地不同坡度土壤理化性质影响

2.1.1 试验地概况

试验地位于福建省建瓯市墩阳林业采育场墩阳工区 23 林班 7 大班 2 小班。采伐作业迹地前茬树种组成为杉木纯林（有少量的松阔树种），林分平均胸径 17.7 cm，平均树高 12.6 m，灌木层组成种类主要有米槠、木荷和少量的丝栗栲、青冈、石栎、南酸枣、笔罗子等；草本主要有狗脊、黑莎草、芒萁、乌蕨、淡竹叶等。伐区面积 9.47 hm²，蓄积量 1560 m³，出材量 1076 m³。

2.1.2 土样采集与研究方法

2002 年 5 月进行伐前调查，并采集伐前土样；8 月进行采伐作业生产（作业方式为皆伐人力溜山）；12 月进行伐后调查，并采集伐后土样。在充分调查比较的基础上，选取有代表性的 3 种坡度，即 16°（缓坡）、23°（中坡）和 30°（陡坡）的杉木人工林林地，于皆伐作业前后分别采集土样。

土壤取样方法按森林土壤样品采集与制备国家标准（GB7830—87）的规定执行，具体如下：皆伐作业前，在选定的林地上、中、下坡，按同一坡向、同一坡位挖一主剖面和一辅剖面，共 3 个主剖面和 3 个辅剖面，每一剖面以多点（3 点）取样法，同一剖面不同样点按 0～20 cm 土层（考虑到采伐作业对林地土壤的影响主要在表土层，故只取 0～20 cm 的表层土样进行分析）取样后，供室内分析。土壤水分物理性质样品的采集用环刀（每个剖面取 3 个土样）；土壤水稳性团聚体结构样品的采集，是在土壤湿度不粘铲的情况下采集，在 0～20 cm 土层中部取 1 个样品，保留原状土样，将其放入铝盒中；土壤化学性质样品的采集是在每个剖面自下而上的土层中均匀采集，将样品放入塑料袋内，贴上标签。皆伐作业后，在对应的相同坡位与坡向的伐前取样点附近采伐迹地上按同样方法取土样，进行对照比较。

土壤理化分析按森林土壤分析方法国家标准（GB7830—87～GB7857—87）规定执行，其中土壤水稳性团聚体测定用机械筛分法（GB7847—87）；水分—物理性质测定用环刀法（GB7835—87）；土壤有机质用重铬酸钾氧化—外加热法（GB7857—87）；土壤全磷用高氯酸—硫酸酸溶—钼锑抗比色法（GB7852—87）；土壤速效磷用盐酸—氟化铵浸提法（GB7853—

87）；土壤全氮用高氯酸—硫酸消化扩散吸收法（GB7848—87）；土壤水解性氮用碱解—扩散吸收法（GB7849—87）；土壤全钾采用氢氧化钠碱熔—火焰光度法（GB7854—87）；土壤速效钾采用乙酸铵浸提—火焰光度法（GB7856—87）。土壤分析数据为同一类型 2 次重复分析结果的平均值。

2.1.3   皆伐作业对山地土壤物理性质的影响

2.1.3.1   皆伐作业对土壤结构稳定性的影响

土样分析结果（表 2-2-1）表明，皆伐作业后林地土壤团聚体组成发生了变化。当林地坡度为 16°、23°和 30°时，类型 B（皆伐后土样）与类型 A（皆伐前土样）相比，>5 mm 的土壤团聚体含量分别小 33.02%、23.31% 和 9.72%，>5mm 水稳性团聚体含量分别小 12.48%、10.87% 和 8.36%，>0.25 mm 水稳性团聚体含量分别小 17.40%、12.67% 和 11.05%，结构体破坏率则分别大 7.65%、6.46% 和 5.67%。

表 2-2-1   杉木纯林不同坡度皆伐作业林地土壤团聚体组成变化（0~20 cm 土层）

土样类型	坡度（°）	粒径（mm）						结构体破坏率（%）
		>5	5~2	2~1	1~0.5	0.5~0.25	>0.25	
A（皆伐前）	16	63.12	11.25	6.66	5.39	6.52	91.95	18.43
		29.02	14.75	11.42	13.69	6.12	75.00	
	23	62.21	9.74	7.25	5.74	7.14	92.08	12.76
		32.48	11.43	13.80	12.90	9.72	80.33	
	30	59.13	12.76	9.10	7.42	5.82	94.23	7.47
		54.47	11.38	8.69	8.55	4.10	87.19	
B（皆伐后）	16	30.10	14.51	10.55	9.79	12.97	77.92	26.08
		16.54	11.73	10.39	13.61	5.33	57.60	
	23	38.90	10.30	9.84	8.80	15.92	83.76	19.22
		21.61	12.86	11.80	12.60	8.79	67.66	
	30	49.41	14.27	9.84	6.90	7.25	87.66	13.14
		46.11	12.67	8.52	6.67	2.17	76.14	

注：结构体破坏率（%） = $\dfrac{>0.25 \text{ mm 团聚体} - >0.25 \text{ mm 水稳性团聚体}}{>0.25 \text{ mm 团聚体}} \times 100\%$；分子为干筛值（%），分母为湿筛值（%）。

2.1.3.2   皆伐作业对土壤水分与孔隙状况的影响

试验结果（表 2-2-2）表明，当林地坡度为 16°、23°和 30°时，类型 B 与类型 A 相比，土壤密度分别大 0.03、0.02 和 0.02 g/cm³，土壤最大持水量分别下降 3.10%、2.43% 和 2.25%，毛管持水量分别下降 2.03%、1.43% 和 1.35%；土壤总孔隙度分别减少 3.16%、2.40% 和 1.77%，非毛管孔隙分别减少 1.35%、1.22% 和 0.94%，非毛管孔隙与毛管孔隙比率分别下降 27.27%、16.67% 和 11.76%。说明皆伐人力溜山作业使得林地土壤孔隙状况和持水性能有所下降。这是由于皆伐作业和人力溜山过程中，树木倾倒和原木在地面滚动、滑动时对林地土壤造成的扰动和撞击压实作用所致。

表 2-2-2　杉木纯林不同坡度皆伐作业对土壤水分与孔隙状况的影响(0~20 cm 土层)

土样类型	坡度 (°)	密度 (g/cm³)	持水量(%)			最佳含水率 下限(%)	孔隙度(%)			孔隙组成(%)		非毛管孔隙与 毛管孔隙之比
			最大	最小	毛管		总孔隙	毛管	非毛管	毛管孔隙	非毛管孔隙	
A(皆伐前)	16	1.34	35.95	28.95	32.35	20.27	48.17	43.35	4.82	89.99	10.01	0.11
	23	1.29	38.93	29.70	34.68	20.79	50.22	44.74	5.48	89.15	10.85	0.12
	30	1.17	45.65	35.65	39.05	24.96	53.41	45.69	7.72	85.55	14.45	0.17
B(皆伐后)	16	1.37	32.85	27.80	30.32	19.46	45.01	41.54	3.47	92.29	7.71	0.08
	23	1.31	36.50	30.10	33.25	21.07	47.82	43.56	4.26	91.09	8.91	0.10
	30	1.19	43.40	34.25	37.70	23.98	51.64	44.86	6.78	86.87	13.13	0.15

2.1.4　皆伐作业对山地土壤化学性质的影响

由表 2-2-3 可知，皆伐作业后土壤养分含量发生变化，与伐前相比，林地有机质及 N、P、K 养分普遍降低。当林地坡度为 16°、23°和 30°时，类型 B 的土壤有机质含量比类型 A 分别下降 9.42、2.34 和 0.53 g/kg，全 N 含量分别下降 1.17、0.15 和 0.03 g/kg，水解性 N 含量分别下降 15.30、13.10 和 12.30 g/kg，全 P 含量分别下降 0.31、0.18 和 0.10 g/kg，速效 P 含量分别下降 6.56、3.52 和 1.79 g/kg，全 K 含量分别下降 1.61、1.03 和 0.89 g/kg，速效 K 含量分别下降 18.14、13.74 和 6.56 g/kg。造成皆伐后土壤养分降低的原因，与皆伐人力溜山过程中对表土层产生的扰动，以及林地的水土流失有关。

表 2-2-3　杉木纯林不同坡度皆伐作业林地土壤主要养分含量变化(0~20 cm 土层)

土样类型	坡度 (°)	主要养分含量						
		有机质 (g/kg)	全 N (g/kg)	全 P (g/kg)	全 K (g/kg)	水解性 N (mg/kg)	速效 P (mg/kg)	速效 K (mg/kg)
A(皆伐前)	16	37.66	2.26	1.01	11.99	141.00	12.95	84.51
	23	26.02	1.13	0.72	10.78	133.50	7.85	68.85
	30	24.21	0.98	0.59	9.86	128.50	4.60	36.20
B(皆伐后)	16	28.24	1.09	0.70	10.38	125.70	6.39	66.37
	23	23.68	0.98	0.54	9.75	120.40	4.33	55.11
	30	22.36	0.95	0.49	8.97	116.20	2.81	29.64

2.2　皆伐对不同林分结构人工林林地土壤的影响

森林采伐后引起各项生态因子的变化，而林地土壤的变化是较明显的。选择人工林常见 4 种林分结构，即杉木纯林、杉阔混交林(8 杉 2 阔)、马杉混交林(9 马 1 杉)、短轮伐期阔叶林(尾叶桉纯林)，对皆伐前后土壤主要理化性质指标变化程度进行比较，并对 4 种林分林地土壤的干扰程度进行科学排序，为人工林采伐与更新提供科学决策依据。

2.2.1　试验地概况

（1）杉木纯林试验地：福建省建瓯市墩阳林业采育场墩阳工区 23 林班 7 大班 2 小班。2002 年 5 月伐前调查，并采集伐前土样；8 月油锯皆伐；12 月伐后调查，并采集伐后土样。迹地前茬树种组成为杉木纯林（有少量的松阔树种），林分平均胸径 17.7 cm，平均树高 12.6 m。灌木层组成种类主要有米槠、木荷和少量的丝栗栲、青冈、石栎、南酸枣、笔罗子等；草本主要有狗脊、黑莎草、芒萁、乌蕨、淡竹叶等。伐区面积 9.47 hm²，蓄积量 1560 m³，出材量 1076 m³。

（2）杉阔混交林试验地：永安市元沙林业采育场霞坑工区 56 林班 1 大班 3 小班。2002 年 10 月伐前调查，并采集伐前土样；12 月油锯皆伐；2003 年 4 月伐后调查，并采集伐后土样。迹地前茬树种组成为 8 杉 2 阔，林分平均胸径 14 cm，平均树高 10.7 m。阔叶树主要有丝栗栲、青冈、猴欢喜和笔罗子等；灌木主要有地稔、细枝柃、杜茎山、单耳柃、毛冬青等；草本主要有狗脊、莎草、五节芒、盾蕨、淡竹叶等。伐区面积 10.4 hm²，蓄积量 1435 m³，出材量 951 m³。

（3）马杉混交林试验地：建瓯市墩阳林业采育场墩阳工区 55 林班 2 大班 9 小班。2002 年 5 月伐前调查，并采集伐前土样；8 月油锯皆伐；10 月伐后调查，并采集伐后土样。迹地前茬树种组成为 9 马 1 杉，林分平均胸径 20 cm，平均树高 14.7 m。灌木及草本主要有大青、刺毛杜鹃、苦竹、芒萁、狗脊、淡竹叶等。伐区面积 4.2 hm²，蓄积量 603 m³，出材量 478 m³。

（4）短轮伐期阔叶林（尾叶桉纯林）试验地：永安市燕江木材采购站桂口工区 24 林班 4 大班 5 小班，2002 年 10 月伐前调查，并采集伐前土样；12 月油锯皆伐；2003 年 4 月伐后调查，并采集伐后土样。迹地前茬树种为 10 阔（5 年生尾叶桉），林分平均胸径 10.9 cm，平均树高 8.4 m。灌木主要有苦竹、盐肤木、山莓、白背叶野桐等；草本主要有五节芒、弓果黍、芒萁等。伐区面积 9.4 hm²，蓄积量 1128 m³，出材量 598 m³。

4 种林分试验地的母质、母岩相同，土壤均为花岗片麻岩发育而成的山地红壤，土壤厚度中，坡度 20°~30°，海拔 300~550 m，作业条件基本类似。

2.2.2　试验方案设计与研究方法

2.2.2.1　试验方案设计

选择山地人工林常见 4 种林分结构，即杉木纯林、杉阔混交林（8 杉 2 阔）、马杉混交林（9 马 1 杉）、短轮伐期阔叶林（尾叶桉纯林），分析皆伐前后土壤主要理化性质的影响。

2.2.2.2　土样采集与研究方法

土壤取样方法按森林土壤样品采集与制备国家标准（GB7830—87）的规定执行，土壤理化分析按森林土壤分析方法国家标准（GB7830—87~GB7857—87）规定执行。方法同 2.1.2。

2.2.3　不同林分结构皆伐作业土壤理化性质的结果分析

试验的作业条件和立地条件基本相同。油锯小面积块状皆伐，山上打枝造材，土样采集分别于皆伐前后，伐后土样采集是在集材作业之前。

（1）杉木纯林试验地：表 2-2-1 为杉木纯林不同坡度皆伐作业林地土壤团聚体组成变化；

表 2-2-2 为杉木纯林不同坡度皆伐作业对土壤水分与孔隙状况的影响；表 2-2-3 为杉木纯林不同坡度皆伐作业土壤主要养分含量变化。

(2)杉阔混交林试验地：表 2-2-4 为杉阔混交林皆伐作业土壤团聚体组成变化；表 2-2-5 为杉阔混交林皆伐作业对土壤水分与孔隙状况的影响；表 2-2-6 为杉阔混交林皆伐作业土壤主要养分含量变化。

表 2-2-4　杉阔混交林皆伐作业对土壤团聚体组成变化的影响(0~20 cm 土层)

土样类型	粒径(mm)						结构体破坏率(%)
	>5	5~2	2~1	1~0.5	0.5~0.25	>0.25	
A(皆伐前)	28.33 / 27.89	16.49 / 16.47	21.58 / 19.72	16.69 / 17.19	11.01 / 5.74	94.10 / 87.01	7.53
B(皆伐后)	31.58 / 5.35	22.65 / 17.92	16.21 / 18.96	13.16 / 21.76	9.60 / 10.54	93.20 / 74.53	20.03

表 2-2-5　杉阔混交林皆伐作业对土壤水分与孔隙状况的影响(0~20 cm 土层)

土样类型	密度(g/cm³)	持水量(%)			最佳含水率下限(%)	孔隙度(%)			孔隙组成(%)		非毛管孔隙与毛管孔隙之比
		最大	最小	毛管		总孔隙	毛管	非毛管	毛管孔隙	非毛管孔隙	
A(皆伐前)	1.18	37.25	26.90	29.10	18.83	43.96	34.34	9.62	78.12	21.88	0.28
B(皆伐后)	1.31	30.60	22.40	24.30	15.68	40.08	31.83	8.25	79.42	20.58	0.26

表 2-2-6　杉阔混交林皆伐作业土壤主要养分含量变化(0~20 cm 土层)

土样类型	有机质(g/kg)	全 N(g/kg)	全 P(g/kg)	全 K(g/kg)	水解性 N(mg/kg)	速效 P(mg/kg)	速效 K(mg/kg)
A(皆伐前)	28.34	1.03	0.78	33.99	127.70	50.42	48.81
B(皆伐后)	20.20	0.85	0.40	27.04	120.50	10.44	36.50

(3)马杉混交林试验地：表 2-2-7 为马杉混交林皆伐作业土壤团聚体组成变化；表 2-2-8 为马杉混交林皆伐作业对土壤水分与孔隙状况的影响；表 2-2-9 为马杉混交林皆伐作业土壤主要养分含量变化。

表 2-2-7　马杉混交林皆伐作业土壤团聚体组成变化(0~20 cm 土层)

土样类型	粒径(mm)						结构体破坏率(%)
	>5	5~2	2~1	1~0.5	0.5~0.25	>0.25	
A(皆伐前)	57.78 / 54.07	14.18 / 13.13	7.49 / 5.98	6.37 / 6.02	6.52 / 2.70	92.34 / 81.90	11.31
B(皆伐后)	52.56 / 48.51	9.63 / 9.10	9.70 / 8.47	7.86 / 7.48	7.78 / 2.42	87.53 / 75.98	13.20

表 2-2-8　马杉混交林皆伐作业对土壤水分与孔隙状况的影响(0~20 cm 土层)

土样类型	密度 (g/cm³)	持水量(%) 最大	最小	毛管	最佳含水率 下限(%)	孔隙度(%) 总孔隙	毛管	非毛管	孔隙组成(%) 毛管孔隙	非毛管孔隙	非毛管孔隙与 毛管孔隙之比
A(皆伐前)	1.32	31.60	23.90	25.95	16.73	41.71	34.25	7.46	82.11	17.89	0.22
B(皆伐后)	1.34	29.45	22.20	24.45	15.54	39.46	32.76	6.70	83.02	16.98	0.20

表 2-2-9　马杉混交林皆伐作业土壤主要养分含量变化(0~20 cm 土层)

土样类型	有机质 (g/kg)	全 N (g/kg)	全 P (g/kg)	全 K (g/kg)	水解性 N (mg/kg)	速效 P (mg/kg)	速效 K (mg/kg)
A(皆伐前)	36.36	1.03	0.44	13.96	111.40	10.88	22.11
B(皆伐后)	23.17	0.77	0.31	13.47	109.80	5.76	19.00

　(4)短轮伐期阔叶林(尾叶桉纯林)试验地:表 2-2-10 为尾叶桉纯林皆伐作业土壤团聚体组成变化;表 2-2-11 为尾叶桉纯林皆伐作业对土壤水分与孔隙状况的影响;表 2-2-12 为尾叶桉纯林皆伐作业土壤主要养分含量变化。

表 2-2-10　尾叶桉纯林皆伐作业土壤团聚体组成变化(0~20 cm 土层)

土样类型	粒径(mm) >5	5~2	2~1	1~0.5	0.5~0.25	>0.25	结构体破坏率 (%)
A(皆伐前)	28.47 / 29.42	22.71 / 20.35	15.56 / 13.47	9.84 / 10.41	10.00 / 2.69	86.58 / 76.34	11.83
B(皆伐后)	39.17 / 28.08	17.43 / 15.14	12.94 / 12.98	11.37 / 11.28	9.86 / 4.34	90.77 / 71.82	18.95

表 2-2-11　尾叶桉纯林皆伐作业对土壤水分与孔隙状况的影响(0~20 cm 土层)

土样类型	密度 (g/cm³)	持水量(%) 最大	最小	毛管	最佳含水率 下限(%)	孔隙度(%) 总孔隙	毛管	非毛管	孔隙组成(%) 毛管孔隙	非毛管孔隙	非毛管孔隙与 毛管孔隙之比
A(皆伐前)	1.07	55.30	39.45	43.20	27.62	59.17	46.22	12.95	78.11	21.89	0.28
B(皆伐后)	1.16	45.55	34.70	37.25	24.29	52.84	43.21	9.63	81.78	18.22	0.22

表 2-2-12　尾叶桉纯林皆伐作业土壤主要养分含量变化(0~20 cm 土层)

土样类型	有机质 (g/kg)	全 N (g/kg)	全 P (g/kg)	全 K (g/kg)	水解性 N (mg/kg)	速效 P (mg/kg)	速效 K (mg/kg)
A(皆伐前)	35.37	1.44	0.74	8.99	147.50	8.29	50.10
B(皆伐后)	33.74	1.05	0.27	8.89	146.60	5.50	23.36

皆伐对不同林分结构人工林林地的土壤主要物理性质指标变化程度，见表 2-2-13；皆伐对不同林分结构人工林林地的土壤主要化学性质指标变化程度，见表 2-2-14。

表 2-2-13　皆伐作业后土壤物理性质指标变化程度（0～20 cm 土层）

林分结构 种类	密度 （g/cm³）/（%）	>0.25 mm 水稳性团 聚体含量 （%）	结构体 破坏率 （%）	最大 持水量 （%）	最小 持水量 （%）	毛管 持水量 （%）	总孔 隙度 （%）	毛管 孔隙度 （%）	非毛管 孔隙度 （%）
杉木纯林	$\dfrac{0.02}{1.55}$	$\dfrac{12.67}{15.77}$	$\dfrac{6.46}{50.63}$	$\dfrac{2.43}{6.24}$	$\dfrac{0.40}{1.35}$	$\dfrac{1.43}{4.12}$	$\dfrac{2.94}{5.85}$	$\dfrac{1.18}{2.64}$	$\dfrac{1.22}{22.26}$
杉阔混交林	$\dfrac{0.13}{11.02}$	$\dfrac{12.48}{14.34}$	$\dfrac{12.50}{166.00}$	$\dfrac{6.65}{17.85}$	$\dfrac{4.45}{16.73}$	$\dfrac{4.80}{16.49}$	$\dfrac{3.88}{8.83}$	$\dfrac{2.51}{7.31}$	$\dfrac{1.37}{14.24}$
马杉混交林	$\dfrac{0.02}{1.52}$	$\dfrac{5.92}{7.23}$	$\dfrac{1.89}{16.71}$	$\dfrac{2.15}{6.80}$	$\dfrac{1.70}{7.11}$	$\dfrac{1.50}{5.78}$	$\dfrac{2.25}{5.39}$	$\dfrac{1.49}{4.35}$	$\dfrac{0.76}{10.19}$
尾叶桉纯林	$\dfrac{0.09}{8.41}$	$\dfrac{4.52}{5.92}$	$\dfrac{7.12}{60.19}$	$\dfrac{9.75}{17.63}$	$\dfrac{4.75}{12.04}$	$\dfrac{5.95}{13.77}$	$\dfrac{6.33}{10.70}$	$\dfrac{3.01}{6.51}$	$\dfrac{3.32}{25.64}$

注：分子为各项指标变化（净增加或减少值）的绝对值，分母为各项指标变化的相对程度。

表 2-2-14　皆伐作业后土壤化学性质指标变化程度（0～20 cm 土层）

林分结构 种类	有机质 （g/kg）/（%）	全 N （g/kg）/（%）	全 P （g/kg）/（%）	全 K （g/kg）/（%）	水解性 N （mg/kg）/（%）	速效 P （mg/kg）/（%）	速效 K （mg/kg）/（%）
杉木纯林	$\dfrac{2.34}{8.99}$	$\dfrac{0.15}{13.27}$	$\dfrac{0.18}{25.00}$	$\dfrac{1.03}{9.55}$	$\dfrac{13.10}{9.81}$	$\dfrac{3.52}{44.84}$	$\dfrac{13.74}{19.96}$
杉阔混交林	$\dfrac{8.14}{28.72}$	$\dfrac{0.18}{17.48}$	$\dfrac{0.38}{48.72}$	$\dfrac{6.95}{20.45}$	$\dfrac{7.20}{5.64}$	$\dfrac{39.98}{79.29}$	$\dfrac{12.31}{25.22}$
马杉混交林	$\dfrac{13.19}{36.28}$	$\dfrac{0.26}{25.24}$	$\dfrac{0.13}{29.55}$	$\dfrac{0.49}{3.51}$	$\dfrac{1.60}{1.44}$	$\dfrac{5.12}{47.06}$	$\dfrac{3.11}{14.07}$
尾叶桉纯林	$\dfrac{1.63}{4.61}$	$\dfrac{0.39}{27.08}$	$\dfrac{0.47}{63.51}$	$\dfrac{0}{0}$	$\dfrac{0.90}{0.61}$	$\dfrac{2.79}{33.66}$	$\dfrac{26.74}{53.37}$

2.2.4　不同林分结构皆伐土壤理化性质指标受干扰程度

用多个变量表示样品特征时，如果变量之间存在较大的相关关系，则可用较少的综合变量近似地代替原有变量。主成分分析就是将多个观测指标（因子、变量）化为少数几个相互独立，又能综合原有指标的绝大部分信息的新指标（这些新指标称为原来指标的主成分）的一种多元统计方法[1]。

选择密度（X_1）、>0.25 mm 水稳性团聚体含量（X_2）、结构体破坏率（X_3）、最大持水量（X_4）、最小持水量（X_5）、毛管持水量（X_6）、总孔隙度（X_7）、毛管孔隙度（X_8）、非毛管孔隙度（X_9）等 9 项土壤物理性质指标及有机质（X_{10}）、全 N（X_{11}）、水解性 N（X_{12}）、全 P（X_{13}）、速效 P(X_{14})、全 K(X_{15})、速效 K(X_{16})等 7 项土壤化学性质指标,对上述 4 种不同林分结构的林地,以 0~20 cm 的土壤理化性质指标相对变化程度作样本(共 4 个),主成分分析结果,见表 2-2-15。

表 2-2-15　皆伐作业后土壤理化性质受干扰程度主成分分析结果

变量代码 X_i	指　标	主成分 Y_i					
		Y_1		Y_2		Y_3	
		β_{1i}	$\rho(y_1, x_j)$	β_{2i}	$\rho(y_2, x_j)$	β_{3i}	$\rho(y_3, x_j)$
X_1	密度	0.3368	0.9528	0.1298	0.2927	0.0470	0.0802
X_2	>0.25 mm 水稳性团聚体含量	−0.1040	−0.2942	0.3627	0.8178	0.2899	0.4946
X_3	结构体破坏率	0.2258	0.6388	0.3351	0.7557	0.0848	0.1447
X_4	最大持水量	0.3506	0.9918	0.0381	0.0859	0.0557	0.0950
X_5	最小持水量	0.3238	0.9161	0.1212	0.2733	−0.1719	−0.2933
X_6	毛管持水量	0.3437	0.9724	0.1031	0.2324	−0.0131	−0.0223
X_7	总孔隙度	0.3330	0.9421	−0.0893	−0.2013	0.1572	0.2681
X_8	毛管孔隙度	0.3398	0.9613	0.0669	0.1508	−0.1351	−0.2305
X_9	非毛管孔隙度	0.0803	0.2273	−0.2024	−0.4563	0.5042	0.8603
X_{10}	有机质	−0.0518	−0.1465	0.1972	0.4448	−0.5178	−0.8836
X_{11}	全 N	0.1431	0.4047	−0.3246	−0.7321	−0.3211	−0.5479
X_{12}	全 P	0.3377	0.9553	−0.1231	−0.2775	0.0599	0.1022
X_{13}	全 K	0.0531	0.1501	0.4370	0.9855	0.0465	0.0794
X_{14}	水解性 N	−0.1690	−0.4781	0.2765	0.6236	0.3625	0.6185
X_{15}	速效 P	0.0945	0.2675	0.4155	0.9369	−0.1318	−0.2249
X_{16}	速效 K	0.2619	0.7409	−0.2442	−0.5506	0.2254	0.3845
	特征根	8.0036		5.0851		2.9114	
	贡献率(%)	50.0223		31.7817		18.1960	
	累计贡献率(%)	50.0223		81.8040		100.0000	

注:β_{ij} 为第 i 个主成分、第 j 个变量的特征向量;$\rho(y_i, x_j)$ 为第 i 个主成分对 j 个变量的因子负荷量。

由表 2-2-15 知,第 1 主成分 Y_1 对各因子的因子负荷量绝对值由大到小依次为:X_4、X_6、X_8、X_{12}、X_1、X_7、X_{16}、X_3(前 8 个指标),它主要是反映最大持水量、毛管持水量、毛管孔隙度、全 P、密度、总孔隙度、速效 K 和结构体破坏率等变化的综合指标;第 2 主成分 Y_2 对各因子的因子负荷量由大到小依次为:X_{13}、X_{15}、X_2、X_3、X_{11}、X_{14}、X_{16}、X_9(前 8 个指标),它主要是反映全 K、速效 P、>0.25 mm 水稳性团聚体、结构体破坏率、全 N、水解性 N、速效 K 和非毛管孔隙度等变化的综合指标;第 3 主成分 Y_3 对各因子的因子负荷量由大到小依次为:X_{10}、X_9、X_{14}、X_{11}、X_2、X_{16}、X_5、X_7(前 8 个指标)。它主要反映了有机质、非毛管孔隙度、水解性 N、全 N、>0.25 mm 水稳性团聚体、速效 K、最小持水量和总孔隙度等变化的综合指标。

前 2 个主成分 Y_1、Y_2 的累计贡献率已达 81.8040%（累计贡献率超过 72% 就行[1]），因此它们综合了原有 16 个指标的绝大部分信息，基本上能反映皆伐对不同林分结构人工林土壤理化性质变化情况。最大持水量、毛管持水量、毛管孔隙度、全 P、全 K、速效 P、>0.25 mm 水稳性团聚体和结构体破坏率等指标的变化率能较好地反映了不同林分结构人工林林地的土壤理化性质变化状况。

将表 2-2-15 各样点的坐标值（表 2-2-16）描绘在 $Y_1 O Y_2$ 坐标平面上，便能大致看出各样点的分类归属，如图 2-2-1。

表 2-2-16　各样点主成分坐标

样点代码	主成分值	
	Y_1	Y_2
I	−3.3839	0.5331
II	2.6038	3.2787
III	−2.2060	−0.8955
IV	2.9862	−2.9162

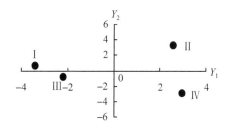

图 2-2-1　不同林分结构皆伐作业土壤受干扰程度排序

由图 2-2-1 横轴方向可以看出，皆伐对不同林分结构人工林林地的土壤理化性质的干扰程度大小，以短轮伐期阔叶林（尾叶桉纯林）（样点 IV）为最大，其余由大到小依次为：杉阔混交林（样点 II）、马杉混交林（样点 III）、杉木纯林（样点 I）。

皆伐作业对阔叶林尾叶桉及杉阔混交林等林分结构的林地土壤理化性质的影响，比对马杉混交林和杉木纯林的林地影响大。这可能是由于阔叶林树冠通常较大，林地郁闭度较高，蓄水保土能力较强，皆伐后林地环境变化较大，以及皆伐作业过程中（包括山场打枝造材作业），由于阔叶林枝丫较多，对林地土壤产生的扰动（刮伤表土层等）会更大些。

2.3　不同集材方式对人工林皆伐迹地土壤的影响

选择山地人工林皆伐作业后常用的 5 种集材方式，进行土壤理化性质指标变化程度的比较。在考虑各种作业的集材量和集材道面积的情况下，对 5 种集材作业后对人工林皆伐迹地土壤受干扰程度进行科学排序，为人工林采伐与更新提供科学决策依据。

2.3.1　试验地概况

（1）手扶拖拉机集材：福建省永安市元沙林业采育场洋尾工区 22 林班 6 大班 3 小班。2001 年 11 月皆伐，2002 年 5 月集材结束后调查并采集土样。迹地前茬树种组成为 9 杉 1 阔，平均胸径 14.2 cm，平均树高 10.3 m。

（2）手板车集材：永安市元沙林业采育场霞坑工区 56 林班 5 大班 1 小班。2001 年 10 月皆伐，2002 年 4 月集材结束后调查取样。迹地前茬树种组成为 8 杉 2 阔。平均胸径 14.1 cm，平均树高 10.1 m。

（3）土滑道集材：永安市元沙林业采育场霞坑工区 56 林班 1 大班 2 小班。2002 年 11 月皆伐，2003 年 4 月集材结束后调查取样。迹地前茬树种组成为 8 杉 2 阔，平均胸径 15 cm，平均树高 10.2 m。

以上 3 个迹地前茬阔叶树主要树种有丝栗栲、青冈、猴欢喜、笔罗子等；灌木主要有地稔、细枝柃、杜茎山、单耳柃、毛冬青等；草本主要有狗脊、莎草、五节芒、盾蕨、淡竹叶等。

(4)全悬原条索道集材：建瓯市墩阳林业采育场 54 林班 4 大班 4 小班，伐区面积 10.53 hm²，山场平均坡度 25°。2002 年 8 月皆伐，12 月集材结束后调查取样。迹地前茬树种组成为 9 马 1 杉，林分平均胸径 20 cm，平均树高 14.7 m。灌木及草本主要有大青、刺毛杜鹃、苦竹、芒萁、狗脊、淡竹叶等。伐区作业条件概况：伐区和运材便道之间相隔一条小河沟，利用索道将原条拖集至便道旁进行造材。YJ₄ 油锯采造，JS₃-1.5 绞盘机集材，集材量 1106 m³，索道跨距 486 m，弦倾角 19.5°，单侧平均横向集距 42 m。

(5)人力担筒集材：永安市元沙林业采育场霞坑工区 56 林班 2 大班 2 小班。2002 年 5 月皆伐，11 月集材结束后调查取样。迹地前茬树种组成为 6 杉 4 马和极少量的阔叶树，林分平均胸径 13.7 cm，平均树高 10.8m。阔叶树主要有南酸枣、苦槠、杨梅、丝栗栲和青冈；灌木及草本主要有大青、刺毛杜鹃、苦竹、芒萁、狗脊、淡竹叶等。

试验迹地的母质、母岩相同，土壤均为花岗片麻岩发育而成的山地红壤，土壤厚度中，坡度 20°~30°，海拔 300~600 m，作业条件基本类似。

2.3.2　试验方案设计与研究方法

2.3.2.1　试验方案设计

选择山地人工林皆伐作业后常用的 5 种集材方式，即手扶拖拉机集材、手板车集材、土滑道集材、全悬空索道集材和人力担筒集材，分析 5 种集材作业后对人工林皆伐迹地土壤主要理化性质的影响。

2.3.2.2　土样采集与研究方法

土壤取样方法按森林土壤样品采集与制备国家标准(GB7830—87)的规定执行，在皆伐迹地手扶拖拉机、手板车、土滑道和人力担筒道内，全悬空索道集材区内承载索正下方拖集沟(约 2 m 宽)内，分上、中、下坡位，按同一坡向、同一坡位挖一主剖面和一辅剖面取土样，共 3 个主剖面和 3 个辅剖面，并与在相同坡位与坡向的集材道外采伐迹地所取土样进行对照比较，每一剖面以多点(3 点)取样法，同一剖面不同样点按 0~20 cm(表层)和 20~40 cm(底层)取样后，供室内分析。土壤理化分析按森林土壤分析方法国家标准(GB7830—87 ~ GB7857—87)规定执行。方法同 2.1.2。

2.3.3　不同集材方式对皆伐迹地土壤理化性质结果分析

(1)人工林皆伐作业手扶拖拉机集材试验地：表 2-2-17 为手扶拖拉机集材土壤团聚体组成变化；表 2-2-18 为手扶拖拉机集材对土壤水分与孔隙状况的影响；表 2-2-19 为手扶拖拉机集材土壤主要养分含量变化。

表 2-2-17　手扶拖拉机集材土壤团聚体组成变化

土样类型	土层（cm）	粒径（mm）						结构体破坏率（%）
		>5	5~2	2~1	1~0.5	0.5~0.25	>0.25	
A（拖拉机道内）	0~20	74.04 / 8.50	8.68 / 6.18	6.29 / 14.44	4.03 / 23.86	3.36 / 9.10	96.42 / 62.08	35.62
	20~40	63.55 / 4.30	12.91 / 7.41	9.04 / 11.92	5.98 / 21.11	4.45 / 9.17	95.93 / 53.91	43.80
B（拖拉机道外）	0~20	58.43 / 43.63	10.39 / 10.20	10.09 / 12.59	8.89 / 12.03	7.74 / 4.31	95.54 / 82.76	13.38
	20~40	55.67 / 8.70	11.24 / 14.97	11.08 / 20.56	8.86 / 23.79	6.04 / 7.30	92.89 / 75.32	18.91

表 2-2-18　手扶拖拉机集材对土壤水分与孔隙状况的影响

土样类型	土层（cm）	密度（g/cm³）	持水量（%）			最佳含水率下限（%）	孔隙度（%）			孔隙组成（%）		非毛管孔隙与毛管孔隙之比
			最大	最小	毛管		总孔隙	毛管	非毛管	毛管孔隙	非毛管孔隙	
A（拖拉机道内）	0~20	1.44	27.15	23.75	25.40	16.63	41.48	36.58	4.90	88.19	11.81	0.13
	20~40	1.43	29.70	26.35	28.05	18.45	44.90	40.11	4.79	89.33	10.67	0.12
B（拖拉机道外）	0~20	1.20	42.20	30.45	32.75	21.32	53.40	39.30	14.10	73.60	26.40	0.36
	20~40	1.21	40.70	30.35	32.40	21.25	49.24	39.20	10.04	79.61	20.39	0.26

表 2-2-19　手扶拖拉机集材土壤主要养分含量变化

土样类型	土层（cm）	主要养分含量						
		有机质（mg/kg）	全 N（g/kg）	全 P（g/kg）	全 K（g/kg）	水解性 N（mg/kg）	速效 P（mg/kg）	速效 K（mg/kg）
A（拖拉机道内）	0~20	31.64	0.83	0.24	23.40	112.20	4.26	36.84
	20~40	15.23	0.75	0.12	22.47	54.01	1.76	26.37
B（拖拉机道外）	0~20	35.06	0.99	0.48	24.41	147.90	10.39	37.13
	20~40	23.52	0.81	0.24	22.98	104.00	7.86	29.70

（2）人工林皆伐作业手板车集材试验地：表 2-2-20 为手板车集材土壤团聚体组成变化；表 2-2-21 为手板车集材对土壤水分与孔隙状况的影响；表 2-2-22 为手板车集材土壤主要养分含量变化。

表 2-2-20　手板车集材土壤团聚体组成变化

土样类型	土层（cm）	粒径（mm）						结构体破坏率（%）
		>5	5~2	2~1	1~0.5	0.5~0.25	>0.25	
A（板车道内）	0~20	39.31	22.15	16.25	10.41	7.33	95.45	40.02
		3.31	13.59	14.34	19.37	6.64	57.25	
	20~40	36.99	16.68	13.86	9.56	7.25	84.34	40.22
		1.71	7.41	13.48	19.53	8.29	50.42	
B（板车道外）	0~20	32.79	16.43	14.61	14.30	13.79	91.92	21.06
		10.86	14.60	16.69	20.49	9.92	72.56	
	20~40	25.56	17.84	16.58	16.32	14.12	90.42	30.48
		1.81	8.70	14.98	24.19	13.18	62.86	

表 2-2-21　手板车集材对土壤水分与孔隙状况的影响

土样类型	土层（cm）	密度（g/cm³）	持水量（%）			最佳含水率下限（%）	孔隙度（%）			孔隙组成（%）		非毛管孔隙与毛管孔隙之比
			最大	最小	毛管		总孔隙	毛管	非毛管	毛管孔隙	非毛管孔隙	
A（板车道内）	0~20	1.57	25.20	19.70	21.95	13.79	39.56	34.46	5.10	87.11	12.89	0.15
	20~40	1.51	26.40	20.45	22.50	14.32	39.87	33.98	5.89	85.23	14.77	0.17
B（板车道外）	0~20	1.21	48.70	27.55	29.95	19.29	58.93	36.24	22.69	61.50	38.50	0.63
	20~40	1.30	41.50	27.00	29.25	18.90	53.96	38.03	15.93	70.48	29.52	0.42

表 2-2-22　手板车集材土壤主要养分含量变化

土样类型	土层（cm）	主要养分含量						
		有机质（g/kg）	全N（g/kg）	全P（g/kg）	全K（g/kg）	水解性N（mg/kg）	速效P（mg/kg）	速效K（mg/kg）
A（板车道内）	0~20	16.600	0.680	0.170	30.52	83.510	2.010	26.340
	20~40	12.730	0.610	0.160	28.38	76.650	1.550	23.480
B（板车道外）	0~20	23.400	1.160	0.230	31.49	87.360	5.390	32.680
	20~40	17.140	0.670	0.210	29.94	78.620	2.780	32.050

（3）人工林皆伐作业土滑道集材试验地：表 2-2-23 为土滑道集材土壤团聚体组成变化；表 2-2-24 为土滑道集材对土壤水分与孔隙状况的影响；表 2-2-25 为土滑道集材土壤主要养分含量变化。

表 2-2-23　土滑道集材土壤团聚体组成变化

土样类型	土层 (cm)	粒径(mm)						结构体破坏率 (%)
		>5	5~2	2~1	1~0.5	0.5~0.25	>0.25	
A（土滑道内）	0~20	49.24 / 39.77	14.71 / 15.71	10.49 / 10.17	7.66 / 10.02	9.99 / 7.05	92.09 / 82.72	10.17
	20~40	53.59 / 33.63	13.87 / 15.82	8.93 / 10.66	7.77 / 10.20	8.86 / 7.22	93.02 / 77.53	16.65
B（土滑道外）	0~20	47.73 / 41.98	16.87 / 15.93	10.59 / 10.36	8.88 / 11.74	11.87 / 8.57	95.94 / 88.58	7.67
	20~40	44.34 / 41.10	15.12 / 13.17	10.27 / 10.42	9.06 / 9.93	10.74 / 6.81	89.53 / 81.43	9.04

表 2-2-24　土滑道集材对土壤水分与孔隙状况的影响

土样类型	土层 (cm)	密度 (g/cm³)	持水量(%)			最佳含水率下限(%)	孔隙度(%)			孔隙组成(%)		非毛管孔隙与毛管孔隙之比
			最大	最小	毛管		总孔隙	毛管	非毛管	毛管孔隙	非毛管孔隙	
A（土滑道内）	0~20	1.44	27.70	21.30	23.25	14.91	39.89	33.48	6.41	83.93	16.07	0.19
	20~40	1.48	25.40	20.20	21.95	14.14	37.60	32.49	5.11	86.41	13.59	0.16
B（土滑道外）	0~20	1.37	35.90	25.40	27.65	17.78	49.18	37.88	11.30	77.02	22.98	0.30
	20~40	1.40	30.25	23.30	25.25	16.31	42.35	35.35	7.00	83.47	16.53	0.20

表 2-2-25　土滑道集材土壤主要养分含量变化

土样类型	土层 (cm)	主要养分含量						
		有机质 (g/kg)	全 N (g/kg)	全 P (g/kg)	全 K (g/kg)	水解性 N (mg/kg)	速效 P (mg/kg)	速效 K (mg/kg)
A（土滑道内）	0~20	31.64	0.83	0.24	23.40	112.20	4.26	36.84
	20~40	15.23	0.75	0.12	22.47	54.01	1.76	26.37
B（土滑道外）	0~20	35.06	0.99	0.48	24.41	147.90	10.39	37.13
	20~40	23.52	0.81	0.24	22.98	104.00	7.86	29.70

（4）人工林皆伐作业全悬原条索道集材试验地：表 2-2-26 为全悬原条索道集材土壤团聚体组成变化；表 2-2-27 为全悬原条索道集材对土壤水分与孔隙状况的影响；表 2-2-28 为全悬原条索道集材土壤主要养分含量变化。

表 2-2-26　全悬原条索道集材土壤团聚体组成变化

土样类型	土层（cm）	粒径（mm）						结构体破坏率（%）
		>5	5~2	2~1	1~0.5	0.5~0.25	>0.25	
A（拖集沟内）	0~20	23.20 / 7.60	23.30 / 14.70	21.00 / 24.60	17.90 / 18.50	6.65 / 11.40	92.05 / 77.80	15.48
	20~40	27.20 / 1.18	14.32 / 18.22	18.70 / 20.40	26.30 / 22.30	3.60 / 4.30	90.30 / 66.40	26.47
B（拖集沟外）	0~20	18.65 / 9.20	19.70 / 14.40	24.50 / 28.20	21.50 / 19.00	8.15 / 8.00	92.25 / 78.80	14.58
	20~40	26.60 / 1.38	17.60 / 20.12	18.30 / 19.60	24.70 / 24.10	4.10 / 2.70	91.30 / 67.90	25.63

注：A 为全悬索道集材时承载索正下方拖集沟处土样；B 为拖集沟外采伐迹地内与 A 同坡位土样。

表 2-2-27　全悬原条索道集材对土壤水分与孔隙状况的影响

土样类型	土层（cm）	密度（g/cm³）	持水量（%）			最佳含水率下限（%）	孔隙度（%）			孔隙组成（%）		非毛管孔隙与毛管孔隙之比
			最大	最小	毛管		总孔隙	毛管	非毛管	毛管孔隙	非毛管孔隙	
A（拖集沟内）	0~20	1.17	37.72	24.13	29.82	16.89	44.13	34.89	9.24	79.06	20.94	0.26
	20~40	1.23	31.23	20.31	26.54	14.22	38.41	32.64	5.77	84.98	15.02	0.18
B（拖集沟外）	0~20	1.15	39.15	28.82	30.43	20.17	45.02	34.99	10.03	77.72	22.28	0.29
	20~40	1.22	33.12	21.43	27.22	15.00	40.41	33.21	7.20	82.18	17.82	0.22

表 2-2-28　全悬原条索道集材土壤主要养分含量变化

土样类型	土层（cm）	主要养分含量						
		有机质（g/kg）	全 N（g/kg）	全 P（g/kg）	全 K（g/kg）	水解性 N（mg/kg）	速效 P（mg/kg）	速效 K（mg/kg）
A（拖集沟内）	0~20	22.72	0.81	0.25	26.40	107.26	3.17	83.00
	20~40	10.66	0.43	0.24	25.47	51.88	3.02	87.00
B（拖集沟外）	0~20	24.06	0.85	0.26	27.41	113.72	3.21	94.00
	20~40	10.84	0.47	0.24	25.98	51.47	3.11	93.00

（5）人工林皆伐作业人力担筒集材试验地：表 2-2-29 为担筒集材土壤团聚体组成变化；表 2-2-30 为担筒集材对土壤水分与孔隙状况的影响；表 2-2-31 为担筒集材土壤主要养分含量变化。

表 2-2-29　担筒集材土壤团聚体组成变化

土样类型	土层（cm）	粒径（mm）						结构体破坏率（%）
		>5	5~2	2~1	1~0.5	0.5~0.25	>0.25	
A（担筒道内）	0~20	5.60 / 1.50	12.65 / 5.00	23.20 / 24.25	35.12 / 25.80	11.30 / 11.20	87.87 / 67.75	22.89
	20~40	8.70 / 0.80	12.40 / 4.30	26.20 / 25.30	17.40 / 20.10	14.10 / 13.60	88.80 / 64.10	27.80
B（担筒道外）	0~20	2.60 / 1.80	8.75 / 7.10	23.05 / 21.90	38.02 / 27.20	14.10 / 12.00	86.52 / 70.00	21.69
	20~40	9.60 / 0.80	13.60 / 5.80	24.70 / 23.20	28.25 / 20.40	12.90 / 15.40	89.30 / 65.60	26.53

表 2-2-30　担筒集材对土壤水分与孔隙状况的影响

土样类型	土层（cm）	密度（g/cm³）	持水量（%）			最佳含水率下限（%）	孔隙度（%）			孔隙组成（%）		非毛管孔隙与毛管孔隙之比
			最大	最小	毛管		总孔隙	毛管	非毛管	毛管孔隙	非毛管孔隙	
A（担筒道内）	0~20	1.02	49.08	21.79	40.57	15.25	50.06	41.38	8.68	82.66	17.34	0.21
	20~40	1.26	38.37	20.28	32.38	14.20	48.35	40.80	7.55	84.38	15.62	0.19
B（担筒道外）	0~20	0.94	57.93	24.59	46.43	17.21	54.45	43.64	10.81	80.15	19.85	0.25
	20~40	1.25	40.13	22.57	33.25	15.80	50.16	41.56	8.60	82.85	17.15	0.21

表 2-2-31　担筒集材土壤主要养分含量变化

土样类型	土层（cm）	主要养分含量						
		有机质（g/kg）	全 N（g/kg）	全 P（g/kg）	全 K（g/kg）	水解性 N（mg/kg）	速效 P（mg/kg）	速效 K（mg/kg）
A（担筒道内）	0~20	29.43	0.62	0.21	22.65	108.19	5.84	35.51
	20~40	13.02	0.64	0.11	22.02	71.00	3.54	25.34
B（担筒道外）	0~20	33.05	0.88	0.32	23.96	144.89	9.17	36.10
	20~40	19.51	0.70	0.21	22.98	100.99	7.64	28.67

　　5 种集材作业后对人工林皆伐迹地的土壤主要物理性质指标变化程度，见表 2-2-32。

　　5 种集材作业后对人工林皆伐迹地的土壤主要化学性质指标变化程度，见表 2-2-33。

表 2-2-32　5 种集材作业后迹地土壤物理性质指标变化程度

作业方式	土层（cm）	密度（g/cm³）/（%）	>0.25 mm 水稳性团聚体含量（%）	结构体破坏率（%）	最大持水量（%）	最小持水量（%）	毛管持水量（%）	总孔隙度（%）	毛管孔隙度（%）	非毛管孔隙度（%）
手扶拖拉机集材	0～20	0.24 / 20.00	20.68 / 24.99	22.24 / 166.22	15.05 / 35.66	6.70 / 22.00	7.35 / 22.44	11.92 / 22.32	2.72 / 6.92	9.20 / 65.25
	20～40	0.22 / 18.18	21.41 / 28.43	24.89 / 131.62	11.00 / 27.03	4.00 / 13.18	4.35 / 13.43	4.34 / 8.81	0.91 / 2.32	5.25 / 52.29
手板车集材	0～20	0.36 / 29.75	15.31 / 21.10	18.96 / 90.03	23.50 / 48.25	7.85 / 28.49	8.00 / 26.71	19.37 / 32.87	1.78 / 4.91	17.59 / 77.52
	20～40	0.21 / 16.15	12.44 / 19.79	9.74 / 31.96	15.10 / 36.39	6.55 / 24.26	6.75 / 23.08	14.09 / 26.11	4.07 / 10.70	10.04 / 63.03
土滑道集材	0～20	0.07 / 5.11	5.86 / 6.62	2.50 / 32.59	8.20 / 22.84	4.10 / 16.14	4.40 / 15.91	9.29 / 18.89	4.40 / 11.62	4.89 / 43.27
	20～40	0.08 / 5.71	3.90 / 4.79	7.61 / 84.18	4.85 / 16.03	3.10 / 13.30	3.30 / 13.07	4.75 / 11.22	2.86 / 8.09	1.89 / 27.00
全悬索道集材	0～20	0.02 / 1.74	1.00 / 1.27	0.90 / 6.17	1.43 / 3.65	4.69 / 16.27	0.61 / 2.00	0.89 / 1.98	0.10 / 0.29	0.79 / 7.88
	20～40	0.01 / 0.82	1.50 / 2.21	0.84 / 3.27	1.89 / 5.71	1.12 / 5.23	0.68 / 2.50	2.00 / 4.95	0.57 / 1.72	1.43 / 19.86
人力担筒集材	0～20	0.08 / 8.51	2.25 / 3.21	1.20 / 5.53	8.85 / 15.28	2.80 / 11.39	5.85 / 12.62	4.39 / 8.06	2.26 / 5.18	2.13 / 19.70
	20～40	0.01 / 0.80	1.50 / 2.29	1.27 / 4.79	1.76 / 4.39	2.29 / 10.15	0.87 / 2.62	1.81 / 3.61	0.76 / 1.83	1.05 / 12.21

注：分子为各项指标变化（净增加或减少值）的绝对值，分母为各项指标变化的相对程度。

表 2-2-33　5 种集材作业后迹地土壤化学性质指标变化程度

作业方式	土层（cm）	有机质（g/kg）/（%）	全 N（g/kg）/（%）	全 P（g/kg）/（%）	全 K（g/kg）/（%）	水解性 N（mg/kg）/（%）	速效 P（mg/kg）/（%）	速效 K（mg/kg）/（%）
手扶拖拉机集材	0～20	3.42 / 9.75	0.16 / 16.16	0.24 / 50.00	1.01 / 4.14	35.70 / 24.14	6.13 / 59.00	0.29 / 0.78
	20～40	8.29 / 35.25	0.06 / 7.40	0.12 / 50.00	0.51 / 2.22	49.99 / 48.07	6.10 / 77.61	3.33 / 11.21
手板车集材	0～20	6.80 / 29.06	0.48 / 41.38	0.06 / 26.09	0.97 / 3.08	3.85 / 4.41	3.38 / 62.71	6.34 / 19.40
	20～40	4.41 / 25.73	0.06 / 8.96	0.05 / 23.81	1.56 / 5.21	1.97 / 2.51	1.23 / 44.24	8.57 / 26.74

（续）

作业方式	土层 （cm）	有机质 （g/kg）/（%）	全 N （g/kg）/（%）	全 P （g/kg）/（%）	全 K （g/kg）/（%）	水解性 N （mg/kg）/（%）	速效 P （mg/kg）/（%）	速效 K （mg/kg）/（%）
土滑道 集材	0～20	38.95 74.77	1.02 49.04	0.16 31.37	9.90 34.88	64.99 43.62	4.71 60.08	21.05 44.84
	20～40	28.15 70.39	0.85 55.92	0.04 12.50	8.60 32.42	60.49 50.75	5.06 76.67	13.89 42.43
全悬索道 集材	0～20	1.34 5.57	0.04 4.71	0.10 3.85	1.01 3.68	6.46 5.68	0.04 1.25	11.00 11.70
	20～40	0.18 1.66	0.04 8.50	0 0	0.51 1.96	0.41 0.80	0.09 2.89	6.00 6.45
人力担筒 集材	0～20	3.62 10.95	0.26 29.55	0.11 34.38	1.31 5.47	36.70 25.33	3.63 38.33	0.59 1.63
	20～40	6.49 33.26	0.06 8.57	0.10 47.62	0.96 4.18	29.99 29.70	4.10 53.66	3.33 11.61

2.3.4　5 种集材作业迹地土壤理化性质指标受干扰程度

在单位出材量相近的情况下，为了便于分析比较不同集材方式之间因集材量和集材道面积不同，而引起对迹地土壤干扰影响差别，故引入集材破坏系数 K，即

$$K = 集材道面积/集材量 \qquad (2\text{-}2\text{-}1)$$

集材道面积根据伐区工艺设计平面图推算集材道长度，再乘以集材道宽度便可。计算结果，见表 2-2-34。

考虑集材破坏系数 K 的影响后，各种集材作业方式对人工林皆伐迹地的土壤理化指标的干扰程度 X_{ij} 按下式计算：

$$X_{ij} = H_{ij}K_i \qquad (2\text{-}2\text{-}2)$$

式中：X_{ij}——第 i 种集材方式对人工林皆伐迹地的土壤第 j 个指标的受干扰程度；

　　　H_{ij}——第 i 种集材方式对人工林皆伐迹地的土壤第 j 个指标的相对变化率（表 2-2-32、表 2-2-33）；

　　　K_i——第 i 种集材方式对人工林皆伐迹地的影响系数，即集材破坏系数（表 2-2-34）。

表 2-2-34　伐区与集材道面积

集材方式	伐区面积 （hm²）	集材量 （m³）	集材道面积 （m²）	集材破坏系数 K_i	集材道面积 /伐区面积
手扶拖拉机	9.87	1086	1692	1.55	0.017
手板车	12.87	1389	1576	1.13	0.012
土滑道	3.47	367	668	1.82	0.019
全悬索道	10.53	1106	1215	1.10	0.012
人力担筒	3.20	335	396	1.18	0.012

注：计算集材道面积时，手扶拖拉机道、手板车道、土滑道、全悬索道、人力担筒道等宽度，分别按 2.1、1.5、0.8、2.0 和 1.2 m 计。

考虑集材破坏系数 K 的影响后，5 种集材作业后人工林皆伐迹地的土壤主要理化性质指标受干扰程度（取 0 ～ 40 cm 土层的平均值），见表 2-2-35、表 2-2-36。

表 2-2-35　5 种集材作业对迹地土壤物理性质指标的干扰程度

集材方式	主要物理性质指标受干扰程度								
	X_1	X_2	X_3	X_4	X_5	X_6	X_7	X_8	X_9
手扶拖拉机	29.59	41.40	230.83	48.57	27.26	27.83	24.11	7.16	91.05
手板车	25.93	23.10	68.93	47.82	29.80	28.12	33.31	8.21	79.41
土滑道	9.85	10.37	106.22	35.35	26.77	26.37	27.38	17.93	63.94
全悬索道	1.41	1.91	5.19	5.15	11.83	2.48	3.81	1.11	15.26
人力担筒	5.49	3.25	6.09	11.61	12.71	8.99	6.89	4.14	18.83

表 2-2-36　5 种集材作业对迹地土壤化学性质指标的干扰程度

集材方式	主要化学性质指标受干扰程度						
	X_{10}	X_{11}	X_{12}	X_{13}	X_{14}	X_{15}	X_{16}
手扶拖拉机	34.88	17.81	77.47	4.93	55.96	105.83	9.3
手板车	30.95	28.44	28.19	4.69	3.91	60.43	26.07
土滑道	131.68	95.48	39.89	61.22	85.83	124.00	80.06
全悬索道	3.98	7.27	2.12	3.10	3.56	2.28	9.98
人力担筒	23.45	22.49	48.38	5.69	32.46	54.27	7.81

选择密度（X_1）、>0.25 mm 水稳性团聚体含量（X_2）、结构体破坏率（X_3）、最大持水量（X_4）、最小持水量（X_5）、毛管持水量（X_6）、总孔隙度（X_7）、毛管孔隙度（X_8）、非毛管孔隙度（X_9）等 9 项土壤物理性质指标，以及有机质（X_{10}）、全 N（X_{11}）、全 P（X_{12}）、全 K（X_{13}）、水解性 N（X_{14}）、速效 P（X_{15}）、速效 K（X_{16}）等 7 项土壤化学性质指标，对皆伐作业手扶拖拉机集材、手板车集材、土滑道集材、全悬索道集材和人力担筒集材等 5 种集材方式，以 0 ～ 40 cm 的土壤理化性质指标平均相对变化程度作样本（共 16 个），进行主成分分析。5 种集材方式对皆伐迹地的土壤理化性质干扰程度主成分分析结果，见表 2-2-37。

由表 2-2-37 可知，第 1 主成分 Y_1 对各因子的因子负荷量绝对值由大到小依次为：X_6、X_{15}、X_5、X_9、X_7、X_4、X_8、X_3（前 8 个指标），它主要是反映毛管持水量、速效 P、最小持水量、非毛管孔隙度、总孔隙度、最大持水量、毛管孔隙度和结构体破坏率等变化的综合指标；第 2 主成分 Y_2 对各因子的因子负荷量由大到小依次为：X_{13}、X_{11}、X_{16}、X_2、X_1、X_{10}、X_8、X_{14}（前 8 个指标），它主要是反映全 K、全 N、速效 K、>0.25 mm 水稳性团聚体、密度、有机质、毛管孔隙度和水解性 N 等变化的综合指标；第 3 主成分 Y_3 对各因子的因子负荷量由大到小依次为：X_{12}、X_{14}、X_7、X_3、X_5、X_{15}、X_{16}、X_4（前 8 个指标），它主要反映了全 P、水解性 N、总孔隙度、结构体破坏率、最小持水量、速效 P、速效 K 和最大持水量等变化的综合指标。

表 2-2-37　5 种集材作业对皆伐迹地土壤理化性质干扰程度主成分分析

变量代码 X_i	指　标	主成分 Y_i					
		Y_1		Y_2		Y_3	
		β_{1i}	$\rho(y_1, x_j)$	β_{2i}	$\rho(y_2, x_j)$	β_{3i}	$\rho(y_3, x_j)$
X_1	密度	0.2190	0.6849	−0.3348	−0.7178	−0.0989	−0.1163
X_2	>0.25mm 水稳性团聚体含量	0.2129	0.6660	−0.3361	−0.7206	0.1055	0.1241
X_3	结构体破坏率	0.2500	0.7818	−0.1979	−0.4242	0.2950	0.3471
X_4	最大持水量	0.2835	0.8867	−0.1943	−0.4166	−0.1677	−0.1973
X_5	最小持水量	0.2939	0.9194	−0.1083	−0.2321	−0.2699	−0.3175
X_6	毛管持水量	0.3060	0.9571	−0.1014	−0.2174	−0.1429	−0.1681
X_7	总孔隙度	0.2843	0.8892	−0.0754	−0.1617	−0.3549	−0.4175
X_8	毛管孔隙度	0.2665	0.8336	0.2520	0.5402	−0.0907	−0.1068
X_9	非毛管孔隙度	0.2849	0.8910	−0.1992	−0.4271	−0.1131	−0.1330
X_{10}	有机质	0.2335	0.7305	0.3180	0.6817	0.0313	0.0368
X_{11}	全 N	0.2100	0.6567	0.3499	0.7500	−0.0487	−0.0573
X_{12}	全 P	0.1928	0.6032	−0.1721	−0.3690	0.5601	0.6589
X_{13}	全 K	0.1850	0.5786	0.3777	0.8097	0.0201	0.0237
X_{14}	水解性 N	0.2258	0.7061	0.2136	0.4580	0.4565	0.5371
X_{15}	速效 P	0.2990	0.9351	0.0696	0.1492	0.2579	0.3035
X_{16}	速效 K	0.2011	0.6291	0.3476	0.7453	−0.1772	−0.2085
	特征根	9.7832		4.5960		1.3843	
	贡献率(%)	61.1448		28.7248		8.6520	

注：β_{ij} 为第 i 个主成分、第 j 个变量的特征向量；$\rho(y_i, x_j)$ 为第 i 个主成分对 j 个变量的因子负荷量。

前 2 个主成分 Y_1、Y_2 的累计贡献率已达 89.8697%（累计贡献率超过 72% 就行[1]），因此它们综合了原有 16 个指标的绝大部分信息，基本上能反映 5 种集材方式对人工林皆伐迹地的土壤理化性质变化情况。毛管持水量、速效 P、最小持水量、非毛管孔隙度、全 K、全 N、速效 K 和 >0.25 mm 水稳性团聚体等指标的变化率，能较好地反映不同集材方式对人工林皆伐迹地土壤理化性质变化状况。

将表 2-2-37 各样点的坐标值（表 2-2-38）描绘在 $Y_1 O Y_2$ 坐标平面上便能大致看出各样点的分类归属，如图 2-2-2。

表 2-2-38　各样点主成分坐标

样点代码	主成分值	
	Y_1	Y_2
Ⅰ	2.6046	−2.7875
Ⅱ	1.1602	−1.6089
Ⅲ	3.5370	3.4946
Ⅳ	−4.5502	0.4180
Ⅴ	−2.7515	0.4840

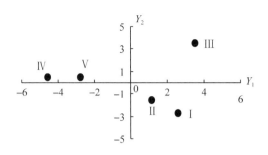

图 2-2-2　5 种集材作业后迹地土壤受干扰程度排序

由图 2-2-2 横轴方向可以看出,5 种集材方式对人工林皆伐迹地的土壤干扰程度大小,以土滑道集材(样点Ⅲ)为最大,其余依次为:手扶拖拉机集材(样点Ⅰ)、手板车集材(样点Ⅱ)、人力担筒集材(样点Ⅴ)和全悬索道集材(样点Ⅳ)。

2.4　不同运材方式对人工林皆伐迹地土壤的影响

选择山地人工林常用的 2 种运材方式(农用车运材和汽车运材),进行土壤理化性质指标变化程度的比较。在考虑两者的运材量和运材道面积的情况下,2 种运材作业后对人工林皆伐迹地的土壤受干扰程度进行科学排序,为人工林采运与更新提供科学决策依据。

2.4.1　试验地概况

(1)农用车运材:福建省永安市元沙林业采育场霞坑工区 56 林班 1 大班 1 小班。2002 年 11 月修建(新修运材岔线,长 1.35 km),2003 年 4 月调查取样。迹地前茬树种组成为 9 杉 1 阔,平均胸径 19 cm,平均树高 14.3 m。农用车(铁-50 型农用车)运材趟载量为 3.0～4.0 m³。

(2)汽车运材:永安市元沙林业采育场霞坑工区 56 林班 2 大班 5 小班。2002 年 11 月修建(新修运材岔线,长 1.3 km),2003 年 4 月调查取样。迹地前茬树种组成为 8 杉 2 阔,平均胸径 20 cm,平均树高 15.1 m。汽车(EQ1090 型汽车)运材趟载量为 5.0～7.0 m³。

皆伐作业后 2 种运材方式试验迹地的母质、母岩相同,土壤均为花岗片麻岩发育而成的山地红壤,土壤厚度中,坡度 20°～30°,海拔 500～600 m。迹地前茬阔叶树主要树种有丝栗栲、青冈、南酸枣、苦槠和杨梅;灌木及草本主要有大青、刺毛杜鹃、苦竹、芒萁、狗脊、淡竹叶等。油锯皆伐、手板车集材,路面结构为土路面,作业条件基本类似。

2.4.2　试验方案设计与研究方法

2.4.2.1　试验方案设计

选择山地人工林采集作业后常用的 2 种运材方式,即农用车运材和汽车运材,分析 2 种运材作业后对人工林皆伐迹地的土壤主要理化性质的影响。

2.4.2.2　土样采集与研究方法

土壤取样方法按森林土壤样品采集与制备国家标准(GB7830—87)的规定执行,在农用车、汽车的运材道的上段、中段、下段,按同一坡向各挖一主剖面和一辅剖面取土样,共 3

个主剖面和 3 个辅剖面,并与在相同坡向和坡位的运材道外采伐迹地所取土样进行对照比较,每一剖面以多点(3 点)取样法,同一剖面不同样点按 0～20 cm(表层)和 20～40 cm(底层)取样后,供室内分析。土壤理化分析按森林土壤分析方法国家标准(GB7830—87～GB7857—87)规定执行。

2.4.3　不同运材方式对皆伐迹地土壤理化性质影响的结果分析

(1)农用车运材试验地:表 2-2-39 为农用车运材土壤团聚体组成变化;表 2-2-40 为农用车运材对土壤水分与孔隙状况的影响;表 2-2-41 为农用车运材对土壤主要养分含量变化的影响。

表 2-2-39　农用车运材土壤团聚体组成变化

土样类型	土层(cm)	粒径(mm)						结构体破坏率(%)
		>5	5～2	2～1	1～0.5	0.5～0.25	>0.25	
A(农用车道内)	0～20	92.50	3.12	1.48	0.86	0.83	98.79	18.15
		13.33	18.32	24.01	19.11	6.09	80.86	
	20～40	81.79	8.03	3.84	2.32	1.85	97.83	24.13
		5.39	15.97	22.29	25.38	5.19	74.22	
B(农用车道外)	0～20	69.04	13.49	7.13	4.12	2.93	96.71	7.05
		43.01	19.69	10.97	11.97	4.25	89.89	
	20～40	76.18	10.90	5.13	2.96	2.57	97.74	15.02
		34.89	19.91	14.48	8.45	5.33	83.06	

表 2-2-40　农用车运材对土壤水分与孔隙状况的影响

土样类型	土层(cm)	密度(g/cm³)	持水量(%)			最佳含水率下限(%)	孔隙度(%)			孔隙组成(%)		非毛管孔隙与毛管孔隙之比
			最大	最小	毛管		总孔隙	毛管	非毛管	毛管孔隙	非毛管孔隙	
A(农用车道内)	0～20	1.43	34.15	31.05	32.06	21.74	48.84	45.85	2.99	93.88	6.12	0.07
	20～40	1.29	38.85	33.05	35.15	23.14	50.11	45.34	4.77	90.48	9.52	0.11
B(农用车道外)	0～20	1.24	43.25	39.75	37.30	27.83	53.63	46.25	7.38	86.24	13.76	0.16
	20～40	1.26	41.43	34.15	36.61	23.91	52.20	46.13	6.07	88.37	11.63	0.13

表 2-2-41　农用车运材土壤主要养分含量的变化

土样类型	土层(cm)	主要养分含量						
		有机质(g/kg)	全 N(g/kg)	全 P(g/kg)	全 K(g/kg)	水解性 N(mg/kg)	速效 P(mg/kg)	速效 K(mg/kg)
A(农用车道内)	0～20	17.96	0.80	0.72	8.50	125.40	6.69	15.75
	20～40	16.62	0.65	0.68	8.48	103.40	3.62	7.04
B(农用车道外)	0～20	37.11	1.13	1.03	8.98	147.00	15.23	27.01
	20～40	18.81	1.00	0.94	8.50	116.40	6.69	15.75

（2）汽车运材试验地：表 2-2-42 为汽车运材林地土壤团聚体组成变化；表 2-2-43 为汽车运材对土壤水分与孔隙状况的影响；表 2-2-44 为汽车运材土壤主要养分含量变化。

表 2-2-42　汽车运材林地土壤团聚体组成变化

土样类型	土层（cm）	粒径（mm）						结构体破坏率（%）
		>5	5~2	2~1	1~0.5	0.5~0.25	>0.25	
A（汽车道内）	0~20	93.50	2.32	1.43	0.76	0.80	98.81	28.17
		11.33	13.32	21.01	18.11	7.21	70.98	
	20~40	83.62	6.76	2.54	1.58	2.06	96.56	31.67
		6.41	11.23	23.07	20.49	4.78	65.98	
B（汽车道外）	0~20	68.10	12.45	9.02	3.46	3.75	96.78	9.35
		45.29	18.31	11.48	7.39	5.06	87.53	
	20~40	74.64	11.86	4.21	3.04	1.49	95.24	17.36
		33.89	21.03	10.56	9.27	3.96	78.71	

表 2-2-43　汽车运材对土壤水分与孔隙状况的影响

土样类型	土层（cm）	密度（g/cm³）	持水量（%）			最佳含水率下限（%）	孔隙度（%）			孔隙组成（%）		非毛管孔隙与毛管孔隙之比
			最大	最小	毛管		总孔隙	毛管	非毛管	毛管孔隙	非毛管孔隙	
A（汽车道内）	0~20	1.76	26.38	23.67	24.95	16.57	46.43	43.91	2.52	94.57	5.43	0.06
	20~40	1.38	35.42	26.49	32.13	18.54	48.88	44.34	4.54	90.71	9.29	0.10
B（汽车道外）	0~20	1.26	42.16	34.16	36.83	23.91	53.13	46.41	6.72	87.35	12.65	0.14
	20~40	1.29	40.23	30.58	35.46	21.41	51.89	45.74	6.15	88.15	11.85	0.13

表 2-2-44　汽车运材土壤主要养分含量的变化

土样类型	土层（cm）	主要养分含量						
		有机质（g/kg）	全 N（g/kg）	全 P（g/kg）	全 K（g/kg）	水解性 N（mg/kg）	速效 P（mg/kg）	速效 K（mg/kg）
A（汽车道内）	0~20	14.48	0.73	0.65	6.98	116.33	4.78	12.37
	20~40	12.94	0.47	0.56	6.73	97.41	2.97	6.12
B（汽车道外）	0~20	38.02	1.26	1.15	7.55	142.85	16.54	25.56
	20~40	19.29	1.12	1.03	7.26	118.29	7.43	16.78

2 种运材作业后对人工林迹地的土壤主要物理性质指标变化程度，见表 2-2-45。
2 种运材作业后对人工林迹地的土壤主要化学性质指标变化程度，见表 2-2-46。

表 2-2-45　2 种运材作业后迹地土壤物理性质指标变化程度

运材方式	土层 (cm)	密度 (g/cm³)/ (%)	>0.25 mm 水稳性团聚体含量 (%)	结构体破坏率 (%)	最大持水量 (%)	最小持水量 (%)	毛管持水量 (%)	总孔隙度 (%)	毛管孔隙度 (%)	非毛管孔隙度 (%)
农用车运材	0~20	$\dfrac{0.19}{15.33}$	$\dfrac{9.03}{10.05}$	$\dfrac{11.10}{157.45}$	$\dfrac{9.10}{21.87}$	$\dfrac{8.70}{21.87}$	$\dfrac{5.24}{14.05}$	$\dfrac{4.79}{8.93}$	$\dfrac{0.67}{1.45}$	$\dfrac{4.39}{59.49}$
	20~40	$\dfrac{0.03}{2.38}$	$\dfrac{8.84}{10.64}$	$\dfrac{9.11}{60.65}$	$\dfrac{2.58}{6.23}$	$\dfrac{1.10}{3.22}$	$\dfrac{1.46}{3.99}$	$\dfrac{2.09}{4.00}$	$\dfrac{0.79}{1.71}$	$\dfrac{1.30}{21.42}$
汽车运材	0~20	$\dfrac{0.50}{39.68}$	$\dfrac{16.55}{18.90}$	$\dfrac{18.82}{201.28}$	$\dfrac{15.78}{37.43}$	$\dfrac{10.49}{30.71}$	$\dfrac{11.88}{32.25}$	$\dfrac{6.70}{12.61}$	$\dfrac{2.50}{5.39}$	$\dfrac{4.20}{62.50}$
	20~40	$\dfrac{0.09}{6.98}$	$\dfrac{12.73}{16.17}$	$\dfrac{14.31}{82.43}$	$\dfrac{4.81}{11.96}$	$\dfrac{4.09}{13.37}$	$\dfrac{3.33}{9.39}$	$\dfrac{3.01}{5.80}$	$\dfrac{1.40}{3.06}$	$\dfrac{1.61}{26.18}$

注：分子为各项指标变化(净增加或减少值)的绝对值，分母为各项指标变化的相对程度。

表 2-2-46　2 种运材作业后迹地土壤化学性质指标变化程度

运材方式	土层 (cm)	有机质 (g/kg)/(%)	全N (g/kg)/(%)	全P (g/kg)/(%)	全K (g/kg)/(%)	水解性N (mg/kg)/(%)	速效P (mg/kg)/(%)	速效K (mg/kg)/(%)
农用车运材	0~20	$\dfrac{19.15}{51.60}$	$\dfrac{0.33}{29.20}$	$\dfrac{0.31}{30.10}$	$\dfrac{0.48}{5.34}$	$\dfrac{21.60}{14.69}$	$\dfrac{8.54}{56.07}$	$\dfrac{11.44}{42.35}$
	20~40	$\dfrac{2.19}{11.64}$	$\dfrac{0.35}{35.00}$	$\dfrac{0.26}{27.66}$	$\dfrac{0.02}{0.24}$	$\dfrac{13.00}{11.17}$	$\dfrac{3.07}{45.88}$	$\dfrac{8.71}{55.30}$
汽车运材	0~20	$\dfrac{23.54}{61.91}$	$\dfrac{0.53}{42.06}$	$\dfrac{0.50}{43.48}$	$\dfrac{0.57}{7.55}$	$\dfrac{26.52}{18.56}$	$\dfrac{11.76}{71.10}$	$\dfrac{13.19}{51.60}$
	20~40	$\dfrac{6.35}{32.92}$	$\dfrac{0.65}{58.04}$	$\dfrac{0.47}{45.63}$	$\dfrac{0.53}{7.30}$	$\dfrac{20.88}{17.65}$	$\dfrac{4.46}{60.03}$	$\dfrac{10.66}{63.53}$

2.4.4　不同运材方式迹地土壤理化性质指标受干扰程度

在单位出材量相近的情况下，为了便于分析比较不同运材方式之间，因运材量和运材道面积不同而引起的对林地土壤干扰影响差别，故引入运材破坏系数 R，即：

$$R = 运材道面积/运材量 \qquad (2\text{-}2\text{-}3)$$

运材道面积计算根据伐区工艺设计计算确定的运材道长度(指新开运材岔线部分)，再乘以运材道宽度得到，见表 2-2-47。

表 2-2-47　伐区与运材道面积

运材方式	伐区面积(hm²)	运材量(m³)	运材道面积(m²)	运材破坏系数 R_i	运材道面积/伐区面积
农用车	9.27	1442	3375	2.34	0.036
汽车	11.30	1706	5200	3.05	0.046

注：计算运材道面积时，农用车道、汽车道的宽度分别按 2.5、4.0 m 计。

考虑运材破坏系数 R 的影响后,各种运材作业方式对林地土壤理化指标的干扰程度 X_{ij} 按下式计算:

$$X_{ij} = H_{ij}R_i \tag{2-2-4}$$

式中: X_{ij}——第 i 种运材方式林地土壤第 j 个指标的受干扰程度;

H_{ij}——第 i 种运材方式林地土壤第 j 个指标的相对变化率(表 2-2-45、表 2-2-46);

R_i——第 i 种运材方式对林地的影响系数,即运材破坏系数(表 2-2-47)。

不同运材方式对林地土壤主要理化性质指标受干扰程度(取 0~40cm 土层的平均值),见表 2-2-48、表 2-2-49。

表 2-2-48　运材作业迹地土壤物理性质指标的干扰程度

运材方式	主要物理性质指标受干扰程度								
	X_1	X_2	X_3	X_4	X_5	X_6	X_7	X_8	X_9
农用车运材	20.73	24.22	255.18	31.92	29.37	21.11	15.14	3.70	94.68
汽车运材	71.16	53.50	432.67	75.34	67.22	63.50	28.09	12.90	135.24

表 2-2-49　运材作业迹地土壤化学性质指标的干扰程度

运材方式	主要化学性质指标受干扰程度						
	X_{10}	X_{11}	X_{12}	X_{13}	X_{14}	X_{15}	X_{16}
农用车运材	73.99	75.11	67.58	6.53	30.26	119.29	114.26
汽车运材	144.63	152.65	135.91	22.66	55.24	199.99	175.59

由表 2-2-48 和表 2-2-49 可知,采用汽车运材作业方式,运材道土壤理化性质受干扰程度明显比农用车运材道大得多,这主要是由于汽车运材所需运材道宽度比农用车大得多(大 1.6 倍),不仅修建运材道时的挖方量增大,而且断面开挖深度也比农用车道大,从而导致对林地土壤的干扰破坏大。另外,由于汽车自重和载运量均比农用车大,故汽车运材时对运材道土壤的压实破坏作用更大。

2.5　不同采集作业对人工林林地土壤侵蚀的影响

试验地基本情况,见表 2-2-50(山地红壤)。

表 2-2-50　试验地伐区及作业概况

地点	林班号	伐区面积(hm²)	迹地前茬树种	采集方式	平均坡度(°)	平均坡长(m)	迹地清理方式	造林方式
永安市	56-5-1	12.87	8 杉 2 阔	皆伐手板车集材	25	80	带堆	人工挖穴
	56-1-3	10.40	8 杉 2 阔	皆伐土滑道集材	30	60	带堆	人工挖穴
	22-6-2	9.87	9 杉 1 马	皆伐拖拉机集材	22	45	带堆	人工挖穴
	56-2-2	3.20	6 杉 4 马	皆伐人力担筒集材	36	55	带堆	人工挖穴
建瓯市	54-4-4	10.53	9 马 1 杉	皆伐全悬索道集材	25	50	火烧	人工挖穴
	23-7-2	9.47	10 杉	皆伐手板车集材	24	70	火烧	人工挖穴

2.5.1　皆伐作业对林地坡面土壤侵蚀的影响

皆伐作业后由于植被完全消失，林地失去了林冠和其他植被的保护作用，降雨极易引起林地的面状侵蚀，尤其是地表面的枯枝落叶因采集作业而被移走、表土裸露的坡面，调查中发现面蚀现象较严重，有明显的击溅侵蚀、层状侵蚀及细沟侵蚀现象。

降雨强度越大，降雨历时越长，产生的地表径流量越大，径流对地表的冲刷力越大，则土壤侵蚀量越大；一般情况下，土壤侵蚀量随坡度的增大而增大；土质疏松、含沙量大的土壤较土质密实、含沙量少的土壤更容易受到侵蚀。迹地前茬树种的组成对土壤侵蚀也有一定影响，阔叶林和针阔混交林地由于其地表枯枝落叶层较针叶林多，且叶面面积大，对雨水产生的面状侵蚀和沟状侵蚀具有较好的阻挡作用，故其土壤侵蚀量较针叶林林地小得多。

迹地清理方式是影响迹地土壤侵蚀的一个十分重要的因素。试验中采用 2 种不同的清理方式即火烧（俗称炼山）和带堆（条带堆铺）。调查中发现采用火烧法清理的林地，林地植被和土壤表层（包括枯枝落叶层）遭严重破坏，土壤侵蚀（水土流失）相当严重（不仅有面蚀而且有沟蚀），尤其是采伐当年和翌年；而采用带堆法清理的林地，林地植被和土壤表层破坏较轻，且由于条带（条带间距约为 5 m）的阻水作用，减缓径流速度，从而使土壤侵蚀大大减小。另外，从调查中还发现，采用带堆法清理的林地，其植被（主要是草本植物）恢复较火烧法的林地快，一般次年就大部分恢复了，而火烧法的林地则要到第 3 年才能基本恢复。

造林方式是影响林地土壤侵蚀的另一个因素，采用人工挖穴整地造林的，第 1 年的土壤侵蚀量比未整地造林的小，这是由于整地造林时产生的小坑穴，虽经回土，但仍具凹坑形态，具有保持水土的作用，可减小地表径流。但第 2 年，造林的小坑穴淤平，失去了作用，再加上幼林抚育除草，土壤侵蚀量就显著增加，使得各项流失量（径流量、泥沙流失量和土壤养分流失量）均超过不整地不造林的，到第 3 年仍继续超过不造林的林地[2]。

2.5.2　集材作业对林地土壤侵蚀的影响

集材作业对林地土壤侵蚀的影响，不同的集材方式其影响大小是不同的。拖拉机、手板车等集材方式由于需要修建较宽的集材道（平均集材道宽度分别为 2.1 m 和 1.5 m），对地表破坏较大，受侵蚀的面也较宽；土滑道开挖断面较小，一般断面宽度为 30～80 cm，深度为 15～30 cm，开挖时对地表破坏较小，但集材过程中木材会对集材道四周产生撞击作用，使土滑道断面加深变宽，且集材道布设与坡向相同，极易引起冲刷；架空索道集材因不需要修建集材道，除半悬索道集材时对地表会产生一定的刮伤作用外，基本上不对地表产生破坏，即便有也是较轻微的。因此，对林地土壤影响较大的 3 种常用人工林集材方式（拖拉机、手板车和土滑道集材）进行分析研究。

集材作业对林地土壤侵蚀的影响主要表现在以下 3 个方面：

第一，修建集材道（如拖拉机道、手板车道和土滑道等）时对土壤的破坏作用。由于山地的地形地貌复杂，自然地表横向坡度陡峭，纵向起伏大。因此，集材道修建过程中所采取的挖填必然会对林地土壤产生较大的影响。开挖集材道时对地表土壤产生扰动（松动和搬移），形成大量的挖方边坡和填方边坡，尤其是填方边坡（因没有压实）在雨水和地表径流作用下，不仅会产生大量的面蚀，更为严重的是会在边坡中形成许多大小不等的冲刷沟，造成较严重的水土流失。

第二，集材作业过程中，由于集材道通常没有铺设路面，在集材设备(主要是与地表接触的车轮)的作用下，对集材道路面产生压实作用，同时形成许多凹陷的车辙，尤其在雨季集材时更为严重。另外，集材道均没有开设排水边沟，且为了节省开挖集材道的工程量，集材道的坡度大多较陡，因此，这些凹陷的车辙在地表径流的作用下产生冲刷，由小沟发展成大沟，由浅沟发展成深沟。

第三，集材作业结束后，由于开挖集材道时肥沃的表土层被大量移走，加之集材作业过程中对集材道土壤的压实作用，土壤孔隙度减小，使得集材道上的植被生长困难，与集材道外的采伐

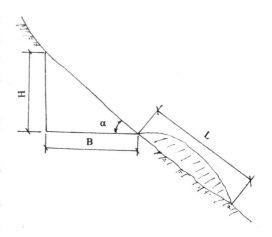

图 2-2-3　集材道断面示意图

迹地相比，其植被恢复速度要慢得多，通常要3~5年甚至更长的时间才能恢复，而采伐迹地一般只要1~2年最多3年就可基本恢复。即便是土壤较疏松的填方边坡，其植被恢复速度也明显比采伐迹地慢。因此，集材道上土壤较长时间的裸露，加剧其土壤侵蚀量(水土流失)。

2.5.2.1　不同集材方式对林地土壤的破坏及其侵蚀面计算

不同集材方式由于其所需集材道断面(图2-2-3)宽度不一样，对林地地表土壤的破坏及其造成的侵蚀面大小(裸露的表面积)也不同。调查分析拖拉机、手板车、土滑道等人工林集材方式对林地土壤破坏所造成的侵蚀面情况，见表2-2-51。开挖集材道时弃土方式为就近弃土，边坡不处理。

表 2-2-51　不同集材方式集材道断面尺寸及其侵蚀面

集材方式	地面坡度(°)											
	18				24				30			
	B (m)	H (m)	L (m)	W (m²/km)	B (m)	H (m)	L (m)	W (m²/km)	B (m)	H (m)	L (m)	W (m²/km)
拖拉机集材	2.10	0.68	3.31	6090	2.10	0.93	3.45	6480	2.10	1.21	3.64	6950
手板车集材	1.50	0.49	2.37	4360	1.50	0.67	2.46	4630	1.50	0.87	2.60	4970
土滑道集材	0.50	0.30	0.75	1850	0.50	0.30	0.75	1850	0.50	0.30	0.75	1850

注：B-集材道断面平均宽度；H-集材道断面平均深度；L-弃土边坡长度；W-单位长度土壤侵蚀表面积。

由表2-2-51可知，不同集材方式，其集材道土壤受侵蚀的表面积大小也不同，由大到小依次为：手扶拖拉机集材、手板车集材、土滑道集材。由于土滑道的坡度一般与地面坡度相同，断面尺寸不变，所以其受侵蚀面的大小不随地面坡度(α)的变化而改变。

由于拖拉机、手板车的爬坡能力不同，所允许的集材道最大坡度及坡长也不同(重车顺坡时，拖拉机、手板车的最大纵坡分别为15%和17%左右)，所以在相同的地形条件(地面坡度及高差)下，所需修建的集材道长度也不同(爬坡能力越大，所需集材道长度越短)，则对土壤的侵蚀破坏也不同。

2.5.2.2　手扶拖拉机集材道路面土壤侵蚀调查

对永安市元沙林业采育场洋尾工区 22 林班 6 大班 2 小班，其中 1 条手扶拖拉机集材道路面土壤侵蚀情况进行调查，现场实测路面侵蚀沟的长度、平均宽度和深度，测量时从坡顶沿下坡方向进行，结果见表 2-2-52。

表 2-2-52　手扶拖拉机集材道路面土壤侵蚀状况

| 测点 | 坡度（%） | 坡长（m） | 路面侵蚀沟 | | | | | | 累计侵蚀量（cm³） | |
| | | | 平均长度（m） | | 平均宽度（cm） | | 平均深度（cm） | | | |
			外侧	内侧	外侧	内侧	外侧	内侧	外侧	内侧
1	6	5	0.85	1.10	35	40	9	6	26775	26400
2	6	10	1.30	1.03	42	42	5	13	54075	82638
3	6	15	1.10	0.95	50	34	7	4	92575	95558
4	6	20	1.50	1.25	40	40	7	6	134575	125558
5	9	25	2.10	1.80	35	40	8	6	193375	168758
6	9	30	1.20	0.75	40	30	11	6	246175	182258
7	9	35	1.45	1.27	38	30	8	8	290255	212738
8	13	40	1.60	1.42	32	32	5.5	10	318415	258178
9	13	45	0.96	1.15	34	23	14	11	364111	287273
10	13	50	1.65	1.08	38	35	11.5	4	436216	302393
11	8	55	1.32	1.22	43	30	8	1	481624	306053
12	8	60	2.10	1.76	43	28	7	9	544834	350405
13	12	65	1.43	0.86	26	35	13	7	593168	371475
14	12	70	1.23	1.30	38	36	5.5	19	618875	460395
15	7	75	0.87	1.13	30	28	3	15	626705	507855
16	7	80	1.92	1.53	28	34	8	9	669713	554673
17	7	85	1.06	2.05	36	30	6	10	692609	616173
18	9	90	1.25	1.46	46	38	5	5.5	721359	646687
19	9	95	0.74	1.10	64	55	13	9.5	782927	704162
20	11	100	1.76	1.48	58	43	9	13	874799	786894
21	11	105	2.03	1.55	65	49	15	11	1072724	870439
22	11	110	1.66	1.80	76	45	16	11	1274580	959539
23	15	115	1.63	1.28	70	43	15	13	1445730	1031091
24	15	120	1.49	1.92	78	50	17	14	1643304	1165491
25	15	125	2.30	2.05	75	48	15	12	1902054	1283571
26	15	130	1.75	1.64	73	43	13	15	2068129	1389351
27	15	135	1.39	1.52	71	52	14	13	2206295	1492103
28	18	140	1.83	1.66	77	46	16	14.5	2431751	1602825
29	18	145	1.97	2.21	72	45	15.3	17	2648766	1771890
30	18	150	1.57	1.78	69	48	18	16	2843760	1908594

注：外侧表示外侧轮辙形成的冲刷沟，内侧表示内侧轮辙形成的冲刷沟；路面土壤侵蚀量 = 侵蚀沟平均长度 × 平均宽度 × 平均深度。

由表 2-2-52 可知，集材道外侧的路面土壤侵蚀（冲刷）较内侧大，这是由于外侧路面大多为填方段，土质较疏松，轮辙较宽、较深，同时径流量较大（路面向外倾斜，导致径流倾向外侧）的缘故。另外，坡度较陡的路段较坡度小的路段土壤侵蚀量大，这是因为坡度大，其径流速度大，冲刷力也大；手扶拖拉机集材道修建后第1年路面单位长度的土壤年侵蚀量为31.682 m³/km。根据现场调查观察，路基边坡的土壤侵蚀要比路面侵蚀（冲刷）更严重。

据调查发现，集材道土壤侵蚀不是逐年增大，而是随时间延长而呈减小趋势，集材道土壤侵蚀现象最严重的是发生在集材道修建完采集作业结束后的第1年，因为林地和集材道的植被均没有恢复，地表径流较大。从第2年开始，随着林地和集材道植被的逐渐恢复，也有可能是土壤压实，径流量减小，集材道土壤侵蚀量减小。到第4年开始，集材道土壤侵蚀量趋于稳定或变化微小。

2.6 小结

（1）皆伐作业后由于林冠骤然消失，林地温度升高，光照加强，土壤表层蒸发作用强烈，枯枝落叶分解加快，土壤理化性质发生一定程度的变化。同时集材作业带走部分表土并对土壤产生压实作用，使迹地土壤密度增加，孔隙减少，持水性能变差，养分含量下降。

（2）定量分析山地常用的皆伐人力溜山作业对不同坡度杉木人工林迹地土壤理化性质的影响，结果表明：皆伐作业后林地土壤密度和土壤结构体破坏率增大，孔隙度减小，持水性能变差，土壤养分含量下降，且土壤理化性质的变化幅度与坡度大小有关。皆伐后坡度小的林地土壤理化性质比坡度大的林地变化大。

（3）选择4种不同林分结构人工林皆伐作业，对其皆伐前后的林地土壤理化性质指标变化程度进行比较。经主成分分析得出：阔叶林尾叶桉纯林林地受干扰影响最大，其余干扰影响由大到小依次为：杉阔混交林林地、马杉混交林林地和杉木纯林林地。

（4）选择皆伐作业后5种集材方式，进行土壤理化性质指标变化程度的比较。在考虑各种作业的集材量和集材道面积的情况下，经主成分分析得出不同集材方式对人工林皆伐迹地土壤理化性质的干扰程度。5种集材作业后对人工林皆伐迹地土壤受干扰程度由大到小依次为：土滑道集材，手扶拖拉机集材，手板车集材，人力担筒集材和全悬空索道集材。

建议林业生产决策部门在选择集材作业方式上，避免选用对生态干扰程度最大的土滑道集材方式，而选择对生态干扰较小的。机械化程度较高的林业采育场选择索道集材；机械化程度较低的则选择手板车集材。这样，有利于发挥森林的生态、社会及经济效益，有利于森林可持续经营和林业可持续发展。

（5）选择2种运材方式，进行土壤理化性质指标变化程度的比较。在考虑两者的运材量和运材道面积的情况下，经分析得出2种运材方式对人工林迹地的土壤理化性质的干扰程度，汽车运材比农用车运材干扰程度大。

（6）不同采集作业方式对林地土壤侵蚀影响不同。皆伐引起的土壤侵蚀形式主要为面状侵蚀，面状侵蚀量大小与降雨强度、降雨历时、土壤类型、坡度大小、坡长、迹地清理方式、造林方式等因素有关；迹地清理方式采用沿等高线分布的带堆法，其土壤侵蚀量明显小于火烧法。不同集材方式与修建集材道时对林地土壤的破坏大小有关，土壤侵蚀影响由大到小依次为：土滑道集材、手扶拖拉机集材、手板车集材、人力担筒集材和索道集材。此外，路基边坡的土壤侵蚀比路面侵蚀更严重，手扶拖拉机集材道路面单位长度的土壤年侵蚀量约为31.682 m³/km。

第3章
人工林择伐生态效果与生长动态仿真研究

通过实地踏查，在闽北建瓯叶坑和墩阳选择具有代表性的人工杉木纯林(10 杉)和人工杉阔混交林建立人工林择伐与更新长期固定动态跟踪试验基地，4 种不同强度择伐分别设置试验样地 1200 m² (分别从下坡到上坡 3 块 20 m×20 m 标准地)，采用样方调查法。其中建瓯叶坑的人工杉木林择伐与更新动态跟踪试验基地(33 年生)于 2006 年 7 月建立并本底调查，2006 年 8 月进行不同强度择伐作业，2011 年 7 月、2014 年 7 月与 2016 年 7 月分别开展择伐 5 年后、8 年后与 10 年后乔灌草、土壤与凋落物等全面复查；建瓯墩阳的人工杉阔混交林择伐与更新动态跟踪试验基地(18 年生)于 2011 年 2 月建立，2011 年 7 月本底调查，2011 年 8 月进行不同强度择伐作业，2014 年 7 月与 2016 年 7 月分别开展择伐 3 年后与 5 年后乔灌草、土壤与凋落物等全面复查。两处人工林择伐与更新动态跟踪研究试验基地，分别见图 2-3-1 和图 2-3-2。

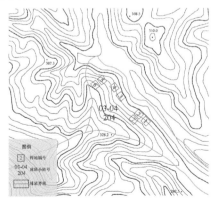

图 2-3-1 福建省建瓯叶坑人工杉木林择伐与更新动态跟踪试验基地

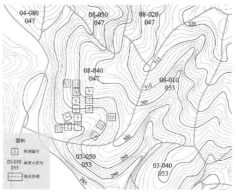

图 2-3-2　福建省建瓯墩阳人工杉阔混交林择伐与更新动态跟踪试验基地

3.1　择伐林地土壤理化性质与凋落物养分含量影响

3.1.1　试验地概况

　　试验地位于福建省建瓯市叶坑林业采育场 204 林班 03 大班 01 小班。土壤为花岗岩发育的红壤，土层厚度中，海拔 220 ~ 419 m，平均坡度为 25°。试验林为 33 年生人工针阔混交林（8 杉 2 阔），林下灌木草被稀疏，盖度 10%，林内枯枝落叶层可达 5 cm，整个林分生长良好，郁闭度 0.9。自然植被中，针叶树种为杉木，阔叶树种主要有木荷、梧桐、楠木、苦楝、枫香、壳斗科等；草本主要有芒萁、苦竹、茅根、蕨属等。

　　人工针阔混交林择伐标准地共设 3 块（20 m×20 m），2005 年 7 月进行伐前调查，并采集伐前土样；2005 年 12 月对试验林分进行择伐作业，择伐强度为 11.84%，另外还设有未择伐的试验样地进行对照。按采坏留好、采老留壮、采大留小、采密留稀和采针留阔的原则，确定杉木为择伐木，具体作业措施为：油锯采伐，林内打枝造材，人力肩驮集材，>5 cm 以上的枝丫全部收集利用，其余归堆清理。于 2006 年 7 月（择伐作业后 210 天）进行伐后复查，并采集伐后土样（在伐前取样点附近，距伐根 3 m 的地段取土样）。研究方法同前所述。择伐前后林分主要因子调查结果，见表 2-3-1。

表 2-3-1　人工针阔混交林择伐前后林分主要特征

类型	郁闭度	林分密度（株/hm²）	平均胸径（cm）	平均树高（m）	蓄积量（m³/hm²）	林分面积（hm²）	林分蓄积量（m³）
A（择伐前）	0.90	1560	21.00	20.10	517.79	2.333	1208
采伐木	—	330	14.90	16.90	61.29	2.333	143
B（择伐后）	0.70	1230	22.60	20.60	456.49	2.333	1065

3.1.2　择伐对林地土壤理化性质的影响

3.1.2.1　择伐对土壤物理性质的影响

3.1.2.1.1　择伐对土壤结构稳定性的影响

分析结果表明（表 2-3-2），类型 B（择伐后）与类型 A（择伐前）相比，表层土壤 >0.25 mm 水稳性团聚体（湿筛值）高 0.94%，结构体破坏率高 0.34%，>5mm、5~2mm 和 1~0.5 mm 的水稳性团聚体含量分别上升 1.53%、5.41% 和 7.20%，其余粒径的水稳性团聚体含量均有所降低。择伐前后 1~0.5 mm 的水稳性团聚体占优势。试验表明，择伐后林地土壤的团粒结构稳定性略有影响，但并不明显。

表 2-3-2　人工针阔混交林择伐土壤团聚体组成变化（0~10 cm 土层）

土样类型	粒径（mm）						结构体破坏率（%）
	>5	5~2	2~1	1~0.5	0.5~0.25	>0.25	
A（择伐前）	32.86 / 10.83	27.13 / 13.72	9.95 / 19.22	11.48 / 21.50	5.50 / 12.19	86.92 / 77.46	10.88
B（择伐后）	44.84 / 12.36	25.04 / 19.13	6.38 / 12.14	8.33 / 28.70	3.72 / 6.07	88.31 / 78.40	11.22

3.1.2.1.2　择伐对土壤水分与孔隙状况的影响

分析结果表明（表 2-3-3），择伐后表层土壤密度略有增加，持水性能有所下降，孔隙度减小。0~10 cm 土层，类型 B 与类型 A 相比，土壤密度增大 0.076 g/cm³，土壤最大持水量下降 5.42%，毛管持水量下降 4.22%，土壤总孔隙度减少 3.55%，非毛管孔隙度减少 1.12%，非毛管孔隙与毛管孔隙比率下降 10.46%。土壤 10~20 cm 土层水分与孔隙状况与 0~10 cm 土层表现出类似的变化趋势。说明进行择伐作业时，树木倒地及原木在地面滚动或滑动等对林地土壤产生了压实作用，导致土壤密度、持水性能及孔隙状况均发生一些变化，但并不明显。

表 2-3-3　人工针阔混交林择伐对土壤水分与孔隙状况的影响

土样类型	土层（cm）	密度（g/cm³）	持水量（%）			最佳含水率下限（%）	孔隙度（%）			孔隙组成（%）		非毛管孔隙与毛管孔隙之比
			最大	最小	毛管		总孔隙	毛管	非毛管	毛管孔隙	非毛管孔隙	
A（择伐前）	0~10	1.188	45.71	38.74	39.63	27.12	54.30	47.08	7.22	86.70	13.30	0.153
B（择伐后）		1.264	40.29	34.62	35.41	24.23	50.75	44.65	6.10	87.98	12.02	0.137

（续）

| 土样类型 | 土层（cm） | 密度（g/cm³） | 持水量（%） | | | 最佳含水率下限（%） | 孔隙度（%） | | | 孔隙组成（%） | | 非毛管孔隙与毛管孔隙之比 |
			最大	最小	毛管		总孔隙	毛管	非毛管	毛管孔隙	非毛管孔隙	
A（择伐前）	10~20	1.162	46.23	37.07	38.41	25.95	53.70	44.63	9.07	83.10	16.89	0.203
B（择伐后）		1.231	41.39	34.47	35.33	24.13	50.93	43.48	7.45	85.37	14.63	0.171

3.1.2.2   择伐对土壤化学性质的影响

土样化学分析结果，见表 2-3-4。

表 2-3-4   人工针阔混交林择伐土壤主要养分含量变化（0~20 cm 土层）

土样类型	有机质（g/kg）	全 N（g/kg）	全 P（g/kg）	全 K（g/kg）	水解性 N（mg/kg）	速效 P（mg/kg）	速效 K（mg/kg）
A（择伐前）	28.9	1.84	0.145	19.30	119.19	1.76	162.60
B（择伐后）	27.0	1.60	0.116	18.09	114.77	1.09	133.96

由表 2-3-4 可知，土样类型 B 与类型 A 相比，土壤养分含量普遍略有下降，其中土壤有机质含量下降 1.9 g/kg，全 N 含量下降 0.24 g/kg，全 P 含量下降 0.029 g/kg，全 K 含量下降 1.21 g/kg，水解性 N 含量下降 4.42 mg/kg，速效 P 含量下降 0.67 mg/kg，速效 K 含量下降 28.64 mg/kg。造成择伐后土壤养分含量下降的原因主要是择伐作业过程中，对表土层产生一定的扰动（包括表土和凋落物的移动），尽管择伐后林地仍然存在乔木、亚乔木和林下灌木，但择伐后形成的林窗，降低了林冠对雨水的截留消能作用，降雨产生的坡面径流增大，使林地有机物矿化释放的可溶性养分遭受淋失和引起部分水土流失，并且择伐时大量枝丫和树叶留在林地，短期内（不到 1 年）并未开始分解，从而使表土层中的土壤养分含量未得到补充。

3.1.3   择伐后凋落物养分含量分析

3.1.3.1   凋落物养分含量测定

在标准地内，择伐前沿对角线设置 10 个 1 m×1 m 的小样方，而择伐后沿对角线在距伐根 3 m 处同样设置 10 个 1 m×1 m 的小样方。在每个样方内，按未分解层（凋落物叶、枝、皮和果等保持原状，颜色变化不明显，质地坚硬，叶型完整，外表无分解的痕迹）和半分解层分层，用手捡出最上层肉眼可以辨别各组分的所有林地上的凋落物。将其分别编号装袋，带回实验室后，按枯叶、枯枝、其他（包括树皮、花、果实、种子等）进行分组。将收集的凋落物取样，测定凋落物中主要营养元素 N、P、K、Ca、Mg 的含量，其中 N 用半微量凯氏法测定，P 用钼兰比色法测定，K、Ca、Mg 用原子吸收分光光度计测定[3]，凋落物养分含量分析数据为同一处理分析结果的平均值。

3.1.3.2   凋落物养分含量变化

人工针阔混交林择伐前后林地凋落物中养分元素含量，见表 2-3-5。凋落物中养分元素的含量除了受土壤供肥状况的影响，还与自身的生理功能、调节及迁移有关。因此，择伐后短期内养分元素含量的规律性不甚明显，但仍然表现出一定的趋势，凋落物各组分 N、P、K、Ca、Mg 的含量范围分别为 0.29%~0.49%、0.81%~0.42%、1.15%~0.23%、0.91%~

0.17%、0.83%~0.56%。从各组分养分元素含量的平均值来看，择伐后凋落物各养分元素的含量与择伐前相比均略有降低，N、P、K、Ca 和 Mg 的含量分别下降 0.05%、0.05%、0.33%、0.20% 和 0.03%。各养分元素含量表现为：择伐前 Mg > K > P > Ca > N；择伐后 Mg > P > K > N > Ca。

表 2-3-5　针阔混交林择伐前后凋落物各组分的养分含量（%）

类　型	组　分	N	P	K	Ca	Mg
A（择伐前）	枯　叶	0.49	0.73	0.47	0.91	0.83
	枯　枝	0.36	0.62	0.41	0.48	0.63
	其　他	0.29	0.51	1.15	0.17	0.62
	平均值	0.38	0.62	0.68	0.52	0.69
B（择伐后）	枯　叶	0.29	0.81	0.32	0.6	0.66
	枯　枝	0.38	0.42	0.23	0.28	0.56
	其　他	0.31	0.47	0.51	0.09	0.75
	平均值	0.33	0.57	0.35	0.32	0.66

在已知林地凋落物现存量以及凋落物中养分含量的前提下，就可计算出凋落物中的养分总量，见表 2-3-6。对于任一养分元素，择伐后的林地凋落物养分总量均比择伐前明显增加，这主要是由择伐后残留下大量枯枝落叶使林地凋落物现存量显著增加所导致的，说明择伐作业在短期内可明显提高林地凋落物养分蓄存量。

表 2-3-6　针阔混交林择伐前后林地凋落物养分总量变化

类　型	现存量	主要养分总量（kg/hm²）					总　计
		N	P	K	Ca	Mg	
A（择伐前）	1729.0	6.57	10.72	11.76	8.99	11.93	49.97
B（择伐后）	6189.0	20.42	35.28	21.66	19.80	40.85	138.01

3.2　杉木人工林择伐后生态效果与生长动态仿真

我国第 7 次森林资源清查，杉木林栽培面积为 853.86×10^4 hm²，占全国人工林面积的 21.35%，蓄积量达 7.34×10^8 m³，在我国山地主要造林树种中占有举足轻重的地位和作用[4]。然而，人工纯林存在树种结构单一，生物多样性水平低，林分结构稳定性和抗逆性较脆弱等诸多问题。杉木长期生长或连栽引起林地土壤理化性质、生化特性变劣，土壤肥力下降，土壤质量严重退化。福建省从 2011 年起连续 3 年，对坡度大于 25° 的一般人工用材林提倡实行择伐，以发挥生态效益为主要目的人工林林区（如水源涵养林），或兼有重要生态意义的商品林应实行择伐，福建皆伐面积控制在"十一五"期间年平均皆伐面积的 50% 以内，在福建范围内推行人工林择伐的理念。

以山地杉木人工林为研究对象，从林分生长、物种多样性、土壤理化特性和凋落物现存量及其养分含量4个方面，对不同择伐强度下的生态效果进行比较分析；并在不同强度择伐下，利用长期固定样地的连续实测数据，构建单木生长模型，然后运用 Onyx Tree 和 3Ds Max 技术，实现择伐后不同时期的生长动态仿真，直观地体现不同择伐强度对林分生长动态变化的影响，为确定合理择伐强度和制订最优经营措施提供科学的决策依据。

3.2.1　试验地概况

试验地位于福建省建瓯市叶坑林业采育场204林班03大班04小班。土壤为花岗片麻岩发育而成的山地黄红壤，海拔250～350 m。试验林为33年生杉木人工林，平均坡度为25°，郁闭度0.9，林分平均胸径25.1 cm，平均树高18.4 m。林下灌木草被稀疏，盖度10%，主要有：芒萁、苦竹、茅根、黄瑞木、狗脊、五节芒、蕨属等。

3.2.2　调查方法

在实地踏查的基础上，在同一坡面的上、中、下坡选取代表性地段设置标准样地（20 m×20 m），2006年7月进行伐前本底调查。2006年8月进行4种不同强度择伐。按采坏留好、采弱留壮、采老留小和采密留稀的原则选择采伐木，择伐作业按照单株择伐的技术要求进行，对各样地的采伐木和保留木分别记录并挂牌。作业措施为：油锯采伐、林内打枝造材、人力肩驮集材、≥5 cm以上的枝丫全部收集利用，其余归堆清理。根据蓄积量计算样地的实际择伐强度，伐后均天然恢复植被，另设未采伐标准样地作为对照。

在标准样地内，乔木层植被调查采用相邻格子法（每块标准地划分为16个5 m×5 m的样方）进行调查，对样方内胸径 $DBH > 5$ cm 的每株树木进行每木调查，记录种名、胸径、树高 H、枝下高 HCB、冠幅 CW、坐标等；并查福建省一元立木材积表，获得单株材积和林分蓄积量；每块标准样地的四角及中央共设置5个5 m×5 m的灌木样方，5个1 m×1 m的草本样方，记录林下灌木和草本植物的种类、株数、高度和盖度。择伐前后各样地杉木人工林乔木空间位置，如图2-3-3；择伐作业概况，见表2-3-7。

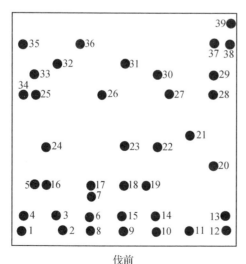 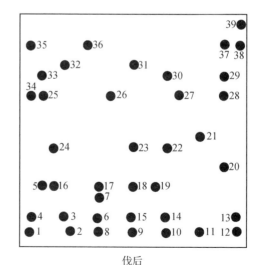

伐前　　　　　　　　　　　　　　　　伐后

1号样地(未伐)

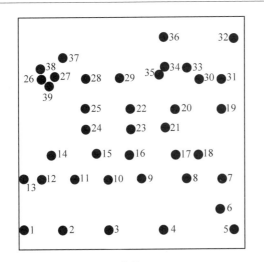
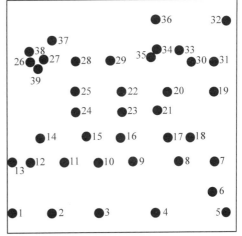

伐前　　　　　2号样地(未伐)　　　　伐后

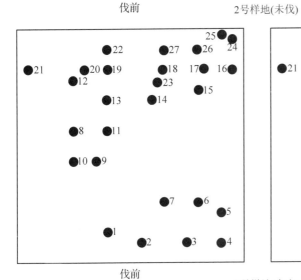
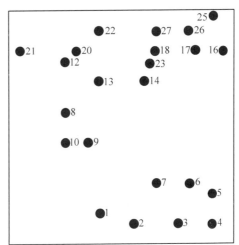

伐前　　　　　3号样地(中度)　　　　伐后

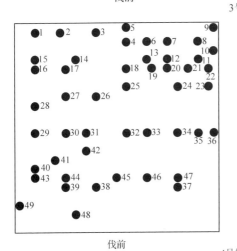
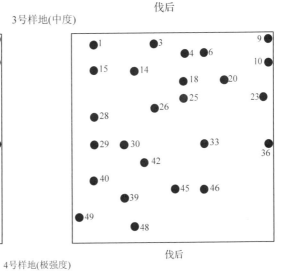

伐前　　　　　4号样地(极强度)　　　　伐后

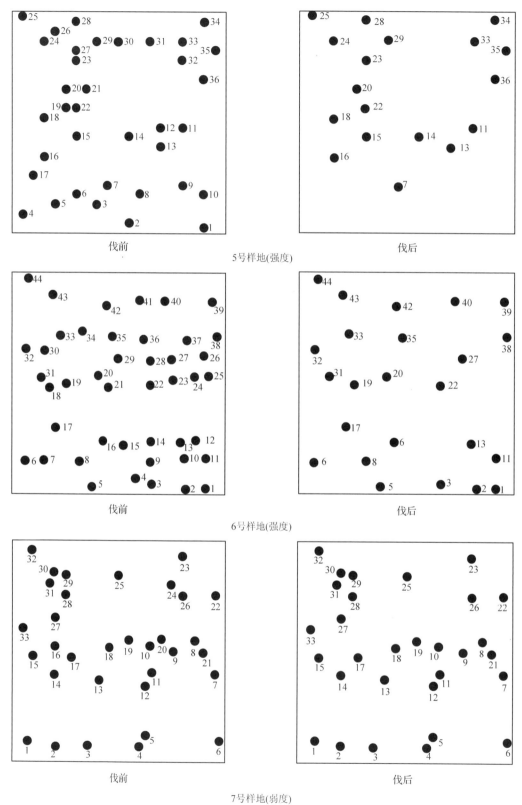

伐前 伐后

5号样地(强度)

伐前 伐后

6号样地(强度)

伐前 伐后

7号样地(弱度)

图 2-3-3 择伐前后各样地杉木人工林乔木空间位置图

表 2-3-7　择伐作业概况

样地号	乔木总株数（株）	择伐株数（株）	总蓄积量（m³）	择伐蓄积量（m³）	择伐强度（%）	择伐强度等级
1	39	0	16.5952	0	0	未伐
2	40	0	14.0730	0	0	未伐
7	35	4	18.9537	2.3992	12.7	弱度
3	31	4	18.0840	4.1361	22.9	中度
5	36	20	14.9264	7.3910	49.5	强度
6	44	23	17.2264	8.4982	49.3	强度
4	49	25	20.0843	12.6009	62.7	极强度

3.2.3　研究方法

3.2.3.1　物种多样性测定

在灌木样方中，分物种测定灌木的高度、多度、盖度和频度；在草本样方中，分物种测定草本的多度、盖度和频度。以灌木和草本物种重要值进行物种多样性测度，常用的物种多样性指数包括：Marglef 物种丰富度指数 S、Shannon-Wiener 物种多样性指数 H、Pielou 物种均匀度指数 J[5]。

3.2.3.2　土壤理化特性测定

土壤取样前 10 天及取样期间无雨，集中在 1 天内完成土壤取样。在伐前取样点附近，距伐根 3 m 的地段采集伐后土样。每块标准地内以多点（上、中、下 3 点）取样法，每个样点用环刀每层重复 3 次取土样，同一标准地不同样点按 0～10 cm 和 10～20 cm 分层取样后带回实验室，土壤理化分析按森林土壤分析方法国家标准（GB7830—87～GB7857—87）规定执行。

3.2.3.3　凋落物养分含量测定

在标准地内，沿对角线随机选取 10 个 1 m×1 m 的小样方，按未分解层和半分解层分层，用手捡出肉眼可以辨别各组分的所有林地上的凋落物，分别编号装袋，立即称重，并带回实验室。按枯叶、枯枝、其他（包括树皮、花、果实与种子等）进行分组，测试含水率。采用半微量凯氏法测定 N 含量，钼兰比色法测定 P 含量，原子吸收分光光度计测定 K、Ca、Mg 含量[3]，由凋落物现存量和主要元素养分含量计算凋落物养分总量。

3.2.3.4　生长动态仿真

首先利用固定样地实测数据，运用 SPSS 进行单木生长模型拟合；然后结合所构建的单木生长模型和林分空间分布，运用 Onxy Tree 和 3Ds Max 实现林分生长动态仿真。

3.2.3.4.1　单木生长模型构建

应用单木生长模型可模拟林分生长和各种森林经营措施对林木生长的影响[6]。Weibull 单木胸径生长模型具有适应性强、精度高、参数少等优点[7]，其表达式如下[8]：

$$y = a[1 - \exp(-bt^c)] \tag{2-3-1}$$

式中：y——林木胸径生长因子；

　　　t——树龄；

　　　a、b、c——待定参数，其中 a 为胸径渐近线、b 为尺度、c 为形状参数。

单木的树高、枝下高、冠幅为估测数据，结合福建省杉木人工林主要分布区的标准地资料[9]，构建树高与胸径、枝下高与胸径、冠幅与胸径关系模型，表达式为：

$$Y = a_1 + b_1 D + c_1 D^2 \tag{2-3-2}$$

式中：Y——林木生长因子，枝下高或冠幅；

　　　D——胸径；a_1、b_1、c_1为待定系数。

3.2.3.4.2　林分生长动态仿真

以单木生长模型为基础，分析 Onxy Tree 插件进行单木形态模拟所需的生长参数的关系方程，利用 Onxy Tree 实现不同胸径的单株杉木生长仿真；结合择伐林分空间分布图，选择各样地每株树的主要决定参数，胸径、树高、枝下高和冠幅，在 3Ds Max 平台上，最终实现林分的可视化仿真。

3.2.3.4.3　模型拟合精度检验

所构建的模型进行拟合精度检验是实现仿真的重要过程，将不同强度择伐样地各样方实测数据分为 2 个部分，80% 的数据用于建模，20% 的数据进行检验。模型拟合时，需对选定的回归模型参数初始值进行设定。若初始值设置不当，则会导致模型收敛很慢，或收敛到局部极小值，甚至出现不收敛，这些情况都会导致模型拟合的精度大大降低。为解决这一问题，将采用不同的初始值进行拟合，观察最终结果是否相同。若相同，则得到最优解；若不同，则通过比较所求的局部最优解来调整初始值，再次进行拟合，从而到最优解。模型拟合后，用剩余的 20% 的独立样本数据，运用所拟合的模型，算出预测值，并与实测值进行比较，分析模型拟合的精度。模型拟合精度采用以下指标进行检验：

$$RSS = \sum_{i=1}^{n} (y_i - \widehat{y}_i)^2 \tag{2-3-3}$$

$$RMSE = \sqrt{\frac{\sum_{i=1}^{n} (y_i - \widehat{y}_i)^2}{n - p}} \tag{2-3-4}$$

$$R^2 = 1 - \left[\frac{\sum_{i=1}^{n} (y_i - \widehat{y}_i)^2}{\sum_{i=1}^{n} (y_i - \bar{y})^2} \right] \tag{2-3-5}$$

$$CV = \frac{RMSE}{\bar{y}_i} \times 100\% \tag{2-3-6}$$

式中：RSS——剩余残差平方和，用来估算模型的系统偏差；

　　　$RMSE$——回归标准差，用来估计测量的准确程度；

　　　R^2——决定系数，用来说明回归模型对真实模型的拟合程度；

　　　CV——变动系数，用来检验模型的稳定性；

　　　y_i——第 i 株树相应测树因子实测值；

　　　$\widehat{y}_i$——第 i 株树相应测树因子预测值；

　　　$\bar{y}_i$——第 i 株树相应测树因子平均值；

　　　n——观测值的数量；

　　　p——模型参数的个数。

3.2.4　杉木人工林择伐后生态效果的综合分析

3.2.4.1　林分生长

森林采伐对树高、胸径、断面积和蓄积量等林分生长因子造成影响。与未采伐相比，杉木人工林经过弱度、中度、强度和极强度择伐，促进了保留林分的胸径、树高和断面积的生长。伐后 5 年，林分的平均树高、平均胸径和总断面积均有所增加，且增长率随择伐强度的增大呈先增大后减小的趋势，其中，平均胸径分别增加 2.2%、3.2%、4.2% 和 3.7%，总断面积分别增加 6.8%、6.9%、8.3% 和 7.4%，均为强度择伐达到最大，而不同择伐强度对林分树高生长的促进作用并不明显。如图 2-3-4。

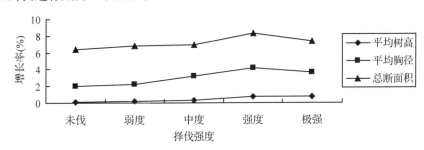

图 2-3-4　不同择伐强度下林分生长变化

不同择伐强度下，林分单位面积的蓄积量随着择伐强度的增加而减少，但择伐能促进单株材积的增长，见表 2-3-8。弱度择伐下，平均单株材积和单位面积蓄积量的年平均增长率与未采伐接近；中度、强度和极强度择伐下，平均单株材积的年平均增长率分别为未采伐的 1.22、2.56 和 2.33 倍，单位面积蓄积量的年平均增长率分别为未采伐的 1.16、1.26 和 1.21 倍。随着时间的增长，择伐林分单位面积的蓄积量将趋近于未采伐林分。

表 2-3-8　不同择伐强度林木单株材积与林分蓄积量变化

择伐强度	平均单株材积（m³）			蓄积量（m³/hm²）		
	伐后当年	伐后 5 年	年平均增长率（%）	伐后当年	伐后 5 年	年平均增长率（%）
未　伐	0.431	0.446	0.9	403.585	435.06	1.9
弱　度	0.541	0.560	0.9	392.500	424.75	2.0
中　度	0.542	0.566	1.1	297.895	324.50	2.2
强　度	0.448	0.491	2.3	227.505	249.74	2.4
极强度	0.291	0.316	2.1	184.615	202.54	2.3

注：年平均增长率 $X = \sqrt[n-1]{\dfrac{a_n}{a_1}} - 1$，其中，$a_n$ 为 n 年后的指标值；a_1 为第 1 年的指标值；n 为年数。

3.2.4.2　物种多样性

林下植被是森林生态系统的一个重要组成部分，在森林生态系统养分循环和维持土壤肥力中发挥了重要作用。不同择伐强度下杉木人工林的物种多样性指数变化，如图 2-3-5。与未采伐相比，除中度择伐外，草本层物种丰富度大于灌木层，强度和极强度择伐下，灌木层和草本层均具有较高的丰富度。物种多样性均表现为灌木层大于草本层，中度、强度和极强度择伐下的灌木层多样性大于弱度择伐和未采伐,草本层物种多样性随择伐强度增大呈先增大后减小的变化规律。不同择伐强度下,灌木层物种均匀度略有降低,但仍具有较高的均匀度;除极强度择伐外,草本层物种均匀度都有所提高。从综合比较来看,不同择伐强度下,林下灌木层和草本层的多样性指数均有所增加,强度和极强度择伐下,能维持较高的物种丰富度、物种多样性和均匀度。这主要是由于较大择伐强度后的林窗,使林内光照条件改变,影响了各种植物对光资源的利用潜力,对于草本植物而言,对光资源的利用同时受到乔木层和灌木层遮阴的影响。

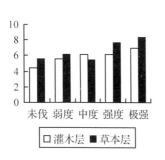 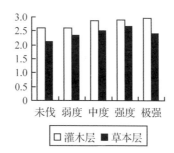 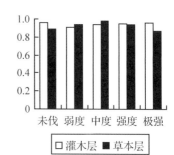

（a）Marglef 物种丰富度指数 S 　（b）Shannon-Wiener 物种多样性指数 H 　（c）Pielou 物种均匀度指数 J

图 2-3-5　不同强度择伐下林下植被物种多样性变化

3.2.4.3 土壤理化特性

土壤水分参与土壤中物质的转化和代谢过程,土壤孔隙状况影响土壤通气、透水及根系穿插等。不同择伐强度下杉木人工林土壤理化特性变化,见表 2-3-9。

表 2-3-9　不同择伐强度下林地土壤理化特性变化(0~20 cm)

择伐强度	密度 (g/cm³)	毛管持水量(%)	非毛管孔隙度(%)	毛管孔隙度(%)	有机质 (g/kg)	全 N (g/kg)	全 P (g/kg)	全 K (g/kg)	水解性 N (mg/kg)	速效 P (mg/kg)	速效 K (mg/kg)
未伐	1.377	29.020	7.000	39.365	35.4	0.60	0.34	14.88	50.51	0.36	22.35
弱度	1.104	32.585	16.600	35.875	36.5	0.84	0.40	12.46	73.57	0.42	17.37
中度	1.121	35.285	11.790	39.500	37.3	1.26	0.41	12.93	62.04	0.63	19.86
强度	1.138	37.995	6.975	43.125	40.3	1.29	0.57	12.48	59.84	0.76	18.39
极强度	1.189	34.155	9.095	40.320	36.4	0.61	0.47	15.48	66.43	0.51	19.10

与未采伐相比,弱度、中度、强度和极强度择伐下,土壤密度均减小,降低幅度随择伐强度增大而减小,分别下降 19.8%、18.6%、17.4% 和 13.7%;不同择伐强度下,毛管持水量均增大,分别增加 12.3%、21.6%、30.9% 和 17.7%;强度择伐下,非毛管孔隙度与未采伐接近,弱度、中度和极强度分别增加 137.1%、68.4% 和 29.9%;毛管孔隙度除弱度择伐后减小 8.9% 外,其余分别增加 0.3%、9.6% 和 2.4%。受择伐干扰的影响,0~20 cm 土层土壤密度随择伐强度的增大而增大,毛管持水量和毛管孔隙度随择伐强度先增大后减小,强度择伐达到最大。由此说明,杉木人工林伐后 5 年,林地表层土壤密度、土壤水分和孔隙状况比未采伐,均得到一定程度的改善,以强度择伐下改善效果较好。

与未采伐相比,杉木人工林经过不同强度择伐 5 年后,0~20 cm 土壤养分各指标中,有机质含量分别增加 3.1%、5.4%、13.8% 和 2.8%,全 N 含量分别增加 40.0%、110.0%、115.0% 和 1.7%,全 P 含量分别增加 17.6%、20.6%、67.6% 和 38.2%,水解性 N 含量分别增加 45.7%、22.8%、18.5% 和 31.5%，速效 P 含量分别增加 16.7%、75.0%、111.1% 和 41.7%，速效 K 含量均减小，分别下降 22.3%、11.1%、17.7% 和 14.5%，除极强度择伐下全 K 含量增大 4.0% 之外，其余均减小，分别降低 16.3%、13.1% 和 16.1%。择伐强度对土壤养分指标造成一定影响，土壤有机质、全 N、全 P 和速效 P 的含量随择伐强度的增大呈先增大后减小变化趋势，强度择伐达到最大；水解性 N 含量均比未采伐大，且随择伐强度先减小后增大，弱度择伐达到最大，强度择伐达到最小；全 K 和速效 K 的含量随择伐强度变化规律不明显。由此说明择伐能在一定程度上改善杉木人工林林地土壤的养分状况，且以强度择伐下的改善效果较好。

3.2.4.4　凋落物养分

森林生态系统凋落物量及其分解是森林生态系统物质循环中的重要生态过程之一，对土壤有机质的形成和养分的释放有着十分重要的意义。择伐剩余物残留会使林地枝叶显著增加，在短期内可明显提高林地凋落物养分蓄存量，但择伐使林内光照和水热条件改变，凋落物的分解加快，随着时间的推移，凋落物的养分逐渐释放。不同择伐强度下林地凋落物养分变化，见表 2-3-10。

表 2-3-10　不同择伐强度下林地凋落物养分变化（kg/hm^2）

择伐强度	现存量	主要养分含量					总计
		N	P	K	Ca	Mg	
未伐	2088.0	6.04	17.92	2.75	7.96	2.27	36.95
弱度	2107.4	4.50	22.16	1.33	7.75	2.36	38.09
中度	2667.7	7.54	25.92	4.47	12.16	3.45	53.55
强度	3363.1	15.37	27.39	10.50	10.30	2.43	65.99
极强度	2216.6	6.10	17.48	3.01	15.56	1.87	44.02

由表 2-3-10 可知，杉木人工林不同择伐强度下，伐后 5 年林地凋落物的 N、P 和 K 的含量为强度择伐下最大，分别为未采伐林地的 2.54、1.53 和 3.82 倍，Ca 的含量为极强度择伐下最大，为未采伐林地的 1.95 倍，Mg 的含量为中度择伐下最大，为未采伐林地的 1.52 倍。伐后 5 年林地凋落物的现存量和养分总量均大于未采伐林地，且随择伐强度的增大呈先增大后减小的变化规律，强度择伐 5 年后林地凋落物养分总量最大，达 65.99 kg/hm^2。虽然择伐强度越大，伐后剩余物也越多，但林内光照强度也越强，林地温度越高，这会加快凋落物的分解，同时保留林分的凋落物减少，因此，极强度择伐低于中度和强度择伐，但仍高于未采伐和弱度择伐。

3.2.5　杉木人工林不同强度择伐后生长动态仿真

3.2.5.1　单木生长模型拟合

不同强度择伐下，单木胸径生长方程拟合参数，见表 2-3-11。由表 2-3-11 的参数 a 可知，中度择伐的胸径渐近线值最大（103.430），之后依次为弱度、强度和极强度择伐，说明弱度和中度择伐更有利于大径材培育，且随着采伐强度的增大，样地内大径材的最大胸径将逐渐变小；由参数 b 可知，不同强度择伐的 b 值都很接近，说明不同强度择伐对参数 b 值影响不大；由参数 c 可知，极强度择伐的形状参数最大（0.816），中度择伐的形状参数最小（0.652），说明中度择伐更有利于杉木的笔直生长，这更有利于树高的增长，从而促进材积的增长。从模型拟合和检验的 R^2 和 $RMSE$ 数值来看，胸径生长模型的拟合精度都比较高，而变动系数均很小，说明所拟合的杉木胸径生长方程是合理的。

表 2-3-11　不同强度择伐下单木胸径生长模型

择伐类型	相关参数			模型拟合			模型验证		
	a	b	c	R^2	$RMSE$	CV	R^2	$RMSE$	CV
未　伐	76.962	0.032	0.707	0.9996	0.139	0.005	0.9989	0.227	0.009
弱　度	87.738	0.030	0.680	0.9997	0.112	0.004	0.9989	0.176	0.006
中　度	103.430	0.027	0.652	0.9996	0.129	0.005	0.9991	0.277	0.010
强　度	65.689	0.033	0.752	0.9990	0.290	0.011	0.9986	0.293	0.011
极强度	52.640	0.036	0.816	0.9990	0.221	0.010	0.9979	0.296	0.013

不同强度择伐下单木树高、枝下高和冠幅与胸径的关系模型拟合结果，见表 2-3-12。单木树高、枝下高和冠幅与胸径的关系模型的精度均达到 0.7 以上，而变动系数均很小，说明模型满足精度要求，是合理的。

表 2-3-12　单木树高、枝下高和冠幅与胸径的关系模型

关系模型	择伐类型	相关参数			模型拟合			模型验证		
		a_1	b_1	c_1	R^2	$RMSE$	CV	R^2	$RMSE$	CV
树高与胸径	未　伐	10.0061	0.3293	-0.0009	0.833	0.823	0.046	0.706	1.244	0.070
	弱　度	11.4799	0.2427	0.0003	0.845	0.753	0.040	0.761	1.022	0.055
	中　度	15.3032	0.1150	-0.0001	0.797	0.299	0.016	0.692	0.691	0.037
	强　度	2.4547	0.9457	-0.0120	0.832	1.148	0.061	0.748	1.412	0.075
	极强度	-8.0789	1.8240	-0.0301	0.822	1.355	0.080	0.822	1.355	0.080
枝下高与胸径	未　伐	12.5249	-0.6079	0.0150	0.733	0.764	0.100	0.702	1.554	0.204
	弱　度	7.5063	0.0846	0.0036	0.747	0.991	0.079	0.717	1.215	0.097
	中　度	-49.6392	4.1628	-0.0686	0.695	2.132	0.199	0.672	2.249	0.210
	强　度	-9.0741	1.7584	-0.0309	0.761	1.343	0.096	0.716	1.411	0.101
	极强度	1.2521	0.5597	-0.0094	0.719	0.503	0.057	0.718	0.617	0.069
冠幅与胸径	未　伐	1.2782	0.0276	0.0011	0.752	0.317	0.111	0.739	0.595	0.208
	弱　度	-0.8493	0.2588	-0.0026	0.771	0.312	0.072	0.706	0.498	0.116
	中　度	10.4829	-0.6152	0.0123	0.695	0.624	0.188	0.630	0.823	0.248
	强　度	0.6649	0.0353	0.0024	0.792	0.598	0.187	0.703	0.827	0.259
	极强度	0.6691	0.1135	0.0003	0.780	0.353	0.103	0.739	0.520	0.152

3.2.5.2　林分生长动态仿真

首先，在所建立的不同强度择伐样地的单木胸径生长模型，以及与其相关林分调查因子间的关系模型基础上，利用 Onxy Tree 软件进行不同强度择伐样地的杉木生长仿真，胸径为 20 cm 时的生长状态，如图 2-3-6；其次，结合单木生长的变化动态，依据各株树在样地内的相对坐标位置，将相应单株树"种植"在样地内的相对坐标位置上，最终实现在不同强度择伐下，杉木不同时期的生长动态仿真。在保证精度的前提下，所构建的单木胸径生长模型及与其相关林分调查因子间的关系模型，只用于预测各样地择伐后 15 年内的林分生长动态变化，

用冠幅表示保留木大小，仿真结果如图 2-3-7。

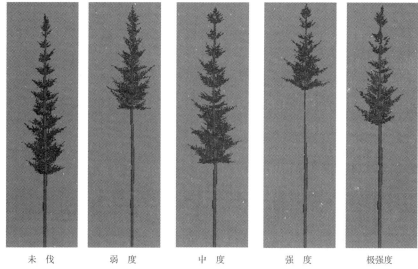

图 2-3-6　不同强度择伐下杉木生长状态示意图（$DBH = 20$ cm）

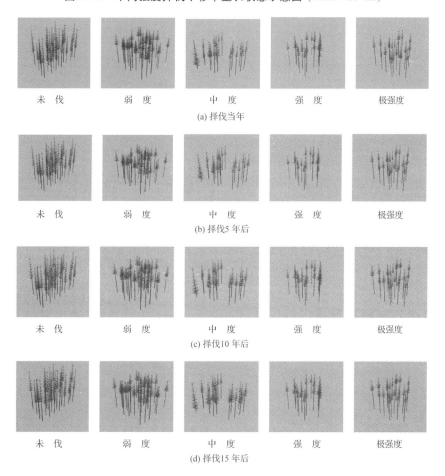

图 2-3-7　不同强度择伐样地不同时期林分生长动态

3.2.6   杉木人工林择伐后生态恢复动态变化

3.2.6.1   择伐后林分生长动态变化

不同强度择伐后，杉木人工纯林主要林分因子动态变化，见表 2-3-13。

表 2-3-13   杉木人工纯林择伐后主要林分因子动态变化

林分因子	时 间	择伐强度				
		未 伐	弱 度	中 度	强 度	极强度
乔木株数	当 年	39	31	27	21	24
	5 年后	39	31	27	25	24
	8 年后	38	31	27	50	24
	10 年后	38	32	27	50	24
平均胸径 （cm）	当 年	24.8	27.6	27.3	25.2	22.0
	5 年后	25.4	28.1	27.9	23.1	22.8
	8 年后	25.8	28.6	28.6	15.9	23.7
	10 年后	26.3	28.6	29.2	17.0	24.6
平均树高 （m）	当 年	18.0	18.4	18.4	19.2	16.2
	5 年后	18.1	18.5	18.5	17.7	16.4
	8 年后	18.2	18.6	18.6	13.1	16.7
	10 年后	18.3	18.6	18.7	13.5	17.0
总蓄积量 （m³）	当 年	16.5952	16.5545	13.9497	8.7282	7.7752
	5 年后	17.4009	17.4707	14.8960	9.5169	8.5242
	8 年后	17.9286	18.2959	15.8093	10.5901	9.3132
	10 年后	18.7465	19.2186	16.7318	11.7727	10.1713
总断面积 （m²）	当 年	2.0285	1.9426	1.6532	1.0887	1.0187
	5 年后	2.1083	2.0295	1.7395	1.1771	1.0950
	8 年后	2.1414	2.1025	1.8239	1.3602	1.1772
	10 年后	2.2177	2.1928	1.9043	1.4955	1.2616

不同强度择伐后，林分平均胸径和平均树高变化率，见表 2-3-14。

表 2-3-14   杉木人工纯林择伐后林分平均胸径、树高和单株材积生长动态变化（%）

择伐 强度	平均胸径年均生长率			平均树高年均生长率			平均单株材积年均生长率		
	伐后 5 年	伐后 8 年	伐后 10 年	伐后 5 年	伐后 8 年	伐后 10 年	伐后 5 年	伐后 8 年	伐后 10 年
未 伐	0.5	0.5	0.6	0.1	0.1	0.2	1.0	1.3	1.5
弱 度	0.4	0.4	0.6	0.1	0.1	0.2	1.1	0.9	1.2
中 度	0.4	0.6	0.7	0.1	0.3	0.2	1.3	1.6	1.8
强 度	-1.7 (0.7)	-5.6 (0.7)	-3.9 (0.9)	-1.6 (0.2)	-4.7 (0.3)	-3.5 (0.3)	-1.7 (1.6)	-8.1 (1.6)	-5.5 (2.2)
极强度	0.7	0.9	1.1	0.2	0.4	0.5	1.9	2.3	2.7

注：（ ）括号内为保留木的年均生长率。

由表2-3-14可见，与未采伐相比，林分平均胸径年均生长率，弱度择伐后与未采伐相当，变化范围为0.4%~0.6%，中度择伐后略有增大，变化范围0.4%~0.7%，极强度择伐后高于未采伐林分，变化范围为0.7%~1.1%；林分平均树高年均生长率，弱度和中度择伐后，基本与未采伐相当，变化范围为0.1%~0.3%，极强度择伐后略高于未采伐，变化范围为0.3%~0.4%；林分平均单株材积年均生长率，弱度择伐后与未采伐基本相当，变化范围为0.9%~1.5%，中度择伐后略高于未采伐，变化范围为1.3%~1.8%，极强度择伐后高于未采伐，变化范围1.9%~2.7%。强度择伐后，林分平均胸径、平均树高和平均单株材积的年均生长率均为负增长，这是由于强度择伐5年后和8年后，出现较多新进阶木，使得其林分平均胸径、平均树高和平均单株材积出现减小；若不考虑新进阶木，强度择伐后，保留木的平均胸径年均生长率在0.7%~0.9%，保留木平均树高年均生长率0.2%~0.3%，保留木平均单株材积年均生长率1.6%~2.2%，均高于未采伐。因此，不同强度择伐后，保留木的平均胸径、平均树高和平均单株材积年均生长率，均高于未采伐，且随择伐强度的增大而增大，说明择伐有利于促进伐后保留木的胸径生长，而对树高生长的促进作用较小。对5种不同处理杉木人工纯林林分平均胸径、平均树高、平均单株材积的生长进行方差分析，择伐强度对林分胸径、树高和单株材积的生长具有显著影响（$P = 0.000 < 0.05$，$P = 0.040 < 0.05$，$P = 0.000 < 0.05$）。

不同强度择伐后，林分总断面积和总蓄积量动态变化，见图2-3-8和图2-3-9。

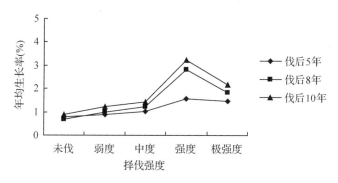

图 2-3-8 杉木人工纯林择伐后林分总断面积生长动态变化

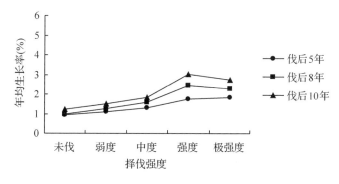

图 2-3-9 杉木人工纯林择伐后林分蓄积量生长动态变化

由图2-3-8和图2-3-9可知，不同强度择伐后，林分总断面积和总蓄积量的年均增长率，随择伐强度增大，呈先增大后减小的单峰变化规律，从大到小依次为：强度择伐 > 极强度择

伐 > 中度择伐 > 弱度择伐 > 未采伐。在不同择伐强度下，虽然林分蓄积量会随着择伐强度的增加而减少，但择伐能有效促进保留木单株材积的增长，从而促进林分总蓄积量的恢复。对5种不同处理杉木人工纯林林分平均胸径、平均树高和平均单株材积的生长进行方差分析，林分蓄积量和断面积，在不同择伐强度间均差异显著（$P = 0.000 < 0.05$，$P = 0.000 < 0.05$）。

3.2.6.2 择伐后林下植物多样性动态变化

3.2.6.2.1 择伐后灌草物种丰富度动态变化

杉木人工纯林不同强度择伐后灌木层和草本层物种丰富度动态变化，见图2-3-10和图2-3-11。由图2-3-10可知，与伐前相比，灌木层物种丰富度，未采伐5年后基本保持不变，8年后和10年后略有降低；弱度择伐5年后增大，8年后和10年后与伐前基本保持不变；中度择伐、强度择伐和极强度择伐后，都呈先增大后减小的变化规律，5年后都达到最大，且8年后和10年后，中度择伐仍高于伐前，8年后，强度择伐仍高于伐前，极强度择伐与伐前基本相同，但10年后都低于伐前。由图2-3-11可知，与伐前相比，草本层物种丰富度，未采伐5年后保持不变，8年后和10年后都增大；弱度、中度和强度择伐后都增大；极强度择伐5年后增大，8年后和10年后减小。由图2-3-10和图2-3-11还可看出，与未采伐相比，不同强度择伐后，灌木层和草本层物种丰富度，随择伐强度的增大，基本都呈先增大后减小的单峰变化规律，中度择伐最大，其次是强度择伐。对5种处理杉木人工纯林灌木层和草本层丰富度指数进行方差分析，不同强度择伐后的杉木人工纯林灌木层和草本层物种丰富度的差异都显著（$P = 0.037 < 0.05$，$P = 0.022 < 0.05$）。

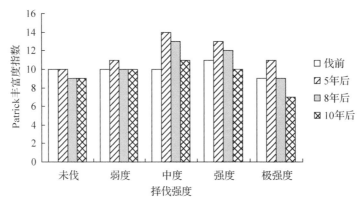

图 2-3-10 杉木人工纯林择伐后灌木层物种丰富度动态变化

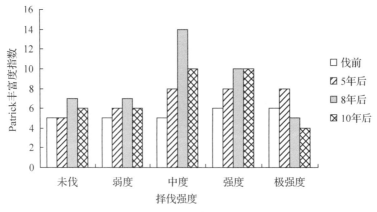

图 2-3-11 杉木人工纯林择伐后草本层物种丰富度动态变化

3.2.6.2.2　择伐后灌草物种多样性动态变化

杉木人工纯林不同强度择伐后灌木层和草本层物种多样性动态变化，见图 2-3-12 和图 2-3-13。由图 2-3-12 可知，与伐前相比，灌木层物种多样性，未采伐 5 年后保持不变，8 年后和 10 年后略有降低；弱度择伐 5 年后增大，8 年后和 10 年后保持不变；中度和强度择伐后，物种多样性均增大；极强度择伐 5 年后增大，8 年后和 10 年后都减小。由图 2-3-13 可知，与伐前相比，草本层物种丰富度，未采伐出现小幅变化，基本保持不变；弱度择伐后呈小幅增大；中度和强度择伐后都明显增大；极强度择伐 5 年后增大，8 年后和 10 年后减小。由图 2-3-12 和图 2-3-13 可知，不同强度择伐后，灌木层和草本层物种多样性，随择伐强度的增大，都呈先增大后减小的单峰变化规律，中度择伐最大，其次是强度择伐。对 5 种处理杉木人工纯林灌木层和草本层多样性指数进行方差分析，择伐强度对杉木人工纯林灌木层和草本层物种多样性具有显著影响（$P = 0.025 < 0.05$，$P = 0.020 < 0.05$）。

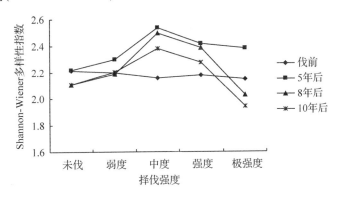

图 2-3-12　杉木人工纯林择伐后灌木层物种多样性动态变化

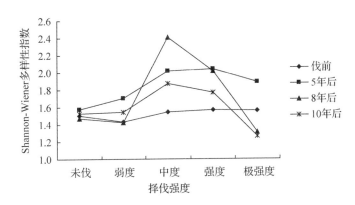

图 2-3-13　杉木人工纯林择伐后草本层物种多样性动态变化

3.2.6.2.3　择伐后灌草物种均匀度动态变化

不同强度择伐后，杉木人工纯林灌木层和草本层物种均匀度动态变化，见表 2-3-15。与伐前相比，灌木层物种均匀度，未采伐和弱度择伐后基本保持不变，中度和强度择伐后都增大，极强度择伐后出现波动变化；草本层物种均匀度，未采伐和弱度择伐 5 年后增大，8 年后和 10 年后减小；中度择伐 5 年后增大，8 年后和 10 年后减小；强度择伐后都增大；极强度择伐 5 年后和 10 年后增大，8 年后减小。与未采伐相比，不同强度择伐后，灌木层物种均匀度都较高，随择伐强度增大而变化的规律不明显；草本层物种均匀度，随择伐强度的增大，呈波动变化，规律性也不明显。对 5 种处理杉木人工纯林灌木层和草本层均匀度指数进行方差分析，不同强度择伐下的杉木人工纯林灌木层和草本层丰富度的差异均不显著（$P = 0.158 > 0.05$，$P = 0.854 > 0.05$）。

表 2-3-15　杉木人工纯林择伐后灌草物种均匀度动态变化

层　次	时　间	择伐强度				
		未　伐	弱　度	中　度	强　度	极强度
灌木层	伐　前	0.962	0.955	0.937	0.908	0.978
	5 年后	0.875	0.958	0.961	0.942	0.993
	8 年后	0.982	0.955	0.97	0.963	0.974
	10 年后	0.958	0.978	0.992	0.986	0.998
草本层	伐　前	0.937	0.891	0.958	0.875	0.87
	5 年后	0.977	0.95	0.941	0.983	0.907
	8 年后	0.741	0.671	0.843	0.885	0.731
	10 年后	0.897	0.945	0.908	0.922	0.91

3.3　杉阔混交人工林林分空间结构分析

全面分析杉阔混交人工林林分空间结构，对制定科学合理的择伐经营措施具有重要意义。因此，结合林分树种组成，利用描述空间结构的混交度、大小比数和角尺度 3 种结构参数[10]，对杉阔混交人工林空间结构进行分析，旨在为营造健康森林，调整林分空间结构，制定合理的人工林择伐经营目标和技术措施，实现空间结构优化提供科学依据。

3.3.1　试验地概况

试验地位于福建省建瓯市墩阳林业采育场 47 林班 8 大班 40 小班，8.4 hm²。林地土壤为花岗片麻岩发育而成的山地黄红壤，海拔 250～350 m，坡度为 25°～30°。试验林为 18 年生杉阔混交人工林，郁闭度 0.7，树种组成Ⅰ型为 6 阔 4 杉，Ⅱ型为 5 杉 4 阔 1 马。在全面踏查的基础上，在具有代表性的典型地段，对树种组成Ⅰ型和Ⅱ型的林分分别选择 3 块 20 m×20 m 的标准样地，每个标准样地在水平 AB 和垂直 AD 分别拉皮尺，其余边用玻璃绳分割开，形成 16 个 5 m×5 m 的样方。为避免边缘效应，在野外调查时，各样地边界线附近的样地内林木（参照树），采用直接测定方法判别其相邻木（对于 4 条边界线外的林木只作相邻木，参与相邻木的判断）。对 $DBH > 5$ cm 的每株树木进行编号挂牌，同时进行每木检尺调查，记录编号、种名、胸径、树高、枝下高、冠幅与坐标等指标。所选样地的林分主要特征，见表 2-3-16。乔木层主要树种有杉木、木荷与马尾松等。本底调查时间为 2011 年 7 月。

表 2-3-16　各样地林分主要特征

树种组成	样地号	林分总体结构(%)			株 数	蓄积量（m³）	平均胸径（cm）	平均树高（m）
		杉 木	阔叶树	马尾松				
I 型（6 阔 4 杉）	1	40	60	0	137	10.2466	12.09	11.35
	2	40	60	0	144	11.3545	12.75	10.89
	3	50	50	0	165	11.1992	11.20	11.64
II 型（5 杉 4 阔 1 马）	6	58	35	7	129	6.5679	10.84	8.40
	8	49	48	3	135	6.1973	10.37	8.27
	10	50	40	10	127	6.3935	10.57	9.28

3.3.2　研究方法

植物群落由不同的植物种构成，为反映树种在群落中的地位和作用，可用树种的重要值来表征群落物种的结构。重要值可根据密度、频度和优势度（树木胸高断面积）的相对值确定。重要值(IV) = [相对多度(RA) + 相对频度(RF) + 相对优势度(RS)]/3[11]。

林分内任意单株木和离它最近 n 株相邻木均可构成林分空间结构的基本单位——林分空间结构单元。空间结构单元核心的那株树被称为参照树，而最近的 n 株相邻树木则被称为相邻木。n 的取值不同，由参照树及其相邻木组成的结构框架大小就不同，惠刚盈等认为 $n = 4$ 更能恰当分析林分空间结构。相邻木取 $n = 4$，即参照树及其周围 4 株相邻木组成的结构单元为基础，计算标准样地内全部单木的混交度、大小比数和角尺度 3 种结构参数，以描述杉阔混交人工林林分的空间结构状况。这 3 种结构参数的取值都有 5 种可能，分别为 0.00、0.25、0.50、0.75、1.00，其中混交度取值对应的树种隔离程度分别为零度、弱度、中度、强度、极强度混交；大小比数取值对应的林木大小分化程度分别为优势、亚优势、中庸、劣势、极劣势地位；角尺度取值对应的林木个体空间分布格局分别是绝对均匀、均匀、随机、不均匀、团状分布。

3.3.2.1　混交度

树种混交度被定义为参照树的 n 株最近相邻木中与参照树不属同种的个体所占的比例，用以描述树种的空间隔离程度，或树种组成和空间配置情况（描述非同质性），其表达式为[10]：

$$M_i = \frac{1}{n}\sum_{j=1}^{n} V_{ij} \tag{2-3-7}$$

式中：M_i——第 i 株参照树的混交度；

　　　n——最近相邻木株数；

　　　V_{ij}——一个离散性的变量，其值定义为当参照树 i 与第 j 株相邻木非同种时 $V_{ij} = 1$，否则 $V_{ij} = 0$。

$$M = \frac{1}{N}\sum_{i=1}^{N} M_i \tag{2-3-8}$$

式中：M——树种或林分平均混交度；

　　　N——树种或林分的林木总株数。

3.3.2.2　大小比数

大小比数被定义为胸径大于参照树的相邻木占 n 株最近相邻木的株数比例，用以描述林木个体大小分化程度，或树种的生长优势程度（描述非均一性），其表达式为[10]：

$$U_i = \frac{1}{n} \sum_{j=1}^{n} K_{ij} \tag{2-3-9}$$

式中：U_i——参照树 i 的大小比数；

     n——最近相邻木的株数；

     K_{ij}——是一个离散性的变量，其值定义为，当参照树 i 比相邻木 j 大时，$K_{ij}=0$，否则 $K_{ij}=1$。大小比数量化了参照树与其相邻木的关系，其值 U_i 越低，说明比参照树大的相邻木越少。

$$U = \frac{1}{N} \sum_{i=1}^{N} U_i \tag{2-3-10}$$

式中：U——树种或林分平均大小比数；

     N——树种或林分的林木总株数。

3.3.2.3　角尺度

角尺度用来描述相邻树木围绕参照树的均匀性，用角尺度描述林木个体在水平地面上的分布形式，或者说种群的空间分布格局（描述非规则性）。任意 2 个邻接最近相邻木的夹角有 2 个，小角为 α，最近相邻木均匀分布时的夹角设为标准角 α_0。对于 $n=4$，标准角的可能取值范围为（60°，90°），最优标准角为 $72°$[12]。角尺度被定义为 α 角小于标准角 α_0 的个数占所考察的 n 个夹角的比例，其表达式为[10]：

$$W_i = \frac{1}{n} \sum_{j=1}^{n} Z_{ij} \tag{2-3-11}$$

式中：W_i——第 i 株参照树的角尺度；

     Z_{ij}——一个离散性的变量，其值定义为，当第 j 个 α 角小于标准角 α_0 时，$Z_{ij}=1$，否则 $Z_{ij}=0$。

$$W = \frac{1}{N} \sum_{i=1}^{N} W_i \tag{2-3-12}$$

式中：W——树种或林分平均角尺度；

     N——树种或林分的林木总株数。

3.3.3　杉阔混交人工林林分空间结构结果分析

3.3.3.1　树种组成

杉阔混交人工林乔木层树种重要值，见表 2-3-17。林分树种组成Ⅰ型和Ⅱ型均以杉木和木荷为绝对优势树种，树种组成Ⅱ型中马尾松也略占一定优势，而其他树种的重要值均很小。与杉木混交的阔叶树种，树种组成Ⅰ型仅有木荷和泡桐 2 种，树种组成Ⅱ型有木荷、苦槠、青冈和丝栗栲等 9 种。

表 2-3-17　乔木层树种的重要值（%）

树种组成	树　种	相对多度	相对频度	相对优势度	重要值
Ⅰ型	杉木	36.11	49.48	36.48	40.69
	木荷	63.19	49.48	62.21	58.30
	泡桐	0.69	1.03	1.31	1.01
Ⅱ型	杉木	43.85	41.03	49.10	44.66
	木荷	49.23	41.03	42.24	44.17
	柯木	0.51	0.85	0.20	0.52
	苦槠	1.54	3.42	1.25	2.07
	马尾松	1.54	5.13	4.63	3.76
	青冈	1.28	3.42	0.76	1.82
	丝栗栲	1.03	2.56	1.40	1.66
	漆树	0.26	0.85	0.11	0.41
	枫香	0.26	0.85	0.09	0.40
	虎皮楠	0.51	0.85	0.22	0.53

3.3.3.2　树种混交度

　　林分树种组成Ⅰ型和Ⅱ型的树种混交度频率分布规律基本一致，如图 2-3-14。林分树种组成Ⅰ型和Ⅱ型的树种混交度，以弱度混交和中度混交为主，弱度混交和中度混交的个体比例之和，分别为 66% 和 63%，平均混交度分别为 0.45 和 0.52，杉阔混交人工林的混交状况为中度混交，说明大多数树种的周围只有 1 种或 2 种不同树种，树种混交程度较低。结合树种组成分析来看，林分均以杉木和木荷占绝对优势，树种较单一，且两者的林分密度都很大，导致混交程度较低。虽然除杉木和木荷外，树种组成Ⅰ型还有泡桐，树种组成Ⅱ型还有其余 9 种树种，但它们株数很少，散生于杉木和木荷中，对林分整体的混交程度影响并不大。

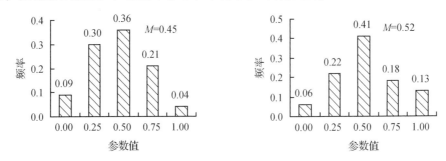

图 2-3-14　树种混交度分布及其平均值

　　按树种分析（表 2-3-18），林分树种组成Ⅰ型和Ⅱ型中，杉木平均混交度分别为 0.54 和 0.51，为中度混交；木荷平均混交度分别为 0.39 和 0.48，介于弱度和中度混交之间。杉木和木荷的零度混交比例均较低，说明占绝对优势的杉木和木荷出现单种聚集现象较少。苦槠个体中度混交和极强度混交的比例各占 50%，平均混交度为 0.75；泡桐、马尾松、丝栗栲及青冈等树种的单木中，零度混交的比例均为零，全部是极强度混交，说明在株数较少且散生在杉木和木荷中的这些树种周围，相邻木均与其不同种。

表 2-3-18   各树种混交度分布及其平均值

树种组成	树　种	参数值 M_i					平均值 M
		0.00	0.25	0.50	0.75	1.00	
Ⅰ型	杉木	0.08	0.15	0.35	0.34	0.08	0.54
	木荷	0.10	0.40	0.37	0.12	0.02	0.39
	泡桐	0.00	0.00	0.00	0.00	1.00	1.00
Ⅱ型	杉木	0.05	0.26	0.37	0.26	0.06	0.51
	木荷	0.07	0.22	0.50	0.14	0.07	0.48
	柯木	0.00	0.00	0.00	0.00	1.00	1.00
	苦槠	0.00	0.00	0.50	0.00	0.50	0.75
	马尾松	0.00	0.00	0.00	0.00	1.00	1.00
	青冈	0.00	0.00	0.00	0.00	1.00	1.00
	丝栗栲	0.00	0.00	0.00	0.00	1.00	1.00
	漆树	0.00	0.00	0.00	0.00	1.00	1.00
	枫香	0.00	0.00	0.00	0.00	1.00	1.00
	虎皮楠	0.00	0.00	0.00	0.00	1.00	1.00

3.3.3.3 林木大小分化程度

　　林木大小比数的分布频率及平均大小比数，如图 2-3-15。林分树种组成Ⅰ型和Ⅱ型中，各种大小比数频率分布比较均匀，胸径大小差异明显，平均大小比数在 0.50 左右，林分整体处于中庸的生长状态。林分中处于优势生长状态(包括优势和亚优势)的个体比例分别为 41% 和 38%，处于受压生长状态(包括劣势和极劣势)的个体比例分别为 40% 和 43%，由此说明，虽然处于优势的个体较多，但中层和下层的林木与胸径较大的相邻木相伴生，处于受压的个体也较多，树种稳定性不大。

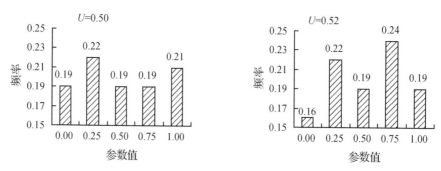

图 2-3-15   林木大小比数分布及其平均值

　　按树种分析(表 2-3-19)，在树种组成Ⅰ型中，杉木和木荷的大小比数分布比较均匀，具有明显的优势地位，但林木大小分化明显，处于受压状态的林木个体比例，分别为 39% 和 42%，平均大小比数在 0.5 左右，在由它们构造的结构单元中，比它大和比它小的相邻木数量基本一致，处于中庸生长状态；泡桐的株数很少，且胸径较大，在与其最近相邻木所组成的结构单元中，都比其相邻木大，处于优势生长状态，但对全林分结构没有影响。

在表 2-3-19 树种组成 Ⅱ 型中，杉木的大小比数分布也比较均匀，而其余树种大小比数频率分布存在波动，林木大小分化明显，既有占优势的树种，也有受压的树种。各树种平均大小比数的取值范围 0.25～0.88，反映了树种空间大小分化和大小组合存在差异。平均大小比数在 0.25 及以下的只有马尾松 1 个树种，散生于林内的马尾松大多胸径较大，它们在与其相邻木所组成的结构单元中，基本都比其相邻木大，处于优势生长状态；丝栗栲和杉木的平均大小比数分别为 0.31 和 0.45，介于 0.25 与 0.50 之间，生长上介于优势和中庸状态之间；苦槠和木荷的平均大小比数为 0.54 和 0.58，介于 0.50 与 0.75 之间，生长上介于中庸和劣势状态之间；柯木、漆树、枫香、青冈和虎皮楠的平均大小比数达到 0.75 及以上，这些树种单木在构成结构单元时相邻木较粗大的情况经常发生，处于劣势状态，生长上受压较严重，尤其是柯木、青冈和虎皮楠有 50% 的参照树完全受压。

表 2-3-19　各树种大小比数分布及其平均值

树种组成	树　种	参数值 U_i					平均值 U
		0.00	0.25	0.50	0.75	1.00	
Ⅰ 型	杉木	0.18	0.23	0.20	0.18	0.21	0.50
	木荷	0.19	0.21	0.18	0.20	0.22	0.51
	泡桐	1	0.00	0.00	0.00	0.00	0.00
Ⅱ 型	杉木	0.25	0.21	0.20	0.19	0.15	0.45
	木荷	0.09	0.23	0.19	0.27	0.22	0.58
	柯木	0.00	0.00	0.00	0.50	0.50	0.88
	苦槠	0.17	0.17	0.17	0.33	0.17	0.54
	马尾松	0.29	0.57	0.00	0.14	0.00	0.25
	青冈	0.00	0.00	0.00	0.50	0.50	0.88
	丝栗栲	0.50	0.00	0.25	0.25	0.00	0.31
	漆树	0.00	0.00	0.00	1.00	0.00	0.75
	枫香	0.00	0.00	0.00	1.00	0.00	0.75
	虎皮楠	0.00	0.00	0.00	0.50	0.50	0.88

3.3.3.4　林木空间分布格局

用角尺度描述林分中林木个体分布格局时，关注林木个体之间的方位关系，不需要分树种统计，而只考虑整个样地的取值情况即可。角尺度的频率分布及平均角尺度，如图 2-3-16。相对空间结构单元而言，个别等级林木分布频率变化幅度较大，树种组成 Ⅰ 型和 Ⅱ 型中 $W_i =$ 0 的比例都不高，说明林木绝对均匀分布情况较少，$W_i = 0.5$ 的比例都最高，说明林木随机分布情况较多；林木平均角尺度 W 分别为 0.5499 和 0.5364，介于 0.50～0.75 之间，空间分布上介于随机和聚集分布之间。惠刚盈等认为，当 $W < 0.457$ 时，为均匀分布，当 $0.457 \leqslant W \leqslant$ 0.517 时，为随机分布，当 $W > 0.517$ 时，为聚集分布[10]。若以此作为林分林木分布的判别标准，则树种组成Ⅰ型和Ⅱ型的林分分布格局都为聚集分布。

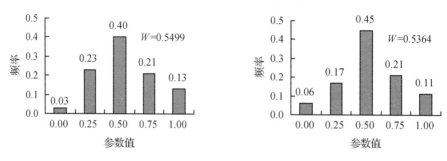

图2-3-16　林分角尺度分布及其平均值

3.4　杉阔混交人工林择伐土壤温度变化分析

3.4.1　研究方法

3.4.1.1　试验地概况

试验地概况，见3.3.1。

3.4.1.2　试验设计

在相同（或相似）的坡度和坡向上，设置8块20 m×20 m的标准样地，于2011年7月进行伐前本底调查。2011年8月进行3种不同强度择伐作业，按蓄积量计算实际平均择伐强度分别为中度34.4%、强度51.2%和极强度69.5%（试验林分2011年8月前从未间伐，伐前林分密度3390株/hm²，为使通过择伐后释放充足的林分生长空间，第一次间伐推迟，不设置弱度择伐），另设未采伐区作为对照。每种择伐强度和未采伐的样地面积均为800 m²（由于试验地坡长为短坡，2块20 m×20 m的标准样地，分别在上坡和下坡各设1块）。择伐作业按照单株择伐的技术要求，对采伐木单独记录并挂号。作业措施为：油锯采伐，林内打枝造材，人力肩驮集材，>5 cm以上的枝丫全部收集利用，其余散铺。择伐后均天然恢复植被。2014年7月，伐后3年现实林分特征，见表2-3-20。

表2-3-20　不同作业类型林地择伐3年后现实林分特征

采伐类型	采伐强度（%）	平均胸径（cm）	平均树高（m）	林分密度（株/hm²）	林分蓄积量（m³/hm²）	林分断面积（m²/hm²）	树种组成
未采伐	0.0	12.3	11.0	3250	220.4	41.7	阔叶树59.0%，针叶树41.0%（6木荷4杉木＋马尾松—苦槠—丝栗栲—青冈—泡桐—虎皮楠）
中　度	34.4	14.3	12.4	1675	153.0	27.5	阔叶树59.8%，针叶树40.2%（6木荷4杉木—丝栗栲—马尾松—苦槠）
强　度	51.2	13.0	11.7	1725	128.1	23.9	阔叶树60.3%，针叶树39.7%（6木荷4杉木）
极强度	69.5	13.1	11.2	1213	97.1	17.6	阔叶树57.8%，针叶树42.2%（5木荷3杉木1马尾松1甜槠＋柯木—酸枣—拟赤杨）

3.4.1.3　试验方法

土壤温度于2014年7月上、中、下旬进行3次实测（3次观测时，当天最高气温37℃，最低气温 25℃），采用多功能插入式土壤温度仪（AMT-300 数字显示），每次对不同土壤深度（0、5、10、15 和 20 cm）的土壤温度进行 5 次重复测量。为了能够最大限度地测定择伐强度对土壤温度的影响，选择晴天且选定在一天中土壤温度一般处于较高的时段，即 13:00 ~ 15:00进行。在每块标准样地的四角及中央分别选取 5 个测点，分 8 个小组同时测量。测试时，先用直径 6 mm，长度 25 cm 的十字螺丝刀（每间隔 5 cm 刻作记号），在每个测点按预定的待测土层深度分别插入土壤中，然后将土壤温度测试仪插入待测土层中，观测温度计中的读数变化，当土壤温度测试仪显示屏上的温度读数保持不变时，立即读取温度读数。

3.4.1.4　数据处理

某一采伐类型林地某一深度（0、5、10、15 和 20 cm）的土壤温度，以相同采伐类型样地同一土壤深度的实测土温平均值作为代表值，进行方差分析和回归分析。土壤温度变化值、变化幅度与变异系数的计算公式如下：

$$\Delta T_{ij} = T_{ij} - T_j \tag{2-3-13}$$

$$\eta_{ij} = \frac{\Delta T_{ij}}{T_j} \times 100\% \tag{2-3-14}$$

$$CV = \frac{SD}{M} \tag{2-3-15}$$

式中：ΔT_{ij}——某一择伐强度伐后 3 年林地某一深度的土壤温度变化值（℃）；

i——择伐强度（中度、强度和极强度）；

j——土壤深度（0、5、10、15 和 20 cm）；

T_{ij}——某一择伐强度伐后 3 年林地某一深度的土壤温度（℃）；

T_j——未采伐地某一深度的土壤温度（℃）；

η_{ij}——某一择伐强度伐后 3 年林地某一深度的土壤温度变化幅度（%）；

CV——变异系数；

SD——标准差；

M——平均值。

3.4.2　杉阔混交人工林择伐土壤温度结果分析

3.4.2.1　林地土壤温度随择伐强度变化规律

杉阔混交人工林不同强度择伐 3 年后，林地土壤温度特征，见表 2-3-21。由于观测时样地内的观测点是否直接受太阳直晒，会影响到所测土壤温度的数据离散性。从各测点土壤温度实测值的变异系数来看，土壤温度的数据离散程度都较小。

表 2-3-21　不同强度择伐 3 年后林地土壤温度特征

采伐类型	土壤深度（cm）	最大值（℃）	最小值（℃）	平均值（℃）	标准差（℃）	变异系数
未采伐	0	31.0	30.0	30.8	0.38	0.012
	5	30.0	28.0	28.8	0.70	0.024
	10	29.0	27.0	27.7	0.76	0.027
	15	28.0	25.0	26.3	1.12	0.043
	20	26.0	24.0	25.3	0.76	0.030

（续）

采伐类型	土壤深度（cm）	最大值（℃）	最小值（℃）	平均值（℃）	标准差（℃）	变异系数
中　度	0	34.0	31.0	31.8	1.09	0.034
	5	31.0	28.0	29.7	1.12	0.038
	10	29.0	27.0	28.2	0.70	0.025
	15	28.0	26.0	26.7	0.76	0.028
	20	26.0	25.0	25.5	0.51	0.020
强　度	0	33.0	31.0	32.2	0.91	0.028
	5	31.0	29.0	30.0	0.83	0.028
	10	30.0	28.0	28.7	0.76	0.026
	15	29.0	27.0	27.7	0.76	0.027
	20	28.0	26.0	26.5	0.78	0.029
极强度	0	35.0	33.0	34.2	0.70	0.020
	5	33.0	31.0	31.8	0.91	0.029
	10	31.0	28.0	29.8	1.09	0.037
	15	29.0	27.0	28.3	0.76	0.027
	20	28.0	25.0	26.7	1.04	0.039

　　杉阔混交人工林不同强度择伐 3 年后，林地 0~20 cm 土壤温度范围在 34.2~25.3℃，土壤温度随土壤深度增加且均呈递减的变化趋势。不同强度择伐 3 年后的林地土壤温度均升高，且随择伐强度的增大而增大，表现为极强度择伐＞强度择伐＞中度择伐＞未采伐，如图 2-3-17。

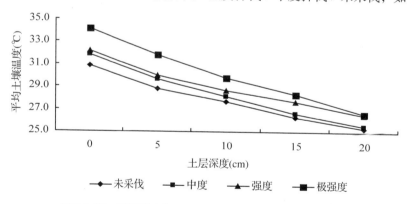

图 2-3-17　不同强度择伐 3 年后的林地土壤温度变化曲线

　　与未采伐相比，中度择伐和强度择伐下，林地各层土壤温度升高范围分别为 0.2~1.0℃和 1.0~1.3℃，升高幅度在 5.0% 以内；极强度择伐下，林地各层土壤温度升高范围为 1.3~3.3℃，升高幅度在 5.3%~10.8%；极强度择伐下，林地各层土壤温度升高幅度要高于中度和强度择伐，尤其是在极强度择伐下，0 和 5 cm 土壤温度分别升高了 3.3℃和 3.0℃，升高幅度分别达到 10.8% 和 10.4%，明显高于中度和强度择伐，见表 2-3-22。

表 2-3-22　不同强度择伐 3 年后的林地土壤温度变化幅度

土层深度（cm）	中度择伐		强度择伐		极强度择伐	
	变化值（℃）	变化幅度（%）	变化值（℃）	变化幅度（%）	变化值（℃）	变化幅度（%）
0	1.0	3.2	1.3	4.3	3.3	10.8
5	0.8	2.9	1.2	4.0	3.0	10.4
10	0.5	1.8	1.0	3.6	2.2	7.8
15	0.3	1.3	1.2	4.6	2.0	7.6
20	0.2	0.7	1.2	4.6	1.3	5.3

3.4.2.2　林地土壤温度与择伐强度的关系

杉阔混交人工林不同强度择伐 3 年后，林地不同深度土壤温度与择伐强度的关系，见表 2-3-23。林地土壤温度与择伐强度呈明显正相关，相关系数达到 0.9 以上；从显著水平看，0～15 cm 土壤温度与择伐强度的相关性达到极显著水平，而 20 cm 土壤温度与择伐强度的相关性不显著，说明不同强度择伐对 0～15 cm 的土壤温度产生一定影响，尤其是林地 0 和 5 cm 的土壤温度影响较大，而对林地 20 cm 土壤温度影响较小。运用一元二次方程能较好地拟合土壤温度与择伐强度的关系，决定系数均大于 0.86。

表 2-3-23　林地不同深度土壤温度与择伐强度的关系

土层深度（cm）	拟合回归模型	决定系数 R^2	相关系数	显著性水平 P
0	$T = 7.3392I^2 - 0.5500I + 30.879$	0.9626	0.9247**	0.0000
5	$T = 7.0991I^2 - 0.8310I + 28.873$	0.9655	0.9180**	0.0003
10	$T = 5.2220I^2 - 0.5721I + 27.678$	0.9949	0.9334**	0.0034
15	$T = 4.2680I^2 - 0.0582I + 26.306$	0.9690	0.9406**	0.0049
20	$T = 2.2894I^2 - 0.5526I + 25.291$	0.8671	0.9072	0.0648

注：T—土壤温度，I—择伐强度；＊＊表示极显著（$P < 0.01$）。

3.4.2.3　林地土壤温度与土壤深度的关系

杉阔混交人工林不同强度择伐 3 年后，林地土壤温度与土壤深度呈现负相关性，相关系数达到 0.98 以上，且相关性均达到极显著水平，土壤温度与土壤深度的相互关系符合指数方程，决定系数均大于 0.98，见表 2-3-24。

表 2-3-24　不同作业类型林地土壤温度与土壤深度的关系

采伐类型	拟合回归模型	决定系数 R^2	相关系数	显著性水平 P
未采伐	$T = 30.551e^{-0.0097d}$	0.9902	-0.9919**	0.000
中　度	$T = 31.570e^{-0.0110d}$	0.9937	-0.9937**	0.000
强　度	$T = 31.777e^{-0.0094d}$	0.9827	-0.9872**	0.000
极强度	$T = 33.967e^{-0.0122d}$	0.9969	-0.9960**	0.000

注：T—土壤温度，d—土壤深度；＊＊表示极显著（$P < 0.01$）。

2014年11月12日(观测时当天最高气温21℃,最低气温15℃),再次对所研究的杉阔混交人工林进行了土壤温度实测,林地0~20 cm的土壤平均温度变化范围在17.8~15.5℃,统计分析结果也表明,0和5 cm土壤温度随择伐强度增大而增大;在极强度择伐下,分别增加1.5和0.8℃,增幅分别为9.2%和4.8%;中度和强度择伐下,温度升高0.5℃以内,增幅在4%以内。10~20 cm的土壤温度变化范围在0~0.3℃,变化幅度小于2%。这一变化规律与2014年7月测试分析所得出的变化规律是一致的。

3.5 人工混交林伐后林分生长与物种多样性恢复动态

3.5.1 试验地概况

试验地概况,见3.3.1。试验样地基本情况,见表2-3-25。

表2-3-25 人工混交林试验样地基本情况

样地号	坡度	坡向	坡位	树种组成	林分密度 (株/hm²)	林分蓄积量 (m³/hm²)	平均胸径 (cm)	平均树高 (m)
1	32	南	下	6阔叶树4杉木	3425	222.5	12.1	11.3
2	32	南	下	6阔叶树4杉木	3375	235.8	12.7	11.8
3	31	南	下	6阔叶树4杉木	4075	218.5	11.1	11.0
4	29	西南	下	6阔叶树4杉木	3425	201.2	11.7	10.5
5	32	南	上	5马尾松3杉木2阔叶树	3175	258.8	13.0	11.4
6	32	西南	上	5阔叶树4杉木1马尾松	3350	207.9	11.3	8.4
7	30	西南	上	7马尾松2杉木1阔叶树	2700	247.3	13.8	10.4
8	31	西	上	5杉木5阔叶树+马尾松	3025	138.8	10.5	8.3
9	31	西南	上	9马尾松1阔叶树+杉木	2375	228.2	14.2	10.9
10	32	西	上	5阔叶树4杉木1马尾松	3250	152.4	10.5	9.3
11	31	西南	上	5杉木5阔叶树	4600	202.9	10.3	9.6
12	30	西	下	6阔叶树4杉木-马尾松	3225	99.9	8.9	6.8
13	29	西南	下	6阔叶树4杉木	2725	196.7	12.6	11.3
14	33	西北	下	8杉木2阔叶树	2850	358.6	15.3	12.4
15	29	西	下	5杉木5阔叶树	2650	216.0	12.6	9.9
16	31	西	下	9杉木1阔叶树	3600	327.2	13.9	12.0

将试验林按本底树种组成划分为3种不同类型的杉木人工林林分,分别是杉阔混交林(阔叶树占主体,阔叶树蓄积量占50%~60%),样地编号为:1-4、6、8、10-13、15;杉马阔混交林(针叶树占主体,杉木和马尾松蓄积量占80%~90%,其中马尾松占绝对优势,蓄积量占50%~90%),样地编号为:5、7、9;杉木纯林(针叶树占主体,杉木占绝对优势,蓄积量占80%~90%,伴生少量阔叶树),样地编号为:14、16。试验林分2011年8月前从未间伐,杉阔混交林伐前平均林分密度3390株/hm²,林分蓄积量199.3 m³/hm²,由于林分密度过大,为使择伐后释放充足的林分生长空间,第一次间伐推迟,因此不设置弱度择伐;杉马阔混交

林伐前平均林分密度 2938 株/hm²，林分蓄积量 253.1 m³/hm²，杉木纯林伐前平均林分密度 3225 株/hm²，林分蓄积量 342.8 m³/hm²，这 2 种林分由于林分密度和蓄积量均较大，且以针叶树为主体，因此不设置中度择伐，试验林分择伐作业概况，见表 2-3-26。

表 2-3-26　人工混交林择伐作业概况

林分类型	样地号	乔木总株数（株）	择伐株数（株）	总蓄积量（m³）	择伐蓄积量（m³）	实际择伐强度（%）	择伐强度等级	伐后树种组成
杉阔混交（阔叶树占主体）	2	135	0	9.4327	0	0	未　伐	6 阔 4 杉
	8	121	0	5.5534	0	0	未　伐	5 杉 5 阔 + 马
	1	137	71	8.8988	2.9971	33.7	中　度	7 阔 3 杉
	10	130	64	6.0966	2.1396	35.1	中　度	5 杉 5 阔 + 马
	3	163	95	8.7401	4.4713	51.2	强　度	6 阔 4 杉
	11	184	88	8.1156	3.6276	44.7	强　度	6 阔 4 杉
	15	106	63	8.6393	4.3215	50.0	强　度	8 阔 2 杉
	13	109	68	7.8680	5.7223	72.7	极强度	8 阔 2 杉
	6	134	68	8.3146	5.1986	62.5	极强度	6 阔 4 杉
	4	137	137	8.0462	8.0462	100	皆　伐	—
杉马阔混交（针叶树占主体）	7	108	66	9.8900	4.8017	48.6	强　度	9 马 1 阔 + 杉
	5	127	72	10.3535	6.8532	66.2	极强度	4 阔 4 杉 2 马
杉木纯林（针叶树占主体）	14	114	70	14.3367	7.3501	51.3	强　度	9 杉 1 阔
	16	144	95	13.0866	8.2842	63.3	极强度	9 杉 1 阔

试验林于 2011 年 8 月进行不同择伐强度作业试验，伐后以采伐蓄积量计算实际择伐强度。林分类型一：杉阔混交林，在上坡和下坡分别设置 1~3 块标准样地，各样地试验处理分别为 2 号和 8 号为未采伐（本底平均蓄积量为 7.4931 m³，作为对照），1 号和 10 号样地实施中度择伐（伐前平均蓄积量为 7.4977 m³，实际的平均择伐强度为 34.4%），3 号、11 号和 15 号样地实施强度择伐（伐前平均蓄积量为 8.4983 m³，实际的平均择伐强度为 48.6%），6 号和 13 号样地实施极强度择伐（伐前平均蓄积量为 8.0913 m³，实际的平均择伐强度为 67.6%），4 号样地实施皆伐（伐前平均蓄积量为 8.0462 m³，采伐强度 100%，作为对照）；林分类型二：杉马阔混交林，试验处理分别为 7 号样地实施强度择伐（伐前蓄积量为 9.8900 m³，择伐强度 48.6%）和 5 号样地实施极强度择伐（伐前蓄积量为 10.3535 m³，择伐强度 66.2%）；林分类型三：杉木纯林，试验处理分别为 14 号样地实施强度择伐（伐前蓄积量为 14.3367 m³，择伐强度 51.3%）和 16 号样地实施极强度择伐（伐前蓄积量为 13.0866 m³，择伐强度 63.3%）。12 号样地本底调查后发现，其蓄积量比其他样地明显较小，2011 年 7 月未进行采伐试验，于 2014 年 7 月进行中度择伐试验（伐前蓄积量为 4.8140 m³，择伐强度 33.8%），对比分析林分择伐前后空间结构，对林分空间结构进行多次调整优化，合理确定采伐木，使调整后的杉阔混交人工林分空间结构趋向合理，12 号样地优化择伐林分空间结构作为今后长期跟踪研究。设置的 9 号样地 3 年后开林道影响，作剔除处理。伐后林分因子动态变化，见表 2-3-27 和表 2-3-28。

表 2-3-27　杉阔混交人工林不同强度采伐后主要林分因子动态变化

林分因子	时　间	择伐强度				
		未　伐	中　度	强　度	极强度	皆　伐
乔木株数 （株）	当　年	128	66	69	54	0
	3 年后	130	67	71	55	0
	5 年后	129	66	70	53	0
平均胸径 （cm）	当　年	10.1	11.1	10.0	9.2	0
	3 年后	11	12.4	11.2	10.5	0
	5 年后	12	13.2	12.2	11.0	0
单株材积 （m³/株）	当　年	0.0579	0.0747	0.0700	0.0498	0
	3 年后	0.0673	0.0916	0.0839	0.0651	0
	5 年后	0.0727	0.1013	0.0926	0.0759	0
总蓄积量 （m³）	当　年	7.4931	4.9012	4.3582	1.8518	0
	3 年后	8.8180	6.0811	5.3015	2.4622	0
	5 年后	9.4072	6.6441	5.9375	2.7010	0
总断面积 （m²）	当　年	1.4632	0.9196	0.8115	0.3743	0
	3 年后	1.6690	1.0927	0.9631	0.4699	0
	5 年后	1.7495	1.1757	1.0506	0.5155	0

表 2-3-28　不同类型林分强度和极强度择伐后主要林分因子动态变化

林分因子	时　间	杉马阔混交林		杉阔混交林		杉木人工纯林	
		强度择伐	极强度择伐	强度择伐	极强度择伐	强度择伐	极强度择伐
乔木株数 （株）	当　年	42	55	69	54	44	49
	3 年后	42	56	71	55	44	49
	5 年后	43	54	70	53	44	49
平均胸径 （cm）	当　年	15.5	11.8	11.9	11.0	16.7	14.3
	3 年后	16.7	13.2	12.9	12.2	18.0	15.3
	5 年后	17.5	14.1	13.5	12.9	18.8	16.2
平均树高 （m）	当　年	11.2	10.4	10.0	9.2	12.0	11.2
	3 年后	15.9	11.5	14.1	10.0	17.7	12.5
	5 年后	16.3	13.5	15.1	12.4	17.5	14.9
单株材积 （m³/株）	当　年	0.1212	0.0636	0.0689	0.0498	0.1588	0.0980
	3 年后	0.1483	0.0864	0.0839	0.0651	0.1830	0.1194
	5 年后	0.1707	0.1038	0.0926	0.0759	0.2139	0.1371
总蓄积量 （m³）	当　年	5.0883	3.5003	4.3582	1.8518	6.9866	4.8024
	3 年后	6.2265	4.8387	5.3015	2.4622	8.0512	5.8519
	5 年后	7.3396	5.6038	5.9375	2.7010	9.4137	6.7193
总断面积 （m²）	当　年	0.8475	0.6583	0.8115	0.3743	1.0607	0.8386
	3 年后	0.9940	0.8489	0.9631	0.4699	1.2155	0.9706
	5 年后	1.1312	0.9431	1.0506	0.5155	1.3390	1.0076

3.5.2　研究方法

3.5.2.1　林分植被调查

乔木层调查，对每块标准样地（20 m × 20 m）都用红色玻璃绳分割为 16 个 5 m × 5 m 的样方，对每块标准样地（400 m²）内胸径 ≥ 5 cm 的林木进行全林每木检尺，记录种名测定其胸径、树高、枝下高、冠幅和坐标。林下植被调查，在每块标准样地的四角及中央选取 5 个 5 m × 5 m 的灌木样方，记录林下灌木植物的种名、株数和高度；再在每个灌木样方内设置 1 个 1 m × 1 m 的草本样方，记录林下草本植物的种名、高度和盖度。

3.5.2.2　林分年均生长率

不同强度采伐后，主要林分生长因子（平均胸径、平均树高、单株材积、总断面积和蓄积量等）的年均生长率，按如下公式计算：

$$X = \sqrt[n-1]{\frac{a_n}{a_1}} - 1 \tag{2-3-16}$$

式中：X——年均生长率；

　　　n——年数；

　　　a_n——采伐 n 年后的指标值；

　　　a_1——采伐后当年的指标值。

3.5.2.3　物种多样性测定

在灌木样方中，分物种测定灌木的相对高度和相对密度；在草本样方中，分物种测定草本的相对高度和相对盖度。以灌木和草本物种重要值进行物种多样性测定。

$$灌木层重要值\ P_i = （相对高度 + 相对密度）/2 \tag{2-3-17}$$

$$草本层重要值\ P_i' = （相对高度 + 相对盖度）/2 \tag{2-3-18}$$

选择常用的物种多样性指数包括：Patrick 丰富度指数 R，Shannon-Wiener 物种多样性指数 H，Pielou 物种均匀度指数 J。

物种丰富度指数：

$$R = S \tag{2-3-19}$$

Shannon-Wiener 多样性指数：

$$H = -\sum_{i=1}^{s} P_i \log P_i \tag{2-3-20}$$

Pielou 均匀度指数：

$$J = H/\ln S \tag{2-3-21}$$

式中：P_i——第 i 种物种重要值，log 底取 e；

　　　S——植物种数。

3.5.3　人工混交林择伐后林分生长动态变化

3.5.3.1　杉阔混交人工林择伐后林分生长动态变化

3.5.3.1.1　择伐强度对林分胸径生长的影响

不同强度择伐后，杉阔混交人工林林分平均胸径及其生长量和年均生长率，见表 2-3-29。由采伐木被移除林分所引起的非生长变化，中度和强度择伐林分平均胸径择伐当年比伐前分别增加了 1.8 cm 和 0.6 cm，而极强度择伐林分平均胸径择伐当年比伐前减小了 1.0 cm；中度、强度和极强度择伐林分生长引起的平均胸径生长量 3 年后分别是未采伐林分生长量的 1.6 倍、1.4 倍和 1.7 倍，5 年后分别是未采伐林分生长量的 1.5 倍、1.5 倍和 1.7 倍；中度、强度和极强度择伐后，林分平均胸径的年均生长率都大于未采伐林分，且随择伐强度增大而增大，但对 4 种不同强度择伐后，杉阔混交人工林林分平均胸径进行方差分析，不同择伐强度下的杉阔混交林林分平均胸径差异不显著（$P = 0.278 > 0.05$）。

表 2-3-29　杉阔混交人工林择伐后林分平均胸径生长动态

择伐强度	平均胸径（cm）				胸径生长量（cm）		年均生长率（%）	
	伐　前	伐后当年	伐后 3 年	伐后 5 年	3 年	5 年	3 年	5 年
未　伐	11.6	11.6	12.3	12.7	0.7	1.1	2.0	1.8
中　度	11.3	13.1	14.2	14.8	1.1	1.7	2.7	2.5
强　度	11.3	11.9	12.9	13.5	1.0	1.6	2.7	2.6
极强度	12.0	11.0	12.2	12.9	1.2	1.9	3.5	3.2

3.5.3.1.2　择伐强度对林分树高生长的影响

不同强度择伐后，杉阔混交人工林林分平均树高及其生长量和年均生长率，见表 2-3-30。相比伐前，伐后当年林分平均树高因采伐而产生的非生长变化，中度择伐林分平均树高增加了 0.8 m，强度和极强度择伐分别减少了 0.2 m 和 0.7 m；中度、强度和极强度择伐林分生长引起的平均树高生长量，3 年后和 5 年后，中度、强度和极强度择伐林分与未采伐林分基本接近；中度、强度和极强度择伐后，林分平均树高的年均生长率都略大于未采伐林分，随择伐强度的增大呈增大的趋势，但与未采伐林分相比，择伐对树高生长的促进作用不明显，对 4 种不同强度择伐后，杉阔混交人工林林分平均树高进行方差分析，择伐强度对杉阔混交林林分平均树高的影响不显著（$P = 0.280 > 0.05$）。

表 2-3-30　杉阔混交人工林择伐后林分平均树高生长动态

择伐强度	平均树高（cm）				生长量（m）		年均生长率（%）	
	伐　前	伐后当年	伐后 3 年	伐后 5 年	3 年	5 年	3 年	5 年
未　伐	10.1	10.1	11.2	12.0	1.1	1.9	2.9	3.5
中　度	10.3	11.1	12.4	13.2	1.3	2.1	3.8	3.5
强　度	10.2	10.0	11.2	12.2	1.2	2.2	3.8	4.1
极强度	9.9	9.2	10.5	11.3	1.3	2.1	4.5	4.2

3.5.3.1.3　择伐强度对总断面积生长的影响

不同强度择伐后，杉阔混交人工林林分总断面积及其生长量和年均生长率，见表 2-3-31。中度、强度和极强度择伐后，杉阔混交人工林林分总断面积的生长量都小于未采伐林分生长量，且随择伐强度的增大而减小，这是由于采伐后保留林木株数随择伐强度增大而减少所引起的；但从总断面积的年均生长率变化来看，不同强度择伐后林分总断面积的年均生长率都大于未采伐林分，且随择伐强度的增大而增大，3 年后，中度和强度择伐林分都是未采伐林分的 1.3 倍，极强度择伐林分是未采伐林分的 1.8 倍；5 年后，中度、强度和极强度择伐林分分别是未采伐林分的 1.4 倍、1.5 倍和 2.25 倍。对 4 种不同强度择伐后，杉阔混交人工林林分总断面积进行方差分析，择伐强度对杉阔混交林林分总断面积具有显著影响（$P = 0.027 < 0.05$）。

表 2-3-31　杉阔混交人工林择伐后林分总断面积生长动态

择伐强度	总断面积（m²）				生长量（m²）		年均生长率（%）	
	伐　前	伐后当年	伐后 3 年	伐后 5 年	3 年	5 年	3 年	5 年
未　伐	1.4632	1.4632	1.6690	1.7495	0.2058	0.2863	4.5	3.6
中　度	1.4356	0.9196	1.0927	1.1757	0.1731	0.2561	5.9	5.0
强　度	1.6256	0.8115	0.9631	1.0506	0.1516	0.2391	5.9	5.3
极强度	1.4859	0.3743	0.4699	0.5515	0.0956	0.1772	7.9	8.1

3.5.3.1.4　择伐强度对单株材积生长的影响

不同强度择伐后，杉阔混交人工林林分平均单株材积及其生长量和年均生长率，见表 2-3-32。中度、强度和极强度择伐后，杉阔混交人工林林分平均单株材积的生长量，都大于未采伐林分生长量；择伐林分平均单株材积年均生长率，随择伐强度的增大变化规律不明显，表现为极强度择伐 > 中度择伐 > 强度择伐 > 未采伐，极强度择伐 3 年后和 5 年后分别是未采伐的 1.8 倍和 1.9 倍，中度择伐 3 年后和 5 年后分别是未采伐的 1.4 倍和 1.3 倍，强度择伐 3 年后和 5 年后都是未采伐的 1.2 倍，见表 2-3-22。对 4 种不同强度择伐后，杉阔混交人工林林分平均单株材积进行方差分析，不同择伐强度下的杉阔混交林林分平均单株材积差异不显著（$P = 0.263 > 0.05$）。

表 2-3-32　杉阔混交人工林择伐后林分平均单株材积生长动态

择伐强度	平均单株材积（m³）				生长量（m³）		年均生长率（%）	
	伐　前	伐后当年	伐后 3 年	伐后 5 年	3 年	5 年	3 年	5 年
未　伐	0.0579	0.0579	0.0673	0.0727	0.0094	0.0148	5.1	4.7
中　度	0.0560	0.0747	0.0916	0.1013	0.0169	0.0266	7.0	6.3
强　度	0.0597	0.0700	0.0839	0.0926	0.0139	0.0226	6.2	5.7
极强度	0.0671	0.0498	0.0651	0.0759	0.0153	0.0261	9.3	8.8

3.5.3.1.5　择伐强度对林分蓄积生长的影响

由图 2-3-18 可知，未采伐林分蓄积量伐前为 187.33 m³/hm²，3 年后增加到 220.45 m³/hm²，增加了 33.12 m³/hm²，年均生长率为 5.6%；5 年后增加到 235.18 m³/hm²，增加了 47.85 m³/hm²，年均生长率为 4.7%。中度、强度和极强度择伐实施后，林分蓄积量分别从伐前的 187.44、212.46 和 202.28 m³/hm² 减少到择伐后当年的 122.53、108.96 和 46.30 m³/hm²，分别减少了 64.91、103.50 和 155.99 m³/hm²；中度、强度和极强度择伐林分蓄积量，3 年后分别增长到 152.03、132.54 和 61.56 m³/hm²，相比采伐后当年分别增加了 29.50、23.58 和 15.26 m³/hm²，年均生长率分别为 7.5%、6.7% 和 10.0%；5 年后分别增长到 166.10、148.44 和 67.53 m³/hm²，相比采伐后当年分别增加了 43.57、39.48、21.23 m³/hm²，年均生长率分别为 6.3%、6.4% 和 7.8%。可见，中度、强度和极强度择伐林分蓄积增加量低于未采伐林分，且随择伐强度增大而减小。这是因为择伐林分保留林木株数随择伐强度的增大而减少，中度、强度和极强度择伐当年，乔木株数分别减少了 51%、54% 和 56%。虽然中度、强度和极强度择伐林分

（较少林木）所增加的蓄积量，低于未采伐林分（较多林木）增加的蓄积量，但是中度、强度和极强度择伐林分蓄积量的年均生长率明显高于未采伐林分，且随择伐强度的增大而增大，表明中度、强度和极强度择伐对保留木蓄积生长产生了明显的促进作用。对 4 种不同强度择伐后，杉阔混交人工林林分总蓄积量进行方差分析，择伐强度对杉阔混交林林分总蓄积量具有显著影响（$P = 0.034 < 0.05$）。

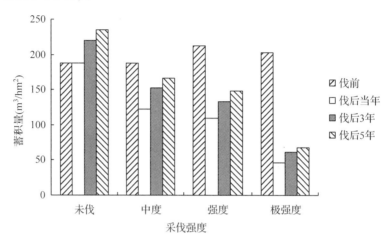

图 2-3-18   杉阔混交人工林伐后林分蓄积量动态变化

3.5.3.1.6   皆伐对林分生长影响与伐后更新

皆伐前，林分平均胸径为 11.7 cm，平均树高为 10.5 m，总断面积为 1.56 m²，平均单株材积为 0.0584 m³，蓄积量为 201.6 m³/hm²；皆伐后，由于乔木荡然无存，且伐后 5 年内都无进阶的乔木，因此，伐后当年，林分平均胸径、平均树高、总断面积、平均单株材积和蓄积量都降低至零。皆伐 5 年后，在皆伐样地调查天然更新后可能成材的幼树，见表 2-3-33，杉木和木荷幼树为伐后萌芽更新，所占数量较多，同时还有其他 6 种阔叶树。

表 2-3-33   皆伐后 5 年林地更新幼树调查情况

树 种	杉 木	木 荷	南岭黄檀	枫 香	千年桐	南酸枣	美秀栲	石 栎
高度（m）	1.6	1.5	3.0	1.4	1.0	1.0	1.0	1.0
株 数	36	24	4	4	4	4	4	4

3.5.3.2   不同类型人工林伐后林分生长动态变化分析

按不同树种组成划分的杉马阔混交林、杉阔混交林和杉木纯林 3 种不同类型杉木人工林，强度和极强度择伐后，林分平均胸径、平均树高和总断面积的年均生长率动态变化，见表 2-3-34；林分平均单株材积和蓄积量的年均生长率动态变化，见表 2-3-35。

3 种不同树种组成杉木人工林，强度择伐后，林分的平均胸径的年均生长率差别不大，杉阔混交林平均胸径的年均生长率略大，3 年后和 5 年后分别为 2.7% 和 2.6%，杉马阔混交林和杉木纯林林分平均胸径的年均生长率基本接近；林分平均树高年均生长率差别不大，杉马阔混交林略大；林分总断面积年均生长率，3 年后杉阔混交林 > 杉马阔混交林 > 杉木纯林，5 年后杉马阔混交林 > 杉阔混交林 > 杉木纯林。极强度择伐后，不同树种组成林分的平均胸径、平均树高和总断面积的年均生长率，都为杉马阔混交林 > 杉阔混交林 > 杉木纯林，见表

2-3-34。

表 2-3-34　不同树种组成择伐后林分平均胸径、树高与总断面积生长动态

择伐强度	树种组成	平均胸径年均生长率（%）		平均树高年均生长率（%）		总断面积年均生长率（%）	
		3 年	5 年	3 年	5 年	3 年	5 年
强　度	杉马阔混交林	2.5	2.5	3.9	3.8	5.5	5.9
	杉阔混交林	2.7	2.6	3.8	3.7	5.9	5.3
	杉木纯林	2.5	2.4	3.7	3.7	4.6	4.8
极强度	杉马阔混交林	3.8	3.6	4.8	4.6	8.8	7.5
	杉阔混交林	3.5	3.2	4.2	4.0	7.9	6.6
	杉木纯林	2.3	2.5	2.9	3.7	5.0	3.7

由表 2-3-35 可知，3 种不同树种组成杉木人工林，强度和极强度择伐后，林分平均单株材积和蓄积量的年均生长率，为杉马阔混交林＞杉阔混交林＞杉木纯林。

强度择伐后，对 3 种不同类型杉木人工林林分平均胸径、平均树高、平均单株材积、总断面积和总蓄积量进行方差分析，不同类型杉木人工林林分平均胸径、平均树高、平均单株材积和总蓄积量差异显著（$P=0.002<0.05$，$P=0.005<0.05$，$P=0.004<0.05$，$P=0.037<0.05$），但不同类型杉木人工林林分总断面差异不显著（$P=0.110>0.05$）。极强度择伐后，对 3 种不同类型杉木人工林林分平均胸径、平均树高、平均单株材积、总断面积和总蓄积量进行方差分析，不同类型杉木人工林林分平均胸径、平均树高、平均单株材积、总断面积和总蓄积量差异显著（$P=0.022<0.05$，$P=0.034<0.05$，$P=0.026<0.05$，$P=0.003<0.05$，$P=0.007<0.05$）。

表 2-3-35　不同树种组成杉木人工林择伐后单株材积和蓄积量生长动态

择伐强度	树种组成	平均单株材积年均生长率（%）		总蓄积量年均生长率（%）	
		3 年	5 年	3 年	5 年
强　度	杉马阔混交林	7.0	7.1	7.0	7.6
	杉阔混交林	6.8	6.1	6.7	6.4
	杉木纯林	4.8	6.1	4.8	6.1
极强度	杉马阔混交林	10.8	10.3	11.4	9.9
	杉阔混交林	9.3	8.8	10.0	7.8
	杉木纯林	6.8	6.9	6.8	6.9

由表 2-3-34 和表 2-3-35 可知，3 种不同树种组成杉木人工林，伐后林分平均胸径、平均树高和单株材积生长的年均生长率，基本表现为极强度择伐大于强度择伐。

3.5.4　人工混交林伐后灌草物种多样性动态变化

3.5.4.1　杉阔混交人工林伐后灌草物种多样性动态变化

3.5.4.1.1　伐后灌木层物种多样性变化

杉阔混交人工林，不同强度采伐后，林下灌木层物种丰富度、多样性和均匀度动态变化，

分别见图 2-3-19、图 2-3-20 和表 2-3-36。

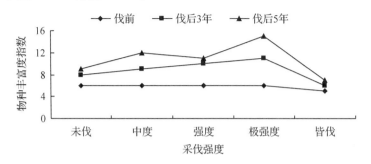

图 2-3-19　杉阔混交人工林伐后灌木层物种丰富度动态变化

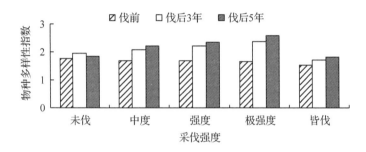

图 2-3-20　杉阔混交人工林伐后灌木层物种多样性动态变化

表 2-3-36　杉阔混交人工林伐后灌木层物种均匀度动态变化

采伐强度	伐　前	伐后 3 年	伐后 5 年
未　伐	0.984	0.939	0.840
中　度	0.942	0.947	0.894
强　度	0.946	0.957	0.973
极强度	0.932	0.986	0.964
皆　伐	0.951	0.957	0.930

　　由图 2-3-19 和图 2-3-20 可知,相比伐前,灌木层物种丰富度和多样性,中度、强度、极强度择伐和皆伐后都增大;与未采伐相比,灌木层物种丰富度和多样性,中度、强度和极强度择伐后都增大,皆伐后减小。由表 2-3-36 可见,相比伐前,灌木层物种均匀度,中度择伐后减小,强度和极强度择伐后增大,皆伐后略有减小;与未采伐相比,灌木层物种均匀度,中度、强度、极强度择伐和皆伐后都增大。由图 2-3-19、图 2-3-20 和表 2-3-36 可以得出,灌木层物种丰富度、多样性和均匀度,随采伐强度的增大,呈先增大后减小的变化规律,灌木层物种多样性和丰富度,极强度择伐后最大,皆伐后最小,灌木层物种均匀度,强度和极强度择伐较大,未采伐最小。对 5 种不同强度采伐后,杉阔混交人工林灌木层丰富度、多样性和均匀度进行方差分析,不同强度采伐后杉阔混交林灌木层丰富度、多样性和均匀度的差异均不显著($P = 0.389 > 0.05$,$P = 0.328 > 0.05$,$P = 0.639 > 0.05$)。

3.5.4.1.2　伐后草本层物种多样性变化

　　杉阔混交人工林,不同强度采伐后,林下草本层物种丰富度、多样性和均匀度动态变化,分别见图 2-3-21、图 2-3-22 和表 2-3-37。

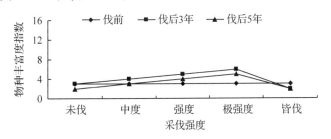

图 2-3-21　杉阔混交人工林伐后草本层物种丰富度动态变化

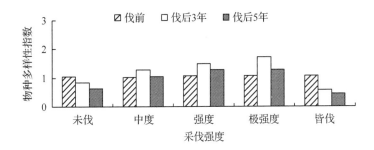

图 2-3-22　杉阔混交人工林伐后草本层物种多样性动态变化

表 2-3-37　杉阔混交人工林伐后草本层物种均匀度动态变化

采伐强度	伐　前	伐后 3 年	伐后 5 年
未　伐	0.942	0.858	0.915
中　度	0.928	0.931	0.947
强　度	0.976	0.930	0.950
极强度	0.967	0.957	0.878
皆　伐	0.976	0.811	0.646

由图 2-3-21 和图 2-3-22 可知，相比伐前，草本层物种丰富度和多样性，中度择伐 3 年后增大，5 年后与伐前接近，强度和极强度择伐后都增大，皆伐后减小；与未采伐相比，草本层物种丰富度和多样性，中度、强度和极强度择伐后都增大，皆伐后减小。由表 2-3-37 可知，相比伐前，草本层物种均匀度，中度择伐后增大，强度、极强度择伐和皆伐后都减小；与未采伐相比，草本层物种均匀度，中度和强度择伐后都增大，极强度择伐 3 年后增大，5 年后减小，皆伐后减小。由图 2-3-21、图 2-3-22 和表 2-3-37 可知，草本层物种丰富度、多样性和均匀度，随择伐强度的增大，呈先增大后减小的变化规律，草本层物种丰富度和多样性，极强度择伐后最大，草本层物种均匀度，强度择伐和极强度择伐后较大，皆伐后都为最小。对 5 种不同强度采伐后，杉阔混交人工林草本层丰富度、多样性和均匀度进行方差分析，不同强度采伐后杉阔混交林草本层丰富度和均匀度的差异均不显著（$P = 0.064 > 0.05$，$P = 0.276 > 0.05$），但草本层多样性的差异显著（$P = 0.043 < 0.05$）。

3.5.4.2　不同类型人工林择伐后灌草物种多样性动态变化

杉马阔混交林、杉阔混交林和杉木纯林 3 种不同类型杉木人工林，在强度和极强度择伐后，灌木层和草本层物种多样性动态变化，分别见表 2-3-38 和表 2-3-39。

　　由表 2-3-38 可知，相比伐前，3 种不同类型杉木人工林在强度和极强度择伐后，灌木层物种丰富度和多样性都呈增大趋势。从不同择伐强度比较来看，杉马阔混交林和杉木纯林伐后灌木层物种丰富度和多样性，极强度择伐小于强度择伐，杉阔混交林灌木层物种丰富度和多样性，极强度择伐大于强度择伐。从不同类型林分比较来看，强度择伐后，杉马阔混交林和杉阔混交林伐后灌木层物种丰富度和多样性，都高于杉木纯林，但均匀度都低于杉木纯林；极强度择伐后，杉马阔混交林和杉阔混交林伐后灌木层物种丰富度和多样性，为杉阔混交林 > 杉马阔混交林 > 杉木纯林。杉马阔混交林、杉阔混交林和杉木纯林，强度和极强度择伐后，灌木层物种均匀度都较高，都在 0.9 以上，变化规律不明显。对强度和极强度择伐后 3 种不同类型杉木人工林灌木层丰富度、多样性和均匀度进行方差分析，强度和极强度择伐后，3 种类型杉木人工林灌木层丰富度、多样性和均匀度的差异均不显著(强度择伐后 $P = 0.464 > 0.05$，$P = 0.598 > 0.05$，$P = 0.639 > 0.05$；极强度择伐后 $P = 0.261 > 0.05$，$P = 0.241 > 0.05$，$P = 0.857 > 0.05$)。

表 2-3-38　不同类型杉木人工林强度和极强度择伐后灌木层物种多样性动态变化

择伐强度	林分类型	丰富度			多样性			均匀度		
		伐 前	伐后 3 年	伐后 5 年	伐 前	伐后 3 年	伐后 5 年	伐 前	伐后 3 年	伐后 5 年
强 度	杉马阔混交林	8	10	11	2.045	2.202	2.260	0.984	0.956	0.943
	杉阔混交林	6	10	11	1.680	2.203	2.332	0.946	0.957	0.973
	杉木纯林	7	7	9	1.866	1.889	2.157	0.959	0.971	0.982
极强度	杉马阔混交林	9	9	10	2.127	2.178	2.110	0.968	0.991	0.916
	杉阔混交林	6	11	15	1.669	2.364	2.574	0.932	0.986	0.964
	杉木纯林	6	6	8	1.647	1.764	1.947	0.919	0.984	0.936

表 2-3-39　不同类型杉木人工林强度和极强度择伐后草本层物种多样性动态变化

择伐强度	林分类型	丰富度			多样性			均匀度		
		伐 前	伐后 3 年	伐后 5 年	伐 前	伐后 3 年	伐后 5 年	伐 前	伐后 3 年	伐后 5 年
强 度	杉马阔混交林	4	3	2	1.380	1.055	0.580	0.996	0.960	0.837
	杉阔混交林	3	5	4	1.072	1.497	1.269	0.976	0.930	0.950
	杉木纯林	5	4	3	1.573	1.162	1.071	0.978	0.838	0.975
极强度	杉马阔混交林	4	3	3	1.336	1.007	1.090	0.964	0.917	0.993
	杉阔混交林	3	6	5	1.063	1.714	1.289	0.967	0.957	0.878
	杉木纯林	4	4	4	1.211	1.172	1.139	0.874	0.846	0.822

　　由表 2-3-39 可知，相比伐前，杉阔混交林在强度和极强度择伐后，草本层物种丰富度和多样性都呈增大趋势；杉马阔混交林和杉木纯林在强度和极强度择伐后，草本层物种丰富度和多样性都呈下降趋势；3 种类型林分在强度和极强度择伐后，草本层物种均匀度基本呈下降趋势。从不同择伐强度比较来看，杉马阔混交林和杉木纯林伐后草本层物种丰富度和多样性，极强度择伐和强度择伐基本接近，杉阔混交林草本层物种丰富度和多样性，极强度择伐大于强度择伐。从不同类型林分比较来看，强度择伐后，草本层物种丰富度和多样性，为杉阔混交林 > 杉木纯林 > 杉马阔混交林，但 3 种林分伐后草本层物种均匀度基本能维持较高水

平；极强度择伐后，草本层物种丰富度和多样性，也为杉阔混交林 > 杉木纯林 > 杉马阔混交林，杉阔混交林和杉马阔混交林伐后草本层物种均匀度，高于杉木纯林。对强度和极强度择伐后 3 种不同类型杉木人工林草本层丰富度、多样性和均匀度进行方差分析，强度择伐后，3 种类型杉木人工林草本层丰富度、多样性和均匀度的差异均不显著（$P = 0.422 > 0.05$，$P = 0.500 > 0.05$，$P = 0.908 > 0.05$）；极强度择伐后，3 种类型杉木人工林草本层丰富度和多样性的差异均不显著（$P = 0.296 > 0.05$，$P = 0.477 > 0.05$），但草本层均匀度的差异显著（$P = 0.029 < 0.05$）。

3.6　杉阔混交人工林土壤呼吸变化规律

3.6.1　试验地概况

试验地概况，见 3.3.1。

2011 年 7 月，选择具有代表性的地段设置了 10 块 20 m × 20 m 的标准样地（由于坡长较短，在上、下坡位各设 1 块），每块样地四角用水泥桩长期固定。试验样地本底概况，见表 2-3-40。

表 2-3-40　各样地本底概况

采伐强度	坡度（°）	坡向	坡位	采伐前		
				林分密度（株/hm²）	平均胸径（cm）	蓄积量（m³/hm²）
未　伐	32 31	南 西	下坡 上坡	3 200	11.6	187.3
中　度	32 32	南 西	下坡 上坡	3 338	11.3	187.4
强　度	31 31	南 西南	下坡 上坡	3 775	11.3	212.3
极强度	32 29	西南 西南	下坡 上坡	3 038	12.0	202.3
皆　伐	29 30	西南 西南	下坡 上坡	3 425	11.7	201.2

2011 年 8 月，对试验林实施了中度、强度和极强度择伐（以实际择伐蓄积量计算平均择伐强度分别为 34.6%、48.6% 和 67.6%），以及皆伐作业试验，并与未采伐进行对照（每种处理分别在上、下坡位各有 1 块标准样地）；不同采伐强度后均天然恢复植被。2016 年 7 月，对试验林开展了采伐 5 年后植被、凋落物、土壤和细根（深度 0 ~ 20 cm）的调查与实验。各采伐强度采伐前和采伐 5 年后林分和林地概况，见表 2-3-41。

表 2-3-41　不同强度采伐前和采伐 5 年后林分和林地概况

指　标	时　间	采伐强度				
		未　伐	中　度	强　度	极强度	皆　伐
林分密度 （株/hm²）	采伐前	3 200	3 338	3 775	3 038	3 425
	采伐 5 年后	3 213	1 638	1 717	1 313	—

（续）

指　标	时　间	采伐强度				
		未　伐	中　度	强　度	极强度	皆　伐
平均胸径 （cm）	采伐前	11.6	11.3	11.3	12.0	11.7
	采伐 5 年后	12.7	14.8	13.5	12.9	—
林分蓄积量 （m^3/hm^2）	采伐前	187.3	187.4	212.3	202.3	201.2
	采伐 5 年后	235.2	166.1	148.4	67.5	—
凋落物现存量 （g/m^2）	采伐前	259.4	274.7	279.0	284.2	273.4
	采伐 5 年后	254.2	289.1	184.7	172.4	50.0
凋落物有机碳储量 （g/m^2）	采伐前	8.5	10.4	8.8	10.0	9.1
	采伐 5 年后	10.0	11.8	6.7	6.2	2.0
土壤密度 （g/cm^3）	采伐前	1.278	1.362	1.367	1.316	1.302
	采伐 5 年后	1.261	1.290	1.355	1.350	1.430
土壤总孔隙度 （%）	采伐前	44.5	45.6	43.0	45.8	45.0
	采伐 5 年后	46.9	49.0	45.0	41.6	40.0
土壤有机质 （g/kg）	采伐前	32.1	30.5	32.7	34.2	31.5
	采伐 5 年后	37.3	42.2	42.9	41.9	20.2
土壤有机碳含量 （g/kg）	采伐前	18.7	17.8	22.6	19.7	20
	采伐 5 年后	25.5	24.5	24.9	24.3	17.5
细根生物量 （g/m^2）	采伐前	—	—	—	—	—
	采伐 5 年后	219.3	225.3	258	116.2	73.9

3.6.2　研究方法

3.6.2.1　土壤环布置和测试

每种采伐强度处理的样地面积为 800 m^2（上坡和下坡各 1 块 20 m × 20 m 的标准样地）。2015 年 7 月，每块标准样地分别做 3 种实验处理，处理 A 为保留凋落物层和根系；处理 B 为去除凋落物层，但保留根系；处理 C 为去除凋落物层和根系，切除根系采用壕沟法（1 m × 1 m），挖壕沟至根系层以下，再用双层塑料布隔离。每种实验处理分别在样地的上、中、下位置布设土壤环（内径 20 cm、高度 10 cm 的 PVC 环，一端削尖便于插入土中）。布设土壤环前先用相同规格的铁环敲入土壤中，而后取出铁环，再插入 PVC 环，深度为 8 cm。

土壤呼吸测试时间为 2016 年 7 月至 2017 年 7 月，每月中旬测定 1 次（避开雨天），共 13 次。在整个测试期间内，PVC 土壤环的位置保持不变定位观测。在每次测量前，去除处理 A 中新生长的植物，以及去除处理 B 和处理 C 中的凋落物和新生长的植物。测试仪器为 LI - 8100A 土壤碳通量呼吸自动测量系统，测量时间设定为 2 min；测试时段为 9：30 ~ 15：30，每个土壤环测试值为重复测量 3 次的平均值。处理 A 土壤 5 cm 深处的温度和湿度（体积含水率）测试，分别运用 LI - 8100A 配套的土壤温度传感器和湿度传感器，与土壤及其组分呼吸速率测定同时进行。

3.6.2.2　数据处理

为了揭示杉阔混交人工林采伐后土壤及组分呼吸的响应程度及主要影响因子，为确定适宜的采伐方式和维持土壤碳库提供科学依据。土壤及其各组分呼吸速率[单位：$\mu mol/(m^2 \cdot s)$]计算公式：

$$R_S = R_A \tag{2-3-22}$$

$$R_L = R_A - R_B \tag{2-3-23}$$

$$R_R = R_B - R_C \tag{2-3-24}$$

$$R_M = R_C \tag{2-3-25}$$

式中：R_S 为土壤总呼吸速率；R_L 为凋落物层呼吸速率；R_R 为根系呼吸速率；R_M 为矿质土壤层呼吸速率；R_A 为处理 A（保留凋落物和根系）呼吸速率；R_B 为处理 B（去除凋落物，保留根系）呼吸速率；R_C 为处理 C（去除凋落物和根系）呼吸速率。

每种采伐强度林地的 A、B 和 C 实验处理的每月测试值共 3 个数据，分别为 2 块标准样地内上、中、下对应位置的 2 个土壤环测试值的平均值。每种采伐强度共测试了 13 个月，由此得到 39 个数据；采用 SPSS 20.0 进行 LSD（Least – significant difference）多重比较和模型拟合。

土壤总呼吸速率与温度、湿度相关关系拟合模型和温度敏感系数：

$$R_S = a e^{bT} \tag{2-3-26}$$

$$R_S = \alpha W + \beta \tag{2-3-27}$$

$$R_S = l + mT + nW \tag{2-3-28}$$

$$Q_{10} = e^{10b} \tag{2-3-29}$$

式中：T 为 5 cm 深处土壤温度（℃）；W 为 5 cm 深处土壤湿度（%）；a，m，n 为系数；b 为土壤温度反应系数；α 为土壤水分反应系数；β，l 为截距；Q_{10} 为温度敏感系数。

运用公式（2-3-30）衡量统计模型的拟合效果：

$$AIC = n\ln\left(\frac{RSS}{n}\right) + 2(K + 1) \tag{2-3-30}$$

式中：AIC 为赤池信息准则；RSS 为残差平方和；n 为样本量；K 为模型自变量个数。

3.6.3　杉阔混交人工林土壤呼吸变化结果分析

3.6.3.1　土壤呼吸速率及温湿度变化

由图 2-3-23 可知，杉阔混交人工林各采伐强度 5 年后林地土壤总呼吸速率均呈明显的季节动态变化；未采伐和择伐林地的土壤总呼吸速率月平均值均在 7 月份达到最大值，在 1~3 月份达到最小值；皆伐林地的土壤总呼吸速率达到极值有所提前，其月平均值在 6 月份达到最高，在 11 月份达到最低。

杉阔混交人工林不同采伐强度 5 年后林地土壤及组分呼吸速率变化，见表 2-3-42。不同强度择伐林地凋落物、矿质土壤和根的呼吸速率都与未采伐没有显著差异（$P > 0.05$）；皆伐除了矿质土壤呼吸速率与未采伐没有显著差异（$P > 0.05$）外，凋落物和根系的呼吸速率都显著低于未采伐（$P < 0.05$），分别比未采伐减少了 0.93 和 0.53 $\mu mol/(m^2 \cdot s)$；不同强度择伐林地土壤总呼吸速率都与未采伐没有显著差异（$P > 0.05$），皆伐林地土壤总呼吸速率则显著低于未采伐（$P < 0.05$），比未采伐减少了 1.64 $\mu mol/(m^2 \cdot s)$。由此说明，择伐对土壤及各

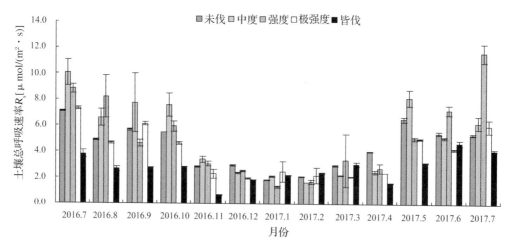

图 2-3-23   不同采伐强度林地土壤呼吸速率月变化趋势

组分呼吸速率没有产生显著影响；皆伐显著降低了林地凋落物和根系的呼吸速率，从而使土壤总呼吸速率出现显著降低。

表 2-3-42   不同采伐强度 5 年后林地土壤及组分呼吸速率变化 $[\mu mol/(m^2 \cdot s)]$

采伐强度	凋落物呼吸速率	矿质土壤呼吸速率	根系呼吸速率	土壤总呼吸速率
中　度	1.82 ± 0.25a	1.94 ± 0.22a	1.27 ± 0.13a	5.03 ± 0.46a
强　度	1.83 ± 0.30a	2.01 ± 0.16a	1.25 ± 0.11a	5.09 ± 0.50a
极强度	1.09 ± 0.09b	1.79 ± 0.14a	1.06 ± 0.08a	3.94 ± 0.29b
皆　伐	0.52 ± 0.07c	1.65 ± 0.10a	0.58 ± 0.07b	2.75 ± 0.17c

注：表中数据为平均值 ± 标准误；同一列中标有不同字母表示差异显著 $(P < 0.05)$。

杉阔混交人工林不同采伐强度 5 年后林地土壤温度和湿度变化，见表 2-3-43。不同强度择伐林地 5 cm 深处土壤温度都与未采伐没有显著差异 $(P > 0.05)$，但皆伐林地 5 cm 深处土壤温度显著高于未采伐 $(P < 0.05)$，比未采伐升高了 4.7℃；中度、强度择伐林地 5 cm 深处土壤湿度都与未采伐没有显著差异 $(P > 0.05)$，但极强度择伐、皆伐林地 5 cm 深处土壤湿度都显著低于未采伐 $(P < 0.05)$，分别比未采伐减少了 2.17% 和 3.98%。

表 2-3-43   不同采伐强度 5 年后林地土壤温度和湿度变化

采伐强度	土壤温度（℃）	土壤湿度（%）
未　伐	18.52 ± 1.09b	30.67 ± 0.34a
中　度	19.50 ± 0.99b	31.01 ± 0.49a
强　度	20.52 ± 0.98ab	29.46 ± 0.58ab
极强度	21.33 ± 1.24ab	28.50 ± 0.72b
皆　伐	23.18 ± 1.18a	26.69 ± 0.70c

注：表中数据为平均值 ± 标准误，同一列中标有不同字母表示差异显著 $(P < 0.05)$。

3.6.3.2   土壤总呼吸速率与温湿度关系

杉阔混交人工林不同采伐强度 5 年后林地土壤总呼吸速率与土壤温度、湿度的拟合模型，见表 2-3-44。在运用 AIC 值进行模型比较时，AIC 值越小的模型，说明该模型拟合效果越好。从表 2-3-44 的模型拟合效果比较来看，在不同采伐强度下，林地土壤总呼吸速率与土壤温度的指数单变量模型最优（AIC 值最小）；土壤总呼吸速率与土壤温度之间呈显著指数相关（$P < 0.001$）；土壤温度指数模型能很好地解释未采伐和择伐林地土壤总呼吸速率变化的 77.8% ~ 83.3%，能较好地解释皆伐林地土壤总呼吸速率变化的 35.5%；土壤温度和湿度双变量线性模型，优于土壤湿度的单变量线性模型，且在双变量模型中 m 皆大于 n，说明土壤总呼吸速率受土壤温度的影响要大于土壤湿度的影响。未采伐和择伐林地土壤总呼吸的温度敏感性较高，Q_{10} 为 1.77 ~ 2.72，而皆伐较弱，Q_{10} 为 1.49。

表 2-3-44 不同采伐强度林地土壤总呼吸与土壤温湿度的关系模型

采伐强度	回归方程	决定系数 R^2	显著性 P	温度敏感系数 Q_{10}	赤池信息准则 AIC
$R = a\mathrm{e}^{bT}$					
未　伐	$R_S = 1.384\mathrm{e}^{0.058T}$	0.820	0.0000	1.79	− 128.92
中　度	$R_S = 0.760\mathrm{e}^{0.088T}$	0.778	0.0000	2.72	− 93.02
强　度	$R_S = 0.536\mathrm{e}^{0.100T}$	0.820	0.0000	2.41	− 94.44
极强度	$R_S = 1.046\mathrm{e}^{0.057T}$	0.833	0.0000	1.77	− 123.59
皆　伐	$R_S = 0.997\mathrm{e}^{0.040T}$	0.355	0.0001	1.49	− 69.72
$R = \alpha W + \beta$					
未　伐	$R_S = 0.457W - 9.638$	0.335	0.0001	—	27.59
中　度	$R_S = 0.511W - 10.818$	0.297	0.0003	—	70.88
强　度	$R_S = 0.637W - 13.672$	0.552	0.0000	—	60.09
极强度	$R_S = 0.241W - 2.941$	0.365	0.0000	—	31.10
皆　伐	$R_S = 0.143W - 1.074$	0.357	0.0001	—	− 10.06
$R = l + mT + nW$					
未　伐	$R_S = 0.026 + 0.218T + 0.011W$	0.792	0.0000	—	− 15.79
中　度	$R_S = -0.105 + 0.423T - 0.100W$	0.720	0.0000	—	37.04
强　度	$R_S = -6.374 + 0.382T + 0.123W$	0.761	0.0000	—	37.64
极强度	$R_S = 0.373 + 0.230T - 0.046W$	0.810	0.0000	—	− 13.70
皆　伐	$R_S = 0.335 + 0.081T + 0.020W$	0.413	0.0001	—	− 11.60

3.7 小结

（1）在 33 年生针阔混交人工林择伐前后林地凋落物及土壤养分含量分析中，从凋落物各养分含量的平均值来看，择伐后凋落物各营养元素的含量与择伐前相比均略有降低，但择伐作业在短期内可明显提高林地凋落物养分蓄存量。从土壤各养分含量来看，择伐后土壤各养分含量与择伐前相比均有所降低。这一研究结果表明，择伐作业短期内大量凋落物未及时分解，而土壤养分流失较大，这对针阔混交人工林林地养分含量造成不利影响。但这只是对针阔混交人工林择伐后凋落物及土壤养分含量短期(择伐后 210 天)变化的分析，短时间内林地内绝大部分凋落物并未分解释放，土壤养分流失大于养分归还，对其长期动态变化仍需进一步研究。

(2) 33 年生山地杉木人工林在 4 种择伐强度下，伐后 5 年林分的树高、胸径、蓄积量和断面积均有所增加，且随着择伐强度的增加呈先增大后减小的变化规律，强度择伐达到最大。在择伐干扰下，伐后保留林分的蓄积量随择伐强度增大而减少，但伴随伐后林分的生长，林分蓄积量随时间增长的差异将会逐渐缩小。

不同择伐强度对杉木人工林林下灌木层和草本层的物种多样性都具有促进作用。灌木层物种丰富度、多样性和均匀度随择伐强度增大而增大；草本层物种多样性随择伐强度增大呈先增大后减小的变化规律，强度择伐下达到最大。因此，在强度和极强度择伐下，具有较高的灌草层物种丰富度、多样性和均匀度。

杉木人工林不同择伐强度下，林地凋落物养分含量均大于未采伐林地，凋落物养分含量随择伐强度的增大呈先增大后减小的变化规律。强度择伐 5 年后，林地凋落物养分总量最大。择伐有利于促进林分生长、提高林下植被物种多样性和改善林地土壤水分、孔隙和养分状况。综合分析林分生长、林下植被物种多样性、土壤理化特性、凋落物现存量，以及其养分含量的变化，在 4 种择伐强度中，强度择伐更有利于杉木人工林群落的持续生长发育，更有利于杉木人工林伐后的生态恢复。

(3) 基于山地杉木人工林择伐长期固定样地实测数据，构建了单木胸径生长模型，以及树高、枝下高、冠幅与胸径的关系模型，结合 Onxy Tree 和 3Ds Max 技术，实现了不同强度择伐下，不同时期的林分生长动态仿真，可直观、生动地观察杉木的生长状态。

(4) 杉木人工纯林不同强度择伐 5 年、8 年、10 年后，保留木的平均胸径、平均树高和平均单株材积年均生长率，均高于未采伐，且随择伐强度的增大而增大，说明择伐有利于促进伐后保留木的胸径生长，而对树高生长的促进作用较小。林分总断面积和总蓄积量的年均增长率，随择伐强度增大，呈先增大后减小的单峰变化规律，从大到小依次为：强度择伐 > 极强度择伐 > 中度择伐 > 弱度择伐 > 未采伐。与未采伐相比，灌木层和草本层物种丰富度与物种多样性，随择伐强度的增大，基本都呈先增大后减小的单峰变化规律，中度择伐最大，其次是强度择伐。灌木层物种均匀度都较高，随择伐强度增大而变化的规律不明显；草本层物种均匀度，随择伐强度的增大呈波动变化，规律性也不明显。

(5) 通过对 18 年生杉阔混交人工林林分空间结构分析，作为优势树种的杉木和木荷的林木空间隔离程度以弱度混交和中度混交为主，整体林分为中度混交；林木个体的空间配置较简单，树种空间隔离程度较低，而其余树种散生在杉木和木荷中，树种混交程度虽然较高，但株数少，对林分整体混交度影响很小；杉木和木荷在优势和劣势生长状态都占有较大比例，林分整体处于中庸生长状态，而其余树种则分化较严重，既有占优势的树种，也有受压的树种。在角尺度研究中，林木水平分布格局呈聚集分布，今后可采取基于空间结构优化的择伐经营，根据确立的采伐木选择基本原则，制定以角尺度为主要调整目标的优化林分空间结构方案，尽量将角尺度取值为 0.50 的随机分布的林木予以保留，使林木水平分布格局由聚集分布向随机分布转变，并在此基础上综合考虑混交度、大小比数及树种组成等，使林分组成、结构更趋合理，提高林分质量，充分发挥其功能，促进其向近自然的混交林群落进展演替。

(6) 通过对杉阔混交人工林不同强度择伐 3 年后，林地 0 ~ 20 cm 土壤温度的实测与分析结果表明：与未采伐相比，择伐后的林地土壤温度均升高，且择伐强度越大，升高幅度越大；在极强度择伐下，林地 0~20 cm 土壤温度升高幅度都高于中度和强度择伐，尤其是 0 和 5 cm 土壤温度明显高于中度和强度择伐；0~15 cm 土壤温度与择伐强度具有显著的相关性，而 20 cm 平均土壤温度具有相关性但不显著，一元二次方程能较好地拟合土壤温度与择伐强度的相互关系。不同强度择伐下，伐后 3 年林地土壤温度与土壤深度具有显著负相关性，土壤温度与土壤深度的相互关系符合指数方程。

（7）与未采伐相比，杉阔混交人工林择伐，有效促进了林分生长，且择伐强度越大，越能促进林分较快生长，这主要是因为未采伐林分密度大，林分郁闭度大，从而使得林内的光照减少，林木个体生长空间受限和竞争强烈，林木生长减慢；而在不同强度择伐后，林分密度随择伐强度的增大而减小，林内光照随之增强，林木之间的竞争则减弱，伐后保留的林木能获得更大的生长空间，促使其加快生长速度。除树高外，择伐对林分平均胸径、单株材积、总断面积和蓄积量的生长具有明显促进作用。而皆伐使原有林分乔木层全部消失，伐后 5 年乔木层仍没有恢复。

杉马阔混交林、杉阔混交林和杉木纯林 3 种不同类型杉木人工林，强度择伐后，林分平均胸径和树高年均生长率基本接近。单株材积、总断面积和林分蓄积量年均生长率，为杉马阔混交林 > 杉阔混交林 > 杉木纯林。极强度择伐后，林分平均胸径、树高、单株材积、总断面积和蓄积量的年均生长率，都为杉马阔混交林 > 杉阔混交林 > 杉木纯林。由此说明，在强度择伐和极强度择伐下，混交林林分生长率要高于纯林，且混交林中以杉马阔混交林伐后林分生长率最高。

杉阔混交人工林灌木层和草本层物种丰富度和多样性，中度、强度和极强度择伐后比伐前都增大；灌木层物种丰富度和多样性，皆伐后比伐前增大，而草本层物种丰富度和多样性，皆伐后比伐前减小。灌木层物种丰富度、多样性和均匀度，中度、强度和极强度择伐较大，未采伐和皆伐较小，随采伐强度的增大其变化规律表现为先增大后减小。

杉马阔混交林、杉阔混交林和杉木纯林 3 种不同类型杉木人工林，在强度择伐下，杉马阔混交林和杉阔混交林伐后灌木层物种丰富度和多样性基本接近，且高于杉木纯林，但物种均匀度比杉木纯林低；3 种不同类型林分伐后草本层物种丰富度和多样性，为杉阔混交林 > 杉木纯林 > 杉马阔混交林；3 种不同类型林分伐后灌木和草本层物种均匀度仍基本能维持较高水平，变化规律不明显。在极强度择伐下，3 种不同类型林分伐后灌木层物种丰富度和多样性，为杉阔混交林 > 杉马阔混交林 > 杉木纯林；伐后草本层物种丰富度和多样性，为杉阔混交林 > 杉木纯林 > 杉马阔混交林；伐后灌木和草本层物种均匀度变化规律不明显。3 种不同类型林分伐后灌木层物种均匀度仍基本维持较高水平，但杉阔混交林和杉马阔混交林伐后草本层物种均匀度，高于杉木纯林。

（8）杉阔混交人工林未采伐和择伐 5 年后，土壤总呼吸速率最大值都出现在 7 月份，最小值出现在 1~3 月份；皆伐 5 年后，土壤总呼吸速率最大值出现在 6 月份，最小值出现在 11 月份；采伐林地的矿质土壤呼吸速率与未采伐无显著差异（$P > 0.05$）；择伐林地的凋落物和根系呼吸速率都与未采伐无显著差异（$P > 0.05$），而皆伐林地的凋落物和根系呼吸速率都显著低于未采伐（$P < 0.05$），分别比未采伐减少了 0.93 和 0.53 $\mu mol/(m^2 \cdot s)$；择伐林地的土壤总呼吸速率与未采伐无显著差异（$P > 0.05$），而皆伐林地的土壤总呼吸速率显著低于未采伐（$P < 0.05$），比未采伐减少了 1.64 $\mu mol/(m^2 \cdot s)$；皆伐后矿质土壤呼吸对土壤总呼吸的贡

献率最高，达到 60.1%；择伐林地的土壤温度与未采伐没有显著差异（$P > 0.05$），而皆伐使林地土壤温度显著升高（$P < 0.05$），比未采伐增加了 4.7℃；中度、强度择伐林地的土壤湿度与未采伐没有显著差异（$P > 0.05$），而极强度择伐和皆伐使林地土壤湿度显著降低（$P < 0.05$），分别比未采伐减少了 2.17% 和 3.98%；土壤总呼吸速率的土壤温度指数模型拟合效果最优，其次是土壤温湿线性模型，而土壤湿度线性模型拟合效果最差；土壤温度指数模型能解释未采伐和择伐林地土壤总呼吸变化的 77.8%~83.3%，能解释皆伐林地土壤呼吸变化的 35.5%；未采伐和择伐林地土壤总呼吸的温度敏感性 Q_{10} 为 1.77~2.72，皆伐林地土壤总呼吸的温度敏感性 Q_{10} 为 1.49。

杉阔混交人工林不同采伐强度 5 年后，择伐对土壤及其组分呼吸没有显著影响，没有改变土壤总呼吸的季节变化规律；皆伐使凋落物呼吸、根系呼吸和土壤总呼吸都显著降低，且土壤总呼吸出现极值有所提前；择伐有利于土壤碳库维持，而皆伐导致土壤碳库损失；土壤温度是采伐干扰下调节土壤总呼吸季节变化的主要影响因子。

第4章
皆伐作业对林地植被的影响与恢复

人工林的主伐方式除对少数被划归为生态防护林(如水源涵养林)的林区实行择伐外,一般的人工林基本上都是采用小块状皆伐方式。在所有的采伐方式中,皆伐对植被的破坏是最严重的[13]。皆伐后林地内所有的乔木、林下阴生灌木及大部分的林下阴生草本植物都荡然无存了,这对采伐迹地的水土保持是极为不利的。因为植被在防止水土流失中起了至关重要的作用,这也是皆伐常易引起人们争议的一个重要原因。实际上,由于自然条件和立地条件不同,皆伐对不同地区生态环境的影响是不同的。皆伐会对林地植被造成较大的破坏,皆伐后林地植被能否迅速恢复及恢复的程度如何,直接关系到林地的水土流失大小。人工林能否实行皆伐,关键看皆伐后对生态环境的影响大还是小,若影响很大,则不宜采用皆伐。针对这一问题,通过对皆伐前后林地植被的变化及恢复情况的调查分析,来揭示其对生态环境(主要是植被)的影响大小,为合理确定人工林的主伐方式提供决策依据。

4.1 杉阔混交林皆伐前后植物种类组成变化

4.1.1 试验地概况与研究方法

试验地位于福建省永安市元沙林业采育场霞坑工区 56 林班 1 大班 3 小班,迹地前茬树种组成为 8 杉 2 阔。迹地清理方式为沿等高线分布的带堆法;更新方式为人工更新,树种组成为 7 杉 3 阔。

2002 年 10 月进行伐前植被调查,调查方法是:在全面踏查的基础上,确定有代表性的杉阔混交人工林林地作为设样的植被地段,随机选取 10 m×10 m 的样方,在样方内再随机抽取 1 m×1 m 的小样方 20 个,在各小样方内调查林下植物种类及数量。2002 年 12 月油锯皆伐;2003 年 12 月对该固定标准地进行伐后植被调查,调查方法同伐前。

4.1.2 杉阔混交林皆伐前后植物种类组成变化分析

4.1.2.1 皆伐前林地植物群落组成

根据样方调查,皆伐前林地植物群落总盖度 70%,分 3 层。乔木层树种组成约为 8 杉 2 阔,阔叶树种以丝栗栲较多,其他有青冈、东南锥、猴欢喜、笔罗子等,高 10~18 m,盖度 60%;灌木层高 3 m 以下,盖度 25%,主要有地稔、细枝柃、杜茎山等。灌木层群落组成,见表 2-4-1;草本层高 0.2~0.7 m,盖度 10%,主要有狗脊和莎草等;藤本植物较多,络石最为常见,其他有崖豆藤和三叶青等。草本层群落组成,见表 2-4-2。

4.1.2.2 皆伐后林地植物群落组成

样方调查结果表明,皆伐后林地植物群落总盖度 15%,分 2 层。灌木层高 0.4 m 以下,盖度5%，主要有杉木萌芽苗、檵木等，灌木层群落组成，见表2-4-3。草本层高0.5 m以下，盖度15%，主要有芒和芒萁等，草本层群落组成，见表2-4-4。

表 2-4-1 杉阔混交林皆伐前林地灌木层群落组成分析

名　称	学　名	层　次	株　数	相对多度（%）	频度（%）	相对频度（%）	相对多度 + 相对频度	序　值
地稔	*Melastoma dodecandrum*	II₃	6	13.04	15	7.14	20.18	1
细枝柃	*Eurya loquaiana*	II₂	4	8.70	20	9.52	18.22	2
杜茎山	*Maesa japonica*	II₂	3	6.52	15	7.14	13.66	3
单耳柃	*Eurya weissiae*	II₂	3	6.52	15	7.14	13.66	3
毛冬青	*Ilex pubescens*	II₂	3	6.52	10	4.76	11.28	5
红楠	*Machilus thunbergii*	II₁	2	4.35	10	4.76	9.11	6
细齿叶柃	*Eurya nitida*	II₂	2	4.35	10	4.76	9.11	6
矩圆叶鼠刺	*Itea chinensis* var. *oblonga*	II₂	2	4.35	10	4.76	9.11	6
空心泡	*Rubus rosaefolius*	II₂	2	4.35	10	4.76	9.11	6
紫珠	*Callicarpa* sp.	II₂	2	4.35	10	4.76	9.11	6
猴欢喜	*Sloanea sinensis*	II₁	1	2.17	5	2.38	4.55	11
青冈	*Cyclobalanopsis glauca*	II₁	1	2.17	5	2.38	4.55	11
桂北木姜子	*Litsea subcoriacea*	II₁	1	2.17	5	2.38	4.55	11
绒毛山胡椒	*Lindera nacusua*	II₁	1	2.17	5	2.38	4.55	11
木荚红豆	*Ormosia xylocarpa*	II₂	1	2.17	5	2.38	4.55	11
柳叶山茶	*Camellia salicifolia*	II₂	1	2.17	5	2.38	4.55	11
穗序鹅掌柴	*Schefflera delavayi*	II₂	1	2.17	5	2.38	4.55	11
杉木	*Cunninghamia lanceolata*	II₂	1	2.17	5	2.38	4.55	11
粗叶木	*Lasianthus* sp.	II₂	1	2.17	5	2.38	4.55	11
野含笑	*Michelia skinneriana*	II₂	1	2.17	5	2.38	4.55	11
老鼠矢	*Symplocos stellaris*	II₂	1	2.17	5	2.38	4.55	11
光叶山矾	*Symplocos lancifolia*	II₂	1	2.17	5	2.38	4.55	11
大青	*Clerodendrum cyrtophyllum*	II₂	1	2.17	5	2.38	4.55	11
豆腐柴	*Premna microphylla*	II₂	1	2.17	5	2.38	4.55	11
醉鱼草	*Buddleja lindleyana*	II₂	1	2.17	5	2.38	4.55	11
草珊瑚	*Sarcandra glabra*	II₂	1	2.17	5	2.38	4.55	11

注：相对多度（%）= 某种个体数/全部种的个体数×100%；
　　相对频度（%）= 某种的频度/全部种的频度×100%；
　　某种的频度（%）= 某种在小样方中出现的次数/总小样方数×100%。

表 2-4-2　杉阔混交林皆伐前林地草本层群落组成分析

名　称	学　名	层　次	高度（cm）	多　度	盖度（%）	频度（%）	生活力
狗脊	*Woodwardia japonica*	III₂	40	Sp.	4	40	中
莎草	*Cyperus* sp.	III₂	40	Sol.	2	25	中
五节芒	*Miscanthus floridulus*	III₁	65	Sol.	2	15	中
盾蕨	*Neolepisorus ovatus*	III₂	30	Sol.	1	15	中
淡竹叶	*Lophatherum gracile*	III₂	45	Sol.	1	10	中
线蕨	*Colysis elliptica*	III₂	25	Sol.	1	10	中
深绿卷柏	*Selaginella doederleinii*	III₃	10	Sol.	1	10	中
芒	*Miscanthus sinensis*	III₂	40	Un.	1	5	中
华山姜	*Alpinia chinensis*	III₂	40	Un.	1	5	中
华南毛蕨	*Cyclosorus parasiticus*	III₂	35	Un.	1	5	中
江南卷柏	*Selaginella moellendorffii*	III₃	15	Un.	1	5	中

表 2-4-3　杉阔混交林皆伐后林地灌木层群落组成分析

名　称	学　名	层　次	株　数	相对多度（%）	频度（%）	相对频度（%）	相对多度＋相对频度	序　值
杉木	*Cunninghamia lanceolata*	II₁	4	10.00	15	8.57	18.57	1
檵木	*Loropetalum chinense*	II₁	4	10.00	15	8.57	18.57	1
杜茎山	*Maesa japonica*	II₁	3	7.50	15	8.57	16.07	3
单耳柃	*Eurya weissiae*	II₁	3	7.50	15	8.57	16.07	3
地稔	*Melastoma dodecandrum*	II₂	4	10.00	10	5.71	15.71	5
红楠	*Machilus thunbergii*	II₁	2	5.00	10	5.71	10.71	6
盐肤木	*Rhus chinensis*	II₁	2	5.00	10	5.71	10.71	6
空心泡	*Rubus rosaefolius*	II₁	2	5.00	10	5.71	10.71	6
青冈	*Cyclobalanopsis glauca*	II₁	2	5.00	10	5.71	10.71	6
荚蒾	*Viburnum dilatatum*	II₁	2	5.00	10	5.71	10.71	6
豆腐柴	*Premna microphylla*	II₁	2	5.00	10	5.71	10.71	6
细枝柃	*Eurya loquaiana*	II₁	2	5.00	5	2.86	7.86	12
猴欢喜	*Sloanea sinensis*	II₁	1	2.50	5	2.86	5.36	12
东南锥	*Castonopsis jucunda*	II₁	1	2.50	5	2.86	5.36	12
紫珠	*Callicarpa* sp.	II₁	1	2.50	5	2.86	5.36	12
大青	*Clerodendrum cyrtophyllum*	II₁	1	2.50	5	2.86	5.36	12
毛冬青	*Ilex pubescens*	II₁	1	2.50	5	2.86	5.36	12
沿海紫金牛	*Ardisia punctata*	II₁	1	2.50	5	2.86	5.36	12
矩圆叶鼠刺	*Itea chinensis* var. *oblonga*	II₁	1	2.50	5	2.86	5.36	12
朱砂根	*Ardisia crenata*	II₁	1	2.50	5	2.86	5.36	12

表 2-4-4 杉阔混交林皆伐后林地草本层群落组成分析

名　称	学　名	层　次	高度（cm）	多　度	盖度（%）	频度（%）	生活力
芒	*Miscanthus sinensis*	III$_1$	80	Cop.	12	35	强
芒萁	*Dicranopteris dichotoma*	III$_2$	30	Cop.	6	30	中
黑莎草	*Cyrtococcum patens*	III$_3$	20	Sol.	3	20	中
莎草	*Cyperus* sp.	III$_2$	30	Sol.	2	25	中
狗脊	*Woodwardia japonica*	III$_3$	35	Sol.	2	20	中
五节芒	*Miscanthus floridulus*	III$_2$	60	Sol.	2	10	强
蕨	*Pteridium aquilinum* var. *latiusculum*	III$_3$	25	Sol.	1	10	中
野茼蒿	*Crassocephalum crepidioides*	III$_2$	60	Un.	1	5	中
淡竹叶	*Conyza canadensis*	III$_2$	50	Un.	1	5	中
华山姜	*Alpinia chinensis*	III$_2$	40	Un.	1	5	中
华南毛蕨	*Cyclosorus parasiticus*	III$_2$	35	Un.	1	5	中
江南卷柏	*Selaginella moellendorffii*	III$_3$	15	Un.	1	5	中

4.1.2.3 皆伐前后林地植物种类变化

4.1.2.3.1 灌木层种类变化

皆伐前灌木层共有 27 种树种组成，而皆伐后灌木层树种有 20 种，其中保留种有 15 种，分别为杉木、杜茎山、单耳枪、地稔、红楠、空心泡、青冈、豆腐柴、细枝柃、猴欢喜、东南锥、紫珠、大青、毛冬青和矩圆叶鼠刺；侵入种有 6 种，分别为檵木、盐肤木、荚蒾、沿海紫金牛、矩圆叶鼠刺和朱砂根；衰退种有 12 种，分别为细齿叶柃、桂北木姜子、绒毛山胡椒、木荚红豆、柳叶山茶、穗序鹅掌柴、粗叶木、野含笑、老鼠矢、光叶山矾、醉鱼草和草珊瑚。

4.1.2.3.2 草本层种类变化

皆伐前草本层共有 11 种植物，皆伐后由于生境条件的改变，种类数量也发生较大的改变，共有 12 种植物，其中保留种有 8 种，分别为芒、莎草、狗脊、五节芒、淡竹叶、华山姜、华南毛蕨和江南卷柏；侵入种有 4 种，分别为芒萁、黑莎草、蕨、野茼蒿；衰退种有 3 种，分别为盾蕨、线蕨、深绿卷柏。

4.2 尾叶桉纯林皆伐前后植物种类组成变化

尾叶桉因其生长迅速、抗逆性强、用途广而成为山地人工造林的主要树种之一，研究尾叶桉人工林皆伐前后林地植被的变化，旨在为减少皆伐作业对林地生境（植被）的负面影响，建立短轮伐期尾叶桉人工林生态采运理论提供科学依据。

4.2.1 试验地概况与研究方法

试验地位于福建省永安市燕江林业采育场桂口工区 24 林班 4 大班 5 小班，迹地前茬树种为 10 阔（5 年生尾叶桉）。迹地清理方式为散铺法，更新方式为人促天然更新。

2002 年 10 月进行伐前植被调查，调查方法是：在全面踏查的基础上，确定有代表性的尾叶桉人工林林地作为设样的植被地段，随机选取 10 m×10 m 的样方，在样方内再随机抽取

1 m×1 m 的小样方 20 个，在各小样方内调查林下植物种类及数量。2002 年 12 月油锯皆伐，2003 年 12 月对该固定标准地进行伐后植被调查，调查方法同伐前。

4.2.2　尾叶桉纯林皆伐前后植物种类组成变化分析

4.2.2.1　皆伐前林地植物群落组成

根据样方调查，皆伐前林地植物群落总盖度 80%，分 3 层。乔木层即尾叶桉纯林层，高 12～18 m，盖度 50%；灌木层高 0.6～2 m，盖度 40%，主要有苦竹、盐肤木、萌生的杉木幼树、山莓等，灌木层群落组成，见表 2-4-5；草本层高 0.2～2.5 m，盖度 15%，主要有五节芒和芒等，草本层群落组成，见表 2-4-6。

表 2-4-5　尾叶桉纯林皆伐前林地灌木层群落组成分析

名　称	学　名	层　次	株　数	相对多度（%）	频度（%）	相对频度（%）	相对多度+相对频度	序　值
苦竹	*Pleioblastus sp.*	II₂	36	59.02	85	41.46	100.48	1
盐肤木	*Rhus chinensis*	II₂	5	8.20	20	9.76	17.96	2
杉木	*Cunninghamia lanceolata*	II₁	4	6.56	20	9.76	16.32	3
山莓	*Rubus corchorifolius*	II₂	3	4.92	15	7.32	12.24	4
白背叶野桐	*Mallotus apelta*	II₂	2	3.28	10	4.88	8.16	5
紫玉盘石栎	*Lithocarpus uvarifolius*	II₁	12	3.28	10	4.88	8.16	5
黄楠	*Machilus grijsii*	II₁	1	1.64	5	2.44	4.08	7
乌桕	*Sapium sebiferum*	II₁	1	1.64	5	2.44	4.08	7
紫珠	*Callicarpa sp.*	II₂	1	1.64	5	2.44	4.08	7
陷脉石楠	*Photinia impressivena*	II₂	1	1.64	5	2.44	4.08	7
楤木	*Aralia chinensis*	II₂	1	1.64	5	2.44	4.08	7
山苍子	*Litsea cubeba*	II₂	1	1.64	5	2.44	4.08	7
小柱悬钩子	*Rubus columellaris*	II₂	1	1.64	5	2.44	4.08	7
长刺楤木	*Aralia spinifolia*	II₂	1	1.64	5	2.44	4.08	7
豆腐柴	*Premna microphylla*	II₂	1	1.64	5	2.44	4.08	7

表 2-4-6　尾叶桉纯林皆伐前林地草本层群落组成分析

名　称	学　名	层　次	高度（cm）	多　度	盖　度（%）	频度（%）	生活力
五节芒	*Miscanthus floridulus*	III₁	250	Sol.	4	10	强
芒	*Miscanthus sinensis*	III₂	75	Sol.	3	25	强
弓果黍	*Cyrtococcum patens*	III₃	20	Sol.	3	20	中
芒萁	*Dicranopteris dichotoma*	III₂	40	Sol.	2	5	中
半边旗	*Pteris semipinnata*	III₂	30	Sol.	1	10	中
蕨	*Pteridium aquilinum var. latiusculum*	III₂	35	Sol.	1	10	中
黑莎草	*Gahnia tristis*	III₂	50	Sol.	1	10	中
狗脊	*Woodwardia japonica*	III₂	45	Un.	1	5	中

4.2.2.2 皆伐后林地植物群落组成

样方调查结果表明，皆伐后林地植物群落总盖度50%，分3层。乔木层即萌芽更新尾叶桉，高2~4.5 m，盖度5%；灌木层高0.3~1.2 m，盖度30%，主要有苦竹、山莓、盐肤木等，灌木层群落组成，见表2-4-7；草本层高0.3~0.8 m，盖度25%，主要有芒和芒萁等，草本层群落组成，见表2-4-8。

表2-4-7　尾叶桉纯林皆伐后林地灌木层群落组成分析

名　称	学　名	层　次	株　数	相对多度（%）	频度（%）	相对频度（%）	相对多度+相对频度	序　值
苦竹	*Pleioblastus* sp.	II$_2$	22	37.29	60	27.91	65.20	1
山莓	*Rubus corchorifolius*	II$_2$	14	23.73	50	23.26	46.99	2
盐肤木	*Rhus chinensis*	II$_1$	8	13.56	30	13.95	27.51	3
杉木	*Cunninghamia lanceolata*	II$_1$	2	3.39	10	4.65	8.04	4
白背叶野桐	*Mallotus apelta*	II$_1$	2	3.39	10	4.65	8.04	4
葡蟠	*Broussonetia kaempferi*	II$_2$	2	3.39	10	4.65	8.04	4
小柱悬钩子	*Rubus columellaris*	II$_2$	2	3.39	10	4.65	8.04	4
乌桕	*Sapium sebiferum*	II$_1$	1	1.69	5	2.33	4.02	8
木蜡树	*Toxicodendron sylvestre*	II$_1$	1	1.69	5	2.33	4.02	8
檵木	*Loropetalum chinense*	II$_2$	1	1.69	5	2.33	4.02	8
赛山梅	*Styrax confusus*	II$_2$	1	1.69	5	2.33	4.02	8
矩圆叶鼠刺	*Itea chinensis* var. *oblonga*	II$_2$	1	1.69	5	2.33	4.02	8
枇杷叶紫珠	*Callicarpa kochiana*	II$_2$	1	1.69	5	2.33	4.02	8
算盘子	*Glochidion puberum*	II$_2$	1	1.69	5	2.33	4.02	8

表2-4-8　尾叶桉纯林皆伐后林地草本层群落组成分析

名　称	学　名	层　次	高度(cm)	多　度	盖度(%)	频度(%)	生活力
芒	*Miscanthus sinensis*	III$_1$	80	Cop.^{1}	12	35	强
芒萁	*Dicranopteris dichotoma*	III$_2$	30	Cop.^{1}	6	30	中
蕨	*Pteridium aquilinum* var. *latiusculum*	III$_2$	55	Sol.	3	20	中
弓果黍	*Cyrtococcum patens*	III$_3$	20	Sol.	3	20	中
乌蕨	*Stenoloma chusana*	III$_2$	30	Sol.	2	25	中
狗脊	*Woodwardia japonica*	III$_3$	35	Sol.	2	20	中
棕叶狗尾草	*Setaria palmifolia*	III$_2$	60	Sol.	2	10	强
金星蕨	*Parathelypteris* sp.	III$_3$	25	Sol.	1	10	中
高秆珍珠茅	*Scleria elata*	III$_2$	60	Un.	1	5	中
小飞蓬	*Conyza canadensis*	III$_2$	50	Un.	1	5	中
半边旗	*Pteris semipinnata*	III$_2$	30	Un.	1	5	中

4.2.2.3 皆伐前后林地植物种类变化

4.2.2.3.1 灌木层种类变化

皆伐前灌木层共有15种树种组成，而皆伐后灌木层树种有14种，其中保留种有7种，分别为盐肤木、苦竹、山莓、杉木、白背叶野桐、小柱悬钩子、乌桕；侵入种有7种，分别为葡蟠、木蜡树、檵木、赛山梅、矩圆叶鼠刺、枇杷叶紫珠、算盘子；衰退种有8种，分别为紫玉盘石栎、黄楠、紫珠、陷脉石楠、楤木、山苍子、长刺楤木、豆腐柴。

4.2.2.3.2　草本层种类变化

皆伐前草本层共有 8 种植物，皆伐后由于生境条件的改变，种类数量也发生较大的改变，共有 11 种植物，其中保留种有 6 种，分别为芒、芒萁、蕨、弓果黍、狗脊、半边旗；侵入种有 5 种，分别为乌蕨、棕叶狗尾草、金星蕨、高秆珍珠茅、小飞蓬；衰退种有 2 种，分别为五节芒、黑莎草。

4.3　皆伐对不同林分结构林地植被影响分析

皆伐引起林地生境条件的改变，使林地植物种类和数量发生变化，但两种不同林分结构的人工林(杉阔混交人工林及短轮伐期阔叶林尾叶桉人工林)林地植被变化却不同，见表 2-4-9。皆伐后，杉阔混交林林地植物灌木层保留种的比值比尾叶桉纯林高 8.9%，而侵入种则比尾叶桉纯林少 25%；草本层保留种的比值比尾叶桉纯林低 2.3%，而侵入种则比尾叶桉纯林多 12.2%。说明皆伐对杉阔混交林林地植物的干扰影响比尾叶桉纯林林地小。这主要是由于皆伐引起的尾叶桉林地生态环境变化比杉阔混交林林地大的缘故。

表 2-4-9　皆伐后林地植物种数变化比较

林　种	伐前植物种数		伐后植物种数									
			灌木层					草本层				
			总种数	变化值(%)	其　中			总种数	变化值(%)	其　中		
	灌木层	草本层			保留种	侵入种	衰退种			保留种	侵入种	衰退种
杉阔混交林	27	11	20	−25.9	15 / 55.6	5 / 25.0	12 / 44.4	12	9.1	8 / 72.7	4 / 33.3	3 / 27.3
尾叶桉纯林	15	8	14	−6.7	7 / 46.7	7 / 50.0	8 / 53.3	11	37.5	6 / 75.0	5 / 45.5	2 / 25.0

注：分子为种数，分母为比值(%)；
　　总种数变化值(%)＝(伐后种数－伐前种数)÷伐前种数×100%；
　　保留种比值(%)＝保留种数÷伐前种数×100%；
　　衰退种比值(%)＝衰退种数÷伐前种数×100%；
　　侵入种比值(%)＝侵入种数÷伐后总种数×100%。

4.4　小结与建议

通过对杉阔混交人工林及短轮伐期尾叶桉人工林皆伐前后林地植被变化的调查分析，结果表明，皆伐后由于林地生境条件的改变，使林地植物种类和数量发生了变化，一部分植物消失(衰退种)，一部分植物增加(侵入种)，但优势植物基本保留下来(保留种)。皆伐对杉阔混交林林地植物(灌木层与草本层)的干扰影响比尾叶桉纯林小，但两者的主要植物种类均没有发生很大的变化，主要植物种群仍然保持下来。

第5章
不同迹地清理方式对皆伐林地土壤温度影响

迹地清理是伐区木材生产中的一道重要工序，通过迹地清理，可以改善林地环境卫生，防止森林病虫害、火灾的发生，防止水土流失和改良林地土壤，有利于森林更新。迹地清理方式有：带堆法、散铺法、火烧法、利用法、堆积法等，目前，山地人工林生产中常使用前3种。关于皆伐前后不同迹地清理方式对林地生态环境影响，尤其是对土壤温度影响的定量研究，国内外少见报道。本研究通过现场试验，研究火烧法、带堆法和散铺法3种迹地清理方式对人工林皆伐林地土壤温度的影响，以及对不同林分结构皆伐林地土壤温度的影响，为建立山地人工林生态采运理论，为林业生产部门合理选择迹地清理方式提供科学依据。

5.1 试验地概况与试验方法

5.1.1 试验地概况

试验地位于福建省永安市燕江林业采育场10林班8大班8小班和建瓯市叶坑林业采育场211林班2大班6小班。2008年7月进行木材采伐生产，8月进行试验地迹地清理和土壤温度测定试验。

燕江林业采育场试验地土壤为花岗片麻岩发育成的山地红壤，土层厚度中，海拔200～360 m，坡度为28°，坡向为东南，坡位为中。迹地前茬树种为10阔（5年生尾叶桉纯林），郁闭度为0.86，林分平均胸径10.9 cm，平均树高8.4 m。灌木主要有苦竹、盐肤木、山莓、白背叶野桐等；草本层高0.2～0.6 m，盖度9%，主要有五节芒、弓果黍、芒萁等。

叶坑林业采育场试验地土壤为花岗片麻岩发育成的山地红壤，土壤厚度中，海拔250～350 m。迹地前茬树种组成为7马3杉，郁闭度为0.9，树龄为35年，林分平均胸径20.5 cm，平均树高17.5 m。灌木主要有大青、刺毛杜鹃、苦竹等；草木层高0.2～0.7 m，盖度10%，主要有芒萁、狗脊、淡竹叶等。

5.1.2 试验方法

在两处试验地的采伐迹地上，分别选择2块面积为5 m×5 m、坡度、坡向、坡位相似的迹地作为火烧法、带堆法和散铺法3种迹地清理方式的试验样地，对迹地按不同清理方式的要求进行。为了保证测量伐前伐后林地土壤温度时的气候条件一致，现场实测时采取分区作业的办法，即在同一个伐区（林班）内将伐区分成2部分，一部分为已采伐并按不同清理方式清理过的伐区，另一部分为尚未采伐的伐区（待采伐区），在同一个时段内同时测定2个伐区的土壤温度。为了能够最大限度地测定皆伐及不同迹地清理方式对土壤温度的影响程度，测试时选择晴天且选定在同一天中土壤温度一般处于较高的时段，即13:00～15:00进行。土壤温度测试采用美国产的针式土壤温度仪(6310 型数字显示)进行测试。

测试土壤温度时先用直径 6 mm 的钢钎，在每个测点按预定的待测土层深度(0、5、10、15、20 cm)分别打入土壤中，然后将土壤温度仪插入待测土层中 1.5~2 cm，观测温度仪中的读数变化，当土壤温度仪显示屏上的温度读数保持不变时，立即读取温度读数。每块试验地选择 2 个测量点，结果取其平均值作为代表值。

5.2　不同林分结构林地皆伐前后土壤温度变化

皆伐前后及不同迹地清理方式林地土壤温度变化实测值，见表 2-5-1[14]。不同林分结构皆伐后林地土壤温度明显高于皆伐前，且马杉混交林样地的迹地表层(0~20 cm 土层)土壤温度变化，大于尾叶桉纯林样地的迹地表层土壤温度变化。在相同迹地清理方式(散铺法)下，前者地表(0 cm 土层)土壤温度变化，比后者高 36.06%。随着土层深度的变化，土壤温度的变化幅度逐渐减小。当土层深度为 20 cm 时，前者的土壤温度比后者高 5.51%。这是因为：一方面，由于皆伐导致林地植被发生变化(乔灌木基本消失)，林地光照增强，使土壤温度升高；另一方面，由于不同林分结构的林地地表枯枝落叶和采伐剩余物的数量及形状不同，前者针叶树的叶面积小且数量少，后者阔叶树的叶面积大且数量多。因此，前者的地表枯枝落

表 2-5-1　皆伐前后及不同迹地清理方式土壤温度实测值

试验地点	林-大-小班号	样地类型	迹地清理方式	土层深度(cm)	实测土壤温度(平均值)(℃)	伐后土壤温度变化值(%)	不同清理方式土壤温度变化值(%)
永安市燕江林业采育场	10-8-8	A1 尾叶桉纯林 采伐前	未清理	0	27.75	—	—
				5	25.55	—	—
				10	25.05	—	—
				15	25.00	—	—
				20	24.85	—	—
		A2 尾叶桉纯林 采伐后	带堆法	0	35.05	26.31	18.21
				5	31.80	24.46	18.39
				10	28.15	12.34	8.06
				15	26.55	6.20	3.91
				20	26.05	4.83	3.33
			散铺法	0	29.65	6.85	—
				5	26.86	5.13	—
				10	26.05	3.99	—
				15	25.55	2.20	—
				20	25.21	1.43	—

（续）

试验地点	林-大-小班号	样地类型	迹地清理方式	土层深度（cm）	实测土壤温度（平均值）（℃）	伐后土壤温度变化值（%）	不同清理方式土壤温度变化值（%）
建瓯市叶坑林业采育场	211-2-6	B1 马杉混交林采伐前	未清理	0	27.90	—	—
				5	26.80	—	—
				10	26.30	—	—
				15	26.10	—	—
				20	26.10	—	—
		B2 马杉混交林采伐后	火烧法	0	40.25	44.27	31.97
				5	34.85	30.04	23.14
				10	32.05	22.36	16.55
				15	30.55	17.05	14.42
				20	29.45	12.84	11.13
			散铺法	0	30.50	9.32	—
				5	28.30	5.60	—
				10	27.50	4.56	—
				15	26.70	2.30	—
				20	26.50	1.53	—

注：1. 不同清理方式迹地土壤温度变化（%）= $\dfrac{带堆法或火烧法迹地土壤温度 - 散铺法迹地土壤温度}{散铺法迹地土壤温度} \times 100\%$；

2. 伐后土壤温度变化（%）= $\dfrac{伐后某种清理方式实测土壤温度 - 伐前土壤实测温度}{伐前土壤实测温度值} \times 100\%$。

叶和采伐剩余物对地表的遮蔽（遮挡阳光）作用不如后者，前者土壤直接吸收太阳光的热量高于后者，进而使前者的土壤温度升高大于后者。

5.3　不同迹地清理方式对林地土壤温度影响的比较

5.3.1　带堆法与散铺法对土壤温度影响的比较

由表 2-5-1 可知，采用带堆法清理的迹地，土壤温度变化明显高于散铺法，且地表（0 cm 土层）土壤温度变化差异较大，前者温度变化比后者高 18.21%。随着土层深度的增加，两者温度变化的差异呈逐渐缩小趋势；当土层深度为 20 cm 时，前者比后者仅高 3.33%。这是因为：采用散铺法清理迹地时，迹地上有大量的采伐剩余物（枝丫等）和枯枝落叶散铺（或存留）在地表面上，同时也保存了多数的草本植物，能起到较好的遮挡阳光作用，土壤直接吸热量减少，从而使土壤温度变化减小，而带堆法由于把大部分的采伐剩余物（枝丫等）和枯枝落叶集中成条带状堆放（沿等高线堆放），迹地上只残（存）留少量的枝丫和枯枝落叶，对太阳光的遮挡作用不如散铺法，因而使土壤直接吸热量增大，土壤温度变化增大。

5.3.2　火烧法与散铺法对土壤温度影响的比较

由表 2-5-1 可知，与散铺法相比，采用火烧法清理的迹地，土壤温度变化十分明显，地表(0 cm 土层)土壤温度变化差异最大，火烧法引起的温度变化比散铺法高 31.97%。随着土层深度的增加，两者温度变化的差异逐渐缩小；当土层深度为 20 cm 时，前者温度变化比后者高 11.13%。这主要是因为采用火烧法清理后的迹地几乎无任何地被物或遮盖物(除少量草木灰外)，地表土壤受到阳光的直接照射强度大，表层土壤吸热多，温度升高幅度大。

5.3.3　火烧法与带堆法对土壤温度影响的比较

由表 2-5-1 可知，采用火烧法清理的迹地，土壤温度变化显著高于带堆法，采用火烧法清理的地表(0 cm 土层)土壤温度比采伐前地表温度高 44.27%，而采用带堆法清理的地表(0 cm 土层)土壤温度仅比采伐前高 26.31%，前者引起的温度变化比后者高 68.26%。随着土层深度的增加，两者温度变化的差异呈逐渐缩小趋势。火烧法迹地清理方式引起的土壤温度变化大于带堆法的原因，这主要是由于前者对地表植被和土壤的破坏影响较后者大的缘故。

5.4　不同迹地清理方式对皆伐林地生境的影响

皆伐导致伐区林地上的大量植被遭受破坏，乔灌木几乎消失，大部分草本植物遭受不同程度破坏。林地土壤因失去了原有植被的保护而受到直接影响，尤其是土壤温度受影响较大，皆伐前后土壤温度变化显著。土壤温度是林地诸多生态因子中的一个重要因子，其对树木生长有着重要的影响，尤其是对幼树幼苗的根系生长影响更大。温度过高或过低对树木生长都不利。每一种植物根系都有最适宜的温度，若土壤温度过高，将导致土壤中的水分蒸发加快，植物根系容易因缺水而枯死，特别是在炎热、干旱的夏天；温度过低则会影响植物的生长速度。

皆伐后不同的迹地清理方式对林地生境造成的影响也不同。由于采伐时一般只伐除乔灌木，采用散铺法清理可使大量的地被物，包括枯枝落叶、部分草本植物和采伐剩余物被保留下来，形成地被物遮盖层，从而减小因采伐而引起的林地生境剧烈变化，所形成的遮盖层可降低夏季土壤表层温度，缩小高温季节土壤表层的温度差，有利于表土层保水性能的增加。同时，由于遮盖层对土壤水热条件的改善，促进了土壤微生物活动、增加了土壤养分，有利于维持地力、减小水土流失和幼树幼苗的生长，有利于生物多样性的维持，满足一些小哺乳动物对生境的要求。此外，遮盖层还能够在一定程度上抑制造林初期林地杂草的生长；而火烧法迹地清理方式情况则正好相反，大量的地被物被烧光，只剩下少量的草木灰，土壤因失去遮盖层的保护而使得生境变得恶劣，极易引起水土流失，不利于维持地力、水土保持和幼树幼苗的生长；带堆法迹地清理方式对林地生态环境的影响介于火烧法和散铺法之间，但从有利于挖穴造林或陡坡水土保持而言，则带堆法优于散铺法。

第6章
不同采集作业方式对森林景观生态的影响

　　森林是实现环境与发展的纽带。森林不仅是地球上最大的自然生态系统，也是生物多样性基地、基因库和能量拦蓄坝（地球上生产量最大的生态系统）。景观是生态系统的聚合体，构成这些聚合体的各个生态系统之间存在着物质和能量流动以及相互影响，同时这个聚合体与一定的气候和地貌特征，以及一定的干扰状况相联系着。为了林业的可持续发展，为了生物多样性保护，为了人类社会的可持续发展，景观生态与林业相结合——森林景观的发展是必然趋势，并将成为处理人与自然关系的重要手段之一。森林景观是具有高度空间异质隆的区域，它是由相互作用的景观元素或生态系统以一定的规律组成的。关于伐区不同采集作业方式对森林景观生态影响的研究，国内报道的很少。现从森林景观生态的角度，分析伐区不同采集作业方式对森林景观生态的影响，以便为合理确定人工林采集作业方式、减小各种作业方式对森林景观生态的负面影响和实现林业可持续发展提供科学依据。

6.1　主伐作业方式的影响

　　主伐方式是指按照一定的空间配置和时间顺序，对成熟林分或具有一定特征的成熟林木，进行采伐作业的程序[15]。主伐方式根据其作业特点，可分为皆伐、渐伐和择伐3大类。三者的基本区别在于同一个轮伐期内对成熟林木的采伐次数不同。皆伐是将伐区内的林木一次伐尽或几乎全部伐除的采伐方式；渐伐是在较长的时间内（如10~20年），分数次（2~4次），将成熟林逐步采完的主伐方式；择伐是在一定林分中，每隔一定时期，单株或群状地采伐部分成熟林木的主伐方式。

6.1.1　皆伐的影响

　　皆伐按其伐区大小和形状分为大面积皆伐、带状皆伐和块状皆伐等。不同的皆伐形式对森林景观的影响是不同的。

6.1.1.1　伐区大小的影响

　　伐区大小直接影响森林景观的斑块大小。伐区越大，则斑块越大。

6.1.1.1.1　对森林景观中能量和营养分配的影响

　　表面看来，单位面积上的能量和营养储量应当与斑块面积无关，但实际上却不是这样，这是因为大小不同的斑块，它们的边缘（edge）和内部（interior）的比例不同，大斑块边缘所占比例小，而小斑块边缘所占比例高。边缘是生态交错区，任何2个生态系统相邻处均形成一个过渡带，称之为边缘。

　　关于一个斑块中边缘和内部单位面积上植被和生物量的不同，可以农田区域中一个残余的森林斑块为例。森林中边缘的林木生长旺盛（高度可能要矮些，但胸径加粗非常明显，枝叉也多），下层的灌木草本层也发达，甚至各层中的花果产量也明显比内部高。

残余斑块中边缘地带和内部地带的动物也不同。明显地，边缘地带授粉动物、食草动物等密度都比较高。在残余斑块中，脊椎动物的生物量和生产力，边缘也比内部高。有些动物如野兔、鹤类和野鸡等，也是边缘比内部密度大。这样看来，小斑块中单位面积动物中含有的能量和营养应该高于大斑块，但以物种总数来说，还是大斑块多并且食物链长，因为营养级上处于高级别的物种，通常对斑块大小敏感，并且只见于大斑块。

营养物质既包括在生物体中，也包括在土壤中。残余斑块土壤营养物质的总量多半情况下边缘高于内部，这是因为边缘生物积累高，生物循环强度也大。

小面积皆伐在森林景观中常形成干扰斑块。干扰发生后，干扰斑块的生物种群发生变化，有的种消失了，有的种侵入了，有的种个体数量发生很大变化，从而影响斑块与本底之间能量和营养的分配。

6.1.1.1.2　对森林景观中物种数量的影响

当一片森林大面积皆伐后，剩下的一小部分团状或块状森林，即成为采伐迹地中的残余斑块。残余斑块犹如海洋中的岛屿，岛上物种的总数基本上决定于岛的大小和岛的隔离程度[16]。残余斑块越大，则物种数越多；斑块越小，则种群数越少。因为小斑块支持的种群较小，而小种群容易因近亲繁殖、种群性别和年龄结构的随机变化、环境变动、突发事件而灭绝。另外，斑块越隔离（如残余斑块与周围其他森林的距离越远），它能支持的物种越少。

6.1.1.2　伐区形状的影响

伐区形状通常为块状和带状，不同的伐区形状（即斑块形状）对景观生态的影响也是不同的。

伐区形状对于生物的散布和觅食具有重要作用。例如，通过林地迁移的昆虫或脊椎动物，更容易发现与它们迁移方向成垂直的狭长的采伐迹地（如带状皆伐迹地），而对于圆形（或方形）的采伐迹地（如块状皆伐迹地）或者与它们迁移方向平行的狭长的采伐迹地，则容易忽略。

不同形状的伐区其产生的边缘及边缘效应不同。无论是 2 种植被类型之间，2 种林分之间，森林和采伐迹地之间均如此。边缘的过渡性表现在：由一种环境条件组合过渡为另一种环境条件组合，由一类动植物组合过渡为另一类动植物组合，不仅包括 2 个生态系统内部的成分，并且包括独特的成分。

边缘可分为固有边缘（inherentedge）和诱导边缘（induced edge）。环境资源上的差异造成的边缘称为固有边缘，如森林和沼泽之间的边缘。天然干扰或人为干扰造成的边缘称之为诱导边缘，如森林和采伐迹地之间形成的边缘。固有边缘的过渡缓慢，连续性强，变化很小；诱导边缘过渡显著，这种边缘是短期现象，可能只存在几年或几十年，由于植被发育，到一定时期边缘即消失。

根据对边缘或内部的反应，可将生物分为边缘种（edge species）和内部种（interior species）。边缘种指的是仅生存于或主要生存于边缘的种，而内部种则相反。对于动物，与边缘相联系的种分为 3 类：① 对 2 种生态系统均有要求的种，例如有的种要求年幼群落和年老群落的结合，以前者为寻食场所，而以后者为掩蔽场所；② 对边缘的特殊生境有特殊要求，例如高地生态系统和河流生态系统之间就有些特殊的种；③ 主要与某一种生态系统有联系，但可扩展到边缘。

林缘常代表一种特殊的更新条件。有些树种特别喜欢林缘更新，林缘的幼苗数量比林内和空旷地均多,这一方面可能与小气候及特殊的下层植被和地被物有关,另一方面可能与取食种子的动物在林缘较少有关。

带状皆伐产生长条形斑块,块状皆伐产生块状斑块(圆形或方形斑块),2 种斑块相比,后者边缘(周边)比前者更短,因而斑块与本底的相互作用更小。因为后者斑块内部最大直线距离较前者为短,所以它的内部障碍可能较少,生境异质性也可能较小;圆形或方形斑块可能对内部种和边缘种都能提供生存条件,而长条形斑块则可能更便利于边缘种,因此,后者物种多样性可能较高。斑块内动物的寻食效应是与物种多样性有联系的,长条形斑块可起走廊的作用,便于动物移动。可见,内部与边缘比率高对一些生态过程有利,而比率低,则对另一些生态过程有利。

6.1.1.3　伐区排列(配置)方式的影响

伐区排列(配置)是指安排伐区轮伐的顺序。它能起到调节采、育两方面利益的作用。

带状伐区有带状间隔皆伐和带状连续皆伐 2 种排列方式。带状间隔皆伐是将整个采伐林地区划为若干长方形采伐带,首次采伐时每隔一带采一带,采伐迹地两侧留有间隔带可供天然下种和庇护,待形成幼林后,再伐除全部间隔带。带状连续皆伐是每一个新区紧靠前一个伐区设置。同样,每采一带后,要待此采伐迹地形成幼林后,方可采伐相邻的带。依次推进,直到全林采伐更新完毕。如果林地面积很大,为了集中作业,可分为若干采伐列区,每个采伐列区包括 3 个以上采伐带,届时在各采伐列区中进行连续采伐。

块状皆伐是在采伐块之间保留相当于皆伐面积的林块。目前,山地人工林采伐生产中基本上采用间隔(交错)分布的块状伐区。

伐区排列(配置)方式会影响斑块的格局(斑块的格局指的是斑块在空间上的分布、位置和排列)和本底中的孔性。间隔块状皆伐,伐区大小为 5 ~ 20 hm^2,与保留区相间排列。这样的采伐方式对伐区和保留区均不利。对采伐迹地来说,幼林不易恢复,并且稳定性差;保留区也因为面积过小并且位于几块伐区中间,内部环境变化很大而产生不利后果。

6.1.2　择伐的影响

择伐的特点是:每次仅采伐部分林木,使保留木继续生长,始终保持一定的森林环境;天然更新是连续进行的,没有明显的更新期;择伐后更新的林分为异龄林。

根据择伐的目的不同,择伐可分为径级择伐和集约择伐 2 大类。径级择伐即根据对木材的要求和成本核算,确定最低的采伐径级,将此径级以上的林木全部采伐,因侧重于当前木材的利用,故径级择伐强度较大(常为 30%~60%)。集约择伐是以提高森林生产力和维持森林环境作为依据所进行的择伐,因着重于往后森林培育,故集约择伐强度较小,回归年龄短,选木较严格,所以又称为经营择伐或更新择伐。

择伐强度是择伐的一项至关重要的技术指标,它不仅影响获取木材的速度和成本,更影响森林环境的变化。因此必须根据树种特性、立地条件和经营单位的经济状况等因素,合理确定择伐强度。《森林采伐更新管理办法》规定:择伐强度不得大于伐前林木蓄积量的 40%,伐后林分郁闭度应保留在 0.5 以上;伐后容易引起林木风倒、自然枯死的林分,择伐强度应适当降低。集约择伐的采伐量不应超过生长量,根据这一原则,其采伐强度一般为 10%~25%,最大不超过 30%。

择伐对森林景观生态的影响随择伐方法和择伐强度的不同而异。径级择伐,尤其当择伐强度超过 50%时，则容易在景观本底中形成残余斑块(未采伐的块状林木)，一个残余斑块尽管外表上与干扰(择伐)前的森林类似，但因为在松弛过程中损失的物种在本底中常由于干扰而淘汰了，这些种的重新定居要取决于很远的种源，因而恢复很慢。甚至当本底(采伐迹地)和残余斑块融合在一起以后，由它们汇合起来的生态系统，物种仍比原有的生态系统贫乏些；集约择伐由于择伐强度较小，所以在景观本底中常形成较多的小斑块，加大森林的破碎化。斑块的大小、形状、数量及分布(配置)则与择伐前的林分结构有关。这些小斑块对森林景观生态的影响，类似于皆伐时产生的斑块，但影响程度要小得多。这是由于择伐对生境的改变和破坏影响较小。总之，择伐对森林景观生态的影响随择伐强度的增大而增大。

6.2　集材作业方式的影响

集材作业是木材生产中一道重要的工序，不仅对木材生产的经济效益(生产成本)有较大的影响，而且对森林生态环境和森林景观生态有较大的影响。由于我国地域辽阔，南北方的森林资源、气候、地形和地貌条件相差较大，所以集材方式也有较大的差别。山地人工林伐区的主要集材方式有：手扶拖拉机、手板车、架空索道、绞盘机、滑道、人力担筒等。其中手扶拖拉机与手板车 2 种集材方式由于兼有运材功能，所以又称它们为集运材。集材作业对森林景观的影响主要表现为修建集材道对其产生的影响。在伐区中修建集运材道，一方面会增加森林景观的破碎化，造成物种生存环境的危机。研究表明，道路对小哺乳动物的通行起障碍作用[16]。另一方面，修建集运材道后，在景观本底中形成走廊，产生廊道效应，走廊起着运输、保护、资源和观赏作用。走廊的宽度会影响到物种的移动。当走廊(道路)相互交叉相连，则成为网络。网络是本底的一种特殊形式，网格内景观要素的大小、形状和环境条件，以及人类活动等特征对网络本身有重要影响。

网格大小可以用网线间的平均距离或网格内的平均面积来表示，网格大小有重要的生态和经济意义。例如林区建设的根本点就是修路，没有路，就不可进行林区的开发利用和各种经营活动。但是修建道路花费较大，所以，合理的道路密度就成为重要问题。道路密度指的是单位土地面积上道路的总长度。它可作为衡量网格大小的一个间接指标。道路密度不仅与各种林业活动有关，并且与野生动物的生境有关。例如，随道路网加密，适宜麋的生境就大幅度减少。当林区道路密度达到 2 km/km^2 时，只有 1/4 的林地适宜麋的生存。

不同集材方式对森林景观的影响也是不同的。架空索道和绞盘机集材由于不需要修建集材道，所以对森林景观的影响甚小；滑道集材所需集材道断面较小，滑道不会相互交叉形成网络，所以对景观生态的影响较小；拖拉机、手板车等集材方式，因需要修建较宽的集运材道，且可能形成相互交叉相连的网络(路网)，拖拉机道较宽较固定，对景观生态的影响较大。

6.3　减少采集作业对森林景观生态影响的对策

6.3.1　合理确定伐区大小和形状

确定伐区大小及形状时，要根据当地的自然地理、气候、植被、森林资源和立地条件，除了要满足《森林采伐更新管理办法》的一些要求(如皆伐面积一般不超过 5 hm²;在坡度平缓、土壤肥沃、容易更新的林地,可扩大到 20 hm²),根据山地森林地形复杂的特点,按山形地势进行自然区划。在地形不规整、坡度较大的林地,可设计块状伐区;在地形比较平坦的林地,可设计带状伐区。为了给皆伐迹地创造良好的天然更新条件,伐区宽度除要考虑种子飞散距离,一般以树高的 2～3 倍(50～100 m)为宜外,还要考虑森林生态及景观生态的要求,有利于保护生物多样性。

6.3.2　合理确定伐区的配置形式

伐区配置形式直接影响斑块的格局,即斑块在空间上的分布、位置和排列。传统的主伐方式大多采用间隔块状皆伐。多年试验研究表明:采用交互块状配置伐区,这样的采伐方式对伐区和保留区均不利。对采伐迹地来说,幼林不易恢复,并且稳定性差;保留区因为面积过小并且位于几块伐区中间,内部环境变化很大而产生不利后果。间隔块状皆伐太分散,造成斑块边缘增多的后果,这对狩猎类动物种群有利,而对另外一些要求内部环境的种群则不利,并且容易增加各种灾害(如风倒和火烧)发生的可能性[17]。为此,提出伐区应当相邻配置即采用顺序前进的采伐方式,这种方式对森林干扰轻,可减少森林的破碎化过程,有利于生物多样性的维持。

6.3.3　合理确定伐区道路网密度

林道网密度合理与否,不仅关系到伐区作业经济效益(作业成本)的高低,而且影响森林生态及森林景观。以往确定林道网密度时,更多的是从经济效益方面去考虑,即以集运材作业成本最低为依据,来确定合理的林道网密度,很少考虑林道网密度对森林生态及森林景观的影响。因此,建议今后确定伐区集运材道路网密度时,既要考虑经济效益,也要考虑对森林景观生态的影响。在满足木材生产要求的前提下,尽可能减小路网密度,以减小对森林景观生态的不利影响。

6.3.4　皆伐迹地保留定量活立木

传统皆伐作业方式,不论天然林还是人工林,由于主要从经济效益方面考虑,所以除了少数因天然更新需要而在采伐迹地上保留一定数量的母树外,绝大多数情况下,采伐迹地上都是不留任何的乔灌木。然而,这种采伐方式不能满足许多野生动物,尤其是鸟类对生境的要求[18]。为此,建议在皆伐时应该在采伐迹地上保留一定数量的活立木(如 20～37 株/hm²[16]),尤其要保留阔叶树活立木。

6.3.5　迹地清理火烧改为散铺法

许多林业生产部门为了方便更新造林和减少病虫害,对采伐迹地的清理大多采用火烧法,这样做既不利于地力维持和防止水土流失,也不利于生物多样性的维持,不能满足一些小哺乳动物对生境的要求。所以,建议迹地清理最好采用散铺法,让枝丫作为小哺乳动物的通道保留下来,以便保持生态系统的持续性。或者采用带堆法,应避免采用火烧法。

6.3.6　以县市统筹木材生产规划

以往的木材生产规划大多以林业采育场或林场为单位进行,这样做的后果是容易造成伐区分散，斑块边缘增加，加大森林破碎化，影响森林景观及生物多样性的维持。仅从一个林业采育场来看，虽然伐区是顺序前进的，但从整个地区(县、市)来看，伐区则是分散的。所以，建议今后进行木材生产规划时，应以县(市)为单位或更大的范围来进行，以减少森林的破碎化。另外，采伐伐区分布格局配置的原则应是：采伐以不同尺度(伐区大小)进行，但各种尺度的伐区总面积应约略相等。这样做的目的是使森林景观的空间异质性最大，从而有利于维持生物多样性。那种认为考虑生物多样性，就应该只搞择伐，一点不要搞皆伐的认识是错误的。其实，经营方式的多样性才是合理的[16]。

第7章
人工林生态采运工艺与设备选优

7.1 人工林伐区木材生产工艺类型选优

7.1.1 人工林伐区木材生产主要工艺类型

研究伐区木材生产工艺类型，对伐区采伐更新设计、森林资源的合理利用、木材产品的生产周期、产品质量、采运设备类型的选择，都具有重要意义。不同的工艺类型，将产生不同的木材加工顺序、加工方法和所需的工序，就有不同的技术经济效果。人工林伐区木材生产主要工艺类型以原木集材为主，原木集材生产工艺流程，如图2-7-1。

图 2-7-1 原木集材生产工艺流程

7.1.2 伐区木材生产工艺类型选优

7.1.2.1 木材生产工艺类型选择原则

木材生产工艺类型选择的因素较多，既有自然方面的因素(包括森林资源条件、自然气候、地形、地貌及林区道路交通条件等)，又有经济方面的因素(包括所需作业设备投资、作业成本费用等)和社会方面的因素(包括作业安全性、劳动强度等)。因此，选择生产工艺类型时应综合考虑各种因素的影响，不仅要遵循《森林采伐更新管理办法》等规程的各项规定，而且还要兼顾经济、生态和社会效益，本着效益最大化(即经济、生态、社会三者的综合效益最佳)的原则，因地因林科学合理选择工艺类型。在具体选择时，还要考虑以下几点：①以集材工序为核心，便于上下工序的有机衔接；②尽量缩短生产周期，简化生产工序，缩短工艺流程；③充分发挥现有设备的潜力，体现工艺流程的先进性和良好的经济效果；④利于提高森林资源的综合利用；⑤保证伐区作业生产安全等。

确定工序的作业项目，必须遵循以下原则[19]：①不可缺少性原则。即每道工序至少有1项本工序的作业项目。如采伐工序，在油锯采伐、弯把锯采伐和其他手工工具采伐中，必须有1项。否则，生产系统不能成立。②关联衔接性原则。在工序与工序的作业项目之间，有时存在关联关系。如在作业系统中，准备作业中的架设索道和集材工序中的索道集材，它们相互衔接，相互依存。如准备作业有架设索道，集材工序必有索道集材，反之亦然。③生产实用性原则。即生产中一些固定搭配。如油锯采伐—油锯造材；弯把锯采伐—弯把锯造材；手工工具采伐—手工工具造材等。这些固定搭配在生产中是为了操作和管理方便考虑的。

7.1.2.2 伐区生产作业系统优化决策模型

伐区木材生产中，作业系统的经济和生态效果随条件的改变而变化，表现在：①相同条件下不同系统具有不同经济和生态效果；②不同条件下同一个系统具有不同经济和生态效果。伐区作业生产工艺或作业系统优化就是要在相同自然、资源和立地条件下，寻求具有最佳经济、生态和社会效益的生产工艺类型或作业系统模式。其优化决策模型为[19]：

$$(\text{MOP}) = \begin{cases} \min Z = F(s) \\ s.t. \ s \in S \end{cases} \tag{2-7-1}$$

目标函数：$F(s) = [f_1(s), f_2(s), f_3(s)]$。

可行集(约束条件)：$\{s \mid s \in R^s, h_i(s) \geq 0, i = 1, 2, 3\}$。

目标集：$G = \{F(s) \mid s \in S\}$。

该问题为 3 个目标的优化问题，目标函数 $f_1(s)$ 为作业系统的经济效益函数(等于系统中各作业项目的作业费用之和)；$f_2(s)$ 为生态效益函数(等于系统中各作业项目对林地的影响判断数之和)；$f_3(s)$ 为社会效益函数(等于系统中各作业项目对社会的影响判断数之和)。

$h_1(s) \geq 0$ 为各工序作业项目不可缺少性约束；$h_2(s) \geq 0$ 为作业项目关联衔接性约束；$h_3(s) \geq 0$ 为作业项目生产实用性约束。

7.2 人工林伐区采集作业设备选优

7.2.1 作业设备选择的原则

伐区采集作业设备选择得合理与否，关系到伐区生产作业效率、作业费用和劳动强度等重要技术经济指标；选择伐区作业设备类型和确定作业设备数量，应根据伐区的作业条件和已具备的技术水平，考虑以下基本原则：

(1)作业设备的技术性能和指标能满足伐区作业的需要。如当林区平均坡度较大，又是逆坡集材时，选择集材设备应以动力架空索道为主；对于作业较分散、出材量较少的人工林伐区，可选择手扶拖拉机和手板车等作为集材的主要设备。

(2)应考虑作业的整体配合。即根据伐区木材生产量的大小及各种作业设备的生产效率，合理确定采集运各工序作业的配套技术(设备类型和数量，以及生产工艺等)。如山地伐区年产量一般为 $1000 \sim 2000 \ \text{m}^3$，比较合理的作业机械配置是一套动力架空索道或 1 台手扶拖拉机，$1 \sim 2$ 台油锯，1 台手提式剥皮机，1 辆运材汽车。伐区楞场作业规模大(吸引几个伐区的集材量)时，可考虑配置一套适宜的归装设备。

(3)力求同类作业设备型号统一，一机多能。如伐木、打枝和造材可用同 1 台油锯进行；在装车场可以考虑用集材绞盘机完成装车作业；需要归楞的，应考虑选用同时具有归装功能的设备；也可利用自装运材车将装车设备和运材设备统一起来。

(4)保证良好的经济效果。所选择的作业设备，力求结构简单、操作简便、维修容易、作业费用低、使用寿命长和购置投资少，并充分利用和改造现有的机械设备。

(5)有利于保护生态环境，对森林生态环境破坏影响较小。

7.2.2 伐区作业设备选型的方法

对伐区作业设备的选型，着重考虑设备性能参数、适应性和零配件来源等。以油锯和动力架空索道为例，油锯的型号繁杂，目前山地林区使用的油锯有国产和进口的，有大功率和小功率的，有高把和矮把的等多种油锯类型。这些油锯都具有很强的适应性。如高把油锯只有在坡度比较平缓的伐区使用，才能取得良好的作业效果和降低工人的劳动强度；矮把油锯则适用于坡度较大的伐区；大功率油锯适用于天然林、阔叶树和大径材伐区；小型、轻型油锯则适用于人工林、小径材和抚育间伐伐区等。动力架空索道的索系较多，不同的索道索系适用于不同的伐区宽度和不同的作业条件。如松紧式牵引索道适用于木材的小集中和资源分散的伐区；载量大的半悬空集材索道适用于天然林、大径材林和伐倒木集材生产工艺类型的伐区；接力式索道适用于集材和山地运材衔接的伐区；拐弯索道则适用于狭长、主山沟拐弯走向的伐区等。总之，技术上先进，经济上合理，是伐区作业设备正确选型的基本要求。

7.2.3　人工林伐区主要采集作业设备特点及适用条件

7.2.3.1　采伐设备

由于人工林资源条件不同于天然林，其林分结构单一，林分径级较小，木材出材率较低。所以对作业设备的要求也不同，通常要求小型、轻便。山地人工林采伐作业机具主要有油锯和弯把锯 2 种，主要特点及适用条件，见表 2-7-1。

表 2-7-1　2 种采伐作业机具比较

机具名称	特　点	适用条件
油　锯	生产效率高，省时省力，安全可靠，伐根较低，投资较大，自重较大	用于蓄积量和出材量较大，以及大径木较多、地形较平缓的伐区，尤其适用皆伐作业
弯把锯	生产效率低，劳动强度大，伐根较高，轻便灵活，投资小	用于资源分散、出材量较小，小径木较多，地形较陡的伐区，尤其适用择伐作业

随着地形坡度的增大，油锯的伐木生产率会降低，当坡度从 10°上升到 30°时，油锯的伐木生产率将下降 35%~50%，随坡度的增大，伐木生产率下降的速度亦将加快。在地形坡度小于 51%的条件下，采伐杉木，据实测统计，油锯的伐木生产率比弯把锯高 4~5 倍[20]。

7.2.3.2　集运材设备

山地人工林伐区集材作业设备主要有：架空索道、手扶拖拉机、手板车和绞盘机等。

7.2.3.2.1　架空索道

架空索道是山地林区实现机械化集运木材的重要手段。由于山高坡陡，沟谷纵横，地形崎岖多变，地势高差起伏悬殊，传统的与现代的集运材机械设备，如集材拖拉机、联合机等难以发挥其作用。架空索道由于是空中运输，可以穿越山岭，跨越河谷溪流，又不需特殊的工程建筑，对地形的通过能力和适应能力强，并能便捷地直线运输，其修建、运营和维护等费用低，同时不受气候、季节等自然条件变化的影响。它改善了山地集运材的作业条件，减轻了繁重的体力劳动，提高了劳动生产率。

架空索道集运材对地表破坏小，有利于水土保持、水源涵养、森林更新和环境保护，符合以营林为基础的作业要求。它不仅可以进行原木和原条集材，而且可以进行伐倒木和全树（连根）顺、逆坡集材，有利于剩余物的收集和森林资源的合理利用。架空索道具有不可多得的独特特性，因而在我国山地林区集运材作业中得到广泛应用。

架空索道集材的工作循环为：人工捆挂→拖集→起升→重载运行→卸载→回空。

7.2.3.2.2　手扶拖拉机

手扶拖拉机集运材对道路修建标准要求低(路面宽度为 2 ~ 2.5 m),转弯半径小(最小曲线半径 10 m),爬坡能力较大(重车顺坡 8° ~ 9°,重车逆坡 5° ~ 6°),容易伸入伐区腹部,能缩短集材距离,降低伐区木材生产成本。它能农林兼顾,一机多用。手扶拖拉机加挂车,每趟载量 1.5 ~ 2.5 m³。适用于森林资源分散、出材量 50 ~ 100 m³/hm²、经营规模小、以中小径原木居多的人工林集体林区使用。尤其当集材距离较长时,当平均运距为 6 km 时,可运 5 m³/台班。手扶拖拉机运材效率虽然不高,但以每立方米公里集运材所得到的经济效益计算时,高出索道集材 58%,高出汽车(NJ130)集材 125%。

手扶拖拉机集材的工作循环为:人力小集中→人力装车→拖拉机重车载运→人力卸车→空车返回。

7.2.3.2.3　手板车

手板车集运材工具简单,投资小,对道路条件要求低(道路宽度 1.5 ~ 2.0 m,最小曲线半径 3 m),道路修建费用低,手板车载量每趟为 0.6 m³,重车下坡 1° ~ 5°,最大坡度 10°。它适用于森林资源分散、单株材积小、经营规模小的集体林区集运材。

手板车集材的工作循环为:人力小集中→人力装车→手板车重车载运→人力卸车→空车返回。

7.2.3.2.4　绞盘机

绞盘机集材是以绞盘机为动力,通过钢丝绳将木材从伐区内部牵引到山上楞场的一种机械集材方式。绞盘机集材对地形条件的适应性较强,既可以应用在平坦和丘陵林区,也可以应用在地面坡度达到 30° 的山地林区,特别在低湿或沼泽的林地内,夏季用绞盘机集材比较适宜。所集木材全部在地面上拖集称为全拖式,所遇到的阻力较大。当伐区坡度较陡,地面变化不大,且无岩石裸露的地带可以采用全拖式集材。所集木材一端悬起,另一端在地面上拖集称为半拖式集材,所遇到的阻力较小。适于坡度较大,坡面有起伏变化或岩石裸露的地带。悬空式集材即是架空索道集材,这种集材方式的运行阻力与伐区地表无关,适用于穿越峡谷或凸凹不平地段。半拖式和悬空式 2 种集材方式,需要有一定高度的集材杆,可在伐区内选择活立木。当无活立木时,可用人工进行埋设。常采用单集材杆半拖式集材。

绞盘机集材的工作循环为:人工捆木→绞盘机拖集→人工脱钩、卸木捆→回空索返回。

7.2.4　人工林新型集材设备与工艺的试验研究

7.2.4.1　轻型遥控人工林集材索道试验研究

20 世纪 80 年代以后,我国森林资源有了明显的变化:天然林日益减少,人工林已逐渐成为主导林分。在市场经济杠杆的作用下,原有的以天然林为主体的木材采运技术重新进行价值取向,大、中型木材集运材索道进入低谷,传统的手工作业再度兴起。在人工林中有80% 的中、幼林未能及时间伐,不仅浪费了大量商品材,也影响后备资源的成长。人工林单株材积小、出材率低、便道造价高、林内小集中困难;随着人工工资增加,木材价格趋降。企业在人工林间伐上已无利可图,甚至亏损。如何加快人工林间伐速度,降低木材单位生产成本,已成为国有林场(林业采育场)和集体木材生产单位普遍关心的问题。发展中小型、多用途、方便、节能和价廉,适用于人工林集材作业的集材机械成了人们迫切的需要。针对生产中遇到的这一技术难题,从 1986 年开始,项目组开展了人工林集材索道的多年试验研究,于1991年研制成功了SJ-0.4/2轻型遥控人工林集材索道。

7.2.4.1.1　主要技术参数

型号：SJ-0.4/2轻型遥控人工林索道　　　　　索系：Ⅲ43型

单趟载量（kg）：500　　　　　　　　　　　台班产量（m³/台班）：15～40

集距（m）：100～500　　　　　　　　　　　跑车型号：YP$_{0.5}$-A轻型遥控跑车

倾角（°）：0±30　　　　　　　　　　　　　跑车增力比：2

承载索直径（mm）：φ15.5　　　　　　　　牵引索直径（mm）：φ7.7

起重卷筒容绳量（m）：60　　　　　　　　　起重索直径（mm）：φ7.7

台班人数：3～5人　　　　　　　　　　　　绞盘机型号：JS2-0.4自行到位绞盘机

全套重量（kg）：<1000（含绳轮索具560）　辅助机具：JS-0.4便携式绞盘机

集材方式：任意点自动起、落钩，全悬空或半悬空集材

7.2.4.1.2　主要设备及工作原理

SJ-0.4/2轻型遥控人工林集材索道设备，主要由YP$_{0.5}$-A轻型遥控跑车和JS2-0.4自行到位绞盘机或JS-0.4便携式绞盘机组成。

跑车由行走机构、提升机构、握索机构、液压系统和遥控系统5大部分组成。整机重130 kg。

YP$_{0.5}$-A轻型遥控跑车的工作原理（图2-7-2）：接收机按发射机指令，启动加压电磁阀，蓄能器压力油释放，向握索油缸和刹车油缸供油，跑车的握索板紧握住承载索，摩擦卷筒解除制动；循环牵引索的运行转变为摩擦卷筒的转动；通过减速机构带动起重卷筒转动，完成起钩、落钩的动作；摩擦卷筒通过一组齿轮，带动柱塞泵工作，向2个工作油缸和蓄能器提供稳定的压力油。接收机按指令启动卸荷阀，2个工作油缸（握索、刹车油缸）的压力油流回

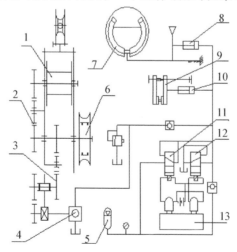

图 2-7-2　YP$_{0.5}$-A 轻型遥控跑车工作原理

1－起重卷筒；2－减速齿轮；3－传动齿轮；4－柱塞泵；5－蓄能器；
6－摩擦卷筒；7－制动蹄；8－刹车油缸；9－握索夹板；10－握索油缸；
11－加压阀；12－卸荷阀；13－接收器

油箱，在弹簧作用下握索板开启，跑车在承载索上的固定(握索板紧握住)解除；同时，摩擦卷筒被制动，循环牵引索的运行变为跑车的重载或回空。由于蓄能器已充油，这就保证了在下一个工作循环向工作油缸提供足够的压力油。

JS2-0.4 自行到位绞盘机传动系统(图2-7-3)，它由发动机、离合器、变速器、操纵系和底盘、支架(包括摩擦卷筒、行走轮和底座)组成。该机是由农友-5 型手扶拖拉机改制而成，为适应 SJ-0.4/2 轻型遥控人工林索道集材工序的牵引力、牵引速度需要，针对原型手扶拖拉机的传动变速系统做部分改进。该机易还原为原手扶拖拉机，实现一机多用。在林区靠其行走轮可自行到位，卸去行走轮装上底架即为绞盘机，整机重量 230 kg，牵引力 5600 N。JS2-0.4 自行到位绞盘机工作原理：还原为手扶拖拉机，与一般手扶拖拉机工作原理相同；作为绞盘机，与常用的Ⅲ43 型索道索系配套绞盘机工作原理相同。

JS-0.4 便携式绞盘机由发动机(CH_{25})、主离合器(离心式离合器)、带轮传动机构、减速机构(少齿差行星齿轮减速器)、卷筒离合器(柱销式离合器)、卷筒和支架组成。该机是由 CH_{25} 油锯改制而成，其工作原理(图2-7-4)为：CH_{25} 发动机的动力，通过自动离心式离合器传递到带轮，经带轮减速后传递到减速器，卷筒通过柱销式离合器与减速器连接。卸去带轮和工作底盘，装上链轮即还原为油锯，实现一机多用。整机重量23 kg，牵引力5000 N，牵引速度 0.25~0.40 m/s，卷筒容绳量60 m。

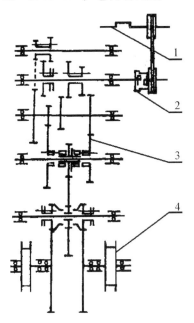

图 2-7-3　JS2-0.4 自行到位绞盘机传动系统

1 – 发动机；2 – 离合器；3 – 变速器；4 – 摩擦卷筒

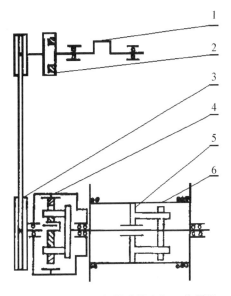

图 2-7-4　JS-0.4 便携式绞盘机工作原理

1 – 发动机；2 – 离心式离合器；3 – 带轮；

4 – 减速器；5 – 柱销式离合器；6 – 卷筒

7.2.4.1.3　生产工艺

(1) 小集中：使用 JS-0.4 便携式绞盘机进行林内小集中。间伐集材中由于伐倒木零星、分散，林内有保留木，小集中麻烦，尤其是单株材积较大时更为困难。便携式绞盘机能有效地解决这一难题。其小集中工艺，在承载索沿线的两侧设小集中点，选择立木(对于主伐，应事先保留)将 0.5 t 开式滑轮挂在 2 m 高度,其伐根部也置一同样滑轮,钢丝绳由卷筒经 2 个滑轮拉向待集木,捆于端部。绞盘机用锚定索锚定在 2~3 m 处的伐根上(以能通视为宜),拖集过程中,捆木工应跟进,并与机手密切配合,遇到障碍应及时排除,机手应关小油门(因遇障碍时离合器会自动打滑),使发动机怠速运转。木材到位后即停机,并手控卷筒柱销式离合器,使卷筒和减速器输出轴分离,即可实现空转退绳,绳索到位后再挂上输出轴,如此完成一个小集中过程。

辅以一定人力的小集中,能使索道两侧 20~50 m 范围甚至更远的木材集于索道主线下,避免了整个索道系统的低效运转;扩大了索道的吸引面。在间伐作业中,还可用便携式绞盘机摘除搭挂木。

(2)遥控索道集材生产工艺:由 3~5 人完成,即 1~2 人捆挂,1~2 人卸材,1 人开机。集材工艺过程分 6 个工序:落钩、起钩、运载、落钩、起钩和回空等。以上工作环节均通过发射机发射指令给跑车或绞盘机手来实现;在操作中,对应跑车的指令有"握""卸"2 个,对应绞盘机手的指令有"上""下""停"3 个。

7.2.4.1.4　经济效益分析

SJ-0.4/2 轻型遥控人工林索道在福建省明溪县雪峰林场推广应用。先后在该场 7 号和 3、4 号林班各架设 1 条集材索道。7 号林班为 17 年生杉木人工林,面积 3.33 hm²;3、4 号林班为 20 年生马尾松人工林,面积 4.67 hm²,均为逆坡(坡度 10°)集材。现场试验统计分析结果,见表 2-7-2。

表 2-7-2　轻型遥控索道集材与人工集材经济性比较

项　目	7 号林班				3、4 号林班			
	索　道		人　工		索　道		人　工	
	工　日	金额(元)	工　日	金额(元)	工　日	金额(元)	工　日	金额(元)
索道安装	15	225			15	225		
索道拆卸	5	75			5	75		
索道集材	20	300			20	300		
开板车路			38	570			33	500
人力集材			40	600			57	855
折　旧		25		15		30		24
零件维护		25	1	15		30	1	24
油　耗		23				27		
钢　索		60				60		
利　息		71				71		
合　计	40	804	79	1200	40	818	91	1403
到材(m³)			50			80		
单位成本(元/m³)		16		24		10.23		17.54
生产率(m³/工日)	1.25		0.63		2		0.88	
成本降低(%)	33				42			
工效提高(%)	98						128	

注:人工工日数据根据承包单价得出。

由表 2-7-2 可知,2 条索道均有较好的经济效益。单位木材生产成本降低 33% 和 42%,工效提高 98% 和 128%。第 2 条索道比第 1 条经济效益和工效均有明显的提高。这是因为相同的投入(指索道安装和拆卸的用工或花费),第 2 条索道的产出(到材数)更多的缘故。换言之,出材量越大,使用轻型遥控索道的经济效益就越大,工效也更高。

由于工效的提高,加快了间伐进度,促进林木生长,同时避免毁林开路或占用农田,有利于水土保持和生态环境的保护。此外,还大大改善了工人的劳动条件,具有一定的生态和社会效益。

SJ-0.4/2 轻型遥控人工林集材索道,不仅解决了人工林间伐集材作业困难的问题,而且用于人工林主伐集材作业也取得了较好的经济、生态和社会效益。

7.2.4.2　人工林 JS3-1.5 型绞盘机的试验研究

项目组于 1997 年成功研制了 JS3-1.5 型绞盘机,具有 3 个卷筒,功能多,适用广。经生产试验表明,该机使用和维护方便、安全。

7.2.4.2.1　JS3-1.5 型绞盘机主要技术参数与结构

(1)主要技术参数:

额定功率(kW):8.8　　　　　　　　档位:进 6 倒 2

额定牵引力(N):13948　　　　　　　额定牵引速度(m/s):0.51

回空牵引力(N):2166　　　　　　　回空速度(m/s):3.38

摩擦卷筒牵引力(N):16794　　　　　摩擦卷筒牵引速度(m/s):0.42

起重卷筒容绳量(m):868　　　　　　起重卷筒钢丝绳直径(mm):φ9.3

回空卷筒容绳量(m):1133　　　　　　回空卷筒钢丝绳直径(mm):φ7.7

整机质量(kg):650　　　　　　　　　外形尺寸(mm):2150×1528×1040

(2)绞盘机结构:

绞盘机由发动机、传动系、操纵系、工作卷筒和机架等 5 部分组成,如图 2-7-5。

发动机和传动系采用 12 型手扶拖拉机,用于农业时将绞盘机的部件拆下,装上行走轮即可恢复为手扶拖拉机。绞盘机底盘质量 360 kg,可装上拖斗在林区道路上转移。

发动机的选择满足全悬空增力式索道按设计载量 18600 N(约 2 m³材积)集材工艺所需的动力。经计算,功率为 8.8 kW,正好相当 S195 柴油机功率,该机为我国应用广泛的农业动力,适合林区作业条件。

传动系包括带轮、主离合器、变速箱及锥形离合器、前置离合器和卷筒齿轮。绞盘机保留原拖拉机传动系统。卷筒传动采用直接传动(摩擦卷筒)和齿轮传动(起重、回空卷筒)2 种型式。主动齿轮 4 与卷筒齿轮 6、25 均为常啮合传动。主离合器为原机双片常合摩擦式,摩擦卷筒和 2 个缠绕卷筒各有牙嵌式离合器 8、10。

变速箱设计是一项关键技术,它决定了档位数、牵引力和牵引速度。在各工作环节全过程功率平衡原则下,回空与起重速度之比为 6.5,此为经济速比[21-22]。集材作业以正档起重,倒档回空,若按原机简单组合设计,倒 II 档速度仅 0.99 m/s,显然过低,不能满足回空工艺的要求。这正是以往同类设计的主要缺点。为大幅提高倒档速度,采用增大主动带轮直径(由 φ120 mm 增至 φ236 mm);增大倒档传动比,倒档速度达 3.38 m/s,比原机提高 3.39倍。它与起重速度 0.51 m/s 之比为 6.6,为理想经济速度。由于转速提高,在倒档轴上安装2 个 934/20 滚针轴承,变原滑动摩擦为滚动摩擦。

制动器包括卷筒外带式制动器、摩擦卷筒内涨蹄式制动器和变速箱内副变速轴的环状内

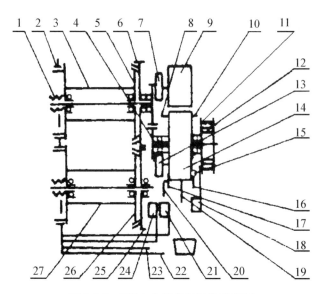

图 2-7-5　JS3-1.5 绞盘机结构示意图

1 – 螺套；2 – 外带式制动器；3、27 – 卷筒；4 – 主动齿轮；5、26 – 锥形离合器；
6 – 双联齿轮；7 – 带轮；8、10 – 牙嵌式离合器；9 – 发动机；11 – 摩擦卷筒；12 – 内涨蹄式制动器；
13 – 主离合器；14 – 变速箱；15 – 油门；16、20 – 前置离合拉手；17 – 主离合拉手；
18、21、24 – 脚制动踏板；19 – 变速杆；22、23 – 卷筒离合拉手；25 – 从动齿轮

涨式制动器。集材作业中载重运行和山上楞场装车均要求可靠的控速和制动。

操纵系有：油门、主离合拉手、牙嵌离合器拉手、摩擦卷筒制动踏板、卷筒制动踏板、变速杆、卷筒离合拉手等。

制动踏板和卷筒离合拉手均为杠杆结构（带棘轮）。离合手柄 22、23 通过杠杆与螺套 1 相连，螺套外径套装 2 个 7212 轴承与制动鼓配合，螺套内螺纹与心轴配合；轴另一端套装 309 轴承，轴承外圈与被动盘 5 配合。由于主动盘双联齿轮与心轴是由轴肩和 7209 轴承定位的，所以当离合手柄转动螺套形成螺纹升角，卷筒组合件便沿心轴与主动盘结合实现扭矩传递。反之，则分离切断动力。

摩擦卷筒和 2 个缠绕卷筒组成工作装置，其特点是可以进行开式或闭式牵引，实现全悬空或半悬空，顺坡或逆坡集材。

摩擦卷筒为双环槽结构，悬臂安装，其特点是便于钢索安装；消除曲面卷筒压卷和磨损现象，延长钢索及卷筒使用寿命。卷筒材料为 HT 250～300，槽口局部白口化硬度 HRC 45～50。

机架为整体焊接带爬犁结构。由手扶拖拉机理论知[22]，其总体受力和结构布置较四轮拖拉机有较大差别，其动力输出与在机架的固定方式与传统绞盘机不同。它单轴支承，单轴驱动行走，因此不能有效平衡由于驱动所产生的阻力矩，表现为扶手的上抬或下沉现象，该机设置发动机的前支撑，与左、右轮轴共同构成三点支承结构，消除了"翻转"现象。

7.2.4.2.2　工作原理

发动机动力经以下路线传递：发动机→主动带轮→主离合器（外壳为被动带轮）→变速箱

（右牙嵌式离合器）→摩擦卷筒；变速箱（左牙嵌式离合器）→主动齿轮→双联齿轮 Z_{37} →锥形离合器→起重卷筒；双联齿轮 Z_{104} →从动齿轮→锥形离合器→回空卷筒。

摩擦卷筒单独工作。如用于 Ⅲ 索 43 型索道，通过左牙嵌式离合器切断左半轴动力，经右牙嵌式离合器使右半轴的转矩传递到摩擦卷筒上。

缠绕卷筒工作。如用于 Ⅲ 索 11 型索道，通过右牙嵌式离合器切断右半轴动力，经左牙嵌式离合器将转矩，从左半轴上的主动齿轮传递到双联齿轮及从动大齿轮 25 上，操纵卷筒离合拉手即可使锥形离合器结合或分离对应的卷筒。

7.2.4.2.3　试验分析

（1）性能测试：根据行业标准 LY/T1288—1998 绞盘机试验方法，对 JS3-1.5 型绞盘机进行测试。测试报告认为：绞盘机每个卷筒具备独立的离合器、制动器及相应的操纵机构，其技术性能参数符合标准。

（2）生产试验：福建省三明市罗源林业采育场罗源工区 9 林班，林分结构：松杉杂混交林，26 年生，面积 21.0 hm^2，单位蓄积量 80 m^3/hm^2；坡度 20°，伐区与便道中隔农田、果园。集材工艺为全悬空集材，山上楞场索道装车。

架设 5 条索道，平均跨距 360 m，总集材量 1805 m^3，全部索道装车。据测试：台班产量 17 m^3，油耗 0.16 kg/m^3，单车载量 1～2 m^3；单位集材成本 10.10 元/m^3，比手工作业降低 28%，经济效益显著。

试验表明 JS3-1.5 型绞盘机具有如下特点：多功能、一机多用、零部件通用化、整机轻型化、低能耗、高效率，是一种较理想的人工林集材绞盘机。

7.2.4.3　轻型索道集材与开路集材三大效益对比分析

7.2.4.3.1　试验区概况

福建省邵武市地处福建省西北部，武夷山脉东麓。东经 117°2′～117°52′，北纬 26°55′～27°35′，在闽江支流富屯溪的中上游。试验区地处亚热带季风湿润气候区，资源丰富，雨热同期，山区立体气候十分明显。夏季有大雨、暴雨、洪涝、高温干旱、强雷暴、大风，偶有"五月寒"和冰雹。2011 年，项目组经过实地考察与方案比选，以邵武市二都林业采育场黄家山（下坡石）工区为研究对象。下坡石工区 122 林班 1 大班 3 小班（伐区代号 122-1-3）为轻型索道集材试验区，面积 10.5 hm^2，坡度 29°，总出材量 972 m^3。地形为两坡夹一沟，离索道下支点 80 m 处已开通农用车运材道。索道上支点高程 514.96 m，下支点高程 425.98 m，索道水平跨距 380.33 m，高差 88.98 m，弦倾角 13.18°，绞盘机位置高程 402.52 m。JS3-1.5 型绞盘机以手扶拖拉机为原动力，所选功率为 11.03 kW，可用于顺逆坡集运材。采用轻型全悬增力式集材索道。

7.2.4.3.2　生态效益比较

索道集材在水土保持、涵养水源、固碳释氧、保持林地生产力和造林效果等方面均具有传统盘山开路集材不可比拟的优势，表 2-7-3 对两种集材方式的生态效益进行比较。索道集材避免了盘山开路，山体保持完整，可防水土流失，利于涵养水源和固碳释氧，对林地生产力的影响小，索道集材作业时全悬空，不碰撞山体表面，在生态保护方面具有明显的优势。

表 2-7-3　轻型索道集材与盘山开路集材的生态效益比较

	轻型索道集材	盘山开路集材
水土保持	良好。需要挖坑埋桩时，有少量水土破坏。集材作业时全悬空，不碰撞山体表面，避免人力溜山，有效保护水土	很差。盘山开路，严重破坏山体，以路宽 3.5 m 计算，路上侧平均 2 m 计算，下侧路肩填压平均 1 m 计算，开路将造成 6500 m²/km 的山体表面积裸露破坏，这是水土流失最严重的通道。同时，人力溜山作业也对山体表面造成破坏
涵养水源	良好。不破坏山体，植被破坏极少，能有效涵养水源	很差。雨水反复冲刷，破坏水资源，裸露路面与山体加快水源蒸发流失
固碳释氧	良好。地表植被破坏极少，能有效起到固碳释氧作用	较差。开路造成的山体表面裸露破坏，直接影响固碳释氧效果
林地生产力	较高。地表植被保护好，水土保持良好，土壤保肥能力强，适宜恢复树种多，林地生产力高	很低。雨水反复冲刷，肥力表土逐渐流失；修复路面时，再次人为移上表土填补路面，又成为下次雨水冲刷流失的有机土，如此反复，土壤保肥能力差，林地生产力低
造林效果	较好。因地力衰退少，造林效果好，山体上的林地肥力相对盘山开路的山体林地肥力高	很差。山体林地肥力尚好，但集材道上的苗木生长明显差。甚至常出现因水土流失造成的集材道路或路肩坍塌，直接损毁集材道上的苗木
净化空气	森林有效面积完整，净化空气效果好	森林有效面积减少，相对轻型索道集材略差

7.2.4.3.3　经济效益比较

森林的经济效益包括直接经济效益和间接经济效益。木材直接经济效益是木材直接产品进行市场交换所产生的经济价值[23]。表 2-7-4 主要从经济材采集生产所需生产成本来分析。122-1-3 伐区采用轻型索道集材方式，总出材量为 972 m³，成立了 7 人为一班的专业工作班组，其中绞盘机手 1 人，捆木(含打旗)2 人，采伐、打枝、检尺、造材、归楞 4 人，工资 100 元/工日，每年按 251 个工作日计算；索道准备作业包含安装架设和移转索道 95 个工、搭建工棚 15 个工，修理楞场 10 个工，共计 120 个工；经测定轻型索道集材作业一个工作循环平均为 18.25 min，按 8 h/天计，可运行 26.3 趟，考虑到本山场木材单位材积小，捆木工捆木耗时，并扣除中餐与卡阻误工，平均每天集材按 15 趟计算，实际每趟集材约 0.88～1.12 m³，取平均 1 m³ 计算，每天平均集材 15 m³；采伐用工 50.5 个工；打枝、检尺、造材、归楞共用 453.6 个工；装车用 243 个工，共计 747.1 个工。生产采伐用燃油料 7.71 元/m³，绞盘机燃油料为 2.25 元/m³。

表 2-7-4　轻型索道集材与盘山开路集材各项用工及成本比较

集材方式	伐区代号	准备作业		集材工数(个)	集材费(元)	总需工数(个)	燃料费(元)	设备折旧费(元/m³)	日工效(m³/人)	年工效(m³/人年)	单位成本(元/m³)	索道集材节省率(%)
		需工数(个)	费用(元)									
LJ	122-1-3	158	16.26	1161.20	119.47	1319.2	7.71	5.00	0.74	185.74	148.44	29.50
SJ	122-1-3	120	12.35	747.10	76.86	867.1	9.96	5.48	1.12	281.12	104.65	

注：除总需工数外，各项数据均以每立方米材积计算；准备作业包括开路、工棚、架设阶段等。

盘山开路集材各项费用按照《福建省林业生产统一定额(1981～1982)》计算，准备作业费用：开设集材道 143 个工、搭建工棚 15 个工，共计 158 个工；采伐、打枝、检尺、造材、人力溜山、归楞、装车、清林等生产作业用工 1161.2 个工，为简化表格，计算时将采伐、打枝等计入集材费用中；拖拉机设备折旧费 5.00 元/m³。表 2-7-4 对两种集材方式的各项作业用工及费用进行了比较（LJ 为盘山开路集材；SJ 轻型索道集材）。

由表 2-7-4 可知，采集每立方米经济材到主干运材道的单位成本包括准备作业费用、集材费用（含采伐、打枝等）、燃料费及设备折旧费 4 项。开路集材准备作业需工数明显多于索道集材，为 1.32∶1，且索道集材准备作业需工数基本为不变值，开路集材受山体地势影响很大。开路集材费用是索道集材费用的 1.55 倍；开路集材燃料费比索道集材燃料费略少；开路集材雇用拖拉机运材费用（相当于设备折旧费）为 5.00 元/m³，索道集材设备折旧费为 5.48 元/m³。122-1-3 伐区开路集材单位成本 148.44 元/m³，索道集材的单位成本 104.65 元/m³，索道集材可以节约单位成本 29.50%。

随着可采经济材总量的增加，两种集材方式的准备作业费用和单位成本均有下降，准备作业费用降幅较大，单位成本降幅较小；索道集材成本降幅较大，开路集材成本降幅很小，原因是总经济材量的增加相应地增加了山体面积与人工集材范围，燃料费用提高，运营费提高。另外，表 2-7-5 对比了随人工费的增加，各项成本的变化情况，显然，随人工费的增加，开路集材成本增加幅度明显。因此，在当前劳动力成本增加的情况下，更应采用索道集材，明显节省单位成本。以 972 m³ 的出材量，人工费按 80~140 元/工日计，单位可节省成本 34.47~67.03 元/m³，节省总成本 3.35 万~6.52 万元，节省率 28.42%~30.99%。此外，薪炭材和经济材同时进行集材，还可节省薪炭材的集材费用。

表 2-7-5　轻型索道集材与盘山开路集材成本受人工费变化的影响（元）

人工费（元/日）	集材方式	准备作业费用（元）	集材费（元）	燃料费（元）	设备运营费（元）	单位成本（元）	单位成本差额（可节省成本）（元/m³）	节省率（%）
80	LJ	13.00	95.57	7.71	5.00	121.28	34.47	28.42
	SJ	9.88	61.49	9.96	5.48	86.81		
100	LJ	16.26	119.47	7.71	5.00	148.44	43.79	29.50
	SJ	12.35	76.86	9.96	5.48	104.65		
120	LJ	19.51	143.36	7.71	5.00	175.58	53.10	30.24
	SJ	14.81	92.23	9.96	5.48	122.48		
140	LJ	24.38	179.19	7.71	5.00	216.28	67.03	30.99
	SJ	18.52	115.29	9.96	5.48	149.25		

轻型索道集材所购钢丝绳 3 根各 1000 m，钢丝绳及工器具为 38437.45 元（其中钢丝绳 36016.05 元），据福建省林业厅规定钢丝绳按每集材 1 万 m³ 必须报废，则钢丝绳及工器具的使用成本为 3.84 元/m³，绞盘机价格 6.16 万元，每年含维护费折旧 10%，年生产量为 3765 m³，则绞盘机折旧费为：$61600 \times 10\% \div 3765 = 1.64$ 元/m³。则钢丝绳及工器具的使用成本为 5.48 元/m³。轻型索道集材与盘山开路集材前期成本比较，见表 2-7-6。

表 2-7-6　轻型索道集材与盘山开路集材前期成本比较

集材方式	伐区代号	主干运材道长(km)	盘山集材便道长(km)	盘山集材便道费(万元)	盘山集材道覆盖面积(m²)	设备投入费(含绞盘机折旧)(元)	每立方米设备运营费(元)	平均投入成本(元/m³)	可持续性
LJ	122-1-3	0.8	1.1	1.1	7150	0	5.00	16.31	不可
SJ	122-1-3	0.9	0	0	0	20023.87	5.48	5.48	可以

由表 2-7-6 可知，在主干运材道长度方面，由于索道集材要求木材直接吊运到山上楞场，以便运材出山，为保证架设索道的要求，主干运材道长度相对会长 0.1 km 左右。但索道集材不要求开设盘山集材便道，不因开设集材便道而破坏山体，占用林地面积，盘山开路集材约要求在 6.67 hm² 林地开设 1 km 长的盘山便道，约造成 6500 m²/km 的山体表面裸露破坏，约占伐区面积的 10%。

7.2.4.3.4　社会效益比较

表 2-7-7 社会效益比较，体现在先进技术引进、环境保护、惠及后代、生态平衡、资源利用、时间节约、劳动强度、人民科学文化水平的提高和惠及他业等社会效益定性指标。

表 2-7-7　轻型索道集材与盘山开路集材的社会效益比较

集材方式	先进技术引进	环境保护	惠及后代	生态平衡	资源利用	时间节约	劳动强度	人民科学文化水平提高	惠及他业
SJ	引进林业机械化技术	良好	各项可持续性效益均能惠及后代	良好	良好	约60%	小	有利	地区开发和经济发展，政治、军事等
LJ	无	差	少	差	差	费工费时	大	没有影响	不利

通过轻型索道集材，充分体现了索道对生态采伐的优势。保护生态环境，无需开路，不破坏山体，有利水土保持；轻型索道集材能提高运材效率，运输量大，运材速度快；单位成本低，是盘山开路集材成本的 70.64%~74.66%；盘山集材便道约占伐区面积的 10%。

7.2.4.4　常用人工林集材绞盘机分析比较

我国自行生产和研制开发的常用人工林集材绞盘机的技术性能，见表 2-7-8[24-25]。它们的共同特点是功率平均低于 20 kW，大部分为手扶拖拉机系列，或中型柴油机发动机系列。有的已具备了 3 个卷筒(1 个为摩擦卷筒)；速度匹配较合理；牵引力能满足人工林集材工艺的要求。整机自重在 1 t 以下，带架杆的仅 3.1 t。体现了机动性强和农林兼顾的特色。可以看出，以手扶拖拉机和农用车为主体的中小型集材机械，其技术经济性能不仅可以代替传统的大型索道绞盘机，同时具备了向手工作业挑战的实力。在手扶拖拉机系列中，JS3-1.5 与 JS3-2 集材绞盘机为适用的人工林集材机械。

7.2.4.5　人工林逆坡集材技术试验研究

7.2.4.5.1　研究目的

据调查，木材生产成本达 50~60 元/m³，逆坡集材高达 100~130 元/m³，特别是间伐作业，成本高，企业亏本经营，影响间伐积极性，导致"间伐欠账"，严重影响后续资源的生长。因此，依靠科学技术，应用机械化木材生产已成为降低木材生产成本的必然选择。

表 2-7-8　常用人工林集材绞盘机的技术性能

序号	型号	单位	年度	功率 (kW)	提升力 (kN)	档位	牵引力(kN)/速度(m/s)			自重 (kN)	集距 (m)	容绳量(φmm×m)	
							起重	回空	摩擦			起重	回空
1	JT3-1.5	中南林学院	1993	16	15	正2倒2	16.7/0.58	5.5/2.2	7.6/1.27	15	600	11×650	9.3×1300
2	JSX3-1.5	福建林学院	1997	8.8	15	正6倒2	14/0.5	14/0.5	16/0.4	6.5	500	12.5×600	9.3×800
3	JS3-0.8	四川林科所	1983	8.8	11	正6倒2	8/0.64	8/0.64	5/0.95	8.5	400	9.3×430	7.7×500
4	JSX2-0.4	福建林学院	1991	4.4	5.8	正4倒2			5.8/0.73	2.3	500	7.7(摩卷)	
5	JS2-1.0	广东木运公司	1978	7.5	10	正6倒2	10/0.5		10/0.5				
6	JS2-0.8	福建林学院	1993	5.9	9.3	正4倒2			9.3/0.73	2.3	500	7.7(摩卷)	
7	195	黑龙江林业厅	1988	8.8		正4倒2	2.2/0.85	2.2/0.85		6.5	800	12.5×250	9.3×500
8	JSJX3-1.5/2	四川林科所	1990	20	15	正4倒1	11/0.8	1.8/5.2		31	500	9.3×580	
9	福建架杆	福建林科所	1995	22.4		正4倒1				26	500	9.3×580	7.7×800
10	JS-0.8/2 遥控索道	福建林学院	1995	5.9		正4倒2			9/0.66	4.2	500	7.7×500(摩卷)	
11	JSX-1.5 (轮式)	哈尔滨林机所	1991	7.4汽	15	正1倒1	15/0.4			3.9	60	9.3×80	
12	JSX-2.5 (履带式)	哈尔滨林机所	1991	8.8柴	25	正1倒1	25/0.4			7.0	80	11×100	
13	JS3-2	福建农林大学	2008	11	18	正6倒2	18/0.5	18/0.5	3.2/0.4	6.8	500	12.5×700	12.5×700

7.2.4.5.2　试验地概况

福建省永定县金丰国有林业采育场圆头山工区大石凹伐区 25 林班 7 大班 3 小班，山高坡陡，怪石嶙峋，山下大片农田，山上仅有 1 条简易公路穿过山腰，通往山顶电视发射台，森林资源在公路下方，伐区调查设计于 2001 年 5 月进行，平均坡度 20°，为 30 年生马尾松人工林，在林分蓄积量 3586 m³ 中，设计间伐蓄积量为 896 m³，间伐出材量为 717 m³。

7.2.4.5.3　集材方案选择

（1）人工集材：沿用传统的板车集材方式，从石质山坡上开设 1 条长约 1.7 km 的板车路，需耗资达 2.0 万元，经过乡村山林，易产生纠纷；开路炸石，带来人身安全隐患，生态环境破坏难以避免，同时集材距离远，生产效率低，成本高。

手工地面集材。一般的两坡夹一沟可采用溜山至沟底，再用担筒担出；一般的一坡一沟、坡度不大的可优先考虑小车配小道，还可以用一种带有刹车的板车，板车轮一般用支撑钢筋进行加固，只需 1 个人就可用板车把木材从崎岖的山路上慢慢滑行下来，这种方法比担筒既省工又省力，既经济又合理，可减轻工人劳动强度；在地势条件比较好、出材量较多、坡度小于 25°的作业区，普遍采用手扶拖拉机或农用车集材较经济。但这种集材方式，随着地形条件的复杂化，在需要进行逆坡集材的情况下，生产率急剧下降，作业成本大幅上升。

（2）索道集材：JSX3-1.5 型绞盘机对人工林集材的适应性好，可跨沟越涧，逆坡集材，有效缩短集材距离，保护生态环境，提高生产效率，降低生产成本。它能与各种索道索系配套，适用于山地人工林木材机械化生产作业。

在研究马尾松人工林间伐的具体条件(山高坡陡、伐区分散、面积小、单株材积小)后，认为采用木材采运工艺配套技术：轻型弯把锯采伐、打枝、造材→轻型索道原木(或枝丫)逆坡集材(辅以一定的人力溜山)→人、机结合选材、归楞→人、机结合装车→手扶拖拉机运材。

逆坡集材索道索系，如图 2-7-6。试验采用了 III11 索道索系类型，有利于减少设备投资（少购绳轮、索具约 3000 元），减少索道架设用工（减少约 10 工·日），减少了钢索损耗和燃油料消耗。其工作原理：从下卷筒引出起重索，从上卷筒引出牵引索，当跑车位于集材点时，空钩依靠配重下落。由于跑车落钩点位置不同，配重的计算比较复杂，近似计算式为：

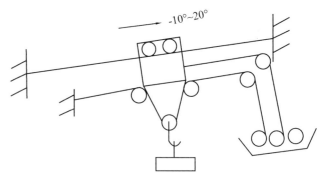

图 2-7-6　III11 逆坡集材索道索系

$$Q_1 = \frac{L_1 + L_2}{2}q + (\Delta t_\varepsilon + \Delta t_\mu)n - Q_2 - Q_3 \tag{2-7-2}$$

式中：Q_1——配重（N）；

L_1，L_2——分别为落钩点至上、下支点的水平距离（m）；

q——起重索单位长度重力（N/m）；

Δt_ε——起重索刚性阻力（N），$\Delta t_\varepsilon = \varepsilon t$；

ε——起重索刚性阻力系数，对于交互捻钢索，$\varepsilon = 0.09\dfrac{d_k}{D}\left(1 + \dfrac{500}{t}\right)$；

d_k——起重索直径（cm）；

D——滑轮直径（cm）；

t——起重索张力（N），$t = \dfrac{Q_1 + Q_2 + Q_3}{2}$；

Δt_μ——滑轮轴摩擦阻力（N），$\Delta t_\mu = 2\mu\dfrac{d}{D}\sin\dfrac{\alpha}{2}$；

μ——摩擦阻力系数，对于滚珠轴承，μ 为 $0.01 \sim 0.05$；

d——轮轴直径（cm）；

α——起重索在滑轮上的包角（°）；

n——起重索绕过的滑轮数；

Q_2——吊钩滑轮重力（N）；

Q_3——捆木索重力（N）。

为保证顺畅落钩，实际配重应大于 Q_1，对于中、小型索道，一般配重约 500 N。载重后开动起重卷筒，使木材升至运材所需高度后制动；开动牵引卷筒，则载重车上行至山上卸材点，空车回空则仅需解除牵引卷筒制动，并控制速度，依靠配重重力下滑。

表 2-7-9 为试验地的 3 条 III11 型索道用工与消耗比较；表 2-7-10 为 3 条索道的技术参数比较[10]。

由表 2-7-9 可知，第 1 条索道用工量最多，为 68 工日，这是因为国有金丰林业采育场从技术干部到生产工人均为第 1 次接触索道，索道经验及物质不足所致，第 2、3 条索道用工量下降，接近正常用工量（30 ~ 40 工·日）；从弦倾角可见，− 19. 22°~ 17. 11°的逆坡集材属陡坡集材，在此地形条件下，生产效率达 $1.8 \sim 4.0\ \mathrm{m^3/}$工日，可见索道集材可以提高生产率（表 2-7-10）。

表 2-7-9　3 条索道用工与消耗比较

实　例	测量劈道影（元）	架设工日	材料消耗（元）	维修工日	黄油消耗（元）	机油消耗（元）	柴油消耗（元）	拖集量	集材用工（工日）
1	430	68	794	3	15	27	530	190 $\mathrm{m^3}$ 原木 24 t 薪材	31×4
2	475	56	910	5	12	35	584	243 $\mathrm{m^3}$ 原木 30 t 薪材	22×3
3	390	48	597	2	9	20	447	168 $\mathrm{m^3}$ 原木 20 t 薪材	14×3

注：架设 25 元/工日，技术维修 50 元/工日；集材用工 = 工日×台班人数。

表 2-7-10　3 条索道的技术参数比较

实　例	跨距（m）	弦倾角（°）	无荷中挠系数	安装拉力（N）	设计载量（$\mathrm{m^3}$）	安全系数	轮压比值	集材效率（$\mathrm{m^3/}$工日）
1	347	−19.22	0.015	60610	0.60	3.05	28.96	1.80
2	417	−4.25	0.030	33229	0.90	4.35	20.30	3.66
3	315	−17.12	0.027	29641	0.65	4.35	20.32	4.00

表 2-7-10 的 3 个实例定额分别为：1.80、3.66、4.00 $\mathrm{m^3/}$工日。由于实例 1 为第 1 次索道架设，实例 2 比实例 1 高出 2.03 倍，说明作业工效与工人索道架设的熟练程度密切相关。

7.2.4.5.4　伐区生产组织

采伐段 2 人，弯把锯 1 把，完成伐木准备作业（清杂灌、挖土）和伐木、打枝与造材作业。

集材段 6 人，JS3-1.5 型绞盘机 1 台。其中：捆木工 2 人，完成捆木作业，负责指令绞盘机手空车定位、空车落钩、起重提升和重载运行等动作；楞场工人 3 人，完成卸材、选材和归楞作业，负责指令绞盘机手完成重车定位、重车落钩、空车起钩和回空运行等动作；绞盘机手 1 人，在捆木工和卸材工旗语指挥下，操纵绞盘机实现相应工况的运转。

索道集材工作循环为：空车定位—空车落钩—横向拖集—起重提升—重载运行—重车定位—重车落钩—空车起钩—回空运行等 9 个工作环节组成。

7.2.4.5.5　技术经济效益分析

（1）数据来源：班组日记：出勤记录（工种、工数、人数）；到材记录（材种、规格、等级以及数量）；机手日记：每日开机时间、集材趟次、燃油料消耗、材料（零部件）消耗及故障记录；伐区生产工艺设计书。

（2）经济效益：最佳的人工林间伐生产工艺应是在保证产品质量的前提下，用较少的时间和较少的劳动消耗完成产品的过程。因此，生产率和生产成本是衡量生产工艺方案优劣的重要标准。

弯把锯伐木、打枝、造材，与地形、植被、地位级、出材率，以及树倒方向和伐倒木互压状况有关。

由于试验采用相同的采造方法，因此采造段单位成本是一致的，定额：0.44 m³/工日；需工数：1613 工日；日工资：23.61 元/工日；金额：38083 元。

表 2-7-11 中的索道集材比板车集材单位成本降低 36.11%，作业工效提高 55.56%。

表 2-7-11　板车集材和索道集材比较

集材方式	出材量 （m³）	定额 （m³/工日）	需工数 （工日）	日工资 （元/工日）	金额 （元）	单位成本 （元/m³）	工效 （m³/工日）
板　车	717	0.80	889	23.61	20989	29.27	0.81
索　道	717	1.26	568	23.61	13411	18.70	1.26

（3）综合效益分析：利用索道集材可以提高木材的质量，避免木材在集材过程中不必要的损伤，提高木材等级。

索道集材基本上取消溜山作业和担筒、拉板车作业，只在小范围内进行人力小集中。避免这些作业而造成的水土流失，对森林生态环境保护是有利的。能减轻工人劳动强度，生产安全，具有良好的社会效益。

板车与索道集材方式采集归段综合效益比较，见表 2-7-12。

表 2-7-12　2 种集材方式综合效益比较

集材方式	出材量 （m³）	经济效益				社会 效益	生态 效益
		准备作业费 （元/m³）	工艺（作业）费 （元/m³）	单位成本 （元/m³）	总成本 （元）		
板　车	717	27.80	91.28	119.08	85380.36	差	差
索　道	717	13.14	80.18	93.32	66910.44	好	好

7.2.4.5.6　小结

研究表明，索道集材明显优于板车集材，其原因在于索道是通过捷径运输，避免开设板车路，从而节省了开路成本，保护了生态环境，具有良好的生态效益；索道集材集距短，提高生产效率，降低劳动强度，具有明显的经济效益和社会效益，是山地林区的主要集材方式。

7.2.4.6　提高集材板车安全性的技术措施

集材板车是山地伐区集材主要工具之一。每趟集材约 0.5 m³，受坡度影响小，即使是 45°的陡坡，一名熟练集材工人也能把整板车的木材集到山下堆场；集材成本低，可充分利用已有的林道，延伸部分只需清除地表上的杂物并稍作整理即可，通过沟壑可用木材搭建临时通道，节省大量的筑路建桥费用。因此，在山地伐区集材中得到广泛应用。

7.2.4.6.1　集材板车结构与生产工艺

集材板车由 4 部分组成：车架、带有制动鼓的胶轮、防滑杆和制动装置。车架由 2 根平行纵梁和 3 根平行横梁组成，在中间横梁上固定有制动板；防滑杆是在装车现场自制的，杆尾部削成斜面，当陡坡集材制动力大于附着力引起车轮打滑时起抵消制动力的作用[22]。制动装置由制动鼓、制动带和制动拉绳组成（图 2-7-7）。

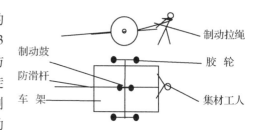

图 2-7-7　集材板车结构示意图

集材板车集材方法：一辆集材板车配备 2 名工人，一人肩扛车身，另一人肩扛车轮，一同沿板车道上山，到达伐木点后伐木、打枝、造材，达到一板车的集材量约 0.5 m³ 的材积，便装车集材。装车前先自制防滑杆，按图 2-7-7 位置把它固定在车身上，装完车后须用钢丝绳把木材牢牢捆绑在车架上。集材时，1 名工人双手搭在木材上，控制板车的行走方向，制动拉绳套在肩膀上，通过身子的后仰和前倾来控制制动力，在板车爬坡和过简易木桥时需要另一名工人牵引和协助。

集材板车陡坡集材安全性主要来自两方面因素，一是车身抗冲击疲劳强度，二是制动装置的可靠程度。常见的事故有车身横梁折断、车轮跳出轮槽、制动失灵等，因此，必须加强技术安全措施，提高其安全性。

7.2.4.6.2　提高车身抗冲击疲劳强度的技术措施

（1）波动冲击与震动冲击分析：陡坡集材时，车身受到防滑杆打击地面引起的波动冲击和车轮在不平陡坡上滚动引起的震动冲击[26]。波动冲击是人为引起的，集材工人有意通过抬高车身后部，不断地让后端的防滑杆打击地面，以此来增加摩擦力，防止板车加速滑移，波动冲击受集材坡度影响较大，坡度越陡波动频率越大，冲击力也越大；震动冲击是由于车轮在不平整的板车集材道上的撞击引起木材对车身的冲

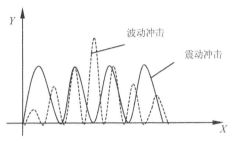

图 2-7-8　板车身陡坡集材时受冲击曲线

击，路面不平度越大，震动冲击力也越大，当车身同时遭受波动冲击与震动冲击，就会发生横梁折断。图 2-7-8 是在一段不平路面陡坡集材时受冲击变化图。由图 2-7-8 可知，当板车行至陡坡中部时，车身受冲击力最大，最容易造成车身横梁折断，事故原因主要来自两方面，一方面是集材工人为了增加板车滚动阻力，达到减缓车速的目的，有意将陡坡路面整成凹凸不平，加大了震动冲击力；另一方面是集材工人为了降低制动力，频频使用防滑杆打击地面，引起波动冲击，当板车行至陡坡中部时，打击频率最大，冲击力也达到最大。

（2）使用木材捆扎机械装置：由于板车集材量较大，加上采用人工钢丝绳捆扎，很难把木材牢牢固定在车身上，在陡坡集材遭受冲击时容易造成车身横梁折断。因此，要提高车身抗冲击疲劳强度，首先要注意装车方法，先装直杆木材，再装较直木材，最上层才装弯曲木材，以利于木材捆牢；其次要禁用 X 型捆扎方法，采用倒 8 型的捆扎方法；最重要是使用机械扎紧装置，把它固定在车身纵梁外侧，靠近集材工人的位置（图 2-7-9），并在 2 根纵梁上安放 4 个绳索挂钩。

由图 2-7-10 可知，集材工人通过摇动紧索摇杆，利用卷筒卷动钢丝绳将木材捆紧，采用止动装置防止钢丝绳松动，达到捆牢木材的目的。利用这一小装置就能提高车身抗冲击疲劳强度，防止车身横梁折断。

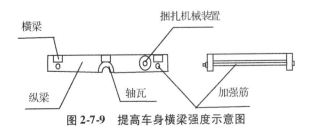

图 2-7-9　提高车身横梁强度示意图

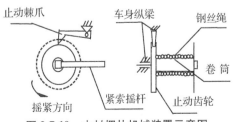

图 2-7-10　木材捆扎机械装置示意图

（3）增设2根铁制加强筋：2根小铁条重约3 kg，不会给车身增加太多重量，却能迅速提高横梁强度。

如图2-7-9所示，小铁条为实心，直径1.2 cm，长度比车身宽度多1.5 cm，一端焊有1块厚度为0.7 cm，长宽均为2 cm的正六边形小挡块；另一端制有4 cm螺纹，配合1个厚度为1 cm，长宽均为2 cm的正六边形螺母，用钻子在车身前后横梁下方的纵梁上钻4个小圆孔，安装2根铁条，并用螺母锁紧。

7.2.4.6.3　提高制动装置的可靠度

（1）陡坡集材时受力分析：集材板车常采用带式制动方法，它由制动鼓、带有制动瓦的制动钢带、制动钢丝绳组成。影响制动安全主要有木材重量、坡度、路面状况、轮胎充气量和制动装置等，因此，要先分析陡坡集材时集材板车的受力情况（图2-7-11）。

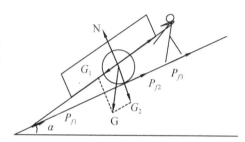

图 2-7-11　集材板车受力分析示意图

由图2-7-11可知，集材板车下坡时主要受到下滑力 G_1、3个阻力 P_{f1}、P_{f2} 和 P_{f3} 的共同作用。可得出以下3个平衡公式：

$$G_1 - P_制 - P_f = P_惯 = G/g \cdot dv/dt \tag{2-7-3}$$

$$P_制 < P_附 \tag{2-7-4}$$

$$P_制 + P_f = G\sin\alpha \tag{2-7-5}$$

式中：G_1——重力 G 沿斜坡方向的分力，即下滑力；

　　　P_f——集材板车的下滑阻力，$P_f = P_{f1} + P_{f2} + P_{f3}$，其中 P_{f1} 为板车防滑杆与地面的摩擦阻力；

　　　P_{f2}——板车的滚动阻力；

　　　P_{f3}——集材工人与地面的摩擦阻力；

　　　dv/dt——下滑加速度；

　　　$P_惯$、$P_制$、$P_附$——分别为板车的惯性力、制动力和附着力（三力图中未画出）。

公式（2-7-3）说明当下滑力大于各阻力之和时，就会产生下滑加速度，使集材板车失去控制，必须通过增加摩擦面来提高下滑阻力，具体做法有微降轮胎气压、增加防滑杆、集材工人脚穿硬质胶鞋等。式（2-7-4）和式（2-7-5）说明，制动力是制动鼓和制动瓦带之间产生一个制动力矩，使道路与车轮间产生一个反应力，当这个力大于或等于车轮的附着力时，车轮就不再滚动而转为滑移，因此必须通过增加各种阻力来降低制动力，才能防止板车产生加速下滑。

（2）改进制动轮鼓结构：当陡坡同时弯道集材时，往往造成制动失灵、制动带脱出制动鼓，导致翻车事故。最佳的技术方案是把平面制动鼓改成槽式制动鼓（图2-7-12）。

由图2-7-12可知，槽式制动鼓有两方面作用：一是防止制动带从鼓面滑出造成制动失灵，弯道陡坡集材时，制动带受到轴向力的作用（图2-7-13），开始轴向移动，由于此时受制动鼓槽侧平面反向力，制动带就无法继续前移；二是降低了制动力，由于制动鼓槽两侧做成45°斜面，制动时，槽两侧与制动瓦片相接触，使得制动鼓与带间接触面增加，摩擦

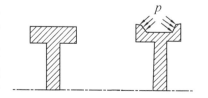

图 2-7-12　制动鼓改进前后剖面图

力提高，集材工人就很容易控制板车，从而提高
了制动安全性。

（3）使用制动导向滑轮：弯道集材是导致制
动带从鼓面滑出造成制动失灵的主要原因，如图
2-7-13。

制动瓦带是由薄钢板，内加一层石棉瓦制成，
钢板一端固定在板车中部横梁上，另一端打有数
个圆孔并缠绕在制动鼓上，制动钢丝绳一端也固
定在板车中部横梁上，另一端穿过制动钢板上的

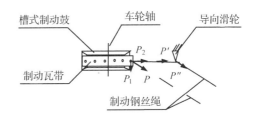

图 2-7-13　导向滑轮工作原理示意图

圆孔，再从固定在板车前端横梁上的导向滑轮缠绕过，最后套在集材工人肩膀上。由图 2-7-
13 可知，弯道集材，集材工人作用于制动钢丝绳的力 P，在制动瓦带上产生一个轴向力 P_1，
促使其横向移动欲脱离制动鼓，弯度越大，P_1 也越大。因此，需要在车身后横梁中部安装一
个导向滑轮。这样，集材工人作用于制动钢丝绳的力 P'' 产生的轴向力与滑轮的反力相抵消，
不论弯道有多么弯曲，作用在制动瓦带上的力 P' 始终与车轮轴相垂直，从而保证了制动
安全[27]。

7.3　木材运输工艺与设备选优

不同的运输方式，其运输工艺也不同。山地木材运输方式有陆路运输（包括公路运输和
铁路运输）和水路运输（包括船运、排运和单漂流送）。

7.3.1　不同运材方式对森林生态环境的影响

山地林区的木材运输方式主要有公路运输和水路运输 2 种类型，水路运输虽然有许多优
点（如基建投资少、运量大、运输成本低等），但由于不少流域水电梯级开发尚未完成，许多
河段的河道尚未整治，通航船闸尚未开通等原因，伐区段的木材运输主要依靠公路运输，水
路运输所占比重很小。公路运输形式主要有汽车和农用车，不同运材方式对森林生态环境的
影响主要表现在：修建运材道路时对地表土壤的干扰破坏；运材过程中各种运材设备对道路
路面产生的压实作用，以及路面和边坡在雨水的冲刷下引起的水土流失；运材设备（如汽车、
农用车和船舶等）运材时所排放的有害尾气对周围环境（包括空气、植被和水质等）的影响（污
染）等。

7.3.1.1　公路运输对生态环境的影响

7.3.1.1.1　修建运材道路对生态环境的负面影响

修建林区运材道路对森林生态环境影响很大。道路的挖填边坡以及路面在道路修竣后的
数年内，基本裸露在外，缺乏植被的保护，抗侵蚀能力差，容易产生土壤侵蚀。由于土体原
来的稳定被破坏，容易发生坍塌、滑坡等重力侵蚀现象。在林地与经营有关的全部土壤侵蚀
中，有 40% 来源于林道网；林道土壤侵蚀量为伐区的 17 倍，侵蚀的形式有滑坡、塌方、碎
落、崩塌、侵蚀沟、面蚀等，在调查的 171 处侵蚀中，有一半是无法避免的，仅有 11% 可以
通过改进道路设计以及采取防蚀措施加以避免[28]；对花岗岩地区林道的研究发现，林道网的
土壤侵蚀量达到 1756 t/km，是林地面蚀的 804 倍[29]；林道修建期间侵蚀量比修竣后高 5

倍[30]；投入使用后行驶车辆比不行驶车辆路面侵蚀量增加 13 倍，海拔高，土壤侵蚀相对严重[31]；林道网的修建不仅增加了土壤的侵蚀量，同时，由于道路占用林地，减少了林地森林的有效面积。道路施工会对道路两旁的树木造成损伤；道路弃方使河流堵塞等。

由于 2 种运材方式对道路条件的要求（包括路面宽度、路面结构和纵坡度）不同（表 2-7-13），因此对林地土壤的破坏影响也不同。汽车运材道路基宽度是农用车的 1.6 倍，在相同的地形条件下（地形坡度相同），则修建汽车运材道所造成的地表裸露面积（受侵蚀面积）大约是农用车的 1.6 倍，故汽车运材造成的土壤侵蚀量比农用车大。实际上由于汽车爬坡能力较农用车小，在地面高差相同的情况下，汽车运材道的展线系数比农用车运材道大，即修建汽车运材道的里程比农用车运材道长，因而造成的土壤侵蚀量也会增大。另外，由于汽车载重量（5~7 m^3/车）比农用车大（3~4 m^3/车），则汽车运材过程中对路面土壤造成的压实度比农用车大。不同的道路开挖工程量和载重量，使农用车和汽车两种运材方式对林地土壤理化性质的干扰影响不同，农用车运材对土壤理化性质的干扰影响普遍比汽车小许多。

表 2-7-13　运材方式对林地土壤侵蚀的影响

运材方式	道路等级	路基宽度（m）	路面结构	最大纵坡（%）	土壤侵蚀量	土壤压实度
汽　车	林区便道	4.0	泥结碎石或土路面	13	较大	较大
农用车	超低等级道路	2.5	泥结碎石或土路面	18	较小	较小

注：路基宽度指山岭重丘区单车道宽度；最大纵坡为重车下坡。

7.3.1.1.2　运材车辆排放尾气对生态环境的影响

根据对人和生物造成的影响，可将车辆发动机排出的气体分成有害成分和无害成分。N_2、CO_2、O_2、H_2 和水蒸气等属于无害成分；CO、HC、NO、SO_2、铅化合物和炭烟及油雾等为有害成分。有害成分在空气中达到一定浓度后，将对人和生物造成危害，即所谓排气公害。在各种有害成分中，CO、HC 和 NO 是主要的污染物质。但由于运材汽车在林区运行的时间短，次数少，相对城市的车流密度和交通量而言，其影响是非常小的。

7.3.1.2　水路运材对生态环境的影响

由于水路运材是利用自然河川进行木材运送（包括人工放排和船运木材），基本上不开挖或很少开挖土石方，故对地表土壤的破坏比陆路运材小得多。其对生态环境的影响主要表现在河道整治和运材过程中对周围环境的影响。

7.3.1.2.1　河道整治对环境的影响

河道整治的目的是为了更好地疏导通航。如消除河川中妨碍通航（通船和放排）的乱石、树根、工程残留物及沉河木，对河道的堵塞、淤积地段进行开挖疏导，必要时还必须修筑渠道，堵塞岔流，流向诱导，截弯取直，开挖引河等。在整治过程中，对河岸的地表造成一定的破坏，使河岸的抗冲刷能力降低。另外，使用爆破炸礁时，会造成河内微生物的死亡。但对我国南方河道而言，自然河川较多，这种对生态影响的程度相对小得多。

7.3.1.2.2　木材水运对生态环境的影响

木材水运方式主要有单漂、排运和船运 3 种形式。通航河道不允许单漂流送。人工放排不需要动力，对环境基本上不造成污染。船运大多采用驳船运输，它的动力为内燃机，内燃机工作时会有少量排放的油渍漂浮于河面，对水里的微生物和人类的饮用水造成一定的污染和破坏，但由于船运单位功率的载运量大，若按单位载运量所排放的废弃物来计算的话，则船运对生态环境造成的影响比公路运输要小得多,与汽车排放的尾气对大气的污染相对程度轻得多[32]。

7.3.2 木材公路运输工艺与设备

7.3.2.1 运输工艺

影响木材公路运输工艺的因素较多,有自然条件、道路条件、资源条件、木材产品类型、木材流向和运输设备等,木材公路运输基本工艺,如图 2-7-14。

图 2-7-14 木材公路运输基本工艺

目前山地人工林木材生产中,由于木材径级较小,大多采用人力装车,且由于人工林单位出材量较小,生产单位为节省基建投资,通常只修建一些简易林道(拖拉机道或农用车道),所以在伐区段(支线或岔线)和运材距离较短时,基本上采用农用车或手扶拖拉机运材,只有在有可利用的旧林区便道(稍加修复即可使用)时,才用汽车运材。卸车大多采用机械(装卸桥或塔吊)卸车。

7.3.2.2 运输设备

目前山地木材公路运输设备主要有汽车、农用车和手扶拖拉机3种类型。汽车主要有国产解放牌(CA 系列)、东风牌(EQ 系列)和跃进牌(NJ 系列)3 种车型。在人工林木材运输生产中应用最多的是农用车,尤其在伐区段,其次是手扶拖拉机,汽车运材所占比例较小。

农用车(系农用货车的简称)分三轮农用货车和四、六轮农用货车。三轮农用货车又称"柴三机",功率不大于 7.4 kW 主要用于农业生产,在木材生产中几乎不用。四、六轮农用货车在山地林区木材运输中应用较为广泛。福建省农用汽车制造厂,有邵武汽车厂、福建(永安)汽车制造厂和龙马集团等,早期生产四轮农用货车,后改为六轮,功率有所增加,外观尺寸有所改进。公安部规定六轮农用运输车发动机为柴油机,功率不大于 28 kW,载量不大于 15 kN,长、宽、高分别不大于 5.5、2.0、2.5 m,后悬占轴距60%。

农用货车运输在山地林区具有良好的适应性,主要表现为:

(1)装卸容易。农用货车车身较 CA1091(或 CA141)、EQ1090(或 EQ140)小许多,装车就容易得多。山地林区原木材长多为 4 m,农用货车车厢长约为 3.5 m,用于装 4 m 材长的原木较经济。

(2)性能可靠,适合林区公路。许多个体业主,将购得的新车做了改装,以便更适合林区路况。农用货车的用途就是用于农林业生产,从设计角度考虑,农用货车最常遇到的路况就是林区公路,或是凹凸不平的便道,所以不论是它的动力性、制动性、机动性,还是通过性,与在林区公路上行驶的其他运材车辆相比均是最优的。农用货车满载时,可运材 6 m³以上,虽然这种严重的超载会对道路造成很大的破坏,但与同样超载的 EQ1090、CA1091 车型比较,路面相对承受的载荷要小的多。

(3)机动灵活。农用货车车身小,操纵灵活,最小转弯半径约为 8~9 m,扭矩大,在低级公路上行驶通车交会时不一定要驶入错车道,而这一点是 EQ1090、CA1091 车型无法相比的。

（4）对道路条件（路面宽度和质量）要求低。山地林区岔线公路行车道宽度通常是 3 m，运材汽车宽（满载）一般 2.5～3.5 m，六轮农用运输车宽度（满载）一般不大于 2 m，故支、岔线较适合农用货车运输[33]。

（5）维修方便。农用货车价格低廉，新购的农用货车单价约为 4 万元/辆，再加上性能可靠，适应性强等原因，深受广大林农欢迎。零配件容易买到，维修点多，每个乡镇都有四五家以上维修店。一旦运材车在路上出现故障，不需花多少时间就可以得到排除，这大大提高了运材效率。而一些较大型的运材车，只有在县城以上的地方才设有维修点，一旦运材车出现故障，往往需要花上大半天或是更长的时间，才能得到修理。若是在林道的支、岔线上抛锚，还将造成严重的堵车现象，影响了运材效率。

（6）运材成本较低。运材是木材生产中重要的环节，费用占木材生产总费用的 30%～50%[34]。汽车运材成本包括车辆折旧费、大修费、工资、管理费用和运输材料费用（包括油料消耗、轮胎和材料工时等）。从山上楞场到中间楞场（如林业采育场场部楞场）一般为林区公路的支、岔线，有坡陡、弯多和路窄等特点。这段路的运材成本，农用货车与 EQ1090 车持平，低于 CA1091 车，但从场部楞场到贮木场或是需材单位，该段路多为林业干道，或是较高等级的公路，路面较宽，陡坡和弯道少，平整度高。该段路的运材成本 EQ1090 车低于农用货车和 CA1091 车[35]。

农用车在木材运输中存在主要问题有以下两方面：①驾驶员技术素质低。私人农用货车业主多半受教育不高，甚至有不少驾驶员未受过正规驾驶培训，对车辆的各种性能和道路承载能力，以及交通法规知识了解不够，违规驾驶现象严重。②机械故障多。农用货车业主为了节约费用，对车辆没有及时的检修和定期的保养，加上车辆长期严重超载，零件磨损严重，小故障没有及时得到修理。车主往往是要到万不得已的时候才肯花钱修车，车辆经常是带病工作。少数车辆已到报废年限，却还在超期使用，以致经常出现故障，不仅影响了运材效率，而且还给行车带来了巨大的安全隐患。

综上所述，农用运输车在山地林区木材生产中主要用于木材运输，尤其是伐区到场部以支、岔线为主的林业公路上运材较为合适。同时，农用运输车存在机械故障多、经济性不够等问题，生产厂家有必要对车型作些改进，使之更适合山地林区的路况和木材运输的需要。此外，现行的"林区公路工程设计规程"，按部颁规定，只适用于乙类地区一、二、三级林区公路以及便道的新建或改建的设计，那么，对于林区小道在新建时，如果套用现有的"林区公路工程设计规程"去设计，则大材小用，浪费了国家的资材。因此，必须迅速组织力量研究和制定这种深受山地林区林农欢迎的小车小道工程技术标准。农用运输车配小道进行山运技术上可行，经济上合理，是理想的运材方式。

7.3.3　水路运材工艺与设备

7.3.3.1　运材工艺

水路运材工艺根据运材方式的不同分为单漂流送工艺、木材排运工艺和木材船运工艺 3 种。闽江属通航河道，按规定不允许有单漂流送，因此福建省的木材水运方式主要是排运（人工放排）和船运。近年来，在闽江流域上因加强了水利资源的开发利用，新建了许多梯级电站，出现了许多碍航建筑物（即截流坝体），对木材水运工艺造成一定的影响（增加了一道过坝工序），木材船运生产工艺随航行水域、运木船的结构类型及装货方式的不同而异。闽江流域适宜的木材船运工艺类型大致有 2 种：江河驳船运木和江河货船舱装运木[36]，木材排运和船运基本生产工艺流程，分别如图 2-7-15、图 2-7-16。

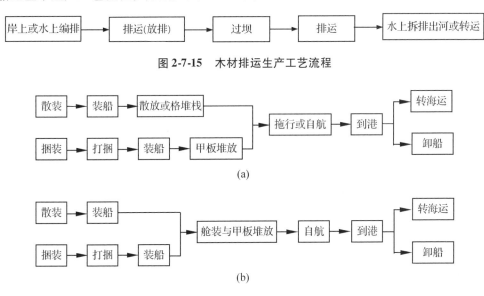

图 2-7-15 木材排运生产工艺流程

（a）

（b）

图 2-7-16 木材船运生产工艺流程

（a）江河驳船运木；（b）江河货船舱装运木

7.3.3.2 运材设备

木材排运若为人工放排，则只需一些编拆排作业的辅助设备，无需运输设备；若为拖排运输，则需要拖轮。木材船运有 2 种：运木船（专用或一般货船）和驳船（机动驳和非机动驳），此外，还需要装卸设备。

7.3.4 木材铁路运输

福建省于 20 世纪 80 年代结束了专用的森林铁路运输木材，木材运输主要依靠铁路货运列车完成跨省长途运输，其主要运输设备是火车和装卸设备。木材铁路运输的主要问题是运输周期较长，尤其当火车车皮紧张无法保证木材的及时运输时，会造成大量的木材因在贮木场积压（停留时间过长）引起变质降等，造成经济损失。

7.3.5 人工林木材运输模式研究

长期以来，林业企业决策部门在确定木材运输方式时，仅从运输速度的快慢及方便与否来考虑，没有进行科学的技术经济比较，致使具有有利的水路运输条件的企业也盲目地"弃水就陆"。通过对各种运输模式的分析比较，从中得出在一定运输条件下的最佳运输模式，为林业企业决策者在选择木材运输方式时提供科学决策依据。

7.3.5.1 木材运输模型的建立

7.3.5.1.1 前提条件

为了便于分析比较各种运输模式之间的优劣，首先假定木材产地与销售地之间存在多种可能的运输方式，同时具备汽车运输、水路运输（船运或排运）及铁路运输条件。福建省公路四通八达，铁路贯穿全省，闽江流域流经 36 个县(市)，主要木材产地南平、三明和龙岩等地区基本具备了上述条件。

7.3.5.1.2 木材运输的基本模式

根据福建省实际情况，木材运输的基本模式有 3 种，见表 2-7-14[37]。

表 2-7-14 木材运输基本模式

运输模式	运输工艺流程
I	木材产地 $\xrightarrow{\text{汽 运}}$ 木材销售地
II	木材产地 $\xrightarrow{\text{汽 运}}$ 贮木场 $\xrightarrow{\text{水 运}}$ 木材销售地
III	木材产地 $\xrightarrow{\text{汽 运}}$ 贮木场 $\xrightarrow{\text{铁 运}}$ 木材销售地

7.3.5.1.3 木材运输模式的数学模型

各种运输模式所对应的各项运输费用的总和，即运输总成本，其数学表达式为：

$$c_j = \sum_{i=1}^{n} x_i \quad (j = \text{I}, \text{II}, \text{III}) \tag{2-7-6}$$

式中：c_j——某种运输模式的运输总成本；

x_i——第 i 项运输费用。

（1）模式 II 的数学模型：模式 II 为汽水联运，即先用汽车将木材从产地运至岸边贮木场或码头，木材在此卸车并滞留待装一段时间(短则几天，长则数十天)后，再进行装船(或扎排)，通过船运(或排运)将木材运至销售地的岸边贮木场或码头，进行卸船(或拆排)出河，其运输总费用包括汽车运输的装卸费、汽车运费、水运过程中的装卸费(或编拆排费)、船运或排运运费，以及木材在贮木场中滞留期间的木材保管费和流动资金占用费等，其数学表达式为：

$$c_{m2} = x_1 L_1 + x_2 L_2 + x_3 + x_4 + x_5 + x_6 + x_7 + x_8 = x_1 L_1 + x_2 L_2 + \sum_{i=3}^{8} x_i \tag{2-7-7}$$

$$x_1 = x_1' + x_1'' ; x_8 = a\left[(1 + b)^{t/365} - 1 \right]$$

式中：c_{m2}——模式 II 的运输总费用($元/m^3$)；

x_1——汽车运费包括重车行程单位运输成本 $x_1'[元/(m^3 \cdot km)]$ 和汽车放空费 $x_1''(x_1'' = 30\% \cdot x_1')$；

x_2——木材船运或排运运费 $[元/(m^3 \cdot km)]$；

x_3——汽车装车费($元/m^3$)；

x_4——汽车卸车费($元/m^3$)；

x_5——装船费或扎排费($元/m^3$)；

x_6——卸船或拆排费($元/m^3$)；

x_7——木材保管费包括木材因降等变质而造成的损失费($元/m^3$)；

x_8——木材运输过程中流动资金占用费($元/m^3$)；

t——运输周期包括木材在贮木场中的滞留时间(天)；

b——银行贷款年利率；

a ——木材出场价或生产成本(元/m³);

L_1 ——汽车运距(km);

L_2 ——水运运距(km)。

（2）模式Ⅲ的数学模型：模式Ⅲ为汽铁联运，其运输过程与模式Ⅱ基本相似，所不同的是第 2 阶段的运输仍属陆运，即铁路运输，相应的装卸作业变为火车的装卸车。构成运输总费用的项目有：汽车装卸费和运费、火车装卸费和运费、木材保管费和流动资金占用费等，其数学表达式为：

$$c_{m3} = x_1 L_1 + x_2 L_2 + x_3 + x_4 + x_5 + x_6 + x_7 + x_8 = x_1 L_1 + x_2 L_2 + \sum_{i=3}^{8} x_i \qquad (2\text{-}7\text{-}8)$$

式中：c_{m3} ——模式Ⅲ的运输总费用(元·m³);

x_2 ——铁路运费[元/(m³·km)];

x_5 ——火车装车费(元/m³);

x_6 ——火车卸车费(元/m³);

L_2 ——铁路运距(km)。

必须强调指出的是式(2-7-7)与式(2-7-8)表达式相同，但各自的自变量物理意义是不同的。

（3）模式Ⅰ的数学模型：模式Ⅰ为汽车直接运输，构成运输费用的项目有：汽车装卸费、运费及流动资金占用费等，其数学表达式为：

$$c_{m1} = x_1 L_1 + x_3 + x_4 + x_8 \qquad (2\text{-}7\text{-}9)$$

式中：c_{m1} ——模式Ⅰ的运输总费用(元/m³)。

令 $k = L_1/L_2$, $L = L_1 + L_2$, 并分别代入式(2-7-7)式(2-7-8)，得：

$$c_{m2} \text{ 或 } c_{m3} = \frac{kx_1 + x_2}{1+k} \cdot L + \sum_{i=3}^{8} x_i \qquad (2\text{-}7\text{-}10)$$

7.3.5.2　木材运输模式的分析比较
7.3.5.2.1　运输费用的调查分析

据福建省调查，木材保管费用与木材的运输周期及木材变质降等的情况有关，周期越长，木材变质降等越厉害，则保管费越高，木材的平均保管费用约为 0.3 ~ 0.5 元/(m³·天)；流动资金占用费与当年的银行贷款利率高低及运输周期的长短有关，若按年利率 12%，木材生产成本(或出场价)为 300 ~ 600 元/m³ 计算，则流动资金占用费约为 0.10 ~ 0.20 元/(m³·天)，各项运输费用的调查结果，见表 2-7-15[37]。

表 2-7-15　木材运输费用

运输方式	运费 [元/(m³·km)]	装车或装船费 (元/m³)	卸车或卸船费 (元/m³)	木材保管费 [元/(m³·天)]	流动资金占用费 [元/(m³·天)]
汽车运材	0.35 ~ 0.45	3.50	2.50	0.30 ~ 0.50	0.10 ~ 0.20
驳船运材	0.024 ~ 0.038	4.00	3.00	0.30 ~ 0.50	0.10 ~ 0.20
火车运材	0.032 ~ 0.072	3.50	2.50	0.30 ~ 0.50	0.10 ~ 0.20

7.3.5.2.2　运输成本分析比较

运输成本是完成每单位运输工作量(m³/km 或 t/km)所需费用，通常分为 3 部分：可变费用、固定费用、装卸费用。可变费用包括材料费用(燃料、润滑油等)、折旧费、技术保养和修理费,汽车还包括轮胎费用、养路费等。固定费用包括装卸工人或操纵机械工人工资;装卸机械的动力、润滑材料和其他材料的费用;装卸机械的保养和修理费、折旧费等。将表2-7-13数据分别代入式(2-7-9)、式(2-7-10)计算,结果见表2-7-16[37]。

表 2-7-16 各运输模式的运输总费用(元/m³)

组别	运输模式	总运距(km)	k值	运输周期(天)					
				T = 1	T = 5	T = 10	T = 15	T = 30	T = 60
1	Ⅰ	100	0.5	41.10 ~ 51.20	41.50 ~ 52.00	42.00 ~ 54.00	42.50 ~ 54.00	—	—
	Ⅱ	100	0.5	26.67 ~ 31.23	28.27 ~ 34.03	30.27 ~ 37.53	32.27 ~ 41.03	38.27 ~ 50.80	—
	Ⅲ	100	0.5	26.20 ~ 32.50	27.80 ~ 33.80	29.80 ~ 38.80	31.80 ~ 42.30	37.80 ~ 52.80	49.80 ~ 73.80
2	Ⅰ	100	1.0	41.10 ~ 51.10	41.50 ~ 52.00	42.00 ~ 53.00	42.50 ~ 53.00	—	—
	Ⅱ	100	1.0	32.10 ~ 38.10	33.70 ~ 40.90	35.70 ~ 44.40	37.70 ~ 47.90	43.70 ~ 58.40	—
	Ⅲ	100	1.0	31.50 ~ 38.80	33.10 ~ 41.60	35.10 ~ 45.10	37.10 ~ 48.60	43.10 ~ 59.10	55.10 ~ 80.10
3	Ⅰ	300	0.5	111.10 ~ 141.20	111.50 ~ 142.00	112.00 ~ 143.00	112.50 ~ 144.00	—	—
	Ⅱ	300	0.5	53.20 ~ 66.30	54.80 ~ 69.10	56.80 ~ 72.60	58.80 ~ 76.10	64.80 ~ 86.60	—
	Ⅲ	300	0.5	53.80 ~ 72.10	55.40 ~ 74.90	57.40 ~ 78.40	59.40 ~ 81.90	65.40 ~ 92.40	77.40 ~ 113.40

由表2-7-14可知,在相同的运距及运输周期的情况下,模式Ⅰ的运输费用最高,模式Ⅱ和模式Ⅲ均较低,且两者相差不大;当运输周期相同时,随着运距的增大,由于汽车运费增大的幅度较水运、铁路运输大得多,故模式Ⅰ与模式Ⅱ、模式Ⅲ的差值越大;随着比值k的减小,模式Ⅱ和模式Ⅲ的运输总费用也随之下降;随着运输周期的延长,木材运输总费用也增大。若铁路运输紧张,无法保证木材的及时运输,所以模式Ⅲ的运输周期往往要比模式Ⅱ长得多。据调查,模式Ⅲ的运输周期一般要比模式Ⅱ长10~20天,因而模式Ⅲ的运输总费用实际上要比模式Ⅱ高许多。

7.3.5.2.3 经济运距与最佳运输模式

(1)运输模式经济运距的计算:经济运距是使运输总成本小于运输毛利润的运距,即在此运距范围内,采用某种运输模式是经济的,木材运输单位是有利可图的,故经济运距应满足下列关系:

$$c_p - c_j \geqslant 0 \quad (j = 1, 2, 3)$$
$$c_p = c_m - c_f \tag{2-7-11}$$

式中:c_p ——运输毛利润(元/m³);

c_m ——计算期木材销地市场销售价(元/m³);

c_f ——计算期木材产地交货价或收购价(元/m³)。

则各种运输模式的经济运距如下:

$$L_{m1} \leqslant \left(c_p - \sum_{i=2}^{4} x_i \right) / x_1 \tag{2-7-12}$$

$$L_{m2} \text{ 或 } L_{m3} \leqslant (1 + k) \left(c_p - \sum_{i=2}^{4} x_i \right) / (kx_1 + x_2) \tag{2-7-13}$$

式中：L_{m1}、L_{m2}、L_{m3}——分别为模式Ⅰ、模式Ⅱ和模式Ⅲ的经济运距（km）。

（2）最佳运输模式的选择：选择最佳运输模式，就是要选择技术上可行，运输成本最低，利润最高的运输方式。为了直观比较，方便选择，将各种运输模式的运输总成本 C（元/m³）与运距 L（km）的关系绘成图（图 2-7-17）。当 $k=1$、$T=15$ 天、$L<70$ km 或 $k=1$、$T=1$ 天、$L<30$ km 或 $k=0.5$、$T=1$ 天、$L<25$ km 时，优选顺序为模式Ⅰ、模式Ⅱ和模式Ⅲ；当 $k=1$、$T=15$ 天、$L>70$ km 或 $k=1$、$T=1$ 天、$L>30$ km 或 $k=0.5$、$T=1$ 天、$L\geqslant25$ km 时，优选顺序为模式Ⅱ、模式Ⅲ和模式Ⅰ；当模式Ⅱ和模式Ⅲ的运输周期不同时，应选周期较短的运输模式，且应使其 k 值尽可能小。

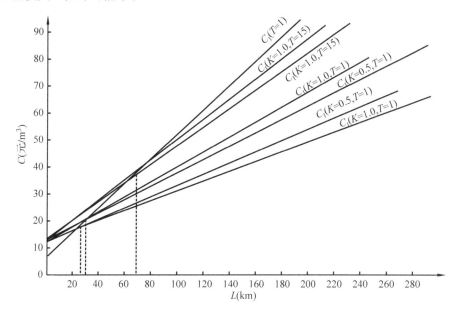

图 2-7-17　运输总成本与运距关系图

在相同条件下，模式Ⅱ和模式Ⅲ的运输总费用相差不大，但应优选模式Ⅱ，这是因为福建省水利资源丰富，水路运力尚未得到充分发挥，而铁路运力已趋于饱和状态。

7.3.5.2.4　运输设备的选型

运输设备的选型是否合理，将直接影响到运材生产率和运输成本。选择运材汽车类型时应综合考虑森林资源条件（木材生产量与材种规格等）、道路条件（道路等级、路面类型等）、汽车维修条件、汽车性能条件及运材汽车的经济性等因素；闽江流域水电梯级开发后，木材水运应以发展船运为主，且优先选用驳船（机动驳或非机动驳）作为主要的运输设备。

7.3.5.2.5　小　结

在一定的运输条件下，存在着某种运输成本最低、利润最高的最佳运输模式。不同的运输条件，最佳的运输模式也不同。

模式Ⅰ适用于运距较短的木材运输，当运距较长时，优先采用模式Ⅱ和模式Ⅲ。

在相同条件下，模式Ⅱ和模式Ⅲ的运输总费用相差不大，但应优先采用模式Ⅱ，以便充分利用水路资源条件，减轻铁路运输的压力。

当采用模式Ⅱ和模式Ⅲ时，应尽可能缩短其中的汽车运距，延长船运或铁路运距，以降低运输成本，提高企业的经济效益。

7.4 采伐迹地清理方式与更新造林方案选优

7.4.1 采伐迹地清理方式

根据我国多年实践经验,有利于森林更新的采伐迹地清理方式有 3 种。

(1)堆腐法。堆腐法广泛用于植被较少和采伐剩余物易于腐烂的迹地。分为散堆和带堆两种。散堆是将采伐剩余物截短后,横山成块状分散地堆放在采伐迹地上,此法适用于择伐、渐伐和抚育间伐的迹地;带堆是将采伐剩余物截短后,呈带状就地纵铺或横铺于采伐迹地,陡坡为沿等高线横铺,此法较省工,能减轻水土流失,便于更新作业,适用于皆伐迹地。

(2)散铺法。散铺法是将采伐剩余物截短后,均匀地铺撒在采伐迹地上。适用于非皆伐迹地或采伐剩余物较少、土壤瘠薄、干燥,以及坡度较大的迹地,可防止土壤干燥、流失。

(3)火烧法(炼山)。当迹地上的采伐剩余物较多,病虫害较严重时,在不易引起火灾的采伐迹地上,可采用火烧法进行清理。

以上 3 种采伐迹地清理方法,对生态环境影响程度有异。堆腐法操作简单,便于掌握,需要工时较少,采伐剩余物在林地上自然腐烂,在较长时间内向迹地提供有机养分,增加土壤肥力,利于森林更新,但清理范围小,易被害虫作为潜伏场所;采用散铺法比堆腐法更容易腐烂。从考虑森林生态和有利于保护生物多样性这个角度来讲,散铺法比堆腐法更好,但从有利于森林更新同时兼顾生态效益角度考虑,则采用堆腐法较好。根据对福建省南平、三明、龙岩地区的生产实践调查,结果表明采用沿等高线分布的带堆法效果较好,既有利于森林更新,又可以防止水土流失(因为其可以减缓径流速度),尤其是在皆伐后植被尚未恢复的第一年,其作用更明显。至于火烧法,目前很多学者仍持有不同见解,不过有一点可以肯定,火烧法可以彻底清除迹地上的采伐剩余物,增加土壤灰分含量,特别对病虫害严重的林地和复层混交林尤为适用。但从保护生态环境,防止水土流失角度考虑,应避免采用火烧法,因火烧法极易引起水土流失。

7.4.2 更新造林方案选优

更新造林是森林经营中一项重要的生产活动,是关系到森林资源可持续利用、林业可持续发展的一项重要工作,也是木材生产中必须首先考虑的一个重要因素。森林采伐后的更新方式有人工更新、人工促进天然更新和天然更新 3 种。选择更新方式时,应综合考虑采伐方式、立地条件、培养目标和伐前更新调查结果等因素,科学选择。更新造林遇到的首要问题是树种的选择。是连栽(杉木连栽会导致地力衰退),还是更新树种,才能保持和提高林地地力,使林分长势良好,提高经济效益和生态效益。

山地林区更新树种优选方案:天然林阔叶树迹地,更新纯杉木;在 I 类或 II 类立地土壤的纯杉木迹地,更新纯马尾松或杉阔混交林大径材;在 I 类或 II 类立地土壤的纯马尾松迹地,更新纯杉木大径材[34]。

第8章
人工林生态采运作业系统评价与作业模式优化

8.1 采伐作业机具综合评价与择优

根据人工林生产实际调查，坡度大于25°的一般人工用材林提倡实行择伐。目前采伐方式多数为皆伐，采伐方法多数采用油锯，只有极少数资源较分散、小径材（径级8~12 cm）的杉木伐区使用弯把锯。因此，对人工林皆伐作业中的2种不同作业方法，即油锯采伐（机械作业）和弯把锯采伐（手工作业）进行三大效益综合评价，为采伐作业机具的选择提供科学的依据。

8.1.1 经济效益分析

8.1.1.1 油锯采伐、造材

油锯采伐、造材作业费用包括油料费、折旧费、维修保养费、配件费和采伐、造材作业工资等。

8.1.1.2 弯把锯采伐、造材

弯把锯采伐、造材作业费用包括弯把锯工具费和采伐、造材作业工资。

8.1.1.3 油锯和弯把锯的采伐作业经济效益比较

油锯和弯把锯2种采伐作业机具在山地人工林生产中都有使用，2种机具各有其特点和适用条件，就其在相同作业条件下进行经济性比较，以便为合理选择采伐机具提供依据。根据4种作业条件（山场作业，树种为马尾松或杉木，造材规格3.0~4.0 m），根据文献[20]计算结果，见表2-8-1。

表2-8-1 2种采伐机具的经济性比较

项　目	作业条件1	作业条件2	作业条件3	作业条件4
平均材积（m³/株）	≤0.30	0.31~0.50	0.31~0.50	0.31~0.50
出材量（m³/hm²）	61.5~90	61.5~90	91.5~120	91.5~120
坡度（°）	>27	>27	>27	17~27
油锯采造成本（元/m³）	10.07	9.27	9.07	8.66
弯把锯采造成本（元/m³）	10.39	9.43	9.18	8.63

注：油锯类型为YJ₄油锯。

由表2-8-1可知，弯把锯的采造作业成本普遍比油锯高，说明油锯采造作业的经济效益比弯把锯好。当平均材积由0.30 m³/株增大到0.50 m³/株时，油锯和弯把锯的作业成本分别

降低 7.90% 和 9.20%；当单位出材量由 61.5～90 m^3/hm^2 增大到 91.5～120 m^3/hm^2 时，油锯和弯把锯的作业成本分别降低 9.93% 和 11.65%；当地面坡度从 20° 变到 30° 时，油锯和弯把锯的作业成本分别提高 4.73% 和 6.34%。说明平均单株材积、单位出材量及地形等因素的变化对弯把锯作业成本的影响比油锯大。

8.1.1.4　伐区作业成本

试验伐区调查及工艺设计资料：马尾松林分，伐区面积为 12.6 hm^2，平均材积 0.22 m^3/株，4.0 m 材长，坡度 26°，出材量 1134 m^3，据文献[20]，皆伐采造计算结果（元/m^3）：油锯采伐 4.33，油锯造材 5.23；弯把锯采伐 2.83，弯把锯造材 6.78。

8.1.2　生态效益分析

生态效益主要是对土壤、植被和水土流失方面的影响大小。经现场考察与调研，在采伐面积和蓄积量相同条件下，除了油锯作业排出的空气少量污染物（CO、HC、SO_2 等）外，2 种采伐机具对生态效益影响视为是等同的。采用专家调查法和相对比较法，油锯与弯把锯的相对权重分别为 0.60、0.40。

8.1.3　社会效益分析

社会效益是通过其评价指标体系来进行评价的。评价指标体系通常包括以下几个方面：社会进步系数、增加就业人数、健康水平提高系数、精神满足程度、生活质量改善和社会结构优化等[38]。但对于具体的生产规模不大的伐区木材生产作业系统来说，可以用作业安全性、劳动强度大小和社会进步系数（包括作业机械化程度、劳动生产率水平）等来评价。由于采伐作业的社会效益，目前尚无直接的量化指标，因此，采用专家法和相对比较法对采伐作业的社会效益进行量化处理。

油锯和弯把锯采伐的作业安全性、劳动强度和社会进步系数等社会效益是不同的，根据 2 种采伐机具的性能和作业特点，用专家调查法和相对比较法分别对其进行评价，结果见表 2-8-2。

表 2-8-2　2 种采伐机具的社会效益评价

采伐机具	社会效益各指标评价值		
	作业安全性	劳动强度	社会进步系数
油　锯	0.3	0.2	0.8
弯把锯	0.7	0.8	0.2

8.1.4　不同采伐机具综合评价与择优

8.1.4.1　不同采伐机具各效益指标

2 种采伐机具的经济效益按试验伐区作业成本，生态效益则根据 2 种机具的作业特点，用专家调查法和相对比较法确定，社会效益按表 2-8-2 计算，为了更全面评价 2 种采伐机具的优劣，将经济效益评价指标分解成单位作业成本（包括伐木、打枝、造材）和生产效率 2 个子目标，生产效率评价指标按文献[20]确定，各效益指标计算结果见表 2-8-3。

表 2-8-3　2 种采伐机具的各效益指标

采伐机具	经济效益		生态效益 V_3	社会效益		
	作业成本 V_1	生产效率 V_2		作业安全性 V_4	劳动强度 V_5	社会进步系数 V_6
油　锯	9.56	0.8	0.6	0.3	0.2	0.8
弯把锯	9.61	0.2	0.4	0.7	0.8	0.2

8.1.4.2　不同采伐机具各目标的效用计算

将表 2-8-3 中的 6 个指标测定值，采用多目标决策综合评价法[39]换算成统一的效用值 U。对于生产效率、作业安全性和社会进步系数等 3 项指标，其数值越大越好，则采用递增关系式；而其他各指标的数值是越小越好，故采用递减关系式换算，结果见表 2-8-4。

表 2-8-4　2 种采伐机具的各目标效用值

采伐机具	U_1	U_2	U_3	U_4	U_5	U_6
油　锯	0.1	1.0	0.1	0.1	1.0	1.0
弯把锯	1.0	0.1	1.0	1.0	0.1	0.1

8.1.4.3　不同采伐机具综合评价与择优

从经济、生态和社会效益 3 个方面，对人工林油锯和弯把锯采伐进行综合评价，用专家调查法和相对比较法确定各主目标和子目标的权重系数。经济、生态和社会效益的权重系数分别为 0.7、0.13 和 0.17；作业成本和生产效率的权重系数分别为 0.7 和 0.3，得到 2 种采伐机具的综合评价值，结果见表 2-8-5。

表 2-8-5　2 种采伐机具的综合评价值计算

采伐机具	W_1	W_2	W_3	W_4	W_5	W_6	综合评价值
	0.49	0.21	0.13	0.085	0.054	0.031	
油　锯	1.0	1.0	0.1	0.1	1.0	1.0	0.807
弯把锯	0.1	0.1	1.0	1.0	0.1	0.1	0.294

由表 2-8-5 可知，油锯的综合评价值（0.807）高于弯把锯（0.294），说明油锯的综合效益比弯把锯好。这主要是由于油锯的生产效率比弯把锯高许多的缘故。所以人工林采伐作业生产应尽量选用油锯。

8.2　人工林伐区木材运输作业模式选优

长期以来，林业企业决策部门在确定木材运输方式时，仅从运输速度的快慢及方便与否来考虑，没有进行科学的技术经济比较，致使具有有利的水路运输条件的企业也盲目地"弃水就陆"，采用单一的运输模式——木材陆运，造成运输成本大幅度提高，运输企业经济效益下降。通过对山地人工林伐区常用 4 种木材运输作业模式（汽车运材、农用车运材、船运木材和排运木材）的经济效益、生态效益、社会效益及综合效益的分析评价，从而确定最佳木材运输作业模式，为林业生产部门合理选择木材运输作业模式提供科学依据。

8.2.1　各种效益分析

8.2.1.1　经济效益分析

为便于分析比较不同木材运输作业模式的经济效益，假定各种作业模式是在同一种作业条件下进行的，试验伐区调查及工艺设计资料：马尾松林分，伐区面积为 12.6 hm^2，平均材积 0.22 m^3/株，4.0 m 材长，坡度 26°，出材量 1134 m^3，已有支（岔）线运材道长度（指从林业采育场场部楞场或中间楞场至山上楞场的长度，结合实际情况，假定为 42 km）等条件是相同的。此外，假定该伐区同时具备上述 4 种运材作业模式的运材条件，在山上楞场处恰有可供进行木材水运（船运或排运）的临时性水运码头。

根据文献[20]，分别对 4 种运材作业模式的运材成本进行计算，结果见表 2-8-6。

表 2-8-6　4 种运材作业模式的成本（元/m^3）

作业模式	Ⅰ	Ⅱ	Ⅲ	Ⅳ
	汽车运材	农用车运材	船运木材	排运木材
成　本	30.27	21.91	15.40	13.76

8.2.1.2　生态效益分析

不同运材方式对森林生态环境的影响主要表现在以下几个方面：修建运材道路时对地表土壤的干扰破坏；运材过程中各种运材设备对道路路面产生的压实作用，以及路面和边坡在雨水的冲刷下引起的水土流失；运材设备（如汽车、农用车、船舶等）运材时所排放的有害尾气对周围环境（包括空气、植被和水质等）的影响（污染）等。

人工林伐区运材作业方式有陆路运输和水路运输 2 种形式。陆路运输主要有农用车运材和汽车运材。陆路运材对林地生态环境的影响，主要是对运材道土壤和植被的影响；水路运材对生态环境的影响，主要表现在整治河道时对河岸两侧土壤和水体的干扰破坏影响。根据不同运材方式（包括陆路和水路）对生态环境可能造成的影响大小，用专家调查法和相对比较法，4 种运材作业模式的生态效益评价值（权重系数），结果见表 2-8-7。

表 2-8-7　4 种运材作业模式的生态效益评价值

作业模式	比　重						Σ	评价值（权重）
	1	2	3	4	5	6		
Ⅰ	0.6	0.85	0.9				2.35	0.392
Ⅱ	0.4			0.8	0.85		2.05	0.342
Ⅲ		0.15		0.2		0.6	0.95	0.158
Ⅳ			0.1		0.15	0.4	0.65	0.108

8.2.1.3　社会效益分析

采用专家法和相对比较法对 4 种运材作业模式的社会效益进行量化处理。常用 4 种运材作业模式的社会效益评价结果，见表 2-8-8。

表 2-8-8　4 种运材作业模式的社会效益评价

作业模式	社会效益各指标评价值		
	作业安全性	劳动强度	社会进步系数
Ⅰ	0.28	0.20	0.30
Ⅱ	0.25	0.26	0.27
Ⅲ	0.32	0.17	0.33
Ⅳ	0.15	0.37	0.10

8.2.2　多目标决策综合评价法的基本原理

综合效益通常由经济、生态和社会效益 3 部分组成。每一种效益都有不同的评价指标和单位，要对 4 种运材作业模式通过综合效益评价，从中选出类似于试验区条件的最佳伐区运材作业模式，这实际上是一个多目标决策问题。多目标决策方法有多种，采用综合评价法。综合评价法的基本原理简述如下[39]：

假定确定型的决策问题有 G 个方案可供选择，用 N 个实数指标 X_{i1}，X_{i2}，$\cdots$，X_{in} 来描述第 i 方案，那么第 i 方案可以写成 1 个 N 维向量 $C_i = X_{i1}$，X_{i2}，$\cdots$，X_{in}。如果决策者根据 N 个指标可以确定 g 个不同目标，对每 1 个目标形成 1 个价值函数：

$$U_k = (x_{i1}, x_{i2}, \cdots, x_{iN}) \quad k = 1, 2, \cdots, q$$

在方案集合 C 中，假定任何 2 个方案 i，j

$$C_i = x_{i1}, x_{i2}, \cdots, x_{iN} \quad C_j = x_{j1}, x_{j2}, \cdots, x_{jN}$$

如果对所有 K 有

$$U_k(x_{i1}, x_{i2}, \cdots, x_{iN}) \geqslant U_k(x_{j1}, x_{j2}, \cdots, x_{jN})$$

则

$$C_i(x_{i1}, x_{i2}, \cdots, x_{iN}) \geqslant C_j(x_{j1}, x_{j2}, \cdots, x_{jN})$$

称为方案 i 优于方案 j，j 方案称为支配方案。

如果有

$$U_k(x_{i1}, x_{i2}, \cdots, x_{iN}) > U_k(x_{j1}, x_{j2}, \cdots, x_{jN})$$

同时又有

$$U_k(x_{i1}, x_{i2}, \cdots, x_{iN}) > U_k(x_{j1}, x_{j2}, \cdots, x_{jN}) \quad (k \neq k'; \ k, \ k' = 1, 2, \cdots, q)$$

则在 i，j 方案之间，决策者无法确定哪一个方案更好。

根据上述描述，应将供选择的方案予以精简，即将方案集合 C 中有 1 个目标不够标准的方案以及被支配的方案加以精简。被留下方案为集合 C 的子集，称为 Pareto 优化集合。多目标决策方法主要是形成 Pareto 优化集合，并从中选出优化方案。

Pareto 优化集合里的方案之间各指标是各有长短的，要根据决策者的意愿进行选择。其解法有多种，采用其中最常用的一维比较法(One dimension comparison)。

应用一维比较法时，为了便于对不同量纲的目标项目进行综合比较，首先应将这些不同量纲的目标项目换算成同一效用单位(Ufile)。求出每 1 个目标的最大值 $V_{\max}$ 和最小值 $V_{\min}$。并令：

$U_{max} = 1.0$ 当目标值为 V_{max}；

$U_{min} = 0.1$ 当目标值为 V_{min}。

其余 U 值一般按式(2-8-1)和式(2-8-2)换算(当 U 值和 V 值为直线关系时)：

$$U = 1 - \frac{0.9(V_{max} - V)}{V_{max} - V_{min}} \tag{2-8-1}$$

$$U = 1 - \frac{0.9(V - V_{min})}{V_{max} - V_{min}} \tag{2-8-2}$$

式(2-8-1)为递增关系式，式(2-8-2)为递减关系式。当目标值越大越好时，选用式(2-8-1)，否则选用式(2-8-2)。

对应用中目标的效用单位值使用如下方法检查剔除被支配方案。

假设有 2 个方案：A_1 和 A_2，令：

$$U(A_1) = \lambda_1 U_{11} + \lambda_2 U_{12} + \cdots + \lambda_N U_{1N} = \sum_{j=1}^{N} \lambda_j U_{1j} \tag{2-8-3}$$

$$U(A_2) = \lambda_1 U_{21} + \lambda_2 U_{22} + \cdots + \lambda_N U_{2N} = \sum_{j=1}^{N} \lambda_j U_{2j} \tag{2-8-4}$$

式(2-8-3)和式(2-8-4)为效用函数。式中的 $\lambda_j (j = 1, 2, \cdots, N)$ 是每个目标的相对权重值，它们满足 $\sum_{i=1}^{N} \lambda_j = 1$，并且有 $0 \leqslant U_{ij} \leqslant 1$　($i = 1, 2, \cdots, m; j = 1, 2, \cdots, q$)

$\lambda_1 > \lambda_2 > \cdots > \lambda_q; j = 1, 2, \cdots, q$

如果有：$U_{11} \geqslant U_{12}$

　　　　　$U_{11} + U_{12} \geqslant U_{21} + U_{22}$

　　　　　$\vdots$

$$\sum_{j=1}^{N} U_{1j} \geqslant \sum_{j=1}^{N} U_{2j} \tag{2-8-5}$$

则 $U(A_1) \geqslant U(A_2)$，说明方案 A_2 为被支配方案，可以精简。

在多目标决策中，权重系数的确定是关键的一步，一般采用相对比较法。设有 N 个目标，对 N 个目标进行两两比较，采用专家调查法获得每个目标各自的相对权重。如 V_i 重要程度是 V_j 的 4 倍，则取 $\lambda_{ij} = 0.8$，$\lambda_{ji} = 0.2$。比较次数为 $R = C_N^2$。

这些 λ 值之间具有下列关系：

$$\lambda_{ij} + \lambda_{ji} = 1 \quad \lambda_{ij} \geqslant 0, \lambda_{ji} \geqslant 0 \tag{2-8-6}$$

每个目标的权重为：$\lambda_i = (\sum_{j=1}^{N} \lambda_{ij})/R$；而其总和为：$\sum_{i=1}^{N} \lambda_i = 1$。

若目标数较多，可借鉴层次分析法的思想，即将 N 个目标进行归类合并，形成 M 个主目标($M < N$)，先计算出 M 个主目标的相对权重，然后计算每个主目标内各子目标的相对权重。则

　　　　　各子目标的绝对权重(λ_i) = 主目标的相对权重 × 子目标的相对权重　　(2-8-7)

求得每一个目标权重 λ_i 后，再求各方案综合评价值。第 i 方案的综合评价值 W_i

$$W_i = \sum_{j=1}^{n} \lambda_j U_{ij} \tag{2-8-8}$$

最后，根据 W_i 值的大小可选出优化的方案。

8.2.3　4 种运材作业模式综合效益与作业模式选优

将人工林伐区 4 种运材作业模式的综合效益(综合评价值)作为总目标,下分为 3 个主目标,即经济效益、生态效益和社会效益。经济效益评价指标用运材作业成本 V_1(元/m³),数据见表 2-8-6;设 V_2 为运材段生态效益综合评价指标,数据见表 2-8-7;社会效益评价指标用作业安全性、劳动强度和社会进步系数等指标,设 V_3、V_4、V_5 分别表示作业安全性、劳动强度、社会进步系数等,数据见表 2-8-8。

8.2.3.1　4 种运材作业模式的各效益指标计算

将 4 种运材作业模式对应的经济效益、生态效益和社会效益等指标分别进行分析计算,结果见表 2-8-9。

表 2-8-9　4 种运材作业模式的各效益指标

作业模式	经济效益	生态效益	社会效益		
	运材成本 V_1	运材段 V_2	作业安全性 V_3	劳动强度 V_4	社会进步系数 V_5
I	30.27	0.392	0.28	0.20	0.30
II	21.91	0.342	0.25	0.26	0.27
III	15.40	0.158	0.32	0.17	0.33
IV	13.76	0.108	0.15	0.37	0.10

8.2.3.2　4 种运材作业模式各目标的效用值计算

将表 2-8-9 中 5 个指标测定值用式(2-8-1)或式(2-8-2)换算成统一的效用值 U。对于作业安全性、社会进步系数等 2 项指标,其数值越大越好,则采用递增关系式(2-8-1);而其他各指标的数值是越小越好,故采用递减关系式(2-8-2)换算,结果见表 2-8-10。

表 2-8-10　4 种运材作业模式的各目标效用值

作业模式	U_1	U_2	U_3	U_4	U_5
I	0.100	0.100	0.788	0.865	0.883
II	0.556	0.258	0.629	0.595	0.765
III	0.911	0.842	1.000	1.000	1.000
IV	1.000	1.000	0.100	0.100	0.100

8.2.3.3　人工林伐区 4 种运材作业模式优化

8.2.3.3.1　4 种运材作业模式主目标的权重系数计算

考虑到人工林经营的主要目标是用材林,以经济效益为主,兼顾生态效益和社会效益。据专家调查法和相对比较法,确定经济效益、生态效益和社会效益的相对权重分别为 0.50、0.33、0.17,计算结果见表 2-8-11。

表 2-8-11　各主目标的权重系数计算

主目标	比　重			Σ	相对权重系数
	1	2	3		
经济效益	0.7	0.8		1.5	0.50
生态效益	0.3		0.7	1.0	0.33
社会效益		0.2	0.3	0.5	0.17

8.2.3.3.2　不同运材作业模式的综合评价值计算

将表 2-8-11 中的数据分别代入式（2-8-8）进行计算，得到 4 种运材作业模式的综合评价值，结果见表 2-8-12。

表 2-8-12　4 种运材作业模式的综合评价值计算

作业模式	W_1	W_2	W_3	W_4	W_5	综合评价值
	0.50	0.33	0.085	0.054	0.031	
Ⅰ	0.100	0.100	0.788	0.865	0.883	0.224
Ⅱ	0.556	0.258	0.629	0.595	0.765	0.472
Ⅲ	0.911	0.842	1.000	1.000	1.000	0.903
Ⅳ	1.000	1.000	0.100	0.100	0.100	0.847

由表 2-8-12 可知，从综合效益评价值来看，作业模式Ⅲ的综合评价值最高，即为最优作业模式，其余按综合评价值由大到小排列优选依次为模式Ⅳ、模式Ⅱ、模式Ⅰ。

通过对山地人工林伐区常用 4 种运材作业模式的经济效益、生态效益、社会效益及综合效益分析与评价，结果表明：在相同的作业条件下，作业模式Ⅲ即船运木材为最优作业模式，作业模式Ⅳ（排运木材）为次优作业模式，其余综合效益由大到小依次为：模式Ⅱ、模式Ⅰ。因此，为了实现人工林资源的可持续利用和林业的可持续发展，建议林业生产决策部门在选择人工林伐区运材作业模式时，在有水路运输条件的伐区，应优先选择船运木材或排运木材；在无水路运输条件的伐区，则应优先选择农用车运材。

8.3　人工林伐区常用采集运作业模式经济效益评价

伐区木材生产包括采伐、集材和运材 3 大工序，每一道工序都有多种作业方式方法，它们可以组成众多不同的木材生产作业模式，且每一种作业模式的经济效益也不同。以往多数在单工序上研究经济效益，文献［40］仅研究人力集材板车接运、人力集材手扶拖拉机接运和索道集材汽车便道接运等 3 种集运材方式的成本同集运材距离的关系。将采集运作业作为一个系统，伐区木材生产常规 8 种作业模式进行经济效益比选，优选作业模式为决策提供科学依据。

8.3.1　伐区不同作业模式作业成本计算

8.3.1.1　人工林伐区木材生产 8 种常用作业模式

根据山地人工林生产实际调查，主伐大多数为皆伐，使用油锯作业，只有极少数资源较分散、小径材杉木伐区使用弯把锯。集材方式有：架空索道集材、手扶拖拉机集材、手板车集材、土滑道集材、人力担筒等；运材方式有：汽车运材、农用车运材、水路运材（排运和船运），其中排运为人工放排。根据山地林区的自然资源条件、生产实际及工序之间的衔接协调性原则（如集材设备和运材设备的载量匹配），伐区木材生产常用作业模式有 8 种（采伐方式均为油锯皆伐），见表 2-8-13。

表 2-8-13 人工林伐区木材生产 8 种常用作业模式

作业模式	I	II	III	IV	V	VI	VII	VIII
集材方式	手扶拖拉机	手扶拖拉机	架空索道	架空索道	手板车	手板车	土滑道	农用车
运材方式	汽车运材	船运木材	农用车运材	汽车运材	农用车运材	排运木材	农用车运材	农用车运材

8.3.1.2 作业成本计算

为便于分析不同作业模式的经济效益，将作业成本(费用)分成 3 部分，即采造段、集材段和运材段成本，同时假定各种作业模式是在同一种作业条件下进行的，即总的集运距离(从伐区中心至林业采育场场部楞场或中间楞场的距离)45 km、伐区面积 12.6 hm²，马尾松单株材积 0.22 m³/株，材长 4 m，坡度 26°、总出材量 1134 m³、已有支(岔)线运材道长度[从林业采育场场部楞场或中间楞场至支(岔)线末端的长度，假定为 42 km]等条件是相同的，集材距离和新增集运材道长度则随不同的集运材方式而改变。此外，假定该伐区同时具备上述 8 种作业模式的集运材条件，在距伐区中心约 3 km 处有可供进行木材水运(船运或排运)的临时性水运码头。根据伐区调查和工艺设计资料，伐区基本作业条件，见表 2-8-14。

表 2-8-14 伐区调查及工艺设计资料

项 目	作业模式							
	I	II	III	IV	V	VI	VII	VIII
集材距离(m)	3000	3000	350	350	3000	3000	100	150
运材距离(km)	42	42	44.65	44.65	42	42	44.90	44.85
新增集运材道长度(km)	3	3	2.65	2.65	3	3	2.90	2.85

由表 2-8-14 的作业条件和《福建省林业生产统一定额》，分别对不同作业模式的作业成本进行计算，结果见表 2-8-15。

表 2-8-15 不同作业模式的作业成本(元/m³)

作业模式	采造段				集材段					运材段				总成本	
	采 伐		造 材		拖拉机集材	手板车集材	土滑道集材	架空索道集材	人力担筒集材	汽车运材	农用车运材	船运木材	排运木材	油锯采造	弯把锯采造
	油锯	弯把锯	油锯	弯把锯											
I	4.33	2.83	5.23	6.78	26.28					30.27				66.71	66.76
II	4.33	2.83	5.23	6.78	26.28							15.4		53.24	53.29
III	4.33	2.83	5.23	6.78				12.60			46.99			69.15	69.20
IV	4.33	2.83	5.23	6.78				12.60		78.97				101.13	101.18
V	4.33	2.83	5.23	6.78		41.82					21.91			73.29	73.34
VI	4.33	2.83	5.23	6.78		41.82							13.76	65.14	65.19
VII	4.33	2.83	5.23	6.78			13.20				49.30			72.06	72.11
VIII	4.33	2.83	5.23	6.78					29.60		48.84			88.00	88.05

由表 2-8-15 可知，同一种作业模式，不同的采造方式(油锯或弯把锯)，其作业总成本相

差很小；模式 Ⅱ 的作业总成本最低，其余由小到大依次为：模式 Ⅵ、模式 Ⅰ、模式 Ⅲ、模式 Ⅶ、模式 Ⅴ、模式 Ⅷ和模式 Ⅳ。

8.3.2　伐区常用采集运作业模式经济效益评价

伐区常用采集运作业模式的经济效益评价数学模型，就是各种作业模式所对应的各项作业成本的总和，即作业总成本[23]，其数学表达式为

$$C_{zj} = \sum_{i=1}^{3} x_i \quad (j=1，2，3，4，5，6，7，8) \qquad (2\text{-}8\text{-}9)$$

式中：C_{zj}——第 j 种作业模式的作业总成本；

　　　x_i——第 i 道作业工序的作业成本；

　　　x_1——采伐段成本；

　　　x_2——集材段成本；

　　　x_3——运材段成本。

常用人工林采集运作业模式中，采伐方式均为油锯皆伐，故可认为各种作业模式中采造段的作业成本是相同或相近的（当作业条件相同或相近时），其作业成本的差别主要在于集材段和运材段。实际上采造作业成本在木材生产总成本中所占比例较小。为此，只着重分析集材段和运材段的作业成本，故将式(2-8-9)改为

$$C_{zj} = \sum_{i=1}^{2} x_i \quad (j=1，2，3，4，5，6，7，8) \qquad (2\text{-}8\text{-}10)$$

采集运作业模式的作业成本，均与单位出材量 q_0 和集运材距离的大小有关，但对于不同的作业模式，其影响大小却是不同的，就单位出材量对数学模型的影响进行分析。

先假定除单位出材量不同外，其余条件（表 2-8-14）均保持不变。根据伐区工艺设计资料（表 2-8-14）和《福建省林业生产统一定额》，可得单位出材量对各种集运材作业模式的影响，结果见表 2-8-16。

表 2-8-16　单位出材量对集运材作业成本的影响

单位出材量 q_0 (m^3/hm^2)	作业模式（元/m^3）							
	Ⅰ	Ⅱ	Ⅲ	Ⅳ	Ⅴ	Ⅵ	Ⅶ	Ⅷ
60	62.28	47.41	73.10	116.39	65.08	56.30	75.86	83.34
70	59.99	45.12	66.37	104.65	64.76	55.98	70.09	77.99
90	56.95	42.08	59.69	91.30	64.33	55.50	62.38	70.44
110	55.01	40.14	54.94	82.80	64.05	55.27	57.48	65.65
140	53.14	38.27	49.55	72.81	63.78	55.00	52.75	61.02
200	51.08	36.21	45.04	63.80	63.49	54.71	47.55	55.93

由表 2-8-16 可知，随着单位出材量增大，各种作业模式的集运作业成本都下降，但降幅不同。当单位出材量由 $q_0=60$ 增加到 $q_0=110$ m^3/hm^2 时，模式 Ⅰ - 模式 Ⅷ的作业成本分别下降：11.67%、15.33%、24.84%、28.86%、1.58%、1.86%、24.23%、21.23%。降幅最大的是模式 Ⅳ（28.86%），最小的是模式 Ⅴ（1.58%），其余由大到小依次为：模式 Ⅲ、模式 Ⅶ、模式 Ⅷ、模式 Ⅱ、模式 Ⅰ和模式 Ⅵ。说明单位出材量对模式 Ⅳ影响最大，对模式 Ⅴ影响

最小；在相同的单位出材量下，集运作业单位成本最低的是模式Ⅱ。由此可见，若从经济效益角度考虑，则最佳集运作业是模式Ⅱ（手扶拖拉机集材配船运木材），次优为模式Ⅵ（手板车集材配排运木材）；当单位出材量 $q_0 \geqslant 100 \ m^3/hm^2$ 时，选模式Ⅲ可取得较好的经济效益。当集材距离小于 1 km 时，才选用手板车集材。

通过对山地人工林伐区常用 8 种采集运作业模式的经济效益分析与评价，结果表明：有水路运输条件的地方，应优先考虑采用模式Ⅱ（油锯采伐手扶拖拉机集材船运木材），次优选模式Ⅵ（油锯采伐手板车集材配排运木材）。在没有水路运输条件的地方，国有林业企事业单位的采集运作业应提倡选用模式Ⅲ（油锯采伐架空索道集材农用车运材）；集体林区应优先选用作业模式Ⅰ（油锯采伐手扶拖拉机集材汽车运材）或模式Ⅴ（油锯采伐手板车集材农用车运材）作业方式。

8.4　山地人工林生态采运作业模式选优

通过对山地人工林伐区常用 8 种作业模式的经济效益、生态效益、社会效益及综合效益的分析评价，从而确定最佳作业模式，为林业生产部门合理选择伐区作业模式提供科学依据。

8.4.1　山地人工林伐区木材生产常用作业模式

根据对山地人工林生产实际的调查，伐区木材生产常用作业模式有 8 种，见表 2-8-13。

8.4.2　各种效益分析

8.4.2.1　经济效益分析

根据伐区调查和工艺设计资料，伐区基本作业条件，见表 2-8-14。

由表 2-8-14 的作业条件和《福建省林业生产统一定额》，分别对不同作业模式的作业成本进行计算，结果见表 2-8-15。

8.4.2.2　生态效益分析

生态效益分析主要是分析各种作业模式对森林生态环境的影响大小，以便确定生态效益较好的作业模式。对于一个具体的作业范围（伐区面积）不大的伐区而言，伐区作业对生态环境的影响，最主要和最直接的是土壤和植被。生态效益分别按采集运 3 个作业工序来综合考虑。

8.4.2.2.1　采伐段生态效益评价指标值

采伐段的生态效益，人工林主伐方式中绝大多数采用皆伐作业。另外，8 种常用作业模式中，采伐方式均为油锯皆伐，故可将它们的采伐作业生态效益（主要是对土壤、植被和水土流失方面的影响）视为是等同的（采伐的面积和蓄积量相同）。

8.4.2.2.2　集材段生态效益评价指标值

集材段对生态环境的影响，主要是对集材道土壤的影响。在福建省的南平、三明等地市的部分林业采育场，对前述 5 种常用集材作业方式对集材道土壤理化性质的影响进行了试验研究。

根据不同集材方式对集材道土壤理化性质影响的受干扰程度（表 2-8-17 和表 2-8-18）。通过主成分分析，从中选出 8 个因子负荷量较大，又能反映土壤主要理化性质的指标作为评价集材作业生态效益的指标,它们分别是土壤肥力指标(有机质、全 N 和速效 K)和蓄水保土指标(土壤密度、非毛管孔隙度、最小持水量、最大持水量和结构体破坏率)。

表 2-8-17 集材作业迹地土壤物理性质指标的干扰程度

作业方式	主要物理性质指标受干扰程度								
	X_1	X_2	X_3	X_4	X_5	X_6	X_7	X_8	X_9
皆伐手扶拖拉机集材	29.59	41.40	230.83	48.57	27.26	27.83	24.11	7.16	91.05
皆伐手板车集材	25.93	23.10	68.93	47.82	29.80	28.12	33.31	8.21	79.41
皆伐土滑道集材	9.85	10.37	106.22	35.35	26.77	26.37	27.38	17.93	63.94
皆伐架空索道集材	1.41	1.91	5.19	5.15	11.83	2.48	3.81	1.11	15.26
皆伐人力担筒集材	5.49	3.25	6.09	11.61	12.71	8.99	6.89	4.14	18.83

注:X_1 为密度;X_2 为大于 0.25 mm 水稳性团聚体含量;X_3 为结构体破坏率;X_4 为最大持水量;X_5 为最小持水量;X_6 为毛管持水量;X_7 为总孔隙度;X_8 为毛管孔隙度;X_9 为非毛管孔隙度。

表 2-8-18 集材作业迹地土壤化学性质指标的干扰程度

作业方式	主要化学性质指标受干扰程度						
	X_{10}	X_{11}	X_{12}	X_{13}	X_{14}	X_{15}	X_{16}
皆伐手扶拖拉机集材	34.88	17.81	77.47	4.93	55.96	105.83	9.3
皆伐手板车集材	30.95	28.44	28.19	4.69	3.91	60.43	26.07
皆伐土滑道集材	131.68	95.48	39.89	61.22	85.83	124.00	80.06
皆伐架空索道集材	3.98	7.27	2.12	3.10	3.56	2.28	9.98
皆伐人力担筒集材	23.45	22.49	48.38	5.69	32.46	54.27	7.81

注:X_{10} 为有机质;X_{11} 为全 N;X_{12} 为水解性 N;X_{13} 为全 P;X_{14} 为速效 P;X_{15} 为全 K;X_{16} 为速效 K。

8.4.2.2.3 运材段生态效益评价指标值

根据不同运材方式(包括陆路和水路)对生态环境可能造成的影响大小,用专家调查法和相对比较法确定不同运材方式的生态效益评价值(权重系数)。

8.4.2.2.4 采、集、运生态效益评价指标值

为便于比较不同作业模式的生态效益,生态效益按不同作业段分为采伐段、集材段和运材段,根据不同作业段对生态环境的影响大小,用专家调查法和相对比较法,确定其评价指标值(权重系数)分别为 0.2、0.5 和 0.3。

8.4.2.3 社会效益分析

社会效益评价用作业安全性、劳动强度和社会进步系数(包括作业机械化程度、劳动生产率水平)等来评价。采用专家法和相对比较法,对各种作业模式的社会效益进行量化处理。常用 8 种作业模式的社会效益结果,见表 2-8-19。

表 2-8-19 伐区常用作业模式社会效益指标评价值

作业模式	I	II	III	IV	V	VI	VII	VIII
作业安全性	0.134	0.150	0.109	0.118	0.143	0.141	0.093	0.112
劳动强度	0.098	0.088	0.109	0.088	0.146	0.130	0.160	0.181
社会进步系数	0.160	0.166	0.146	0.145	0.120	0.089	0.088	0.086

8.4.3　综合效益分析与作业模式选优

综合效益通常由经济、生态和社会效益 3 部分组成。每一种效益都有不同的评价指标和单位，要对 8 种常用作业模式通过综合效益评价，从中选出类似于试验区条件的最佳伐区作业模式，这实际上是一个多目标决策问题。多目标决策方法有多种，采用综合评价法。

将人工林伐区不同采运作业系统的综合效益（综合评价值）作为总目标，下分为 3 个主目标，即经济效益、生态效益和社会效益。经济效益评价指标用作业成本，为便于分析比较，将其分为采造段成本（包括伐木、打枝、造材）、集材段成本和运材段成本。设 V_1、V_2、V_3 为各伐区作业模式经济效益的 3 个指标值，分别表示采造段单位成本 V_1（元/m³）、集材段单位成本 V_2（元/m³）和运材段单位成本 V_3（元/m³），各项成本费用均按《福建省林业生产统一定额》计算，具体数据见表 2-8-15；生态效益分成采伐段、集材段和运材段，设 V_4 为采伐段生态效益综合评价指标。集材段评价指标用前述 8 个土壤主要理化性质指标，设 V_5、V_6、V_7 为土壤肥力的 3 个指标值，分别表示有机质 V_5（g/kg）、全 N V_6（g/kg）、速效 K V_7（mg/kg）等的变化值。设 V_8、V_9、V_{10}、V_{11}、V_{12} 为蓄水保土指标，分别表示土壤密度 V_8（g/cm³）、最小持水量 V_9（%）、最大持水量 V_{10}（%）、结构体破坏率 V_{11}（%）、非毛管孔隙度 V_{12}（%）等的变化值，具体数据见表 2-8-17、表 2-8-18。设 V_{13} 为运材段生态效益综合评价指标，具体数据见表 2-8-7；社会效益评价指标用前述的作业安全性、劳动强度和社会进步系数等指标，设 V_{14}、V_{15}、V_{16} 为社会效益的 3 个指标值，分别表示作业安全性 V_{14}、劳动强度 V_{15}、社会进步系数 V_{16} 等，具体数据见表 2-8-19。

8.4.3.1　不同作业模式各效益指标计算

将 8 种作业模式对应的经济效益、生态效益和社会效益等指标分别进行分析计算，结果见表 2-8-20。

表 2-8-20　伐区不同作业模式各效益指标

作业模式	经济效益			生态效益											社会效益		
	采造段成本	集材段成本	运材段成本	采造段	集材段								运材段	作业安全性	劳动强度	社会进步系数
					有机质变化量	全 N 变化量	速效 K 变化量	密度变化量	最小持水量变化量	最大持水量	结构体破坏率	非毛管孔隙度				
	V_1	V_2	V_3	V_4	V_5	V_6	V_7	V_8	V_9	V_{10}	V_{11}	V_{12}	V_{13}	V_{14}	V_{15}	V_{16}
I	9.56	26.28	30.27	0.20	34.88	17.81	9.30	29.59	27.26	48.57	230.83	91.05	0.392	0.134	0.098	0.160
II	9.56	26.28	15.40	0.20	34.88	17.81	9.30	29.59	27.26	48.57	230.83	91.05	0.158	0.150	0.088	0.166
III	9.56	12.60	46.99	0.20	3.98	7.27	9.98	1.41	11.83	5.15	5.19	15.26	0.342	0.109	0.109	0.146
IV	9.56	12.60	78.97	0.20	3.98	7.27	9.98	1.41	11.83	5.15	5.19	15.26	0.392	0.118	0.088	0.145
V	9.56	41.82	21.91	0.20	30.95	28.44	26.07	25.93	29.80	47.82	68.93	79.41	0.342	0.143	0.146	0.120
VI	9.56	41.82	13.76	0.20	30.95	28.44	26.07	25.93	29.80	47.82	68.93	79.41	0.108	0.141	0.130	0.089
VII	9.56	13.20	49.30	0.20	131.68	95.48	80.06	9.85	26.77	35.35	106.22	63.94	0.342	0.093	0.160	0.088
VIII	9.56	24.60	48.84	0.20	23.45	22.49	7.81	5.49	12.71	11.61	6.09	18.83	0.342	0.112	0.181	0.086

8.4.3.2　各种作业模式各目标的效用计算

将表 2-8-20 中的 16 个指标测定值用式 (2-8-1) 或式 (2-8-2) 换算成统一的效用值 U。对于作业安全性、社会进步系数等 2 项指标，其数值越大越好，则采用递增关系式 (2-8-1)；而其他各指标的数值是越小越好 (生态效益取绝对值越小越好)，故采用递减关系式 (2-8-2) 换算，结果见表 2-8-21。

表 2-8-21　伐区不同作业模式各目标的效用值

作业模式	U_1	U_2	U_3	U_4	U_5	U_6	U_7	U_8	U_9	U_{10}	U_{11}	U_{12}	U_{13}	U_{14}	U_{15}	U_{16}
I	1.00	0.579	0.772	1.00	0.782	0.892	0.981	0.100	0.227	0.100	0.100	0.100	0.100	0.941	0.903	0.933
II	1.00	0.579	0.977	1.00	0.782	0.892	0.981	0.100	0.227	0.100	0.100	0.100	0.842	1.000	1.000	1.000
III	1.00	1.00	0.459	1.00	1.000	1.000	0.973	1.000	1.000	1.000	1.000	1.000	0.258	0.848	0.797	0.775
IV	1.00	1.00	0.100	1.00	1.000	1.000	0.973	1.000	1.000	1.000	1.000	1.000	0.881	1.000	0.764
V	1.00	0.100	0.888	1.00	0.810	0.784	0.773	0.783	0.100	0.116	0.746	0.238	0.258	0.974	0.439	0.483
VI	1.00	0.100	1.000	1.00	0.810	0.784	0.776	0.783	0.100	0.116	0.746	0.238	1.000	0.967	0.594	0.134
VII	1.00	0.982	0.509	1.00	0.100	0.100	0.100	0.730	0.252	0.374	0.597	0.422	0.258	0.100	0.303	0.123
VIII	1.00	0.630	0.484	1.00	0.863	0.845	1.000	0.870	0.956	0.866	0.996	0.958	0.258	0.859	0.100	0.100

8.4.3.3　人工林伐区木材生产作业模式优化

8.4.3.3.1　各主目标权重系数的确定

考虑到人工林经营的主要目标是用材林，以经济效益为主，兼顾生态效益和社会效益。据专家调查法和相对比较法，确定经济效益、生态效益和社会效益的相对权重分别为 0.50、0.33、0.17。

再用相对比较法分别对 3 个主目标所属各子目标的相对权重进行计算分析。对经济效益的 3 个子目标计算，得到 V_1、V_2、V_3 的相对权重分别为 0.15、0.35、0.50；对于生态效益各子目标的相对权重计算，分 2 步进行，第一步先计算采、集、运 3 个主子目标相对权重，它们分别为 0.2 (V_4)、0.5 和 0.3 (V_{13})，然后再计算集材段生态效益 8 个次子目标的相对权重，得到 V_5、V_6、V_7、V_8、V_9、V_{10}、V_{11}、V_{12} 的相对权重分别为 0.141、0.130、0.130、0.120、0.120、0.120、0.119、0.120；对社会效益的 3 个子目标计算，得到 V_{12}、V_{13}、V_{14} 的相对权重分别为 0.50、0.317、0.183；再用式 (2-8-7) 计算各子目标的绝对权重，分别为 0.075、0.175、0.25、0.066、0.023、0.021、0.021、0.020、0.020、0.020、0.020、0.020、0.099、0.085、0.054、0.031。

8.4.3.3.2　不同作业模式综合评价值计算

将表 2-8-21 中的数据分别代入式 (2-8-8) 进行计算，分别得到各种作业模式的经济、生态和社会效益的评价值以及它们的综合评价值，结果见表 2-8-22、表 2-8-23。

表 2-8-22　伐区不同作业模式的综合评价值计算

作业模式	V_1	V_2	V_3	V_4	V_5	V_6	V_7	V_8	V_9	V_{10}	V_{11}	V_{12}	V_{13}	V_{14}	V_{15}	V_{16}	综合评价值
	0.075	0.175	0.250	0.066	0.023	0.021	0.021	0.020	0.020	0.020	0.020	0.020	0.020	0.085	0.054	0.031	
I	1.00	0.579	0.772	1.00	0.782	0.892	0.981	0.100	0.227	0.100	0.100	0.100	0.100	0.941	0.903	0.933	0.665
II	1.00	0.579	0.977	1.00	0.782	0.892	0.981	0.100	0.227	0.100	0.100	0.100	0.842	1.000	1.000	1.000	0.744
III	1.00	1.00	0.459	1.00	1.000	1.000	0.973	1.000	1.000	1.000	1.000	1.000	0.258	0.848	0.797	0.775	0.740
IV	1.00	1.00	0.100	1.00	1.000	1.000	0.973	1.000	1.000	1.000	1.000	1.000	0.100	0.881	1.000	0.764	0.662
V	1.00	0.100	0.888	1.00	0.810	0.784	0.773	0.783	0.100	0.116	0.746	0.238	0.258	0.974	0.439	0.483	0.598
VI	1.00	0.100	1.000	1.00	0.810	0.784	0.773	0.783	0.100	0.116	0.746	0.238	1.000	0.967	0.594	0.134	0.638
VII	1.00	0.982	0.509	1.00	0.100	0.100	0.730	0.252	0.374	0.597	0.422	0.258	0.100	0.303	0.123		0.528
VIII	1.00	0.476	0.484	1.00	0.863	0.845	1.000	0.870	0.956	0.866	0.996	0.958	0.258	0.859	0.100	0.100	0.584

表 2-8-23　伐区不同作业模式的综合评价值

作业模式	I	II	III	IV	V	VI	VII	VIII
经济效益评价值	0.369	0.421	0.365	0.275	0.315	0.343	0.374	0.279
生态效益评价值	0.138	0.153	0.236	0.234	0.162	0.177	0.125	0.223
社会效益评价值	0.158	0.170	0.139	0.153	0.121	0.118	0.029	0.082
综合效益评价值	0.665	0.744	0.740	0.662	0.598	0.638	0.528	0.584

由表 2-8-23 可知：

若从经济效益综合评价值来看，模式 II 的评价值（0.421）最高，即为最优作业模式，其余评价值由大到小依次为：模式 VII、模式 I、模式 III、模式 VI、模式 V、模式 VIII、模式 IV。

若从生态效益综合评价值来看，模式 III 的评价值（0.236）最高，即为最优作业模式，其余评价值由大到小依次为：模式 IV、模式 VIII、模式 VI、模式 V、模式 II、模式 I、模式 VII。

若从社会效益综合评价值来看，模式 II 的评价值（0.170）最高，即为最优作业模式，其余评价值由大到小依次为：模式 I、模式 IV、模式 III、模式 V、模式 VI、模式 VIII、模式 VII。

若从综合效益评价值来看，作业模式 II 的综合评价值（0.744）最高，即为最优作业模式，其余按综合评价值由大到小排列依次为模式 III、模式 I、模式 IV、模式 VI、模式 V、模式 VIII、模式 VII。

由此可得，人工林生态采运作业系统中常用的 8 种伐区作业模式的优选次序为：模式 II、模式 III、模式 I、模式 IV、模式 VI、模式 V、模式 VIII、模式 VII。

8.5　小结

通过对山地人工林伐区常用的 8 种采运作业模式的经济效益、生态效益、社会效益及综合效益分析与评价，结果表明：在相同的作业条件下，由不同集材方式与同一种运材方式或同一种集材方式与不同运材方式所组成的作业模式，其经济效益、生态效益、社会效益以及综合效益均不同。作业模式 II 即油锯采伐→手扶拖拉机集材→船运木材，为最优作业模式，作业模式Ⅲ（油锯采伐→索道集材→农用车运材）为次优作业模式。其余几种综合效益由大到小依次为：模式Ⅰ、模式Ⅳ、模式Ⅵ、模式Ⅴ、模式Ⅷ、模式Ⅶ。

为了实现人工林资源的可持续利用和林业的可持续发展，建议林业生产决策部门在选择人工林伐区采集运作业配套技术时，应综合考虑其经济、生态和社会效益，采伐方式宜选油锯皆伐。在有水路运输条件的伐区，应优先选择手扶拖拉机集材船运或排运木材。在无水路运输条件的伐区，国有林业企事业单位应提倡选用架空索道集材农用车或汽车运材；集体林区当集材距离小于 1 km 时，应选用手板车集材农用车运材，否则选手扶拖拉机集材汽车运材。

第 9 章
结论与讨论

9.1 结论

由于天然林可采资源已渐枯竭，人工林已成为今后主要用材林资源。人工林资源条件不同于天然林，人工林经营是否科学合理，直接关系到人工林资源能否可持续利用，林业能否实现可持续发展。木材采运生产是人工林经营中的一项重要生产活动。因此，开展以人工林为主要研究对象的生态采运研究，研究人工林考虑生态的木材采运配套技术，具有十分重要的现实意义。选择山地人工林伐区为特定的研究区域，对人工林伐区生产作业系统进行试验研究。首先分析不同采运作业方式对森林生态环境的影响(包括土壤、植被和景观生态等 3 个方面)，以及几种新型人工林集材设备的主要特点和试验结果，然后从经济、生态和社会效益 3 个方面对人工林伐区常用的 8 种采运作业模式(模式 I 为油锯采伐→手扶拖拉机集材→汽车运材，模式 II 为油锯采伐→手扶拖拉机集材→船运木材，模式 III 为油锯采伐→索道集材→农用车运材，模式 IV 为油锯采伐→索道集材→汽车运材，模式 V 为油锯采伐→手板车集材→农用车运材，模式 VI 为油锯采伐→手板车集材→排运木材，模式 VII 为油锯采伐→土滑道集材→农用车运材，模式 VIII 为油锯采伐→人力担筒集材→农用车运材)进行综合评价，得出最佳作业模式。取得的主要结果与结论如下：

(1) 由于采运作业过程中对土壤产生的扰动(表土移动、压实等)及皆伐后林地植被消失，林地骤然裸露，土壤温度改变，地表径流增大，养分淋失，水土流失等多种原因，导致林地土壤、集材道及运材道上土壤的理化性质发生不同程度的变化。采运作业后，土壤密度增大，孔隙度减小，持水性能变差，结构体破坏率增大，土壤养分含量下降。

(2) 皆伐对不同坡度的杉木人工林林地土壤理化性质的干扰影响不同，皆伐后，土壤理化性质的变化量，坡度小的林地比坡度大的林地变化大。

(3) 皆伐后，4 种不同林分结构的林地土壤理化性质均发生了不同程度的变化，并且皆伐对不同林分结构的林地土壤理化性质的干扰影响大小也不同。根据主成分分析结果，阔叶林尾叶桉纯林林地受干扰影响最大，其余干扰影响由大到小依次为：杉阔混交林林地、马杉混交林林地和杉木纯林林地。

(4) 皆伐不同集材作业方式对林地土壤理化性质的影响是不同的。集材作业后，手扶拖拉机、手板车、土滑道、架空索道和人力担筒等 5 种集材方式的集材道(0~20 cm 土层)土壤密度分别增大 0.24、0.36、0.07、0.02 和 0.08 g/cm^3，土壤结构体破坏率分别增大 22.24%、18.96%、2.50%、0.90% 和 2.2%，有机质含量分别下降 3.42、6.80、38.95、1.34 和 3.62 g/kg。在考虑伐区作业集材道面积与集材量影响的情况下，皆伐不同集材作业方式对林地土壤的干扰程度经主成分分析排序后表明：皆伐作业土滑道集材为最大，其余干扰影响由大到小依次为：皆伐作业手扶拖拉机集材、皆伐作业手板车集材、皆伐作业人力担筒集材和皆伐作业全悬索道集材。

（5）不同采集作业方式对林地土壤侵蚀影响不同。皆伐引起的土壤侵蚀形式主要为面状侵蚀，面状侵蚀量大小与降雨强度、降雨历时、土壤类型、坡度大小、坡长、迹地清理方式和造林方式等因素有关，迹地清理方式采用沿等高线分布的带堆法，其土壤侵蚀量明显小于火烧法，且很少出现沟状侵蚀，而采用火烧法清理的迹地，不仅有较严重的面状侵蚀发生，而且还出现较严重的沟状侵蚀，尤其是在采伐后植被尚未恢复的头两年，这种现象更严重。

不同集材方式对林地土壤的侵蚀影响除了与上述自然因素有关外，还与修建集材道时对林地土壤的破坏大小有关。索道集材因不需要修建集材道，故其对土壤侵蚀影响最小，土滑道集材因其滑道顺坡而设，且大多设在坡度较陡的地段，所以其土壤冲刷侵蚀最大，其余土壤侵蚀影响由大到小依次为：手扶拖拉机集材、手板车集材和人力担筒集材。此外，路基边坡的土壤侵蚀比路面侵蚀（冲刷）更严重。手扶拖拉机集材道路面单位长度的土壤年侵蚀量约为 31.684 m^3/km。

（6）以 33 年生杉木人工林为研究对象，设择伐强度分别为弱度 12.9%、中度 23.5%、强度 46.1% 和极强度 64.6%，以未采伐为对照，择伐 5 年后对林分生长、林下植被物种多样性和土壤理化特性，以及凋落物现存量及其养分含量进行调查与分析，评价不同择伐强度下的生态效应。结果表明：与未采伐相比，平均树高、平均胸径、蓄积量和断面积均随择伐强度增大呈先增大后减小的趋势，强度择伐达到最大，平均胸径和总断面积增长率分别达到 4.2% 和 8.3%，平均单株材积和单位面积蓄积量年平均增长率分别达 2.3% 和 2.4%。林下灌木层和草本层的多样性指数均有所增加，强度和极强度择伐下，能维持较高的物种丰富度、多样性和均匀度。0~20 cm 土层土壤密度、土壤水分、土壤孔隙状况和土壤养分状况，均得到一定程度的改善，且以强度择伐下的改善效果较好。强度择伐下，土壤密度下降 17.4%，毛管持水量和毛管孔隙度分别增加 30.9% 和 9.6%。土壤有机质、全 N、全 P 和速效 P 的含量随伐强度先增大后减小，强度择伐达到最大，分别增加了 13.8%、115.0%、67.6% 和 111.1%。择伐后 5 年，林地凋落物的现存量和养分总量均大于未采伐林地，且随择伐强度的增大呈先增大后减小的变化规律，强度择伐下达到最大值分别为 3363.1 和 65.99 kg/hm^2。因此，在强度择伐下，林分生长、物种多样性和土壤理化特性，以及凋落物养分含量的综合改善效果较佳。在本试验条件下，强度择伐更适宜山地杉木人工林科学合理地经营与管理。

（7）利用 33 年生杉木人工林不同强度择伐长期固定样地实测数据，运用 SPSS 构建了不同强度择伐下的单木胸径生长模型，以及树高与胸径、枝下高与胸径、冠幅与胸径关系的模型根据拟合、检验和精度要求，所构建的模型是合理的。在此基础上，基于 Onxy Tree 和 3Ds Max 技术平台，实现了杉木林分不同择伐后 15 年内的生长动态仿真，可直观、生动地观察杉木的生长状态。在不同强度择伐下，弱度和中度择伐更有利于大径材的培育，且随着择伐强度的增大，样地内大径材的最大胸径将逐渐变小；中度择伐更有利于树高的增长。这为科学合理地确定山地杉木人工林择伐强度，对杉木人工林的科学经营决策具有实用价值。

（8）选择杉木和木荷为优势树种的山地人工林为研究对象，结合从未间伐过的 18 年生的树种组成 I 型（6 阔 4 杉）和树种组成 II 型（5 杉 4 阔 1 马），利用混交度、大小比数和角尺度 3 种结构参数，分析了杉阔混交人工林林分空间结构。结果表明：优势树种杉木和木荷以弱度混交和中度混交为主，林分平均混交度分别为 0.45 和 0.52，树种空间配置较简单，林分树种混交程度较低;杉木、木荷和苦槠大小比数分布比较均匀,平均大小比数在 0.5 左右;其余树种大小分化明显,平均大小比数在 0~0.88 之间,既有占优势的树种(泡桐、马尾松和丝栗栲),也有受压的树种(柯木、漆树、枫香、青冈和虎皮楠),林分平均大小比数分别为 0.50 和 0.52,处于中庸生长状态,乔木层树种不稳定;在角尺度研究中,相对空间结构单元而言,林木水平分布存在波动性变化,分布格局呈聚集分布,平均角尺度分别为 0.5499 和 0.5364。这些林分空间结构信息可为指导杉阔混交人工林合理择伐经营提供科学依据,通过合理择伐经营进行林分结构调整,提高林分质量,优化林分空间结构,以便更好地发挥其功能。

(9) 通过对从未间伐过的 18 年生的杉阔混交人工林不同强度择伐(中度 34.4%、强度 51.2% 和极强度 69.5%)3 年后,林地土壤温度(深度 0~20 cm)进行实测与分析。结果表明,中度和强度择伐下,土壤温度升高范围为 0.2~1.2℃,升高幅度在 5.0% 以内;极强度择伐下,土壤温度升高范围为 1.3~3.3℃,升高幅度在 5.3%~10.8%;林地土壤温度随择伐强度的增大而升高,0 和 5 cm 的土壤温度升高幅度较大,尤其是极强度择伐。林地 0~15 cm 土壤温度与择伐强度具有显著相关性,而林地 20 cm 土壤温度与择伐强度具有相关性但不显著;一元二次方程能较好地模拟土壤温度与择伐强度的关系。不同强度择伐 3 年后,林地土壤温度随土壤深度的增加而降低,符合指数方程,且呈显著负相关。建议类似林分不宜采用极强度择伐。

(10) 皆伐引起林地生态环境发生变化,导致林地植物组成改变。研究结果表明:皆伐后有一部分植物消失(衰退种),一部分植物增加(侵入种),大部分植物保留下来(保留种)。灌木层种数减少,草本层种数增加。但 2 种不同林分结构的林地植物变化不同。杉阔混交林林地植物灌木层保留种的比值比尾叶桉纯林高 8.9%,而侵入种则比尾叶桉纯林少 25%;草本层保留种的比值比尾叶桉纯林低 2.3%,而侵入种则比尾叶桉纯林多 12.2%。说明皆伐引起的生境变化,杉阔混交林林地植物的干扰影响比尾叶桉纯林林地小。这是由于迹地清理方式采用沿等高线分布的带堆法,缓解了山地伐区的水土流失,未对植物生长环境造成严重破坏。

(11) 不同运材方式对森林生态环境影响,其表现形式不同。陆路运材表现为修建运材道时和运材过程中对林地土壤的破坏影响,以及各种运材设备排放的尾气对周围环境的影响;水路运材则表现在河道整治过程中对河岸土壤的影响和运材过程中对水体的影响。土壤理化分析结果表明:汽车运材对林地(运材道)土壤的干扰影响比农用车运材大,运材作业后,农用车和汽车运材道(0~20 cm 土层)的土壤密度分别增大 0.19 和 0.50 g/cm³,土壤结构体破坏率分别增大 11.10% 和 18.82%,有机质含量分别下降 19.15 和 23.54 g/kg。经综合分析比较,4 种常用的运材作业方式中,对森林生态环境的干扰影响,由小到大依次为:排运(人工放排)、船运、农用车运材和汽车运材。

(12) 通过对人工林伐区不同采集作业方式对森林生态及景观生态影响的分析,结果表明:皆伐对森林景观生态的影响比择伐大,带状皆伐比块状皆伐影响大,伐区间隔排列比连续顺序排列影响大,大面积皆伐比小面积皆伐影响大;择伐对森林景观生态的影响,随择伐强度的增大而增大,且径级择伐比集约择伐的影响大;集材作业对森林景观生态的影响与集材方式有关,其影响由大到小依次为:手扶拖拉机、手板车、土滑道、绞盘机和架空索道。随着集运材道路网密度的增大,其影响也增大。

(13) 皆伐导致林地大量植被(乔灌木和草本植物等)遭受破坏,引起林地土壤温度升高。

皆伐前后林地土壤温度的变化大小，除了与迹地清理方式有关外，还与林分结构有关。研究表明：阔叶林（尾叶桉）林地皆伐后的土壤温度变化，小于针叶林（马尾松杉木混交林）林地的土壤温度变化。

不同迹地清理方式对林地土壤温度的影响不同，火烧法对表层（0～20 cm 土层）土壤温度的影响显著高于带堆法和散铺法。3 种迹地清理方式对林地土壤温度变化的影响大小排序依次为：火烧法 > 带堆法 > 散铺法。且三者均表现为对表层（0～5 cm 土层）土壤温度变化影响最大。随着土层深度的增加，土壤温度变化（影响）逐渐减小，且它们之间的影响差别也逐渐缩小。从有利于维持地力、减小水土流失和幼树幼苗生长，以及减小采伐作业对生境的负面影响的角度，建议采伐后的迹地清理方式缓坡宜优先选用散铺法，其次选用带堆法，应尽量避免采用火烧法。

（14）经过对人工林集材设备与工艺的多年试验研究，已研制出适合人工林资源条件的 SJ-0.4/2 轻型遥控人工林集材索道和 JS3-1.5 型集材绞盘机等 2 种新型集材设备。经生产试验表明：使用该 2 种集材设备在人工林伐区进行集材作业，均可取得较好的经济效益和生态效益，2 种集材设备的单位集材作业成本，比手工集材作业分别降低 42% 和 28%。

（15）通过轻型索道集材与传统的盘山开路集材方式的对照实验。人工费 100 元/工日计，索道集材的单位成本 104.65 元/m³，可比开路集材单位成本 148.44 元/m³ 节约 29.50%。随人工费的增加，80～140 元/工日计，开路集材成本增加明显，单位成本差额为 34.47～67.03 元/m³。通过生态、经济与社会效益的比较分析，轻型索道集材优势明显，是一种有利于资源、环境、经济和社会可持续协调发展的生态集材作业模式。

（16）通过对集材板车的结构、集材方法及其安全性的研究，使用木材捆扎机械装置、改进制动系统、增设铁制加强筋和使用制动导向滑轮，提高了集材板车在陡坡集材时的安全性。改进后的集材板车在 5000 hm² 的集材试验中，安全可靠度达 100%。

（17）从经济效益角度考虑，最佳木材运输模式是汽车运材（伐区至贮木场或中间楞场）和船运木材（贮木场至木材销售地）联合运输；汽车运材（伐区至贮木场或中间楞场）和火车运材（贮木场至木材销售地）联合运输。汽车运材适宜运距较短[T 为运输周期包括木材在贮木场中的滞留时间（天）：当 T=1 天时，运距 L≤30 km 及 T=15 天时，运距 L≤70 km]的伐区。

（18）分析比较单位面积出材量变化对集运作业成本的影响，结果表明：随着单位出材量的增大，各种作业模式的单位集运作业成本都下降，但降幅不同。当单位出材量由 60 增加到 110 m³/hm² 时，模式 Ⅰ 至模式 Ⅷ 的作业成本分别下降：11.67%、15.87%、24.84%、28.86%、1.58%、1.83%、24.23% 和 21.23%。降幅最大的是模式 Ⅳ（28.86%），最小的是模式 Ⅴ（1.58%），其余降幅由大到小依次为：模式 Ⅲ、模式 Ⅶ、模式 Ⅷ、模式 Ⅱ、模式 Ⅰ 和模式 Ⅵ。说明单位出材量对模式 Ⅳ 影响最大，对模式 Ⅴ 影响最小。

（19）皆伐作业常采用油锯采伐，少数采用弯把锯采伐。对 2 种采伐机具在人工林皆伐伐区进行三大效益综合评价，结果表明：油锯的综合效益比弯把锯好。

（20）通过对山地人工林伐区常用 4 种木材运输作业模式的综合效益分析与评价，结果表明：在相同的作业条件下，不同木材运输作业模式其经济效益、生态效益、社会效益以及综合效益均不同。建议林业生产决策部门在选择人工林伐区运材作业模式时应综合考虑其经济、生态和社会效益，在有水路运输条件的伐区，应优先选择船运木材或排运木材；在无水路运输条件的伐区，则应优先选择农用车运材。

（21）在相同的作业条件下，由同一种集材方式与不同的运材方式所组成的作业模式；或由不同的集材方式与同一种运材方式所组成的作业模式，它们的经济效益、生态效益、社会效益以及综合效益都不同。

若从经济效益（作业成本）评价值来看，模式Ⅱ的评价值（0.421）最高，即为最优作业模式，其余经济效益评价值由大到小依次为：模式Ⅶ（0.374）、模式Ⅰ（0.369）、模式Ⅲ（0.365）、模式Ⅵ（0.343）、模式Ⅴ（0.315）、模式Ⅷ（0.279）和模式Ⅳ（0.275）。

若从生态效益评价值来看，模式Ⅲ的评价值（0.236）最高，即为最优作业模式，其余生态效益评价值由大到小依次为：模式Ⅳ（0.234）、模式Ⅷ（0.223）、模式Ⅵ（0.177）、模式Ⅴ（0.162）、模式Ⅱ（0.153）、模式Ⅰ（0.138）和模式Ⅶ（0.125）。

若从社会效益评价值来看，模式Ⅱ的评价值（0.170）最高，即为最优作业模式，其余社会效益评价值由大到小依次为：模式Ⅰ（0.158）、模式Ⅳ（0.153）、模式Ⅲ（0.139）、模式Ⅴ（0.121）、模式Ⅵ（0.118）、模式Ⅷ（0.082）和模式Ⅶ（0.029）。

从综合效益（结合经济、生态与社会效益）评价值来看，在人工林生态采运作业系统常用的8种采运作业模式中，作业模式Ⅱ（0.744）最高，即为最优作业模式，其余按综合评价值优选次序为：模式Ⅲ（0.740）、模式Ⅰ（0.665）、模式Ⅳ（0.662）、模式Ⅵ（0.638）、模式Ⅴ（0.598）、模式Ⅷ（0.584）和模式Ⅶ（0.528）。

通过对山地人工林伐区常用8种采集运作业模式的综合效益分析与评价，结果表明：在相同的作业条件下，不同作业模式其经济效益、生态效益、社会效益以及综合效益均不同。作业模式Ⅱ（油锯采伐→手扶拖拉机集材→船运木材）为最优作业模式，作业模式Ⅲ（油锯采伐→索道集材→农用车运材）为次优作业模式，其余综合效益由大到小依次为：模式Ⅰ、模式Ⅳ、模式Ⅵ、模式Ⅴ、模式Ⅷ和模式Ⅶ。因此，林业生产决策部门在选择人工林伐区采集运作业模式时，应综合考虑其经济、生态和社会效益，采伐方式宜选油锯皆伐。在有水路运输条件的伐区，应优先选择手扶拖拉机集材船运或排运木材。在无水路运输条件的伐区，国有林业企事业单位应提倡选用架空索道集材农用车或汽车运材；集体林区当集材距离小于1 km时，应选用手板车集材农用车运材，否则选手扶拖拉机集材汽车运材。

9.2 讨论与建议

（1）本研究对山地人工林生态采运系统进行了试验研究，取得了一些成果，但由于受时间限制，而不同采集作业方式对林地生态环境（主要是土壤和植被）的影响，既有短期效应，也有长期效应（如对水土流失影响大小的变化、对更新苗木生长影响情况等），研究结果实际上只反映了其短期效应（采集作业后第1~5年的变化情况）。若要揭示不同采集作业方式对林地生态环境的长期影响，须继续进行定位观测研究。

（2）试验分析是在伐区作业条件（包括林地坡度、坡向、林分类型、母质母岩和径级大小等）基本相同的情况下进行的。只考虑了集材量和集材道面积的干扰影响，这是不够全面的。影响伐区作业的生态因子还包括林地坡位、林分结构、地表植被、集材道间距、迹地清理方式和更新方式等。如何在全面考虑伐区作业生态因子的基础上，对不同的伐区作业方式对林地的影响进一步研究，有待于今后的努力。

（3）无论是当今森林生态学研究领域，还是森林培育学科，以往基于林分调查数据，经过统计、分析、建模所构造的传统林分生长模型，仅能提供林分各调查因子，如株数、胸径、树高和断面积等的数值变化或动态变化曲线，以表格或简单的二维平面图形来表示。随着计算机技术的发展，林分动态的三维图形模拟，既能真实地表现现实林分的生长状况，又能满足人们的视觉要求，它将为探索森林生长过程的规律以及林业科学研究带来新的契机。本研究样地是人工杉木纯林，在不同强度择伐下，进行模型拟合时，仅考虑了胸径、树高、枝下高和冠幅的影响，以及林木空间位置。为进一步优化模型结构及预测精度，在今后的建模中还应考虑到树木的光合生理特性、林分的空间结构变化、季节变化和环境条件等对林木枯损率的影响。

（4）为了减少皆伐对山地人工林林地土壤植被的负面影响（包括水土流失和植被恢复），有利于更新作业，建议采伐迹地清理方式采用沿等高线分布的带堆法，避免采用火烧法。

（5）为减少伐区不同采集作业方式对森林景观生态的影响，建议伐区生产规划以县市为单位，而不是以林业采育场或林场为单位。在合理确定皆伐伐区面积大小的同时，将伐区配置适当相对集中，且顺序块状相连，以减少森林破碎度，有利于生物多样性保护。在满足林业生产基本要求的前提下，应尽量减小林道网密度，以减少廊道效应及森林的破碎化。另外，在皆伐迹地上适当保留一定数量的活立木，尤其是阔叶树，可以满足鸟类等一些动物的需要。

（6）为了人工林的可持续利用和林业的可持续发展，防止地力衰退，皆伐后应合理确定更新方式和二代造林树种。

（7）人工林伐区不同作业模式对林地生态环境影响的长期效应（包括不同集材方式集材作业后引起的水土流失、集材道土壤理化性质的改变对幼苗幼树生长的影响等），尚须进一步研究。

本篇参考文献

[1] 陈华豪. 林业应用数理统计[M]. 大连：大连海运学院出版社，1992.

[2] 张金池. 水土保持及防护林学[M]. 北京：中国林业出版社，1996.

[3] 樊后保，苏素霞，卢小兰，等. 林下套种阔叶树的马尾松林凋落物生态学研究[J]. Ⅲ. 凋落物现存量及其养分含量. 福建林学院学报，2003，23(3)：193－197.

[4] 赵朝辉，方晰，田大伦，等. 间伐对杉木林林下地被物生物量及土壤理化性质的影响[J]. 中南林业科技大学学报，2012，32(5)：102－107.

[5] 吴甘霖，黄敏毅，段任燕，等. 不同强度旅游干扰对黄山松群落物种多样性的影响[J]. 生态学报，2006，26(12)：3924－3930.

[6] 方晰，田大伦，项文化，等. 杉木人工林凋落物量及其分解过程中碳的释放率[J]. 中南林学院学报，2005，25(6)：12－16.

[7] 罗云深，陈志泊. 基于FVS构建北京地区油松生长仿真框架的研究[J]. 河北林果研究，2007，22(4)：355－359，362.

[8] 江希钿，温素平，余希. 杉木人工林可变密度的全林分模型及其应用研究[J]. 福建林业科技，2000，27(2)：44－47.

[9] 张建国，孙洪刚. 杉木人工林断面积生长规律及动态模拟[M]. 北京：科学出版社，2010.

[10] 惠刚盈，李丽，赵中华. 林木空间分布格局分析方法[J]. 生态学报，2007，27(11)：4717－4728.

[11] 钱迎倩，马克平. 生物多样性研究的原理与方法[M]. 北京：中国科学技术出版社，1994：141－165.

[12] 惠刚盈，Von G K，胡艳波. 林分空间结构参数角尺度的标准角选择[J]. 林业科学研究，2004，17(6)：687－692.

[13] 赵秀海. 森林生态采伐研究[M]. 哈尔滨：黑龙江科学技术出版社，1995：1－142.

[14] 张正雄，赖灵基，陈玉凤. 不同林分结构人工林皆伐后不同土层温度的变化[J]. 西南林业大学学报，2013，33(4)：39－43.

[15] 粟金云. 山地森林采伐学[M]. 北京：中国林业出版社，1993.

[16] 徐化成. 景观生态学[M]. 北京：中国林业出版社，1996：1－31.

[17] Hong S H. Study of landscape change under forest harvesting and climate warming-induced fire disturbance[J]. Forest Ecology and Management，2002，155：257－270.

[18] Keller J K. An explanation of patterns breeding bird species richness and density following clear cutting in northeastern USA forests[J]. Forest Ecology and Management，2003，174：541－564.

[19] 林涛. 闽北地区采伐作业系统研究[D]. 南京：南京林业大学，1996.

[20] 福建省林业厅. 福建省林业生产统一定额. 1996.

[21] 周新年. 架空索道理论与实践[M]. 北京：中国林业出版社，1996.

[22] 翁家昌. 手扶拖拉机构造理论与设计[M]. 北京：机械工业出版社，1980：180－184.

[23] 李坚. 现有林经营管理导论[M]. 哈尔滨：东北林业大学出版社，1994：1－32.

[24] 冯建祥，罗才英. 悬索工程[M]. 厦门：厦门大学出版社，2010.

[25] 胡永生. 人工林集材绞盘机分析与评价[J]. 森林工程，2004，20(5)：47－48.

[26] 东北林学院. 木材装卸与场内运输机械[M]. 北京：中国林业出版社，1983：13－89.

[27] 东北林学院. 采伐机械[M]. 北京：中国林业出版社，1983：11－15.

[28] John D. M. Erosion on logging roads in Northeastern California：How much is avoidable？[J]. Forest Industries，1983(1)：23－26.

[29] Coker R J. Road related mass movement in weathered granitic[J]. Journal of Hydrology，1993，31(1)：65－

69.

［30］Megahan W F. Construction phase sediment budget forest roads on granitic slope in Idaho［J］. Intermoutain for and Range Exp. 1987，159：31 – 39.

［31］Coker R J. Fine sediment production for truck traffic［J］. Journal of Hydrology，1993，31(1)：56 – 64.

［32］祁济棠. 木材水运学［M］. 北京：中国林业出版社，1994.

［33］丁艺. 农用货车在木材生产中应用评价［J］. 森林工程，2002，18(2)：18 – 20.

［34］周新年. 林业生产规划［M］. 北京：北京科学技术出版社，1994.

［35］邱荣祖. 南方林区运材汽车车型的定量评价［J］. 福建林学院学报，1995，15(3)：252 – 256.

［36］张正雄. 闽江开展木材船运研究［J］. 福建林学院学报，1994，14(1)：63 – 67.

［37］张正雄. 木材运输模型研究［J］. 福建林学院学报，1995，15(2)：151 – 155.

［38］张建国，余建辉，杨建洲，等. 林业经营综合效益计量理论和方法初探［J］. 福建林学院学报，1990，10(4)：311 – 318.

［39］钱颂迪. 运筹学［M］. 北京：清华大学出版社，1990.

［40］黄刚平. 伐区集运材生产方式最优方案选择［J］. 森林工程，1995，11(3)：21 – 24.

第3篇

山地天然林非商业性采运作业系统研究

（包括天然林与天然次生林）

第1章
天然马尾松林生态采运作业系统

1.1 松根采掘与集根试验研究

松根是松树采伐后的地下剩余物。一棵立木，其树干约占全树的 60%～75%，树叶、树皮、枝丫与梢头占 15%～20%，伐根占 10%～20%。据试验实测，马尾松松根材积平均占树木材积的 15.4%，松根根径越大，占的比例越高。传统的木材采运只能利用主要部分——树干，随着综合利用的发展，林内剩余物已提到合理利用的日程。我国采伐剩余物的利用率仅占木材产量的 7%，其中枝丫材占 4.2%，而伐根的利用则更为罕见。

伐根木纤维可用于制浆和微生物等工业。与树冠、枝丫、梢头相比，其主要优点是纤维和提炼物的获得率高，纤维制品和木塑料具有较好的物理和化学性质。松根经工厂加工可浸提出木松香、木焦油等林产品，浸提后的木片纤维，可直接售给造纸厂，是作纸浆的良好材料。有效利用松根剩余物是实现松树全树(连根)利用的一个重要方面和途径。

根据山地丘陵地形和现有生产设备条件，本试验采用人工、爆破或爆破辅以人工法进行伐后掘根和立木爆破连根拔树。林业采育场(林场)松根集材则利用现有的索道设备进行机械化作业，半悬增力式索道和全悬增力式索道分别对松原木、原条、松伐根和全树进行试验研究和论证，各方法取 100 多个样本，其中以全树集材生产率最高，经济效益最佳；对集体林松根的采集则采用手工作业，定点收购。

1.1.1 集体林松根采集调查研究

福建省林区中集体林约占 90%，年计划木材生产任务中 2/3 由集体生产，松根由群众采集。林区内已积累一些生产实践经验，并有现行收购价格可供参考。为此，集体林松根采集以实际调查结果为依据。

1.1.1.1 松根采集过程及工效

松根采集生产过程：挖掘(清除腐烂)，初步截断，劈块(每块重 15 kg 以下)，集运等工序。其集运方式为肩挑或小车运，平均集运距离为 2 km。

单独进行松根挖掘或松根集运者，其工效均为 0.5 t/人日，两者花工比例约为 1 : 1，采集综合作业工效为 0.15～0.3 t/人日，以 0.25 t/人日计算。

1.1.1.2 松根收购与收购价格

考虑到松根采集劳动强度较大，建议松根平均收购价格保持在集体林区群众从事木材生产的人日工资水平，则

$$松根平均收购价 = \frac{人日工资额}{人日工效}$$

1.1.2　松根采集试验研究

1.1.2.1　试验区概况

试验分掘根与集材两个阶段进行。

试验分别于沙县异州林业采育场和建瓯大源林业采育场两地进行，试验区概况见表 3-1-1。

表 3-1-1　松根采集试验区概况

试验地点	沙县异州场苗 Ⅱ 伐区	建瓯大源场 8503 伐区
伐区总面积（hm^2）	5.33	1.67
试验区面积（hm^2）	0.56	0.67
松杂比	1：0.324	1：0.282
松木平均材积（m^3/株）	0.399	0.491
杂木平均材积（m^3/株）	0.219	0.212
经济材出材量（m^3/hm^2）	103.5	103.5
山场平均坡度（%）	35，最大 80	36
采伐作业方式	皆伐	皆伐
伐区土壤	山地红壤	山地红壤为主，局部沙质土壤

1.1.2.2　试验方法

1.1.2.2.1　松根采掘

松根采掘分伐后掘根和连根拔树两种。采掘方式有手工挖掘法、爆破法、爆破辅以人工法 3 种。

（1）手工挖掘法：马尾松的根系分主根和侧根两大部分，主根作垂直分布深入土中，侧根作水平分布向四周伸展。挖掘时，用锄镐挖去伐根周围的表土，使侧根露出，继续清出主根，然后用斧镐或锄镐砍断或用撬棍将松根撬出。

手工挖掘方法简便，但较费工。适应于林区广大群众（尤其是剩余劳力）的生产。由于松根上半部根株（俗称树腿）一般在地面上成拱形生长，有利于挖掘。也有部分地方使用手拉葫芦辅助挖根作业，以减轻劳动强度。

（2）爆破法：用钢钎在根的上侧打眼，然后装入炸药、雷管，接上导火线再引爆。爆破时，上层较厚的黏土比沙质土好，松根容易掘起。试验表明，爆破法所用的炸药用量约为（30～35g）×地径（cm）或（40～50g）×胸径（cm），打眼深度一般大于 2 倍的胸径，眼打到主根上最为理想。当遇到露出较大侧根时，将其砍出小口，倒入少量炸药，引爆炸断，而后炸主根效果较好。

打眼采用钢钎或专用工具。钢钎小头制成一台阶，套上一个直径 6 mm 钢丝制成的小钢圈，以便于取出钢钎，专用工具则是特制的小铲子和耳朵勺。

（3）爆破辅以人工法：先将松根的周围表土挖去，把侧根砍断，然后用钢钎在主根上打眼，装进炸药、雷管和导火线，再引爆，其用药量约为爆破法的 1/5。

试验中作了较为详细的记录。其项目有：编号、胸径、松根截面直径、地表面松根周长、松根地表直径、松根截面至地表高度、松根开挖直径×深度、掘根方式、开挖工具和材料费用、挖根实际需工数等。

手工挖掘法只适用于伐后掘根。后两种方法伐后掘根和连根拔树均可使用。

1.1.2.2.2　集根和全树集材

集根设备利用现有的架空索道。本试验采用单线三索增力式架空索道。动力为闽林 781 型 24 HP 的绞盘机,采用 K_2-2 型简易跑车,索道弦倾角 16°2′,水平跨距 417. 14 m,无荷中挠系数 $S_0 = 0.017$,平均集材距离为 293. 67 m(单跨),横向平均集距 31. 99 m,最大横向集距 65 m,允许承载量:全悬时为 1300 kg,半悬时为 2000 kg。

集根和全树集材利用现行木材生产索道集材机械化作业。由于树根、树干同出一源,集材和集根作业条件基本相同,集根方式分松伐根集材和全树(连根)集材。其工艺过程与传统的原木、原条、伐倒木集材相同,即回空→捆挂→拖集→运行→卸材。

(1)松伐根集材:由于松根形状各异,而且很不规则,给捆绑和解索带来较大困难。采用的捆木索与原木、原条、伐倒木集材时相同,捆绑方法分钩和套两种。试验表明:用带钩捆木索捆绑较为简单。

用钩捆绑松根时,将捆木索绕松根 1~2 圈,然后把钢索压进钩槽里。这种方法捆绑和解索较容易,速度较快。用套捆绑松根时,有两种方法:一种是将捆木索绕松根 1~2 圈,再把套穿过另一头的套(等于打个活套);另一种是将捆木索绕松根 1~2 圈,而后把套套在直径较小的侧根上。用套捆绑松根较费事,解索也较慢,但捆得较牢。

松根单个重量小、分布散。在集材过程中往往需要转移地面集材滑轮,特别是横向收集距离大的地方,捆木工的劳动强度加大,生产率降低。对于先集材后集根的作业方式,可人工进行横向小集中,即利用山坡靠人力将松根推滚至承载索下方。这样,能保证载量,提高集根效率。

(2)全树集材:重点对连根拔树和全树集材进行试验研究。试验结果表明,全树集材的工艺与生产率,机械油耗,单位成本几乎与伐倒木一样。由于连根拔树,其根部更有利于捆绑,也不存在丢失问题。

1.1.2.3　试验结果分析

1.1.2.3.1　松根采掘成本分析

每 6 株(胸径 60 cm)3 种采掘方法的采掘成本比较(1985 年市场价),见表 3-1-2。

表 3-1-2　每 6 株(胸径 60 cm)各种采掘的成本比较(元)

	人工法	爆破法(6 株/9 次)	爆破辅以人工法(1 株/次)
工　资	30.00	5.00	15.00
导火线	—	0.60	0.40
雷　管	—	0.99	0.66
炸　药	—	20.66(2823 g/株)	4.39(600 g/株)
小钢圈	—	0.45	—
小　计	30.0	27.70	20.45
成本占人工百分率(%)	100	92.3	68.2
成本占爆破百分率(%)	108.3	100	73.8
工效(株/工日)	1	6	2
松根重(t/工日)	1.03	6.13	2.04

　　由表 3-1-2 可知，在松根采掘 3 种方法中爆破辅以人工法成本最低，是人工挖掘法成本的 68.2%，是爆破法的 73.8%。爆破辅以人工法的劳动强度不大，可避免树的基干劈裂影响其价值，效率约为人工挖掘法的 2 倍。

　　爆破法工效最高，约为人工挖掘法的 6 倍，爆破辅以人工法的 3 倍，但使用炸药的用量大，成本仅次于人工掘根法的费用。立木爆破，连根拔树的全树采集优点较多，其中突出的是可将最有价值的根端材延长 15～20 cm。以胸径 40 cm 的 100 株树木计算，就能多获材积 3～4 m³。增加了根端的材积使用，既提高了出材率，又利用了地下根系物。

　　采用爆破辅以人工法采掘全树，是一种行之有效的方法。由于山地丘陵山高坡陡，专用拔根机难以适应和发挥作用。采伐过程中，连根拔树将两道工序——伐木和掘根合二为一，可减少对地表的破坏，减轻劳动强度，提高生产效率，降低生产成本。

1.1.2.3.2　集材方法的比较分析

　　原木、伐倒木、松根和全树集材各工作环节时间比较，见表 3-1-3。

表 3-1-3　集材段各工作环节时间比较

	原　木	伐倒木	松　根	全　树
回空时间	2′37″	2′27″	2′53″	2′55″
捆挂时间	5′43″	4′5″	10′38″	1′59″
拖集时间	2′23″	1′43″	1′44″	1′25″
运行时间	4′10″	4′50″	4′22″	4′15″
卸材时间	2′37″	1′21″	5′3″	1′2″
集材循环时间	17′30″	14′26″	24′40″	11′36″
占原木循环时间比率	100	82.5	141.0	66.3
移滑轮时间	1′3″	2′13″	5′33″	15′9″
移滑轮相差比率	—	+111.0	+428.6	+1342.9

　　注：时间相差比率 $= \dfrac{\text{伐倒木（松根、全树）各工序所需时间}}{\text{原木相应工序所需时间}} \times 100\%$。

　　由表 3-1-3 可知，松伐根整个集材循环时间比原木高 41%，比伐倒木高 70.9%，比全树高 112.7%。集根时，一般在伐倒木拖集完后进行，转移集根滑轮产生较大困难，这也是伐后掘根的一大弊病。经实测：松根集材时转移滑轮平均时间为 5′33″，比伐倒木集材时转移滑轮时间高 2.5 倍。集根每趟载量、台班生产率（每天实际工作时间 6 h 计）等，均比相同条件下的原木、伐倒木集材低。主要原因是松根捆挂和卸根分别比原木多 86% 和 93%。

　　集材段生产直接费用单位成本（1985 年市场价），见表 3-1-4。全树集材仅为松伐根集材成本的 56%，比较经济，值得提倡。由于地形条件和立木倒向控制难易等因素限制，松伐根集材仍会被采用，为此，松根集材的直接费用单位成本，以全树（连根）集材和松伐根两者平均值计算，间接费用以直接费用的 30% 补偿，得出松根单位成本费用。

表 3-1-4 集材段生产直接费用单位成本(元/m³)

集材方法	工 资	油 耗	材料消耗	钢索消耗	维 修	绞盘机折旧	准备作业	合 计
原 木	1.63	0.58	0.10	1.20	0.45	0.45	1.44	5.85
伐倒木	1.73	0.67	0.10	1.21	0.45	0.45	1.44	6.04
全树(连根)	1.61	0.68	0.10	1.20	0.45	0.40	1.44	5.93
松伐根	5.47	1.46	0.10	1.20	0.45	0.45	1.44	10.58

1.1.3 松根采掘与集根试验结论

立木(全树)爆破辅以人工法连根拔起,成本较低。集体林区群众松根生产采用手工作业,实行定点收购;国有林业采育场充分利用现有索道设备,实行机械化作业,作业费用低,劳动强度小。立木爆破连根拔起和利用索道全树集材,使得集材、集根两道作业合为一道,从而简化了采集工艺,提高了生产效率。它是一种新型的采集工艺形式,值得提倡和推广。

1.2 主伐方式对马尾松林地土壤理化性质的影响

马尾松林皆伐后进行炼山造林或依靠天然种源进行"飞籽成林",已成为山地林区森林经营的常规模式。皆伐后迹地炼山和架空索道集材对土壤理化性质的影响已有报道,但主伐方式对马尾松林地理化性质影响的研究甚少。本研究从不同主伐方式(常采用的择伐和皆伐)对马尾松林地土壤理化性质的影响进行研究。

1.2.1 试验地概况和研究方法

1.2.1.1 试验地概况

试验地位于沙县异州国有林业采育场(东经 117°27′~118°7′,北纬 26°7′~26°42′)西南部的岩坑工区 8 林班 20 小班,地属武夷山脉北段东伸支脉,海拔 470~500 m,坡度 20°~21°;为亚热带季风气候区,年平均温度 19.2℃,年降水量 1687.5 mm。土壤为花岗片麻岩发育成的山地红壤,Ⅱ类立地,土层厚度中等;主伐地前茬为马尾松占优势的成熟松阔混交林(9 松 1 阔),伐区位于上坡,坡向西南;上层乔木除马尾松外,主要有木荷、枫香、栲树和虎皮楠等;下层灌木为黄瑞木、南烛等;草本以狗脊、芒萁为主。植被覆盖度在 90% 左右。

1.2.1.2 伐区作业布置和土样采集

土壤调查时,在每块试验地上挖主、副剖面各 1 个,每剖面按 0~20、20~40 和 40~60 cm 分 3 层取土样,供室内分析土壤理化性质。以不同主伐强度即 25% 择伐、40% 择伐、60% 择伐和皆伐在各试验地上进行主伐(采伐量分别为 4.2381 m³、6.9601 m³、11.8327 m³ 和 16.3214 m³),用人力原木集材。试验结果表明,主伐方式对 20~40 cm 和 40~60 cm 两层土壤的影响不大,其影响主要表现在表层(0~20 cm)。因此,本研究仅给出这一土层的分析数据。

1.2.1.3 研究方法

除土壤水分—物理性质采用环刀法外,有机质采用重铬酸钾—硫酸消化法、硫酸亚铁采用滴定法、全 N 采用硒粉—硫酸铜—硫酸消化法、水解性 N 采用扩散吸收法、全 P 采用高氯酸—硫酸酸溶—钼锑抗比色法、速效 P 采用碳酸氢钠法、速效 K 采用火焰光度法等。所有数据为同一类型 3 次重复平均值。

1.2.2　主伐方式对马尾松林地土壤理化性质影响分析

1.2.2.1　主伐方式对土壤物理性质的影响

土壤水分和孔隙状况等土壤物理性指标是森林土壤肥力的一个重要指标，它直接影响到土壤中物质的转化过程、土壤的通气及排水状况、林木根系穿插能力以及微生物活动等。由表 3-1-5 可知，主伐方式改变了土壤密度和孔隙状况。

表 3-1-5　不同主伐方式林地土壤(0 ~ 20 cm)物理性质的变化

处　理		密度 (mg/m³)	毛管孔隙度 (%)	非毛管孔隙度 (%)	总孔隙度 (%)	最大持水量 (%)	最小持水量 (%)
25% 择伐	伐　前	1.100	40.30	10.90	51.20	46.55	34.36
	伐　后	1.111	39.53	8.70	48.23	43.83	32.97
40% 择伐	伐　前	1.051	36.60	11.50	48.10	45.79	32.13
	伐　后	1.067	35.75	11.43	47.18	44.37	28.00
60% 择伐	伐　前	0.883	40.55	15.45	56.00	63.64	38.23
	伐　后	0.913	39.90	13.20	53.10	58.31	36.50
皆　伐	伐　前	0.011	40.85	14.15	55.00	54.48	35.14
	伐　后	1.216	38.38	8.88	47.26	38.86	28.40

与采伐前相比，择伐后表层土壤(0 ~ 20 cm)密度有所增加，且随择伐强度增大，变化幅度增加，但变化幅度较小(分别为 1.0%、1.5% 和 3.4%)；而皆伐后土壤密度则明显增加(20.3%)。这可能是由于皆伐时大量树木伐倒对林地的冲击、集材过程木材的滚动和人为践踏等频繁的木材生产活动所致。各种主伐作业后土壤孔隙减小，孔隙状况变差，虽然毛管孔隙度变化不大(分别下降 0.77%、0.85%、0.65% 和 2.47%)，但非毛管孔隙度和总孔隙度则明显降低(分别下降为 2.20%、0.07%、2.25%、5.27% 和 2.97%、0.92%、2.90%、7.74%)。尤其是皆伐作业，主伐前后各孔隙度差异显著，而且非毛管孔隙度和总孔隙度比率也下降 7.0%，这说明皆伐作业使土壤通透性严重不良。主伐作业也使土壤持水能力下降，最大持水量分别下降 2.72%、1.42%、5.33% 和 15.62%，最小持水量分别下降 1.39%、4.13%、1.73% 和 6.74%。因此，皆伐作业对土壤密度、水分性质和孔隙状况的影响非常严重，使土壤物理性质明显变坏。

1.2.2.2　主伐方式对土壤化学性质的影响

森林树种组成、凋落物数量及化学组成、养分的吸收及归还特性等直接影响土壤养分贮量和有效性。

从表 3-1-6 可知，不同择伐作业后表层土的有机质、全 N、水解性 N 和速效 P 等元素均比主伐前低。有机质为伐前的 94.09%、87.50% 和 84.90%；全 N 为 92.85%、99.86% 和 77.90%；水解性 N 为 77.95%、86.34% 和 83.03%；速效 P 为 40.58%、50.35% 和 74.67%。速效 K 则有所增加；全 P 变化表现不明显，这可能是由于研究时间较短所致。而皆伐后，表层土的有机质、全 N、水解性 N、全 P 和速效 K 等明显降低，分别为伐前的

78. 16%、84.87%、76.78%、63.1% 和 60.29%。这是两方面因素综合作用造成的:一是由于采伐作业后林地裸露程度增加,改变地表层的湿热条件,使地被物分解加快,地被物中养分加入表层土;二是在采集过程中破坏了地被物对土壤的保护作用,使林地土壤裸露面积加大,经雨季(3~5月)雨水冲刷,地表径流带走大量养分。特别是山地地形破碎、坡度较大,由花岗片麻岩发育的山地红壤,土壤结持性较差,且在高温多雨条件下,土壤矿物质分解加速,有机质和可溶性盐类易被溶解淋失,造成土壤贫瘠、板结使土壤肥力下降。总之,主伐作业使某些养分损失严重,但并未出现"择伐强度越大,所有养分元素损失越严重"的现象。其他研究结果也得到相似的结论。

表 3-1-6 不同主伐方式林地土壤(0~20 cm)化学性质的变化

处 理		有机质 (%)	全氮 (%)	全磷 (%)	水解性氮 (mg/kg)	速效磷 (mg/kg)	速效钾 (mg/kg)
25%择伐	伐 前	3.72	0.0643	0.0696	95.49	19.10	61.0
	伐 后	2.50	0.0597	0.0731	74.43	7.75	80.0
40%择伐	伐 前	3.44	0.0718	0.0499	72.57	15.55	50.0
	伐 后	3.01	0.0717	0.0580	62.66	7.83	64.0
60%择伐	伐 前	3.51	0.0828	0.0544	58.94	9.95	64.8
	伐 后	2.98	0.0645	0.0544	48.94	7.43	74.5
皆 伐	伐 前	4.35	0.1395	0.1244	149.39	9.75	172.5
	伐 后	3.40	0.1184	0.0785	114.70	12.30	104.0

1.2.3 主伐方式对马尾松林地土壤理化性质影响结论

主伐方式改变了土壤密度和孔隙状况,择伐后表层土壤密度变化较小,皆伐后则明显增加。主伐后毛管孔隙度变化不大,而非毛管孔隙度和总孔隙度明显下降;特别是皆伐作业后土壤持水能力和各孔隙度,以及非毛管孔隙度和总孔隙度比率显著降低。因此,皆伐是造成马尾松林地土壤物理性质严重恶化的主要因子之一。

主伐作业改变了地被物的湿热条件,有机质的矿质化过程加快,加速有机质层分解;同时林地土壤失去林冠层和地被物的保护,使林地土壤造成不同程度的裸露,养分元素流失加剧。主伐后表层土的有机质、全氮和水解性氮等均明显低于主伐前,造成土壤肥力下降。

不同主伐方式在不同程度上对马尾松林地土壤理化性质造成了不利影响,皆伐作业的影响尤其显著。因此,在选择主伐方式时,既要考虑作业效率,又要考虑采伐树种的生物学特性,减少皆伐比重,以强度择伐替代皆伐,改善伐区林地土壤的理化性质。确保主伐作业有好的经济效益,伐后林分有好的生态环境,有利于二代林的更新。

1.3 松阔混交林林分空间结构分析

林分空间结构是指林木在林地上的分布格局,以及它的属性在空间上的排列方式,也就是林木之间树种、大小与分布等的空间关系。林分空间结构决定了树木之间的竞争势及其空间生态位。它在很大程度上决定了林分的稳定性、发展的可能性和经营空间大小[1]。分析林分空间结构并结合其他因素做全面分析，对制定正确的经营措施有着十分重要的意义。松阔混交林是由原生的常绿阔叶林植被遭到干扰、损害或破坏后，林地空旷、裸露，种子天然入侵林地形成的。从山地森林群落的自然演替角度来看，其处在较初级的演替阶段，物种多样性低、涵水功能差。本试验利用描述空间结构的混交度、大小比数和角尺度三参数[2-4]，并结合林分树种组成分析松阔混交林林分的空间结构进行分析，为制定合理的森林经营目标和技术措施提供理论依据。

1.3.1　试验地概况

试验地设在福州市内福建农林大学南区后山，其地理坐标为东经118°23′~120°31′，北纬25°16′~26°39′。属于福建省东部褶皱山地地貌，山势狭长，山矮坡陡，相对海拔在300 m以下。该区主要地带性土壤为红壤；属亚热带海洋性湿润气候；年平均气温19.6℃，极端最高气温41.1℃，极端最低气温−2.5℃；年平均降水量1342.5 mm，无霜期326天。该处马尾松阔叶混交林是原始林过伐数十年后经一定程度的封育得到恢复的林分，具有一定的植被代表性。

试验地以马尾松为优势树种，主要伴生树种乔木层有相思树、樟树、杉木、杨梅、油杉、乌桕、鹅掌柴与刚竹等；灌木层有两面针、黄荆、山莓、盐肤木、石斑木、小果蔷薇、华山矾、黄栀子、桃金娘、小蜡、枇杷、木蜡树、映山红、短尾越橘与小构树等；常见的藤本植物有香花崖豆藤、葡萄属、越南葛藤、菝葜、南五味子、薜荔、海金沙与千金藤等；常见的草本植物有扇叶铁线蕨、芒、蕨、狗爪半夏与芒萁等。

1.3.2　研究方法

1.3.2.1　调查方法

选择试验区具有代表性的典型地段设立标准地进行立木空间结构调查。设置20 m×20 m的4个标准地，计1600 m²，每个样地内又设5 m×5 m的小样方16个。采用全面调查法，调查样地内所有大于起测径阶（5 cm）的林木特征值，包括树木的相对 XY 坐标、树种、胸径、树高与冠幅等。

1.3.2.2　分析方法

植物群落由不同的植物种构成，重要值是反映树种在群落中的地位和作用的相对数量指标。重要值是根据密度、频度和优势度（树木胸高断面积）的相对值确定的，物种重要值越大，其在群落结构中的地位也越重要，因此可用其表征群落物种的结构变化状况。

林分内任意一株单株树木和离它最近的 n 株相邻木均可以构成林分空间结构的基本单位——林分空间结构单元。空间结构单元核心的那株树被称为参照树，而最近的 n 株相邻树木则被称为相邻木。本研究取 $n=4$，即以参照树及其周围4株相邻木组成的结构单元为基础，利用混交度、大小比数及角尺度等空间结构描述松阔混交林林分空间结构[1]。

树种混交度被定义为参照树 i 的4株最近相邻木中与参照树不属同种的个体所占的比例，用以描述树种的空间隔离程度，或者说树种组成和空间配置情况（描述非同质性），用公式（3-1-1）表示为：

$$M_i = \frac{1}{4} \sum_{j=1}^{4} V_{ij} \tag{3-1-1}$$

式中：V_{ij} 是一个离散性的变量，其值定义为：当参照树 i 与第 j 株相邻木非同种时 $V_{ij} = 1$，反之 $V_{ij} = 0^{[2]}$。

大小比数是指胸径大于参照树的相邻木占 4 株最近相邻木的株数比例，用以描述林木个体大小分化程度，或者说是树种的生长优势程度(描述非均一性)，用公式(3-1-2)表示为：

$$U_i = \frac{1}{4}\sum_{j=1}^{4} K_{ij} \tag{3-1-2}$$

式中：K_{ij} 是一个离散性的变量，其值定义为：当参照树 i 比相邻木 j 小时 $K_{ij} = 0$，反之 $K_{ij} = 1$。大小比数量化了参照树与其相邻木的关系，其值 U_i 越低，说明比参照树大的相邻木越少[3]。

角尺度用来描述相邻树木围绕参照树 i 的均匀性，用角尺度描述林木个体在水平地面上的分布形式，或者说是种群的空间分布格局(描述非规则性)。任意两个邻接最近相邻木的夹角有两个，小角为 α，最近相邻木均匀分布时的夹角设为标准角 α_0。角尺度被定义为 α 角小于标准角 α_0 的个数占所考察的 4 个夹角的比例。用公式(3-1-3)表示为：

$$W_i = \frac{1}{4}\sum_{j=1}^{4} Z_{ij} \tag{3-1-3}$$

式中：Z_{ij} 是一个离散性的变量，其值定义为：当第 j 个 α 角小于标准角 α_0 时 $Z_{ij} = 1$，反之 $Z_{ij} = 0^{[4]}$。

以上都是针对一个空间结构单元而言的，在分析整个林分的空间结构时，需要计算林分内所有结构单元的参数平均值，并将其作为分析的基础。通过分析林分平均混交度和各树种混交度[2]，研究松阔混交林树种空间配置情况；通过分析各树种大小比数研究该树种在林分内的生长状况[3]；通过分析样地平均角尺度研究林木水平地面上的分布格局[5]。

1.3.3　松阔混交林林分空间结构分析

1.3.3.1　树种组成

表 3-1-7 所示为该松阔混交林各样地乔木层特征值，可以看出样地 1、3、4 马尾松都呈绝对优势，尤其是样地 3 马尾松重要值达到 226；样地 2 相思树占一定优势，其次是马尾松，再次是樟树，但三者相差不大。

表 3-1-7　各样地乔木层特征值

样地号	种　名	RA	RS	RF	IV
样地 1	马尾松	50.000	67.411	58.333	175.744
	杉　木	14.286	1.257	8.333	23.876
	乌　柏	14.286	3.484	16.667	34.436
样地 2	相　思	14.286	10.404	8.333	33.023
	杨　梅	7.143	17.444	8.333	32.920
	马尾松	35.000	30.627	33.333	98.960
	相　思	45.000	36.503	46.667	128.170
	樟　树	20.000	32.870	20.000	72.870

（续）

样地号	种　名	RA	RS	RF	IV
样地 3	马尾松	83.784	71.354	71.429	226.566
	相　思	10.811	26.846	14.286	51.943
	樟　树	2.703	0.425	7.143	10.271
样地 4	鹅掌柴	2.703	1.375	7.143	11.221
	马尾松	37.037	54.470	45.000	136.507
	相　思	44.444	36.412	40.000	120.856
	油　杉	7.407	7.160	5.000	19.567
	樟　树	7.407	1.275	5.000	13.682
	鹅掌柴	3.704	0.683	5.000	9.387

1.3.3.2　林木种间关系

图 3-1-1 展示了 4 块样地的林木平均混交度及其分布。样地 1、样地 4 中强度混交（1 株单木周围有 3 株相邻木属于其他树种，$M_i = 0.75$）的比例最高，其平均混交度均在 0.6 左右，说明这 2 块样地同树种单种聚集在一起的情况为数尚可；样地 2 中度混交（1 株单木周围有 2 株相邻木属于其他树种，$M_i = 0.50$）的比例最高，说明这块样地中大多树种的周围既有同树种也有别的树种，结合树种组成分析可以看出样地 2 三种树种；样地 3 中零度混交（1 株单木周围 4 株最近相邻木均为同种，$M_i = 0$）的比例最高，平均混交度只有 31%，说明在这块样地里多数是同树种单种聚集在一起，结合树种组成说明这块样地马尾松占绝对优势。

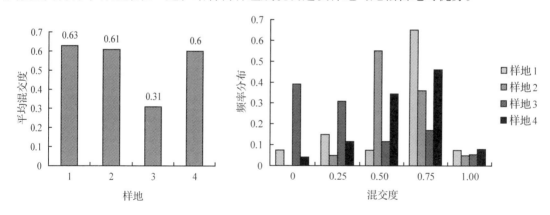

图 3-1-1　林分平均混交度及其分布

进一步分树种分析（表 3-1-8），可以看出马尾松的平均混交度只有 0.37，而其他树种平均混交度几乎都在 0.5 以上，最高的混交度为 1.00。从总体上来说，在这种天然林中马尾松较多呈现单种聚集，而其他树种中度混交、强度混交以及极强度混交占了很大的比例。

进一步分析知道，零度混交在马尾松单木中较多（有 27% 的马尾松以本种为伴），在相思树中也有 4% 的相思树以本种为伴。在樟树、杨梅、油杉、乌桕、鹅掌柴及杉木等树种的单木中 $M_i = 0$ 的比例几乎都为零。而在没有零度混交的树种中，仅有樟树有轻度混交的现象。杨梅、油杉、乌桕、鹅掌柴和杉木等树种零度混交和轻度混交都没有，全都是强度混交和极强度混交。

表3-1-8   各树种平均混交度 M_i 及其组成

树 种	0	0.25	0.50	0.75	1.00	M_i
马尾松	0.27	0.24	0.25	0.24	0.00	0.37
相思树	0.04	0.11	0.30	0.48	0.07	0.61
樟 树	0.00	0.14	0.29	0.28	0.29	0.64
杨 梅	0.00	0.00	0.00	0.00	1.00	1.00
油 杉	0.00	0.00	0.00	1.00	0.00	0.75
乌 柏	0.00	0.00	0.00	1.00	0.00	0.75
鹅掌柴	0.00	0.00	0.00	0.00	1.00	1.00
杉 木	0.00	0.00	0.00	1.00	0.00	0.75

总的说来，该松阔混交林作为优势树种的马尾松较多呈单种聚集，其余树种则散生在马尾松中。

1.3.3.3   林木大小分化程度

表3-1-9 描述 4 块样地中一些主要树种的大小比数分布。根据大小比数的定义 U_i 越大代表相邻木越大，而参照树不占优势。马尾松处于劣势和绝对劣势状态的情况相对较少，有 55% 的马尾松生长上处于优势地位，27% 的马尾松处于受压状态，18% 处于中庸状态。相思树各种状态都有，且相对樟树来说，还是比较占优势的。各树种平均大小比数的取值范围 0～88%，反映了树种空间大小分化和大小组合的极大差异。平均大小比数在 0.25 以下的只有一个树种——杨梅，它们在与其最近相邻木所组成的空间单元中，大多数情况下都比其相邻木大，而马尾松的平均大小比数为 0.42，介于 0.25～0.50 之间，生长上介于优势和中庸状态之间，生长上占一定优势。相思树的平均大小比数在 0.50 左右，生长上处于中庸状态，在由它构造的结构单元中，比它大和比它小的相邻木数量基本一致。樟树和油杉的平均大小比数比 0.50 大，但没有达到 0.75，这两个树种单木在构成结构单元时，两三株相邻木较粗大的情况经常发生，生长上不占优势。乌柏、鹅掌柴和杉木受压较严重，尤以杉木为最重，有一半的参照树完全受压。

从上面的分析来看，马尾松在空间大小对比上占有一定的优势，其余树种则分化严重，既有占优势的树种，也有受压的树种。

表3-1-9   各树种平均大小比数 U_i 及其组成

树 种	0	0.25	0.50	0.75	1.00	U_i
马尾松	0.22	0.33	0.18	0.14	0.13	0.42
相思树	0.22	0.16	0.26	0.11	0.26	0.51
樟 树	0.14	0.00	0.28	0.29	0.29	0.64
杨 梅	1.00	0.00	0.00	0.00	0.00	0.00
油 杉	0.00	0.00	0.50	0.50	0.00	0.63
乌 柏	0.00	0.00	0.00	1.00	0.00	0.75
鹅掌柴	0.00	0.00	0.00	1.00	0.00	0.75
杉 木	0.00	0.00	0.00	0.50	0.50	0.88

1.3.3.4　林木个体空间分布格局

用角尺度描述林分中的林木个体分布格局的时候，关注林木个体之间的方位关系，不需要分树种统计，只要考虑整个样地的取值情况即可[5]。根据角尺度的定义，W_i 的值越大参照树周围的相邻木分布越不均匀。

图 3-1-2 给出 4 块固定样地的平均角尺度及其取值分布。4 块样地中 $W_i = 0$ 的比例都不高，这说明了绝对均匀情况很少或几乎没有。$W_i = 0.50$ 的比例 4 块样地都最高。样地的平均角尺度取值在 0.518～0.611 之间不等，各个样地的平均角尺度的取值分别为：0.518、0.563、0.655、0.611。对于 4 株最近相邻木而言，标准角的可能取值范围为(60°，90°)，最优标准角为 72°，当 $0.475 \leqslant \overline{W} \leqslant 0.517$ 为随机分布，$\overline{W} < 0.475$ 分布就是均匀分布，$\overline{W} > 0.517$ 就是为团状分布[5-6]。以此作为林分林木分布的判别标准，由此可以判定该试验地的林分分布格局均为团状分布，这与刘健等研究天然针阔混交林马尾松种群空间分布格局时得出的马尾松种群呈小规模的<u>丛生</u>聚集结论是吻合的[7]。

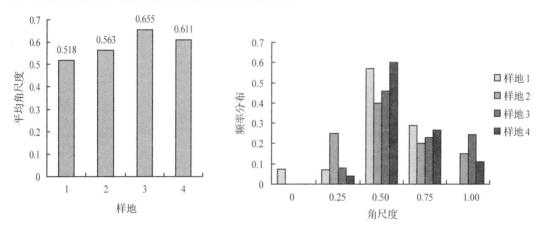

图 3-1-2　样地 1 至样地 4 的平均角尺度及其分布

1.3.4　松阔混交林林分空间结构分析结论

本研究松阔混交林作为优势树种的马尾松较多呈单种聚集，其余树种中度、强度混交占了相当大的比例。树种空间大小分化和大小组合的差异极大，马尾松在空间大小对比上占有一定的优势，其余树种则分化严重，既有占优势的树种，也有受压的树种。平均角尺度的分析结果表明，松阔混交林的林分分布格局基本上以不均匀分布为主。

1.4　不同采集方式对马尾松林天然更新的影响

马尾松阔叶混交林作业在我国已有上千年的历史，但至今仍沿用传统的一套作业办法，即常采用皆伐作业、伐区造材、人工或机械化集材(近年来，随着伐区机械化水平的降低，除个别林业采育场和林场仍有绞盘机和为数不多的索道集材外，一般采用人力集材)，主伐后用炼山清理采伐迹地，然后进行人工造林，有些交通不便地方任其天然更新。这套作业办法的特点是伐区木材生产作业组织简便、实用,但很少考虑马尾松林生态系统地力维护和持续利用等问题,使更新效果很不理想,造成森林类型比例不合理。抚育间伐和造林措施等对马尾松人工林更新的影响,以及主伐作业对马尾松林地土壤理化性质的影响已有少量研究[8-10],但有关森林采集作业对马尾松林更新和幼林生长的研究鲜见报道。为此,在沙县异州林业采育场建立固定试验区,开展不同采集方式对马尾松林天然更新和幼林生长的研究,以期改革不合理的采集作业措施,为马尾松天然次生林的持续经营提供理论依据。

1.4.1　试验区概况

试验区位于沙县异州林业采育场西南部的 8 林班 16、19 小班和 11 林班 31、32、33 小班,坡度在 33.5°~40°。土壤为花岗岩发育成的山地红壤,土层深厚,Ⅱ类立地。试验区是马尾松中心产区之一。主伐地前茬为马尾松占优势的成熟松阔混交次生林(8 松 2 阔),上层乔木除马尾松外,主要伴生树种有木荷、枫香、栲树和甜槠等;下层灌木以黄瑞木、南烛等为主;草本以芒萁、五节芒为主。植被覆盖度在 80%~90%。

1.4.2　材料与方法

1.4.2.1　处理方法和试验设计

共设 8 种处理,处理设计见表3-1-10。采用完全随机区组设计,共设 3 个区组,24 个小区,每个小区面积为 400 m²(20 m × 20 m)。

表3-1-10　试验处理设计

处理号	处理方式
1	25% 择伐　人力原木集材
2	40% 择伐　人力原木集材
3	60% 择伐　人力原木集材
4	皆伐　人力原木集材
5	25% 择伐　绞盘机原木集材
6	40% 择伐　绞盘机原木集材
7	60% 择伐　绞盘机原木集材
8	皆伐　绞盘机原木集材

1.4.2.2　采集措施和调查项目及方法

伐区作业前(1996 年 2 月),采用相邻格子法对试验小区进行植被、土壤理化性质进行本底调查,乔灌木调查面积为 5 m × 5 m,草本和幼树幼苗调查面积为 1 m × 1 m。按试验处理设计进行主伐集材作业。作业后,对试验小区进行块状整地,更新作准备,并分别于 1997 年 7 月和 11 月进行幼林抚育。此后,每年 1 月,在对应的试验小区上,按 1 m × 1 m 进行全部幼树幼苗调查,分别记录马尾松更新苗的地径、苗高和株数,并计算平均地径(几何平均数)和平均苗高,以此确定标准株。然后,在每个小区内选择 2 株标准株,连根挖取带回实验室,测定叶、茎和根的生物量干重。选用广义方差分析模型,分析采集作业对马尾松更新和单株各器官生物量干重的影响,模型和计算方法,见文献[11]。

1.4.3　不同采集方式对马尾松林天然更新影响分析

不同采集作业后，使得采伐迹地的光、气、热与土壤条件，以及保留木林冠、采伐剩余物对林地的覆盖度等发生不同程度的变化，导致各试验小区的马尾松幼树幼苗的数量、更新频度和 1 年生幼林生长情况的不同，不同采集处理对马尾松林采伐迹地更新情况有一定影响，各试验小区的马尾松更新情况和幼林生长情况，见表 3-1-11。

表 3-1-11　各小区马尾松更新情况和 1 年生单株生物量

区组号	处理号	更新密度（株/hm²）	更新频度（%）	样株苗高（cm）	样株地径（cm）	地上部分重(g/株) 叶干重	茎干重	根干重（g/株）
I	1	6225	64.3	12.3	0.23	0.921	0.601	0.555
	2	7010	57.6	14.9	0.28	1.078	0.614	0.564
	3	7515	47.3	16.7	0.35	1.165	0.627	0.612
	4	5025	38.7	23.6	0.48	2.289	1.949	1.247
	5	6225	65.0	12.1	0.24	0.922	0.603	0.558
	6	6995	56.7	15.4	0.29	1.093	0.616	0.563
	7	7500	47.1	16.9	0.34	1.163	0.628	0.613
	8	4995	39.1	23.9	0.46	2.183	1.951	1.249
II	1	6255	61.9	12.1	0.25	0.919	0.602	0.553
	2	7025	55.4	14.6	0.27	1.052	0.611	0.566
	3	7530	47.9	17.1	0.36	1.199	0.632	0.617
	4	5010	35.6	24.3	0.49	2.313	1.959	1.241
	5	6240	62.2	12.2	0.24	0.920	0.602	0.556
	6	7010	56.1	15.1	0.28	1.080	0.612	0.563
	7	7515	48.2	17.3	0.36	1.198	0.639	0.616
	8	5025	35.1	24.1	0.47	2.281	1.954	1.246
III	1	6240	65.3	11.9	0.23	0.912	0.601	0.554
	2	6995	51.9	14.9	0.28	1.080	0.614	0.562
	3	7545	45.8	17.1	0.35	1.179	0.625	0.614
	4	5040	40.3	24.5	0.48	2.297	1.957	1.245
	5	6225	64.9	12.4	0.24	0.921	0.602	0.555
	6	7010	52.1	14.7	0.29	1.050	0.610	0.563
	7	7515	46.1	16.8	0.34	1.171	0.622	0.616
	8	5010	39.7	24.4	0.47	2.279	1.955	1.242

注：限于起苗条件，根系不够完整，根系数据偏小。

1.4.3.1　不同采集作业对更新效果的影响

1.4.3.1.1　不同采集作业对更新密度的影响

不同采集作业对更新密度影响的方差分析，见表 3-1-12。不同主伐方式和集材方式都会造成更新密度的极显著差异，而且主伐方式和集材方式的交互作用也造成更新密度的极显著差异，但区组之间没有显著性差异。

表 3-1-12　不同采集作业对更新密度的方差分析

变差来源	离差平方和	自由度	均　　方	F	$F_{0.05}$	$F_{0.01}$
区组间	525.0001	2	262.50000	2.209	3.74	6.52
采伐 A	21583120.0000	3	7194373.00000	60529.580**	3.34	5.56
集材 B	3037.5000	1	3037.50000	25.556**	4.60	8.86
A×B	2887.5000	3	962.50000	8.098**	3.34	5.56
剩　余	1664.0000	14	118.85710			
总　和	21591240.0000	23				

注: * * 表示极显著差异。

1.4.3.1.2　不同采集作业对更新频度的影响

不同采集作业对更新频度影响的方差分析,见表 3-1-13。虽然不同主伐方式造成更新频度的极显著差异,但由于集材方式对更新频度的影响很小,因此,主伐和集材作业的交互作用也没有造成更新频度的差异。试验区组之间更新密度和频度都无显著差异。

表 3-1-13　不同采集作业对更新频度的方差分析

变差来源	离差平方和	自由度	均　　方	F	$F_{0.05}$	$F_{0.01}$
区组间	12.3608	2	6.18042	1.517	3.74	6.52
采伐 A	2193.4880	3	731.16260	179.473**	3.34	5.56
集材 B	0.0104	1	0.01041	0.003	4.60	8.86
A×B	0.1646	3	0.05487	0.013	3.34	5.56
剩　余	57.0352	14	4.07394			
总　和	2263.0590	23				

注: * * 表示极显著差异。

1.4.3.2　不同采集作业对马尾松单株各器官生长量影响

不同采集作业对马尾松 1 年生幼林生长已经产生影响,通过分析不同采集作业对马尾松单株各器官生长量的影响,方差分析见表 3-1-14、表 3-1-15 和表 3-1-16。主伐方式对马尾松单株各器官生长量都有极显著影响。采伐强度越大,各器官生长量也越大。这是由于马尾松是一种喜光树种,采伐强度大时,林冠稀疏,太阳光能直接照射到林地土壤表面,使林内有足够的光强,表层土土温升高,土壤含水量减少,使像拟赤杨、竹叶草与五节芒等侵入种生长较少,减少它们与马尾松幼苗的竞争,有利于马尾松幼苗的生长。

表 3-1-14　不同采集作业对单株叶干重影响的方差分析

变差来源	离差平方和	自由度	均　　方	F	$F_{0.05}$	$F_{0.01}$
区组间	0.0005	2	0.00024	0.114	3.74	6.52
采伐 A	6.9982	3	2.33272	10648.150**	3.34	5.56
集材 B	0.0002	1	0.00023	1.070	4.60	8.86
A×B	0.0011	3	0.00035	1.613	3.34	5.56
剩　余	0.0031	14	0.00022			
总　和	7.0030	23				

注: * * 表示极显著差异。

表 3-1-15　不同采集作业对单株茎干重影响的方差分析

变差来源	离差平方和	自由度	均　方	F	$F_{0.05}$	$F_{0.01}$
区组间	0.0004	2	0.00019	5.335 *	3.74	6.52
采伐 A	8.1237	3	2.70789	77338.600 * *	3.34	5.56
集材 B	0.0000	1	0.00000	0.005	4.60	8.86
A × B	0.0001	3	0.00002	0.538	3.34	5.56
剩　余	0.0005	14	0.00004			
总　和	8.1246.0	23				

注：* 表示显著差异，* * 表示极显著差异。

表 3-1-16　不同采集作业对单株根干重影响的方差分析

变差来源	离差平方和	自由度	均　方	F	$F_{0.05}$	$F_{0.01}$
区组间	0.0000	2	0.00002	2.679	3.74	6.52
采伐 A	2.0071	3	0.66905	112892.900 * *	3.34	5.56
集材 B	0.0000	1	0.00000	0.176	4.60	8.86
A × B	0.0000	3	0.00000	0.701	3.34	5.56
剩　余	0.0001	14	0.00001			
总　和	2.0073	23				

注：* * 表示极显著差异。

　　集材方式对叶、茎和根生长量的影响都比较小，这是因为集材作业对土壤的影响有对立的两方面，一方面，集材作业移动了林地上的地被物、采伐剩余物和表土层，对林地有疏理作用，使土壤裸露和疏松；另一方面，对林地土壤造成不同程度的压实，改变林地上幼苗生长的光、热、水与肥等生态环境。

　　主伐和集材作业的交互作用不会造成 1 年生马尾松幼苗的叶、茎和根生长的显著差异。

1.4.4　不同采集方式对马尾松林天然更新影响结论

　　不同采集作业处理后，马尾松林地的天然更新和 1 年生幼林生长情况存在一些差异。

　　采伐强度不同，使马尾松林地天然更新密度、频度以及幼苗各器官的生物量存在极显著差异。从 3 区组的平均数来看，对应天然更新密度最高的采伐强度在 40%~60% 之间；各器官生物量随主伐强度的增大而增加。

　　集材方式不同，除对马尾松林地天然更新密度有极显著影响外，对更新频度和幼苗各器官的生物量无明显影响。

　　不同采集方式的交互作用，对马尾松林地天然更新和幼苗各器官生长量的影响与集材方式的影响相同。

1.5　伐区采育作业系统综合效益评价

　　伐区采育作业系统由伐区木材生产作业和营林作业 2 个子系统组成，它是一个不可分割的整体。过去，由于指导思想等原因，人为地将这 2 个子系统分开甚至对立起来。在木材生产中,森工企业追求单纯经济效益,造成可利用森林资源越来越少,以及由此而来的一系列环境问题。目前,关于伐区作业综合效益定量评价国外少见报道[12-13]。为此,通过实际计算伐区作业的作业成本和定位研究伐区作业对环境因子的影响程度,来评价伐区作业的综合效益,为确定伐区工艺设计方案提供科学依据。为了定量评价伐区作业的综合效益,必须划分综合效益的评价范围和评价指标以及方法。从伐区作业看,由于作业对象为某一伐区,其综合效益主要由经济和生态 2 部分组成,其社会效益不明显而被忽略。经济效益可用伐区直接生产费用和短期收益进行分析,生态效益可通过其评价体系的各指标进行分析。

1.5.1　试验地自然概况

试验地位于福建省沙县异州林业采育场岩坑工区,2 个试验区同属燕山早期第 3 阶段第 4 次侵入岩,岩性为细粒黑云母花岗岩,土壤为山地红壤,土壤厚度 1 m 以上。试验区林分起源为天然马尾松次生林,主要混生乔木有甜槠、栲树和木荷等;林下植被主要有檵木、胡枝子、五节芒、芒萁等,2 个试验区的自然条件基本相同。

1.5.2　研究方法

1.5.2.1　试验设计

为了探索伐区作业模式对伐区综合效益的影响,主要考虑福建省国有林业采育场的典型自然条件和适宜的各种作业方式,选取组成伐区作业系统的 4 个主要因素作为试验因子,所选因素和水平,见表 3-1-17。根据所选的因素和水平,按混合水平正交表进行伐区作业模式的试验设计 $L_8(4 \times 2^4)$。1995 年年底至 1996 年 4 月在沙县异州林业采育场的 8 林班 16 和 19 小班(试验区 1 设立伐区 1)和 11 林班 31、32 和 33 小班(试验区 2 设立伐区 2)重复建立 8 种作业模式的固定试验地(每种模式试验地面积 400 m²),具体安排见表 3-1-18。

表 3-1-17　试验因素和水平

水　平	试验因素			
	主伐方式	集材方式	清林方式①	更新方式
1	25%择伐	原木人力	归　带	天然更新
2	40%择伐	原木绞盘机	归堆或炼山	人促更新
3	60%择伐			
4	皆　伐			

注:①清理林地时,带和堆的规格(长×宽)分别为:20 m×1 m 和 1 m×1 m,高度视剩余物多少而定。

表 3-1-18　试验设计安排 $L_8(4 \times 2^4)$

作业系统模式	试验因素			
	主伐方式	集材方式	清　林	更新方式
I	25%择伐	原木人力	归带	天然更新
II	25%择伐	原木绞盘机	归堆	人促更新
III	40%择伐	原木人力	归带	人促更新
IV	40%择伐	原木绞盘机	归堆	天然更新

（续）

作业系统	试验因素			
模式	主伐方式	集材方式	清　林	更新方式
V	60%择伐	原木人力	归堆	天然更新
VI	60%择伐	原木绞盘机	归带	人促更新
VII	皆　伐	原木人力	炼山	人促更新
VIII	皆　伐	原木绞盘机	归带	天然更新

1.5.2.2　土壤理化性质分析

土壤取样方法见文献[14]；土壤水分—物理性质测定方法见文献[15]；土壤化学性质测定方法见文献[16]；植被调查采用相邻格子法。

1.5.2.3　伐区作业经济效益分析

伐区直接生产费用由木材生产和营林生产的直接费用组成。它们又分别由生产工人的工资、物料与燃料费组成。对木材生产来说，生产工资分为 2 部分：一是准备作业段所需的工资，它包含简易集材道（担筒路等）和一般集运材道（手板车道）的开设、架空索道（架线、移线与设备转移等）、机械设备养护、道路养护以及其他工作（工棚、机房与山楞建设）等；二是伐区生产段所需的工资，它包含采造段（采伐、打枝、剥皮、检尺和造材）、集材段（人力小集中、溜山、手板车与绞盘机等）、归装段（归楞与装车）和剩余物清理段（归堆或归带）等。物料与燃料消耗费分：汽油、柴油、机油、零配件与工具材料消耗等费用。对营林生产来说，生产工资分为 3 部分：林地准备（劈草炼山与整地）与更新造林以及幼林抚育段工资。物料费用分为种子、种苗、肥料和工具材料等费用。

在分析各伐区作业模式经济效益时，把试验地所在伐区的木材直接生产成本分为采造段成本（包括采伐、打枝、造材、检尺与剥皮）、集材段成本（分人力或绞盘机）、清林成本（包括迹地清理和整地）、更新成本（分天然更新或人促更新）和其余成本（包括归装、准备作业、手板车道、物料燃料消耗与不可预见费等）等 5 个作业成本作为经济效益指标。由于本试验在 2 个伐区重复进行，所以各指标取 2 个伐区的平均值。

为了便于计算各伐区作业模式的经济效益指标，列出了 2 个试验区所在伐区的木材生产有关数据，各生产费用按《福建省林业生产统一定额》计算，见表 3-1-19、表 3-1-20。

表 3-1-19　试验区所在伐区概况

伐区编号	林班/小班	采伐面积（hm²）	蓄积量（m³）	出材量（m³）	树种组成	平均胸径（cm）	木材销售单价（元/m³）
1	8/16、19	6.333	1070	869	7 马 3 阔	马尾松　31.2 阔叶树　9.7	马尾松　680 阔叶树　400
2	11/31、32、33	8	1500	1195	10 马 + 阔	31.6	680

表 3-1-20   伐区木材生产需工数(工日)

林班/小班	采伐方式	实际采伐强度(%)	采造段	集材段		林地清理		人促更新		其 余	
				手板车	绞盘机	归带	归堆/火	需工	种子(kg)	手板车	绞盘机
8/16、19	25%择伐	25.9	132	125	96	133	225	2	3.958	362	351
	40%择伐	41.4	204	193	149	152	255	3	7.916	385	374
	60%择伐	61.2	293	278	214	171	288	5	9.500	415	404
	皆 伐	100	407	386	297	190	169	7	15.825	472	461
11/31、32、33	25%择伐	25.2	184	183	140	173	190	2	5.000	573	558
	40%择伐	40.1	292	290	223	197	217	3	10.000	601	586
	60%择伐	60.7	417	414	318	221	243	5	12.000	640	625
	皆 伐	100	584	580	446	242	220	8	20.000	715	700

注:伐区 2 按马尾松纯林计算。

下面以作业模式Ⅲ(40%择伐—原木人力集材—归带处理采伐剩余物—人工促进天然更新)为例,说明其各经济效益指标的计算方法。其他作业模式的经济效益指标的计算按同样方法求得。

1.5.2.3.1   短期收益 M_1

伐区短期收益指伐区内各材种的实际出材量按现行价格销售所得的总金额(元/hm²)。各伐区的单位面积出材量 MM_i(m^3/hm^2)为:

$$MM_i = 立木出材量 \times 树种比例 \div 伐区面积(i = 1,2,3,4) \qquad (3-1-4)$$

MM_1、MM_2分别表示 2 个伐区马尾松单位面积出材量,MM_3、MM_4表示阔叶材单位面积出材量。由表 3-1-19 知,伐区 1 采伐面积为 6.333 hm²,立木出材量为 869 m³,树种组成为 7 马 3 阔;伐区 2 采伐面积为 8 hm²,立木出材量为 1195 m³,树种组成为 10 马 + 阔。则

$$MM_1 = 869 \times 0.7 \div 6.333 = 96.052 \ m^3/hm^2 \qquad MM_2 = 1195 \times 0.95 \div 8 = 141.906 \ m^3/hm^2$$

$$MM_3 = 869 \times 0.3 \div 6.333 = 41.165 \ m^3/hm^2 \qquad MM_4 = 1195 \times 0.05 \div 8 = 7.469 \ m^3/hm^2$$

由于作业模式Ⅲ的实际择伐强度为 41.4% 和 40.1%,择伐树种为马尾松,因此,单位面积择伐出材量 MM_5取 MM_1、MM_2的平均值,得:

$$MM_5 = (MM_1 \times 伐区 1 实际择伐强度 + MM_2 \times 伐区 2 实际择伐强度) \div 2$$

$$MM_5 = (96.052 \times 0.414 + 141.906 \times 0.401) \div 2 = 48.335 \ m^3/hm^2$$

据 1997 年沙县异州林业采育场木材销售价格(表 3-1-19),马尾松平均胸径 30~32 cm 木材单价为 680 元/m³,所以,作业模式Ⅲ短期收入 M_1为:

$$M_1 = MM_5 \times 销售单价 = 48.335 \times 680 = 32867.80 \ 元$$

如计算皆伐时,还应包括 MM_3、MM_4,即考虑阔叶材的短期收益。

1.5.2.3.2   采造段成本 M_2

采造段成本包括采伐、打枝、造材、比记与剥皮等项费用之和。采造段单位材积成本 M_2(元/m³)的计算公式(1997 年日工资按 30 元计,下同)为:

$$MN_i = 采造段需工(工日) \times 日工资 \div (蓄积量 \times 实际采伐强度)(i = 1,2) \qquad (3-1-5)$$

则伐区 1 和伐区 2 的采造段单位材积成本 MN_1、MN_2(表 3-1-20)分别为:

$$MN_1 = 204 \times 30 \div (1070 \times 0.414) = 13.82 \ 元/m^3$$

$$MN_2 = 292 \times 30 \div (1500 \times 0.401) = 14.56 \ 元/m^3$$

采造段单位材积成本:

$$M_2 = (MN_1 + MN_2) \div 2 = (13.82 + 14.56) \div 2 = 14.19 \ 元/m^3$$

1.5.2.3.3 集材段成本 M_3

集材段单位材积成本(元/m^3)按式(3-1-6)计算。

$$MN_i = 集材段需工(工日) \times 日工资 \div (出材量 \times 实际采伐强度)(i = 3,4) \quad (3\text{-}1\text{-}6)$$

则伐区1和伐区2的集材段单位材积成本 MN_3、MN_4(表3-1-20)分别为:

$$MN_3 = 193 \times 30 \div (869 \times 0.0414) = 16.09 \ 元/m^3$$

$$MN_4 = 290 \times 30 \div (1195 \times 0.401) = 18.16 \ 元/m^3$$

集材段单位材积成本:

$$M_3 = (MN_3 + MN_4) \div 2 = (16.09 + 18.16) \div 2 = 17.13 \ 元/m^3$$

1.5.2.3.4 清理林地成本 M_4

清理林地包括采伐剩余物处理和整地。该工序单位面积成本(元/hm^2)按式(3-1-7)计算。

$$MN_i = 清理林地需工(工日) \times 日工资 \div 伐区面积(i = 5,6) \quad (3\text{-}1\text{-}7)$$

则伐区1和伐区2的清理林地的单位面积成本 MN_5、MN_6(表3-1-20)分别为:

$$MN_5 = 152 \times 30 \div 6.333 = 720.04 \ 元/hm^2$$

$$MN_6 = 197 \times 30 \div 8 = 738.75 \ 元/hm^2$$

清理林地的单位面积成本:

$$M_4 = (MN_5 + MN_6) \div 2 = (720.04 + 738.75) \div 2 = 729.40 \ 元/hm^2$$

1.5.2.3.5 更新成本 M_5

单位面积更新成本 M_5(元/hm^2)包括人工补播用工费和购买种子费用。按式(3-1-8)、式(3-1-9)计算。

$$MN_i = 补播需工(工日) \times 日工资 \div 伐区面积 \quad (i = 7,8) \quad (3\text{-}1\text{-}8)$$

$$MN_i = 补播量 \times 马尾松种子单价(60 \ 元/kg) \div 伐区面积 \quad (i = 9,10) \quad (3\text{-}1\text{-}9)$$

伐区1和伐区2的单位面积补播用工费用 MN_7、MN_8(表3-1-20)分别为:

$$MN_7 = 3 \times 30 \div 6.333 = 14.21 \ 元/hm^2$$

$$MN_8 = 3 \times 30 \div 8 = 11.25 \ 元/hm^2$$

伐区1和伐区2的单位面积的种子费用 MN_9、MN_{10}(表3-1-20)分别为:

$$MN_9 = 7.916 \times 60 \div 6.333 = 75.00 \ 元/hm^2$$

$$MN_{10} = 10.000 \times 60 \div 8 = 75.00 \ 元/hm^2$$

则单位面积更新作业成本:

$$M_5 = (MN_7 + MN_8 + MN_9 + MN_{10}) \div 2 = (14.21 + 11.25 + 75 + 75) \div 2 = 87.73 \ 元/hm^2$$

1.5.2.3.6 其余项成本 M_6

其余项单位成本 M_6(元/m^3)为归装、准备作业(劈道影、简易道、工棚、道路养护与设计费)、不可预见、物燃料消耗和设备折旧等项费用之和。

$$MN_i = \sum 其余项需工(工日) \times 日工资 \div (蓄积量 \times 实际采伐强度) \quad (i = 11,12)$$

$$(3\text{-}1\text{-}10)$$

则伐区 1 和伐区 2 的其余项单位材积成本 MN_{11}、MN_{12}(表 3-1-20)分别为:

$$MN_{11} = 385 \times 30 \div (1070 \times 0.414) = 26.07 \text{ 元/m}^3$$

$$MN_{12} = 601 \times 30 \div (1500 \times 0.401) = 29.98 \text{ 元/m}^3$$

其余项单位材积成本之和:

$$M_6 = (MN_{11} + MN_{12}) \div 2 = (26.07 + 29.98) \div 2 = 28.03 \text{ 元/m}^3$$

1.5.2.4　伐区作业生态效益分析

森林经营的生态效益可用以下指标进行评价:①抗逆作用指标;②涵养水源指标;③土壤肥力指标;④气候指标;⑤大气质量指标;⑥土地自然生产力指标等。

以上指标体系是针对林业生产规划而言。对某个具体伐区来说,可筛选出一些易于量化的指标来分析伐区作业模式的生态效益,它们是土壤肥力指标(密度、有机质含量、速效 N、速效 P 和速效 K)、蓄水保土指标(最大饱和持水量和泥沙冲刷量)和更新效果(更新苗数量和更新频度)。

1.5.3　伐区作业的综合效益评价

1.5.3.1　评价模型简析

根据上述 8 种可行的作业模式的经济效益指标和生态效益指标,选择出最佳的类似试验区条件的伐区作业模式,实际上是一个多目标决策问题。

多目标决策方法主要是形成 Pareto 优化集合并选择出优化方案[17]。首先,将不同量纲的目标项换算成同一效用单位(Ufile),即根据每个目标的最大值 V_{max} 和最小值 V_{min},求出对应的效用单位最大值 U_{max} 和最小值 U_{min}。当目标值为 V_{max} 时,对应的 U_{max} 为 1.0;当目标值为 V_{min} 时,对应的 U_{min} 为 0.1;其余 U 值一般按式(3-1-11)和式(3-1-12)换算。即

$$U = 1 - \frac{0.9(V_{max} - V)}{V_{max} - V_{min}} \tag{3-1-11}$$

$$U = 1 - \frac{0.9(V - V_{min})}{V_{max} - V_{min}} \tag{3-1-12}$$

式(3-1-11)为递增关系式,式(3-1-12)为递减关系式。当目标值越大越好时,选用式(3-1-11),否则选用式(3-1-12)。

设有 2 个方案:A_1 和 A_2,令

$$U(A_1) = \lambda_1 U_{11} + \lambda_2 U_{12} + \cdots + \lambda_N U_{1N} = \sum_{j=1}^{N} \lambda_j U_{1j} \tag{3-1-13}$$

$$U(A_2) = \lambda_1 U_{21} + \lambda_2 U_{22} + \cdots + \lambda_N U_{2N} = \sum_{j=1}^{N} \lambda_j U_{2j} \tag{3-1-14}$$

式(3-1-13)和式(3-1-14)为效用函数。式中的 $\lambda_j (j = 1, 2, \cdots, N)$ 是每个目标的相对权重值,它们满足 $\sum_{j=1}^{N} \lambda_j = 1$。

如果 $U(A_1) \geqslant U(A_2)$,说明方案 A_2 为被支配方案,可以精简。

在多目标决策中,权重系数的确定是关键的一步,一般采用相对比较法确定。设有 N 个目标,对 N 个目标中的任意 2 个目标之间进行比较,采用专家调查法获得每个目标各自的相对权重。例如决策者认为 V_i 重要程度是 V_j 的 4 倍,则取 $\lambda_{ij} = 0.8$,$\lambda_{ji} = 0.2$。比较次数为

$R = C_N^2$。

这些 λ 值之间具有下列关系：

$$\lambda_{ij} + \lambda_{ji} = 1 \quad (\lambda_{ij} \geqslant 0, \ \lambda_{ji} \geqslant 0) \tag{3-1-15}$$

每个目标的权重为：$\lambda_i = (\sum_{j=1}^{N} \lambda_{ij})/R$；而其总和为：$\sum_{i=1}^{N} \lambda_i = 1$。

如果目标数较多，可借鉴层次分析法的思想，即将 N 个目标进行归类合并，形成 M 个主目标($M < N$)，先计算出 M 个主目标的相对权重，后计算每个主目标内各子目标的相对权重。则

各子目标的绝对权重(λ_i) = 主目标的相对权重×子目标的相对权重　　　(3-1-16)

求得每一个目标权重 λ_i 后，再求各方案综合评价值。记第 i 方案的综合评价值 W_i：

$$W_i = \sum_{i=1}^{N} \lambda_i U_{ij} \tag{3-1-17}$$

最后，根据 W_i 值的大小可选出优化的方案。

1.5.3.2　伐区作业模式优化

对各伐区作业模式的 15 个量化指标($N = 15$)归为 4 类主目标($M = 4$)，分别为经济效益 M_1、土壤肥力 M_2、更新效果 M_3 和蓄水保土 M_4。设 V_1、V_2、V_3、V_4、V_5、V_6 为经济效益的 6 个指标值(即 M_1 有 6 个子目标)，分别表示短期收益、采造段单位材积成本、集材段单位材积成本、清理林地单位面积成本、更新单位面积成本和其余项单位材积成本。短期收益分松木和杂木 2 类，按各木材径级 1997 年的实际销售价格计算。采造段、集材段、作业准备、归装、物燃料和设备折旧费用按《福建省林业生产统一定额》计算。清理林地和更新成本根据试验地实际用工计算。设 V_7、V_8、V_9、V_{10}、V_{11} 为土壤肥力的 5 个指标值(即 M_2 有 5 个子目标)，分别表示 0~20 cm 层有机质、水解性氮、速效磷、速效钾、密度等的变化量。设 V_{12}、V_{13} 为更新效果指标(即 M_3 有 2 个子目标)，分别表示更新株数和更新频度。设 V_{14}、V_{15} 为蓄水保土指标(即 M_4 有 2 个子目标)，分别表示泥沙冲刷量和最大饱和持水量，见表 3-1-21。

表 3-1-21　伐区采育作业模式各效益指标

作业模式	经济效益						土壤肥力					更新效果		蓄水保土	
	短期收益（元/hm²）	采造段成本（元/m³）	集材段成本（元/m³）	林地清理成本（元/hm²）	更新成本（元/hm²）	其余成本（元/m³）	有机质变化量（g/kg）	速效N变化量（mg/kg）	速效P变化量（mg/kg）	速效K变化量（mg/kg）	密度变化量（g/cm³）	更新株数（株/hm²）	更新频度（%）	泥沙侵蚀量（kg/hm²）	最大持水量变化量（%）
	V_1	V_2	V_3	V_4	V_5	V_6	V_7	V_8	V_9	V_{10}	V_{11}	V_{12}	V_{13}	V_{14}	V_{15}
I	20617	14.45	17.45	639.39	0.00	42.34	2.167	18.56	-1.25	-2.0	-0.103	5213	22.7	191.04	6.68
II	20617	14.45	13.38	702.06	46.00	41.15	2.352	19.73	-1.20	-3.8	-0.127	6915	30.9	189.11	-10.35
III	32868	14.19	17.13	729.40	87.73	28.03	1.284	8.98	-1.01	-3.2	-0.216	7660	43.6	251.07	2.35
IV	32868	14.19	13.19	802.42	0.00	27.28	1.667	7.02	-1.15	-4.5	-0.159	5319	30.9	233.18	-2.96
V	49273	13.58	16.40	900.91	0.00	20.05	0.777	-1.04	-0.98	-3.5	0.112	3936	36.2	302.13	-8.18
VI	49273	13.58	12.61	819.40	112.22	19.55	-1.182	-1.88	-0.99	-8.3	0.113	5851	47.4	319.24	-7.45
VII	90633	11.55	13.94	812.79	181.54	13.77	-4.751	-6.77	-1.25	-13.0	0.135	1702	12.8	16228.94	-19.58
VIII	90633	11.55	10.72	903.78	0.00	13.47	-3.816	-6.32	-0.74	-16.3	0.164	1170	9.0	426.51	-7.04

注：各指标变化量 = 各指标现值(1999 年 3 月测定) - 各指标本底值(1996 年 3 月测定)。

据专家调查法和相对比较法确定经济效益、土壤肥力、更新效果和蓄水保土 4 个主目标的权重分别为 0.292、0.25、0.267 和 0.191，计算结果见表 3-1-22。再用相对比较法分别对 4 个主目标所属的各子目标的相对权重进行计算法分析（计算过程与主目标的计算法相同）。对"经济效益"的 6 个子目标计算，得到 V_1、V_2、V_3、V_4、V_5、V_6 的相对权重均为 0.167；对"土壤肥力"的 5 个子目标计算，得到 V_7、V_8、V_9、V_{10}、V_{11} 的相对权重分别为 0.225、0.21、0.185、0.18 和 0.20；对"更新效果"的 2 个子目标（V_{12} 和 V_{13}）的权重各为 0.5；对"蓄水保土"2 个子目标（V_{14} 和 V_{15}）的权重各为 0.5；再用式（3-1-16）计算出各子目标的权重系数，分别为 0.049，0.049，0.049，0.049，0.049，0.049，0.056，0.054，0.046，0.045，0.050，0.134，0.133，0.096，0.096。又将表 3-1-21 中的 15 个指标值用式（3-1-11）、式（3-1-12）两式换算成统一的效用值 U。对于短期收益、各理化性质指标变化量、更新株数和更新频度、最大饱和持水量变化量等指标值，其数值愈大愈好，则采用递增关系式（3-1-11）换算；而其他指标的数值愈小愈好，采用递减关系式（3-1-12）换算。最后，用式（3-1-17）计算出各伐区作业模式的综合评价值 W_i，结果见表 3-1-23。

表 3-1-22　各主目标权重系数

主目标	主目标权重					Σ	权重系数
经济效益	0.6	0.55	0.6			1.75	0.292
土壤肥力	0.4			0.5	0.6	1.50	0.250
更新效果		0.45		0.5		0.65	1.60	0.267
蓄水保土			0.4		0.4	0.35	1.15	0.191

表 3-1-23　各伐区采育作业模式综合评价值计算

模式	V_1 0.049	V_2 0.049	V_3 0.049	V_4 0.049	V_5 0.049	V_6 0.049	V_7 0.056	V_8 0.053	V_9 0.046	V_{10} 0.045	V_{11} 0.050	V_{12} 0.134	V_{13} 0.133	V_{14} 0.096	V_{15} 0.096	评价值 W_i
I	0.100	0.100	0.100	1.000	1.000	0.100	0.977	0.960	0.100	1.000	0.732	0.661	0.421	1.000	1.000	0.646
II	0.100	0.100	0.644	0.787	0.772	0.137	1.000	1.000	0.188	0.887	0.789	0.897	0.613	1.000	0.416	0.660
III	0.257	0.181	0.143	0.694	0.565	0.546	0.865	0.635	0.524	0.924	1.000	1.000	0.911	0.997	0.852	0.747
IV	0.257	0.181	0.670	0.445	1.000	0.569	0.913	0.568	0.276	0.843	0.865	0.675	0.613	0.998	0.670	0.661
V	0.468	0.370	0.240	0.110	1.000	0.795	0.800	0.576	0.295	0.906	0.223	0.484	0.738	0.994	0.491	0.590
VI	0.468	0.370	0.747	0.387	0.444	0.810	0.552	0.266	0.559	0.603	0.221	0.749	1.000	0.993	0.516	0.645
VII	1.000	1.000	0.569	0.410	0.100	0.991	0.100	0.100	0.100	0.308	0.169	0.174	0.189	0.100	0.100	0.305
VIII	1.000	1.000	1.000	0.100	1.000	1.000	0.218	0.115	1.000	0.100	0.100	0.100	0.100	0.987	0.530	0.496

从表 3-1-23 分析可看出，作业模式 III 的综合评价值（0.747）为最高，即为最优模式；作业模式 IV（0.661）为次优模式；而作业模式 VII（0.305）为最差模式。

1.5.4　伐区采育作业系统综合效益评价结论

采伐方式对综合评价值的影响较大；虽然皆伐的经济效益优于择伐作业，但皆伐引起的地力衰退和土壤侵蚀比择伐严重得多，因此，为了实现森林的可持续经营，建议改变马尾松林传统的采伐方式（即皆伐），以强度择伐（40%）代替皆伐，使森林更好地发挥其综合效益。

在皆伐迹地，应尽量将打枝、造材和剥皮等留下的采伐剩余物以带或堆的形式留在林地，既可防止水土流失，又能增加养分的归还量，防止林地地力衰退，但带状和堆状处理采伐剩余物所造成的差别不显著。

天然马尾松次生林采伐迹地的更新方式宜采用人工促进天然更新。

对类似试验区的天然马尾松林来说，"40%择伐—原木人力集材—归带处理采伐剩余物—人工促进天然更新"是目前伐区作业优化模式，可供林业主管部门和生产单位决策时借鉴。

第2章
常绿阔叶林生态采运作业系统研究

2.1 影响伐区作业的生态因子分析研究

随着社会发展，对木材需求量与日俱增。而人们盲目采伐，却忽视了森林的生态效益，对生态环境造成了严重破坏。因此，注意把森林经济效益和生态效益相结合刻不容缓。

2.1.1 森林生态和森林采伐的关系

森林生态系统是指森林生物群落与非生物环境之间，通过能量转换和物质循环，从而形成一定结构和机能相互作用的体系。也就是说，森林中的植物、动物和微生物，以及水、土、光、热与气等之间存在着相互作用的生态系统。而森林采伐是人为活动对森林生态系统的介入，对森林进行采伐和集运材。

森林生态和森林采伐之间，既互相制约又互相促进，为对立统一关系。倘若森林被过度采伐，势必导致破坏森林生态平衡；相反，森林生态的破坏也将影响森林采伐的经济效益，这就是森林的两个对立面。所谓统一，其一是指没有生态效益则不具备经济效益；其二是只有通过采伐，提高经济效益，才能更好发挥生态效益。

2.1.2 影响伐区作业的生态因子分析

森林具有多功能性和多效性，人们在对森林采伐作业过程中，土地生产力也会下降。原因是在自然状态下，土壤养分基本保持稳定状态。而参与采伐、更新等人为活动，使水分、空气与养分的能力下降，土壤恶化，则生产力难以维持。针对此情况，需要以伐区为范围来研究哪些生态因子对伐区作业产生影响。

2.1.2.1 林地坡度

坡度是一个影响伐区作业的重要生态因子。不同坡度的皆伐林地，伐后造成水土流失程度也有异，见表3-2-1 [18]。

表3-2-1　不同林地坡度的水土流失情况

采伐迹地坡度（°）	伐区表土冲蚀平均厚度（cm）	
	0.67（hm²）	3.33（hm²）
15	0.20	0.20
35	0.65	0.75
45	0.85	0.95

由表 3-2-1 可知，同样降水强度区，坡度大小与土壤冲蚀深度成正比，但面积的差异不大。因此，坡度是直接影响伐区作业的关键因素。

2.1.2.2　林分结构

林分中的树种配置不同，其对地力的影响也有异。对马荷混交林和马尾松纯林进行比较分析，单位面积的不同林分结构养分回归结果，见表 3-2-2[19]。

表 3-2-2　不同林分结构养分回归结果

林分结构	枯枝落叶量（kg/hm²）	有机质含量（%）			
		A 层有机质	全　氮	磷	钾
马荷混交	11.565	4.97	0.11	0.223	1.95
马尾松纯林	4.455	1.83	0.08	极微	极微

林地地力的维持和提高是由林木养分的归还量和养分循环速度决定的。由表 3-2-2 可知马荷混交林的养分归还量大于纯马尾松林，所以马荷混交林较纯马尾松林更易于提高林地地力。原因是马荷混交林中的木荷为阔叶树种，枯枝落叶多，且腐殖质分解快，养分循环快；而纯马尾松林为针叶树种，落叶量较少，所含灰分缺乏，且分解比较困难，在 A 层积累，形成酸性的粗腐殖质，是引起地力衰退的主要原因。

2.1.2.3　地表植被

许多自然现象和试验表明，植被对土壤侵蚀具有巨大的制约力。在进行伐区作业过程中，地表植被或多或少会遭受破坏，此时土壤理化性质将恶化，抗冲蚀性能明显减弱，侵蚀由轻微突变为强烈，见表 3-2-3[19]。

表 3-2-3　4 年内灌丛区植被情况及防蚀作用

年　限	第 1 年	第 2 年	第 3 年	第 4 年	备　注
植被覆盖率(%)	30	71.2	95	100	植被为台湾相思与黄栀子，第 1 年植苗
降水量(mm)	1672.2	1804.5	1501.0	1480.1	
产流雨量(mm)	651.1	1195.6	963.1	862.4	
径流量(m³/hm²)	1230.0	813.0	310.5	205.5	
侵蚀量(t/hm²)	50.2	3.33	0.15	0	

从表 3-2-3 可知，第 1 年植被覆盖率低，其水土流失量最多，第 2 年至第 3 年覆盖率增高到 95%，其水土流失量已降低至最小程度。特别是土壤已不存在侵蚀现象。由此表明快速提高植被覆盖率是防止生态破坏的有效办法。

2.1.2.4　采伐方式

2.1.2.4.1　地表土层含水量

伐区调查设计后，进行生产作业。作业后的伐区，覆被清除，林地破坏，地表土层的含水量将发生逆转。且随着林型种类和采伐方式的不同而不同。对杜香—落叶松林，杜鹃—落叶松林，草类—落叶松林等 3 种不同林型种类伐区采伐迹地的有机质层含水量进行测定，结果是杜香—落叶松林变化最小，草类—落叶松林最大；皆伐作业比择伐作业大，皆伐带宽度每增加 50 m，其最大持水量减少 17%，见表 3-2-4[20]。

表 3-2-4　不同林型和采伐方式对土壤最大持水量的影响（%）

林型和采伐方式	杜鹃—落叶松林				草类—落叶松林		杜香—落叶松林	
	有林地	40% 择伐	100 m	150 m	有林地	40% 择伐	有林地	150 m
最大持水量	361.4	303.1	293.7	232.4	287.1	256.6	323.3	289.7
平均变化率		−14.6	−16.9	−32.0		−7.6		−8.9
减少百分值		16.2	18.7	35.7		10.6		10.4

注：100 m、150 m 都为带状皆伐，下同。

2.1.2.4.2　土壤密度和孔隙率

不同林型及采伐方式对林地土壤密度和孔隙度变化率的影响不同，其变化情况，见表 3-2-5[20]。采伐作业对林地土层密度和孔隙度变化的影响趋势是：密度增加，孔隙率减小；皆伐较择伐影响大，采伐迹地孔隙率的减小，使土壤的持水能力下降，排水能力增强。除易造成水土流失外，还易因暴雨引起下游河川发生洪水，从而造成灾害。

表 3-2-5　采伐方式对林地土壤密度和孔隙度变化率影响（%）

林地类型		草类—落叶松林		杜鹃—落叶松林	杜香—落叶松林
土壤厚度（cm）		40% 择伐	100 m	40% 择伐	150 m
密度变化率	0~10	+12.5	+12.50	0	0
	10~20	−0.45	+9.00	+6.6	+20.3
孔隙度变化率	0~10	+1.00	−6.00	−3.4	−8.10
	10~20	+4.60	−1.40	−21.6	−3.00

2.1.2.5　采伐强度

采伐强度对森林生态条件的调节有重大意义。择伐强度对幼苗发育和保留木生长会产生不良影响，保留木枯死率也明显增加，见表 3-2-6[20]；林木涵养水源能力下降，水分流失增加，破坏生态环境，见表 3-2-7[20]。

表 3-2-6　不同择伐强度与保留木枯死率（%）

择伐强度	24	36	50	57	68
保留木枯死率	11	23	36	54	62

表 3-2-7　不同采伐带宽度与水分流失率（%）

项　目	有林地	40% 择伐	100 m 带状皆伐	150 m 带状皆伐
最大持水量	361.4	303.1	293.7	232.4
平均变化率		−14.6	−16.9	−32.2
减少百分值		16.2	18.7	35.7

试验表明：林地有机层流失量皆伐比择伐大，采伐带越宽，择伐强度越大，其营养物质流失量、水分流失率和保留木的枯死率也越高。

2.1.2.6　集材方式

保护森林环境，提高森林生态效益。不同的机械集材方式对森林更新各有不同的影响，尤其是对土壤的结构和保留木保存率影响较大。所以，在伐区作业前应进行集材方式的选择。

2.1.2.7　集材道间距

相同的集材方式，采用不同的集材间距，对地表和保留幼树的破坏率不同，见表3-2-8[20]，随着集材道间距增大对林地地表和保留幼树破坏率而降低。

表 3-2-8　不同集材道间距对生态的影响

	集材道间距 37.5m	集材道间距 50m	集材道间距 75m
对地表破坏率(%)	10.0	7.7	5.5
保留幼树破坏率(%)	13.4	12.4	10.8

2.1.2.8　迹地清理方式

无论以何种方式进行采伐，都有一定数量的枯立木、风倒木、病腐木与机械损伤木遗弃在林地上，特别是梢头、枝丫、树皮、树叶和木片等采伐剩余物纵横交错，布满迹地。这些剩余物的存在，不利于幼苗的生长，影响森林更新，同时也是病虫害繁衍的条件，且易引起森林火灾。良好的迹地清理方式的选择，有助于林地地力的提高，改良森林生态环境。

2.1.2.9　不同采伐的更新方式

采用皆伐、径级择伐和采育择伐，相应的更新方式采用人工更新并封山育林，天然更新及人工促进天然更新。其效果比较，见表3-2-9[20]。

表 3-2-9　不同采伐更新方式效果比较

采伐方式	更新方式	年限	郁闭度	株/hm² (按 $D_{1.3}$ cm)				$\overline{D}_{1.3}$ (cm)	$\overline{H}$ (m)	m³/hm²
				>8	8～2	<2	Σ			
皆　伐	天　然	20	0.3	995	1080	2205	4280	13.9	11.1	68.1
	人　工	15	0.7	1530	165	0	1695	10.1	10.3	76.5
	人　工	14	0.7	1050	1455	1260	3765	12.7	10.5	58.8
径级择伐	天然人促	14	0.8	735	720	3525	4980	18.0	13.0	103.2
		11	0.8	795	750	1665	3210	21.6	14.3	174.4
采育择伐	天然人促	2	0.4	555	420	397	1372	20.6	13.9	108.0
		0	0.5	690	2610	3435	6735	17.1	11.6	119.8

径级择伐是在保留1530株/hm²目的母树及郁闭度0.4以上的前提下，伐除20～30 cm及以上的立木，集中倒向和集材，天然更新为主，辅以补植和抚育，由于保留一定的森林环境和母树，更新和生态效果均优于皆伐；采育择伐类同于径级择伐，立足于确保更新而采取保护性采伐工艺，采伐强度小于60%，均匀保留郁闭度0.5左右，保留8 cm以上目的树种300株/hm²，伐后保持更好的森林环境，人工促进天然更新，森林恢复效果更佳。

2.2   研究区概况与试验方案设计

2.2.1   常绿阔叶林及采伐利用概况

常绿阔叶林是我国中亚热带地区最典型的地带性植被类型。由于我国中亚热带地区所处的地理位置特殊，该类型也成为世界上罕见的植被类型。在自然状态下，这种群落无显著的树种更替现象，表现为本地区稳定性最大、演替中发展最高的阶段，其种类组成丰富，有极大的多样性，是该区自然保护的主要对象。

阔叶林是以阔叶树种为主要成分构成的森林群落。福建的自然植被，以阔叶林面积最大，分布范围最广。常绿阔叶林为其中最大一类。福建中亚热带常绿阔叶林群落类型主要有甜槠林、栲树林、苦槠林、鹿角栲林、闽粤栲林、南岭栲林、青钩栲林、钩栲林、乌楣栲林、罗浮栲林、青冈林、福建青冈林、石栎林、硬斗石栎林、刨花楠林、红楠林、闽楠林、辣汁樟林、木荷林、细柄蕈树林、杜英林和猴欢喜林等[21]。其中包含有一些珍贵树种，如闽楠和福建青冈等。虽然常绿阔叶林各种类型的树种组成、层次结构和生态环境较为复杂，但都具有较强的自行调节能力，森林群落相当稳定，具有巨大的涵养水源、保持水土、调节气候、长期维持自然生态系统平衡的效益。闽北中亚热带常绿阔叶林属闽浙赣山地丘陵常绿槠类、常绿栎类常绿阔叶林区。目前大面积的常绿阔叶林已经恶化，保存较好的主要集中在武夷山自然保护区、龙栖山自然保护区、三明格氏栲保护区和沙县罗卜岩保护区，以及建瓯万木林自然保护区等。武夷山和龙栖山自然演替时间长的常绿阔叶林基本分布在偏僻、陡峭且生境条件较差的地方，而具闽北低山丘陵生境特点的现存常绿阔叶林基本上是20世纪五六十年代采伐后自然演替恢复起来的次生林。对于森林采运作业而言，常绿阔叶林次生林同天然林的采伐作业方式类型相同，但与人工林或天然针叶林有较大的不同。由于片面追求作业经济性和劳动生产率，常绿阔叶林的作业方式也大多沿用简单的皆伐作业方式，并在皆伐迹地上炼山后营造针叶人工林，引起常绿阔叶林面积锐减、地力衰退等严重后果。采伐利用的工艺和方式对林地干扰太大，是其主要原因之一。这种不顾林分具体特点而一味追求经济效益的作业方式已引起普遍关注。对于常绿阔叶林的采伐利用，大多数人认为应尽量采取择伐作业，以保留阔叶林面积，并依靠其良好的生境条件进行天然更新或人工促进天然更新。但是择伐作业技术相对复杂，采集作业成本高，劳动生产率低，且目前尚无成熟的天然阔叶林择伐工艺与集材设备，也限制了阔叶林合理的采伐利用方式。实际上，不合理的皆伐作业，至今仍在实际木材生产中占较大比重。

2.2.2   试验地概况

试验地位于福建省建瓯市大源林业采育场和墩阳林业采育场，中心区域位于建瓯市东峰镇与东游镇境内(建瓯市位于东经117°45′58″~118°57′11″，北纬26°38′54″~27°20′26″)，该地地处武夷山脉的东南部，鹫峰山脉的西北侧，属中亚热带季风性气候区。年平均温度为18.7℃，1月平均气温8℃，7月平均气温28.5℃，极端最低气温-7℃，极端最高气温41.4℃，年无霜期270~290天。年平均降水量1890 mm，年蒸发量1327.3~1605.4 mm，相对湿度83%。伐区为低山丘陵地形，海拔600~800 m，坡度25°~35°。土壤为花岗片麻岩发育成的黄红壤，土层厚度中、疏松。采伐作业迹地前茬为常绿阔叶林，乔木层主要优势树种为甜槠、米槠、虎皮楠与木荷等。林下植被主要有：黄瑞木、石栎、少叶黄杞、芒萁、菝葜、狗脊与黑莎草等。

2.2.3　试验方案设计

选择山地丘陵常见的皆伐作业全悬索道、半悬索道、土滑道、手拉板车和手扶拖拉机等5 种不同集材方式，与采伐强度为 30% 的择伐作业人力集材，分析采伐、集材作业对林地土壤理化性质的影响。

2.2.3.1　皆伐全悬空索道集材的伐区概况及土样采集

2.2.3.1.1　试验地概况与土样采集

全悬索道集材伐区位于建瓯市大源林业采育场 84 林班 19 小班，1995 年 11 月采伐，1996年 5 月集材完成后即进行调查。皆伐作业前林分为天然阔叶林并混有少量马尾松。伐区位于上坡，坡向西南。伐区一侧为运材便道，整个伐区内胸径大于 6 cm 的阔叶树由伐倒木索道拖集至山上楞场(运材便道堆头)进行打枝、造材；而马尾松采用原木索道集材，大于 5 cm 的枝丫由索道拖集至山上楞场。其基本概况见表 3-2-10。

表 3-2-10　试验地皆伐伐区概况及作业条件

项　目	基本情况及作业条件
采伐地点	84 林班 19 小班
伐区面积(hm²)	17.53
山场平均坡度(°)	21
集材方式方法	全悬伐倒木索道集材
采集机械	YJ₄油锯、闽林 821 绞盘机
集材量(m³)	1320
索道水平跨距(m)	751
索道弦倾角(°)	15.5
单侧横向集距(m)	35

土样采集方法皆伐迹地索道集材区内，因伐倒木横向拖集到承载索正下方，升降木捆造成主拖集沟，2~3 m 宽。主拖集沟内(类型 A)、主拖集沟外(类型 B)，分上、中、下坡位按同一坡向、同一坡位挖一主剖面和一副剖面取土样，共 3 个主剖面和 3 个副剖面，并与采伐前在相同坡位与坡向(类型 C)所取土样进行对照比较，每一剖面以多点(3 点)取样法，每个样点用环刀每层重复 3 次取样，每个剖面 6 个环刀，同一剖面不同样点按 0~10 cm(表层)和10~20 cm(底层)取样后供室内分析。

2.2.3.1.2　研究方法

土壤水分物理性质用室内环刀法[15]；土壤水稳定性团聚体以机械筛分法[16]；土壤有机质采用硫酸重铬酸钾法；土壤全磷以高氯酸—硫酸溶—钼锑抗比色法；土壤速效磷采用NH₂SO₄-NHCl双酸浸提法；土壤全氮以高氯酸—硫酸硝化扩散吸收法；土壤水解氮以扩散吸收法；土壤速效钾采取火焰分光光度计法[16]。土壤分析数据为同一处理(同一类型)主副剖面分析结果的平均值。

2.2.3.2　皆伐半悬空索道集材的伐区概况及土样采集

半悬空索道集材时,木捆的一端与地表接触,呈半悬空状态沿地表下滑[22]。

伐区位于建瓯市大源林业采育场吴地工区 54 林班 24 小班,伐区作业概况,见表 3-2-11。

表 3-2-11　伐区概况及作业条件

项　目	基本情况及作业条件
采伐地点	54 林班 24 小班
伐区面积(hm²)	19.93
山场平均坡度(°)	23
集材方式方法	半悬伐倒木索道集材
采集机械	YJ₄ 油锯、闽林 821 绞盘机
集材量(m³)	1202
索道水平跨距(m)	720
索道弦倾角(°)	17.5
单侧横向集距(m)	35

土样采集方法,与皆伐全悬空伐倒木索道集材的土样采集方法相仿。

2.2.3.3　皆伐手扶拖拉机集材的伐区概况及土样采集

手扶拖拉机是山地林区使用的集运材工具,适用于森林资源分散,出材量 50~100 m³/hm²,经营规模较小的集体林区使用。手扶拖拉机集运材一般先由人力小集中,手扶拖拉机集运至山上楞场或便道,其集材作业工艺流程,如图 3-2-1。

图 3-2-1　手扶拖拉机集材工艺

手扶拖拉机伐区集运材需开设拖拉机道,一般宽度为 2~2.5 m,土石方量视坡度和地形而异。

手扶拖拉机集材伐区位于建瓯市墩阳林业采育场墩阳工区 56 班 14 小班,1995 年 10 月采伐,1996 年 5 月集材结束后调查。伐区面积为 26.5 hm²,集材量为 2014 m³,手扶拖拉机趟载量约为 2 m³/趟。试验地拖拉机道平均开挖深度 30 cm 左右,根据伐区生产工艺设计平面图推算集材道面积约为 3700 m²。按集材量与趟载量推算,手扶拖拉机在集材道上平均运行了 1007 个往返,一个往返是去时拖拉机空载,返回时满载原木。

土样采集方法:在拖拉机道及对应同坡位集材道外迹地,按上、中、下坡位各挖取一剖面,总共 6 个剖面,土壤分析方法同前。研究分析集材道上、集材道外迹地土壤理化性质变化。

2.2.3.4　皆伐手拉板车集材的伐区概况及土样采集

手拉板车集材在山地林区应用较普遍,它适用于森林资源分散、单株材积小的伐区。

　　手拉板车集材伐区在建瓯市墩阳林业采育场墩阳工区 53 林班 27 小班。1995 年 10 月采伐,1996 年 5 月集材结束后调查。伐区面积为 16.13 hm²,集材量为 1210 m³。手拉板车趟载量约为 0.6 m³/趟,根据集材量推算手拉板车在集材道上平均运行了 2016 个往返,一个往返是去时空载,返回时满载。手拉板车集材一般要开设板车道,宽度 1~1.5 m,但是土石方量较少。由伐区面积及伐区生产工艺设计平面图推算集材道面积约为 3300 m²,研究分析集材前后集材道内外土壤理化性质变化。

　　土样采集方法:在手拉板车道上、中、下坡位及对应同坡位集材道外迹地各挖取一剖面(共 6 个剖面)取样进行比较。

2.2.3.5　皆伐土滑道集材的伐区概况及土样采集

　　皆伐作业人力串坡集材修建土滑道时要挖去沿线土壤和植被,土滑道为沿山坡就地挖筑的半圆形土槽。土滑道一般深 12~24 cm,宽度为 20~30 cm[23]。木材集材下滑时会对两侧槽墙及底部土壤产生撞击,使滑槽变宽和加深。

　　伐区位于建瓯市墩阳林业采育场墩阳工区 53 林班 28 小班,为手拉板车集材相邻伐区,伐前林分的土壤与植被条件类似。伐区面积 7.14 hm²,集材量 535 m³,平均单株材积为 0.33 m³。根据伐区生产工艺设计平面图推算,集材道面积约为 1000 m²。

　　土样采集方法:在土滑道上、中、下坡位及对应同坡位集材道外迹地各挖取一剖面(共 6 个剖面)取样进行比较。

2.2.3.6　择伐人力集材的标准地设置和土样采集

　　标准地设置在大源林业采育场场部后山(9 林班 6、7 小班),设置的标准地共 5 块(20 m×20 m)。1994 年 3 月进行择伐(择伐强度为 30%,林内油锯打枝、采造,人力集材)。伐前调查土壤与植被,1996 年 3 月复查。择伐作业标准地概况,见表 3-2-12。

表 3-2-12　择伐作业标准地概况

样地号	地 名	坡 向	坡 位	坡 形	坡度(°)	土层厚度(cm)	A+AB 层厚度(cm)	腐殖层厚度(cm)
1	6 小班	南	中上	直	31	>100	30	8
2	6 小班	南	中下	直	33	>100	40	16
3	6 小班	西南	中上	直	30	>100	35	10
4	7 小班	东南	下	直	22	>100	58	20
5	7 小班	西南	中下	直	30	>100	48	10

　　按常规方法进行标准地调查,每标准地内以多点(3 点)取样法,每个样点用环刀每层重复 3 次取土样,每个剖面 6 个环刀,同一标准地不同样点按 0~10 cm(表层)和 10~20 cm(底层)取样后供室内分析。

2.3　不同采伐、集材方式对林地土壤理化性质影响

　　森林土壤是森林生态的重要组成部分,是林木赖以生存的物质基础。持久地维持和提高土壤肥力,已成为森林生态系统稳定和林业持续发展的关键。伐区作业中如何减少对林地土壤的破坏,以及伐后更新如何同土壤条件相适应,是森林采伐中必须考虑的重要问题。选择山地丘陵 5 种不同集材方式的皆伐作业与采伐强度为 30% 的择伐作业,进行土壤主要理化

质指标变化程度比较，为采伐、集材方式的优化选择提供科学依据。

2.3.1   不同采伐、集材作业方式对林地土壤理化性状影响分析

2.3.1.1   皆伐作业全悬索道集材对土壤理化性质影响

皆伐作业全悬索道集材后，土壤团聚体组成状况见表 3-2-13；土壤的水分状况见表 3-2-14；土壤养分含量见表 3-2-15。

表 3-2-13   皆伐作业全悬索道集材后土壤团聚体组成状况(%)

| 土样类型 | 土层 (cm) | 粒径(mm)[(1)] | | | | | | E_{MWD}[(2)] (cm) | E_{LT}[(3)] |
		>5	5~2	2~1	1~0.5	0.5~0.25	>0.25		
A(主沟内)	0~10	$\frac{22.8}{11.6}$	$\frac{21.0}{18.2}$	$\frac{21.1}{23.6}$	$\frac{19.2}{17.8}$	$\frac{6.9}{9.4}$	$\frac{90.9}{80.6}$	0.159	12.39
	10~20	$\frac{23.6}{3.6}$	$\frac{25.6}{15.2}$	$\frac{20.8}{25.6}$	$\frac{16.6}{19.2}$	$\frac{5.4}{9.4}$	$\frac{91.8}{74.6}$	0.131	20.48
B(主沟外)	0~10	$\frac{15.7}{13.2}$	$\frac{15.9}{13.4}$	$\frac{27.4}{29.4}$	$\frac{23.6}{17.8}$	$\frac{10.4}{9.2}$	$\frac{93.0}{83.0}$	0.135	10.75
	10~20	$\frac{21.6}{5.2}$	$\frac{23.5}{15.4}$	$\frac{21.6}{27.0}$	$\frac{19.4}{20.2}$	$\frac{5.9}{6.8}$	$\frac{92.0}{74.6}$	0.142	18.91
C(对照)	0~10	$\frac{16.3}{19.1}$	$\frac{20.2}{18.3}$	$\frac{20.6}{19.5}$	$\frac{20.5}{18.7}$	$\frac{15.9}{9.2}$	$\frac{93.5}{84.8}$	0.226	9.30
	10~20	$\frac{33.4}{8.0}$	$\frac{24.6}{14.2}$	$\frac{14.8}{24.2}$	$\frac{14.2}{20.0}$	$\frac{5.5}{9.9}$	$\frac{92.5}{76.3}$	0.221	17.51

注:(1)表中粒径值中分子为干筛；分母为湿筛。

(2)平均重量的团粒直径 $E_{MWD} = \sum_{i=1}^{N} \overline{X_i} \cdot (W_i / W_t)$ ，式中：$\overline{X_i}$ 为第 i 级的平均粒径值(cm)；W_i 为第 i 级的土壤重量(g)；W_t 为供试土样的总重量(g)。

(3)结构体破坏率 $E_{LT}(\%) = \dfrac{> 0.25mm\ 团聚体(干筛 - 湿筛)}{干筛\ > 0.25mm\ 团聚体} \times 100\%$ 。

表 3-2-14   皆伐作业全悬索道集材后土壤水分状况(%)

| 土样类型 | 土层 (cm) | 密度 (g/cm³) | 持水量 | | | 最佳含水率下限 | 总孔隙度 | 孔隙 | | 非毛管孔隙与毛管孔隙之比 |
			最大	最小	毛管			毛管	非毛管	
A(主沟内)	0~10	1.06	42.4	26.8	32.9	18.8	45.0	34.9	10.1	0.29
	10~20	1.18	37.7	24.1	29.8	16.9	44.5	35.2	9.3	0.26
B(主沟外)	0~10	0.95	49.2	30.3	37.1	21.2	46.8	35.3	11.5	0.33
	10~20	1.16	39.1	28.8	30.4	20.2	45.4	35.3	10.1	0.29
C(对照)	0~10	0.94	51.8	31.9	38.8	22.3	48.7	36.6	12.1	0.33
	10~20	1.14	42.0	29.1	32.1	20.4	47.9	36.6	11.3	0.31

表 3-2-15　皆伐作业全悬索道集材后土壤养分含量

土样类型	土层 （cm）	有机质 （g/kg）	全 N （g/kg）	全 P （g/kg）	水解性 N （mg/kg）	速效 P （mg/kg）	速效 K （mg/kg）
A（主沟内）	0~10	32.23	1.19	0.34	147.9	3.4	109
	10~20	22.70	0.82	0.25	107.3	3.0	83
B（主沟外）	0~10	34.39	1.27	0.35	154.0	3.6	104
	10~20	24.04	0.91	0.26	113.7	3.2	94
C（对照）	0~10	36.14	1.48	0.38	165.0	3.6	134
	10~20	24.71	0.94	0.26	118.7	3.2	140

2.3.1.2　皆伐作业半悬索道集材对土壤理化性质影响

皆伐作业半悬索道集材后，土壤团聚体组成状况见表 3-2-16；土壤的水分状况见表 3-2-17；土壤养分含量见表 3-2-18。

表 3-2-16　皆伐作业半悬索道集材后土壤团聚体组成状况（%）

土样类型	土样 （cm）	粒径（mm）						结构体破坏率
		>5.00	5.00~2.00	2.00~1.00	1.00~0.50	0.50~0.25	>0.25	
A（主沟内）	0~10	$\frac{18.34}{2.01}$	$\frac{19.77}{11.82}$	$\frac{22.01}{22.61}$	$\frac{25.94}{23.54}$	$\frac{7.79}{15.42}$	$\frac{93.85}{76.40}$	18.59
	10~20	$\frac{21.84}{8.28}$	$\frac{25.37}{22.70}$	$\frac{24.06}{20.20}$	$\frac{14.88}{16.52}$	$\frac{4.46}{7.49}$	$\frac{90.61}{75.19}$	17.02
	20~40	$\frac{47.45}{10.39}$	$\frac{13.90}{15.09}$	$\frac{13.24}{24.20}$	$\frac{11.56}{16.28}$	$\frac{4.21}{8.41}$	$\frac{90.36}{74.19}$	17.78
B（主沟外）	0~10	$\frac{16.14}{2.57}$	$\frac{14.16}{13.16}$	$\frac{18.07}{23.19}$	$\frac{33.84}{22.95}$	$\frac{9.17}{13.30}$	$\frac{91.38}{77.18}$	15.54
	10~20	$\frac{12.83}{9.05}$	$\frac{18.50}{15.62}$	$\frac{22.64}{21.55}$	$\frac{29.95}{20.11}$	$\frac{7.92}{9.75}$	$\frac{91.84}{76.08}$	17.16
	20~40	$\frac{8.30}{6.91}$	$\frac{24.22}{14.23}$	$\frac{25.40}{18.63}$	$\frac{25.38}{23.69}$	$\frac{7.07}{10.23}$	$\frac{90.39}{73.69}$	18.46
C（对照）	0~10	$\frac{14.87}{5.12}$	$\frac{27.74}{23.12}$	$\frac{24.05}{28.48}$	$\frac{18.39}{18.29}$	$\frac{5.65}{7.30}$	$\frac{90.70}{82.31}$	9.25
	10~20	$\frac{29.91}{5.48}$	$\frac{22.66}{26.04}$	$\frac{22.66}{19.40}$	$\frac{14.42}{18.14}$	$\frac{3.77}{9.49}$	$\frac{93.42}{78.56}$	15.91
	20~40	$\frac{30.18}{2.63}$	$\frac{30.21}{13.59}$	$\frac{18.63}{25.97}$	$\frac{12.07}{20.2}$	$\frac{3.32}{13.50}$	$\frac{94.41}{75.90}$	19.60

注：A 为承载索正下方主沟处土样；B 为采伐迹地内与 A 同坡位土样；C 为伐前对照土样。

表 3-2-17　皆伐作业半悬索道集材后土壤的水分与孔隙状况(%)

土样类型	土层(cm)	密度(g/cm³)	持水量			最佳含水率下限	总孔隙度	孔隙		非毛管孔隙与毛管孔隙之比
			最大	最小	毛管			毛管	非毛管	
A(主沟内)	0~10	1.14	34.06	25.51	27.52	17.86	38.83	31.37	7.46	0.24
	10~20	1.17	33.69	25.43	27.25	17.86	38.24	31.88	6.36	0.20
	20~40	1.29	28.56	20.24	23.77	14.17	36.84	30.66	6.18	0.20
B(主沟外)	0~10	1.06	38.25	26.76	30.51	18.73	40.54	32.34	8.20	0.25
	10~20	1.12	36.58	24.51	29.03	17.16	40.29	32.51	7.78	0.24
	20~40	1.28	30.25	22.75	25.02	15.92	38.72	32.03	6.69	0.21
C(对照)	0~10	0.97	44.63	30.27	33.85	24.40	43.29	32.83	10.46	0.32
	10~20	1.12	36.82	26.90	29.32	21.92	41.24	32.84	8.40	0.26
	20~40	1.26	30.90	23.55	25.45	20.27	38.94	32.07	6.87	0.21

表 3-2-18　皆伐作业半悬索道集材后土壤养分含量

土样类型	土层(cm)	有机质(g/kg)	全 N(g/kg)	全 P(g/kg)	水解性 N(mg/kg)	速效 P(mg/kg)	速效 K(mg/kg)
A(主沟内)	0~10	17.46	0.648	0.29	86.92	2.6	67
	10~20	15.10	0.527	0.29	74.04	2.4	79
	20~40	10.33	0.400	0.28	47.49	2.4	65
B(主沟外)	0~10	20.68	0.724	0.29	96.68	2.8	71
	10~20	17.33	0.607	0.29	84.08	2.4	79
	20~40	13.53	0.415	0.29	59.53	2.4	64
C(对照)	0~10	23.99	0.864	0.32	108.36	2.8	92
	10~20	19.78	0.692	0.32	90.20	2.4	103
	20~40	14.10	0	0.30	64.86	2.4	76

2.3.1.3　皆伐作业手扶拖拉机集材后土壤理化性质影响

　　皆伐作业手扶拖拉机集材后,土壤团聚体组成状况见表3-2-19;土壤的水分状况见表3-2-20;土壤养分含量见表3-2-21。

表 3-2-19　皆伐作业手扶拖拉机集材后土壤团聚体组成状况（%）

土样类型	土样(cm)	粒径(mm)						结构体破坏率
		>5	5~2	2~1	1~0.5	0.5~0.25	>0.25	
A(拖拉机集材道内)	0~10	67.51/9.73	9.15/6.34	5.59/16.17	5.42/19.71	2.66/15.01		24.76
	10~20			7.25/14.41	8.10/20.82	3.86/14.25		23.20
	20~40			9.28/18.83		4.82/10.45	84.92/63.14	25.65
B(拖拉机集材道外)	0~10	20.33/16.39	8.38/15.51	17.12/15.27	19.34/15.87	7.74/7.87	83.76/74.23	11.38
	10~20	19.89/13.40	18.39/15.95		20.05/16.83	8.24/8.70	83.76/69.22	17.36
	20~40	16.93/8.70	23.93/11.87	18.85/16.68	16.71/13.37	6.60/9.83	83.02/64.42	22.40

表 3-2-20　皆伐作业手扶拖拉机集材后土壤水分与孔隙状况（%）

土样类型	土层(cm)	密度(g/cm³)	持水量			最佳含水率下限	总孔隙度	孔隙		非毛管孔隙与毛管孔隙之比
			最大	最小	毛管			毛管	非毛管	
A(拖拉机集材道内)	0~10	1.40	30.05	26.67	27.44	19.37	42.07	38.42	3.65	0.10
	10~20	1.34	34.98	26.55	30.45	18.59	46.87	40.80	6.07	0.15
	20~40	1.36	33.82	25.30	29.79	17.71	45.99	40.51	5.48	0.14
B(拖拉机集材道外)	0~10	0.96	54.82	37.78	43.04	26.45	52.64	41.32	11.32	0.21
	10~20	1.05	49.99	36.30	41.02	25.41	52.49	43.07	9.42	0.18
	20~40	1.30	37.25	27.57	31.74	19.30	48.42	41.26	7.16	0.17

表 3-2-21　皆伐作业手扶拖拉机集材后土壤养分含量

土样类型	土层(cm)	有机质(g/kg)	全 N(g/kg)	全 P(g/kg)	水解性 N(mg/kg)	速效 P(mg/kg)	速效 K(mg/kg)
A(拖拉机集材道内)	0~10	18.28	0.709	0.38	74.46	2.4	64
	10~20	17.20	0.676	0.38	72.01	2.1	57
	20~40	11.78	0.447	0.37	51.83	2.1	60
B(拖拉机集材道外)	0~10	32.00	1.018	0.43	137.10	3.2	137
	10~20	27.50	0.970	0.43	113.60	2.4	113
	20~40	21.30	0.852	0.40	95.85	2.4	101

2.3.1.4　皆伐作业手拉板车集材后土壤理化性质影响

皆伐作业手拉板车集材后,土壤团聚体组成状况见表 3-2-22;土壤的水分状况见表 3-2-23;土壤养分含量见表 3-2-24。

表 3-2-22　皆伐作业手拉板车集材后土壤团聚体组成状况(%)

土样类型	土层(cm)	粒径(mm)						结构体破坏率
		>5	5~2	2~1	1~0.5	0.5~0.25	>0.25	
A(手板车道内)	0~10	43.29 / 8.72	17.27 / 16.89	17.17 / 16.64	8.43 / 13.46	3.67 / 9.34	89.83 / 65.04	27.60
	10~20	40.64 / 1.84	20.85 / 9.42	12.96 / 22.75	9.48 / 14.67	2.33 / 11.86	86.26 / 60.54	29.82
	20~40	29.52 / 2.79	27.52 / 10.78	15.86 / 20.66	10.95 / 12.13	1.47 / 12.11	85.32 / 58.47	31.47
B(手板车道外)	0~10	17.96 / 15.01	29.48 / 19.93	22.39 / 15.14	15.17 / 15.44	3.34 / 9.82	89.34 / 75.34	15.67
	10~20	11.98 / 4.94	29.58 / 15.08	24.17 / 21.08	16.18 / 13.92	4.50 / 11.30	86.41 / 66.32	22.98
	20~40	21.32 / 4.90	16.68 / 14.79	19.96 / 13.24	18.53 / 16.66	7.45 / 10.51	83.94 / 62.10	26.01

表 3-2-23　皆伐作业手拉板车集材后土壤水分与孔隙状况(%)

土样类型	土层(cm)	密度(g/cm³)	持水量			最佳含水率下限	孔隙度			非毛管孔隙与毛管孔隙之比
			最大	最小	毛管		总数	毛管	非毛管	
A(手板车道内)	0~10	1.42	32.59	24.54	27.22	17.18	46.28	38.65	7.63	0.20
	10~20	1.37	35.22	26.08	29.78	18.26	48.23	40.78	7.45	0.18
	20~40	1.35	36.90	27.68	30.81	19.38	49.81	41.59	8.22	0.20
B(手板车道外)	0~10	1.10	49.15	39.48	36.90	20.64	53.62	40.14	13.48	0.34
	10~20	1.24	42.39	28.75	34.00	20.13	52.57	42.17	10.40	0.25
	20~40	1.30	37.59	25.71	28.60	18.00	48.87	37.18	11.69	0.31

表 3-2-24　皆伐作业手拉板车集材后土壤主要养分含量

土样类型	土层(cm)	有机质(g/kg)	全 N(g/kg)	全 P(g/kg)	水解性 N(mg/kg)	速效 P(mg/kg)	速效 K(mg/kg)
A(手板车道内)	0~10	14.65	0.513	0.29	61.53	2.4	87
	10~20	8.02	0.305	0.23	36.09	2.0	77
	20~40	6.62	0.258	0.21	29.79	2.0	70

（续）

土样类型	土层 （cm）	有机质 （g/kg）	全 N （g/kg）	全 P （g/kg）	水解性 N （mg/kg）	速效 P （mg/kg）	速效 K （mg/kg）
B（手板车道外）	0~10	18.18	0.687	0.32	75.87	2.2	131
	10~20	10.63	0.371	0.26	41.12	2.1	80
	20~40	6.79	2.580	0.22	30.56	2.0	77

2.3.1.5　皆伐作业土滑道集材后土壤理化性质影响

皆伐作业土滑道集材后，土壤团聚体组成状况见表 3-2-25；土壤的水分状况见表 3-2-26；土壤养分含量见表 3-2-27。

表 3-2-25　皆伐作业土滑道集材后土壤团聚体组成状况（%）

土样类型	土层 （cm）	粒径（mm）						结构体破坏率
		>5	5~2	2~1	1~0.5	0.5~0.25	>0.25	
A（土滑道中）	0~10	16.27 1.35	30.47 13.98	19.67 18.01	17.46 20.43	4.95 10.48	88.82 64.25	27.66
	10~20	18.29 2.70	26.05 11.93	16.10 16.71	13.63 16.47	11.99 14.49	86.06 62.30	28.77
	20~40	20.34 2.00	29.36 8.25	17.82 14.75	15.66 16.64	5.29 19.11	98.47 60.75	31.33
B（土滑道外）	0~10	31.87 10.67	25.14 25.43	15.83 19.61	11.71 15.41	4.60 8.32	89.15 79.44	10.98
	10~20	40.54 6.25	22.73 20.74	12.46 17.56	10.80 19.27	3.83 9.48	90.36 73.30	18.88
	20~40	30.87 2.82	25.92 14.65	15.37 16.83	12.69 21.54	4.57 13.85	89.42 69.69	22.06

表 3-2-26　皆伐作业土滑道集材后土壤水分与孔隙状况（%）

土样类型	土层 （cm）	密度 （g/cm³）	持水量			最佳含水 率下限	孔隙度			非毛管孔隙与 毛管孔隙之比
			最大	最小	毛管		总数	毛管	非毛管	
A（土滑道中）	0~10	1.16	36.16	21.36	29.60	14.95	42.09	34.45	7.64	0.22
	10~20	1.13	32.82	19.87	27.41	13.91	37.18	31.05	6.13	0.20
	20~40	1.17	31.01	18.30	26.37	12.81	36.43	30.98	5.45	0.18
B（土滑道外）	0~10	0.88	58.53	35.54	43.17	24.88	51.74	38.16	13.58	0.36
	10~20	0.95	46.96	29.60	35.82	20.72	44.75	34.14	10.16	0.31
	20~40	1.14	38.18	25.17	30.40	17.62	43.63	34.74	8.89	0.26

表 3-2-27　皆伐作业土滑道集材后土壤养分含量

土样类型	土层（cm）	有机质（g/kg）	全 N（g/kg）	全 P（g/kg）	水解性 N（mg/kg）	速效 P（mg/kg）	速效 K（mg/kg）
A（土滑道中）	0～10	15.57	0.635	0.34	66.10	2.6	89
	10～20	13.26	0.521	0.34	59.81	2.5	100
	20～40	10.26	0.391	0.32	46.17	2.3	66
B（土滑道外）	0～10	27.76	1.050	0.38	110.13	3.2	162
	10～20	24.76	0.857	0.37	96.78	2.8	134
	20～40	18.12	0.634	0.34	79.72	2.6	89

2.3.1.6　择伐作业人力集材后土壤理化性质影响

择伐作业人力集材前后，土壤团聚体组成状况见表 3-2-28；土壤的水分状况见表 3-2-29；土壤养分含量见表 3-2-30。

表 3-2-28　择伐前后土壤团聚体组成状况（%）

土样类型	土层（cm）	粒径（mm）						结构体破坏率	E_{MWD}（cm）
		>5	5～2	2～1	1～0.5	0.5～0.25	>0.25		
A（择伐后）	0～10	2.7 / 0.8	11.3 / 9.6	20.4 / 23.8	35.8 / 28.8	14.8 / 8.8	85.0 / 72.0	15.30	0.100
	10～20	8.5 / 1.8	14.0 / 5.6	26.0 / 20.0	34.5 / 25.6	7.8 / 15.2	90.0 / 68.2	24.90	0.086
B（择伐前）	0～10	2.6 / 1.8	9.4 / 5.6	20.7 / 20.4	38.3 / 31.2	14.4 / 9.0	85.4 / 68.0	20.40	0.084
	10～20	2.6 / 1.2	8.1 / 4.4	25.4 / 28.1	38.1 / 20.4	13.8 / 13.4	87.0 / 67.5	22.41	0.092

表 3-2-29　择伐前后土壤水分与孔隙状况（%）

土样类型	土层（cm）	密度（g/cm³）	持水量			最佳含水率下限	孔隙度			非毛管孔隙与毛管孔隙之比
			最大	最小	毛管		总数	毛管	非毛管	
A（择伐后）	0～10	0.846	65.2	24.8	47.8	17.36	55.16	40.44	14.72	0.36
	10～20	1.010	49.1	21.8	40.6	15.26	49.60	41.01	8.59	0.21
B（择伐前）	0～10	0.843	62.8	30.4	47.1	21.28	52.94	39.71	13.23	0.33
	10～20	0.927	51.8	23.6	43.0	20.72	48.02	39.86	8.16	0.20

表 3-2-30　择伐前后土壤养分含量

土样类型	土层 （cm）	有机质 （g/kg）	全 N （g/kg）	全 P （g/kg）	水解性 N （mg/kg）	速效 P （mg/kg）	速效 K （mg/kg）
A（择伐后）	0～10	33.33	1.217	0.40	136.84	3.8	77
	10～20	29.57	0.909	0.40	121.24	2.4	68
	20～40	16.36	0.589	0.36	73.62	2.3	59
B（择伐前）	0～10	30.39	1.178	0.42	132.26	3.6	73
	10～20	28.72	0.986	0.41	120.62	2.4	64
	20～40	16.49	0.643	0.36	72.56	2.4	61

2.3.2　不同采伐、集材作业方式对林地土壤主要理化性质指标的干扰程度分析

不同采伐、集材作业方式林地土壤主要物理性质指标变化程度，见表 3-2-31。

不同采伐、集材作业方式林地土壤主要化学性质指标变化程度，见表 3-2-32。

在考虑集材量和集材道面积的情况下，引入集材道面积与集材量比值 K 作为集材对林地土壤的影响系数，即

$$K = 集材道面积/集材量 \tag{3-2-1}$$

根据伐区生产工艺设计平面图可知：集材道长度乘以集材道宽度，便得各集材道面积，见表 3-2-33。

再引入集材作业（除索道集材外）对林地土壤理化性质指标的干扰程度 X_{ij}：

$$X_{ij} = H_{ij}K_i \tag{3-2-2}$$

式中：X_{ij}——第 i 种集材方式林地土壤第 j 个指标的受干扰程度；

H_{ij}——第 i 种集材方式林地土壤第 j 个指标的相对变化率（表 3-2-31、表 3-2-32）；

K_i——第 i 种集材方式对林地土壤的影响系数（表 3-2-33）。

表 3-2-31　6 种采伐、集材作业方式土壤物理性质变化程度 [①]

采伐、 集材方式	土层 （cm）	密度 （g/cm³）/ （%）	>0.25 mm 水稳性团聚体 （g/kg）/（%）	结构体 破坏率 （%）	最大 持水量 （g/kg）/ （%）	最小 持水量 （g/kg）/ （%）	毛管 持水量 （g/kg）/ （%）	总孔 隙度 （%）	毛管 孔隙度 （%）	非毛管 孔隙度 （%）
皆伐作业、 全悬索道集 材	0～10[②]	0.12 12.77	-4.20 -4.95	3.09 33.23	-9.40 -18.15	-5.10 -15.99	-6.00 -15.42	-3.76 -7.72	-1.70 -4.65	-2.06 -16.98
	[③]	0.01 2.14	-1.80 -2.12	1.45 15.59	-2.60 -5.02	-1.60 -5.02	-1.80 -4.63	-1.95 -4.00	-1.32 -3.61	-0.63 -5.19
	10～20[②]	0.04 3.51	-1.70 -2.23	2.97 17.02	-4.30 -10.24	-5.00 -17.18	-2.30 -7.17	-3.40 -7.10	-1.43 -3.91	-1.97 -17.45
	[③]	0.02 1.75	-1.70 -2.23	1.41 8.05	-2.90 -6.90	-0.30 -1.03	-1.70 -5.30	-2.53 -5.28	-1.33 -3.63	-1.20 -10.63

（续）

采伐、集材方式	土层(cm)	密度(g/cm³)/(%)	>0.25 mm水稳性团聚体(g/kg)/(%)	结构体破坏率(%)	最大持水量(g/kg)/(%)	最小持水量(g/kg)/(%)	毛管持水量(g/kg)/(%)	总孔隙度(%)	毛管孔隙度(%)	非毛管孔隙度(%)
皆伐作业、半悬索道集材	0~10②	0.17 / 17.53	-5.91 / -7.18	9.34 / 100.97	-10.57 / -23.68	-4.76 / -15.73	-6.33 / -18.70	-4.46 / -10.30	-1.46 / -4.45	-3.00 / -28.68
	③	0.09 / 9.28	-5.13 / -6.23	6.29 / 68.00	-6.38 / -14.29	-3.51 / -11.60	-3.34 / -9.87	-2.75 / -6.35	-0.32 / -0.98	-2.26 / -21.61
	10~20②	0.05 / 4.46	-3.37 / -4.29	1.11 / 6.98	-3.13 / -8.50	-1.53 / -5.69	-2.07 / -7.06	-3.00 / -7.27	-0.96 / -2.92	-2.04 / -24.29
	③	0 / 0	-2.48 / -3.16	1.25 / 7.86	-0.24 / -0.65	-2.39 / -8.88	-0.29 / -0.99	-0.95 / -2.30	-0.33 / -1.00	-1.71 / -20.35
皆伐作业、手扶拖拉机集材	0~10	0.44 / 45.83	-6.27 / -8.45	13.38 / 117.57	-24.77 / -45.18	-11.11 / -29.41	-15.60 / -36.25	-10.57 / -20.08	-2.90 / -7.02	-7.67 / -67.76
	10~20	0.29 / 27.62	-3.45 / -4.98	5.84 / 33.64	-15.01 / -30.03	-9.75 / -26.86	-10.57 / -25.77	-5.62 / -10.71	-2.27 / -5.27	-3.35 / -35.56
皆伐作业、手拉板车集材	0~10	0.32 / 29.09	-10.30 / -13.67	11.93 / 76.13	-16.56 / -33.69	-4.94 / -16.76	-9.68 / -26.23	-7.34 / -13.69	-1.49 / -3.71	-5.85 / -43.40
	10~20	0.13 / 10.48	-5.78 / -8.71	6.84 / 29.77	-7.17 / -16.91	-2.67 / -9.29	-4.22 / -12.41	-4.34 / -8.26	-1.39 / -3.30	-2.95 / -28.37
皆伐作业、土滑道集材	0~10	0.28 / 31.67	-15.19 / -19.12	16.68 / 151.91	-22.37 / -38.22	-14.18 / -39.90	-13.57 / -35.56	-9.65 / -18.65	-3.71 / -9.72	-5.94 / -43.74
	10~20	0.18 / 18.89	-11.00 / -15.00	9.89 / 52.38	-14.14 / -30.11	-9.73 / -32.87	-8.41 / -24.63	-7.57 / -16.92	-3.09 / -9.05	-4.48 / -42.22
择伐作业、人力集材	0~10	0.003 / 0.36	4.00 / 5.88	-5.10 / -25.00	2.40 / 3.82	-5.60 / -18.4	0.70 / 1.49	2.22 / 4.19	0.73 / 1.84	1.49 / 11.26
	10~20	0.083 / 8.95	0.70 / 1.03	2.49 / 11.11	-2.70 / -5.21	-1.80 / -7.63	-2.40 / -5.58	1.58 / 3.29	1.15 / 2.89	0.43 / 5.27

注：①分子为各指标净增(减)值,分母为各指标增加(减少)相对变化率；②索道主沟处；③索道主沟外；下同。

另外,索道集材情况较为特殊,其破坏最严重为承载索正下方的 3 m 范围内,因此,索道集材林地土壤的受干扰程度为:

$$Y_{ij} = M_{ij}K_i\rho + N_iK_i(1-\rho) \tag{3-2-3}$$

式中：Y_{ij}——第 i 种索道集材方式林地土壤第 j 个指标的受干扰程度；

　　　M_{ij}——第 i 种索道集材方式林地土壤第 j 个指标的相对变化率(表 3-2-31、表 3-2-32)；

　　　ρ——索道拖集沟面积与整个伐区面积比值(表 3-2-33)。

选择密度、>0.25 mm 水稳性团聚体、结构体破坏率、最大持水量、最小持水量、毛管持水量、总孔隙度、毛管孔隙度与非毛管孔隙度等 9 项土壤物理性质指标,选择有机质、全 N、全 P、速效 N、速效 P 与速效 K 等 6 项土壤化学性质指标,对皆伐作业全悬索道集材、半悬索道集材、手扶拖拉机集材、手拉板车集材、土滑道集材与择伐作业人力集材等 6 种采伐、集材方式，以 0～20 cm 的土壤理化性质指标平均相对变化程度作样本(共 6 个)，进行主成分分析。不同采伐、集材作业方式对林地土壤主要理化性质指标的干扰程度，见表 3-2-34、表 3-2-35。

表 3-2-32　6 种采伐、集材作业方式土壤化学性质变化程度[①]

采伐、集材方式	土层(cm)	有机质(g/kg)/(%)	全 N(g/kg)/(%)	速效 N(mg/kg)/(%)	全 P(g/kg)/(%)	速效 P(mg/kg)/(%)	速效 K(mg/kg)/(%)
皆伐作业、全悬索道集材	0～10[②]	$\dfrac{-0.391}{-10.82}$	$\dfrac{-0.0137}{-10.83}$	$\dfrac{-17.06}{-10.34}$	$\dfrac{-0.004}{-10.26}$	$\dfrac{-0.2}{-5.56}$	$\dfrac{-25}{-4.67}$
	[③]	$\dfrac{-0.175}{-4.84}$	$\dfrac{-0.0051}{-4.03}$	$\dfrac{-10.98}{-6.65}$	$\dfrac{-0.003}{-8.15}$	$\dfrac{0}{0}$	$\dfrac{-30}{-22.39}$
	10～20[②]	$\dfrac{-0.201}{-8.13}$	$\dfrac{-0.0030}{-3.47}$	$\dfrac{-11.48}{-9.67}$	$\dfrac{-0.001}{-4.56}$	$\dfrac{-0.2}{-6.25}$	$\dfrac{-57}{-42.54}$
	[③]	$\dfrac{-0.067}{-2.71}$	$\dfrac{-0.0024}{-2.77}$	$\dfrac{-5.02}{-4.23}$	$\dfrac{0}{-1.14}$	$\dfrac{0}{0}$	$\dfrac{-46}{-32.86}$
皆伐作业、半悬索道集材	0～10[②]	$\dfrac{-0.653}{-27.22}$	$\dfrac{-0.0216}{-25.00}$	$\dfrac{-21.44}{-19.79}$	$\dfrac{-0.003}{-9.38}$	$\dfrac{-0.2}{-7.14}$	$\dfrac{-25}{-27.17}$
	[③]	$\dfrac{-0.331}{-13.80}$	$\dfrac{-0.0140}{-16.20}$	$\dfrac{-11.68}{-10.77}$	$\dfrac{-0.003}{-9.38}$	$\dfrac{0}{0}$	$\dfrac{-21}{-22.83}$
	10～20[②]	$\dfrac{-0.468}{-23.66}$	$\dfrac{-0.0165}{-23.84}$	$\dfrac{-16.16}{-17.92}$	$\dfrac{-0.003}{-9.38}$	$\dfrac{0}{0}$	$\dfrac{-24}{-23.30}$
	[③]	$\dfrac{-0.245}{-12.39}$	$\dfrac{-0.0085}{-12.28}$	$\dfrac{-6.12}{-7.33}$	$\dfrac{-0.003}{-9.38}$	$\dfrac{0}{0}$	$\dfrac{-24}{-23.30}$
皆伐作业、手扶拖拉机集材	0～10	$\dfrac{-1.372}{-42.88}$	$\dfrac{-0.0309}{-30.35}$	$\dfrac{-62.64}{-45.69}$	$\dfrac{-0.005}{-11.63}$	$\dfrac{-0.8}{-25.00}$	$\dfrac{-73}{-53.28}$
	10～20	$\dfrac{-1.03}{-37.45}$	$\dfrac{-0.0294}{-30.31}$	$\dfrac{-41.59}{-36.61}$	$\dfrac{-0.005}{-11.63}$	$\dfrac{-0.3}{-12.50}$	$\dfrac{-56}{-49.56}$
皆伐作业、手拉板车集材	0～10	$\dfrac{-0.353}{-20.55}$	$\dfrac{-0.0174}{-25.33}$	$\dfrac{-14.34}{-18.90}$	$\dfrac{-0.003}{-9.09}$	$\dfrac{-0.2}{-9.09}$	$\dfrac{-44}{-33.59}$
	10～20	$\dfrac{-0.261}{-24.55}$	$\dfrac{-0.0066}{-17.79}$	$\dfrac{-5.03}{-12.23}$	$\dfrac{-0.003}{-11.54}$	$\dfrac{-0.1}{-4.76}$	$\dfrac{-3}{-3.75}$
皆伐作业、土滑道集材	0～10	$\dfrac{-1.219}{-43.91}$	$\dfrac{-0.0415}{-39.52}$	$\dfrac{-44.03}{-39.98}$	$\dfrac{-0.004}{-10.53}$	$\dfrac{-0.6}{-18.97}$	$\dfrac{-73}{-45.06}$
	10～20	$\dfrac{-1.150}{-46.45}$	$\dfrac{-0.0336}{-39.20}$	$\dfrac{-36.97}{-38.20}$	$\dfrac{-0.003}{-8.11}$	$\dfrac{-0.3}{-10.71}$	$\dfrac{-34}{-25.37}$
择伐作业、人力集材	0～10	$\dfrac{0.294}{9.67}$	$\dfrac{0.0039}{3.31}$	$\dfrac{4.58}{3.46}$	$\dfrac{-0.002}{-4.76}$	$\dfrac{0.2}{0.05}$	$\dfrac{-4}{-0.05}$
	10～20	$\dfrac{0.085}{2.96}$	$\dfrac{-0.0077}{-7.80}$	$\dfrac{0.62}{0.51}$	$\dfrac{-0.001}{-2.43}$	$\dfrac{0}{0}$	$\dfrac{-4}{-0.08}$

表 3-2-33　伐区与集材道面积[①]

集材方式	伐区面积 (hm²)	集材量 (m³)	集材道面积 (m²)	K[②]	集材道(或拖集沟)面积/伐区面积 ρ
全悬索道集材	17.53	1320	1830	1.39	0.010
半悬索道集材	13.30	1202	1700	1.42	0.013
手扶拖拉机集材	26.50	2014	3700	2.33	0.018
手拉板车集材	16.13	1210	2250	1.86	0.014
土滑道集材	7.14	535	1000	1.87	0.012

注：① 手扶拖拉机道宽度以 2 m 计；手拉板车道宽度以 1.5 m 计；土滑道宽度以 0.5 m 计；全悬索道主线下拖集沟宽度以 2 m 计；半悬索道则以 3 m 计。② K 为集材对林地土壤的影响系数。

表 3-2-34　6 种采伐、集材作业方式土壤物理性质干扰程度[①](%)

采伐、集材方式	x_1	x_2	x_3	x_4	x_5	x_6	x_7	x_8	x_9
皆伐全悬索道集材	2.79	3.04	16.61	8.40	4.39	6.99	6.49	5.04	11.12
皆伐半悬索道集材	6.71	6.69	54.16	10.77	14.55	7.85	6.22	1.46	29.89
皆伐手扶拖拉机集材	67.57	12.36	139.11	71.67	51.77	51.67	31.48	11.31	105.86
皆伐手拉板车集材	36.80	20.81	98.49	47.06	24.23	35.94	20.41	6.52	66.75
皆伐土滑道集材	47.27	31.90	191.01	63.89	68.04	56.28	33.26	17.55	80.37
择伐人力作业	4.65	-3.46	-4.84	0.70	13.01	2.04	0.45	-2.37	-8.27

注：① x_1—密度；x_2— >0.25 mm 水稳性团聚体；x_3—结构体破坏率；x_4—最大持水量；x_5—最小持水量；x_6—毛管持水量；x_7—总孔隙度；x_8—毛管孔隙度；x_9—非毛管孔隙度。

表 3-2-35　6 种采伐、集材作业方式土壤化学性质干扰程度[①](%)

采伐、集材方式	x_{10}	x_{11}	x_{12}	x_{13}	x_{14}	x_{15}
皆伐全悬索道集材	5.33	4.78	7.63	6.50	0.08	38.34
皆伐半悬索道集材	18.82	20.41	13.03	13.32	0.07	32.79
皆伐手扶拖拉机集材	73.90	55.81	75.72	21.40	34.50	94.61
皆伐手拉板车集材	37.74	40.10	28.95	19.19	12.88	34.73
皆伐土滑道集材	80.71	73.60	73.10	17.43	27.75	65.85
择伐人力作业	-6.31	2.25	-1.98	3.59	-0.03	0.07

注：① x_{10}—有机质；x_{11}—全 N；x_{12}—速效 N；x_{13}—全 P；x_{14}—速效 P；x_{15}—速效 K。

主成分分析结果，见表 3-2-36。第一主成分 y_1 对各因子的因子负荷量绝对值由大到小依次为：x_7、x_{10}、x_6、x_4、x_{12}、x_{11}、x_3、x_9(前 8 个指标)，它主要是反映总孔隙度、有机质、毛管持水量、最大持水量、速效 N、全 N、结构体破坏率与非毛管孔隙度等变化的综合指标；第二主成分 y_2 对各因子的因子负荷量由大到小依次为：x_2、x_{15}、x_1、x_8、x_3、x_9、x_{14}、x_{11}(前 8 个指标)，它主要是反映 >0.25 mm 水稳性团聚体、速效 K、密度、毛管孔隙度、结构体破坏率、非毛管孔隙度、速效 P 与全 N 等变化的综合指标；第三主成分 y_3 对各因子的因子负荷量由大到小依次为：x_{13}、x_5、x_2、x_8、x_9、x_{12}、x_{15}、x_{14}(前 8 个指标)。

前 2 个主成分 y_1、y_2 的累计贡献率已达 95.06%，因此它们综合了原有 15 个指标的绝大部分信息，基本上能反映不同采伐、集材方式林地土壤理化性质变化情况。

表 3-2-36　6 种采伐、集材作业方式土壤理化性质干扰程度分析（前 3 个主成分）[①]

变量代码	指　标	y_1		y_2		y_3	
		β_{1j}	$\rho(y_1, x_j)$	β_{2j}	$\rho(y_2, x_j)$	β_{3j}	$\rho(y_3, x_j)$
x_1	容重	0.2574	0.9490	0.3079	0.2522	− 0.0497	− 0.0317
x_2	>0.25mm 水稳性团聚体	0.2294	0.8457	− 0.5998	− 0.4914	− 0.2969	− 0.1893
x_3	结构体破坏率	0.2649	0.9766	− 0.2347	− 0.1922	− 0.0312	− 0.0199
x_4	最大持水量	0.2676	0.9863	0.1124	0.0921	− 0.0984	− 0.0627
x_5	最小持水量	0.2540	0.9363	− 0.1824	− 0.1494	0.3661	0.2334
x_6	毛管持水量	0.2689	0.9913	− 0.0507	− 0.0415	− 0.0122	− 0.0077
x_7	总孔隙度	0.2703	0.9965	− 0.0168	− 0.0138	0.0222	0.0142
x_8	毛管孔隙度	0.2510	0.9251	− 0.2739	− 0.2244	0.2912	0.1856
x_9	非毛管孔	0.2620	0.9659	0.2326	0.1905	− 0.2707	− 0.1726
x_{10}	有机质	0.2700	0.9954	− 0.0269	− 0.0220	0.0629	0.0401
x_{11}	全 N	0.2658	0.9797	− 0.2109	− 0.1728	− 0.0399	− 0.0255
x_{12}	速效 N	0.2669	0.9839	0.0941	0.0771	0.2369	0.1510
x_{13}	全 P	0.2407	0.8871	0.1790	0.1467	− 0.6697	− 0.4269
x_{14}	速效 P	0.2618	0.9649	0.2203	0.1805	0.2154	0.1373
x_{15}	速效 K	0.2377	0.8762	0.4216	0.3454	0.2221	0.1416
	特征根	13.5876		0.6710		0.4063	
	贡献率（%）	90.5839		4.4735		2.7086	
	累计贡献率（%）	90.5839		95.0573		97.7660	

注：① β_{ij} 为第 i 个主成分第 j 个变量的特征向量；$\rho(y_i, x_j)$ 为第 i 个主成分对第 j 个变量的因子负荷量。

从第一和第二主成分的因子负荷量来看，总孔隙度、有机质、毛管持水量、最大持水量、>0.25 mm 水稳性团聚体、速效 K 与密度等指标的变化率能较好地反映了不同采伐、集材作业方式土壤理化性质变化状况。

将表 3-2-36 各样点的坐标值（表 3-2-37）描绘在 $y_1 0 y_2$ 平面上便能大致看出各样点的分类归属。6 种采伐、集材作业方式对林地土壤的干扰程度排序，如图 3-2-2。

表3-2-37　各样点主成分坐标

样点代码	y_1	y_2
1	−3.2412	0.0774
2	−2.3370	−0.0160
3	4.4672	1.5047
4	0.9194	−0.2684
5	4.8255	−1.2976
6	−4.6338	0

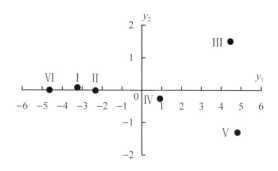

图3-2-2　6种采伐、集材方式土壤干扰程度排序

由图3-2-2横轴方向可以看出，不同采伐、集材方式对林地土壤的干扰程度大小，以皆伐作业土滑道集材（样点Ⅴ）和皆伐作业手扶拖拉机集材（样点Ⅲ）受干扰较大，其余大小依次为：皆伐半悬索道集材（样点Ⅳ）、皆伐手拉板车集材（样点Ⅱ）、皆伐全悬索道集材（样点Ⅰ）、择伐人力集材（样点Ⅵ）。

2.3.3　小结与讨论

皆伐作业后由于林冠骤然消失，林地温度升高，光照加强，土壤表层蒸发作用强烈，枯枝落叶分解加快，土壤理化性质发生一定程度的变化。同时集材作业带走部分表土并对土壤产生压实作用，使迹地土壤密度增加，孔隙减少，土壤变得紧实，持水性能恶化。

择伐作业人力集材因保留部分林木，其土壤理化性质的变化程度要比皆伐作业小，除密度上升外，其余多项指标比伐前略有改善。

主成分分析结果表明，不同采伐、集材方式对林地土壤的干扰程度大小，以皆伐作业土滑道集材和皆伐作业手扶拖拉机集材受干扰较大，其余大小依次为：皆伐作业半悬索道集材、皆伐作业手拉板车集材、皆伐作业全悬索道集材、择伐作业人力集材。

比较不同集材方式对林地土壤的干扰程度还得考虑其他的生态因子，作业条件不同，即使同一种集材方式对林地土壤影响的程度也不同。本试验分析是伐区作业条件（林地坡度、林分类型、母质母岩与径级大小等）基本相同的情况下进行的，因此只考虑集材量和集材道面积的影响，而影响伐区作业的生态因子还包括集材道间距、迹地清理方式和更新方式等。

2.4　伐区采集作业系统综合效益评价

通过实际计算伐区作业成本和定位研究伐区作业对环境因子的影响程度，应用集对分析方法来评价山地林区现行各种伐区作业模式的综合效益，从中选择优化作业模式，为森工企业进行伐区作业提供科学决策依据。

为了定量评价伐区作业的综合效益，必须划分综合效益的评价范围和确定评价指标以及方法。从伐区作业看，由于作业对象为某一伐区，综合效益主要由经济和生态两部分效益组成，其社会效益不明显而被忽略。经济效益可用伐区直接生产费用和短期收益进行分析；生态效益可通过其评价体系的各指标进行分析。

2.4.1　试验设计

为了探索伐区作业模式对伐区综合效益的影响，主要考虑典型山地自然条件和适宜的各种作业方式，选取组成伐区作业模式的 2 个主要因素作为试验因子，根据所选的因素和水平，确定伐区的 6 种作业模式，见表 3-2-38。提倡隔带小面积皆伐，推荐 $10 \sim 15 \ hm^2$ 为宜，综合考虑经济效益与生态效益的影响。

表 3-2-38　试验设计安排

作业模式	I	II	III	IV	V	VI
主伐方式	皆 伐	皆 伐	皆 伐	皆 伐	皆 伐	择 伐
集材方式	全悬索道	半悬索道	手扶拖拉机	手拉板车	土滑道	人 力

2.4.2　经济效益分析

在分析本研究各伐区作业模式(均为 1996 年 5 月完成集材)的经济效益时，把试验地所在伐区的木材直接生产成本分为采造段成本(包括采伐、打枝、造材、检尺、剥皮)、集材段成本、归装段成本和其余项成本(包括准备作业、不可预见费和物燃料消耗费用等)等 4 个作业成本作为经济效益指标。为了便于计算各伐区作业模式的经济效益指标，列出 6 个伐区作业模式的试验区所在伐区的木材生产有关数据(单位面积出材量较接近，为 $150.00 \sim 161.51 \ m^3/hm^2$)，各生产费用按《福建省林业生产统一定额》计算，见表 3-2-39、表 3-2-40。

表 3-2-39　试验区所在伐区概况

作业模式	林班/小班	采伐面积 (hm^2)	蓄积量 (m^3)	出材量 (m^3)	树种组成	平均胸径 (cm)
I	84/19	9.00	1756	1350	3 马 7 阔	阔 20 马 24
II	84/24	8.01	1526	1202	3 马 7 阔	阔 20 马 24
III	56/14	16.55	3575	2673	2 马 8 阔	阔 20 马 23
IV	53/27	13.59	2700	2087	2 马 8 阔	阔 20 马 25
V	53/28	6.01	1185	925	2 马 8 阔	阔 20 马 25
VI	9/6、7	0.18	36	27.5	2 马 8 阔	阔 20 马 20

表 3-2-40　伐区木材生产需工数(工日)

作业模式	采伐方式	实际采伐强度(%)	采造段	集材段	归装段	其余项
I	皆 伐	100	353	492	454	1150
II	皆 伐	100	162	391	384	1120
III	皆 伐	100	1023	1185	962	916
IV	皆 伐	100	773	649	825	587
V	皆 伐	100	342	96	366	214
VI	30%择伐	31.5	12	15	7	19

下面以作业模式 I (皆伐作业—全悬索道集材)为例,说明其各经济效益指标的计算方法。其他作业模式的经济效益指标的计算按同样方法求得。

2.4.2.1　短期收益 V_1

伐区短期收益 V_1 是指伐区内各材种的实际出材量,按现行价格销售所得的总金额(元/hm^2)。因此,伐区的单位面积出材量 $A(m^3/hm^2)$ 按式(3-2-4)计算。

$$A = 立木出材量 \times 树种比例 \div 伐区面积 \qquad (3\text{-}2\text{-}4)$$

作业模式 I 皆伐面积为 9 hm^2,立木出材量为 1350 m^3,树种组为 3 马 7 阔。则

$$A_1 = 1350 \times 0.3 \div 9 = 45 \qquad A_2 = 1350 \times 0.7 \div 9 = 105$$

其中 A_1、A_2 分别为马尾松和阔叶树的实际单位面积出材量。

据 1996 年福建省建瓯市国有林业采育场木材销售价格,马尾松平均胸径 20~26 cm 的木材单价为 516 元/m^3,阔叶树平均胸径 20~22 cm 的木材单价为 358 元/m^3,所以,作业模式 I 的短期收益 V_1 为:

$$V_1 = \sum_{i=1}^{2} (A_i \times 销售单价) = 45 \times 516 + 105 \times 358 = 60810$$

计算择伐时,除了考虑择伐的阔叶树材(作业模式 VI 的择伐强度为 31.5%)的收益。还须考虑山上库存立木价值,根据森林资源价的概念,按林价计算[24]。由福建省物委(89)闽价(农)字第 115 文林价为:马尾松、乙级杂木 70 元/m^3。

$$V_1 = 择伐收益 + 山上库存立木价值 \qquad (3\text{-}2\text{-}5)$$

则作业模式 VI 的短期收益 V_1 为:

$$V_1 = (27.5 \times 0.315 \div 0.18 \times 358) + (27.5 \times 0.685 \div 0.18 \times 70) = 24554$$

2.4.2.2　采造段成本 V_2

采造段成本包括采伐、打枝、造材、检尺、剥皮等项费用之和。采造段单位材积成本 V_2(元/m^3)按式(3-2-6)计算(1996 年日工资按 24 元计,下同)。

$$V_2 = 采造段需工 \times 日工资 \div (蓄积量 \times 实际采伐强度) \qquad (3\text{-}2\text{-}6)$$

则作业模式 I 的采造段单位材积成本 V_2 为:

$$V_2 = 353 \times 24 \div (1756 \times 100\%) = 4.82$$

2.4.2.3　集材段成本 V_3

集材段单位材积成本(元/m^3)按式(3-2-7)计算。

$$V_3 = 集材段需工 \times 日工资 \div (出材量 \times 实际采伐强度) \qquad (3\text{-}2\text{-}7)$$

则作业模式 I 的集材段单位材积成本 V_3 为:

$$V_3 = 492 \times 24 \div (1350 \times 100\%) = 8.75$$

2.4.2.4　归装段成本 V_4

归装段单位材积成本(元/m^3)按式(3-2-8)计算。

$$V_4 = 归装段需工 \times 日工资 \div (出材量 \times 实际采伐强度) \qquad (3\text{-}2\text{-}8)$$

则作业模式 I 的归装段单位材积成本 V_4 为:

$$V_4 = 454 \times 24 \div (1350 \times 100\%) = 8.07$$

2.4.2.5　其余项成本 V_5

其余项单位成本(元/m^3)为准备作业费(劈道影、简易道、工棚、道路养护与设计费)、不可预见费、物燃料消耗和设备折旧等费用之和。按式(3-2-9)计算。

$$V_5 = 其余项需工 \times 日工资 \div (蓄积量 \times 实际采伐强度) \qquad (3\text{-}2\text{-}9)$$

则作业模式 I 的其余项单位材积成本 V_5 为：

$$V_5 = 1150 \times 24 \div (1756 \times 100\%) = 15.72$$

2.4.3　生态效益分析

森林经营的生态效益可用以下指标进行评价[24]：①抗逆作用指标；②涵养水源指标；③土壤肥力指标；④气候指标；⑤大气质量指标；⑥土地自然生产力指标等。

以上指标体系是针对林业生产规划活动而言。对某个具体伐区，可从中筛选出一些易于量化的指标来分析伐区作业模式的生态效益。依据上述 2.3 主成分分析，其中第一主成分的累计贡献率已达 90.58%，它们综合了原有 15 个指标的绝大部分信息，基本上能反映不同采伐、集材方式林地土壤理化性质变化情况。为此在选取第一主成分的前 8 个指标的基础上再增加 3 个指标(速效 K、密度、最小持水量)来分析伐区作业的生态效益，共 11 个指标(贡献率已达 95%)分别是土壤肥力指标(有机质、速效 N、速效 K 和全 N)和蓄水保土指标(总孔隙度、毛管持水量、最大持水量、结构体破坏率、密度、最小持水量和非毛管孔隙度)。

2.4.3.1　不同作业模式土壤主要理化指标含量的影响

不同作业模式土壤主要理化指标含量的影响，见表 3-2-41。

表 3-2-41　不同作业模式土壤主要理化指标含量的影响

作业模式		有机质（%）	速效 N（mg/kg）	全 N（%）	速效 K（%）	最大持水量（%）	最小持水量（%）	结构体破坏率（%）	密度（g/cm³）/（%）	毛管持水量（%）	总孔隙度（%）	非毛管孔隙度（%）
I	1)	3.223	147.94	0.1128	109.0	42.40	26.80	12.39	1.060	32.90	44.94	10.07
		3.614	165.00	0.1265	134.0	51.80	31.90	9.300	0.940	38.90	48.70	12.13
	2)	2.270	107.26	0.0835	83.00	37.70	24.10	20.48	1.180	29.80	44.48	9.32
		2.471	118.74	0.0865	140.00	42.00	29.10	17.51	1.140	32.10	47.88	11.29
II	1)	1.746	86.920	0.0648	67.00	34.06	25.51	18.59	1.140	27.52	38.83	7.46
		2.399	108.36	0.0864	92.00	44.63	30.27	9.250	0.970	33.85	43.29	10.46
	2)	1.510	74.04	0.0527	79.00	33.69	25.43	17.02	1.170	27.25	38.24	6.36
		1.978	90.20	0.0692	103.00	36.82	26.90	15.91	1.120	29.32	41.24	8.40
III	1)	1.828	74.46	0.0709	64.00	30.05	26.67	24.76	1.400	27.44	42.07	3.65
		3.200	137.10	0.1018	137.00	54.82	37.78	11.38	0.960	43.04	52.64	11.32
	2)	1.720	72.01	0.0676	57.00	34.98	26.55	23.20	1.340	30.45	46.87	6.07
		2.750	113.60	0.0970	113.00	49.99	36.30	17.36	1.050	41.02	52.49	9.42
IV	1)	1.465	61.53	0.0513	87.00	32.59	24.54	27.60	1.420	27.22	46.28	7.63
		1.818	75.87	0.0687	131.00	49.19	39.48	15.67	1.100	36.90	53.62	13.48
	2)	0.802	36.09	0.0305	77.00	35.22	26.08	29.82	1.370	29.78	48.23	7.450
		1.063	41.12	0.0371	80.00	42.39	28.75	22.98	1.240	34.00	52.57	10.40

（续）

作业模式		有机质（%）	速效N（mg/kg）	全N（%）	速效K（%）	最大持水量（%）	最小持水量（%）	结构体破坏率（%）	密度/（g/cm³）/（%）	毛管持水量（%）	总孔隙度（%）	非毛管孔隙度（%）
V	1）	1.557 2.776	66.10 110.13	0.0635 0.1050	89.00 162.00	36.16 58.53	21.36 35.54	27.66 10.98	1.160 0.880	29.60 43.17	42.09 51.74	7.64 13.58
	2）	1.326 2.476	59.81 96.78	0.0521 0.0857	100.00 134.00	32.82 46.96	27.41 35.82	28.77 18.88	1.130 0.950	27.41 35.82	37.18 44.75	6.13 10.61
VI	1）	3.039 3.333	132.26 136.84	0.1178 0.1217	73.00 77.00	65.20 62.80	24.80 30.40	15.30 20.40	0.846 0.843	47.80 47.10	55.16 52.94	14.72 13.23
	2）	2.872 2.957	120.62 121.24	0.0986 0.0909	64.00 68.00	49.10 51.80	21.80 23.60	24.90 22.41	1.010 0.927	40.35 43.00	49.60 48.02	8.59 8.16

注：1）为表层0～10 cm；2）为底层10～20 cm；分子为伐后迹地土样，分母为伐前对照土样；表头单位为分子、分母的同一单位。

2.4.3.2　不同作业模式土壤主要理化指标的变化程度

不同作业模式土壤主要理化指标的变化程度，见表3-2-42。

表3-2-42　不同作业模式土壤主要理化指标的变化程度

作业模式		有机质（%）	速效N（mg/kg）	全N（%）	速效K（%）	最大持水量（%）	最小持水量（%）	结构体破坏率（%）	密度（g/cm³）/（%）	毛管持水量（%）	总孔隙度（%）	非毛管孔隙度（%）
I	1）	−0.391	−17.06	−0.0137	−25.00	−9.40	−5.10	3.09	0.120	−6.00	−3.76	−2.06
	2）	−0.201	−11.48	−0.0030	−57.00	−4.30	−5.00	2.97	0.040	−2.30	−3.40	−1.97
II	1）	−0.653	−21.44	−0.0216	−25.00	−10.57	−4.76	9.34	0.170	−6.33	−4.46	−3.00
	2）	−0.468	−16.16	−0.0165	−24.00	−3.13	−1.47	1.11	0.050	−2.07	−3.00	−2.04
III	1）	−1.372	−62.64	−0.0309	−73.00	−24.77	−11.11	13.38	0.440	−15.60	−10.57	−7.67
	2）	−1.030	−41.59	−0.0294	−56.00	−15.01	−9.75	5.84	0.290	−10.57	−5.62	−3.35
IV	1）	−0.353	−14.34	−0.0174	−44.00	−16.56	−14.94	11.93	0.320	−9.68	−7.34	−5.85
	2）	−0.261	−5.03	−0.0066	−3.000	−7.17	−2.67	6.84	0.130	−4.22	−4.34	−2.95
V	1）	−1.219	−44.03	−0.0415	−73.00	−22.37	−14.18	16.68	0.280	−13.57	−9.65	−5.94
	2）	−1.150	−36.97	−0.0336	−34.00	−14.14	−9.73	9.89	0.180	−8.41	−7.57	−4.48
VI	1）	−0.294	−4.58	−0.0039	−4.00	2.40	−5.60	−5.10	0.003	0.70	2.22	1.49
	2）	−0.085	−0.62	−0.0077	−4.00	−2.70	−1.80	2.49	0.083	−2.40	1.58	0.43

2.4.4　伐区作业模式优化方案选择

2.4.4.1　决策模型分析[25−26]

根据上述6种可行作业模式的经济效益和生态效益指标（共16个），选择适合于类似试验区条件的伐区优化作业模式，实际上是一个多属性决策问题。采用集对分析法，对6种可行的作业模式和"理想作业模式"进行同、异、反决策分析，从中寻找与"理想作业模式"最接近的方案，即为"优化方案"。其决策思路为：设作业模式决策问题的方案集为 $S = \{s_1, s_2, \cdots, s_6\}$，指标集为 $E = \{e_1, e_2, \cdots, e_{16}\}$，考虑作业模式的指标 e_r 有效益型和成本型之分，且不同指标的量纲不同，为了便于计算，可将成本型化为效益型指标，即令 $\bar{d}_{kr} =$

$$
\begin{cases}
\tilde{d}_{kr} & k = 6, r = 16, \text{当 } e_r \text{ 为效益型} \\
-\tilde{d}_{kr} & k = 6, r = 16, \text{当 } e_r \text{ 为成本型}
\end{cases}
$$，这样所有指标均可按收益型计算，然后进行各指标

无量纲化，并令 $d_{kr} = \dfrac{\bar{d}_{kr}}{\sqrt{\sum\limits_{k=1}^{6} \bar{d}_{kr}^2}}, k = 1, 2, \cdots, 6; r = 1, 2, \cdots, 16$，得到规范化决策矩阵为：

$$
D = \begin{bmatrix}
d_{11} & d_{12} & \cdot & \cdot & \cdot & d_{116} \\
d_{21} & d_{22} & \cdot & \cdot & \cdot & d_{216} \\
\cdot & & \cdot & \cdot & \cdot & \cdot \\
d_{61} & d_{62} & \cdot & \cdot & \cdot & d_{616}
\end{bmatrix}
$$

由给出的 6 个方案，确定最优方案 U 和最劣方案 V，根据系统目标和客观条件确定，记最优方案和最劣方案对应 e_r 的指标值分别为 $\bar{u}_r$ 和 $\bar{v}_r$。考虑到所有指标均为效益型，显然有 $\bar{u}_r \geqslant \bar{d}_{kr}$ 和 $\bar{v}_r \leqslant \bar{d}_{kr}$（$r = 1, 2, \cdots, 16$）。对 $\bar{u}_r$ 和 $\bar{v}_r$ 进行无量纲化，可得最优方案 U 和最劣方案 V。$U = (u_1, u_2, \cdots, u_{16})$，$V = (v_1, v_2, \cdots, v_{16})$。由 $[v_r, u_r]$ 构成指标 e_r 的比较区间，由 $[V, U]$ 构成方案 S_k 的比较空间。在指标 e_r 的比较区间 $[v_r, u_r]$ 中确定集对 $\{d_{kr}, u_r\}$ 的联系度。若 $d_{kr} > 0$，则 $d_{kr}/u_r \in [0, 1]$ 表示 d_{kr} 与 u_r 的接近程度，$v_r/d_{kr} \in [0, 1]$ 表示 d_r 与 v_r 的接近程度。在 $d_{kr} \in [v_r, u_r]$ 时，数值上 $\dfrac{d_{kr}}{u_r} + \dfrac{v_r}{d_{kr}}$ 当 $d_{kr} = u_r$ 或 v_r 时，取极大值 $1 + v_r/u_r$。故为使 $\dfrac{d_{kr}}{u_r} + \dfrac{v_r}{d_{kr}} \in [0, 1]$，进行归一化，即用 $1 + v_r/u_r$ 除 d_{kr}/u_r 和 v_r/d_{kr}，分别得到 $d_{kr}/(u_r + v_r)$、$u_r v_r/[(u_r + v_r)d_{kr}]$，二者可视为对 d_{kr} 与 u_r 接近程度的肯定和否定，因而将它们分别定义为集对 $\{d_{kr}, u_r\}$ 的同一度 a 和对立度 c。

根据集对理论，同一度 a、对立度 c 和差异度 b 的关系为：$a + b + c = 1$，可计算集对 $\{d_{kr}, u_r\}$ 的差异度 b，同时得出集对 $\{d_{kr}, u_r\}$ 的联系度 $m\{d_{kr}, u_r\}$。由差异度 b 可知，当 $d_{kr} = u_r$ 或 v_r 时，差异度 b 最小，即 $b = 0$；当 $d_{kr} = \sqrt{u_r v_r}$ 时，差异度 b 最大，即 $b = 1 - \dfrac{\sqrt{u_r v_r}}{u_r + v_r}$。

在 S_k 比较空间中，集对 $\{S_k, u\}$ 的联系度 $m\{S_k, u\} = a_k + b_k i + c_k j$，其中：当 $d_{kr} > 0$，$a_k = \dfrac{1}{n}\sum\limits_{r=1}^{n} \dfrac{d_{kr}}{(u_r + v_r)d_{kr}}$，$b_k = \dfrac{1}{n}\sum\limits_{r=1}^{n} \dfrac{(u_r - d_{kr})(d_{kr} - v_r)}{(u_r + v_r)d_{kr}}$，$c_k = \dfrac{1}{n}\sum\limits_{r=1}^{n} \dfrac{u_r v_r}{(u_r + v_r)d_{kr}}$；当 $d_{kr} < 0$，a_k 式与 c_k 式对调，b_k 式不变。计算 S_k 与 U 的相对贴近度 $v_k = a_k/(a_k + c_k)$，根据 v_k 的大小，可进行各方案的排序，v_k 值最大者为理想方案。

2.4.4.2　伐区作业模式优化选择

对各伐区作业模式的 16 个量化指标归为 3 类，即经济效益、土壤肥力和蓄水保土。经济效益分别为短期收益 V_1（元/hm²）、采造段单位材积成本 V_2（元/m³）、集材段单位材积成本 V_3（元/m³）、归装段单位材积成本 V_4（元/m³）、其余项单位材积成本 V_5（元/m³）。短期收益分

马尾松和阔叶树 2 类，按各木材径级 1996 年的实际销售价格计算。采造段、集材段、作业准备、归装、物燃料和设备折旧费按《福建省林业生产统一定额》计算。设 V_6、V_7、V_8、V_9 为土壤肥力，分别表示有机质 V_6、速效 N V_7、全 N V_8 与速效 K V_9。设 V_{10}、V_{11}、V_{12}、V_{13}、V_{14}、V_{15}、V_{16} 为蓄水保土指标，分别表示密度 V_{10}、结构体破坏率 V_{11}、毛管孔隙度 V_{12}、总孔隙度 V_{13}、非毛管孔隙度 V_{14}、最大持水量 V_{15} 与最小持水量 V_{16}，见表 3-2-43。

表 3-2-43　伐区作业模式各效益指标

作业模式	短期收益	采造段成本	集材段成本	归装段成本	其余成本		有机质变化量	速效 N 变化量	全 N 变化量	速效 K 变化量	密度变化量	结构体破坏率	毛管持水变化量	总孔隙度变化量	非毛管孔隙度	最大持水变化量	最小持水变化量
	V_1	V_2	V_3	V_4	V_5		V_6	V_7	V_8	V_9	V_{10}	V_{11}	V_{12}	V_{13}	V_{14}	V_{15}	V_{16}
I	60810	4.82	8.75	8.07	15.72	1)	-0.391	-17.06	-0.0137	-25.00	0.120	3.09	-6.00	-3.76	-2.06	-9.40	-5.10
						2)	-0.201	-11.48	-0.0030	-57.00	0.040	2.97	-2.30	-3.40	-1.97	-4.30	-5.00
II	60835	2.55	7.81	7.67	17.61	1)	-0.653	-21.44	-0.0216	-25.00	0.170	9.34	-6.33	-4.46	-3.00	-10.57	-4.76
						2)	-0.468	-16.16	-0.0165	-24.00	0.050	1.11	-2.07	-3.00	-2.04	-3.13	-1.47
III	62925	6.87	10.64	8.64	6.15	1)	-1.372	-62.64	-0.0309	-73.00	0.440	13.38	-15.60	-10.57	-7.67	-24.77	-11.11
						2)	-1.030	-41.59	-0.0294	-56.00	0.290	5.84	-10.57	-5.62	-3.35	-15.01	-9.75
IV	59830	6.87	7.46	9.49	5.22	1)	-0.353	-14.34	-0.0174	-44.00	0.320	11.93	-9.68	-7.34	-5.85	-16.56	-14.94
						2)	-0.261	-5.03	-0.0066	-3.000	0.130	6.84	-4.22	-4.34	-2.95	-7.17	-2.67
V	59963	6.93	2.49	9.50	4.33	1)	-1.219	-44.03	-0.0415	-73.00	0.280	16.68	-13.57	-9.65	-5.94	-22.37	-14.18
						2)	-1.150	-36.97	-0.0336	-34.00	0.180	9.89	-8.41	-7.57	-4.48	-14.14	-9.73
VI	24554	25.40	41.56	19.39	40.21	1)	0.294	-4.58	-0.0039	-4.00	0.003	-5.10	0.70	2.22	1.49	2.40	-5.6
						2)	0.085	-0.62	-0.0077	-4.00	0.083	2.49	-2.40	1.58	0.43	-2.70	-1.8

表 3-2-43 的 16 个指标中有 5 个成本指标需进行转换成效益型外，其余 11 个均为效益型指标，其决策矩阵借助计算机运算后得到：

$$D = \begin{bmatrix} 0.440 & -0.169 & -0.194 & -0.294 & -0.331 & 1) & -0.192 & -0.206 & -0.227 & -0.218 & +0.246 & -0.236 & +0.115 & -0.172 & +0.186 & -0.212 & -0.204 \\ & & & & & 2) & -0.122 & -0.194 & -0.062 & -0.297 & +0.157 & -0.190 & +0.213 & -0.284 & +0.105 & -0.632 & -0.332 \\ 0.440 & -0.089 & -0.173 & -0.279 & -0.371 & 1) & -0.320 & -0.259 & -0.358 & -0.259 & +0.259 & -0.265 & +0.348 & -0.250 & +0.263 & -0.212 & -0.190 \\ & & & & & 2) & -0.284 & -0.273 & -0.339 & -0.262 & +0.141 & -0.138 & +0.079 & -0.294 & +0.132 & -0.266 & -0.098 \\ 0.455 & -0.240 & -0.236 & -0.315 & -0.130 & 1) & -0.673 & -0.758 & -0.512 & -0.613 & +0.638 & -0.621 & +0.498 & -0.640 & +0.681 & -0.620 & -0.444 \\ & & & & & 2) & -0.625 & -0.702 & -0.603 & -0.492 & +0.729 & -0.663 & +0.418 & -0.483 & +0.763 & -0.621 & -0.647 \\ 0.433 & -0.240 & -0.165 & -0.346 & -0.110 & 1) & -0.173 & -0.173 & -0.288 & -0.426 & +0.396 & -0.415 & +0.444 & -0.488 & +0.495 & -0.374 & -0.596 \\ & & & & & 2) & -0.158 & -0.085 & -0.135 & -0.380 & +0.288 & -0.317 & +0.490 & -0.425 & +0.342 & -0.033 & -0.177 \\ 0.433 & -0.243 & -0.055 & -0.346 & -0.091 & 1) & -0.598 & -0.532 & -0.687 & -0.559 & +0.555 & -0.560 & +0.621 & -0.495 & +0.433 & -0.620 & -0.566 \\ & & & & & 2) & -0.698 & -0.624 & -0.689 & -0.662 & +0.573 & -0.625 & +0.708 & -0.645 & +0.474 & -0.377 & -0.646 \\ 0.177 & -0.889 & -0.920 & -0.706 & -0.846 & 1) & -0.144 & -0.055 & -0.065 & +0.129 & +0.029 & +0.060 & -0.190 & +0.124 & +0.005 & -0.034 & -0.224 \\ & & & & & 2) & -0.052 & -0.011 & -0.158 & +0.138 & +0.164 & -0.119 & +0.178 & +0.062 & +0.218 & -0.044 & -0.120 \end{bmatrix}$$

由集对分析决策步骤，取 $\bar{u}_r = \max_k \{\bar{d}_{kr}\}$，$v_r = \min_k \{\bar{d}_{kr}\}$，进行规范化后有：

（1）0~10 cm

$u_1 = (0.455, -0.089, -0.055, -0.279, -0.091, -0.144, -0.055, -0.062, 0.129, 0.029, 0.060, 0.708, 0.124, 0.692, -0.034, 0.204)$

$v_1 = (0.177, -0.889, -0.920, -0.706, -0.846, -0.673, -0.758, -0.687,$
$-0.613, -0.638, -0.621, -0.190, -0.640, 0.134, -0.620, -0.620)$

(2) $10 \sim 20$ cm

$u_2 = (0.455, -0.089, -0.055, -0.279, -0.091, -0.052, -0.011, -0.135,$
$0.138, -0.141, -0.119, 0.708, 0.062, 0.767, -0.267, -0.089)$

$v_2 = (0.177, -0.889, -0.920, -0.706, -0.846, -0.698, -0.702, -0.689,$
$-0.662, -0.720, -0.663, 0.079, -0.645, 0.079, -0.631, -0.647)$

由联系度计算式求出各方案集对 $\{S_k, u\}$ 相应的联系度 $m\{S_k, u\}$ 中 a_k、b_k 与 c_k 等值，再根据相对贴近度 v_k 计算式，计算出各作业模式的相对贴近度（表 3-2-44）。由表 3-2-44 分析可知，对表层 $0 \sim 10$ cm：作业模式 I 的相对贴近度（0.595）最高，对底层 $10 \sim 20$ cm：作业模式 IV 的相对贴近度（0.555）最高；但综合考虑 $0 \sim 20$ cm 时，作业模式 I 的综合评价值（0.509）最高，即为最优作业模式；作业模式 IV 为次优作业模式（0.507）；而作业模式 III、V 为较差。

表 3-2-44　各作业模式的计算结果

模　式	计算项目			
	a	b	c	v
I	1）0.178 2）0.305	0.701 0.278	0.121 0.417	0.595 0.422
II	1）0.254 2）0.319	0.487 0.273	0.259 0.408	0.496 0.439
III	1）0.298 2）0.253	0.121 0.153	0.581 0.594	0.339 0.298
IV	1）0.312 2）0.376	0.317 0.324	0.370 0.301	0.458 0.555
V	1）0.339 2）0.325	0.122 0.080	0.538 0.594	0.387 0.354
VI	1）0.366 2）0.385	0.004 0.078	0.629 0.538	0.368 0.417

若仅考虑生态效益，根据相对贴近度 v_k 计算式，计算出各作业模式的相对贴近度，见表 3-2-45。

表 3-2-45　各作业模式的计算结果

作业模式	I		II		III		IV		V		VI	
	1）	2）	1）	2）	1）	2）	1）	2）	1）	2）	1）	2）
v	0.432	0.319	0.296	0.300	0.216	0.153	0.330	0.480	0.208	0.172	0.462	0.548

由表3-2-45可知,作业模式 VI 最优,作业模式 I 次之,而作业模式 III、V 为较差。

2.4.5 伐区采集作业系统综合效益评价结论

采用集对分析方法评价山地伐区采集作业模式,可得以下结论:

(1)从经济效益看,因"择伐作业—人力集材"的短期收益差和择伐作业单位材积成本高,其短期经济效益最差;从生态效益看,皆伐引起的地力衰退和土壤侵蚀比择伐严重得多,同时集材作业带走部分表土并对土壤产生压实作用,使迹地土壤孔隙减少,土壤变得紧实,持水性恶化。而"择伐作业—人力集材"因保留部分林木,其土壤理化性质的变化程度要比皆伐作业小,除了密度略有上升,其他多项指标均比伐前略有改善。因此"择伐作业—人力集材"为最优作业模式。为了实现林业可持续发展,森林可持续经营,建议改变林区传统的皆伐方式,以择伐(即模式VI)代替皆伐,使森林更好地发挥其综合效益。

(2)不同的集材方式对土壤 0~20 cm 的破坏程度不一致。全悬索道集材与土壤表面的接触少,对土壤 0~10 cm 的破坏较少,经济效益高,其在 0~10 cm 为最优;由于表层 0~10 cm 的土壤没有被疏松,养分无法渗入,底层 10~20 cm 时比人力集材方式、半悬索道集材略差。试验地在同等条件下,综合考虑 0~20 cm 时,全悬索道集材综合评价值最高,则其作业模式仍为最优。

(3)对类似试验区的伐区,皆伐侧重于考虑伐区采集作业的经济效益,同时顾及生态效益的影响,则"皆伐作业—全悬索道集材"是目前伐区作业的优化模式;"皆伐作业—人力板车集材"次之。

以上可供林业主管部门和生产单位决策时采用。

第 3 章
天然次生林择伐后生态恢复动态与作业系统

3.1 研究区域概况与研究方法

3.1.1 研究区域概况

福建省地处中国东海之滨，素有"绿色金库"和"八山一水一分田"之称，森林资源丰富，森林覆盖率高(2013 年福建省第 8 次森林资源调查结果为 65.95%，继续保持全国第一)。但由于长期以来，过度的木材采伐，不合理的森林经营方式与林种结构，造成森林资源质量下降，水灾、水土流失等自然灾害频繁发生。严格意义上的原生阔叶林极少，仅存于大的自然保护区的核心区内。即便这些看似原生阔叶林的森林也可能是受过强烈的自然干扰后，再经长期次生演替而形成。现有天然阔叶林主要是次生阔叶林，因次生演替发生时间不同、森林的自然特征不同、人为或自然干扰的形式和强度不同，形成多种多样、形态各异的天然次生林。

据 2013 年全国第 8 次森林资源清查结果表明，森林面积由 1.95×10^8 hm^2 增加到 2.08×10^8 hm^2，净增 1223×10^4 hm^2；森林覆盖率由 20.36% 提高到 21.63%，提高 1.27 个百分点；森林蓄积由 137.21×10^8 m^3 增加到 151.37×10^8 m^3，净增 14.16×10^8 m^3，其中天然林蓄积增加量占 63%，人工林蓄积增加量占 37%。2016 年 2 月国务院发布全国"十三五"期间年森林采伐限额为 25403.6×10^4 m^3，其中人工林 20453.5×10^4 m^3，非商业性天然林 4950.1×10^4 m^3。

福建省第 8 次森林资源清查结果，全省森林面积达 801.27×10^4 hm^2；活立木总蓄积 66674.62×10^4 m^3，森林蓄积量 60796.15×10^4 m^3；天然林面积 424×10^4 hm^2，天然林蓄积量 35943×10^4 m^3；人工林面积 378×10^4 hm^2，人工林蓄积 24853×10^4 m^3；森林单位面积蓄积量 100.20 m^3/hm^2，生态功能等级达到中等以上的面积占 95%。1978 年全省天然林蓄积量所占比例尚较高。但因过度采伐，致使 1978～1988 年 10 年间天然林蓄积量锐减 6903.1×10^4 m^3。此后，随着天然林保护意识增强，天然林蓄积量呈逐年上升。尤其是 1998 年之后，增幅更大，1998～2013 年 15 年间天然林蓄积量增加了 12616.69×10^4 m^3。尽管郁闭度 0.5～0.7 的天然林分面积，将近占天然林总面积的 50%，平均郁闭度为 0.50，但天然林质量不高。高密度林分仅占 1/4，乔木林层不明显，优良林木更少，森林结构失调、质量低[27-28]。造成这一状况的历史原因有：一是森林经营粗放，对天然林的采伐搞皆伐"一刀切"，伐后人工更新的树种单一，造成人工林中针叶化现象严重；二是林业企事业单位片面追求经济效益，大量采伐天然林来生产木材，使天然林严重过伐。根据福建省"十一五"期间年森林采伐限额指标，全省天然林采伐总量 1008.6×10^4 m^3，仅占全省天然林蓄积量的 3.50%，全省天然商品林采

伐量 $672.4 \times 10^4 \, m^3$，占全省天然林采伐总量的 66.67%。福建省林业厅关于森林采伐管理有关问题的通知(闽林〔2014〕2 号文)：严格天然林保护管理，福建省政府关于禁止采伐天然阔叶林和皆伐天然针叶林的规定，对以下特殊情形确需皆伐或择伐天然林的，必须严格审批：一是占用征收林地已经批准并在文件有效期内申请采伐的；二是省级以上科研项目确需采伐的；三是自留山需要皆伐天然针叶林或择伐天然阔叶林的；四是因森林病虫害除治确需皆伐天然针叶林的；五是因清理森林火灾受害木确需采伐的；六是因台风等其他自然灾害确需采伐的；七是对郁闭度在 0.3 以下的非重点区位低产天然针叶林改造采伐。福建省 1978～2013 年天然林分蓄积量及其所占比例，见表 3-3-1。

表 3-3-1　福建省 1978～2013 年天然林分蓄积量及所占比例

年　份	活立木蓄积量($\times 10^4 \, m^3$)	天然林蓄积量($\times 10^4 \, m^3$)	比例(%)
1978	43055.91	26787.55	62.22
1983	39664.94	23055.72	58.13
1988	37888.24	19884.45	52.48
1993	39465.20	22282.98	56.46
1998	41763.62	23326.31	55.85
2003	49671.38	26315.80	52.98
2008	53226.01	28834.73	54.17
2013	66674.62	35943.00	53.91

福建省建瓯市地处福建北部，位于东经 117°59′~118°57′，北纬 26°39′~27°20′；市境东西长 96.5 km，南北宽 76.6 km，总面积 4216 km²，为全省面积最大的县级市，属福建北部山地丘陵区，地势东南高，向西北明显倾斜。建瓯市地处武夷山脉东南面，鹫峰山脉西北面，最高峰海拔 1822.2 m；地貌形态复杂，以中山、低山及丘陵为主，分别占全县土地总面积的 30.4%、27.2% 及 20.3%；主要河流有南浦溪、崇阳溪、松溪、建溪，松溪和崇阳溪在建瓯城关汇合成建溪后南流经南雅镇、南平市大横镇流入闽江；市境内主要地层是古代震旦系产生的建瓯群和中生代三叠系；岩石以花岗岩类和变质岩类为主；主要土壤类型为红壤，占林业用地面积的 92.0%。在气候上，建瓯市属中亚热带海洋性季风气候，热量丰富、降水充沛、季风显著、四季分明；由于地形复杂，海拔高低悬殊，形成多种多样的小区域气候环境，具山地气候特征；植被属中亚热带天然次生林地带，植物种类繁多，经鉴定的维管束植物有 172 科 1327 种，其中蕨类植物 28 科 118 种，裸子植物 8 科 22 种，被子植物 136 科 1187 种。

闽北现有天然次生林树种结构大体可归纳为 3 种模式：①以马尾松为主的针阔混交林；②以阔叶树为主的阔针混交林；③阔叶树混交林。组成树种以松科、壳斗科、樟科、山茶科、木兰科与金缕梅科为代表，主要树种有马尾松、米槠、苦槠、青冈栎、丝栗栲、甜槠、闽楠、桂北木姜子、拟赤杨、酸枣、黄瑞木、檫树与木荷等。

3.1.2　试验与研究方法

研究中采用定位试验与广泛调查相结合，野外作业与室内分析相结合，局部调整与全面推广相结合的研究方法。

3.1.2.1　试验地设置

3.1.2.1.1　样地面积

关于样地面积，天然次生林群落重点在乔木层，从种—面积曲线上综合来看，样地面积最小应是 250~300 m²，有条件时可用 1000 m²，大于 1200 m² 会更完善些；对已有林木层分化的幼龄林，样地林木层最好采用 200 m²，下木层不应小于 100 m²；南亚热带天然次生林样地面积不应小于 1200 m²，林下植物取样应等距设置 10 个 2 m×2 m 样方，最小面积相当于40 m²。中亚热带天然次生林植被调查实践表明，样地面积为 800~1200 m² 时较为合适，物种的数量已趋于稳定，因此，确定不同强度择伐作业标准地的面积为 1200 m²，并设有未采伐和皆伐标准地进行对照。

3.1.2.1.2　样地设置

1996 年起建立天然次生林择伐与更新动态跟踪研究基地（38 年生），科研基地位于福建省建瓯市大源林业采育场（东经 117°58′45″~118°57′11″，北纬 26°38′54″~27°20′26″），地处武夷山脉的东南部，鹫峰山脉的西北侧。该区属中亚热带海洋性季风气候，年平均气温 15~17℃，年平均降水量 1890 mm 左右，年蒸发量为 1327.3~1605.4 mm，年平均相对湿度 83%。伐区位于该场 84 林班 17、18、19 小班，属低山丘陵地形，海拔 600~800 m 之间，坡度 25°~34°，土壤为花岗片麻岩发育而成的山地黄红壤，土层厚度中、疏松，质地为轻壤土或重壤土。由于现有的天然阔叶林在树种组成上，基本上都有马尾松这一阳性先锋树种，因此试验林分择伐前为 38 年生天然针阔混交林（7 阔 2 马 1 杉），林分郁闭度 0.9，伐前立地条件基本相同，样地基本情况如图 3-3-1 和表 3-3-2。

3.1.2.1.3　试验设计

试验地于 1996 年 8 月进行弱度、中度、强度和极强度 4 种不同强度择伐作业（择伐强度分别为：13.0%、29.1%、45.8% 和 67.1%）。另外，设有未采伐和皆伐样地进行对照。样地内划分为 3 个 400 m² 的子样地，每个子样地再划分为 16 个 5 m×5 m 的样方，即每个样地共有 48 个样方。用水泥桩作永久性固定标志，长期固定的 15 块样地集中于上述 3 个小班内面积约 3 hm² 范围，为了确保科研基地不被破坏，周边保护未采伐天然针次生林面积约20 hm²，严禁人畜进入，并立永久水泥牌安民告示。由于当地森林公安和护林员的严加管护，是我国至今唯一保护完好的中亚热带天然次生林长期跟踪试验样地。自然植被中，乔木层主要优势树种为甜槠、米槠、虎皮楠与木荷等；灌木主要有：黄瑞木、石栎、少叶黄杞、密花山矾、矩形叶鼠刺、细齿叶柃与石斑木等；主要草本及藤本有芒萁、菝葜、狗脊、华里白与黑莎草等。

择伐木的确定按采伐规程执行，即按"采坏留好、采老留壮、采大留小和采密留稀"的原则，弱度择伐以采伐马尾松、木荷为主；中度择伐以采伐马尾松为主；强度和极强度以采伐马尾松、米槠为主。择伐作业按照单株择伐的技术要求进行，对择伐木单独记录并挂号。作业措施为：油锯采伐，林内打枝造材，人力肩驮集材，>5 cm 以上的枝丫全部收集利用，其余归堆清理，伐后林分以天然次生林为主体，天然恢复植被。采伐作业概况与采伐类型采伐作业状况分别见表 3-3-3 和表 3-3-4。

样地中林木蓄积量的计算采用二元材积表的数学模型，参考福建省二元立木材积公式各区参数表，计算样地中林木单株蓄积量及每个样地总蓄积量，以择伐蓄积量计算择伐强度。

3.1.2.2　植被调查方法

第 1 次为采伐前调查，时间为 1996 年 3 月；第 2 次为采伐后调查，时间为 1996 年 11 月；第 3 次为采伐 10 年后复查，时间为 2006 年 7 月；第 4 次为采伐 15 年后复查，时间为 2011 年 8 月。不同强度采伐 10 年后与 15 年后的林地主要林分因子，见表 3-3-5。

图 3-3-1　天然林择伐与更新动态跟踪研究试验基地

表 3-3-2　样地基本情况

样地号	小 班	坡 向	坡 形	坡 度	土层厚度（cm）	A+AB 层厚度（cm）	腐殖质层厚度（cm）
1	17	东	直	30	>100	20	5
2	17	东	直	28	>100	30	5
3	17	西南	直	29	>100	27	5
4	17	西南	直	32	>100	30	10
5	17	西南	直	25	>100	20	15
6	18	东南	直	28	>100	20	5
7	18	东	直	31	>100	35	20
8	18	南	直	34	>80	20	10
9	18	南	直	29	>90	20	5
10	18	南	直	27	>100	40	15
11	18	东	直	27	>100	30	16
12	18	东	直	32	>100	20	10
13	18	东	直	26	>80	20	5
14	19	东	直	30	>100	20	10
15	19	东	直	28	>100	25	10

表 3-3-3　采伐作业概况

样地号	乔木总株数	采伐株数	采伐株数／总株数	总蓄积量（m³/hm²）	采伐蓄积（m³/hm²）	采伐强度（%）	采伐强度等级
1	98	4	4.1	309.76	35.93	11.6	弱 度
2	42	2	4.8	216.23	19.03	8.8	弱 度
13	62	3	4.8	249.45	46.40	18.6	弱 度
3	89	21	23.6	250.19	70.56	28.2	中 度
9	93	15	16.1	454.16	94.47	20.8	中 度
10	89	15	16.7	155.57	59.58	38.3	中 度
4	73	13	17.8	243.59	110.83	45.5	强 度
5	46	12	26.1	149.47	69.95	46.8	强 度
12	84	9	10.7	343.70	155.01	45.1	强 度
11	84	32	38.0	204.37	127.12	62.2	极强度
14	53	20	37.8	226.74	171.19	75.5	极强度
15	74	29	39.2	172.66	109.98	63.7	极强度
6	46	46	100.0	173.54	173.54	100.0	皆 伐
7	44	44	100.0	239.01	239.01	100.0	皆 伐

表 3-3-4　采伐类型采伐作业状况

采伐类型	采伐强度(%)	林分密度(株/hm²)		林分蓄积量(m³/hm²)		平均胸径(cm)	
		伐 前	伐 后	伐 前	伐 后	伐 前	伐 后
未采伐	0	1893	1893	218.20	218.20		
弱度采伐	13.0	1592	1533	258.48	224.65	17.3	16.7
中度采伐	29.1	2866	2275	286.64	211.83	16.0	14.4
强度采伐	45.8	1875	1617	245.48	133.68	15.7	13.5
极强度采伐	67.1	2008	1350	201.25	64.82	14.7	9.6
皆　伐	100.0	1125	0	206.27	0	15.9	0

表 3-3-5　不同采伐类型伐后 10 年与 15 年林分主要特征

采伐类型	林分密度(株/hm²)		林分蓄积量(m³/hm²)		平均胸径(cm)		平均树高(m)		郁闭度	
	10 年	15 年	10 年	15 年	10 年	15 年	10 年	15 年	10 年	15 年
未采伐	1400	1350	268.34	286.56	18.7	18.6	11.1	12.9	0.9	0.9
弱度采伐	1717	1809	278.70	301.19	17.7	16.2	11.0	10.0	0.9	0.9
中度采伐	2058	2825	266.10	287.51	15.9	13.1	10.5	9.2	0.9	0.9
强度采伐	1575	2000	194.46	223.73	15.7	15.1	10.9	10.3	0.8	0.9
极强度采伐	1533	1925	136.69	166.36	9.0	9.0	9.3	8.2	0.6	0.7
皆　伐	388	1800	5.81	34.10	6.8	7.2	5.8	6.9	0.3	0.6

　　植被分乔木层、灌木层和草本层 3 个层次进行调查。考虑到群落学调查与测树学调查的一致性,对群落垂直层次采用以下标准:整个群落可划为乔木层、灌木层和草本层(还有部分层间植物);其中乔木层指 DBH(胸径)≥5 cm(6 cm 径阶)的所有林木组成的层次;灌木层指 H(树高)≥30 cm,DBH<5 cm 的所有乔木幼树和灌木组成的层次;草本层指草本植物和幼苗高度 H<30 cm,DBH<1 cm 的所有乔木幼苗组成的层次。调查记录样地的坡向、坡度、坡位和海拔等。对起测 DBH=5 cm 以上的每株树木进行全林每木鉴定,记录种名、胸径、树高、枝下高、冠幅和坐标等指标。此外,还进行乔木层立木空间结构调查,记录每棵立木相对 XY 坐标。

　　灌木层和草本层调查在伐后 10 年与 15 年进行。灌木层的调查面积为 200 m²,即沿样地对角线选取 8 个 5 m×5 m 灌木样方,记录 DBH<5cm 且 H(树高)>30 cm 乔木幼树和灌木的种名、基径、树高和冠幅等。草本层的调查面积为 8 m²,即在每个灌木样方内各选一个 1 m×1 m 草本样方,记录 DBH<1 cm 且 H<30 cm 的木本植物幼苗和草本植物的种名、树高和盖度。

3.1.2.3　凋落物调查方法

　　在不同强度择伐作业 10 年后与 15 年后的样地内,沿对角线分别在距伐根 3 m 的无人为破坏过的地段设置 10 个 1 m×1 m 的小样方。在每个样方内,按未分解层、半分解层分层取样，用手捡出最上层肉眼可以辨别各组分的所有林地上的凋落物（分层标准：未分解层，凋落物叶、枝、皮和果等保持原状，颜色变化不明显，质地坚硬，叶型完整，外表无分解的痕迹；半分解层，叶无完整外观轮廓，多数凋落物已粉碎，叶肉被分解成碎屑，颜色为黑褐色），相当于 A_{00} 层。然后，将所收集的凋落物分别编号装袋。

3.1.2.4　土壤取样方法

采伐作业对土壤的影响主要在表土层，故只对 0 ~ 10 cm 和 10 ~ 20 cm 的表层土进行取样。土壤取样方法按森林土壤样品采集与制备国家标准的规定执行，具体方法如下：每一个样地在选定的林地上、中、下坡，各挖一个剖面，共 3 个剖面，室内分析取平均值。土壤水稳定性团聚体结构样品的采集，是在土壤湿度不粘铲的情况下每个剖面在 0 ~ 10 cm 土层取 1 个样品，保留原状土样，并将其放入铝盒中，使其不受挤压而变形；土壤水分物理性质样品的采集用环刀（环刀容积为 200 cm³），每个剖面在 0 ~ 10 cm 和 10 ~ 20 cm 土层用环刀分别取 2 个原状土样；土壤化学性质样品的采集是在每个剖面的 0 ~ 20 cm 土层中均匀采集，并将样品放入塑料袋内，贴上标签。室内分析前将上、中、下坡不同剖面风干土样混合均匀后，再用四分法对土样进行分析处理。未伐和 5 种不同强度的采伐，10 年后、15 年后的林地，在对应的相同坡位与坡向的采伐迹地上，距伐根 3 m 的无人为破坏过的地段，采用同样方法取土，进行对照比较[15]。

3.1.2.5　林分结构及物种多样性分析方法

3.1.2.5.1　重要值和生态位宽度

植物群落由不同植物种构成，重要值是反映树种在群落中的地位和作用的相对数量指标。重要值是根据密度、频度和优势度（树木胸高断面积）的相对值确定，物种重要值越大，其在群落结构中的地位也越重要，因此可用其表征群落物种的结构变化状况。其计算式为：

$$IV = (RA + RS + RF)/3 \tag{3-3-1}$$

$$RA = N_i / \sum N_i \times 100\% \tag{3-3-2}$$

$$RS = A_i / \sum A_i \times 100\% \tag{3-3-3}$$

$$RF = F_i / \sum F_i \times 100\% \tag{3-3-4}$$

式中：IV——重要值（Importance value）；

　　　　RA——相对多度（Relative species abundance）；

　　　　RS——相对优势度（Relative superiority）；

　　　　RF——相对频度（Relative frequency）；

　　　　N_i——某种个体数；

　　　　$\sum N_i$——全部种的个体数；

　　　　A_i——某种胸高断面积；

　　　　$\sum A_i$——全部种胸高断面积之和；

　　　　F_i——某种的频度；

　　　　$\sum F_i$——全部种的频度。

Shannon-Wiener 生态位宽度：

$$B_{(sw)i} = -\sum_{j=1}^{r} P_{ij} \log P_{ij} \tag{3-3-5}$$

Schoener 指数：

$$C_{ih} = 1 - 1/2 \sum_{j=1}^{r} |P_{ij} - P_{hj}| \tag{3-3-6}$$

Pianka 指数：

$$NO_{ih} = \sum_{j=1}^{r} P_{ij} P_{hj} \Big/ \sqrt{\sum_{j=1}^{r} P_{ij}^2 \sum_{j=1}^{r} P_{hj}^2} \tag{3-3-7}$$

其中：$P_{ij} = r_{ij}/Y_i$，$Y_i = \sum_{i=1}^{n} n_{ij}$

式中：$B_{(sw)i}$ 表示物种 i 的 Shannon-Wiener 生态位宽度；C_{ih} 表示物种 i 与 h 的 Schoener 生态位相似性比例；NO_{ih} 表示物种 i 与 h 的 Pianka 生态位重叠度；r 为资源等级数；P_{ij} 和 P_{hj} 分别表示物种 i 和 h 利用第 j 资源占全部资源的比例；n_{ij} 表示物种 i 在第 j 资源等级的重要值；y_i 表示物种 i 所利用全部资源等级的重要值之和。

3.1.2.5.2　群落物种多样性指数

表征针阔混交林的物种多样性，常用 3 个指标：Marglef 丰富度指数 R、香农—威纳 (Shannon-Wiener)多样性指数和辛普森(Simpson)多样性指数，其计算公式为：

$$R = (S - 1)/\ln N \tag{3-3-8}$$

$$D_{sh} = \sum_{i=1}^{s} (N_i/N) \ln(N_i/N) = H \tag{3-3-9}$$

$$D_{si} = 1 - \sum_{i=1}^{s} (N_i/N)^2 = P \tag{3-3-10}$$

式中：N——群落植物总个体数；

　　　N_i——第 i 种植物个体数，log 底取 e；

　　　S——群落植物种数。

物种均匀度指数，采用 Shannon-Wiener 均匀度(J_{sh})和 Smipson 均匀度(J_{si})，分别按下式计算。

$$J_{sh} = D_{sh}/\ln S = J \tag{3-3-11}$$

$$J_{si} = D_{si}/(1 - 1/S) \tag{3-3-12}$$

式中：D_{sh}——Shannon-Wiener 指数；

　　　D_{si}——Simpson 指数；

　　　S——群落植物种数。

群落分层多样性测度法，是分别计算群落中的乔木、灌木与草本各层的多样性指数。给定加权参数群落总体多样性测度：

$$D = W_1 D_1 + W_2 D_2 + W_3 D_3 \tag{3-3-13}$$

式中：D——群落总体多样性指数；

　　　D_1、D_2、D_3——分别为乔木、灌木、草本各层的多样性指数；

　　　W_1、W_2、W_3——分别为给定乔木层、灌木层、草本层的权重系数，分别选定 0.5、
　　　　　　　0.25、0.25[29]。

3.1.2.5.3　群落稳定性的测度

群落稳定性的测定参照改进的 M. Godron 稳定性测定方法，由所研究的植物群落种所有种类的数量和这些种类的频度进行计算。植物种类百分数（横坐标 X）与植物累积相对频度（纵坐标 Y），在模拟散点图平滑曲线过程中进行曲线模拟，得出最佳拟合模型（相关系数 R^2 最大），与直线（$Y = 100 - X$）的交点即为所求交点坐标。根据 Godron 稳定性测定方法，植物种类百分数（横坐标 X）与植物累积相对频度（纵坐标 Y）的比值在 20/80 这一点是群落的稳定点，比值越接近 20/80，群落就越稳定。

3.1.2.5.4　林分蓄积生长率

普雷斯勒蓄积生长率 P_v 计算公式表示为：

$$P_v = \frac{V_a - V_{a-n}}{V_a + V_{a-n}} \times \frac{200}{n} \tag{3-3-14}$$

则定期平均年生长量 Z 为：

$$Z = \frac{(V_a - V_{a-n} + M)}{n} \tag{3-3-15}$$

式中：P_v——蓄积量生长率（%）；

　　　V_a——期末蓄积量（m^3/hm^2）；

　　　V_{a-n}——期初蓄积量（m^3/hm^2）；

　　　M——调查期间的采伐量（m^3/hm^2）；

　　　n——调查间隔期（年）。

3.1.2.6　凋落物养分含量测定方法

所收集的凋落物带回实验室后，将其按枯叶、枯枝、其他（包括树皮、花、果实和种子等）进行分组，然后将凋落物各组分置于 80℃ 恒温条件下烘干至恒重（48 h）后称重。用其平均值推算每公顷的林地 A_{00} 层凋落物现存量。

将收集的凋落物取样，测定凋落物中主要营养元素 N、P、K、Ca、Mg 的含量。其中 N 用半微量凯氏法测定，P 用钼兰比色法测定，K、Ca、Mg 用原子吸收分光光度计测定。

3.1.2.7　土壤理化性质测定方法

土壤理化分析按森林土壤分析方法国家标准（GB7830—87 ~ GB7857—87）规定执行，其中土壤水稳性团聚体测定用机械筛分法（GB7847—87）；水分—物理性质测定用环刀法（GB7835—87）；土壤有机质用重铬酸钾氧化—外加热法（GB7857—87）；土壤全磷用高氯酸—硫酸酸溶—钼锑抗比色法（GB7852—87）；土壤速效磷用盐酸—氟化铵浸提法（GB7853—87）；土壤全氮用高氯酸—硫酸消化扩散吸收法（GB7848—87）；土壤水解性氮用碱解—扩散吸收法（GB7849—87）；土壤全钾采用氢氧化钠碱熔—火焰光度法（GB7854—87）；土壤速效钾采用乙酸铵浸提—火焰光度法（GB7856—87）；土壤理化分析数据为同一处理分析结果的平均值。

3.2　不同强度择伐对林分生长的动态影响

采伐作业不仅可破坏或改变林内生物原有的生长环境，还会引起生物多样性的变化，因而，保护和恢复生物多样性的研究受到越来越多的关注。在森林群落恢复过程中，维持物种多样性已成为森林经营的一个主要研究内容。目前对采伐作业所引起的林分结构与生物多样性的研究多采用时空互换方法,由于无法估计其他自然或人为因素的影响,具有一定局限性。因此,探讨不同强度择伐对天然次生林乔木层树种组成及物种多样性的动态影响,为天然次生林的合理择伐强度的选择和伐后生态学恢复提供理论依据。

3.2.1　乔木层各树种重要值的动态变化

3.2.1.1　弱度择伐

弱度择伐(择伐强度13%)前后样地中乔木层的重要值,见表3-3-6。

表3-3-6　弱度择伐前后样地中乔木层的重要值变化

种　名	伐前(1996年3月)				伐后(1996年11月)				伐后10年(2006年7月)			
	RA	RS	RF	IV	RA	RS	RF	IV	RA	RS	RF	IV
短尾越桔	—	—	—	—	—	—	—	—	0.485	0.134	1.042	0.55
蓝果树	—	—	—	—	—	—	—	—	0.485	0.149	1.042	0.56
青　冈	—	—	—	—	—	—	—	—	0.485	0.140	1.042	0.56
黄瑞木	1.571	0.245	2.041	1.29	1.630	0.273	2.151	1.35	0.485	0.161	1.042	0.56
秀丽锥	0.524	0.074	1.020	0.54	0.543	0.083	1.075	0.57	0.971	0.303	1.042	0.77
苦　锥	1.047	1.512	1.020	1.19	1.087	1.684	1.075	1.28	0.485	0.819	1.042	0.78
栲　树	1.047	0.200	1.020	0.76	1.087	0.223	1.075	0.80	0.971	0.426	1.042	0.81
延平柿	—	—	—	—	—	—	—	—	1.456	0.232	3.125	1.60
山　矾	—	—	—	—	—	—	—	—	1.456	0.242	3.125	1.61
刺毛杜鹃	—	—	—	—	—	—	—	—	1.456	0.407	3.125	1.66
厚叶冬青	1.571	0.408	1.020	1.00	1.630	0.454	1.075	1.05	1.456	0.551	3.125	1.71
华杜英	1.571	0.556	3.061	1.73	1.630	0.620	3.226	1.83	1.942	0.743	3.125	1.94
石　栎	2.094	1.116	3.061	2.09	2.174	1.243	3.226	2.21	1.456	1.269	3.125	1.95
马尾松	8.901	16.840	11.220	12.32	9.239	9.017	11.830	10.03	7.282	11.420	10.417	9.71
木　荷	8.901	8.096	11.220	9.41	5.435	7.376	6.452	6.42	9.709	15.413	8.333	11.15
虎皮楠	16.230	19.270	19.390	18.30	16.850	21.470	20.430	19.58	14.078	13.013	16.667	14.59
米　槠	25.650	25.600	24.490	25.25	26.630	28.510	25.810	26.98	25.243	28.209	18.750	24.07
甜　槠	29.320	25.860	18.370	24.52	30.430	28.810	19.350	26.20	30.097	26.368	19.792	25.42
杉　木	0.524	0.063	1.020	0.54	0.543	0.070	1.075	0.56	—	—	—	—
冬　青	0.524	0.065	1.020	0.54	0.543	0.073	1.075	0.56	—	—	—	—
南酸枣	0.524	0.091	1.020	0.55	0.543	0.101	1.075	0.57	—	—	—	—

　　弱度择伐以采伐木荷为主,择伐前群落中米槠、甜槠占优势,重要值分别达到25.25和24.52,木荷、虎皮楠、马尾松也有一定优势。伐后10年,米槠、甜槠优势地位略有下降,马尾松和虎皮楠优势地位也有一定程度的下降,木荷虽经采伐,重要值从伐前的9.41下降到伐后的6.42,但经过10年的恢复,重要值上升到11.15,超过伐前。物种数从15种增加到

18 种，其中杉木、冬青和南酸枣消失，新增刺毛杜鹃、山矾、延平柿等 6 种树种。总的说来，弱度择伐后群落结构未有大的变化，仍保持原有的米槠与甜槠共优群落。

3.2.1.2 中度择伐

中度择伐（择伐强度 29.1%）前后样地中乔木层的重要值，见表 3-3-7。

表 3-3-7 中度择伐前后样地中乔木层的重要值变化

种 名	伐前（1996 年 3 月）				伐后（1996 年 11 月）				伐后 10 年（2006 年 7 月）			
	RA	RS	RF	IV	RA	RS	RF	IV	RA	RS	RF	IV
山 矾	—	—	—	—	—	—	—	—	0.405	0.074	0.855	0.44
青 冈	0.872	0.527	1.639	1.01	1.099	0.838	1.786	1.24	0.405	0.211	0.855	0.49
丝栗栲	0.872	0.457	1.639	0.99	1.099	0.726	1.786	1.20	0.405	0.274	0.855	0.51
冬 青	0.872	0.311	1.639	0.94	1.099	0.495	1.786	1.13	0.810	0.408	0.855	0.69
新木姜子	—	—	—	—	—	—	—	—	0.810	0.411	0.855	0.69
短尾越桔	—	—	—	—	—	—	—	—	0.810	0.193	1.709	0.90
杉 木	0.581	0.398	0.820	0.60	0.733	0.633	0.893	0.75	1.619	0.921	0.855	1.13
华杜英	—	—	—	—	—	—	—	—	1.619	0.421	2.564	1.53
赤 楠	1.453	0.892	2.459	1.60	1.099	0.983	2.679	1.59	1.619	1.164	2.564	1.78
刺毛杜鹃	0.291	0.041	0.820	0.38	0.366	0.064	0.893	0.44	3.644	0.576	4.274	2.83
红 楠	0.872	2.831	2.459	2.05	1.099	4.502	2.679	2.76	1.619	5.107	2.564	3.10
黄瑞木	3.779	0.968	6.557	3.77	4.762	1.539	7.143	4.48	4.049	1.627	5.128	3.60
马尾松	7.558	25.330	4.098	12.33	1.832	8.136	3.571	4.51	2.429	7.434	3.419	4.43
虎皮楠	13.660	8.347	12.300	11.43	12.820	9.666	11.610	11.36	11.741	14.678	9.402	11.94
木 荷	12.790	11.580	14.750	13.04	15.020	15.540	15.180	15.25	14.575	13.986	15.385	14.65
米 槠	28.200	23.180	22.130	24.50	28.570	25.560	22.320	25.49	25.506	23.869	23.077	24.15
甜 槠	26.740	24.580	24.590	25.30	28.940	30.630	24.110	27.89	27.935	28.646	24.786	27.12
锈毛石斑木	0.291	0.068	0.820	0.39	0.366	0.107	0.893	0.46	—	—	—	—
桂北木姜子	0.291	0.069	0.820	0.39	0.366	0.110	0.893	0.46	—	—	—	—
厚叶冬青	0.291	0.128	0.820	0.41	0.366	0.203	0.893	0.49	—	—	—	—
石 栎	0.291	0.135	0.820	0.42	—	—	—	—	—	—	—	—
罗浮柿	0.291	0.165	0.820	0.43	0.366	0.262	0.893	0.51	—	—	—	—

中度择伐前群落中优势种有：甜槠、米槠、木荷、马尾松和虎皮楠等，其重要值分别为 25.30、24.50、13.04、12.33 和 11.43，乔木种数达到 18。中度择伐以采伐马尾松为主，伐后马尾松重要值降为 4.51，乔木种数降至 17，比伐前减少了 1 种。伐后 10 年除马尾松外，其余优势种重要值变化不大，群落仍维持以甜槠、米槠为优势，但一些树种消失，如石栎等，同时也新增一些树种，如山矾、短尾越桔等。

3.2.1.3 强度择伐

强度择伐（择伐强度 45.8%）前后样地中乔木层的重要值，见表 3-3-8。

表 3-3-8   强度择伐前后样地中乔木层的重要值变化

种 名	伐前(1996 年 3 月)				伐后(1996 年 11 月)				伐后 10 年(2006 年 7 月)			
	RA	RS	RF	IV	RA	RS	RF	IV	RA	RS	RF	IV
木姜子	—	—	—	—	—	—	—	—	0.529	0.074	1.124	0.58
阔叶冬青	0.444	0.174	0.935	0.52	0.515	0.274	1.042	0.61	0.529	0.085	1.124	0.58
厚皮香	—	—	—	—	—	—	—	—	1.058	0.403	1.124	0.86
青 冈	0.444	0.111	0.935	0.50	0.515	0.175	1.042	0.58	1.058	0.285	2.247	1.20
赤 楠	0.444	0.067	0.935	0.48	0.515	0.105	1.042	0.55	1.058	0.285	2.247	1.20
少叶黄杞	0.444	0.065	0.935	0.48	0.515	0.102	1.042	0.55	1.587	0.257	2.247	1.36
新木姜子	0.889	0.197	1.869	0.98	1.031	0.311	2.083	1.14	2.116	0.264	2.247	1.54
杉 木	1.333	0.565	2.804	1.57	1.546	0.891	3.125	1.85	2.116	1.067	2.247	1.81
厚叶冬青	—	—	—	—	—	—	—	—	2.646	0.941	2.247	1.94
马尾松	2.222	11.630	4.673	6.17	1.031	2.277	2.083	1.80	1.587	3.584	1.124	2.10
黄瑞木	5.333	1.472	7.477	4.76	6.186	2.323	8.333	5.61	8.466	2.848	8.989	6.77
虎皮楠	23.110	13.410	18.690	18.41	26.290	20.900	19.790	22.33	22.222	14.971	15.730	17.64
米 槠	13.330	19.170	14.020	15.51	8.763	8.669	12.500	9.98	11.111	14.000	14.607	13.24
木 荷	15.560	13.910	17.760	15.74	17.010	20.230	18.750	18.66	14.815	18.449	17.978	17.08
甜 槠	32.440	37.270	23.360	31.03	32.470	42.260	25.000	33.24	29.101	42.486	24.719	32.10
红 楠	0.444	0.117	0.935	0.50	0.515	0.184	1.042	0.58	—	—	—	—
拟赤杨	0.444	0.128	0.935	0.50	0.515	0.202	1.042	0.59	—	—	—	—
山杜英	0.444	0.174	0.935	0.52	0.515	0.274	1.042	0.61	—	—	—	—
猴欢喜	0.444	0.177	0.935	0.52	—	—	—	—	—	—	—	—
栲 树	0.444	0.840	0.935	0.74	—	—	—	—	—	—	—	—
苦 槠	1.778	0.521	0.935	1.08	2.062	0.821	1.042	1.31	—	—	—	—

由表 3-3-8 可知,强度择伐以采伐米槠、甜槠为主。经过 10 年的恢复,甜槠、木荷、米槠和虎皮楠仍占优势地位,与伐前相比,甜槠和木荷地位略有上升,米槠的重要值从伐前的 15.51 先下降为伐后的 9.98,10 年后又上升至 13.24。伐前乔木种数达到 18,伐后猴欢喜和栲树消失,种数降至 16,10 年后在新增木姜子、厚皮香和厚叶冬青的同时,红楠、拟赤杨、山杜英和苦槠消失,物种种数为 15 种。

3.2.1.4 极强度择伐

极强度择伐(择伐强度 67.1%)前后样地中乔木层的重要值,见表 3-3-9。

表 3-3-9　极强度择伐前后样地中乔木层的重要值变化

种　名	伐前(1996 年 3 月)				伐后(1996 年 11 月)				伐后 10 年(2006 年 7 月)			
	RA	RS	RF	IV	RA	RS	RF	IV	RA	RS	RF	IV
刨花润楠	—	—	—	—	—	—	—	—	0.543	0.210	1.136	0.63
椤木石楠	—	—	—	—	—	—	—	—	1.087	0.226	1.136	0.82
赤　楠	2.490	0.683	4.808	2.66	3.704	1.595	5.882	3.73	1.087	0.861	1.136	1.03
华杜英	—	—	—	—	—	—	—	—	1.087	0.640	2.273	1.33
蓝果树	—	—	—	—	—	—	—	—	1.087	1.073	2.273	1.48
马尾松	1.660	6.936	2.885	3.83	0.617	0.921	1.176	0.90	1.087	1.411	2.273	1.59
少叶黄杞	—	—	—	—	—	—	—	—	2.174	0.610	3.409	2.06
刺毛杜鹃	0.415	0.069	0.962	0.48	0.617	0.162	1.176	0.65	3.261	0.775	2.273	2.10
黄瑞木	3.734	1.467	5.769	3.66	4.321	2.177	4.706	3.73	3.261	1.263	2.273	2.27
丝栗栲	—	—	—	—	—	—	—	—	4.348	1.002	2.273	2.54
木　荷	12.860	11.310	12.500	12.23	15.430	17.360	15.290	16.03	15.217	18.094	20.455	17.92
虎皮楠	20.330	16.020	16.350	17.57	21.600	22.970	16.470	20.35	20.109	9.914	23.864	17.96
米　槠	20.330	26.030	20.190	22.19	17.280	21.600	14.120	17.67	19.565	30.401	15.909	21.96
甜　槠	35.270	35.200	30.770	33.75	32.720	31.450	35.290	33.15	26.087	33.520	19.318	26.31
厚叶冬青	0.415	0.069	0.962	0.48	0.617	0.162	1.176	0.65	—	—	—	—
青　冈	0.415	0.120	0.962	0.50	0.617	0.281	1.176	0.69	—	—	—	—
野　柿	0.830	0.352	0.962	0.71	1.235	0.821	1.176	1.08	—	—	—	—
秀丽锥	0.415	1.523	0.962	0.97	—	—	—	—	—	—	—	—
罗浮柿	0.830	0.214	1.923	0.99	1.235	0.500	2.353	1.36	—	—	—	—

极强度择伐作业 10 年后，与伐前相比，乔木层甜槠优势地位下降，其重要值下降了 7.36，而木荷的优势地位上升，重要值增加了 5.69。说明经过极强度择伐，林分结构有了一定程度的改变，一些优势种的地位削弱，而另一些种的优势地位有所上升。另外，与伐前相比 10 年后 5 个物种消失，新增 6 种，种的数量从伐前 13 种增加到 14 种。

3.2.1.5　对照(皆伐)样地

皆伐作业(采伐强度 100%)后，林分乔木层荡然无存，乔木种数减少至零。皆伐 10 年后群落远没有恢复，树种数仅 8 种，且马尾松消失，群落树种以天然次生阔叶林为主。伐后 10 年乔木层的重要值，见表 3-3-10。

表 3-3-10　皆伐样地伐后 10 年乔木层的重要值

种　名	RA	RS	RF	IV
刺毛杜鹃	3.226	1.859	4.762	3.28
杉　木	3.226	1.931	4.762	3.31
木　荷	3.226	9.092	4.762	5.69

（续）

种　名	RA	RS	RF	IV
新木姜子	6.452	6.370	9.524	7.45
丝栗栲	12.903	14.188	9.524	12.21
甜槠	19.355	16.603	14.286	16.75
虎皮楠	22.581	23.047	23.810	23.15
米　槠	29.032	26.910	28.571	28.17

3.2.1.6　对照(未采伐)林地

未采伐样地的树种数极少,仅6种,马尾松还保持着比较优势的地位,仅次于甜槠和木荷,说明群落仍为天然针阔混交林。未采伐林地乔木层的重要值,见表3-3-11。

表 3-3-11　未采伐样地乔木层的重要值

种　名	调查时间(2006 年 7 月)			
	RA	RS	RF	IV
丝栗栲	3.571	11.089	4.762	6.47
米　槠	8.929	8.925	9.524	9.13
青　冈	14.286	3.188	14.286	10.59
马尾松	7.143	26.329	19.048	17.51
木　荷	28.571	20.805	23.810	24.40
甜　槠	37.500	29.664	28.571	31.91

3.2.2　乔木层6种优势种群生态位影响

生态位是指在自然生态系统中种群在特定尺度(时间或空间)与特定环境中,对环境的要求和环境对物种的影响,及其相互作用规律的特征表现。在长期跟踪调查天然次生林择伐与更新实验基地的基础上,以连续实测的时间系列数据为依据,研究山地天然次生林不同强度择伐干扰下乔木优势种群生态位特征变化,探讨择伐强度对优势种群生态位的影响。

天然次生林样地中的原始乔木层物种数,分别为未采伐10种、弱度择伐15种、中度择伐18种、强度择伐18种、极强度择伐13种和皆伐14种。其中,甜槠、米槠、木荷、马尾松、虎皮楠和黄瑞木6种树种均为各样地中的共有优势物种,且重要值总和均达到90%以上,占绝对优势。其他树种在资源位中的数量很少,有些个体还是矮小的树木,优势度小。一些树种在择伐后消失或新增,但出现频率小,因此重要值均很小。研究以物种的重要值为指标,对样地中重要值高的前6种乔木优势树种的生态位特征进行测量。

3.2.2.1　重要值分析

由表3-3-12可知,择伐后当年、择伐后10年、择伐后15年与伐前相比,弱度择伐的马尾松和虎皮楠仍占一定优势,但优势地位有一定程度的下降,而木荷的优势地位有一定程度的上升,超过伐前,甜槠和米槠的优势地位基本保持不变;中度择伐后,马尾松、虎皮楠和米槠优势地位有一定程度下降，甜槠和木荷优势地位略有上升；强度择伐后马尾松和米槠优势地位上升，超过伐前，虎皮楠和甜槠优势地位下降明显；极强度择伐和皆伐后，木荷、虎皮楠和甜槠优势地位显著下降，米槠的优势地位显著上升。

表 3-3-12　不同强度采伐后乔木层优势种群的重要值

| 强 度 | 时 间 | 种　号 | | | | | | 总　和 |
		1	2	3	4	5	6	
NC	T_1	12.33	11.23	14.87	28.88	24.91	2.53	94.75
	T_2	12.33	11.23	14.87	28.88	24.91	2.53	94.75
	T_3	17.51	24.40	10.59	9.13	31.91	0.00	93.54
	T_4	16.25	18.66	10.15	16.14	24.57	1.95	87.72
LI	T_1	12.32	9.41	18.30	25.25	24.52	1.29	91.09
	T_2	10.03	6.42	19.58	26.98	26.20	1.35	90.56
	T_3	9.71	11.15	14.59	24.07	25.42	0.56	85.50
	T_4	8.29	11.75	11.82	24.84	23.20	2.33	82.23
MI	T_1	12.33	13.04	11.43	24.50	25.30	3.77	90.37
	T_2	4.51	15.25	11.36	25.49	27.89	4.48	88.98
	T_3	4.43	14.65	11.94	24.15	27.12	3.60	85.89
	T_4	5.42	16.50	7.07	18.95	29.66	2.07	79.67
HI	T_1	6.17	15.74	18.41	15.51	31.03	4.76	91.62
	T_2	1.80	18.66	22.33	9.98	33.24	5.61	91.62
	T_3	2.10	17.08	17.64	13.24	32.10	6.77	88.93
	T_4	7.49	15.80	11.02	19.81	22.52	3.89	80.53
OHI	T_1	3.83	12.23	17.57	22.19	33.75	3.66	93.23
	T_2	0.90	16.03	20.35	17.67	33.15	3.73	91.83
	T_3	1.59	17.92	17.96	21.96	26.31	2.27	88.01
	T_4	3.99	8.70	2.53	48.32	6.80	0.00	70.34
CC	T_1	5.00	13.99	17.99	18.85	32.39	4.21	92.43
	T_2	0.00	0.00	0.00	0.00	0.00	0.00	0.00
	T_3	0.00	5.69	23.15	28.17	16.75	0.00	73.76
	T_4	2.67	2.52	28.93	46.02	4.39	1.35	85.88

注：1-马尾松；2-木荷；3-虎皮楠；4-米槠；5-甜槠；6-黄瑞木；

NC-未采伐；LI-弱度择伐；MI-中度择伐；HI-强度择伐；OHI-极强度择伐；CC-皆伐。下同。

T_1-伐前(1996 年 7 月)；T_2-伐后(1996 年 11 月)；T_3-伐后 10 年(2006 年 7 月)；T_4-伐后 15 年(2011 年 7 月)。

3.2.2.2　生态位宽度

种群生态位宽度越大，说明该种群在群落中的地位越高，其分布的范围就越广，适应环境的能力就越强[30]。从图 3-3-2 可知，马尾松、米槠和甜槠种群的生态位宽度随采伐强度增大而减小，弱度择伐的最大，分别为 0.5977、0.6017 和 0.6016，皆伐的最小，分别为 0.2807、0.4488 和 0.3790。木荷种群的生态位宽度，随采伐强度增大出现先增大后下降的趋势，强度择伐的最大（0.6010），皆伐的最小（0.3852）。虎皮楠和黄瑞木种群的生态位宽度，随采伐强度增大而减小。在弱度择伐中，除黄瑞木生态位宽度较小外，其余种群的生态位宽度较大，均大于 0.59；中度和强度择伐中，除马尾松和黄瑞木生态位宽度较小外，其余种群的生态位宽度也较大，均大于 0.58；极强度择伐中，木荷、米槠和甜槠种群的生态位宽度较大，均大于 0.55，其余种群的生态位宽度较小，均小于 0.55；而皆伐中各优势种群的生态位宽度均较小，虎皮楠种群生态位宽度最大，仅为 0.4691，黄瑞木种群生态位宽度最小，为 0.2407。说明木荷、米槠和甜槠种群对不同强度择伐具有较强的适应能力；马尾松和虎皮楠种群对弱度和中度择伐也具有较强的适应能力；而马尾松种群对强度和极强度择伐的适应能力较差，虎皮楠种群对极强度择伐的适应能力也较差；黄瑞木种群对择伐的适应能力均较差。极强度择伐和皆伐对各优势种群的生态位宽度均有很大影响。

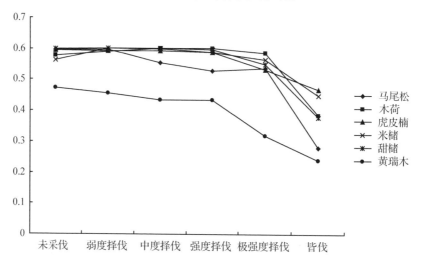

图 3-3-2　不同强度伐后乔木层优势种群的生态位宽度

3.2.2.3　生态位重叠

当两个物种利用同一资源或共同占有某一资源时，就会出现其共同利用的植物生长繁殖所必需的生态因子产生重叠的现象。生态位重叠反映了种群之间对资源利用或生态适应的相似性。生态位相似性比例大，说明种群对资源的利用有很大的相似性。表 3-3-13 是天然次生林经不同强度采伐后，乔木层优势种群的生态位相似性比例和重叠值。从生物学特性看，种对生活习性的相似程度越高，重叠值越大，$NO_{ih}(y)$ 与 $C_{ih}(x)$ 具有良好的线性关系，$y = 0.8952x + 0.1690(R^2 = 0.9610)$。除皆伐有 2 个种对的生态位相似性比例（$C_{ij}$）小于 0.5 外，未采伐和择伐的种对的 C_{ij} 均大于 0.5。其中 C_{ij} 大于 0.8 的种对中，未采伐的有 7 对，弱度择伐的有 13 对，中度择伐的有 11 对，强度择伐的有 11 对，极强度择伐的有 6 对，皆伐有 3 对，说明经弱度、中度和强度择伐后，优势种群对相同资源利用程度的相似性提高，而极强度择伐和皆伐使优势种群对相同资源利用程度的相似性降低。

表 3-3-13　乔木层优势种群生态位相似性比例与重叠值

种　对	C_{ih}						NO_{ih}					
	NC	LI	MI	HI	OHI	CC	NC	LI	MI	HI	OHI	CC
1 - 2	0.9207	0.8548	0.7574	0.6909	0.6229	0.7437	0.9850	0.9564	0.8651	0.8373	0.7540	0.8835
1 - 3	0.8330	0.9440	0.7775	0.6462	0.5856	0.6049	0.9456	0.9918	0.8956	0.7602	0.6578	0.7161
1 - 4	0.7265	0.9417	0.8012	0.8254	0.8300	0.5507	0.8551	0.9901	0.8997	0.9533	0.9374	0.6702
1 - 5	0.9530	0.9415	0.7681	0.6725	0.6470	0.6871	0.9936	0.9908	0.8770	0.8044	0.7177	0.8342
1 - 6	0.7003	0.7841	0.7545	0.6334	0.6130	0.8947	0.7806	0.8752	0.8788	0.7651	0.6323	0.9838
2 - 3	0.7537	0.8195	0.8915	0.9240	0.8657	0.6266	0.8817	0.9251	0.9679	0.9833	0.9627	0.7235
2 - 4	0.6471	0.8923	0.9260	0.8654	0.7198	0.5724	0.7560	0.9688	0.9844	0.9541	0.8023	0.6170
2 - 5	0.8741	0.8982	0.9892	0.9546	0.8460	0.9434	0.9710	0.9699	0.9996	0.9940	0.9537	0.9949
2 - 6	0.6210	0.8037	0.8711	0.9319	0.7499	0.7437	0.6615	0.9047	0.9546	0.9859	0.8993	0.9203
3 - 4	0.8935	0.9272	0.9635	0.8204	0.6046	0.9182	0.9733	0.9872	0.9962	0.8942	0.6487	0.9866
3 - 5	0.8795	0.9214	0.8994	0.9536	0.9387	0.6517	0.9681	0.9876	0.9729	0.9944	0.9932	0.7255
3 - 6	0.7902	0.7625	0.9499	0.9061	0.8842	0.4995	0.9096	0.8626	0.9931	0.9813	0.9795	0.6304
4 - 5	0.7730	0.9821	0.9339	0.8471	0.6293	0.5874	0.8861	0.9990	0.9880	0.9309	0.6826	0.6119
4 - 6	0.8900	0.8243	0.9443	0.8080	0.5613	0.4454	0.9717	0.9128	0.9900	0.9173	0.5745	0.5599
5 - 6	0.6998	0.8122	0.8790	0.9481	0.9039	0.6871	0.7979	0.8957	0.9596	0.9921	0.9873	0.8763

　　从表 3-3-13 可见，1 - 2(马尾松 - 木荷)、1 - 3(马尾松 - 虎皮楠)、1 - 5(马尾松 - 甜槠)和 4 - 5(米槠 - 甜槠)种对的生态位重叠值，随择伐强度增大而减小；1 - 6(马尾松 - 黄瑞木)、2 - 4(木荷 - 米槠)、2 - 5(木荷 - 甜槠)、3 - 4(虎皮楠 - 米槠)、3 - 6(虎皮楠 - 黄瑞木)和 4 - 6(米槠 - 黄瑞木)种对的生态位重叠值，随择伐强度增大出现先增大后减小，中度择伐达到最大；2 - 3(木荷 - 虎皮楠)、2 - 6(木荷 - 黄瑞木)和 5 - 6(甜槠 - 黄瑞木)种对的生态位重叠值，随择伐强度先增大后减小，强度择伐达到最大。其余种对的生态位重叠受采伐强度的影响规律不明显，或增大或减小。

　　种对间生态位重叠值的分布，如图 3-3-3。NO_{ih} 在(0.5，1)内均有分布，各种对间均具有较高的生态位重叠。弱度和中度择伐中，各种对的生态位重叠值较大，均大于 0.8；强度择伐有 2 个种对的重叠值小于 0.8，占总对数的 13.33%；极强度择伐有 7 个种对的重叠值小于 0.8，占总对数的 46.67%；皆伐有 8 个种对的重叠值小于 0.8，占总对数的 53.33%。从表 3-3-13 和图 3-3-3 可知，种对的生态位重叠值，随采伐强度增大出现先增大后减小的趋势，弱度和中度择伐较大，其次是强度择伐，极强度择伐和皆伐的较小。这主要是因为采伐对林分和林地土壤产生干扰，且随着采伐强度的增大而增大，弱度和中度择伐对林分结构和林地土壤的破坏较小，伐后 10 年已基本恢复，并在一定程度上，有利于维持和提高土壤肥力，林分恢复能力强，促进林分生长；强度择伐对林分结构和林地土壤造成一定破坏，但因仍保留一些林木，林分恢复能力仍相对较强；极强度择伐和皆伐对林分结构和林地土壤造成严重破坏，极强度择伐仅保留少量林木，皆伐则使乔木层荡然无存，林分恢复能力差，生长较缓慢。

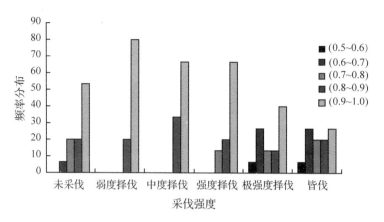

图 3-3-3　乔木层优势种群的生态位重叠值分布格局

3.2.3　择伐林分直径分布的预测模型

林分直径分布作为体现林分特征最重要、最基础的因子之一，不仅是决定林分树高、断面积和材积等的基础，而且是估算林分材积出材量、指导抚育间伐、掌握林木枯损进程、确定合理轮伐周期，以及准确评定生产力的基础[31]。目前，国内对林分直径分布已有较深入的研究，其中关于林分直径分布随时间动态变化规律的研究也不少，但仅仅从模型参数与林分平均直径变化的相关关系进行林分直径分布的动态预测，无法精确地预测各径阶的株数分布情况[32]。本研究在森林资源长期跟踪调查的基础上，比对贝塔分布模型、威布尔分布模型和负指数分布模型的拟合效果，选择拟合效果最佳的负指数分布模型拟合各样地不同时期的林分直径分布，从中推导出负指数分布模型参数随时间变化的规律，构建直径分布预测模型，实现以时间为自变量的林分直径分布动态预测。

3.2.3.1　研究方法

3.2.3.1.1　数据调查方法

研究所用数据是利用试验样地在不同强度择伐后，自 1996～2011 年，15 年间对 15 个样方共计 1120 株树进行的 5 次全面复查数据。调查过程中为了方便对各株树进行定位，调查前按四周原埋水泥桩位置，分别标识为 A、B、C、D，在相互垂直的两条边 AB 和 AD 拉皮尺，其余边用玻璃绳分割开，形成 5 m×5 m 的样方。然后，在样地内对胸径 >5 cm 的每株树木进行编号挂牌，同时进行每木检尺调查，记录编号、种名、胸径、树高、枝下高、冠幅和坐标等指标。

3.2.3.1.2　直径分布模型

模拟是预测的前提条件，预测就是采用模拟模型对未知的林分状况进行预估，精确地对林分直径分布预测能为科学地进行森林经营提供可靠的理论依据。针对天然异龄林直径分布曲线类型多样性和变化复杂的特点，应选择适应性强、灵活性好的分布函数，现选择如下 3 类最为常见的概率分布模型进行描述[33]。

（1）贝塔分布模型：

$$f(x,a_1,a_2,b,c) = \frac{(x-a_1)b - 1 (a_2-x)c - 1}{B(b,c) \times (a_2-a_1)b + c - 1} \tag{3-3-16}$$

式中：x 为对应径阶中值（cm）；a_1、a_2 分别为调查直径的最小值和最大值（cm）；b 和 c 为待定参数。

（2）威布尔分布模型：

$$f(x) = \begin{cases} \dfrac{c}{b} \left(\dfrac{x-a}{b} \right) c - 1e^{-\left(\frac{x-a}{b}\right)^c} & x > a \\ \\ 0 & x \leq a \end{cases} \tag{3-3-17}$$

式中：$f(x)$ 为对应各径阶的累计株数占总株数的百分比（%）；a 为位置参数；b 为最大直径分布位置的尺度参数；c 为描述分布形状的参数；x 为对应径阶中值。

（3）负指数分布模型：

$$N_i = Ke^{-aD_i} \tag{3-3-18}$$

式中：N_i 为第 i 径阶的树木株数；D_i 为径阶中值（cm）；a、K 为直径分布特征参数。

一般认为，典型的天然异龄林的直径分布呈指数分布，其中表示直径分布特征的参数 a 和 K 表述的分别为林木株数在连续径阶中减少的速率和林分的相对密度。由此可见，当 a 值较大时，说明林木株数随直径的增大而迅速减少；当 a 和 K 都较大时，说明林分中小径级的林木密度较大。

3.2.3.1.3　模型精度评价

评价一个模型是否合理有效，不仅需要对模型自身进行检验，还需要使用独立的数据进行检验，以说明模型的应用效果。虽然，拟合质量的高低并不是影响预测质量的必要条件，但是对某一个样本资料模拟的有效性检验还是必须的。因此，采用以下指标来检验模型的拟合精度。

（1）残差平方和（residual sum of squares，RSS），用来估计模型的系统偏差。

$$RSS = \sum_{i=1}^{n} (y_i - \hat{y}_i)^2 \tag{3-3-19}$$

（2）均方根误差（root mean square error，$RMSE$），用来估计测量的准确程度。

$$RMSE = \sqrt{\dfrac{\sum_{i=1}^{n} (y_i - \hat{y}_i)^2}{n-p}} \tag{3-3-20}$$

（3）调整后的决定系数（coefficient of determination，R^2），也称拟合指数，用来说明回归模型对真实模型的模拟程度。

$$R^2 = 1 - \left[\dfrac{\sum\limits_{i=1}^{n} (y_i - \hat{y}_i)^2}{\sum\limits_{i=1}^{n} (y_i - \bar{y})^2} \times \dfrac{n-1}{n-p-1} \right] \tag{3-3-21}$$

公式（3-3-19）至公式（3-3-21）中，y_i 为第 i 株树相应测树因子实测值；$\hat{y}_i$ 为第 i 株树相应测树因子预测值；$\bar{y}$ 为第 i 株树相应测树因子平均值；n 为观测值的数量；p 为模型参数的个数。

3.2.3.1.4　模型推导流程

首先，考虑模型的适用性，结合试验样地伐后 15 年的调查数据，利用统计产品与服务解决方案（Statistical Product and Service Solutions，SPSS）软件对所选的 3 类分布模型进行拟合，从中选择适合样地的分布模型；其次，结合长期调查历史数据绘制模型参数随时间推移的动态曲线，利用 SPSS 的曲线回归模块对多种趋势线进行拟合，推导出参数与时间的关系模型，由于考虑到模型参数与时间的关系研究需以大量长期的连续调查数据为基础，因此，借鉴类似样地的长期调查数据来推导模型参数与时间的关系模型；第三，结合本研究设立的试验样地的调查数据，利用 SPSS 软件分别求解每次调查时期各样地的参数值；第四，使用除最后一次调查外的数据，模拟所选模型参数和时间序列的变化规律，建立直径结构预测模型，并利用最后一次的实测数据对模型进行检验。

3.2.3.2 择伐林分直径分布预测模型结果与分析

3.2.3.2.1 模型拟合结果

利用上述的 3 类分布模型，将伐后 15 年各采伐强度试验样地的 3 块标准地数据综合起来，进行林分直径结构的拟合，并与实测值进行比较，结果见表 3-3-14、图 3-3-4。

表 3-3-14 不同强度择伐样地林分直径分布模型拟合效果

择伐类型	贝塔分布模型		威布尔分布模型		负指数分布模型	
	R^2	RMSE	R^2	RMSE	R^2	RMSE
弱　度	0.6620	0.0877	0.3750	0.0439	0.8050	1.2862
中　度	0.8320	0.0775	0.6530	0.0426	0.8950	1.1199
强　度	0.9810	0.0522	0.9500	0.0242	0.9440	1.1089
极强度	0.9150	0.0707	0.8900	0.0393	0.9900	0.6878

由表 3-3-14 可知，各分布模型都得到较好的拟合效果，其中负指数分布模型的拟合效果最佳，R^2 值分布在 0.8050 ~ 0.9900 间，说明了拟合精度还是相当高的；但从 RMSE 值的对比来看，RMSE 值明显比其余 2 类分布函数大，这主要是由于负指数分布模型的自变量取自对应径阶的株数，而威布尔分布模型和贝塔分布模型取自对应径阶株数的百分比，所得到的剩余残差的值就相对较小，若负指数分布模型也以株数百分比来计算残差，则其 RMSE 对应的值将分布在 0.0127 ~ 0.0352 之间，明显比其余 2 类分布函数小，进一步验证了负指数分布模型的拟合效果最佳。从参数的变化规律角度进行分析，赵俊卉通过利用固定样地连续 12 年的调查数据，探讨分析了 3 类分布函数的参数随时间推移的变化规律，其中威布尔分布模型仅参数 b 随时间的推移逐渐增大，而形状参数 c 的变化较随机，无明显规律；贝塔分布模型中参数 b 和 c 的变化规律与时间也没有明显的相关性，且参数较多，任何参数的拟合出现偏差都会影响模型的精度，因此，贝塔分布模型不宜作为基础直径分布模型；负指数分布模型中的参数 a 和 K 随时间推移呈现明显的规律性，因此通过探讨负指数分布模型参数的变化规律，构建与时间序列相关的负指数分布函数，进而进行林分直径分布结构的预测[34]。

3.2.2.3.2 负指数分布模型

（1）参数变化规律：若要研究负指数分布模型的参数 a 和 K 随时间的变化规律，需要大量长期的连续调查数据为基础，考虑到所调查数据时间序列较短，因此，借鉴张青等所用的汪清林业局金沟岭林场于 1974 ~ 1978 年设立的 3 个面积均为 0.5 hm^2 的以云冷杉、红松为主的天然针阔混交林试验样地 30 余年间所进行的 12 ~ 14 次长期调查数据进行研究，得到参数 a 和 K 值随时间推移的动态变化曲线[35]。随着时间的推移，参数 a 和 K 的值呈现规律性下滑的

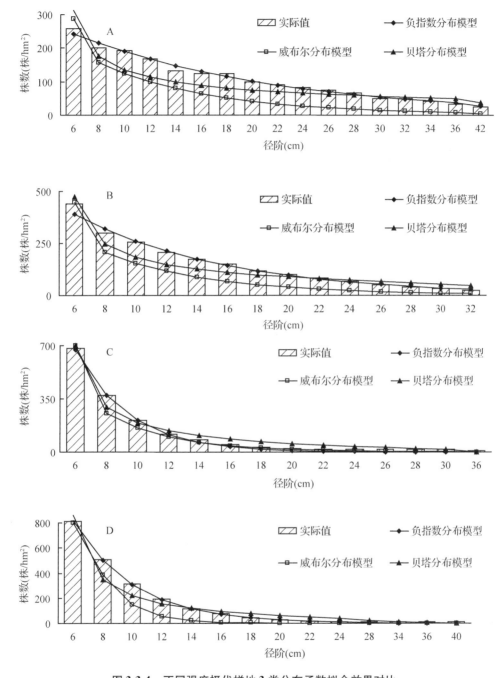

图 3-3-4　不同强度择伐样地 3 类分布函数拟合效果对比

A. 弱度择伐样地；B. 中度择伐样地；C. 强度择伐样地；D. 极强度择伐样地

趋势，为进一步探讨参数值所呈现的规律，采用趋势线法，分别利用线性趋势线、对数趋势线、多项式趋势线、乘幂趋势线和指数趋势线，在 SPSS 软件上进行了拟合，拟合结果见表 3-3-15。

表 3-3-15 各趋势线拟合参数变化规律的拟合结果

样地号	参 数	R^2				
		线性趋势线	对数趋势线	多项式趋势线	乘幂趋势线	指数趋势线
样地 1	a	0.9472	0.8136	0.9689	0.7913	0.9446
	K	0.8602	0.6590	0.9476	0.6380	0.8551
样地 2	a	0.8931	0.9681	0.9802	0.9633	0.9275
	K	0.8436	0.9349	0.9754	0.9246	0.8963
样地 3	a	0.8053	0.6913	0.8913	0.6619	0.7937
	K	0.0564	0.0126	0.8530	0.0233	0.0799

通过对表 3-3-15 的分析可知,除了参数 K 的值在样地 3 的随时间的变化没有规律性外,其余都呈现明显的规律性,且从总体拟合效果看,多项式趋势线的拟合效果最佳,且拟合过程中发现,参数 K 采用一元五次的多项式方程就能得到很好的拟合效果,而参数 a 仅需采用一元四次的多项式方程。因此,负指数分布模型的函数表达式可以表示为:

$$N_i = K(t) e^{-a(t)D_i} \tag{3-3-22}$$

$$K(t) = K_1 t^5 + K_2 t^4 + K_3 t^3 + K_4 t^2 + K_5 t + K_0 \tag{3-3-23}$$

$$a(t) = a_1 t^4 + a_2 t^3 + a_3 t^2 + a_4 t + a_0 \tag{3-3-24}$$

式中: t 为时间序列,且初始值假设为 0; a_0、a_1、a_2、a_3、a_4、K_0、K_1、K_2、K_3、K_4、K_5 为待定相关参数。

(2)模型参数求解:通过上述论证,已找到负指数分布模型参数随时间变化的规律,并构建了与时间序列相关的负指数分布函数,同时也引进了一系列新的相关待定参数。随着参数的增多,对于模型的拟合精度影响也就随之增大,且考虑相同采伐作业样地间毕竟存在一定的差异,为了保证模型拟合效果与实际情况靠拢,本研究按所设置的试验样地,利用 SPSS 曲线回归模块,结合长期连续复测数据分别进行参数求解,其中样地 1、2、13 为弱度择伐,样地 9、10 为中度择伐,样地 12 为强度择伐,样地 11、14 为极强度择伐,样地 6、7 为皆伐,样地 8 为未采伐。此外,考虑样地 3、4、5、15 所调查的数据时间连续性不足,且利用剩余样地数据能够满足进行不同择伐强度影响的对比,故将这几个样地剔除,拟合结果见表 3-3-16 和表 3-3-17。

表 3-3-16 各样地负指数分布模型参数 K 值估计

样地号	K_0	K_1	K_2	K_3	K_4	K_5	R^2
样地 1	6.8812	0.0000	0.0033	−0.0941	0.8186	−1.3896	0.9855
样地 2	7.4748	0.0000	0.0009	−0.0259	0.2513	−0.9586	0.9591
样地 6	0.0000	0.0000	0.0000	0.3071	−5.4825	23.9000	0.9996
样地 7	−2.3704	0.0000	0.0000	0.0000	11.622	−95.182	0.9917
样地 8	8.4259	0.0000	0.0000	0.0105	−0.2946	1.9364	0.9283
样地 9	16.8380	0.0000	0.0000	0.0111	−0.2931	3.2376	0.9266
样地 10	22.9880	0.0064	−0.2546	3.7472	−24.0810	58.0120	0.9552
样地 11	16.7290	0.0000	0.0602	−1.8735	17.2760	−39.1170	0.9378
样地 12	8.4308	0.0000	0.0009	−0.0118	−0.0999	1.7421	0.9772
样地 13	17.6350	0.0000	0.0056	−0.1706	1.6656	−5.6617	0.9937
样地 14	2.1691	0.0000	−1.8357	67.6800	−819.0400	3284.3000	0.9019

表 3-3-17　各样地负指数分布模型参数 a 值估计

样地号	a_0	a_1	a_2	a_3	a_4	R^2
样地 1	0.0215	0.0000	0.0000	−0.0007	0.0079	0.9794
样地 2	0.0730	0.0000	0.0000	0.0001	−0.0042	0.9746
样地 6	−40.2610	0.0000	0.0323	−1.0932	11.8380	0.9951
样地 7	−6.6385	0.0000	0.0000	−0.0485	1.2026	0.9971
样地 8	0.0736	0.0000	0.0001	−0.0024	0.0144	0.9653
样地 9	0.0967	0.0000	0.0000	−0.0009	0.0055	0.9443
样地 10	0.2255	−0.0001	0.0025	−0.0273	0.0845	0.9765
样地 11	0.0867	0.0000	0.0000	−0.0008	0.0171	0.9593
样地 12	0.0693	0.0000	0.0001	−0.0017	0.0098	0.9784
样地 13	0.1459	0.0000	−0.0013	0.0137	−0.0539	0.9936
样地 14	−0.0366	0.0000	0.0000	−0.0056	0.1135	0.9720

　　由表 3-3-16 和表 3-3-17 可知，各样地模型参数 a 和 K 的拟合指数 R^2 的值都在 0.9019 以上，说明了负指数分布模型的参数 a 和 K 随时间变化的规律与多项式趋势线基本吻合，同时论证了所构建模型的合理性，但并不能说明模型的拟合效果，因此，应利用实测数据对模型进一步的验证。

　　（3）模型拟合检验：模型检验就是将所构模型模拟得到的理论值和实际调查得到的数据结合起来，利用相应的拟合指标检验其拟合的效果。因此，利用所构建的具有时间序列的负指数分布函数，模拟样地内不同强度择伐样地伐后恢复 15 年的直径分布，并结合实际调查数据利用 R^2 和 RMSE 两指标检验模型拟合效果，结果见表 3-3-18。

表 3-3-18　各样地伐后 15 年负指数分布模型拟合效果

样地号	a	K	R^2	RSS	RMSE
样地 1	0.0838	19.6972	0.6781	82	2.6141
样地 2	0.0528	7.7883	0.7534	16	1.0690
样地 6	0.8278	178.9227	0.9751	7	1.5275
样地 7	0.4880	1184.8500	0.9993	2	0.8165
样地 8	0.0365	18.4914	0.6363	51	1.7854
样地 9	0.0780	36.9170	0.8609	74	2.5937
样地 10	0.2443	92.6180	0.8135	129	3.4245
样地 11	0.1632	41.6365	0.8383	72	3.2071
样地 12	0.1905	17.8223	0.8865	30	1.5191
样地 13	0.0574	15.1945	0.7309	49	1.8708
样地 14	0.4059	470.3506	0.9957	5	1.1180

由表 3-3-18 可知，负指数分布模型在不同强度择伐影响下拟合效果存在较大差异，拟合效果最佳的为皆伐样地，拟合指数均在 0.9751 以上；拟合效果最差的为未采伐样地，拟合指数仅为 0.6363；但从总体上讲，拟合效果均随着择伐强度的增加而提高，说明了所构建的具有时间序列的负指数分布模型更适用于林分整体由最初始状态至各个时期的直径结构分布预测，而本研究所构模型的初始状态却定义为样地刚择伐后的林分状况，仅皆伐样地可视为从零开始，故其拟合效果最佳，反之，未采伐样地的拟合效果最差。此外，林分内还存在林木自然枯损的现象，主要是由于林分内的林木间的竞争造成的，且一般主要发生在林分生长发育的第 2 阶段，即林分郁闭后到林分进入成熟阶段，经过不同强度择伐的样地，可以使优势树种的比重明显提高，逐渐主导林分结构，林木间的竞争相对于未采伐样地就较缓和，林木枯损的现象也较少。因此，从总体上看，除未采伐样地外，模型总体的拟合效果还是较为显著的，各样地残差分布如图 3-3-5。

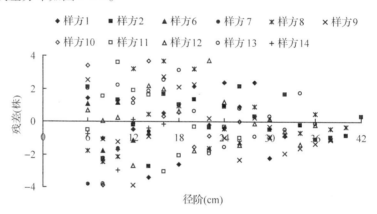

图 3-3-5　各样地残差分布

从图 3-3-5 可看出，各径阶残差分布的分散程度是随着径阶的增大而逐渐收敛，且各样地在各径阶的残差值超过 90% 分布在 [－2，2] 之间，即各径阶直径分布预测值与实测值之间的差值大多数在 2 株以下，进一步验证了模型的拟合效果。

此外，应注意的是参数 K 和 a 随时间序列长期变化的规律不应是简单呈多项式趋势线的规律，因此，本研究中得到的预测模型只能在一定时期内方能保证其具有较高的预测精度，随着时间的推移，所产生的偏差将会累加，导致误差越来越大。此外，研究中发现 K 和 a 随时间的变化呈现递减的规律，因此可令 K 和 a 等于 0，根据上述计算得到的各个样地的参数值，计算出 t 值，该值就是本模型所能预测年限的上限值，各样地的预测年限上限为样地 14，最短仅为 30 年，说明了该模型最多可以用于预测自刚采伐时算起 30 年内各样地的直径结构变化。

3.2.3.3　大中小径级结构

世界各国都划分小径木、中径木和大径木，但标准各异。根据中华人民共和国原林业部 1993 年规定：6～12 cm 为小径木，14～24 cm 为中径木，26～36 cm 为大径木（38 cm 以上为特大径木），则择伐 10 年后与 15 年后各样地径级株数的大中小径级结构，如图 3-3-6。

由图 3-3-6 可知，择伐 15 年后，弱度择伐样地 ≥26 cm 的大径木株数比例最大，约 17%，大中小径级株数比为 1.7∶3.8∶4.5，与理想的径级株数比 2∶3∶5 较接近；其次是未采伐样地；极强度择伐小径木株数达到 92.2%，处于过伐状态，这种林分不稳定。

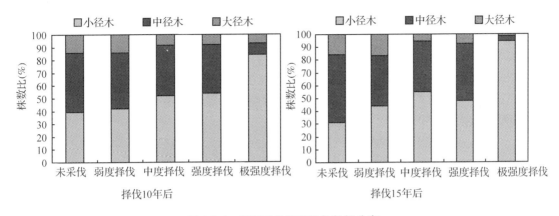

图 3-3-6　不同采伐类型株数径级分布

3.2.3.4　q 值法则

不同强度择伐林分株数径级分布的 q 值，见表 3-3-19。

表 3-3-19　不同采伐类型株数径级分布的 q 值

采伐类型	未采伐	弱度择伐	中度择伐	强度择伐	极强度择伐
伐后 10 年	1.404	1.234	1.259	1.340	1.658
伐后 15 年	1.648	1.507	1.392	1.334	1.458

q 值是一个递减系数或常数，q 值的序列和均值可以表达林分的径级株数分布状况。q 值越小，直径分布曲线越平缓，q 值越大曲线越陡峭。q 值一般在 1.2~1.5 之间[36-38]。

3.2.4　择伐林分生长蓄积结构动态变化

3.2.4.1　对林分蓄积生长量的影响

不同强度采伐作业前后林分蓄积生长量变化，见表 3-3-20。

表 3-3-20　采伐作业前后林分蓄积量变化

采伐类型	采伐强度（%）	伐前蓄积量（m³/hm²）	伐后蓄积量（m³/hm²）	伐后 10 年蓄积量（m³/hm²）	蓄积生长率 P_v（%）	年平均生长量（m³）/（hm²·年）	总收获量（m³/hm²）
未采伐	0.0	218.20	218.20	268.34	2.06	5.01	50.14
弱度择伐	13.0	258.48	224.65	278.70	2.15	5.41	87.88
中度择伐	29.1	286.64	211.83	266.10	2.27	5.43	129.08
强度择伐	45.8	245.48	133.68	194.46	3.70	6.08	172.58
极强度择伐	67.1	201.25	64.82	136.69	4.33	3.59	208.30
皆伐	100.0	206.27	0.00	5.80	20.00	0.58	212.07

由表 3-3-20 可知，皆伐的蓄积量生长率和总收获量都超过择伐样地和未采伐样地，尤其是平均生长率达到 20%，但其年平均生长量却最小。随择伐强度的增大，蓄积量生长率呈增大趋势。

3.2.4.2　蓄积结构特点

按前述大中小径木划分标准,各样地伐后 10 年大中小蓄积结构,如图 3-3-7。

我国 1976 年调查时的结果为小径木 27%,中径木 47%,大径木 26%[39]。郝清玉研究认为,由 20% 小径木、30% 中径木、50% 大径木组成蓄积量的林分即已达到了平稳状态,即小径木、中径木和大径木的蓄积量应保持 2:3:5 的比例[40]。

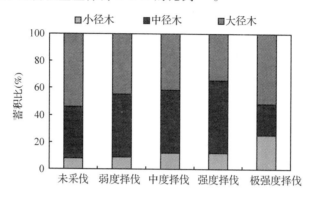

图 3-3-7　不同采伐类型蓄积径级分布

由图 3-3-7 可知,随着采伐强度的增大,大径木蓄积量比例减少,中径木比例上升。但在极强度择伐样地中大径木蓄积量比例很高,这是由于在该样地上,出现了霸王树,造成蓄积量大。各样地的小径木蓄积量的比例都未达到 20%。未采伐样地大、中、小径木蓄积比为 5.4:3.8:0.8,小径木蓄积比略小一些;弱度择伐样地为 4.5:4.6:0.9;中度择伐样地为 4.2:4.6:1.2;强度择伐样地为 3.4:5.4:1.2;极强度择伐样地为 5.2:2.3:2.5。弱度、中度和强度择伐样地均为大径木蓄积不足,中径木过高。

3.2.5　不同择伐强度林分生长动态仿真

本研究通过构建林分生长模拟所需的数学模型,结合相应的可视化软件,实现对不同强度择伐样地林分生长动态的可视化仿真。

3.2.5.1　生长模拟流程

3.2.5.1.1　构建单木胸径生长模型

通过对自 1996 年的固定样地长期连续复测数据进行排异处理后,结合 Gompertz 方程,利用 SPSS Statistics 19 进行方程参数求解和拟合效果评价,构建在不同强度择伐作业条件下的优势树种和其他树种的胸径生长方程,Gompertz 方程表达式为:

$$y = ae^{-be^{-ct}} \qquad (3\text{-}3\text{-}25)$$

式中:a、b、c 为与树种有关的待定参数;y 是调查因子(胸径);t 为树龄,利用前后两次连续调查数据求得各株树的胸径生长率,结合所查阅的当地树木生长资料和林分生长特性资料,依据生长率值确定各株木所处的年龄段,然后依据各株树各年龄段的生长率指标,结合实际胸径推导各株木的树龄;e 为自然对数。

3.2.5.1.2　构建全林分直径结构分布模型

通过负指数分布模型参数随时间推移的变化规律,构建具有时间序列的直径分布模型,以模拟不同强度择伐样地不同生长时期的林分直径分布结构,其表达式为:

$$N_i = K(t)e^{-a(t)D_i} \tag{3-3-26}$$

$$K(t) = k_1 t^5 + k_2 t^4 + k_3 t^3 + k_4 t^2 + k_5 t + k_0 \tag{3-3-27}$$

$$a(t) = a_1 t^4 + a_2 t^3 + a_3 t^2 + a_4 t + a_0 \tag{3-3-28}$$

式中：t 为时间序列，由于研究重点为择伐的影响，故 t 的初始取值时间为各样地进行择伐的时间，即 1996 年，且假设 t 的初始值为 0；k_0、k_1、k_2、k_3、k_4、k_5、a_0、a_1、a_2、a_3、a_4 为待定的相关参数。

3.2.5.1.3　构建树高曲线模型

胸径和树高作为衡量树木生长和测定立木蓄积量的重要指标，两者间存在正相关的关系，因此，采用 Weibull 方程进行模拟，其表达式为：

$$y = a(1 - e^{-bD^c}) \tag{3-3-29}$$

式中：a、b、c 为与树种有关的待定参数；y 是调查因子（树高）；D 为胸径；e 为自然对数。

3.2.5.1.4　构建相关生长参数模型

利用 OnxyTree 进行树木形态的模拟，涉及许多测树因子，如胸径、树高、枝下高、冠幅、树叶密度、树叶形状、树叶颜色、分枝仰角、分枝树木和树皮颜色等，考虑本研究的重点是林分整体。因此，从几何角度出发，主要把握单株木的整体结构，从中选择了胸径、树高、枝下高与冠幅为主要控制因子，其中已构建了胸径、树高的生长模型，而枝下高、冠幅参数由于都为估测数据，故参考李蔚依据福建省天然阔叶林主要分布区的标准地资料，构建的枝下高与胸径、冠幅与胸径关系模型[41]，结合所调查数据，对模型进行求解，其表达式为：

$$HCB = a + bD + cD^2 \tag{3-3-30}$$

$$\lg CW = a + b\lg D \tag{3-3-31}$$

$$CW = a + bD + cD^2 \tag{3-3-32}$$

式中：HCB 为枝下高；D 为胸径；CW 为冠幅。

3.2.5.1.5　林分可视化仿真模拟

利用所调查的各株木的相对位置坐标，确定其在林分中的空间位置，并结合 OnxyTree 软件分别对样地内的优势树种及其他树种进行的不同时期生长状态模拟，在 3Ds MAX 上最终实现不同强度择伐样地不同时期的林分生长动态仿真。

3.2.5.1.6　模型的拟合和评价

评价一个模型是否合理有效，不仅需要对模型自身进行检验，还需要使用独立的数据进行检验，以说明模型的应用效果。本研究将不同强度择伐试验样地所测的 1120 个样本数据分为两部分，其中 80% 的数据用于建模，20% 的数据进行检验，且通过计算以下指标检验模型的拟合精度。

$$RSS = \sum_{i=1}^{n} (y_i - \hat{y}_i)^2 \tag{3-3-33}$$

$$RMSE = \sqrt{\frac{\sum_{i=1}^{n} (y_i - \hat{y}_i)^2}{n - p}} \tag{3-3-34}$$

$$R^2 = 1 - \left[\frac{\sum\limits_{i=1}^{n} (y_i - \hat{y}_i)^2}{\sum\limits_{i=1}^{n} (y_i - \bar{y}_i)^2} \right] \tag{3-3-35}$$

$$CV = RMSE \times 100\% \tag{3-3-36}$$

式中: RSS 为剩余残差平方和,用来估算模型的系统偏差; $RMSE$ 为回归标准差,用来估计测量的准确程度; R^2 为决定系数,用来说明回归模型对真实模型的拟合程度; CV 为变动系数,用来检验模型的稳定性; y_i 为第 i 株树相应测树因子实测值; $\hat{y}_i$ 为第 i 株树相应测树因子预测值; $\bar{y}_i$ 为第 i 株树相应测树因子平均值; n 为观测值的数量; p 为模型参数的个数。

3.2.5.2　不同择伐强度林分生长动态模型

3.2.5.2.1　单木胸径生长模型

胸径生长模型作为单木模型研究的重点,它可用一个或一组数学函数式来描述林分生长及林分状态,并经一定方法处理后可实现林分直径生长量、收获量和林木枯损量的预估[42]。本研究利用 SPSS Statistics 19 对所选的 Gompertz 方程进行拟合,得到各树种的胸径生长方程参数,以及模型评价指标 R^2、$RMSE$ 和 CV,结果见表 3-3-21。

由表 3-3-21 可知,运用 Gompertz 模型对不同强度择伐样地的胸径生长进行模拟,取得了很好的效果,各样地优势树种都具有较高的拟合精度和较小的 $RMSE\%$,分别为 0.774 ～ 0.999 和 0.204 ～ 0.716,其中以弱度和中度择伐的拟合效果最好。若将所有树种数据不分类别地进行胸径生长过程的拟合,其 R^2 的值较小,而 $RMSE\%$ 的值却很大,这说明了不同树种的生长特性是不一样的,它们之间的关联性不明显,所以拟合精度不高,皆伐样地的其他树种的拟合结果证明了这一结论。各样地优势树种模型的变动系数 CV 的值分布 0.01 ～ 0.066 之间,都比较小,说明了模型的稳定性较好。由模型验证得到的数据显示,整体上与模型拟合情况相似,说明了通过拟合所建立的胸径生长模型是可行的。

表 3-3-21　不同强度择伐各树种胸径生长方程拟合参数

择伐类型	树　种	相关参数			模型拟合			模型验证		
		a	b	c	R^2	$RMSE$	CV	R^2	$RMSE$	CV
未采伐	米　槠	24.7790	2.3930	0.0660	0.9720	1.2850	0.0820	0.9100	1.2850	0.0370
	虎皮楠	23.0430	7.5610	0.0860	0.9970	0.1300	0.0090	0.9920	0.1300	0.0080
	木　荷	95.1860	3.0490	0.0160	0.9990	0.0450	0.0020	0.9880	0.0450	0.0030
	甜　槠	51.1100	3.2710	0.0470	0.9980	0.2050	0.0160	0.9660	0.2050	0.0070
	其他树种	68.7950	2.8520	0.0240	0.6940	6.0770	0.3380	0.7750	6.0770	0.2310
弱度择伐	米　槠	22.8660	2.7850	0.0810	0.9940	0.3750	0.0330	0.8850	1.8010	0.0650
	虎皮楠	24.5290	5.7070	0.0730	0.9990	0.2040	0.0150	0.8120	0.5410	0.0210
	木　荷	70.8510	2.9290	0.0200	0.9990	0.1920	0.0100	0.8960	0.2520	0.0070
	甜　槠	54.5770	3.2960	0.0450	0.9970	0.2790	0.0190	0.8670	1.7410	0.0610
	其他树种	25.4660	2.4500	0.0650	0.7070	3.2600	0.2300	0.5060	7.7020	0.3220

（续）

择伐类型	树 种	相关参数			模型拟合			模型验证		
		a	b	c	R^2	RMSE	CV	R^2	RMSE	CV
中度择伐	米 槠	20.4120	3.0810	0.0990	0.9970	0.2110	0.0200	0.7280	0.4970	0.0240
	虎皮楠	23.8360	5.8780	0.0760	0.9940	0.2240	0.0220	0.8900	0.7100	0.0450
	木 荷	60.8520	2.7870	0.0220	0.9940	0.3790	0.0260	0.9690	0.9470	0.0400
	甜 槠	42.5430	3.1770	0.0540	0.9960	0.2390	0.0180	0.9410	0.5290	0.0220
	其他树种	28.9230	2.1510	0.0460	0.6170	3.0030	0.2140	0.5700	6.1800	0.3440
强度择伐	米 槠	17.4210	3.4140	0.1250	0.9830	0.2030	0.0280	0.8620	0.2030	0.0100
	虎皮楠	24.9010	5.4360	0.0710	0.9970	0.2500	0.0210	0.7460	0.2500	0.0210
	木 荷	33.9010	2.5340	0.0350	0.9840	0.6140	0.0560	0.9580	0.6140	0.0280
	甜 槠	50.5200	3.3010	0.0480	0.9990	0.2240	0.0130	0.8880	0.2240	0.0070
	其他树种	23.6750	2.2190	0.0560	0.6180	3.3580	0.3210	0.5500	3.3580	0.2030
极强度择伐	米 槠	19.4520	3.0990	0.1050	0.9890	0.2110	0.0260	0.9460	0.2110	0.0070
	虎皮楠	—	—	—	—	—	—	—	—	—
	木 荷	37.7690	2.6080	0.0340	0.9850	0.7160	0.0660	0.9410	0.7160	0.0610
	甜 槠	185.3910	4.5850	0.0310	0.9780	0.2400	0.0360	0.9650	0.2400	0.0150
	其他树种	25.4500	2.1970	0.0510	0.7440	1.2460	0.1570	0.6490	1.2460	0.0970
皆 伐	米 槠	28.3650	3.2430	0.0790	0.9670	0.2190	0.0340	0.9400	0.2190	0.0210
	虎皮楠	69.0300	5.8220	0.0450	0.9460	0.1650	0.0280	0.9760	0.1650	0.0180
	木 荷	—	—	—	—	—	—	—	—	—
	甜 槠	—	—	—	—	—	—	—	—	—
	其他树种	6.8780	658.4260	0.9550	0.1320	1.5470	0.1830	0.1080	1.5470	0.1550

3.2.5.2.2　林分直径分布模型

通过利用固定样地长期复测数据，对比贝塔分布、威布尔分布和负指数分布的总体拟合效果，从中选择了拟合效果最佳的负指数分布模型。然后，利用趋势线法，推导负指数分布模型参数 a 和 K 随时间推移的变化规律，结果表明多项式趋势线的拟合效果最佳，且参数 K 采用一元五次多项式就能得到很好的拟合效果，而参数 a 仅需采用一元四次多项式方程。此外，为保证模型的拟合效果符合实际情况，利用长期连续复测数据，分别对不同强度择伐样地进行模型参数的求解，拟合结果见表 3-3-22。

由表 3-3-22 可知，各样地模型参数 a 和 K 的决定系数 R^2 的值都在 0.90 以上，说明了负指数分布模型的参数 a 和 K 随时间变化的规律与多项式趋势线基本吻合，同时论证了所构建模型的合理性。此外，各样地模型参数 a 和 K 的变动系数 CV 的值分别分布在 0.03 ~ 0.084 和 0.04 ~ 0.085 之间，都比较小，说明了模型的稳定性较好。

表 3-3-22　不同强度择伐负指数分布模型参数拟合结果

择伐类型	参数 K	R^2	CV	参数 a	R^2	CV
未采伐	$K = 0.0105t^3 - 0.2946t^2 + 1.9364t + 8.4259$	0.9283	0.0702	$a = 1 \times 10^{-6} t^4 + 7 \times 10^{-5} t^3 - 0.0024t^2 + 0.0144t + 0.0736$	0.9653	0.0308
弱度择伐	$K = 0.0033t^4 - 0.0941t^3 + 0.8186t^2 - 1.3896t + 6.8812$	0.9855	0.0508	$a = 3 \times 10^{-5} t^3 - 0.0007t^2 + 0.0079t + 0.0215$	0.9794	0.0477
中度择伐	$K = 0.0064t^5 - 0.2546t^4 + 3.7472t^3 - 24.0810t^2 + 58.0120t + 22.988$	0.9552	0.0419	$a = -7 \times 10^{-5} t^4 + 0.0025t^3 - 0.0273t^2 + 0.0845t + 0.2255$	0.9765	0.0605
强度择伐	$K = 0.0009t^4 - 0.0118t^3 - 0.0999t^2 + 1.7421t + 8.4308$	0.9772	0.0849	$a = 7 \times 10^{-5} t^3 - 0.0017t^2 + 0.0098t + 0.0693$	0.9784	0.0829
极强度择伐	$K = 0.0602t^4 - 1.8735t^3 + 17.2760t^2 - 39.1170t + 16.7290$	0.9378	0.0610	$a = -0.0008t^2 + 0.0171t + 0.0867$	0.9593	0.0681
皆伐	$K = 0.3071t^3 - 5.4825t^2 + 23.9000t + 1 \times 10^{-11}$	0.9996	0.0652	$a = 0.0323t^3 - 1.0932t^2 + 11.8380t - 40.2610$	0.9951	0.0839

注：t 为时间序列，其初始取值的时间为各样地进行择伐的时间，即 1996 年，假设初始值为 0，且不同择伐类型都用 12 组 t 值进行方程模拟。

3.2.5.2.3　仿真参数模型

利用固定样地长期复测数据，结合 SPSS Statistics 19 对树高曲线模型、胸径与枝下高关系模型、胸径与冠幅关系模型进行拟合，其结果分别见表 3-3-23 和表 3-3-24。

表 3-3-23　不同强度择伐各树种树高曲线拟合参数

择伐类型	树种	相关参数			模型拟合		模型验证	
		a	b	c	R^2	RMSE	R^2	RMSE
未采伐	虎皮楠	14.6020	0.1480	0.8630	0.0780	3.0520	0.1420	2.3640
	米槠	15.5550	0.0510	1.1810	0.7320	2.6570	0.6920	2.0580
	木荷	67.7340	0.1060	0.3180	0.4960	1.3020	0.4720	1.1280
	甜槠	15.0380	0.0050	2.2250	0.6680	3.0710	0.5960	2.5550
	其他树种	66.0520	0.0240	0.7330	0.9450	1.7940	0.9160	1.5540
弱度择伐	虎皮楠	13.9410	0.0280	1.5940	0.6520	2.3730	0.5820	2.0370
	米槠	72.6230	0.0280	0.6610	0.7690	2.2460	0.7380	2.0050
	木荷	24.7220	0.1150	0.6110	0.5310	2.4230	0.5300	2.0980
	甜槠	11.2970	0.0490	1.3540	0.4620	2.3890	0.4120	2.1100
	其他树种	17.9910	0.0310	1.3500	0.6120	3.7410	0.5960	3.3240
中度择伐	虎皮楠	10.9600	0.0020	3.3660	0.3940	2.0850	0.2510	1.7850
	米槠	69.1060	0.0280	0.6850	0.7770	2.1060	0.6720	1.8790
	木荷	37.1140	0.0780	0.5570	0.4850	1.6320	0.4620	1.4430
	甜槠	11.1490	0.0530	1.3100	0.4710	1.8280	0.3040	1.6290
	其他树种	24.0240	0.0480	0.9750	0.7840	1.6420	0.7720	1.4560

（续）

择伐类型	树种	相关参数			模型拟合		模型验证	
		a	b	c	R^2	$RMSE$	R^2	$RMSE$
强度择伐	虎皮楠	13.0890	0.0090	2.0960	0.5790	2.9550	0.5440	2.5590
	米槠	16.7230	0.0510	1.1480	0.8260	1.6290	0.8160	1.4370
	木荷	31.4530	0.0410	0.8640	0.7680	2.1080	0.7600	1.8590
	甜槠	13.7120	0.0430	1.3100	0.6200	2.4490	0.6040	2.1810
	其他树种	9.2720	0.0300	1.7920	0.4960	1.6470	0.4880	1.4690
极强度择伐	虎皮楠	—	—	—	—	—	—	—
	米槠	20.7430	0.1460	0.6740	0.3760	2.8460	0.3510	2.5350
	木荷	76.6270	0.0240	0.7520	0.6490	3.6880	0.6180	10.4320
	甜槠	59.9980	0.0490	0.4700	0.4340	2.4960	0.3420	2.1100
	其他树种	19.8390	0.1810	0.4550	0.1410	1.5900	0.1390	1.4110
皆伐	虎皮楠	7.4000	0.0630	2.1480	0.0550	1.4610	0.0310	1.2800
	米槠	47.3950	0.0440	0.6480	0.3620	1.6560	0.3570	1.4670
	木荷	—	—	—	—	—	—	—
	甜槠	—	—	—	—	—	—	—
	其他树种	29.6160	0.0510	0.9150	0.1580	2.7620	0.1420	2.4280

从表3-3-23 的结果上看，树高曲线模型模拟的精度都较高，其中以未采伐其他树种的决定系数值最高达到了 0.945，弱度和中度择伐其他树种的决定系数也分别达到了 0.612 和 0.784，相对来说，强度和极强度择伐的拟合精度就较低。这说明了择伐对于胸径和树高间的相关性会产生一定的影响，而适度的择伐影响会较小。各样地的树高曲线模型中，米槠的拟合精度最高，说明了米槠生长过程中树高和胸径间的相关关系较强；反之，虎皮楠的拟合精度最低，说明了虎皮楠树高生长与胸径的增长关系不大，这主要是由于虎皮楠混生于林中受其他优势树种压迫的生长环境影响，故其难长成高大树种。从模型验证的结果看，R^2 和 $RMSE$ 的值接近于模型构建时拟合的结果，说明了所构建的模型是合理的。

表 3-3-24　单木虚拟参数模型

择伐类型	树种	枝下高与胸径关系式	R^2	冠幅与胸径关系式	R^2
未采伐	虎皮楠	$HBC = 16.8798 - 1.6042D + 0.0588D^2$	0.8770	$CW = 2.9838 - 0.2331D + 0.0120D^2$	0.8130
	米槠	$HBC = -0.2868 + 0.5609D - 0.0106D^2$	0.9010	$LogCW = 0.2828 + 0.1938LogD$	0.8500
	甜槠	$HBC = -0.8044 + 0.4295D - 0.0068D^2$	0.8780	$CW = 3.6722 - 0.1993D + 0.0059D^2$	0.8260
	木荷	$HBC = 12.9013 - 0.5183D + 0.0242D^2$	0.8590	$CW = -0.2228 + 0.2936D - 0.0076D^2$	0.8190
	其他	$HBC = 1.0989 + 0.2748D + 2.0922 \times 10^{-4}D^2$	0.9010	$CW = 0.4503 + 0.1737D - 0.0022D^2$	0.8310
弱度	虎皮楠	$HBC = 0.5019 + 0.7522D - 0.0176D^2$	0.8140	$CW = 2.4756 - 0.0317D + 0.0043D^2$	0.8070
	米槠	$HBC = 0.7814 + 0.4663D - 0.0066D^2$	0.8010	$CW = 1.2255 + 0.1338D + 3.5394 \times 10^{-4}D^2$	0.8420
	甜槠	$HBC = 1.5409 + 0.1694D - 0.0011D^2$	0.8100	$CW = 1.9541 - 0.0189D + 0.0025D^2$	0.9530
	木荷	$HBC = 0.7839 + 0.7571D - 0.0133D^2$	0.8720	$CW = 0.4145 + 0.1346D + 2.6070 \times 10^{-4}D^2$	0.8270
	其他	$HBC = -4.0554 + 1.1649D - 0.0214D^2$	0.8390	$CW = 0.8958 + 0.1353D - 4.9670 \times 10^{-5}D^2$	0.8090

(续)

择伐类型	树种	枝下高与胸径关系式	R^2	冠幅与胸径关系式	R^2
中度	虎皮楠	$HBC = 2.9108 + 0.4744D - 0.0074D^2$	0.8050	$LogCW = -0.3232 + 0.7019LogD$	0.8470
	米槠	$HBC = -0.3568 + 0.7010D - 0.0065D^2$	0.8550	$CW = 0.9312 + 0.1549D - 0.0010D^2$	0.8680
	甜槠	$HBC = -0.0623 + 0.5139D - 0082D^2$	0.8030	$CW = 2.1426 + 0.0178D - 0.0010D^2$	0.8640
	木荷	$HBC = 1.7797 + 0.5533D - 0.0091D^2$	0.8540	$LogCW = -0.7074 + 0.9769LogD$	0.8610
	其他	$HBC = -0.0273 + 0.6783D - 0.0068D^2$	0.8130	$CW = 0.1298 + 0.3478D - 0.0085D^2$	0.8620
强度	虎皮楠	$HBC = -5.61186 + 1.4377D - 0.0372D^2$	0.8220	$CW = 0.5742 + 0.1291D - 0.0021D^2$	0.8440
	米槠	$HBC = 0.0489 + 0.3971D - 0.0054D^2$	0.8060	$CW = 0.1603 + 0.2269D - 0.0012D^2$	0.8890
	甜槠	$HBC = -0.2138 + 0.3590D - 0.0058D^2$	0.7610	$CW = 1.7894 - 0.0063D + 0.0031D^2$	0.8860
	木荷	$HBC = -0.9665 + 0.5315D - 0.0043D^2$	0.7740	$LogCW = -0.4228 + 0.7344LogD$	0.8680
	其他	$HBC = -0.9843 + 0.7214D - 0.0280D^2$	0.8170	$CW = -0.7987 + 0.4010D - 0.0104D^2$	0.9110
极强度	虎皮楠	$HBC = 3.0156 + 0.1989D - 0.0095D^2$	0.8280	$LogCW = -0.5089 + 1.0781LogD$	0.8210
	米槠	$HBC = 2.4922 + 0.3044D - 0.0029D^2$	0.8530	$CW = 0.0846 + 0.2829D - 0.0032D^2$	0.8520
	甜槠	$HBC = 3.7153 + 0.1910D - 0.0021D^2$	0.8360	$CW = -0.7778 + 0.5149D - 0.0159D^2$	0.8260
	木荷	$HBC = 6.6676 - 0.6577D + 0.0333D^2$	0.8260	$CW = 3.2595 - 0.2170D + 0.0117D^2$	0.8220
	其他	$HBC = 0.9721 + 0.5535D - 0.0127D^2$	0.8400	$CW = 1.4805 + 0.1238D - 0.0049D^2$	0.8640
皆伐	虎皮楠	$HBC = 3.1917 + 0.0681D - 7.5750 \times 10^{-4}D^2$	0.8370	$CW = 1.1068 + 0.2692D - 0.0196D^2$	0.8890
	米槠	$HBC = 2.1990 + 0.0462D + 0.0074D^2$	0.8570	$CW = 1.6525 - 0.0037D + 0.0066D^2$	0.8570
	甜槠	$HBC = 17.7283 - 3.2383D + 0.1707D^2$	0.8170	$CW = -11.7283 + 3.2383D - 0.1707D^2$	08610
	其他	$HBC = 3.1936 + 0.0689D - 7.5754 \times 10^{-4}D^2$	0.8480	$CW = -0.1953 + 0.4633D - 0.01543D^2$	0.8160

由表 3-3-24 可知,枝下高与胸径关系模型、冠幅与胸径关系模型的决定系数值的分布达到 0.75 和 0.80 以上,说明了模型是可行的。但应注意,所构建的关系模型是利用实际调查数据进行模拟的,由于受到实际调查树木最大胸径的限制,且为保证模型的拟合精度,故其仅在一定的径阶范围内适用,如弱度择伐样地的米槠的枝下高与胸径关系模型适用的径阶范围为[6,46],冠幅与胸径关系模型适用的径阶范围为[6,48]。

3.2.5.4　林分生长动态仿真

首先,将林分内的所有树种分为优势树种和其他树种,结合前述所探讨的不同强度择伐样地的单木胸径生长方程及与其相关林分调查因子间的关系方程,利用 Onxy Tree 软件进行不同择伐强度样地各树种的生长模拟,此处仅展示了未采伐样地甜槠、米槠、木荷、虎皮楠和其他树种胸径为 20 cm 时的生长状态,其示意图如图 3-3-8。然后,结合林分生长的变化动态及其趋势,依据各株树在样地内的相对坐标位置,将相应单株树"种植"在相应位置上,最终实现不同时期的林分生长状态仿真。此外,应注意所构建的具有时间序列的林分直径分布预测模型,在保证精度的前提下,最多可以用于预测自刚采伐时算起 30 年内各样地的直径结构,仿真结果如图 3-3-9。

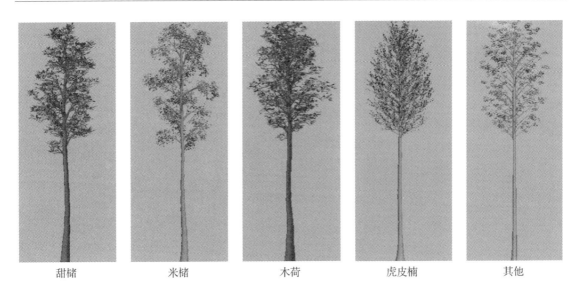

| 甜槠 | 米槠 | 木荷 | 虎皮楠 | 其他 |

图 3-3-8　未采伐样地各树种生长状态示意图($D = 20$ cm)

3.2.6　小结与讨论

天然次生林在 5 种不同强度采伐作业下，经过 10 年的恢复，择伐样地基本上能保持原有的林分组成和种的数量，随着择伐强度的增加，各树种的重要值的改变也随着增大。弱度、中度和强度择伐对优势种的影响不大；极强度择伐后，各树种地位有了一定程度的变化；而皆伐引起树种地位的变化最大。

研究的 6 种优势种群的生态位宽度随择伐强度增大而下降，种对的生态位重叠值随择伐强度增大出现先增大后减小的趋势。弱度和中度择伐后，原林分结构并没有发生明显变化，马尾松种群择伐后仍占有一定优势地位，林内生境(光照、水热和土壤条件等)在一定程度上得到改善，不管是阳性树种(如马尾松)、中性树种(如甜槠)，还是阴性树种(如木荷)，在弱度和中度择伐下都具有较强的生态适应性，天然更新能力强，生长良好，表现出较大的生态位宽度和生态位重叠。强度和极强度择伐由于采伐强度过大，马尾松种群仍作为主要采伐对象，其采伐蓄积量也较多，形成了较大的林窗，光照太强，芒萁和杂草多，温差大，水分蒸腾消耗多，土壤水分相对不足，对伐后马尾松更新生长造成不利影响。导致马尾松种群优势地位明显下降，生态位宽度出现明显下降。木荷、虎皮楠、米槠、甜槠和黄瑞木种群在强度和极强度择伐后蓄积量较少，仍保留优势地位，但由于伐后林分结构和土壤条件受到严重干扰，天然更新和林分生长受到不利影响，伐后优势地位出现波动变化，表现出生态位宽度和生态位重叠下降，但变化相对较小。

本研究通过对 15 年固定样地长期复测数据，构建了具有时间序列的负指数分布模型。利用所构建的负指数分布模型模拟天然林林分直径结构是合理的，该模型可预测天然林择伐后 30 年内的林分直径分布。

以小径木 6 ~ 12 cm、中径木 14 ~ 24 cm 和大径木 26 ~ 36 cm 为标准，择伐 15 年后，弱度择伐样地≥26 cm 的大径木株数比例最大，约 17%，大中小径级株数比为 1.7:3.8:4.5，与理想的大中小径级株数比 2:3:5 较接近。其次是未采伐样地。极强度择伐样地中，小径木株数到

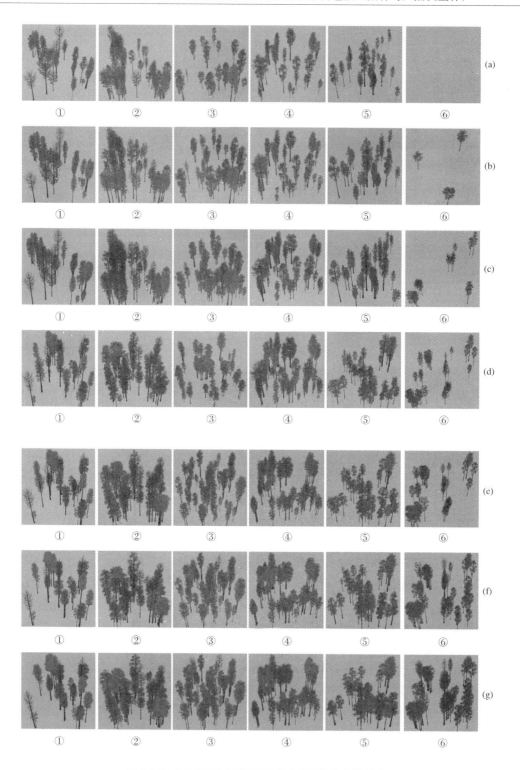

图 3-3-9　不同强度择伐样地不同时期林分生长状态

（a）刚采伐时；（b）伐后经 5 年恢复；（c）伐后经 10 年恢复；（d）伐后经 15 年恢复；

（e）伐后经 20 年恢复；（f）伐后经 25 年恢复；（g）伐后经 30 年恢复

①－未采伐；②－弱度；③－中度；④－强度；⑤－极强度；⑥－皆伐

达 92.2%，处于过伐状态，这种林分不稳定。

皆伐的蓄积量生长率和总收获量都超过择伐样地和未采伐样地，尤其是平均生长率达到20%，但其平均年生长量却最小。随择伐强度的增大，蓄积量生长率呈增大趋势。

通过所构建的具有时间序列的林分直径分布预测模型，结合树高曲线模型，实现了各生长时期不同强度择伐样地的林分直径结构分布状态的预测；结合可实现单木可视化仿真的Onyx Tree 软件所需的各主要参数，分别构建不同强度择伐样地枝下高与胸径关系模型、冠幅与胸径关系模型，同时结合树高曲线模型，实现了各树种不同时期的生长状态仿真；基于所探讨的各时期各样地的林分直径结构分布状态，结合单木仿真模型，在 3Ds MAX 上实现了不同强度择伐样地不同生长时期的林分生长状态可视化仿真，可以直观、便捷地从各个视角观察林分的生长状态，为森林的经营决策提供便利。

3.3　不同强度择伐对群落物种多样性和稳定性影响

3.3.1　各层次物种丰富度

试验林分主要由马尾松和甜槠、米槠和木荷等常绿树种组成，林下较阴蔽，因此灌木层物种丰富度(含乔木层树种幼树幼苗)是各层中最高的；由于灌木层盖度较大，造成林下草本层不发达，盖度低、种类少，各层丰富度格局为灌木层 > 乔木层 > 草本层 > 层间植物。不同强度择伐 10 年后各样地含植物科、种、株个体数统计，见表 3-3-25。

表 3-3-25　不同采伐类型 10 年后植物科、种、株个体数组成

采伐类型	乔木层	灌木层	草本层	层间植物
未采伐	3 科 6 种 148 株	19 科 34 种 196 株	3 科 3 种	2 科 2 种 16 株
弱度择伐	9 科 18 种 206 株	22 科 44 种 352 株	3 科 4 种	3 科 4 种 19 株
中度择伐	13 科 17 种 247 株	24 科 49 种 372 株	3 科 6 种	5 科 5 种 23 株
强度择伐	9 科 15 种 189 株	25 科 47 种 416 株	5 科 5 种	4 科 4 种 22 株
极强度择伐	11 科 14 种 184 株	23 科 46 种 493 株	3 科 4 种	4 科 4 种 9 株
皆伐	6 科 8 种 46 株	22 科 37 种 268 株	4 科 4 种	3 科 3 种 12 株

由表 3-3-25 可知，草本层和层间植物物种丰富度随采伐强度变化的差异不明显，而乔木层和灌木层却有较大差异。在乔木层，未采伐样地的科数和种数都最少，皆伐样地虽然植物个体数仅 46 株，但科数和种数仍超过未采伐样地，说明采伐有利于物种丰富度的发展。乔木层弱度择伐物种种数最多，随择伐强度增大，物种丰富度减少；在灌木层，未采伐样地的科、种、株个体数都最少，各择伐样地物种丰富度差异不明显，物种丰富度格局为择伐样地 > 皆伐样地 > 未采伐样地。

进一步与伐前对比，采伐作业前后乔木层物种种数，见表 3-3-26。

表 3-3-26   采伐作业前后林分乔木层物种丰富度变化

采伐类型	伐 前	伐 后		伐后 10 年		伐后 15 年	
		种 数	其中:消失	种 数	其中:消失(新增)	种 数	其中:消失(新增)
弱度择伐	15	15	0	18	3(6)	19	2(3)
中度择伐	18	17	1	17	4(4)	20	0(3)
强度择伐	18	16	2	15	5(4)	15	5(5)
极强度择伐	13	12	1	14	4(6)	15	0(1)
皆伐	14	0	14	8	0(8)	10	1(3)

3.3.2   群落物种多样性动态变化

为了揭示不同择伐强度下天然次生林群落物种多样性发展变化规律,以及在不同恢复阶段群落稳定性的变化趋势,分析天然次生林不同择伐强度下自然恢复 10 年后和 15 年后,群落不同层次物种多样性及群落稳定性动态变化。

不同择伐强度下,自然恢复 10 年后,群落不同层次的 Marglef 丰富度指数 R,Shannon-Wiener 多样性指数 H 和 Simpson 多样性指数 P 表现为灌木层 > 乔木层 > 草本层;自然恢复 15 年后,群落不同层次的 Marglef 丰富度指数 R 和 Shannon-Wiener 多样性指数 H,在未采伐、弱度和中度择伐下,仍为灌木层 > 乔木层 > 草本层,但强度和极强度择伐下,则为乔木层 > 灌木层 > 草本层;其变化规律均随择伐强度的增大呈凸形抛物线变化,中度择伐达到最大值。自然恢复 15 年后,群落不同层次的 Simpson 多样性指数 P,在未采伐、弱度、中度和极强度择伐下,为灌木层 > 乔木层 > 草本层,但强度择伐下,则为乔木层 > 灌木层 > 草本层,乔木层和灌木层 Simpson 多样性变化规律性不明显,分别为强度择伐和中度择伐达到最大值,草本层 Simpson 多样性变化规律随择伐强度的增大呈凸形抛物线变化,中度择伐达到最大值。自然恢复 10 年后,乔木层的 Pielou 均匀度指数 J 随择伐强度的增大而增大,草本层则相反;自然恢复 15 年后,乔木层的 Pielou 均匀度指数规律性不明显,未采伐达到最大值;灌木层的 Pielou 均匀度指数 J 随择伐强度的增大呈凹形抛物线变化,伐后 10 年强度择伐达到最小值,伐后 15 年弱度择伐达到最小值;草本层均匀度变化规律随择伐强度的增大呈凸形抛物线变化,中度择伐达到最大值。与伐后 10 年相比,伐后 15 年乔木层物种丰富度和均匀度都增大,乔木层物种多样性在未采伐、弱度和极强度择伐下略有下降,而在中度和强度择伐下则略有提高;灌木层物种丰富度和物种多样性均减小,而均匀度则增大;草本层物种丰富度在未采伐、弱度和中度择伐下略有增大,而在强度和极强度择伐下则减小;草本层物种多样性和均匀度除中度择伐下略有提高外,其余均下降。不同择伐强度各层次物种多样性动态变化,见表 3-3-27。

表 3-3-27　不同择伐强度各层次物种多样性动态变化

| 层　次 | 强　度 | R | | H | | P | | J | |
		T1	T2	T1	T2	T1	T2	T1	T2
乔木层	NC	1.828	2.256	1.923	1.899	0.795	0.817	0.690	0.825
	LI	2.904	3.034	2.006	1.948	0.809	0.775	0.694	0.742
	MI	3.191	3.529	2.029	2.109	0.825	0.812	0.716	0.748
	HI	2.671	2.746	2.020	2.104	0.822	0.845	0.746	0.820
	OHI	2.493	2.678	1.996	1.955	0.817	0.786	0.756	0.778
灌木层	NC	6.252	4.062	3.165	2.431	0.932	0.907	0.909	0.978
	LI	7.333	4.388	3.170	2.442	0.938	0.896	0.843	0.925
	MI	8.110	4.498	3.232	2.443	0.942	0.883	0.830	0.926
	HI	7.628	2.533	3.169	1.735	0.933	0.812	0.823	0.968
	OHI	7.257	2.569	3.168	1.748	0.932	0.816	0.861	0.976
草本层	NC	0.361	0.554	0.693	0.59	0.500	0.319	1.000	0.537
	LI	0.690	0.845	0.904	0.73	0.563	0.387	0.902	0.635
	MI	1.276	1.407	1.339	1.552	0.692	0.733	0.832	0.902
	HI	1.168	0.402	1.092	0.276	0.584	0.129	0.788	0.285
	OHI	0.965	0.269	0.989	0.115	0.541	0.048	0.780	0.165

注：NC 为未采伐；LI 为弱度择伐；MI 为中度择伐；HI 为强度择伐；OHI 为极强度择伐；T1 为伐后 10 年(2006 年 7 月)；T2 为伐后 15 年(2011 年 7 月)。

从群落总体的物种多样性变化情况来看，Marglef 丰富度指数 R，Shannon-Wiener 多样性指数 H 和 Simpson 多样性指数 P，其变化规律均随择伐强度的增大呈凸形抛物线变化，中度择伐达到最大；Pielou 均匀度指数 J 在伐后 10 年的变化规律为随择伐强度的增大呈凹形抛物线变化，中度择伐达到最小；伐后 15 年变化规律则随伐伐强度的增大呈凸形抛物线变化，中度择伐达到最大(图 3-3-10)。虽然乔木层物种多样性在伐后 15 年都增大，但是灌木层物种多样性在伐后 15 年出现较大幅度的降低，由此引起群落总体的物种多样性在伐后 15 年低于伐后 10 年，但是弱度和中度择伐下，伐后 10 年和伐后 15 年变化幅度较小，比强度和极强度择伐更有利于物种多样性的恢复和保持。

3.3.3　物种多样性差异和变异分析

不同择伐强度下，自然恢复 10 年后和 15 年后，群落 Marglef 丰富度指数 R 和 Shannon-Wiener 多样性指数 H 在不同层次间差异极显著，群落 Pielou 均匀度指数 J 在不同层次间差异显著；自然恢复 10 年后，群落 Simpson 多样性指数 P 在不同层次间差异极显著，而自然恢复 15 年后其差异显著。不同择伐强度下，自然恢复 10 年后和 15 年后，群落 Marglef 丰富度指数 R 在不同采伐强度间差异极显著，但 Shannon-Wiener 多样性指数 H、Simpson 多样性指数 P 和 Pielou 均匀度指数 J 在不同采伐强度间均差异不显著。不同择伐强度下物种多样性差异检验，见表 3-3-28。

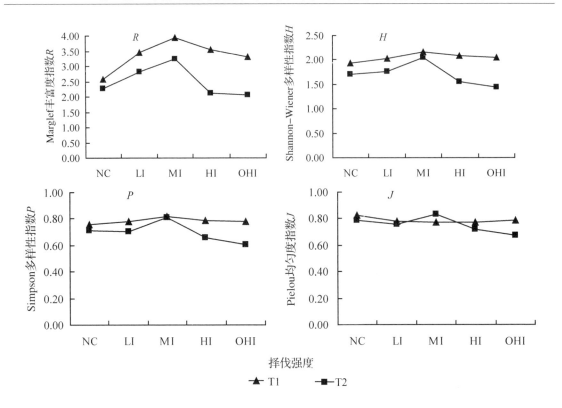

图 3-3-10　不同择伐强度群落全部物种多样性动态变化

NC－未采伐；LI－弱度择伐；MI－中度择伐；HI－强度择伐；OHI－极强度择伐

表 3-3-28　不同择伐强度下物种多样性差异检验

指　数	时　间	不同层次间			不同强度间		
		F	P-value	F crit	F	P－value	F crit
R	伐后 10 年	1090.403	0.000 **	4.459	15.106	0.001 *	3.838
	伐后 15 年	52.033	0.000 **	4.459	4.315	0.038 *	3.838
H	伐后 10 年	401.329	0.000 **	4.459	2.007	0.186	3.838
	伐后 15 年	34.878	0.000 **	4.459	2.751	0.104	3.838
P	伐后 10 年	115.076	0.000 **	4.459	1.677	0.247	3.838
	伐后 15 年	19.796	0.001 *	4.459	1.336	0.336	3.838
J	伐后 10 年	8.438	0.011 *	4.459	0.853	0.530	3.838
	伐后 15 年	7.847	0.013 *	4.459	0.654	0.640	3.838

**：差异极显著；*：差异显著。

伐后 10 年群落乔木层和灌木层，以及伐后 15 年群落乔木层物种多样性在不同择伐强度间的变异从大到小依次为 $R > J > H > P$，而伐后 15 年群落灌木层物种多样性、伐后 10 年群落草本层物种多样性在不同择伐强度间的变异却表现为 $R > H > P > J$；伐后 15 年群落草本层物种多样性在不同择伐强度间的变异均表现为 $H > P > R > J$。可见，群落 Marglef 丰富度指数 R 和 Shannon-Wiener 多样性指数 H 在不同择伐强度间的变异性较大，见表 3-3-29。

表 3-3-29　物种多样性在不同择伐强度间的变异分析

指　数	变异系数							
	乔木层		灌木层		草本层		群落总体	
	伐后 10 年	伐后 15 年	伐后 10 年	伐后 15 年	伐后 10 年	伐后 15 年	伐后 10 年	伐后 15 年
R	0.196	0.165	0.093	0.271	0.416	0.650	0.150	0.206
H	0.021	0.048	0.009	0.177	0.237	0.856	0.041	0.136
P	0.015	0.034	0.005	0.053	0.125	0.827	0.028	0.107
J	0.041	0.050	0.040	0.028	0.107	0.577	0.025	0.080

注：变异系数为标准差与各群落平均值的比值。

3.3.4　群落稳定性分析

　　根据 M. Godron 稳定性原理，得出不同强度择伐下，自然恢复 10 年后和 15 年后的群落稳定性测定值反映了伐后恢复演替过程中群落组成的变化结果，用 SPSS 完成平滑曲线的模拟，求出交点坐标（表 3-3-30）。未采伐和不同强度择伐 10 年后，以及未采伐、强度和极强度择伐 15 年后群落植物种百分数与累积相对频度的比值（交点坐标）均远离 20/80 的稳定交点坐标，即均处于不稳定状态。弱度和中度择伐 15 年后群落植物种百分数与累积相对频度的比值（交点坐标）均接近稳定交点坐标，欧氏距离分别为 10.748 和 9.334。由于弱度和中度择伐下自然恢复 15 年后树种组成复杂，群落呈现出复杂化和均匀化，群落处于相对稳定状态。说明森林择伐干扰后，植被在恢复过程中，出现不稳定性，但弱度和中度择伐干扰下，群落稳定性比未采伐、强度和极强度择伐相对较大，且随着择伐强度的增大，伐后群落越难以恢复，稳定性越差。采用改进 M. Godron 方法，不同择伐强度下群落稳定性动态变化，见表 3-3-30。

表 3-3-30　不同择伐强度下群落稳定性动态变化

强　度	时　间	曲线类型	相关系数 R^2	交点坐标	欧氏距离
未采伐	伐后 10 年	$y = -0.0153x^2 + 2.3578x + 10.587$	0.9818	31.0/69.0	15.556
	伐后 15 年	$y = -0.0059x^2 + 1.3198x + 26.852$	0.9921	34.6/65.4	20.648
弱度择伐	伐后 10 年	$y = -0.0129x^2 + 2.055x + 17.527$	0.9712	31.1/68.9	15.698
	伐后 15 年	$y = 20.319\ln(x) + 4.9885$	0.9955	27.6/72.4	10.748
中度择伐	伐后 10 年	$y = -0.013x^2 + 2.1417x + 11.649$	0.9906	32.5/67.5	17.678
	伐后 15 年	$y = 22.326\ln(x) + 0.1429$	0.9924	26.6/73.4	9.334
强度择伐	伐后 10 年	$y = -0.0108x^2 + 1.9248x + 12.527$	0.9879	34.2/65.8	20.082
	伐后 15 年	$y = -0.0101x^2 + 1.7684x + 21.981$	0.9981	31.9/68.1	16.829
极强度择伐	伐后 10 年	$y = -0.0123x^2 + 2.1181x + 6.9843$	0.9936	34.5/65.5	20.506
	伐后 15 年	$y = -0.006x^2 + 1.2694x + 33.266$	0.9895	32.1/67.9	17.112

3.3.5　小结和讨论

(1)不同层次间物种丰富度和多样性指数,以及草本层均匀度随择伐强度呈凸形抛物线变化,中度择伐最大。在不同层次间,丰富度和多样性指数差异极显著,均匀度指数差异显著;Simpson 多样性指数伐后 10 年差异极显著,而伐后 15 年差异显著。不同择伐强度间,丰富度指数差异极显著,但多样性指数、Simpson 多样性指数和均匀度指数均差异不显著。群落不同层次物种丰富度和多样性在不同择伐强度间的变异较大。与伐后 10 年相比,伐后 15 年乔木层物种丰富度和均匀度都增大,中度和强度择伐下,乔木层物种多样性略有提高;灌木层物种丰富度和物种多样性均减小,而均匀度则增大;草本层物种丰富度、物种多样性和均匀度,在弱度和中度择伐下均有所提高外,在强度和极强度择伐下均有所下降。从群落总体来看,物种丰富度指数和物种多样性指数变化规律均随择伐强度的增大呈凸形抛物线变化,中度择伐达到最大。

(2)随着择伐强度的增大,伐后群落越难以恢复,稳定性越差。不同强度择伐 10 年后的群落植物种百分数与累积相对频度的比值(交点坐标)均远离 20/80 的稳定交点坐标,处于不稳定状态;弱度和中度择伐 15 年后群落植物种百分数与累积相对频度的比值(交点坐标)均接近稳定交点坐标,处于相对稳定状态,而未采伐、强度和和极强度择伐 15 年后群落植物种百分数与累积相对频度的比值(交点坐标)均远离 20/80 的稳定交点坐标,仍处于不稳定状态。

3.4　不同强度择伐对保留木更新格局影响

应用聚集度指标测度方法对不同择伐强度下主要种群的空间分布格局进行研究,有助于阐明天然次生林的天然更新机制,旨在为天然次生林的科学经营和森林生态系统的恢复提供理论依据。

3.4.1　不同强度择伐作业对保留木的损伤

不论是皆伐或择伐,对天然更新或人工促进天然更新而言,作业中对保留木和幼树幼苗的影响都具有重要的意义。采伐作业中要尽量减少对保留木的损伤和幼树幼苗的破坏。

为调查不同强度的择伐作业对保留木的损伤,对各个样地中被采伐砸伤、压倒或集材时遭破坏的 $DBH > 6$ cm 的树木进行统计结果,见表 3-3-31[损伤率 = (损伤株数/样地乔木总株数) × 100%]。随择伐强度的增加,保留木损伤的程度也大体呈增大的趋势。另外,保留木的损伤程度与采伐木的平均胸径有关。采伐木平均胸径越大,采伐时被破坏的树木相对地也就越多。调查中还发现,保留木的损伤形式主要是树干折损,是由于伐木砸伤所致。另外,人力集材时,也破坏部分保留木。

表 3-3-31　不同强度择伐作业对保留木的损伤

择伐强度	采伐木平均胸径（cm）	总株数	损伤株数	损伤率（%）
极强度	15. 29	211	64	30
强　度	23. 34	203	45	22
中　度	16. 74	271	36	13
弱　度	27. 76	202	24	12

3.4.2　幼树幼苗动态变化

不同的森林群落有着不同的更新规律，是森林群落长期自然选择的结果，林冠下天然更新能力的强弱，影响着森林植物群落结构的格局和演替趋势。不同强度采伐作业前后，样地中幼树、幼苗的数量变化情况，见表 3-3-32。

表 3-3-32　幼树幼苗数量动态变化（株/400 m²）

采伐类型	幼　树			幼　苗		
	伐　前	伐　后	伐后 10 年	伐　前	伐　后	伐后 10 年
未采伐	187		100	56		96
弱度择伐	227	154	255	70	219	97
中度择伐	236	175	272	31	168	100
强度择伐	164	145	300	67	166	116
极强度择伐	145	132	327	59	168	66
皆伐	161	82	264	54	222	4

由表 3-3-32 可知，经过不同强度择伐后，幼树数量都有所减少，其中皆伐方式减少最多，达到 50%。弱度择伐后幼树数量减少了 32%，这可能与弱度择伐采伐木的平均胸径较大（达 27.8 cm）有关。采集作业时，有较多的幼树被砸伤和拖压。幼树的破坏与择伐强度之间无明显的关系，只与作业的具体情况有关，但择伐作业较皆伐而言，幼树破坏的数量要少。伐后林分中，幼苗数量都有所增加，尤以皆伐和弱度择伐最为明显。择伐 10 年后，幼树数量都有所增加，尤以极强度择伐最为明显，比伐前增加了近 126%。择伐 10 年后幼苗数量均比伐前增加，但皆伐 10 年幼苗数量却减少。与伐后（1996 年 11 月）相比，极强度择伐 10 年后的幼树数量明显增加，而幼苗的数量明显减少；弱度、中度和强度择伐伐后 10 年幼树数量有所增加，但幼苗数量仍较多，这可能是因为强度适当的择伐作业后，样地幼苗获得更大的生存空间，生长速度较快。但采伐强度过大时（极强度和皆伐），实际调查中发现其林下长满芒萁，反而不利于幼苗生长，也给外业调查带来一定误差。

目前阔叶林更新造林技术尚有不少困难，对于天然次生林的采伐更新，倾向于进行适度的择伐或小面积皆伐后天然更新、人工促进天然更新，而传统的阔叶林采伐后炼山整地造林已引起较多异议。不论是皆伐或择伐，对天然更新或人工促进天然更新而言，作业中对保留木和幼树幼苗的影响对下一代的更新都具有重要的意义。因此，采伐作业中要尽量减少对保留木的损伤和对幼树幼苗的破坏。

3.4.3　主要树种更新密度

试验地林下天然更新树种较多,其中甜槠、米槠、虎皮楠和木荷为主要优势树种,考虑到样地为针阔混交林,因此将马尾松一并列为研究对象。不同择伐强度全林分和主要树种更新密度见表3-3-33。

表 3-3-33　不同采伐类型更新密度(株/m²)

采伐类型	全林分	甜　槠	米　槠	木　荷	虎皮楠	马尾松
未采伐	4600	208	58	150	200	0
弱度择伐	7575	250	800	650	1225	0
中度择伐	8050	950	250	208	375	58
强度择伐	8950	875	358	150	558	50
极强度择伐	9000	350	783	292	350	100

由表3-3-33可知,择伐后林分以天然次生阔叶林为主体,因此更新能力极强,且随着择伐强度的增大,更新密度增大,弱度、中度、强度和极强度择伐更新密度分别为未采伐样地的1.65、1.75、1.95和1.96倍,择伐经营的前提下,天然更新状况良好。择伐创建了不同大小的"林窗",改善了林内光照条件,有利于种子发芽和幼苗、幼树的生长,同时择伐仅伐去上层林木,在保留母树种源的同时,又使幼苗得到林冠的庇护,减轻日灼、霜冻和风暴等危害,因此,对天然次生林实行择伐经营是其理想更新经营方式。

未采伐样地各树种的更新密度都小于择伐样地,说明择伐有利于各树种的更新,但择伐强度不同,各树种的更新反应不同。甜槠在中度择伐样地更新密度最高,为950 株/hm²,其次是强度择伐;米槠和木荷则在弱度择伐时更新效果最好,其次为极强度择伐;虎皮楠也在弱度择伐样地更新密度最大,达到1225 株/hm²;马尾松的更新能力较差,在未采伐样地和弱度择伐样地均未出现,在其他择伐样地,也只是偶见,这预示着择伐后不加干扰,植物的总趋势将向着有利于天然次生林恢复和演替的方向发展。

3.4.4　主要树种更新格局

不同强度择伐所形成的林内生态条件不同,特别是林内的光照条件和光照度大小,直接影响气温、植被和土壤有机质含量,以及林木的光合作用与水分的蒸发等,进而直接影响到森林更新。以5个主要树种为研究对象,不同择伐强度主要树种更新格局见表3-3-34。未采伐样地的木荷、虎皮楠以及所有样地的马尾松,扩散系数c大于1,虽t值检验表现为不显著,但因其扩散型指数I_δ和聚块性指数$M^*/\bar{x}$都大于1,因此仍判定为聚集分布。其余种群扩散系数$c>1$,且t值检验为极显著,扩散型和聚块性指数检验值也都大于1,因此判定为聚集分布。

表 3-3-34　不同采伐类型幼树幼苗更新格局

树　种	采伐类型	c	t	K	I_δ	M^*	$M^*/\bar{x}$	分布格局
甜　槠	未采伐	1.797	3.862**	0.654	2.560	1.317	2.529	聚集分布
	弱度择伐	2.289	6.250**	0.485	3.090	1.914	3.063	聚集分布
	中度择伐	3.953	14.315**	0.804	2.228	5.328	2.243	聚集分布
	强度择伐	3.748	13.320**	0.796	2.242	4.935	2.256	聚集分布
	极强度择伐	2.900	9.209**	0.461	3.178	2.775	3.171	聚集分布

（续）

树　种	采伐类型	c	t	K	I_δ	M^*	$M^*/\bar{x}$	分布格局
米　槠	未采伐	1.748	3.625**	0.195	6.857	0.894	6.127	聚集分布
	弱度择伐	3.702	13.099**	0.740	2.337	4.702	2.351	聚集分布
	中度择伐	2.357	6.580**	0.460	3.200	1.982	3.172	聚集分布
	强度择伐	1.484	2.346**	1.851	1.542	1.380	1.540	聚集分布
	极强度择伐	3.128	10.316**	0.920	2.075	4.086	2.087	聚集分布
木　荷	未采伐	1.319	1.547	1.175	1.882	0.694	1.851	聚集分布
	弱度择伐	2.818	8.815**	0.894	2.110	3.443	2.119	聚集分布
	中度择伐	2.042	5.050**	0.500	3.040	1.563	3.000	聚集分布
	强度择伐	1.773	3.747**	0.485	3.137	1.148	3.061	聚集分布
	极强度择伐	2.261	6.112**	0.578	2.743	1.990	2.729	聚集分布
虎皮楠	未采伐	1.106	0.516	4.700	1.217	0.606	1.213	聚集分布
	弱度择伐	3.674	12.962**	1.145	1.861	5.736	1.873	聚集分布
	中度择伐	1.475	2.301**	1.975	1.507	1.4i2	1.506	聚集分布
	强度择伐	2.157	5.607**	1.207	1.824	2.552	1.829	聚集分布
	极强度择伐	2.861	9.021**	0.470	3.133	2.736	3.127	聚集分布
马尾松	未采伐	–	–	–	–	–	–	无更新
	弱度择伐	–	–	–	–	–	–	无更新
	中度择伐	1.164	0.796	0.889	2.286	0.310	2.125	聚集分布
	强度择伐	1.234	1.135	0.534	3.200	0.359	2.872	聚集分布
	极强度择伐	1.277	1.341	0.904	2.182	0.527	2.106	聚集分布

＊：$P<0.05$ 差异显著；＊＊：$P<0.01$ 差异极显著。

　　由表 3-3-34 可知，择伐强度对主要种群更新格局的类型没有影响，甜槠、米槠、木荷、虎皮楠和马尾松 5 种主要树种林下更新均呈聚集分布，形成聚集分布的主要原因，一方面是由于萌芽生长，形成一定范围内的聚集，此外这些树种的种子传播距离较近，种子萌发及萌蘖能力较强，因此，大多幼苗和幼树集中生长在母树周围，呈集群分布特征。

　　择伐强度不同，幼树幼苗集聚程度呈不同的变化趋势。甜槠林下更新层在极强度择伐样地集聚程度最高，中度择伐样地集聚程度最低；米槠则在未采伐样地集聚程度最高，强度择伐样地集聚程度最低；木荷在未采伐样地集聚程度较低，随择伐强度的增加，集聚程度先增大至强度择伐，而后减小；虎皮楠在未采伐样地集聚程度最低，呈现与甜槠相同的规律；马尾松在强度择伐样地集聚程度最高。

　　不同种群在不同强度的择伐样地集聚程度表现不同。弱度择伐样地集聚强度从大到小为：甜槠＞米槠＞木荷＞虎皮楠；中度择伐样地为：米槠＞木荷＞甜槠＞马尾松＞虎皮楠；强度择伐样地集聚强度依次为：木荷＞马尾松＞甜槠＞虎皮楠＞米槠；极强度择伐样地集聚强度表现为：甜槠＞虎皮楠＞木荷＞马尾松＞米槠。

　　从平均拥挤度看，甜槠幼树幼苗的平均拥挤度在中度择伐最大，其次是强度择伐；而米槠在弱度择伐样地最拥挤，其次是极强度择伐，与甜槠呈现相反的规律。二者虽均为栲属，但还是各占据自己的生态位。木荷和虎皮楠均在弱度择伐样地较为拥挤，马尾松随择伐强度的增加，平均拥挤度增加。

3.4.5　小结与讨论

　　研究区域天然次生林通过择伐经营，促进了种子发芽和幼苗幼树生长，天然更新状况良好; 随着择伐强度的增大, 林分更新密度增大, 弱度、中度、强度和极强度择伐更新密度分别为未采伐样地的 1.65、1.75、1.95 和 1.96 倍。择伐强度对主要种群更新格局的类型没有影响, 5 种主要种群更新格局均为聚集分布, 但择伐强度影响着集聚强度和拥挤度, 随着择伐强度的增加, 各种群集聚强度和拥挤度呈不同的变化趋势, 这可能和树种的生物学特性、择伐产生的"林窗"大小、择伐木的种类等因素有关。对阴性和中性树种的更新, 可选择弱度和中度择伐, 伐后保留较大的郁闭度; 对阳性树种的更新, 择伐强度可取大些。

天然更新能力的强弱, 影响着森林植物群落结构的格局和演替方向。本试验林伐前为以常绿阔叶树种为主的针阔混交林后期, 通过实行以单株采伐为主的择伐作业, 现各样地均有丰富的天然次生林幼苗幼树储备, 可以维持种群的更新。如果不再受人为干扰, 则最后仍将恢复为天然次生林, 这正是中亚热带天然次生林演替进展的通常模式。如果要保持针阔混交林的存在, 则可以实施群状择伐, 伐后对马尾松的更新进行少量人工促进。考虑到马尾松种群在混交林中呈聚集分布, 可以将马尾松以小块状方式补植于阔叶林中, 以促进马尾松林下更新。

择伐后林内水、土壤和温度等环境因子发生变化, 因此, 幼苗幼树通过竞争, 适应环境而生长的过程也非常复杂多样。本研究仅对不同择伐强度伐后 10 年天然更新格局进行了分析, 对择伐木的种类, 择伐形成的"林窗"的大小未进行定位观测, 今后可进一步就择伐木的种类和择伐后林分内各种生态因子对更新过程的影响, 继续开展长期定位观测。

3.5　不同强度择伐后林分空间结构变化动态

林分空间结构反映了森林群落内物种间的空间关系, 与树木在林内的空间位置密切相关。一方面, 林分空间结构描述林木在林分中的分布格局及在空间位置上的排列方式; 另一方面, 它还决定了单株林木的竞争优势及其空间生态位, 且在很大程度上对林分的稳定性、发展的可能性和经营空间的大小起决定性作用。本研究利用混交度、大小比数和角尺度 3 个描述空间结构的参数, 结合天然林择伐长期固定样地的跟踪复测数据, 研究天然林在 4 种不同强度择伐(弱度 13.0% 、中度 29.1% 、强度 45.8% 、极强度 67.1%) 干扰下的林分空间结构变化动态, 比较不同择伐强度对林分空间结构发展趋势的影响。

3.5.1　分析方法

林分内任意一株单木(参照树) 和离它最近的 n 株相邻木均可构成林分空间结构的基本单位, 即林分空间结构单元。一般取 $n=4$, 即以参照树及其周围 4 株相邻木组成的结构单元为基础, 利用混交度、大小比数及角尺度 3 个参数来描述天然林的林分空间结构, 3 个结构参数的取值都有 5 种可能, 分别为 0、0.25、0.5、0.75、1, 其中混交度取值对应的树种隔离程度, 分别为零度、弱度、中度、强度、极强度混交; 大小比数取值对应的林木大小分化程度, 分别为优势、亚优势、中庸、劣势、极劣势地位; 角尺度取值对应的林木个体空间分布格局, 分别是绝对均匀、均匀、随机、不均匀、团状分布[1-4]。

3.5.2　树种混交程度分析

树种混交度作为描述混交林中树种组成多样性的重要空间结构指数, 它反映了林木分隔程度和种群分布、树种结构等特征,是构建合理林分的首要前提。一般认为,混交林中树种相互隔离程度越高,林分越稳定,也就是说混交度越大越好。从不同强度择伐样地的林木平均混交度分布图(图 3-3-11)可知,无论是伐后 10 年,还是伐后 15 年,弱度择伐样地的平均混交度都最大,分别为 0.64 和 0.68,且平均混交度随择伐强度的增大呈下降趋势。弱度择伐和中度择伐伐后 15 年的平均混交度相对于伐后 10 年都呈现增长的趋势;而强度和极强度择伐呈现逐渐下降的趋势,这说明了过度择伐后林分结构在前期恢复过程中会呈现稳定增长趋势,但当林分结构恢复至极限时,林分稳定性将会逐渐下滑。

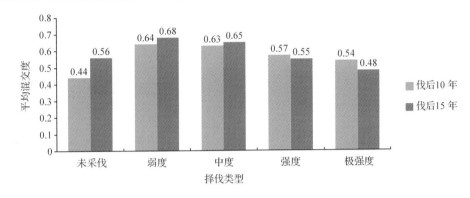

图 3-3-11　不同强度择伐样地平均混交度

由表 3-3-35 分析主要树种的混交度可知,林分内 5 个主要优势树种在未采伐的情况下,平均混交度都呈现明显增长趋势,说明了林分结构正逐渐向以优势树种为主体的稳定状态发展;无论是经过 10 年恢复,还是经过 15 年恢复,米槠平均混交度依旧随着择伐强度的增大,呈凸形抛物线变化,峰值都出现在弱度择伐;但同一择伐样地米槠的平均混交度除中度择伐外,其余都出现下降现象,特别是强度和极强度择伐较明显,说明了米槠在林分恢复的前期,能够在竞争的过程中,迅速占据空间和资源优势聚集生长,并能在经过一段时间恢复后,逐渐主导林分结构趋向稳定发展;甜槠在经过择伐后单种聚集的现象有不同程度的改善,中度择伐平均混交度最大,经过更长时间的恢复,甜槠平均混交度呈下降趋势,这主要是由于甜槠中度混交的比例明显增长,说明了甜槠与其他优势树种占据相等的资源位,形成互利共生的局势,这也是稳定的林分结构的发展趋势;木荷和虎皮楠经择伐恢复后,平均混交度一直在不断地增加,特别是中度择伐变化最明显。马尾松由于株数少,主要是散生在阔叶树中,所以混交度很高,除了强度和极强度择伐外,马尾松平均混交度都明显增长,甚至达到 1.0。综上分析可知,经过更长时间的恢复后,弱度和中度择伐对于林分混交度提高的优势更加凸显,林分结构更趋于稳定。

表 3-3-35　不同强度择伐样地主要树种混交度(%)

择伐类型	树种	零度混交		弱度混交		中度混交		强度混交		极强度混交		平均混交度	
		10 年	15 年	10 年	15 年	10 年	15 年	10 年	15 年	10 年	15 年	10 年	15 年
未采伐	甜槠	0.17	0.37	0.37	0.00	0.27	0.37	0.19	0.13	0.00	0.13	0.37	0.41
	米槠	0.00	0.50	0.67	0.00	0.13	0.00	0.13	0.13	0.07	0.37	0.40	0.47
	木荷	0.00	0.00	0.50	0.36	0.31	0.19	0.06	0.18	0.13	0.27	0.45	0.59
	虎皮楠	—	0.00	—	0.50	—	0.37	—	0.13	—	0.00	—	0.41
	马尾松	0.00	0.00	0.00	0.00	0.00	0.00	0.50	0.25	0.50	0.75	0.88	0.94

（续）

择伐类型	树种	零度混交		弱度混交		中度混交		强度混交		极强度混交		平均混交度	
		10 年	15 年	10 年	15 年	10 年	15 年	10 年	15 年	10 年	15 年	10 年	15 年
弱 度	甜 槠	0.08	0.06	0.32	0.26	0.29	0.49	0.16	0.11	0.15	0.08	0.49	0.47
	米 槠	0.00	0.00	0.13	0.21	0.23	0.25	0.42	0.39	0.22	0.15	0.68	0.62
	木 荷	0.00	0.00	0.10	0.11	0.25	0.26	0.55	0.42	0.10	0.21	0.66	0.68
	虎皮楠	0.00	0.00	0.04	0.14	0.38	0.18	0.48	0.14	0.10	0.54	0.66	0.77
	马尾松	0.00	0.00	0.00	0.00	0.00	0.15	0.40	0.08	0.60	0.77	0.90	0.90
中 度	甜 槠	0.00	0.17	0.12	0.17	0.48	0.27	0.30	0.19	0.10	0.20	0.60	0.52
	米 槠	0.00	0.00	0.22	0.15	0.51	0.45	0.11	0.23	0.16	0.17	0.55	0.60
	木 荷	0.14	0.23	0.25	0.05	0.22	0.15	0.19	0.30	0.20	0.27	0.51	0.59
	虎皮楠	0.00	0.00	0.00	0.00	0.41	0.00	0.18	0.63	0.41	0.37	0.75	0.84
	马尾松	0.00	0.00	0.00	0.00	0.00	0.00	0.67	0.00	0.33	1.00	0.83	1.00
强 度	甜 槠	0.20	0.13	0.25	0.28	0.27	0.22	0.24	0.28	0.04	0.09	0.41	0.48
	米 槠	0.29	0.29	0.10	0.25	0.14	0.10	0.23	0.31	0.24	0.05	0.51	0.39
	木 荷	0.00	0.10	0.21	0.03	0.21	0.20	0.36	0.27	0.22	0.40	0.64	0.71
	虎皮楠	0.05	0.22	0.29	0.00	0.26	0.39	0.21	0.17	0.19	0.22	0.55	0.54
	马尾松	0.00	0.00	0.00	0.00	0.00	0.47	0.33	0.26	0.67	0.27	0.92	0.70
极强度	甜 槠	0.10	0.29	0.31	0.18	0.27	0.18	0.13	0.35	0.19	0.00	0.49	0.40
	米 槠	0.22	0.36	0.28	0.27	0.19	0.21	0.22	0.11	0.09	0.05	0.42	0.31
	木 荷	0.00	0.00	0.11	0.08	0.43	0.21	0.21	0.50	0.25	0.21	0.65	0.71
	虎皮楠	0.14	0.00	0.14	0.00	0.30	0.00	0.31	0.80	0.11	0.20	0.53	0.80
	马尾松	0.00	0.00	0.00	0.10	0.00	0.50	0.00	0.30	1.00	0.10	1.00	0.60

3.5.3 林木大小分化程度

大小比数是表述林内林木个体大小分化程度的参数，它既可反映不同树种在林分中的生长优劣程度，也可反映林分的潜在发育与更新能力。从不同强度择伐下各样地平均大小比数伐后更新10年和15年变化情况对比可知(图3-3-12)，各样地的平均大小比数变化范围不大，在0.02~0.03之间；经过伐后10年恢复，强度和极强度择伐的平均林木大小比数较大，弱度择伐次之，中度择伐最小；但经过15年恢复后，弱度和中度择伐样地都呈现明显的增长趋势，其中变化最显著的为中度择伐，变化值为0.04，而强度择伐和极强度择伐却呈现下降的趋势。这说明了弱度和中度择伐后林分潜在的发育和更新能力的发挥，比强度和极强度择伐需要更长的时间恢复，且潜力更大；从森林长期可持续经营的角度出发，弱度和中度择伐的优越性更明显。

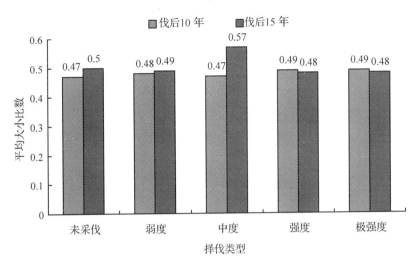

图 3-3-12 不同强度择伐样地林木平均大小比数

根据大小比数的定义可知，当 U_i 越小就代表相邻木比对象木大的个数越多，对象木不占优势。根据不同强度择伐样地主要树种大小比数（表 3-3-36）伐后恢复 10 年和 15 年的对比情况分析可知，未采伐样地 5 个优势树种中仅有甜槠的平均大小比数下降，甜槠的优势地位在逐渐凸显，而马尾松却由优势状态转变为劣势；弱度和中度择伐样地中甜槠、米槠和虎皮楠的优势度都逐渐趋向中庸，强度和极强度择伐样地则是米槠、木荷和虎皮楠，说明了 3 个树种在种间的相互作用下逐渐趋于平衡，达成互利共生局面；弱度和中度择伐出现木荷的优势度明显下降的情况，是由于弱度择伐过程中以采伐木荷为主，保留下来的木荷大径木少，中度择伐则是由于木荷生长初期生长速度较缓慢，随着其他优势树种的不断更新和生长，其优势地位正在逐渐削弱，故前期恢复过程中，木荷处于劣势；而虎皮楠在不同强度择伐干扰下，优势却逐渐凸显，特别是极强度择伐由伐后 10 年的中庸状态变为亚优状态，这主要是由于择伐过程中并没有采伐虎皮楠，随着被采伐优势树种的逐渐恢复，林分内新生小径材数增多，虎皮楠的优势地位就越凸显；在伐后 10 年的恢复过程中马尾松一直处于优势或亚优的地位，这主要是由于马尾松是强阳性树种，林冠疏开有利于其生长，但是随着优势树种的逐渐恢复，林分密度不断增大，马尾松逐渐处于劣势，特别是弱度和中度择伐变化最明显。这也说明了对于不同目的的树种的科学经营，宜根据树种的生物学特性采取不同的择伐强度。

表 3-3-36 不同强度择伐样地主要树种大小比数

采伐类型	树种	优势		亚优		中庸		劣势		极劣势		平均大小比数	
		10 年	15 年	10 年	15 年	10 年	15 年	10 年	15 年	10 年	15 年	10 年	15 年
未采伐	甜槠	0.28	0.31	0.14	0.19	0.10	0.19	0.24	0.19	0.24	0.13	0.50	0.41
	米槠	0.20	0.13	0.20	0.25	0.20	0.13	0.20	0.13	0.20	0.38	0.50	0.59
	木荷	0.19	0.09	0.19	0.09	0.24	0.36	0.25	0.27	0.13	0.18	0.48	0.59
	虎皮楠	—	0.13	—	0.25	—	0.25	—	0.25	—	0.13	—	0.50
	马尾松	0.75	0.00	0.00	0.00	0.25	0.25	0.00	0.00	0.00	0.75	0.13	0.88

（续）

采伐类型	树种	优势		亚优		中庸		劣势		极劣势		平均大小比数	
		10年	15年	10年	15年	10年	15年	10年	15年	10年	15年	10年	15年
弱度	甜槠	0.24	0.15	0.15	0.17	0.33	0.26	0.13	0.25	0.15	0.17	0.45	0.53
	米槠	0.08	0.27	0.35	0.15	0.13	0.21	0.17	0.15	0.27	0.23	0.55	0.48
	木荷	0.25	0.05	0.30	0.05	0.25	0.21	0.20	0.47	0.00	0.21	0.35	0.68
	虎皮楠	0.10	0.23	0.38	0.27	0.14	0.09	0.14	0.24	0.24	0.18	0.51	0.47
	马尾松	0.47	0.00	0.33	0.23	0.07	0.15	0.13	0.15	0.00	0.46	0.22	0.71
中度	甜槠	0.25	0.13	0.26	0.16	0.25	0.27	0.12	0.26	0.12	0.18	0.40	0.55
	米槠	0.17	0.15	0.29	0.25	0.11	0.12	0.32	0.30	0.11	0.18	0.48	0.53
	木荷	0.19	0.11	0.36	0.05	0.11	0.27	0.17	0.18	0.17	0.39	0.44	0.67
	虎皮楠	0.00	0.26	0.17	0.26	0.48	0.16	0.18	0.11	0.17	0.21	0.59	0.43
	马尾松	0.50	0.00	0.17	0.00	0.00	0.17	0.33	0.00	0.00	0.83	0.29	0.92
强度	甜槠	0.25	0.09	0.20	0.09	0.26	0.31	0.20	0.25	0.09	0.25	0.42	0.62
	米槠	0.33	0.21	0.20	0.17	0.15	0.23	0.14	0.17	0.14	0.23	0.38	0.51
	木荷	0.32	0.13	0.29	0.23	0.25	0.37	0.14	0.13	0.00	0.13	0.30	0.48
	虎皮楠	0.14	0.26	0.29	0.17	0.29	0.30	0.14	0.17	0.14	0.09	0.46	0.41
	马尾松	0.67	0.13	0.33	0.07	0.00	0.27	0.00	0.20	0.00	0.33	0.08	0.63
极强度	甜槠	0.23	0.18	0.37	0.29	0.17	0.06	0.08	0.24	0.15	0.24	0.39	0.52
	米槠	0.28	0.26	0.22	0.10	0.17	0.19	0.14	0.19	0.19	0.26	0.44	0.52
	木荷	0.36	0.21	0.24	0.07	0.18	0.29	0.11	0.21	0.11	0.21	0.34	0.54
	虎皮楠	0.11	0.20	0.19	0.60	0.22	0.20	0.24	0.00	0.24	0.00	0.58	0.25
	马尾松	1.00	0.40	0.00	0.10	0.00	0.00	0.00	0.20	0.00	0.10	0.00	0.38

3.5.4　林木空间分布格局

用角尺度描述林木空间分布格局，关注的是林木个体之间的方位关系，不需分树种统计，只需考虑整个样地取值情况即可。根据角尺度定义，其值越大则参照树周围的相邻木分布越不均匀。从不同强度择伐样地的平均角尺度变化情况分析可见，无论是伐后10年，还是伐后15年，各样地的平均角尺度均大于0.517，根据空间分布格局判别标准，当角尺度平均值 W_i <0.457时为均匀分布，当 $0.457 \leqslant W_i \leqslant 0.517$ 时为随机分布，当 $W_i > 0.517$ 时为团状分布[4]，因此可知各样地林木均为团状分布，说明采伐并没有改变林木的空间分布格局。在经过不同强度择伐后，各样地的平均角尺度起初呈凹形抛物线变化，但是在经过15年恢复后，未采伐和极强度择伐样地的平均角尺度急剧下降，各择伐样地的平均角尺度几乎处于同一水平，进一步证明了择伐对于林木的空间分布格局影响不大(图3-3-13)。

结合平均角尺度的分布频率分析可知，经过伐后10年恢复所有样地绝对均匀分布的比例为0，但是15年后弱度择伐和极强度择伐样地中出现了绝对均匀分布的情况；各择伐样地团

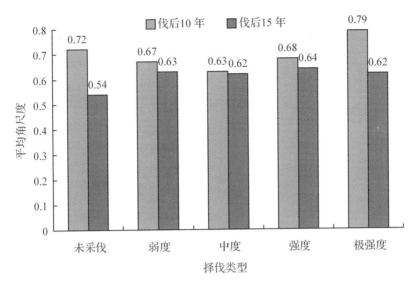

图 3-3-13　不同强度择伐样地平均角尺度

状分布的比例都在减小,说明了伴随着人为的干扰,林分团状分布的状态有所改善;无论是伐后 10 年,还是伐后 15 年,弱度择伐样地树种不均匀分布情况的比例没有变化,且依旧是最大的,而中度择伐样地处于随机分布状态的树种由 32% 上升到 50%,是所有样地中变化最为明显的(表 3-3-37)。一般来说,天然林林分个体呈现随机分布的特征,这说明了中度择伐相对于其他强度的择伐更有利于林木空间格局的优化。

表 3-3-37　不同强度择伐样地平均角尺度分布频率

分布格局	未采伐		弱度择伐		中度择伐		强度择伐		极强度择伐	
	10 年	15 年	10 年	15 年	10 年	15 年	10 年	15 年	10 年	15 年
绝对均匀	0.00	0.03	0.00	0.02	0.00	0.00	0.00	0.00	0.00	0.03
均　匀	0.06	0.10	0.11	0.08	0.16	0.10	0.17	0.09	0.05	0.05
随　机	0.36	0.68	0.30	0.38	0.32	0.50	0.29	0.46	0.21	0.46
不均匀	0.23	0.06	0.39	0.39	0.33	0.22	0.28	0.24	0.26	0.34
团　状	0.35	0.13	0.20	0.13	0.19	0.18	0.26	0.21	0.48	0.12

3.5.5　小结与讨论

　　传统的森林经营体系仅注重林木径级分布、树高、蓄积量和生长量等指标,却忽视了林分的空间结构信息。通过采用混交度、大小比数和角尺度参数来描述林分空间结构,能够真实地描述林分的空间结构组成,有利于指导森林的恢复与合理经营。通过择伐可以改变林木的空间关系、竞争态势和分布格局。从试验样地伐后 10 年和伐后 15 年林分空间结构变化情况来看,天然林林木格局比较稳定,基本处于随机分布状态,林分的混交程度较高,林分隔离程度较好,但林分的空间大小分化存在较大差异;弱度和中度择伐可以使林分的空间结构逐渐优化,趋于向稳定方向发展;而过度择伐会使林分空间结构变劣。因此,从天然林科学可持续经营角度出发,择伐强度应以弱度和中度为宜。

通过适度择伐可以优化林分的空间结构,林分的功能和稳定性也随之增强。但择伐效果受多方面影响,其中关键的影响因素是择伐强度的控制,择伐强度的大小严重制约了伐后林分的生长状况。因此,为了使择伐后林分中保留木和幼苗幼树有良好的生长条件和环境,必须严格控制择伐强度。若从短期经济效益获取的角度出发,强度择伐前期的平均大小比数值增长最快,说明了强度择伐前期的更新能力最强,此时的蓄积生长量最大;若从林分的长期可持续经营的角度出发,可考虑以林分空间结构优化为目的,进行择伐规划设计,可以获得更为理想的效果。从前述的结果分析可知,弱度和中度择伐作业更有利于林分空间结构的优化经营,基于林分空间结构优化的择伐经营方式,应满足总体择伐量不超过中度择伐这一基本前提条件。

3.6 不同强度择伐对凋落物养分含量影响

通过分析天然次生林不同强度择伐作业10年后的林地凋落物现存量及其养分含量,以期为天然次生林择伐后林地凋落物养分循环及土壤肥力变化的研究奠定基础。

3.6.1 凋落物现存量分析

随着森林的采伐,乔灌木凋落物的减少,有机质分解条件及分解速度的改变,使凋落物层厚度与数量都明显减少,其减少程度因采伐方式而异,皆伐迹地变化大,择伐迹地变化较小。不同强度采伐类型10年后林地上凋落物的现存量,见表3-3-38。

表3-3-38 不同强度采伐类型10年后林地凋落物养分总量(kg/m^2)

采伐类型	N	P	K	Ca	Mg	总计
未采伐	29.16	17.19	23.32	38.49	21.62	129.78
弱度择伐	22.23	14.92	20.90	50.43	20.37	128.85
中度择伐	21.36	14.68	18.07	34.60	19.62	108.34
强度择伐	18.73	13.49	16.04	22.67	22.14	93.08
极强度择伐	11.62	10.17	16.94	25.51	13.41	77.66
皆 伐	10.18	7.94	7.21	15.20	11.04	51.57

由表3-3-38可知,天然次生林经不同强度采伐作业10年后,其林地上凋落物现存量差异明显。按凋落物现存量大小顺序排列,表现为:未采伐>弱度择伐>中度择伐>强度择伐>极强度择伐>皆伐,即随着采伐强度的增大,林地凋落物现存量呈递减趋势。从凋落物各组分现存量看,各组分所占比例大小均为枯叶>枯枝>其他。这主要是因为森林采伐后,光照、温度和湿度等环境条件发生了变化,促进了凋落物层的分解,随采伐强度的增大,林地植被受破坏程度加剧。

3.6.2 凋落物养分含量分析

不同采伐类型10年后林地上凋落物各组分的养分含量,见表3-3-39。凋落物中养分元素的含量除了受土壤供肥状况的影响，还与自身的生理功能、调节及迁移有关，且林地上群落类型多，凋落物的组成复杂。因此，养分元素含量的规律性不甚明显，但仍然表现出一定的趋势。凋落物中 N、P、K、Ca 和 Mg 的含量范围分别为 0.09% ~ 0.69%、0.13% ~ 0.53%、0.11% ~ 0.59%、0.18% ~ 1.46% 和 0.16% ~ 0.74%。依据养分元素在凋落物各组分中的平均值大小排列，5 种元素含量大小为：Ca > Mg > N（弱度和未采伐林地上 N > Mg）或 K > P（强度择伐和皆伐林地上 P > K）。弱度择伐林地上凋落物中 Ca 含量的平均值在 6 种采伐类型林地凋落物中最高，达 0.98%。

　　由林地凋落物现存量以及凋落物中各组分的养分元素的含量，就可以计算出凋落物中的养分总量。未采伐林地上凋落物的养分总量最大，其他进行不同强度采伐作业 10 年后的林地上凋落物养分总量均比未采伐林地小，且随着采伐强度的增大，林地上凋落物的养分总量呈下降趋势。这主要是由于不同强度采伐作业 10 年后林地凋落物现存量随采伐强度增大而降低所导致，说明采伐干扰对林地凋落物现存量造成不利影响，也不利于林地养分含量的蓄存，且随采伐强度的增大而破坏程度加剧。弱度择伐后林地凋落物的养分总量与未采伐林地最接近，其次是中度择伐。而强度择伐、极强度择伐和皆伐后林地凋落物的养分总量比未采伐林地明显下降许多。说明弱度择伐和中度择伐 10 年后林地凋落物养分总量基本恢复到伐前水平。因此，对森林进行采伐时应控制适宜的采伐强度，最大限度地减小采伐干扰给林地凋落物现存量及其养分含量带来的不利影响。

表 3-3-39　不同采伐类型 10 年后凋落物各组分养分含量（%）

采伐类型	组　分	N	P	K	Ca	Mg
未采伐	枯　叶	0.55	0.31	0.44	0.57	0.38
	枯　枝	0.36	0.19	0.22	0.83	0.35
	其　他	0.16	0.20	0.20	0.73	0.19
	平均值	0.36	0.23	0.29	0.71	0.31
弱度择伐	枯　叶	0.46	0.32	0.45	0.86	0.41
	枯　枝	0.31	0.17	0.23	1.46	0.40
	其　他	0.34	0.22	0.31	0.62	0.16
	平均值	0.37	0.24	0.33	0.98	0.32
中度择伐	枯　叶	0.52	0.33	0.42	0.70	0.43
	枯　枝	0.19	0.21	0.22	0.73	0.32
	其　他	0.09	0.13	0.12	0.46	0.17
	平均值	0.27	0.22	0.25	0.63	0.31
强度择伐	枯　叶	0.48	0.32	0.43	0.55	0.58
	枯　枝	0.39	0.23	0.24	0.63	0.39
	其　他	0.26	0.50	0.30	0.18	0.38
	平均值	0.38	0.35	0.32	0.45	0.45

（续）

采伐类型	组　分	N	P	K	Ca	Mg
极强度择伐	枯　叶	0.37	0.29	0.59	0.76	0.44
	枯　枝	0.21	0.32	0.11	0.50	0.24
	其　他	0.26	0.23	0.36	1.03	0.17
	平均值	0.28	0.28	0.35	0.76	0.28
皆伐	枯　叶	0.69	0.53	0.48	1.03	0.74
	枯　枝	0.32	0.22	0.21	0.51	0.38
	其　他	0.30	0.46	0.41	0.38	0.39
	平均值	0.44	0.40	0.37	0.64	0.50

3.6.3　小结与讨论

森林凋落物是森林生态系统重要的养分库，许多有关林木养分和土壤肥力的问题都与到达林地的凋落物数量、质量及分解速率等有关。所研究的天然次生林不同强度采伐作业10年后林地上凋落物现存量及其养分含量分析中，经过不同强度采伐作业10年后的林地上凋落物现存量，均比未采的林地上凋落物现存量小，且随着采伐强度的增大而降低；从凋落物各组分养分含量的平均值来看，总的趋势表现为Ca > Mg > N或K > P；经过不同强度采伐作业10年后的林地凋落物养分总量随着采伐强度的增大，呈下降趋势，凋落物中N、P和K的总量均比未采伐林地低，且随采伐强度的增大而降低，其他养分元素总量的规律性不甚明显。养分元素含量随采伐强度加大而降低的主要原因，是随采伐强度加大而林分郁闭度变小，林地光照增强，使得枯落物分解率加大，养分元素在地表与渗入土壤都产生大量流失所致。弱度择伐和中度择伐后林地养分总量与未采伐林地比较接近，说明弱度和中度择伐10年后林地凋落物养分总量基本能得到恢复，强度采伐（强度择伐、极强度择伐和皆伐）10年后林地凋落物养分总量仍未得到恢复。采伐干扰不可避免地会对森林凋落物造成一定程度的影响，其破坏的程度随采伐强度的增大而加大，低强度（弱度或中度）择伐作业，可最大限度地降低采伐干扰对森林凋落物带来的不利影响。因此，在天然次生林合理经营中，应大力提倡弱度或中度择伐作业方式，对生态公益林也应如此。

3.7　择伐强度对天然林伐后不同年限土壤理化特性

通过天然次生林择伐与更新长期跟踪试验样地的调查，采用主成分分析法，定量分析天然次生林不同择伐强度伐后10年与15年土壤理化特性的动态变化，旨在揭示天然次生林伐前及伐后不同年限土壤理化特性的演变规律，从而为确定天然次生林的最优择伐强度提供科学依据。

3.7.1　数据分析与处理

为了有效地显示所有样本与变量之间的关系，所有数据应该同时进行处理。因此，选用多元分析中的主成分分析法研究土壤的理化性质。主成分分析法将原来变量重新组合成一组新的互相无关的几个综合变量，同时根据实际需要从中可以取出几个较少的综合变量，尽可能多地反映原来变量的信息用 F_1（选取的第一个线性组合，即第一个综合指标）的方差来表达，即 $Var(F_1)$ 越大，表示 F_1 包含的信息越多。因此在所有的线性组合中选取的 F_1 应该是方差最大的，故称 F_1 为第 1 主成分。如果第 1 主成分不足以代表原来 P 个指标的信息，再考虑选取 F_2，即选第二个线性组合，则称 F_2 为第 2 主成分，依此类推可以构造出第 3、第 4，…，第 P 个主成分[43]。

3.7.1.1　单因子分析

对测定样地的土壤理化特性与未采伐的对照样地进行比较，计算不同采伐方式林地土壤理化特性的变化率，即 R 值，实验数据来自实地测量和实验分析。

$$R = \frac{(S_{ij} - S_{i0})}{S_{i0}} \times 100\% \qquad (3\text{-}3\text{-}37)$$

式中：R——土壤因子变化率；

　　　　S_{ij}——测定样地进行 j 强度采伐的土壤 i 性质因子值；

　　　　S_{i0}——对照样地土壤的 i 性质因子值。

3.7.1.2　综合评价分析

为了有效地显示所有样本与变量之间的关系，所有数据应该同时进行处理。因此，选用多元分析中的主成分分析法研究土壤的理化性质。

利用主成分分析法进行数据处理，计算土壤理化特性指标的权重值，再根据主成分因子得分和权重值，计算其综合评价得分：

$$F = \sum_{j=1}^{K} \eta_j F_j \qquad (3\text{-}3\text{-}38)$$

式中：F——土壤因子综合评价得分；

　　　　η_j——第 j 个因子的方差贡献率；

　　　　F_j——各主成分得分因子值。

3.7.2　天然林择伐后不同年限土壤理化特性结果分析

3.7.2.1　土壤物理性质分析

森林土壤是森林涵养水源的主体，土壤的物理性质直接关系着森林土壤蓄水能力的大小。土壤的物理性质包括土壤质地、土壤结构性、孔性、土壤水分特性和通气性等。土壤密度是反映土壤疏松程度及透水通气性的重要指标，决定土壤水源涵养与供给水分的能力；土壤孔隙度直接影响土壤的通透性以及植物根系在土壤中穿插的难易程度，对土壤中水、肥、气、热和生物活性等发挥着不同的功能；土壤结构稳定性是影响土壤通透及抗蚀等性能的重要因子；土壤的持水能力是土壤涵养水源和调节水分循环的重要指标，反映了土壤的调蓄能力。表 3-3-40 为试验地伐后 10 年和伐后 15 年的土壤物理性质测量值。土壤物理性质指标随采伐强度呈一定的变化趋势。随着时间的推移，土壤的多项指标有所恢复。其中以结构体破坏率下降最为明显，弱度及中度择伐，伐后 10 年结构体破坏率分别为 12.38% 和 11.89，伐后 15 年为 3.22% 和 2.71%，降幅分别为 73.99% 和 77.21%。土壤密度也得到一定程度改善。

表 3-3-40　不同择伐强度伐后不同年限土壤物理性质分析

采伐强度		土壤密度 (g/cm³)	>0.25 mm 水稳性团聚体 (%)	结构体破坏率 (%)	最大持水量 (%)	最小持水量 (%)	毛管持水量 (%)	总孔隙度 (%)	毛管孔隙度 (%)	非毛管孔隙度 (%)
伐后10年	未　伐	1.23 (0.21)[a]	70.7 (1.7)	12.38 (0.22)	45.4 (5.1)	29.3 (0.1)	34.4 (1.9)	54.77 (1.7)	41.5 (0.3)	13.2 (1.2)
	弱　度	1.05 (0.13)	71.9 (3.5)	11.89 (0.18)	59.2 (5.2)	39.3 (2.2)	43.0 (1.5)	62.3 (1.3)	44.9 (1.5)	19.9 (1.7)
	中　度	1.18 (0.04)	73.1 (2.6)	9.62 (0.05)	51.3 (3.8)	32.8 (1.0)	38.7 (1.1)	60.0 (0.9)	45.3 (1.2)	14.8 (0.2)
	强　度	1.24 (0.16)	68.6 (1.4)	13.51 (0.72)	43.9 (1.6)	28.4 (0.9)	34.2 (0.7)	53.6 (0.7)	41.8 (0.7)	11.8 (0.4)
	极强度	1.28 (0.21)	67.0 (2.6)	14.05 (1.16)	41.8 (1.0)	25.0 (0.3)	34.1 (0.9)	53.2 (0.4)	43.2 (0.9)	10.0 (0.5)
	皆　伐	1.35 (0.33)	64.7 (1.4)	17.78 (1.87)	37.0 (2.3)	22.2 (1.3)	31.0 (1.0)	49.8 (0.6)	41.7 (0.4)	8.1 (0.8)
伐后15年	未　伐	1.11 (0.06)	68.8 (1.5)	3.22 (0.01)	46.4 (4.8)	28.3 (0.4)	31.0 (1.4)	50.2 (0.9)	33.2 (0.8)	14.3 (1.0)
	弱　度	0.99 (0.07)	69.3 (3.7)	2.71 (0.01)	51.7 (5.4)	30.5 (1.2)	36.4 (2.2)	53.6 (0.8)	38.0 (1.2)	17.1 (0.7)
	中　度	1.06 (0.08)	70.5 (2.2)	2.18 (0.02)	50.2 (3.2)	30.2 (0.4)	36.1 (1.0)	52.7 (0.6)	36.8 (0.5)	15.3 (1.8)
	强　度	1.08 (0.02)	71.7 (1.0)	2.43 (0.04)	49.3 (4.6)	29.9 (0.7)	35.8 (0.9)	52.4 (1.6)	39.5 (0.3)	14.8 (0.4)
	极强度	1.18 (0.26)	67.1 (2.1)	4.95 (0.03)	44.8 (3.9)	25.6 (0.2)	29.6 (0.1)	48.1 (0.2)	39.2 (0.4)	13.7 (0.4)
	皆　伐	1.20 (0.35)	64.5 (0.9)	4.99 (0.06)	41.6 (4.3)	24.7 (0.6)	27.8 (0.2)	46.9 (0.8)	38.4 (0.2)	12.6 (1.7)

注：[a] 括号里的值表示标准差。

由表 3-3-40 可知，持水量随采伐强度的增加而减少。增加采伐强度均导致土壤密度增加，孔隙度减少，这表明土壤的通透性及水分的转移和贮蓄能力下降；持水量的不断减少则表明土壤水源涵养能力在不断减弱。根据 R 值计算(表 3-3-41)，弱度和中度择伐 10 年后及弱度、中度和强度择伐 15 年后，土壤的物理性质基本能恢复到伐前水平。大部分土壤物理性质在伐后 15 年不能完全恢复甚至有所削弱。

表 3-3-41　土壤物理性质变化率(与对照样地)

土壤性质	伐后 10 年					伐后 15 年				
	弱　度	中　度	强　度	极强度	皆　伐	弱　度	中　度	强　度	极强度	皆　伐
土壤密度(g/cm³)	-14.3	-3.6	1.1	4.4	9.9	-10.6	-5.2	-3.2	5.8	7.8
>0.25 mm 水稳性团聚体(%)	1.8	3.5	-3.0	-5.2	-8.5	0.7	2.5	4.3	-2.5	-6.3
结构体破坏率(%)	-3.9	-22.3	9.1	13.5	43.6	-15.9	-32.3	-24.3	53.5	54.9
最大持水量(%)	30.6	13.1	-3.3	-7.8	-18.4	11.4	8.2	6.2	-3.4	-10.3
最小持水量(%)	33.9	11.9	-3.2	-14.9	-24.4	7.7	6.7	5.5	-9.7	-12.9
毛管持水量(%)	25.1	12.5	-0.6	-1.0	-9.9	17.6	16.7	15.6	-4.5	-10.2
总孔隙度(%)	13.7	9.6	-2.1	-2.9	-9.0	6.7	5.1	4.3	-4.2	-6.6
毛管孔隙度(%)	8.1	9.0	0.6	4.1	0.3	14.4	10.7	18.8	17.9	15.7
非毛管孔隙度(%)	50.7	11.5	-10.7	-24.8	-38.5	19.7	7.0	3.9	-4.2	-11.8

不同采伐强度下的土壤物理性质的变化率有所不同。伐后 10~15 年，极强度择伐和皆伐下，土壤结构体变化率和 >0.25 mm 水稳性团聚体变化速度低于未伐样地，但在弱度、中度和强度择伐下则高于未伐样地。然而，最大持水量和最小持水量在弱度和中度择伐迅速降低。

同样地，非毛管孔隙度在弱度和中度择伐时有所降低，却在强度、极强度和皆伐下迅速增加（表 3-3-42）。

表 3-3-42　伐后 10～15 年土壤物理性质变化率

采伐强度	土壤密度（g/cm³）	>0.25 mm 水稳性团聚体（%）	结构体破坏率（%）	最大持水量（%）	最小持水量（%）	毛管持水量（%）	总孔隙度（%）	毛管孔隙度（%）	非毛管孔隙度（%）
未　伐	−9.3	−2.7	−73.9	2.3	−3.4	−10.0	−8.3	−20.1	7.7
弱　度	−5.3	−3.7	−77.2	−12.8	−22.3	−15.4	−13.9	−15.5	−14.5
中　度	−10.8	−3.6	−77.3	−2.2	−8.0	−6.6	−12.2	−18.9	3.4
强　度	−13.2	4.7	−81.9	12.3	5.3	4.7	−2.3	−5.6	25.3
极强度	−8.2	0.1	−64.8	7.2	2.4	−13.2	−9.6	−9.4	37.2
皆　伐	−11.1	−0.3	−71.9	12.4	11.3	−10.3	−5.9	−7.8	54.6

因此，尽管土壤的物理性质在森林采伐作业后有所改善，但是强度、极强度和皆伐作业会使土壤的一些物理性质受到长期的损害。最主要的长期损害主要表现在土壤持水力和孔隙度。

3.7.2.2　土壤化学性质分析

土壤的化学性质决定着林木的生长及分布，对土壤化学性质的分析有利于为改良土壤、提高肥力和补充作物所需营养元素提供理论依据。林地凋落物分解后形成的腐生质和有机质是天然次生林土壤养分的主要来源，土壤养分是衡量土壤肥力的主要因素，反映了森林对土壤的影响。常用的化学指标有土壤有机质以及 N、P、K 的全量和速效量，这些指标可综合反应土壤的养分状况，常在近自然经营的土壤调查中被采用。

一般来说，土壤的化学性质随采伐强度的增加而降低（表 3-3-43、表 3-3-44）。土壤有机质、全 N、水解性 N 和全 P，在弱度和中度择伐 10 年后，强度择伐 15 年后，基本能恢复到伐前水平。极强度和皆伐下的土壤化学性质要恢复到伐前水平，估计要 20 年以上的时间。随着采伐强度的增加，林冠失去了截留作用，在雨季时容易引起地表径流，造成严重水土流失，土壤肥力下降。极强度和皆伐作业，土壤养分总体呈下降趋势，且低于未伐样地。这表明，极强度择伐和皆伐作业使 N 在这一领域有所流失。

表 3-3-43　不同采伐强度伐后不同年限土壤化学性质分析

采伐强度		有机质（g/kg）	全 N（g/kg）	水解性 N（mg/kg）	全 P（g/kg）	速效 P（mg/kg）	全 K（g/kg）	速效 K（mg/kg）
伐后10 年	未　伐	25.1 (0.4)	0.95 (0.02)	86.8(14.5)	0.092 (0.002)	3.52 (0.02)	54.29 (0.63)	124.4 (3.7)
	弱　度	25.6 (1.2)	0.99 (0.08)	93.9 (14.4)	0.106 (0.010)	3.23 (0.02)	53.02 (0.67)	105.3 (4.1)
	中　度	25.2 (0.5)	0.97 (0.10)	93.1 (17.5)	0.108 (0.010)	3.05 (0.03)	49.70 (0.12)	86.1 (4.3)
	强　度	22.8 (1.0)	0.84 (0.10)	78.1 (9.8)	0.091 (0.005)	2.38 (0.06)	38.60 (0.09)	74.2 (2.8)
	极强度	20.1 (0.4)	0.77 (0.05)	75.5 (7.1)	0.090 (0.003)	1.78 (0.07)	36.18 (0.51)	63.3 (3.8)
	皆　伐	18.7 (0.7)	0.65 (0.06)	56.8 (1.7)	0.089 (0.001)	1.53 (0.03)	34.97 (0.09)	47.9 (1.9)

(续)

采伐强度		有机质 (g/kg)	全 N (g/kg)	水解性 N (mg/kg)	全 P (g/kg)	速效 P (mg/kg)	全 K (g/kg)	速效 K (mg/kg)
伐后 15 年	未　伐	23.0 (0.4)	0.97 (0.01)	80.4 (12.8)	0.080 (0.004)	1.47 (0.01)	17.37 (0.05)	81.2 (3.4)
	弱　度	25.3 (1.0)	1.07 (0.05)	93.2 (11.7)	0.091 (0.006)	0.54 (0.05)	13.44 (0.09)	79.1 (1.7)
	中　度	25.0 (0.4)	1.01 (0.11)	85.8 (10.6)	0.087 (0.003)	0.45 (0.06)	8.91 (0.03)	74.0 (3.4)
	强　度	24.6 (0.4)	0.99 (0.07)	83.6 (13.1)	0.085 (0.007)	0.42 (0.03)	8.90 (0.08)	51.2 (2.3)
	极强度	21.4 (0.5)	0.84 (0.05)	76.6 (12.3)	0.067 (0.008)	0.35 (0.04)	6.51 (0.08)	48.0 (2.3)
	皆　伐	18.1 (0.3)	0.72 (0.04)	74.9 (3.6)	0.060 (0.003)	0.31 (0.04)	5.80 (0.06)	37.5 (1.1)

注:括号里的值表示标准差。

表 3-3-44　化学性质变化率(与对照样地)(%)

土壤性质	伐后 10 年					伐后 15 年				
	弱　度	中　度	强　度	极强度	皆　伐	弱　度	中　度	强　度	极强度	皆　伐
有机质	1.9	0.4	-9.2	-19.9	-25.5	10.0	8.7	6.9	-6.9	-21.3
全 N	4.2	2.1	-11.6	-18.9	-31.6	10.3	4.1	2.1	-13.4	-25.8
水解性 N	8.3	7.3	-10.0	-13.1	-34.6	15.9	6.7	4.0	-4.7	-6.8
全 P	15.2	17.4	-1.1	-2.2	-3.3	13.8	8.8	6.3	-16.9	-25.0
速效 P	-8.2	-13.4	32.4	-49.4	-56.5	-63.3	-69.7	-71.4	-76.2	-78.9
全 K	-2.3	-8.5	-28.9	-33.4	-35.6	-22.6	-48.7	-48.8	-62.5	-66.6
速效 K	-15.3	-30.7	-40.4	-49.1	-61.5	-2.6	-8.8	-36.9	-40.8	-53.9

速效 P、K 和全 K 在伐后 15 年不能有所恢复,甚至比伐后 10 年有所降低。全 K 和速效 P、K 的减少,有一部分原因是树木在生长过程中的吸取。因此,即使是弱度择伐,P 和 K 在林地的流失都是值得考虑的问题。

3.7.2.3　未伐样地理化特性比较

未伐样地的土壤状况在一定程度上反映了土壤理化特性的动态变化规律,比较林地未伐 10 年与未伐 15 年后的土壤理化特性指标值,说明未伐样地间的土壤理化特性关系,可为进一步分析择伐强度对伐后不同年限土壤理化特性的影响提供依据。将不同年限的指标值转换成百分比堆积图进行说明,如图 3-3-14。

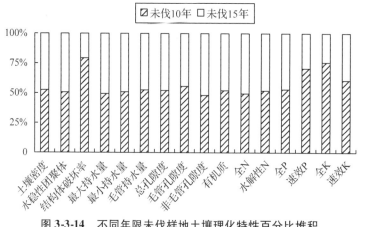

图 3-3-14　不同年限未伐样地土壤理化特性百分比堆积

由图 3-3-14 可知，15 年未伐样地土壤各理化特性的指标所占比例，普遍低于 10 年未伐样地水平，其中结构体破坏率、速效 P 及全 K 表现尤为明显。10 年未伐样地结构体破坏率为 12.38%，15 年下降为 3.22%，说明林地植被恢复程度增加，抵抗破坏的能力增强；而速效 P 未伐 10 年为 3.52 g/kg，未伐 15 年下降，降幅 58.24%；全 K 未伐 15 年为 17.37 g/kg，比未伐 10 年降低 68.01%，说明样地土壤养分下降，林分生长趋于缓慢。

3.7.2.4　采伐强度影响比较

表 3-3-45 对各采伐强度下土壤的理化性质指标的均值与标准差等进行了描述。单因素方差分析的结果显示，伐后 10 年，统计量 F 对应的 P 值为 0.019，小于显著性水平 0.05；伐后 15 年，统计量 F 对应的 P 值为 0.028（表 3-3-46），小于显著性水平 0.05。说明伐后 10 年和伐后 15 年，采伐强度都对土壤理化性质有显著影响。

表 3-3-45　伐后 10 年与伐后 15 年土壤理化性质

采伐强度		土壤性质样本数 N	平均数	标准差	均数 95% 置信区间	
					下限	上限
伐后 10 年	未　伐	16	40.50	8.82	21.70	59.30
	弱　度	16	48.30	6.86	33.69	62.92
	中　度	16	36.57	7.73	20.10	53.04
	强　度	16	32.12	6.66	17.92	46.33
	极强度	16	19.20	4.38	9.87	28.53
	皆　伐	16	20.89	4.37	11.58	30.19
	总　数	96	32.93	2.86	27.26	38.60
伐后 15 年	未　伐	16	36.31	7.56	20.18	52.43
	弱　度	16	42.31	6.65	28.13	56.49
	中　度	16	30.64	7.24	15.20	46.08
	强　度	16	29.17	6.76	14.76	43.57
	极强度	16	16.74	4.10	8.01	25.48
	皆　伐	16	17.50	4.12	8.72	26.28
	总　数	96	28.78	2.65	23.51	34.05

表 3-3-46　单因素方差分析

		平方和	df	均方	F	显著性
伐后 10 年	组间	10 257.65	5	2051.53	2.880	0.019
	组内	64 111.62	90	712.35		
	总数	74 369.27	95			
伐后 15 年	组间	8 247.82	5	1649.56	2.650	0.028
	组内	56 014.02	90	622.38		
	总数	64 261.84	95			

3.7.2.5　主成分分析

利用综合得分法来评价土壤理化性质的总体影响，通过第 1 和第 2 主成分（F_1 和 F_2）进行加权平均计算。由于第1和第2主成分的累积贡献率超过85%和90%(表3-3-47),因此能证明林地土壤理化特性的受干扰程度。

表 3-3-47　特征值解释

主成分	伐后 10 年		伐后 15 年	
	F_1	F_2	F_1	F_2
特征值	9.36	5.19	7.84	5.87
贡献率(%)	58.50	32.41	48.97	36.71
累计贡献率(%)	58.50	90.91	48.97	85.68

注:F_1 和 F_2 分别为第1和第2主成分。

　　土壤理化特性的主成分分析见表3-3-48。这些系数的绝对值反映了每个土壤性质综合得分的相对重要性。基于各土壤性质的贡献率,伐后10年第1主成分 F_1 对各因子的负荷量绝对值为 X_{15}、X_{16}、X_{14}(前三个指标),伐后15年为 X_{14}、X_{15}、X_{16}(前三个指标)。同样地,伐后10年第2主成分 F_2 对各因子的因子负荷量绝对值为 X_9、X_5、X_1(前三个指标),伐后15年为 X_7、X_1、X_{10}(前三个指标)。因此,第1主成分主要反映土壤化学性质的影响,第2主成分主要反映土壤物理性质的影响。这两个主成分从单一方面反映了不同采伐强度对林地土壤理化特性的干扰程度,但单独一个公因子不同反映整体的情况,因此按照各公因子对应的贡献率,依据各因子荷载量,按公式3-3-38计算其综合得分,见表3-3-49。综合得分值越高,说明其干扰程度的综合程度越高,反之越低。

表 3-3-48　主成分分析

变量代码	指　　标	伐后 10 年		伐后 15 年	
		F_1	F_2	F_1	F_2
X_1	土壤密度	-0.449	0.864	-0.371	0.864
X_2	>0.25mm 水稳性团聚体	0.786	0.530	0.772	0.150
X_3	结构体破坏率	0.561	0.530	0.926	0.179
X_4	最大持水量	-0.649	0.757	-0.477	0.785
X_5	最小持水量	-0.445	0.867	0.671	0.720
X_6	毛管持水量	-0.824	0.555	-0.830	0.015
X_7	总孔隙度	-0.721	0.642	-0.294	0.942
X_8	毛管孔隙度	-0.875	-0.073	0.473	-0.274
X_9	非毛管孔隙度	-0.301	0.870	-0.556	0.814
X_{10}	有机质	0.878	0.427	0.428	0.822
X_{11}	全 N	0.852	0.521	0.599	0.792
X_{12}	水解性 N	0.664	0.709	-0.740	0.619
X_{13}	全 P	-0.894	0.083	0.589	0.782
X_{14}	速效 P	0.951	0.254	0.994	0.033
X_{15}	全 K	0.990	0.022	0.969	-0.097
X_{16}	速效 K	0.964	0.196	0.945	0.034

表 3-3-49　不同干扰强度因子得分

样点代码		主成分值		综合评价得分	排　序
		F_1	F_2		
伐后 10 年	Ⅰ（弱度）	-4.333	1.588	-2.021	5
	Ⅱ（中度）	-2.035	-1.383	-1.639	4
	Ⅲ（强度）	1.421	-2.563	0.001	3
	Ⅳ（极强度）	1.960	-0.670	0.929	2
	Ⅴ（皆伐）	2.990	3.023	2.729	1
伐后 15 年	Ⅰ（弱度）	-3.8610	2.022	-1.148	5
	Ⅱ（中度）	-1.4060	-1.072	-1.082	4
	Ⅲ（强度）	-0.0660	-2.702	-1.024	3
	Ⅳ（极强度）	2.333	-1.294	0.667	2
	Ⅴ（皆伐）	3.001	3.046	2.588	1

表 3-3-49 反映了采伐强度对土壤理化性质的综合影响。根据综合得分，伐后 10 年与伐后 15 年皆伐作业的综合评价值都达到最高，其次是极强度择伐、强度择伐、中度择伐和弱度择伐。因此，土壤理化性质的综合影响随采伐强度的增大而增大。

3.7.3　小结与讨论

对针阔混交的天然次生林研究样地进行随机分组划分，采伐自然恢复后的林地为研究对象，10 年和 15 年后土壤理化性质进行研究。涉及 5 种不同的采伐方式——弱度、中度、强度、极强度择伐和皆伐，并设立了对照样地，分别对土壤物理性质、化学性质和理化性质定量分析其特性的动态变化规律。研究结果表明：采伐强度对土壤理化性质有显著影响。土壤密度随采伐强度的增加而增加，但有机质、孔隙度和持水能力随采伐强度的增加而减少；采伐对土壤化学性质的影响，随采伐强度的增大而增加。总体来看，采伐强度的增加对土壤的理化性质产生了较为强烈的影响。

这些研究结果对研究样地及其周边的混交林的持续经营有重要影响。首先表现在经过弱度和中度择伐，土壤大多数的物理性质指标都有所下降，但在伐后 10 年和伐后 15 年基本能恢复到伐前水平；然而，极强度和皆伐对土壤结构体破坏率与孔隙度等指标造成了严重影响，以致于伐后 15 年都不能恢复到伐前水平。其次，即使是低强度择伐也会对土壤的化学性质产生一定的负面影响，而这些影响随着采伐强度的增大而增加。最主要的影响表现为土壤养分的流失，大部分是 P 和 K 的流失，随着林木生长所需养分的吸收，一些养分的流失在不断加剧。因此，即使是低强度择伐，在长期作用下，也会造成林地养分的流失和林地退化。最后，建议在进行采伐作业时，应合理控制采伐强度，尽量减少高强度（强度或极强度）择伐，避免皆伐，以将采伐干扰对林地土壤的破坏程度降到最低。从长远来看，高强度作业会对土壤的理化性质产生不利影响，并且不利于森林的长期生产力和森林的可持续发展。

本研究除证实了现有研究结果，还阐释了采伐强度对土壤理化性质的总影响。通过主成分分析，发现第 1 主成分主要与土壤养分有关，第 2 主成分主要与土壤物理性质有关。因此，高强度采伐将严重影响土壤养分的流失，也会严重影响土壤物理性质。土壤养分的减少会影响森林的长期生产力，如果不能及时补充土壤养分（如施肥），将会导致森林的退化。此外，林地土壤在压实与干扰作用下自然恢复较缓慢。这不仅仅是因为高强度采伐会对土壤造成更严重的损害，还因为土壤理化性质的恢复程度会随采伐强度的增加而加速减缓。因此，高强度采伐不利于土壤理化性质的恢复，若采伐强度过高，还会使土壤性质不能完全恢复到伐前水平。

目前，木材需求量不断增加，完全削减森林采伐作业显然是不实际的。基于上述影响，要进行某种强度的森林采伐作业，采伐强度应保持在中度择伐水平。此外，适当增加土壤肥力，补充土壤养分，将有助于该地区的森林再生或修复。

本研究采伐强度对土壤理化性质的影响。今后，可对采伐强度对森林生长与结构的影响做进一步研究，直接分析采伐强度对森林生产力、多样性和恢复能力的影响。此外，进行多地区研究，能有助于对其他限制因素（如环境条件）和采伐强度的综合影响进行研究分析。最后，对不同时期的择伐强度和皆伐作长期影响分析，对采伐作业对森林生态系统的长期生产力及可持续性研究结果有重要意义。

3.8　森林采伐对天然次生林碳储量影响动态

森林采伐和伐木制品（harvested wood products，HWP）的使用关系到一个国家的碳平衡，是缔约国呈交温室气体清单的依据之一[44]。森林采伐及其产品使用对于森林生态系统碳平衡发挥了重要作用。采伐后迹地的更新和森林生长是生态系统的碳汇。被采伐的森林生物量，除部分剩余物留在采伐迹地上通过燃烧或分解将碳排放到大气中，其余大部分植被所储存的碳被转移到伐木制品中[45]。这些伐木制品中的碳并没有立即排放，而是逐渐排放，部分废弃的伐木制品填埋后的碳甚至可能长期保存[46]。

目前多数文献在核算森林碳储量时，采用 IPCC（Intergovernmental Panel on Climate Change）缺省法，即假定木材储存的碳采伐后当年全部氧化[47]。然而 2011 年德班气候大会做出决定，木材及伐木制品新规则自《京都议定书》的第 2 承诺期（2013 年）开始适用，要基于新规则将木材及伐木制品的碳储量加以考虑。

采伐对森林生态系统碳储量的影响受多种条件制约。Houghton 认为不同经营方式下森林碳储量的变化不同，提高采伐过程的生产效率、木材利用率和延长伐木制品的使用寿命会增加碳储量[48]。Marland 认为伐木制品的碳储量要高于作为薪材的木材碳储量，持续性的采伐生产可提高碳吸收效果[49]。在采伐木碳循环的研究上，Skog 研究了采伐木碳循环的动态，分析了实木和纸制产品的固碳情况[50]；Chen 采用 FORCARB - ON 模型将采伐木分为使用、废弃、燃烧和排放 4 种使用状态，分析采伐木年龄与碳储量的关系[51]。叶雨静考虑采伐木的碳储量，研究了采伐前后碳储量的动态变化，认为森林乔木碳库始终大于伐前水平[52]；伦飞基于大气流动法，考虑伐木制品废弃，估算了我国 2000～2009 年生产伐木制品的碳储量，认为我国伐木制品碳储量呈不断增加[53]。

由于林木生长周期长，传统上多以空间代时间来进行测定，或以生长率模型来估算林木生物量的生长。在本研究对福建省建瓯市大源林业采育场天然次生林择伐与更新，进行长期动态跟踪的基础上，研究基地的调查内容与数据来源包括植被、凋落物和土壤；土壤理化分析按森林土壤分析方法国家标准规定执行；综合伐木制品的使用与废弃，分析采伐对生态系统碳储量的影响动态。

3.8.1　研究边界

森林采伐碳循环的广义流程图显示了各种池及相关流量，包括系统的输入和输出，以及池间可能的转换（图 3-3-15）。林木中的碳循环分为 4 个阶段，第 1 阶段植被的光合和呼吸作用形成植被的净初级生产力；第 2 个阶段通过采伐从伐区中获取木材等，将立木储存的碳转移，其中大部分碳转移至木材产品（原木、原条或伐倒木）中，小部分碳转移至采伐剩余物中，这些采伐剩余物经过分解，一些有机物变成 CO_2 释放到大气中，另一些有机物通过淋溶和自然粉碎过程进入土壤；第 3 个阶段是木材经过剥皮、加工形成各级伐木制品（HWP），一直到最终处理整个碳流动过程；第 4 阶段是废弃的伐木制品进行固体废弃物填埋处理（solid waste disposal sites，SWDS）的碳流动[54]。

采伐后碳库的变化涉及生物量池、枯枝落叶池、土壤池以及使用中的伐木制品池、废弃的伐木制品池。把森林、使用中的伐木制品、废弃的伐木制品碳库作为 3 个连贯系统，估算森林采伐和伐木制品生产、使用及废弃过程所造成的碳储量变化。其中林分内的数据通过实地调查获取，再选择参数换算成碳；伐木制品池由于无法跟踪采伐的木材产品的去向和比例，采用相关的模型进行估算[53]。为保持所有计算的一致性，均以碳每公顷为单位。

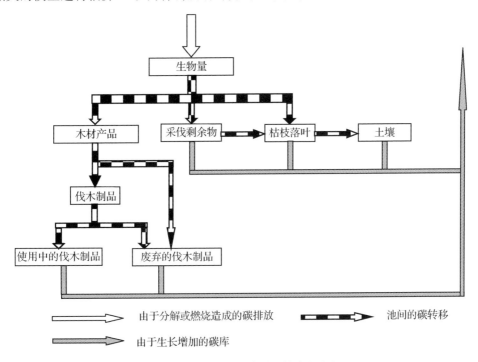

图 3-3-15　森林采伐碳循环的广义流程

3.8.2 研究方法

3.8.2.1 生物量池含碳量

生物量池含碳量为：

$$C_B = \sum V_B \cdot \rho \cdot D \cdot C_f \tag{3-3-39}$$

式中：C_B——生物量池碳储量（t/hm^2）；

V_B——立木蓄积量（m^3/hm^2）；

ρ——生物量扩展因子；

D——木材密度，即蓄积量转换成生物干重的系数；

C_f——含碳率。福建省生物量扩展因子加权平均值为 1.9，木材密度加权值 0.474，常绿阔叶树的平均含碳率为 55.49%[55]。

假设采伐迹地上的剩余物留在林地，通过自然分解将碳排放至大气中。从山上采伐的木材产品（原木、原条或伐倒木）经过加工成为初级产品，剥皮、加工过程中的废弃物进入 SWDS 池，则初级产品（由采伐转移至 HWP 池）碳量为：

$$C_{HWP} = \sum V_H \cdot \gamma \cdot D \cdot C_f \cdot \eta \tag{3-3-40}$$

式中：C_{HWP}——转移至 HWP 池碳量（t/hm^2）；

V_H——采伐蓄积量（m^3/hm^2）；

γ——出材率；

η——干材所占比例，一般取树皮所占比例为 0.1[46]，则干材为 0.9。

剥皮、加工过程产生的废弃物含碳量为：

$$C_{SP0} = \sum V_H \cdot (1 - \gamma) \cdot D \cdot C_f + \sum V_H \cdot \gamma \cdot D \cdot C_f \cdot (1 - \eta) \tag{3-3-41}$$

3.8.2.2 使用中的伐木制品碳量

由于无法跟踪采伐所获得产品的流向和比例，根据使用和废弃情况，将终端伐木制品可分为实木产品、纸制品，这两种产品比例假设 17∶3[52]。假设伐木制品从初级产品到终端产品加工过程没有损耗，采用一阶衰减（first-order decay，FOD）公式计算现存 HWP 池碳量（实木产品和纸制品分别计算）[54]：

$$C_{Ht} = C_0 e^{-k_1 t} \tag{3-3-42}$$

式中：C_{Ht}——第 t 年末 HWP 池碳储量（t/hm^2）；

C_0——初始碳储量（t/hm^2），由（3-3-40）式乘上实木产品和纸制品各自的比例得到；

t——时间（年）；

k_1——年损失率，$k_1 = \dfrac{\ln 2}{T}$；

T——伐木制品半衰期。实木产品和纸产品的半衰期分别为 30 年和 2 年，因此年损失率 k_1 为 0.023、0.347[54]。

3.8.2.3 废弃的伐木制品碳量

伐木终端产品的碳排放，主要由其废弃后燃烧或分解引起的。由于伐木制品回收难以统计，假设 60% 的废弃后的伐木制品被燃烧，40% 自然分解[53]，自然分解按一阶衰减（FOD）公式计算。第 t 年 SWDS 池碳量包含废弃的实木、纸质品和初始加工废弃物的碳现存量关系为：

$$C_{St} = C_{St实木} + C_{St纸} + C_{SPt}$$

以采伐当年为基准年，不考虑废弃物排放的延迟，则第 t 年废弃物碳排放（实木产品和纸制品分别计算）为：

$$E_t = [C_{Ht} - C_{H(t-1)}] \times [a + b(1 - e^{-k_2})] + C_{S(t-1)}(1 - e^{-k_2}) \tag{3-3-43}$$

式中：a——废弃的 HWP 燃烧的比例，$a = 0.6$；

　　　b——废弃的 HWP 分解的比例，$b = 0.4$；

　　　k_2——分解率，实木产品和纸类的腐烂碳排放率分别为 3% 和 26%[50,52]；

　　　$C_{S(t-1)}$——第 $t-1$ 年末累积在 SWDS 池碳量（t·m^2）。式（3-3-43）前一项为新增的废弃物碳排放量，后一项为上年累积在 SWDS 池的废弃物本年碳排放。

SWDS 池存碳量由下式确定：

$$C_{St} = [C_{Ht} - C_{H(t-1)}]be^{-k_2} + C_{S(t-1)}e^{-k_2} \tag{3-3-44}$$

实木产品和纸质品初始的 $C_{S0} = 0$，由式（3-3-43）和式（3-3-44）迭代求出各年度的排放和累积量。

剥皮、加工产生的废弃物含碳量，仍按 60% 被燃烧，40% 自然分解，由一阶衰减公式计算，半衰期为 20 年[54]，分解率为 $k_3 = 0.0347$。其第 t 年剩余的碳为：

$$C_{SPt} = C_{SP0} \cdot b \cdot e^{-k_3 t} \tag{3-3-45}$$

3.8.2.4　枯枝落叶池碳储量

根据生物量干重乘以碳含量转换系数，凋落碳含量转换系数取 0.4221[56]。

3.8.2.5　土壤池碳储量

以土壤剖面厚度作为权重系数，得出土壤的总碳量[57]：

$$C_{SOM} = 0.58 \sum (H_j \cdot Q_j \cdot W_j) \times 10 \tag{3-3-46}$$

式中：C_{SOM}——土壤有机碳储量（t/hm^2）；

　　　H_j——第 j 层土壤平均厚度（m）；

　　　Q_j——第 j 层土壤平均有机质质量分数（g/kg）；

　　　W_j——第 j 层土壤平均密度（g/cm^3），0.58 为碳储量由有机质质量分数乘以 Bemmelen 换算系数[55]。

3.8.3　生物量池碳储量

图 3-3-16 为不同强度采伐及移除碳储量。随采伐强度的增加，转移出林地的碳和迹地采伐剩余物中的碳增多。皆伐所转移出来的碳最多，剩余物中的碳量也最多，这主要是由于皆伐采伐蓄积量大，采伐剩余物和加工废弃物相应也多。

从伐后恢复分析（图 3-3-17），弱度择伐伐后 10 年生物量池碳储量已经大大超过伐前，中度择伐在伐后 15 年也略超伐前，其余样地则尚未恢复，说明采伐强度越大，恢复到伐前水平所需的时间越长。伐后由于不同采伐强度样地的生长率不同，所以生物量池的增加不同，其中以极强度择伐生长率最大，而皆伐生长率最小，这主要在于皆伐后未采取人工或人工促进天然更新，受树种所限，天然更新缓慢。采用极强度择伐的样地碳储量 15 年间增加了 50.744 t/hm^2，强度择伐次之，增加了 45.001 t/hm^2。皆伐样地 15 年后碳储量为 17.041 t/hm^2，远小于伐前水平。

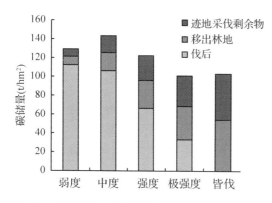

图 3-3-16　不同择伐强度转移和剩余碳储量

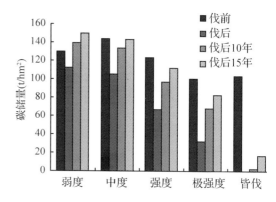

图 3-3-17　不同择伐强度生物量池碳储量

3.8.4　使用中的伐木制品池碳储量

根据采伐木树高、胸径查福建省立木出材量表，取出材率 0.66，伐木产品根据 17∶3[52] 的比例，可计算出不同采伐强度实木产品和纸制产品碳储量，计算结果见表 3-3-50。

表 3-3-50　使用中的伐木制品池碳储量(t/hm^2)

采伐强度		弱　度	中　度	强　度	极强度	皆　伐
初　始	实　木	4.493	9.935	14.847	18.118	27.393
	纸　质	0.793	1.753	2.620	3.197	4.834
	小　计	5.285	11.688	17.467	21.315	32.227
伐后 10 年	实　木	3.570	7.894	11.796	14.395	21.764
	纸　质	0.025	0.055	0.082	0.099	0.150
	小　计	3.594	7.948	11.878	14.495	21.915
伐后 15 年	实　木	3.182	7.036	10.515	12.831	19.400
	纸　质	0.004	0.010	0.014	0.018	0.027
	小　计	3.186	7.046	10.529	12.849	19.427

10 年后，使用中的实木制品的碳储量为初始的 68.0%，15 年后则剩余 60.3%。其中实木制品 10 年和 15 年分别剩余 79.46% 和 70.82%，纸质品分别剩余 3% 和 0.5%，说明纸质品在前 10 年已基本排放。

3.8.5　废弃的伐木制品池碳储量及其排放

废弃的伐木制品以及初始加工废弃物均假设 60% 被燃烧，40% 自然分解，则可以得到废弃的伐木制品池碳储量(表 3-3-51)和累积碳排放(图 3-3-18)。

表 3-3-51　废弃的伐木制品池碳储量（t/hm²）

采伐强度		弱　度	中　度	强　度	极强度	皆　伐
初　始	加工废弃物	3.613	7.989	11.939	14.569	22.027
伐后 10 年	实　木	0.312	0.691	1.033	1.260	1.905
	纸　质	0.048	0.106	0.159	0.194	0.294
	加工废弃物	1.021	2.259	3.375	4.119	6.228
伐后 15 年	实　木	0.411	0.908	1.357	1.656	2.504
	纸　质	0.016	0.036	0.054	0.066	0.100
	加工废弃物	0.859	1.899	2.838	3.463	5.236

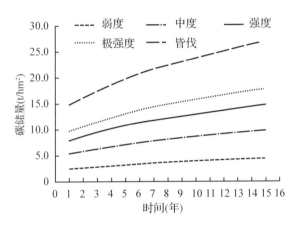

图 3-3-18　不同择伐强度累积碳排放

　　初始时由于加工废弃物燃烧，因此第 1 年的碳排放较多。不同强度择伐的排放比例是一致的，转移出林地的木材产品固碳量在 10 年末累计排放比例为 44.1%，15 年末累计排放 49.7%。

3.8.6　枯枝落叶池和土壤池碳储量

　　由于在伐前和伐后当年未进行枯枝落叶和土壤的调查，因此仅有伐后 10 年和伐后 15 年的数据（表 3-3-52、表 3-3-53）

表 3-3-52　不同择伐强度枯枝落叶池碳储量（t/hm²）

采伐强度	弱　度	中　度	强　度	极强度	皆　伐
伐后 10 年	2.234	2.106	1.795	1.474	0.685
伐后 15 年	1.616	1.856	1.005	0.782	0.352

表 3-3-53　不同择伐强度土壤池碳储量（0~20 cm）（t/hm²）

采伐强度	弱　度	中　度	强　度	极强度	皆　伐
伐后 10 年	31.433	34.581	32.809	29.879	29.252
伐后 15 年	30.348	30.348	30.348	30.348	30.348

与伐后 10 年对比,伐后 15 年迹地采伐剩余物分解,叶、枝及其他凋落物现存量均有较大的下降,因此枯枝落叶层碳储量下降,但其碳储量在森林生态系统中所占比例很小。不同强度择伐有机质含量变化不同,但土壤密度均有不同程度的下降,土壤池碳储量未出现明显差异。

森林采伐后大量的采伐剩余物被归还林地,导致林地表层在短期内大量有机物的累积。但较多的研究认为,采伐剩余物的保留对土壤碳影响较小或没有影响。Johnson 等在美国的栎类林中研究发现,采伐 16 年后剩余物只有较小的碳进入土壤[58]。Olsson 发现,在 4 种松类林中剩余物保存 16 年后对土壤碳没有影响[59]。于野对东北温带次生林采伐剩余物分解动态和土壤有机碳进行了 3 年连续测定,结果表明皆伐、50% 强度采伐、25% 强度采伐三者采伐剩余物数量比为 4.9∶1.9∶1,但伐后 3 年其剩余物分解释放的碳比值是 4.7∶1.8∶1,即剩余物的数量与残留的碳没有明显差异,且不同采伐处理土壤碳含量和碳密度在伐后的 3 年中变化不显著[60]。采伐森林本身对土壤有机碳含量的影响并不大,在多数情况下森林采伐后土壤碳含量没有明显的变化[61]。由于本研究未进行伐前枯枝落叶与土壤调查,故本分析不考虑枯枝落叶池、土壤池的碳变化。

3.8.7 结果分析

综合生物量池、使用中的伐木制品池和废弃的伐木制品池,得到各池碳储量汇总(图 3-3-19)。结果表明弱度择伐最有利于生态系统固碳,伐后 10 年增加了 11.67% 的碳储量,15 年共增加了 19.98% 的碳储量。中度择伐伐后 10 年基本与伐前持平,15 年后为伐前的 1.07 倍。强度和极强度择伐伐后 10 年略有下降,但 15 年后则恢复到伐前。皆伐远未恢复,15 年后的碳储量不及伐前的一半。

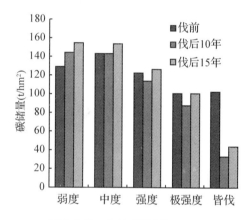

图 3-3-19 各池碳储量汇总

3.8.8 讨论

从乔木层生物量池看,弱度择伐不到 10 年已经恢复到伐前水平,中度择伐要 15 年才能恢复。择伐强度越高,恢复所需要的年限越长。若考虑伐木制品的碳储量,则中度择伐 10 年恢复到伐前水平,强度和极强度择伐 15 年恢复到伐前水平。选择低的择伐强度,相应的择伐周期短,这样能够通过持续不断的采伐实现碳库的有效增加。因此从碳汇角度出发,采用弱度、中度择伐有利于森林的固碳。

采伐后由于废弃物的燃烧和分解排放可能使采伐成为碳源,尤其是皆伐,因此皆伐后应当采用适当的更新方式以促进森林的生长,增加碳储量。从研究看,土壤碳池碳量并未因剩余物的多少而出现明显差异。因此,应加大采伐剩余物的收集和利用相关研究,以提高资源的综合利用率。

在伐木制品碳储量计算上,由于无法跟踪木材产品的去向,只能采用相关文献大致估算,本研究假设废弃物 60% 被燃烧,40% 自然分解,估算结果为转移出林地的木材产品含碳量在 10 年末累计排放 44.1%,15 年末累计排放 49.7%。若废弃物全部自然分解,则 10 年的排放比例为 20.8%，15 年排放比例为 28.1%。因此，减少废弃物的燃烧、合理处置废弃物，能减少碳排放量。同时提高木材出材率、延长伐木制品的使用寿命，增加耐用产品的比例，都能有效地减排。

研究中未考虑木材生产和加工过程的碳排放，废弃伐木制品的回收利用，以及伐木制品作为生物能源使用替代化石燃料和建材而减排的碳量问题。全面准确地评估采伐对碳库的影响需要从木材的全生命周期出发，全面地分析林木碳循环的过程，合理评价森林碳效益。

3.9　森林采伐后森林服务价值恢复动态

森林在提供木材产品的同时，也提供各种生态服务，二者既对立又统一。森林的可持续经营就是要在这二者之间找到一个平衡点，从而使森林的经济效益与生态效益相协调，实现多目标的综合管理。森林采伐作为森林经营的重要一环，是开发利用森林资源、获取木材产品的手段，也是提高森林质量、增强森林生态服务功能的重要手段，其关键在于采集方式方法和择伐强度等。

国外森林生态系统价值评估始于 20 世纪中叶，以 Costanza 等最先开展了全球生物圈生态系统服务价值的估算[62]，2001 年开始的联合国千年生态系统评估最大规模的实践尝试[63]。国内研究始于 20 世纪 80 年代，在全国水平和单个区域范围均进行了多尺度、多角度与多层次的研究，2008 年颁布了森林生态系统服务功能评估规范（LY/T1721—2008），这标志着我国森林生态服务功能评估由前期探索进入实际操作阶段，对提升我国森林生态服务价值评估技术，建立健全森林生态效益补偿机制具有重要意义。这些森林生态服务功能评估成果采用的数据多为固定值，研究的是现状价值，不能反映森林生态资源的动态变化情况。

采伐过程中不可避免会对环境造成破坏，进而影响到森林的生态服务功能，尤其在山地林区，采伐后林冠层疏开，对降雨的截留、吸持作用减弱，土壤被压实，持水能力下降，极易引起水土流失，造成森林生态服务功能下降。在采伐对森林生态服务功能的影响方面，康文星研究了皆伐对杉木人工林水源涵养、固土保肥和净化大气的影响，认为每采伐 1 hm² 杉木林每年共计损失 21282 元[64]。田明华将森林区划分为天然成熟无更替、持续经营、成长期非持续经营和新增森林 4 类，定性地探讨了皆伐对其生态服务价值的影响，认为对持续经营的森林，不但没有损失原有森林的环境效益，反而由于持续产出多获得了森林固碳制氧环境效益[65]。随着人们对森林生态系统服务功能认识的深入，择伐由于其对生态服务功能影响小，受到越来越多的重视。择伐强度的确定和控制，对山地采伐迹地生态系统的恢复有着直接的影响。在长期跟踪调查福建省建瓯市大源林业采育场天然次生林择伐与更新长期跟踪实验基地的基础上，通过连续实测的时间系列数据，采用实物量和价值量相结合的评价方法，研究山地森林在不同择伐强度下森林生态服务功能恢复动态，为深入研究山地天然次生林对不同择伐强度的长期动态响应及机理，确定合理的择伐强度提供依据。

3.9.1　研究方法

生态系统服务功能主要包括涵养水源、保育土壤、固碳释氧、积累营养物质、净化大气环境、森林防护、生物多样性保护和森林游憩等方面（LY/T1721—2008）。由于择伐后林地上始终保持着多龄级的林木，天然更新是连续进行的，因此，净化大气环境、森林防护和森林游憩等效益的影响较小不予考虑，仅考虑涵养水源、保育土壤和固碳释氧 3 方面生态服务功能。

3.9.1.1　涵养水源

3.9.1.1.1　实物量

森林的综合蓄水能力是林冠层、凋落物层与土壤层蓄水能力的总和。实验样地降雨充沛，因此采用综合蓄水能力法来计算涵养水源量[66]，即

$$G_{调} = G_{土蓄} + G_{枯蓄} + G_{冠蓄} \tag{3-3-47}$$

式中：$G_{调}$——调节水量实物量(m^3/hm^2)；

$\quad G_{土蓄}$——土壤层蓄水实物量(m^3/hm^2)，主要取决于森林土壤非毛管孔隙度，$G_{土蓄} = K \times H \times 10^4$；

$\quad K$——土壤非毛管孔隙度(%)；

$\quad H$——土壤厚度(m)；

$\quad G_{枯蓄}$——枯枝落叶层蓄水量(m^3/hm^2)，取决于枯枝落叶干重、枯枝落叶最大持水率等，$G_{枯蓄} = L \times \beta/\gamma$；

$\quad L$——枯枝落叶积累量(t/hm^2)；

$\quad \beta$——枯枝落叶最大持水率(%)；

$\quad \gamma$——水的相对密度(t/m^3)；

$\quad G_{冠蓄}$——林冠层截流量，根据林冠截留率得到。

3.9.1.1.2　价值量

森林涵养水源功能包括调节水量和净化水质 2 个方面，即

$$U_{涵} = U_{调} + U_{水质} \tag{3-3-48}$$

式中：$U_{涵}$——涵养水源价值量(元/hm^2)；

$\quad U_{调}$——调节水量价值量(元/hm^2)，$U_{调} = G_{调} \times \gamma \times C_{库}$；

$\quad C_{库}$——水库建设单位库容平均造价(元/t)；

$\quad U_{水质}$——净化水质价值量(元/hm^2)，根据净化水质的工程成本计算，$U_{水质} = G_{调} \times \gamma \times C_{净化}$；

$\quad C_{净化}$——水的净化费用(元/t)。

3.9.1.2　保育土壤

采用森林生态系统服务功能评估规范(LY/T 1721—2008)中的评估体系和评估公式。

3.9.1.2.1　实物量

森林保育土壤包括固土和保肥 2 个功能，即

$$G_{固土} = X_2 - X_1 \qquad G_N = N \cdot G_{固土}$$
$$G_P = P \cdot G_{固土} \qquad G_K = K \cdot G_{固土} \tag{3-3-49}$$

式中：$G_{固土}$——年固土量(t/hm^2)；

$\quad X_1$——有林地年侵蚀模数(t/hm^2)；

$\quad X_2$——无林地年侵蚀模数(t/hm^2)；

$\quad G_N$、G_P、G_K——分别为土壤的 N、P、K 含量(t/hm^2)；

$\quad N$、P、K——分别为实验测定样地土壤中 N、P、K 含量(%)。

3.9.1.2.2　价值量

$$U_{固土} = G_{固土}/\rho \cdot C_{土}$$

$$U_{肥} = G_N \cdot C_N + G_P \cdot C_P + G_K \cdot C_K + M \cdot C_M \tag{3-3-50}$$

式中：$U_{固土}$——固土价值（元/hm^2）；

ρ——样地土壤密度（t/m^3）；

$C_{土}$——挖取和运输单位体积土方所需的费用（元/m^3）；

$U_{肥}$——保肥价值（元/hm^2）；

C_N、C_P、C_K、C_M——分别为 N、P、K 和有机质价格（元/t）；

M——实验测定样地土壤中有机质含量（%）。

3.9.1.3　固碳释氧

按照森林生态系统服务功能评估规范（LY/T 1721—2008），计算固碳释氧的价值。

3.9.1.3.1　实物量

$$G_{碳} = 1.63 R_{碳} B_{年} \qquad G_{氧} = 1.19 B_{年} \tag{3-3-51}$$

式中：$G_{碳}$——植被年固碳量（t/hm^2）；

$G_{氧}$——植被年释氧量（t/hm^2）；

$R_{碳}$——CO$_2$ 中碳的含量；

$B_{年}$——林分年净生产力（t/hm^2），$B_{年} = V_B \cdot \rho_{木} \cdot \mathrm{BEF}$；

V_B——采伐样地立木蓄积年增长量（m^3/hm^2）；

$\rho_{木}$——木材密度，即蓄积转换成生物干重的系数（t/m^3）；

BEF——生物量扩展因子。

3.9.1.3.2　价值量

$$U_{碳} = G_{碳} \cdot C_{碳} \qquad U_{氧} = G_{氧} \cdot C_{氧} \tag{3-3-52}$$

式中：$U_{碳}$、$U_{氧}$——分别为固碳价值和释氧价值（元/hm^2）；

$C_{碳}$、$C_{氧}$——分别为固碳价格和氧气价格（元/t）。

3.9.2　参数取值

土壤厚度取 0.6 m，中亚热带常绿阔叶林枯枝落叶最大持水率取 268.31%[67]。对于阔叶林，林冠截留率为 20%，杉类林和松类林林冠截留率为 10%，实验样地为 8 阔 2 马，取加权值，即林冠截留率 18%。有林地年侵蚀模数取 5.80 t/hm^2；无林地年侵蚀模数取 40 t/hm^2[68]。福建省生物量扩展因子加权平均值为 1.9，木材密度加权值 0.474[55]。其余数据参见森林生态系统服务功能评估社会公共数据表（LY/T 1721—2008）[69]。

3.9.3　未采伐样地生态服务价值变化

表 3-3-54 为未采伐林地生态系统服务的实物量和价值量。未采伐样地涵养水源实物量：10 年后为 951.20 t/hm^2；15 年后上升，升幅 7.01%，森林蓄水能力增强。但样地土壤 3 种肥力均下降，平均降幅接近 30%。固碳释氧实物量也呈下降趋势，降幅 9.11%。10 年后总价值为 2.47 万元，3 项功能的价值排序为保育土壤 > 固碳释氧 > 涵养水源，比例分别为 37.0%、31.5%、31.5%。谢高地等研究提出的中国生态系统服务价值当量因子表，认为涵养水源：土壤形成与保护：气体调节 = 3.2：3.9：2.7[70]，与本研究比例接近。未采伐样地 15 年与 10 年相比，总价值为 2.20 万元，下降了 0.27 万元，其中涵养水源价值略有增加，固碳释氧价值和

保育土壤价值下降。说明本样地林木处于成熟林,林分生长开始趋于缓慢,土壤肥力下降。由于本研究只考虑 3 项生态服务功能,且对森林水源涵养的计量方法与森林生态系统服务功能评估规范不同,造成差异[66]。

表 3-3-54 未采伐林地生态系统服务的实物量和价值量

服务功能		实物量(t/hm²)		价值评价方法	价值量(元/hm²)	
		10 年后	15 年后		10 年后	15 年后
涵养水源	调节水量	951. 198	1017. 894	影子工程法	5812. 49	6220. 04
	净化水质			市场价值法	1968. 98	2107. 04
保育土壤	固土	34. 200	34. 200	影子工程法	351. 20	368. 94
	保肥 N	0. 032	0. 027	机会成本法	8784. 87	6212. 43
	P	0. 003	0. 002			
	K	1. 857	1. 300			
固碳释氧	固碳	2. 007	1. 824	生产成本法	2408. 63	2189. 26
	释氧	5. 374	4. 884	生产成本法	5373. 57	4884. 16
合 计					24699. 74	21981. 87

3.9.4 择伐样地生态服务功能的恢复

以当期的未采伐样地作为参照体,以下分析择伐样地相对于未采伐样地的各指标效能变化量,正值说明择伐该指标效益高于未采伐样地,负值说明生态服务功能受损。

3.9.4.1 涵养水源

森林采伐后,林地上树木减少,导致森林通过林冠层、枯枝落叶层和土壤层 3 个方面对降雨的截留、吸持的作用减弱,同时采伐后土壤被压实,孔隙度减小,降低了林地地表水的渗透能力,使得土壤的持水能力下降。表 3-3-55 为伐后涵养水源实物量和价值量变化。枯枝落叶层蓄水的比例占总蓄水较小,蓄水功能主要在土壤层。伐后 10 年,弱度和中度择伐,涵养水源总蓄水量为正值,也就是说在该择伐强度下土壤的涵养水源功能超过未采伐样地,服务价值得到恢复;强度和极强度择伐,涵养水源实物量为负值,说明其影响还未恢复。随采伐强度的增大,服务价值劣化的程度增大。伐后 15 年,除极强度择伐外,其余样地涵养水源均得到恢复,并有一定程度的改善。从本研究看,择伐强度在 50% 以下,涵养水源 15 年可以恢复到对应未采伐样地;择伐强度在 30% 以下,10 年就可以得到恢复。

表 3-3-55 择伐样地涵养水源实物量和价值量变化

采伐强度		实物量(t/hm²)			价值量(元/hm²)	
		土壤层蓄水	枯枝落叶层蓄水	林冠层截留	调节水量	净化水质
伐后 10 年	弱 度	224. 70	12. 30	42. 66	1607. 87	544. 67
	中 度	91. 20	− 1. 71	16. 11	640. 88	217. 10
	强 度	− 84. 90	− 2. 32	− 15. 70	− 639. 54	− 216. 64
	极强度	− 196. 80	− 3. 79	− 36. 11	− 1457. 40	− 493. 69

（续）

采伐强度		实物量（t/hm²）			价值量（元/hm²）	
		土壤层蓄水	枯枝落叶层蓄水	林冠层截留	调节水量	净化水质
伐后 15 年	弱　度	168.12	−0.09	30.25	1211.63	410.44
	中　度	60.12	1.05	11.01	441.09	149.42
	强　度	33.68	−2.99	5.52	221.31	74.97
	极强度	−35.88	−4.04	−7.19	−287.85	−97.51

3.9.4.2　保育土壤

土壤养分是土壤肥力的重要指标，是林木生长发育重要的营养条件。采伐影响着林内光照、温度、湿度和微生物的数量和活性，土壤养分循环发生变化。同时林内立木减少，土壤易被地表径流及雨水侵蚀和冲刷，大量有机质及无机盐类被径流水带走，使土壤变得贫瘠。表 3-3-56 为伐后涵养水源实物量和价值量变化。伐后 10 年，弱度和中度择伐土壤 N、P 含量得到恢复，并略有上升，K 含量下降；强度和极强度择伐土壤养分均下降。伐后 15 年，K 含量仍表现为下降，但下降程度减轻，N、P 含量均超过未采伐样地。

伐后固土价值量恢复程度优于保肥价值。伐后 15 年，除极强度择伐固土价值量略小于未采伐样地，其余样地价值量都为正值。而保肥价值则均未恢复，但随着时间的推移，保肥价值向良性发展。由于土壤中 K 肥损失较大，4 种强度的择伐保育土壤价值均为负值，且劣化量与择伐强度成正比。

表 3-3-56　择伐样地保育土壤实物量和价值量变化

采伐强度		实物量（t/hm²）			价值量（元/hm²）	
		N	P	K	固　土	保　肥
伐后 10 年	弱　度	1.37	0.48	−43.43	55.91	−159.84
	中　度	0.68	0.55	−156.98	13.06	−670.20
	强　度	−3.76	−0.03	−536.60	−3.82	−2426.81
	极强度	−6.16	−0.07	−619.36	−14.94	−2833.42
伐后 15 年	弱　度	1.37	0.07	−19.15	64.26	−58.67
	中　度	7.87	0.68	−47.88	54.78	−63.93
	强　度	7.18	0.92	−90.29	22.63	−258.87
	极强度	2.05	0.99	−248.29	−2.98	−1041.64

3.9.4.3　固碳释氧

森林采伐可以改善林内环境、调整林分组成结构，促进林分的更新和生长，提高森林的生产力，进而提高森林的固碳释氧功能。表 3-3-57 为伐后固碳释氧实物量和价值量变化。4 种择伐年平均生长量均大于未采伐样地，说明伐后促进了森林的生长，固碳释氧收益增大。

表 3-3-57　择伐样地固碳释氧实物量和价值量变化

采伐强度		实物量 (t/hm^2)		价值量 (元 $/hm^2$)	
		固　碳	释　氧	固　碳	释　氧
伐后 10 年	弱　度	0.16	0.42	187.83	419.04
	中　度	0.17	0.44	198.40	442.62
	强　度	0.43	1.14	511.13	1140.30
	极强度	0.87	2.33	1043.87	2328.83
伐后 15 年	弱　度	0.22	0.58	261.97	584.44
	中　度	0.20	0.52	234.43	523.00
	强　度	0.58	1.55	694.63	1549.70
	极强度	0.89	2.37	1062.60	2370.63

3.9.5　总价值量变化

以未采伐样地价值量为 1，可以求出各采伐样地的生态服务当量因子 (表 3-3-58)。当量因子 <1，说明该生态服务功能受损，当量因子 >1，说明生态服务功能增强。

伐后 10 年弱度和中度择伐总价值当量因子分别为 1.11 和 1.03，生态服务功能得到恢复，并略有改善，强度和极强度择伐当量因子 <1，说明其生态服务功能尚未恢复；伐后 15 年，4 种强度的择伐生态因子均 >1。从采伐对森林生态服务功能的影响看，影响程度最大，也是最难恢复的是保育土壤功能，其次是涵养水源功能，这 2 项功能随择伐强度的增大而降低。4 种强度的择伐固碳释氧价值当量因子均 >1，且择伐强度越大，固碳释氧价值越大。总价值与择伐强度间没有呈现规律性，部分原因在于：在实物量固定的情况下，由于经济参数的取值的不同，使得各功能价值量的比例不同。

表 3-3-58　择伐强度样地生态服务价值当量因子

采伐强度		涵养水源	保育土壤	固碳释氧	总价值
伐后 10 年	弱　度	1.28	0.99	1.08	1.11
	中　度	1.11	0.93	1.08	1.03
	强　度	0.89	0.73	1.21	0.93
	极强度	0.75	0.69	1.43	0.94
伐后 15 年	弱　度	1.05	1.00	1.12	1.11
	中　度	1.02	1.00	1.11	1.06
	强　度	1.01	0.96	1.32	1.10
	极强度	0.99	0.84	1.49	1.09

3.9.6　小结与讨论

森林采伐会影响到森林的生态服务功能，但随着时间的推移，这种影响会逐渐恢复。通过对福建建瓯天然次生林择伐实验样地的 15 年跟踪调查表明，影响程度最大，最难恢复的是保育土壤功能，其次是涵养水源功能，而固碳释氧功能均超过未采伐样地，说明采伐促进了森林的生长，固碳释氧收益增大。随着择伐强度的增大，固碳释氧价值增大，而涵养水源和保育土壤价值降低，恢复时间延长。总价值来看，伐后 10 年弱度和中度择伐其生态服务功能得到恢复，并略有改善，强度和极强度生态服务功能尚未恢复；伐后 15 年共 4 种强度的生态服务价值均得以恢复。因此对山地森林，采伐过程中应充分遵循生态学原理，合理进行采伐规划，采用中低强度的择伐，从而使森林尽快恢复生态服务功能，实现森林资源经济价值与生态价值的可持续利用。

由于试验条件的限制，本研究仅从涵养水源、土壤保肥和固碳制氧等 3 方面分析采伐经营对森林生态服务价值的影响。同时由于实验地调查时间跨度大，数据精度可能受到影响，且林地空间的异质性导致伐后林地土壤的化学性质变化比较复杂，进而影响到服务价值对比结果。

此外，经济转换参数的选择对价值量的结果也有很大的差异。如固碳价格，目前评估主要有造林成本法和碳税法。造林成本法的固碳价格取值多在 270 元/t 左右[68]，这一数据计算出的林业碳汇经济价值偏低。森林生态系统服务功能评估规范采用碳税法，即采用瑞典的碳税率 150 美元/t，但是否适合我国国情值得商榷。准确核定经济参数，对准确评估生态服务价值有重大意义。

3.10　伐区综合效益评价与作业模式选优

定量评价天然次生林不同强度采伐的综合效益，必须划分其评价范围、评价指标及其方法。伐区综合效益主要由经济、生态和社会三大效益组成。由于对某一试验伐区而言，社会效益不显著，因此只考虑前两者。通过实际计算伐区不同强度采伐作业的纯收益，定位研究伐后生态环境因子变化程度，定量计算采伐作业后林地生态因子的价值变化量，运用多目标决策和层次分析法来综合评价伐后 10 年的经济和生态效益，从而为进一步确定天然次生林最优择伐强度提供科学依据。

3.10.1　经济效益分析

在试验区内选取具有代表性的 4 块不同强度（择伐强度分别为 18.6%、28.2%、45.5% 和 75.5%）择伐和 1 块皆伐作业试验样地（每块样地面积 20 m×20 m）进行经济效益定量计算。试验样地林分概况，见表 3-3-59。

表 3-3-59　试验样地林分概况

样地号	采伐方式		蓄积量（m³）			出材量（m³）		平均胸径（cm）	
			1996 年		2006 年	1996 年伐前	2006 年	1996 年伐前	2006 年
			伐 前	伐 后					
13	I	弱度	9.9778	8.1191	11.2115	7.7827	8.1844	C20M24B20	C20M20B17
3	II	中度	10.0077	7.1857	11.2097	7.8060	7.9589	C20M24B20	C20M24B11

(续)

样地号	采伐方式		蓄积量(m³)			出材量(m³)		平均胸径(cm)	
			1996 年		2006 年	1996 年伐前	2006 年	1996 年伐前	2006 年
			伐　前	伐　后					
4	Ⅲ	强度	9.7434	5.3102	9.9843	7.5024	7.2885	C20M22B20	C19M20B14
14	Ⅳ	极强	9.0696	2.2185	6.9088	7.0743	5.4580	C20M26B20	C20M24B13
7	Ⅴ	皆伐	9.5602	0.0000	0.2526	7.4569	0.1516	C20M26B20	B6

注：C-杉木；M-马尾松；B-阔叶树。

不同强度采伐的木材生产需工数，按《福建省林业生产统一定额》计算，见表3-3-60。

表 3-3-60　试验区木材生产需工数(工日)

采伐方式	采造段	集材段	归装段	其余项
弱度择伐	0.9	0.5	0.2	1.0
中度择伐	1.3	0.7	0.3	1.5
强度择伐	2.0	1.1	0.4	2.4
极强度择伐	2.8	1.7	0.6	3.7
皆伐	4.0	2.3	0.9	5.1

根据不同采伐强度试验样地的木材生产有关数据(表3-3-59和表3-3-60)，计算不同强度采伐作业的经济总收益和成本，从而得出采伐作业纯收益。下面以弱度择伐为例说明其各经济效益指标的计算方法。

3.10.1.1　经济总收益

试验区短期收益是指试验区内各材种实际出材量，按现行价格销售所得总金额(元/hm²)。试验区的单位面积出材量 A(m³/hm²)计算式为：

$$A = 立木出材量 \times 实际采伐强度 \times 树种比例 \div 伐区面积 \tag{3-3-53}$$

根据1996年试验地的木材市场销售价格，平均胸径 20~26 cm 的木材单价：杉木、马尾松和阔叶树分别为 663 元/m³、516 元/m³ 和 358 元/m³。

计算择伐时，除了考虑择伐的阔叶树和针叶树的木材销售收益，还须考虑山上库存立木价值，根据森林资源价的概念，按林价计算[24]。《福建省人民政府关于调整林价使用费，稳定国有林场和林业采育场经营区的通知》(闽政文〔2005〕50号)规定，林价标准为：杉木160元/m³，马尾松90元/m³、乙级杂木90元/m³。试验区当前的经济收益包括之前的采伐短期收益折算成现值(利率分别以1996年8月23日起实行的整存整取5年定期为9%的年利率和1999年6月10日起实行的整存整取5年定期为2.88%的年利率计算，利息税按从1999年10月31日起实行的20%的利息税，之前所得利息不交利息税)和当前山上库存立木价值。计算式为：

$$B_1 = 采伐短期收益现值 + 山上库存立木价值 \tag{3-3-54}$$

则弱度择伐的经济总收益 B_1(元/hm²)：

$$B_1 = 7.7827 \times 18.6\% \times 10000 \div 400 \times (0.1 \times 663 + 0.2 \times 516 + 0.7 \times 358)$$
$$\times (1 + 9\% \times 5 - 9\% \times 2 \times 20\%) \times (1 + 2.88\% \times 5 \times 80\%)$$

$$+8.1844 \times 10000 \div 400 \times (0.1 \times 160 + 0.2 \times 90 + 0.7 \times 90) = 43821$$

其他采伐方式(中度择伐、强度择伐、极强度择伐、皆伐)的经济收益按上述方法计算得出。

3.10.1.2　采造段成本

采造段成本为采伐、打枝、造材、检尺和剥皮等项费用之和。采造段单位面积成本 B_2 (元/hm²)按式(3-3-54)计算[1996 年日工资按 24 元计,折算成现价为 34 元,即 $24 \times (1 + 9\% \times 5 - 9\% \times 2 \times 20\%) \times (1 + 2.88\% \times 5 \times 80\%) = 34$ 元,下同]。

$$B_2 = 采造段需工数 \times 日工资 \times 10000 \div 400 \tag{3-3-55}$$

则弱度择伐的采造段单位面积成本 B_2:

$$B_2 = 0.9 \times 34 \times 10000 \div 400 = 765$$

3.10.1.3　集材段成本

集材段单位面积成本 B_3 (元/hm²)计算式为:

$$B_3 = 集材段需工数 \times 日工资 \times 10000 \div 400 \tag{3-3-56}$$

则弱度择伐的集材段单位面积成本 B_3:

$$B_3 = 0.5 \times 34 \times 10000 \div 400 = 425$$

3.10.1.4　归装段成本

归装段单位面积成本 B_4 (元/hm²)计算式为:

$$B_4 = 归装段需工数 \times 日工资 \times 10000 \div 400 \tag{3-3-57}$$

则弱度择伐的归装段单位面积成本 B_4:

$$B_4 = 0.2 \times 34 \times 10000 \div 400 = 170$$

3.10.1.5　其余项成本

其余项单位面积成本 B_5 (元/hm²)为准备作业费(劈道影、简易道、工棚、道路养护和设计费)、不可预见费、燃料消耗和设备折旧等费用之和,计算式为:

$$B_5 = 其余项需工数 \times 日工资 \times 10000 \div 400 \tag{3-3-58}$$

则弱度择伐的其余项单位材积成本 B_5:

$$B_5 = 1.0 \times 34 \times 10000 \div 400 = 850$$

3.10.1.6　采伐纯收益

不同强度采伐纯收益 V_1 (元/hm²)计算式为:

$$V_1 = B_1 - (B_2 + B_3 + B_4 + B_5) \tag{3-3-59}$$

则弱度择伐的采伐纯收益 V_1:

$$V_1 = 43821 - (765 + 425 + 170 + 850) = 41611$$

不同强度采伐纯收益指标计算结果,见表 3-3-61。

3.10.2　生态效益分析

从科学合理和实用角度出发,用货币作为统一计量尺度对森林生态效益选取蓄水保土效益指标(土壤持水量和凋落物持水量)、土壤肥力效益指标(土壤养分和凋落物养分)和固碳制氧的效益进行价值评估。与未采伐相比,不同强度采伐作业 10 年后各指标价值变化量,见表 3-3-61。

表 3-3-61   不同强度采伐 10 年后各效益指标(元/hm²)

采伐方式	V_1	V_2	V_3	V_4	V_5	V_6	V_7
弱度择伐	41611	75.0	−1.7	−186.2	−92.5	31.3	115.8
中度择伐	52527	30.4	−2.3	−718.7	−116.3	83.7	309.8
强度择伐	69194	−28.2	−3.8	−2523.4	−158.3	32.8	121.6
极强度择伐	94212	−65.6	−5.3	−2930.1	−241.0	−111.0	−411.2
皆伐	113409	−101.8	−9.1	−3161.4	−313.4	−346.4	−1282.8

注：V_1 - 纯收益；V_2 - 土壤持水量价值变化量；V_3 - 凋落物持水量价值变化量；V_4 - 土壤养分价值变化量；V_5 - 凋落物养分价值变化量；V_6 - 固碳价值变化量；V_7 - 制氧价值变化量。

3.10.3   指标值标准化

为便于对不同量纲的指标进行综合比较，需对表 3-3-61 指标值进行标准化转换。一般采用以下 2 个公式对其进行转换。

$$U = 1 - \frac{0.9(V_{max} - V)}{V_{max} - V_{min}} \tag{3-3-60}$$

$$U = 1 - \frac{0.9(V - V_{min})}{V_{max} - V_{min}} \tag{3-3-61}$$

式(3-3-60)为递增关系式，式(3-3-61)为递减关系式。当目标值越大越好时，选用式(3-3-60)，否则选用式(3-3-61)。从表 3-3-61 各指标可看出，所有指标都是愈大愈好，采用式(3-3-60)转换。通过对各项指标值标准化转换，得到表 3-3-62。

表 3-3-62   不同强度采伐 10 年后各效益指标标准化值

采伐方式	V_1	V_2	V_3	V_4	V_5	V_6	V_7
弱度择伐	0.100	1.000	1.000	1.000	1.000	0.890	0.890
中度择伐	0.237	0.773	0.927	0.839	0.903	1.000	1.000
强度择伐	0.446	0.475	0.745	0.293	0.732	0.893	0.894
极强度择伐	0.759	0.284	0.562	0.170	0.395	0.593	0.593
皆伐	1.000	0.100	0.100	0.100	0.100	0.100	0.100

3.10.4   确定指标权重

在多目标决策中，权重系数是关键，一般采用相对比较法。设有 N 个目标，对 N 个目标进行两两比较，采用专家调查法获得每个目标各自的相对权重。如 V_i 重要程度是 V_j 的 4 倍，则取 $\lambda_{ij} = 0.8$，$\lambda_{ji} = 0.2$。比较次数为 $R = C_N^2$。这些 λ 值之间具有下列关系：

$$\lambda_{ij} + \lambda_{ji} = 1 \quad \lambda_{ij} \geq 0, \ \lambda_{ji} \geq 0 \tag{3-3-62}$$

每个目标的权重为：$\lambda_i = (\sum_{j=1}^{N} \lambda_{ij})/R$；其总和为：$\sum_{i=1}^{N} \lambda_i = 1$。

如目标数较多，可借鉴层次分析法的思想，即将 N 个目标归类合并，形成 M 个主目标($M < N$)，先算出 M 个主目标的相对权重，然后计算主目标内各子目标的相对权重。则：

各子目标的绝对权重(λ_i) = 主目标的相对权重 × 子目标的相对权重 （3-3-63）

指标权重计算结果，见表 3-3-63。

表 3-3-63 各指标的权重系数

主目标	相对权重	子目标	相对权重	绝对权重
经济效益	0.300	V_1	1.000	0.300
生态效益	0.700	V_2	0.133	0.093
		V_3	0.147	0.103
		V_4	0.160	0.112
		V_5	0.173	0.121
		V_6	0.187	0.131
		V_7	0.200	0.140

3.10.5 综合评价分析

根据各效益指标标准化值（表 3-3-62）和每一个目标绝对权重 λ_i（表 3-3-63），求各方案综合评价值。第 i 方案的综合评价值 W_i：

$$W_i = \sum_{i=1}^{N} \lambda_i U_{ij}$$ （3-3-64）

根据 W_i 值的大小可选出优化的方案。

从各指标标准化值（表 3-3-62）和各指标权重（表 3-3-63）计算，分别得到各种强度采伐作业的经济和生态效益的评价值以及它们的综合效益评价值，结果见表 3-3-64。

表 3-3-64 不同强度采伐 10 年后的综合效益

采伐方式	经济效益	生态效益	综合效益
弱度择伐	0.030	0.670	0.700
中度择伐	0.071	0.642	0.713
强度择伐	0.134	0.484	0.618
极强度择伐	0.228	0.312	0.540
皆伐	0.300	0.070	0.370

由表 3-3-64 可知，在不同强度采伐方式中，经济效益评价值随采伐强度的增大而增加，其原因在于出材量随采伐强度增大而增大，木材收入明显增加，所以经济效益提高；而生态效益评价值则随采伐强度的增大而减小，这是因为林分适度择伐后，林地温度升高，林地土壤中的微生物活动明显增强，从而促进林地凋落物的分解，使林地肥力得到一定程度提高，同时林内光照改善，促进幼树幼苗生长，生态效益有所增加，而当采伐强度较大时，尤其是皆伐，林地暴露，植被和土壤受到严重破坏，林地生态环境发生急剧变化，由于失去了林冠的截留作用，在雨季时容易引起地表径流，造成严重水土流失，土壤肥力下降，从而使伐后生态效益降低，并在一段时间后仍难以恢复；综合效益评价值在中度择伐时达到最大，采伐

强度高于或低于中度择伐均使伐后综合效益评价值下降,这可能与中度择伐后林内光照、水和热等条件得到明显改善,为植物进行光合作用提供良好条件。

3.10.6 小结与讨论

通过对天然次生林5种不同强度采伐作业10年后经济和生态效益综合评价研究表明:经济效益评价值随采伐强度增大而增大,而生态效益评价值则随采伐强度增大而下降。从综合效益值看,皆伐作业能取得较好的经济效益,但其生态效益比择伐明显降低;择伐作业在取得一定经济效益的同时,仍能充分发挥较好的生态效益,尤其是低强度择伐(弱度和中度择伐)。

森林分类经营是以最大限度发挥森林多种功能为目的的森林生态系统重要经营方式之一。天然次生林应实施分类经营,区划为生态公益林区(禁伐区和限伐区)和商品林区。因此,针对山地林区,为使区划能反映自然条件和有利于功能的发挥,建议改变传统皆伐采伐作业方式,避免伐后林地引起大量水土流失,造成土壤肥力下降而难以恢复;对于划归生态公益林限伐区的天然次生林,应严格推行弱度择伐经营方式,以充分发挥其公益性、社会性产品或服务,完善森林生态效益补偿机制;对于划归商品用材林区的天然次生林,可实行中度择伐经营方式;在立地条件较好的天然次生林商品林区,不得已的情况下考虑以强度择伐经营方式代替皆伐方式,以确保天然次生林可持续经营和林地可持续利用,使森林更好地充分发挥其综合效益。

3.11 天然次生林择伐作业系统研究

在综合各种研究成果的基础上,提出适合的天然次生林的择伐作业系统,系统包括择伐伐区调查、择伐方式的确定、择伐周期和择伐强度的确定、集材方式和清林方式等关键环节的选择等。

3.11.1 择伐伐区调查

3.11.1.1 伐区调查设计流程

择伐伐区外业调查、内业设计的流程优化,是搞好调查设计的关键所在。为提高择伐伐区外业、内业设计的准确度与工效,择伐伐区外业调查和内业设计流程用图3-3-20进行。

若是小面积皆伐伐区,其内业设计是一致的,而伐区外业调查主要考虑后续造林面积要求准确,常采用闭合导线测量法进行,流程用图3-3-21进行。

3.11.1.2 择伐伐区外业调查技术

择伐伐区外业调查包括伐区区划、伐区面积求算、伐区森林蓄积量调查、树高测定、伐区工艺类型选择等内容。要求采用全林每木检尺的方法,因为天然次生林大多林相不齐,采用标准地或角规控制检尺的办法,调查精度难以保证。全林每木检尺虽花工较多,但踏查的同时对整个伐区林分状况有了较全面的了解,为下一步的伐区生产工艺的设计提供了第一手资料。因此,外业踏查、每木检尺应该全面,同时还应考虑以下4个方面的问题。

3.11.1.2.1 伐区面积求算

择伐伐区面积求算,其作用不同于皆伐,皆伐伐区面积求出后测算单位面积蓄积量,进

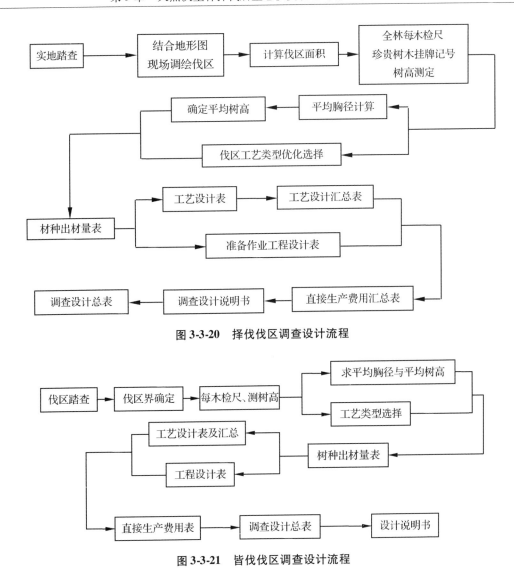

图 3-3-20　择伐伐区调查设计流程

图 3-3-21　皆伐伐区调查设计流程

而确定生产定额。择伐伐区至今尚未制定统一的生产定额，因此可结合地形图现场调绘伐区求算择伐伐区面积。如果现场调绘伐区与基本图上的面积出入较大，如原有的小班林分已被盗伐或由其他原因引起原小班林分面积增减等，还必须进行罗盘仪闭合导线测量或应用 GPS 测量，在满足精度后，计算出伐区面积。

3.11.1.2.2　保留木的确定

为保证择伐的质量，进行调查时应对确定的保留木作记号(采伐强度少时也有用采伐木作记号)，采用保留木涂红漆、蜡笔打叉或挂牌等做法，这样便于监督择伐作业质量，避免"砍好留坏"。在具体实施择伐作业时要严加管理，除了保留木、幼树和幼苗外，其余林木全部伐除。

3.11.1.2.3　树高测定

树高测定可结合全林每木检尺时进行。踏查林分或进行罗盘仪闭合导线测量时，由经验丰富的技术人员根据小班档案资料和林分现实情况，估计出伐区林分各树种的平均胸径。在进行全林每木检尺时,以估计的中央径阶及其上下各 4~6 个径阶,且不少于 20 株树木作为标准木,测定其树高,绘制树高曲线图,然后根据伐区树种的平均胸径在树高曲线上找到平均树高。这种方法在不增加人力和器具的条件下,既完成了全林每木检尺,又测定了树高,避免重复上山,节约劳力,提高了工效。此外,外业与内业能及时衔接起来,加快了内业设计的进程。该方法经实践检验是可行的,并在实践中得到应用和推广。

3.11.1.2.4　工艺类型选择

合理选定伐区工艺类型,必须对伐区有全面的了解,把握伐区的真实情况,另外对伐区工艺类型的考虑应贯穿于外业调查的始终。选择伐区工艺类型时应认真查阅原有的小班档案,结合踏查,了解地形、地势和河流自然流向,通过面积测量、全林每木检尺和树高测量等各项工作,了解伐区的林分和土壤状况,原有集材线路等,这样不用进行专门的工艺类型调查,就可选择出合理的伐区工艺类型。

总之,外业的各项工作是一个整体,应当同时兼顾,才能保证设计质量和提高工效。

3.11.1.3　择伐伐区调查内业设计

择伐伐区调查内业设计包括材种出材量表、工艺设计表、准备作业工程设计表、直接生产费用汇总表、调查设计总表和调查设计说明书等的填写,以及穿插在外业中的伐区平面图绘制,平均胸径和平均树高的计算等。为提高内业设计效率,应统一组织,加强管理,按照合理的顺序计算填写各表格,避免不必要的重复计算,提高内业设计的准确度与工效。

3.11.2　择伐方式选择

择伐方式是择伐作业技术选择的前提,择伐通常有 2 种形式:一是单株择伐,即连续择伐;二是群状择伐,或称为集中择伐。各种择伐方式必须以经营培育后备森林资源为首要目标。具体采用何种择伐方式,要综合考虑生产条件、培育目标、更新情况及森林生态等多方面的因素,对需要保持自然景观的林分还要考虑采伐后景观生态学效应。选择择伐方式时要注意以下 3 点[71]:

(1)要考虑森林的防护作用,择伐方式必须有利于水土保持和涵养水源,尤其需要注意对有水土流失危险的陡坡森林;

(2)要本着有利于恢复森林的原则,择伐方式应为森林更新创造良好条件;

(3)要在合理采伐的前提下,择伐方式要有利于降低木材生产成本,提高劳动生产率。

本研究认为,同一择伐的林分,采取阳性树种群状择伐,阴性树种单株择伐。如马尾松、杉木等一些阳性树种难于在庇荫的林下更新,为促其更新,宜采取群状择伐;而对阴性树种,则宜采取单株择伐。

3.11.3　择伐强度确定

3.11.3.1　择伐强度确定原则

择伐强度,即择伐蓄积量占原有林分蓄积量的比例。择伐强度的确定是一个很复杂的问题,需要考虑林分的蓄积状况、林分所处的地形地势条件、对现有林分结构的调整和对更新的影响等多种因素。具体来说,需考虑以下 5 个因素[71]:

(1)光照条件:树种不同,光照条件就不同,则择伐强度也不同。

(2)地势条件:陡坡和阳坡易干旱,易水土流失,以不发生水土流失为控制指标,择伐强度要小一些；缓坡或阴坡比较湿润，水土流失可能性较小，择伐强度可适当高一些；气温低、风速大（如海拔高）的林分以及迎风口、"串风筒"（两山夹一沟而后堵又无山）地势的林分，以不发生风害侵蚀为控制指标，择伐强度应当相对小些。

（3）土壤条件：土壤肥沃、土层深厚地段上的森林，生长茂盛、根系发达，不仅生产力高，而且有较强的抗风害、抗病虫害的能力，其择伐强度相对可高一些。

（4）周边条件：择伐伐区与皆伐伐区衔接时，其林缘常因皆伐迹地空旷而易受风害，故不宜采取较大的择伐强度；择伐林地中的"自然天窗"周围、疏林地周围的林地，其择伐强度要减小。

（5）林分结构：择伐强度应根据成过熟林木数量的多少取值。一般来说，过熟木是林分中主要择伐的对象，过熟木断面积越大，数量越多则需要择伐的数量也要增多，择伐强度相应增大。因此，择伐强度的大小应与过熟木数量的多少成正比。对于已经采伐过的过伐林分，林木株数较多，但成过熟木数量较少，择伐强度则以弱度择伐为主，强度控制在 20% 以内，并按小、中、大径木的合理比例确定相应的应伐木。

非设计的择伐木蓄积消耗对择伐强度的影响。实际上在确定择伐强度时，还应考虑择伐实际的蓄积消耗，以保证采伐量不超过生长量。择伐蓄积消耗包括 5 方面：一是设计择伐木的蓄积；二是被伐倒木打伤而消耗的蓄积；三是集材过程中损伤的蓄积；四是伐区修建集材道消耗的蓄积；五是其他消耗。因此不能简单地用设计择伐木的蓄积量与伐前林分总蓄积量相除，必须在设计择伐木蓄积量中加入所有非设计择伐木的蓄积消耗。

择伐损伤等非设计择伐木蓄积消耗的多少，取决于多方面的因素，主要受择伐方式、择伐强度、采集运设备装置和方法、地形条件以及采伐过程中监督和控制机制等影响。据联合国粮农组织在刚果对天然林进行的 RIL 实验[72]，采伐和集材造成的破坏为 29 株/hm²，每采伐一株树造成 30% 的破坏，而传统的森林采伐（CL 方式）则会达到 2 倍以上。以油锯伐木打枝和 CT-75 型拖拉机原条集材方式进行机械化择伐后表明：胸径为 10~20 cm、22~50 cm 和 52 cm 以上的残存木株数损伤率分别为 53.4%、11.8% 和 22.5%；择伐林内进行拖拉机原条小集中时，保留木和幼树的损伤率在 60% 以上。择伐强度越大或择伐木平均胸径越大，保留木损伤的程度也越大；采用弱度和中度择伐，择伐强度不宜超过 30%。对海南省热带雨林综合择伐试验结果表明，设计择伐木蓄积只占总消耗蓄积的 68.92%；择伐损伤、集材损伤以及集材道和环剥毒杀等消耗蓄积为 24.18%，其他消耗蓄积为 59%[73]。

3.11.3.2　择伐强度计算方法

择伐强度直接影响了择伐周期的长短和每次择伐的木材产量、质量及生产成本。择伐强度是有法规限定其最高值的，原林业部颁发的《森林采伐更新管理办法》第 8 条规定："中幼龄树木多的复层异龄林，应当实行择伐。择伐强度不得大于伐前林木蓄积量的 40%，伐后林分郁闭度应当保留在 0.5 以上。伐后容易引起林木风倒、自然枯死的林分，择伐强度应当适当降低。2 次择伐的间隔期不得少于 1 个龄级期。"但综合本研究各项结果，对天然次生林最好采取弱度和中度择伐，择伐强度最大不宜超过 30%。设计择伐强度还可以用林木生长率来控制，其公式为：

$$s_{理} = 1 - \frac{1}{(1 + p_v)^n} \tag{3-3-65}$$

式中：$s_{理}$——由林木生长率控制的择伐强度；

p_v——伐后保留木年生长率;

n——择伐周期(年);

式(3-3-65)较为简单,但确定林分的生长率却较为困难。因为择伐后各年的蓄积量平均生长率是不同的,伐后初期生长率较大,而后逐年下降。因此在进行具体伐区作业设计时,应先根据现有林分郁闭度和保留郁闭度,大致控制择伐强度;再综合考虑具体林分的树种组成及其生物学特性、天然更新的难易、地形地势、土壤条件、周围环境和木材生产技术经济条件等因素,确定合理的择伐强度,它允许在一定范围内调整。必须注意的是择伐强度计算中,择伐的对象不仅仅是设计的采伐木,还包括被损伤或其他原因而必须采伐的中小径木[74]。

3.11.4　择伐周期确定

择伐周期是在同一林地先后进行2次择伐作业的间隔期。择伐周期的长短受择伐强度和生长率的影响,但择伐强度和生长率由以下一些因素所决定[75]。

(1)树种特性:喜光树种为了使保留木更好的生长,一般择伐强度大,择伐周期相对长;深根性树种抗风能力强,择伐强度大,相应择伐周期长。

(2)经营水平:经营水平高,林道网密度大,采伐集材对保留木的损伤少,择伐周期可短些;反之则长些。

(3)立地条件:立地条件差,林木对环境的影响大,择伐强度也就小些,以增加林分的抗性,相应择伐周期就短些。

根据不同要求,计算择伐周期有蓄积量法、径级法和转移矩阵法[74]。

3.11.4.1　蓄积量法

按照伐后林分蓄积量恢复到伐前林分蓄积量水平的方式计算择伐周期,称为蓄积量法,可用复利公式表示为:

$$v_1 = v_2 (1 + p_v)^n \tag{3-3-66}$$

式中:v_1——伐前林分蓄积或单位面积蓄积;

v_2——伐后保留林木蓄积或单位面积蓄积;

p_v——伐后保留林木年生长率;

n——择伐周期(年)。

上式两边取对数,可得:

$$\lg v_1 - \lg v_2 = n \lg(1 + p_v) \tag{3-3-67}$$

经整理可得择伐周期的计算公式为:

$$n = \frac{\lg v_1 - \lg v_2}{\lg(1 + p_v)} \tag{3-3-68}$$

上式即为按蓄积法确定择伐周期的计算公式。同时考虑遵守《森林采伐更新管理办法》中规定的择伐强度,可以把符合该规定的要求表述为以下关系式:

$$v_2 = (1 - s)v_1 \tag{3-3-69}$$

因此有:

$$n = \frac{-\lg(1 - s)}{\lg(1 + p_v)} \tag{3-3-70}$$

式中：s——择伐强度，即择伐蓄积量占原有林分蓄积量的比例。

3.11.4.2 径级法

按照伐后林木径级回归到伐前径级状态的方式来计算，再依据具体资源条件确定择伐周期，称为径级法。一般可根据径级定向培育目标确定，按照预定培育林木的目标径级和第 1 次择伐保留木的平均径级来计算择伐周期。

当已知林木的平均直径年生长率，预定培育木的径级与保留木径级，可用复利公式将两者关系描述为：

$$D = d(1 + p_d)^n \tag{3-3-71}$$

上式经过整理有：

$$n = \frac{\lg D - \lg d}{\lg(1 + p_d)} \tag{3-3-72}$$

式中：n——择伐周期(年)；

D——培育林木的预定平均直径；

d——择伐保留木的平均胸径；

p_d——保留林木的平均直径年生长率。

游水生对福建米槠林研究表明，择伐周期为 18 年，保留木能够恢复到伐前径级状态[76]。

3.11.4.3 生长收获模型法

异龄林分水平生长收获和择伐问题常常应用数学模型的方法，研究内容包括择伐周期、径级结构、生长率与收获量等。模型可分为 2 大类，一类是非线性生长模型，另一类是生长概率转移矩阵模型。以线性变化为基础的矩阵模型，具有良好的数学性质，表达式紧凑易记，求解过程大大简化，容易使用计算机处理。

在闽北，覃林等利用该地区 1988 年和 1993 年 2 次森林资源连续清查 487 块异龄林固定样地资料，运用主分量分析和回归正交设计方法，分别选出异龄林地位主导因子和建立地位质量指数模型，在此基础上，建立了包含地位质量指数因子的异龄林生长矩阵模型[77]。

3.11.5 择伐木与保留木的选择

3.11.5.1 林木分级

按照培育森林的目的和要求，以及林木在林分内所起的作用，将林木划分为 3 级，既优良木、有益木与择伐木。

(1)优良木：又称保留木或培育木，属目的树种中生长迅速、树干通直圆满、自然整枝良好和树冠发育正常的林木。

(2)有益木：又称辅助木，有利于促进优良木生长发育，进行天然整枝，形成良好的干形以及对土壤起保护和改良作用的林木。

(3)择伐木：包括枯立木、病腐木、被压木、弯曲木、分叉木和霸王树，以及丛生过密的林木等，妨碍优良木和有益木正常生长的林木。对择伐木的确定应考虑到伐后林分的结构不受影响或者更新效果不会下降为前提。择伐木的确定，一般是遵循采伐后给保留木释放空间，缓解竞争压力，采伐没有增值价值或增值缓慢的林木。

3.11.5.2 确定择伐木和保留木

基于林木空间位置的单木择伐[78]给混交林中择伐木确定的原则提出了新的思路，但由于目前的伐区工艺设计缺少林木空间位置信息，因此这种单木择伐技术在森林采伐实践上还很难实现。通过对天然次生林择伐与更新试验样地的调查与实验表明，在弱度和中度择伐的前提下，按照"采密留稀、采坏留好、采弱留壮、采老留小"的原则，伐后林分结构基本能保持，因此建议在择伐木的选择上应遵循以下原则：

（1）首先，伐除病害、弯曲、枯腐树，保留价值增长快的珍贵树种。对于"霸王树"，往往蓄积量大，出材质量差，多数为次加工和薪材；加上径级较大，采伐时砸死许多中小立木，出现"天窗"，而且运输、加工极不方便，《森林采伐更新规程》规定老龄"霸王树"应首先确定为择伐木，但如果采伐"霸王树"时会损伤较多保留树，则应予以保留或采取环状剥皮处理，使其自然枯死，以便为野生动物、微生物创造良好的栖息地，维持生态平衡；保留 10%~15% 的倒木和枯立木。

（2）采用经营择伐。采伐径阶结构不合理的林木，调整森林的径级结构，使之有利于各径级林木向更大径级转移。根据径阶株数分布呈反 J 形的规律，采伐分布在反 J 形曲线之外的各径级林木。为了保证择伐后林分能够再次恢复到择伐前的结构状态，择伐的林木必须考虑到林分的生长状态，使择伐后林分结构仍具有生长到择伐前林分结构的潜力，经过一段时间的生长，能够再次生长恢复到择伐前的状态。小径级、中径级和大径级林木的蓄积比保持在 2∶3∶5。

（3）按各层林木的组成和生产状况选择择伐木，以便在择伐的同时对幼壮林木加以抚育。在上层林内，对阻碍幼壮林木生长的成过熟木应先采伐，符合规定采伐年龄的树木当然也是择伐对象，但却不应先采或全采，应该根据规定的择伐强度、郁闭度、保留株数或蓄积量的要求，尽量把其中直径最大、年龄最大的树木采伐掉，而把年龄小、生长健壮的成熟木，按要求保留下来，或伐除其中应伐的树木。在规定的择伐强度和郁闭度范围内，择伐上层可以促使保留木的结实和生长，并有利于林下幼树的生长发育；在中层林内，要尽量先采去濒死、立枯和干形不整或冠形不良的树木，以有利于保留木的生长发育。中层林木是下次择伐和培育的对象，因此该层林木不宜过度择伐；在下层林内，主要择伐将来不能成材的受害木，弯曲木和非目的树种，但择伐强度不能过大，尽量保留密些，以便有助于中层林木的良好整枝和庇护幼树幼苗的生长。在林木较稀地段稍小些，以免引起生态环境的过大变化对林木生长不利。

（4）保持林木空间分布均匀，尽量使保留木特别是被压木得以最大程度的生长。

3.11.6　集材方式选择

在伐区作业中，集材是伐区生产工艺中最为活跃的工序，它直接影响到伐区木材的生产成本、劳动组织、工艺方案、工艺流程和技术装备，集材过程还将直接影响到地表、土壤、幼苗、幼树和保留木。因此，集材成为伐区生产中的主导性作业与工序，也有用集材的类型来划分伐区生产工艺类型的。集材作业因当地的技术条件、经济条件和山场条件而有多种多样的类型。山地伐区原木集材作业基本工艺流程，如图 3-3-22。

对天然次生林择伐适宜的集材方式为手扶拖拉机集材、架空索道集材和人力集材等。

3.11.6.1　手扶拖拉机集材

手扶拖拉机是山地伐区常用的一种集运材设备，其特点是：对道路修建标准要求低(路面宽度为 2~2.5 m)，转弯半径小(最小曲线半径 10 m)，爬坡能力较大(重车顺坡 8°~9°，重

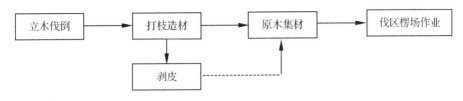

图 3-3-22　原木集材基本工艺流程

车逆坡 5°~6°），容易伸入伐区腹部，能缩短集材距离，降低伐区木材生产成本，能农林兼顾，一机多用。手扶拖拉机加挂车，每趟载量 1.5~2.5 m³，当平均运距为 6000 m 时，单机台班可运 5 m³。

手扶拖拉机集材对生态和更新有显著影响。为减少手扶拖拉机行驶对林地的破坏面积，要求其不离开集材道；为减少集材时对幼树幼苗和保留木的破坏，可采用小型拖拉机、轻型绞盘机或人力等做小集中，以减轻对林地和幼树的破坏，同时也能提高生产率，降低成本。此外，还应限制集材道宽度。手扶拖拉机集材的工艺流程，如图 3-3-23。

图 3-3-23　手扶拖拉机集材工艺流程

3.11.6.2　架空索道集材

架空索道是山地（包括高山和丘陵）林区实现机械化集运木材的重要手段。山地山高坡陡，沟谷纵横，地形崎岖多变，地势高差起伏悬殊，传统的与现代的集运材机械设备，如集材拖拉机、联合机等，难以发挥其作用，架空索道由于是空中运输，可以穿越山岭，跨越河谷溪流，又不需特殊的工程建筑，对地形的通过能力和适应能力强，并能捷径的直线运输，其修建、运营和维护等费用低，同时不受气候和季节等自然条件变化的影响。因此，架空索道集材改善了山地集运材的作业条件，减轻了繁重的体力劳动，提高了劳动生产率；另一方面，架空索道集运材对地表破坏小，有利于水土保持、水源涵养、森林更新和环境保护，符合以营林为基础的作业要求。

天然林择伐集材索道的集材工艺流程，如图 3-3-24，索系图如图 3-3-25，适用于坡度大，地形复杂的天然林大径材的择伐集材[79]。从集材对林地生态因子的影响来考虑，架空索道集材具有其独特的优越性，有条件的地方值得推广应用。

图 3-3-24　架空索道择伐集材工艺流程

天然林小面积皆伐常采用增力式索道或遥控索道。若此两类改用于择伐索道，则要先通过便携式采集机或便携式绞盘机将待集木材进行小集中于承载索正下方，而后由承载索集运于山上楞场[80]。

增力式索道包括全悬增力式，如图 3-3-26；半悬增力式，如图 3-3-27，其特点是在跑车下部装有 2 个定滑轮，起重索通过定滑轮与集材载物钩上部的游动滑轮组成滑轮组，从而达

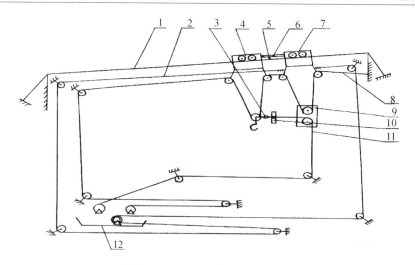

图 3-3-25 天然林择伐集材索道

1-承载索;2-闭式牵引索;3-小耳环;4-跑车;5-大耳环;6-限位器;

7-定位跑车;8-起重索;9-双轮托索器;10-隔离器;11-回空索;12-绞盘机

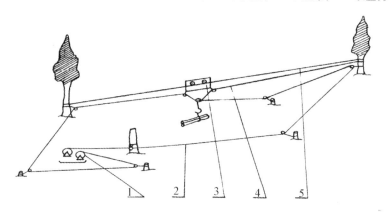

图 3-3-26 全悬增力式索道

1-绞盘机;2-回空索;3-跑车;4-起重索;5-承载索

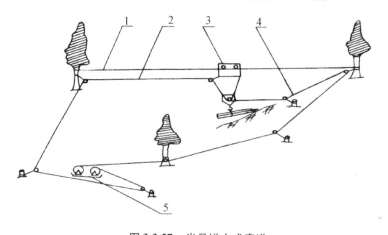

图 3-3-27 半悬增力式索道

1-承载索;2-牵引索;3-跑车;4-回空索;5-绞盘机

到起重时省力的目的，惯称此类索道为增力式索道[79]。

增力式索道的跑车结构比较简单，工作可靠，故障少，能顺、逆坡集材，能沿索道任意点横向集材，适应能力强，可以强迫落钩，吸引面积大。

这类索道索系复杂，多为三索型和四索型。即 1 条固定式的承载索、1 条牵引索、1 条起重索、1 条回空索组成四索型，三索型将牵引—起重合为 1 条索。

全自动跑车，取消了止动器，跑车上装有无线电接收机，地面人员由发射机发出指令，则运行的跑车就可以按指令的要求，沿着承载索上任意一点停止、落钩、集(卸)材或起钩运行，完成全部作业的动作，如图 3-3-28[79]。

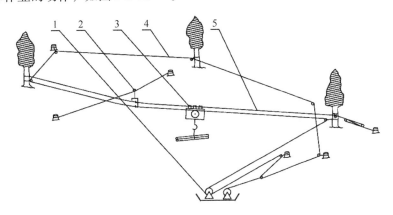

图 3-3-28　YP$_{2.5}$－A 遥控索道

1－绞盘机；2－拐弯鞍座；3－带握索器遥控跑车；4－闭式牵引索；5－承载索

这类架空索道一般适用于多跨长距离集材，吸引范围较大，载重量也较大。对于地形的适应能力要求各不相同，一般 KJ$_3$ 与 MS$_4$ 索道依靠木捆重力滑行，因而要求索道线路必须具有足够的坡度；GS$_3$ 与全自动 YP$_{2.5}$-A 遥控索道，由于是闭式牵引索牵引，因此可适应于全部地形。除 KJ$_3$ 为直线索道外，上述其他索道均具有拐弯的性能。

3.11.6.3　手板车集材

手板车是山地林区普遍使用的集运材工具。主要特点是：设备简单，投资小，对道路条件要求低(道路宽度 1.5~2.0 m，最小曲线半径 3 m)，道路修建费低，手板车每趟载量为 0.6 m^3 左右，重车下坡 1°~5°，最大坡度 10°。它适用于森林资源分散、单株材积小、经营规模小的集体林区集运材。手板车集材的工艺流程，如图 3-3-29。

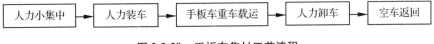

图 3-3-29　手板车集材工艺流程

3.11.7　采集工艺类型选择

山地天然次生林择伐伐区采集工艺类型基本上还是手工作业，其基本工艺类型及流程，如图 3-3-30。

图 3-3-30　伐区基本工艺类型及其流程

择伐工艺流程，劳动强度大，对林地土壤和植被破坏严重。研究天然次生林择伐伐区木材生产工艺类型，对森林资源的合理利用，木材产品的生产周期，产品质量，采运设备类型的选择，伐区采伐更新设计，都具有重要意义。不同的工艺类型，将产生不同的木材加工顺序、加工方法和所需的工序，也就有不同的技术经济效果。伐区木材生产工艺类型一般是以集材时的木材形式划分，集材时的木材形式主要有 3 种，即伐倒木、原条和原木。天然次生林择伐集材作业时的木材形式除少量为原条外，大多为原木，故其生产工艺类型多数属于原木集材工艺类型。天然林择伐伐区作业工序主要有：准备作业、采伐、造材、集材、归楞、装车、运材、迹地清理和迹地更新等。各工序之间的相互衔接随伐区木材生产工艺组织类型的不同而变化。每个作业工序又可分为数量不等的作业项目，见表 3-3-65。

表 3-3-65　天然林择伐伐区生产作业工序和作业项目

准备作业	采 伐	造 材	集 材	归 楞	装 车	迹地清理	迹地更新	运 材
伐区调查与设计	油锯伐木	油锯打枝造材	手扶拖拉机	人力归楞	人力装车	堆腐法(散堆和带堆)	天然更新	农用车
合理确定择伐木与保留木	弯把锯伐木	弯把锯打枝造材	手板车		栈台装车	散铺法	人促天然更新	汽车
修建集运材道	斧头伐木	斧头打枝造材	土滑道			不处理		船运
架设索道			架空索道					排运
开设楞场			担筒					
			溜山					

天然次生林结构复杂，物种多样，生态功能显著，因林因地实行择伐经营是其最理想的经营方式。择伐设备以油锯采伐为主，少量用弯把锯和斧头；集材方式则以手扶拖拉机和人力集材(肩扛或手板车)居多，少量集材用架空索道。

由于伐区作业工序和项目很多，工序中的作业项目彼此之间可相互替代，采用何种作业项目可进行选择，同一工序可以有不同的作业项目。因此，它们可以组成许多伐区木材生产工艺类型。天然次生林择伐伐区常见木材生产工艺类型及其流程，如图 3-3-31。

天然次生林应满足木材采集工艺类型选择原则。木材生产工艺类型选择的因素较多，包括自然方面的因素(森林资源条件、自然气候、地形和地貌，以及林区道路交通条件等)、经济方面的因素(所需作业设备投资和作业成本费用等)和社会方面的因素(作业安全性和劳动强度等)。因此，选择生产工艺类型时应综合考虑各种因素的影响，不仅要遵循《森林采伐更新管理办法》等规程的各项规定，而且还要兼顾经济、生态和社会效益，本着效益最大化(即经济、生态和社会三者的综合效益最佳)的原则，因地因林制宜地科学合理选择木材生产工艺类型。

伐区采集作业设备选择是否合理，直接关系到伐区生产作业效率、作业费用和劳动强度等重要技术经济指标；选择伐区作业设备类型和确定作业设备数量，应根据伐区的作业条件和已具备的技术水平，应满足伐区采集作业设备选择的原则。

伐区作业设备的选型应着重考虑设备性能、适应性和零配件来源等。如：高把油锯只在

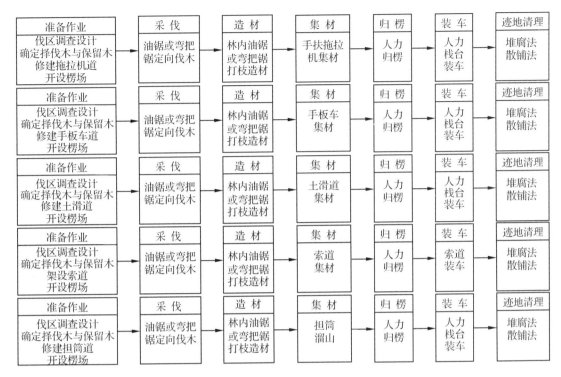

图 3-3-31　择伐伐区常见木材生产工艺类型及其流程

坡度比较平缓的伐区使用，才能取得良好的作业效果和降低工人的劳动强度；矮把油锯则适用于坡度较大的伐区；大功率油锯适用于天然林、阔叶树和大径材伐区，小型、轻型的油锯则适用于人工林、小径材和抚育间伐的伐区；弯把锯适用于资源分散、出材量较小，小径木较多，地形较陡的伐区，尤其适用择伐作业等。又如：松紧式牵引索道适用于木材小集中和资源分散的伐区；载量大的全悬或半悬空集材索道适用于天然次生林、大径材林和伐倒木集材工艺类型的伐区；接力式索道适用于集材和山地运材衔接的伐区；拐弯索道则适用于狭长、主山沟拐弯走向的伐区等。总之，技术上要先进，经济上要合理，安全适用是伐区作业设备正确选型的基本要求。

　　考虑生态的小面积天然次生林皆伐伐区木材生产的工艺流程。以原木生产为例，考虑伐区生产对生态的影响，则在传统作业的木材生产工艺流程基础上加两道工序，其一为缓冲带的设置；其二为集材方式、设备选优。考虑生态的皆伐伐区木材生产工艺流程，如图 3-3-32。

　　缓冲带（即不伐带）设置。缓冲带是指在伐区采伐时伐前预留，不予采伐，用于防止伐区水土、养分流失和防止伐区中河流水温升高的一片带状林木。

　　伐区作业带来恶果有：其一，在雨季到来时，土壤被冲蚀，养分流失；其二，晴天时，伐区中的溪、河流直接暴露于阳光下，水温明显升高，若不采取措施，水温继续升高，超过水生生物需要的理想温度，将达到死亡温度，破坏生态平衡。如果在采伐前，在伐区设置缓冲带，作业后，对森林生态环境的破坏可控制在尽可能小的范围内。

　　缓冲带的宽度因立地条件（如坡度、土壤及其侵蚀度、气候以及预料可能出现的径流等）的不同而异。在不规则的地表，或预计植被可以很快恢复的缓坡上，留下狭窄的缓冲带也许就足够了。但是，如果在地表没有植被，或自然恢复慢的陡坡上，就需要较宽的缓冲带。实

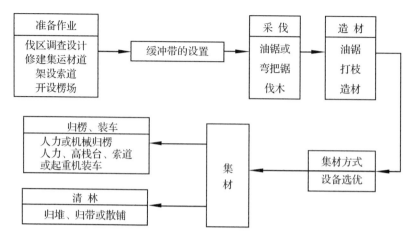

图 3-3-32　考虑生态的皆伐伐区木材生产工艺流程

践证实，30 m 宽的缓冲带就足以使河流水温得到控制；对于小溪来说，只靠林下植被就足够了；而国铁、国道、大中河道、湖泊和水库等另有明文规定，另作别论。

3.11.8　不同集材设备选择优化

不同的集材方式对应有不同的集材设备，但同种集材方式也有不同类型的设备可供选择。因此，在集材时除应选择好适宜的集材方式外，也应进一步分析同种集材方式中不同型号或不同材质设备的差别，这才能从根本上做到集材的优化。集材设备的选择，见表3-3-66。

表 3-3-66　5 种集材设备的主要特点及适用条件

集材设备	优越性	局限性	适用范围
手扶拖拉机	(1)爬坡能力大，转弯半径小； (2)集材道修建费用低； (3)机动灵活，可深入伐区腹部； (4)农林兼顾，一机多用； (5)适应较长距离集材，可顺、逆坡集材，集材成本较低	(1)使采伐迹地土壤造成移动，对集材道压实较严重； (2)对林内保留木和幼树有一定程度的擦伤和折断	(1)适于择伐强度50%以上、出材量 50 ~ 100 m³/hm²、经营规模小、以中小径原木居多的林区使用，尤其当集材距离较长时； (2)适于坡度 <20°、土壤承载能力大于拖拉机的接地压力的伐区
农用货车	(1)对其改进后，农用小型汽车更适合林区木材运输作业； (2)小型农用货车在山地林区木材生产上应用潜力较大	(1)严重超载会对道路造成很大的破坏； (2)现有的车型不是运材汽车的专用车型	适宜从伐区到干线公路楞场段，以支岔线为主的林业公路上运材
架空索道	(1)投资少，利用周期长，效益好； (2)对地形适应能力强，生产效率高； (3)满足对林地扰动小的要求	(1)机动性差，吸引范围、集距和集材宽度受限； (2)钢丝绳消耗大	(1)适于资源集中，出材量大，山地高山陡坡，沟谷纵横，地形崎岖多变林区； (2)适于要求以营林为基础，对水土保持、水源涵养、森林更新和环境保护要求较高林区

（续）

集材设备	优越性	局限性	适用范围
滑 道	（1）土滑道修建容易，投资少，集材工艺简单，成本低，适应性强； （2）木、竹滑道和塑料滑道集材时，木材不和土壤直接接触，对土壤无冲击	（1）木材对土滑道两侧及底部土壤产生冲击； （2）拆除木、竹和塑料滑道材料后，使土壤裸露和疏松，易造成水土流失	（1）土滑道在其他集材方式困难且不经济的集体林区应用； （2）应少用或不用土滑道，而采用竹、木或塑料滑道，尤其是塑料滑道
手板车	（1）轻便灵活、工艺简单、设备投资小； （2）集材道修建费用低，适应性强	（1）集材道上土壤压实严重，持水性能下降，土壤养分含量降低； （2）劳动强度大，生产效率低	适用于森林资源分散、单株材积小、经营规模小的集体林区

3.11.9 清林方式选择

根据我国多年实践经验，有利于森林择伐更新的采伐迹地清理方式主要有散铺法和条带堆腐法2种，不用火烧法。择伐迹地伐后更新方式采用天然更新和人促天然更新，很少实行人工更新。

堆腐法操作简单，便于掌握，需工时较少，剩余物在林地上自然腐烂，在较长时间内向迹地提供有机养分，增加土壤肥力，利于森林更新，但清理范围小，易被害虫作为潜伏场所；采用散铺法比堆腐法更易腐烂。从考虑生态和有利于保护生物多样性这个角度来讲，散铺法比堆腐法更好，但从有利于森林更新同时兼顾生态效益角度考虑，则采用堆腐法较好。

3.11.10 小结与讨论

采伐方面，在天然次生林择伐作业中，必须按照调查设计要求的择伐强度、保留蓄积量、保留株数和保留郁闭度等进行作业。珍贵树木挂牌记号，以确保珍贵树木健康成长；择伐强度越大或择伐木平均胸径越大，保留木损伤的程度也越大；采用弱度和中度择伐，择伐强度不宜超过30%。同一择伐的林分，采取阳性树种群状择伐，阴性树种单株择伐；减少对保留木的损伤，做到合理择伐。保留木的小径级、中径级和大径级林木的蓄积比保持在2:3:5；如果采伐"霸王树"时会损伤较多保留树，则应予以保留或采取环状剥皮处理，使其自然枯死，以便为野生动物、微生物创造良好的栖息地，维持生态平衡；保留10%~15%的倒木和枯立木。为避免伤害保留木，减少对林地生态环境的破坏的措施主要有：定向伐木、合理选择机械设备、认真规划好集材道，合理设置楞场（大小、面积、位置与作业达到最佳配合），提高伐木操作技术。采伐方面，使用油锯伐木时要注意避免伤害周围树木；严格控制倒向，通过深开下口，多打锲子，树预倒时拉快锯，可使伐木倒向准确和避免劈裂，同时用绳索牵引加以控制；为防止搭挂，必要时在伐木前应对立木除枝，作业前伐除藤本；林内造材以减少集运材对保留木和幼树的损伤。

集材方面，集材时定向线路可避免大面积的干扰和损害。人力集材强度大，效率低，存在许多不安全因素，且对土壤、植被破坏较为严重；畜力集材具有对林地土壤破坏小，能保留幼树幼苗，无废气污染等优点，尤其是在发展中国家，畜力集材是一种经济且满足生态保护的可持续的集材方式；手扶拖拉机是山地伐区常用的一种集材设备，但手扶拖拉机集材对生态和更新有显著影响；手板车集材具有设备投资小、适应性强、集材成本较低等许多优点，在山地集材作业中仍有其应用价值；索道集材适应性强，可随地形地势架设；环境破坏小，跨越沟谷；投资小，能捷径运输，降低开路成本；生产率高，可降低劳动强度，具有明显的经济效益和社会效益，是山地林区主要集材方式。因此，综合考虑，山地林区有条件的情况下应实行机械化集材，最好是索道集材，保护生态环境；集材机械向小型机械发展，在单株材积减小，每公顷出材量少的平缓地区可使用小型拖拉机或集材机；高山林区采用索道集材，也可采用拖拉机与索道集材相结合，或拖拉机集材与畜力集材相结合；土滑道集材易造成水土流失，尽可能不用。

要解决天然林择伐作业集材问题，应注意以下几点：①由于地形条件不一，不可能有统一的木材采集技术模式，需要根据具体条件灵活选用；②科研单位对已有的成果进一步完善，使它真正能够转化为生产力；③作为管理机构、领导者，须对机械作业予以扶持；④有条件的林业生产单位应鼓励和扶持索道集运材作业等。

采集工艺类型方面，应综合考虑自然、经济和社会方面等各种因素，适应伐区生产条件变化，确定合理的木材生产方式。不仅要遵循《森林采伐更新管理办法》等规程的各项规定，而且还要兼顾经济、生态和社会效益，本着效益最大化(即经济、生态和社会三者的综合效益最佳)的原则，因地因林制宜地科学合理选择工艺类型。推荐油锯(或弯把锯)采造。有集材机械设备的单位推广使用索道集材；集体林区使用手扶拖拉机或手板车集材。

清林方式选择：强度择伐采用沿等高线分布的带堆法；低度或中度择伐采用散堆法。择伐后采用天然更新和人促天然更新。

3.12   结论与讨论

3.12.1   结论与创新

定量分析不同强度采伐(弱度13.0%、中度29.1%、强度45.8%、极强度67.1%和皆伐)作业对天然次生林伐后生态恢复动态影响，包括对伐后林分生长及直径模拟、群落物种多样性、林分更新和空间分布格局、林地凋落物和土壤理化性质等的影响。在此基础上，综合评价择伐经营的生态和经济的综合效益，系统提出天然次生林择伐作业系统。

(1)定量分析不同强度采伐作业前后与10年后天然更新林地乔木层林分结构与林分蓄积生长动态变化，并揭示其变化规律。经过伐后10年的恢复，弱度、中度择伐对优势种的影响不大，强度择伐和极强度择伐林分结构略有变化，而皆伐引起林分结构的变化最大，由此说明择伐作业基本上能保持原有的林分结构和种的数量，随着择伐强度的增大，林分结构的改变也随之增大；与未采伐和皆伐林地林分蓄积生长量相比，弱度和中度择伐后10年间平均每公顷材积生长量大于未采伐林地，而强度和极强度择伐后10年间平均每公顷材积生长量则小于未采伐林地；皆伐后10年间(伐后天然更新)平均每公顷材积生长量远小于不同强度择伐后和未采伐林地。

(2)运用定量分析方法对不同强度择伐15年后的6种乔木优势树种(马尾松、木荷、虎皮楠、米槠、甜槠与黄瑞木)的生态位宽度、生态位相似性比例和生态位重叠进行了测定。择伐干扰下，优势种群的生态位宽度随择伐强度增大呈下降趋势。除黄瑞木外，其余 5 种优势树种的生态位宽度均大于 0.5；生态位重叠值大于 0.8 的种对比例，也随择伐强度增大而下降。在皆伐干扰下，优势种群的生态位宽度均小于 0.5，生态位重叠值大于 0.8 的种对比例仅占 46.7%。这说明适度择伐(弱度和中度择伐)干扰，有利于保持优势种群在群落中的较大生态位宽度和较强生态适应性。因此，合理择伐有利于天然次生林的保护和利用，择伐强度应以弱度或中度为宜。

(3) 基于长期跟踪复测数据，对比贝塔分布模型、威布尔分布模型和负指数分布模型的拟合效果，从中选择效果最佳的负指数分布模型，推导其参数 a 和 K 的变化规律，构建具有时间序列的直径分布预测模型。具有时间序列的负指数分布模型可以预测自采伐算起 30 年内的林分直径分布，为林分生长动态的研究奠定了基础。

(4) 基于长期跟踪复测数据，构建了单木生长模型和具有时间序列的林分直径分布预测模型，并结合 Onyx Tree 和 3Ds MAX 技术，实现了不同强度择伐样地不同生长时期的林分生长动态仿真。利用该方法进行林分生长模拟，具有更直观更生动的效果，对森林的经营决策和直观教学等具有实用价值。

(5) 群落不同层次间物种丰富度指数和多样性指数，以及草本层均匀度的变化规律，均随择伐强度增大呈凸形抛物线变化，中度择伐达到最大值；群落物种丰富度指数和多样性指数差异极显著，在不同择伐强度间的变异也较大，均匀度指数差异显著，在不同择伐强度间的变异较小。与伐后 10 年相比，伐后 15 年乔木层物种丰富度和均匀度都增大，乔木层物种多样性在中度和强度择伐下略有提高；灌木层物种丰富度和物种多样性均减小，而均匀度则增大；草本层物种丰富度、物种多样性和均匀度，在弱度和中度择伐下均有所提高，在强度和极强度择伐下均有所下降。随着择伐强度的增大，伐后群落越难以恢复，稳定性越差。不同强度择伐 10 年后的群落均处于不稳定状态；弱度和中度择伐 15 年后群落处于相对稳定状态，而强度和极强度择伐 15 年后群落仍处于不稳定状态。说明适度择伐(弱度和中度择伐)干扰，更有利于天然次生林伐后物种多样性与稳定性的恢复和保持。

(6) 定量分析当年不同强度采伐作业前后与 10 年后天然次生林伐后天然更新动态变化。天然次生林通过择伐经营，促进了种子发芽和幼苗幼树生长，天然更新状况良好；且随着择伐强度的增大，林分更新密度增大，弱度、中度、强度和极强度择伐更新密度分别为未采伐样地的 1.65、1.75、1.95 和 1.96 倍。择伐强度对主要种群更新格局的类型没有影响，5 种主要种群更新格局均为聚集分布，但择伐强度影响着集聚强度和拥挤度，随着择伐强度增加，各种群集聚强度和拥挤度呈不同的变化趋势；极强度择伐和皆伐伐后 10 年的幼树数量明显增加，而幼苗的数量明显减少，弱度、中度和强度择伐伐后 10 年幼树数量有所增加，但幼苗数量仍较多。

(7) 基于长期跟踪复测数据，利用混交度、大小比数和角尺度 3 个结构参数，研究 4 种不同强度择伐 10 年后与 15 年后天然林林分空间结构的变化动态。弱度和中度择伐后林分平均混交度和大小比数呈增长趋势，强度和极强度择伐则呈下降趋势。择伐并未改变林木的空间分布格局，各样地林分均为聚集分布，中度择伐处于随机分布状态的林木数大幅增加。弱度和中度择伐后林分空间结构正趋向优化。

(8) 不同强度择伐作业 10 年后林地凋落物现存量和养分总量均下降，下降幅度随采伐强度的增大而加大。强度择伐和极强度择伐 10 年后，林地凋落物及其养分含量仍未恢复；但弱度择伐和中度择伐则与未采伐林地比较接近。说明弱度和中度择伐林地凋落物及养分含量在择伐 10 年后基本得到恢复。

（9）以针阔混交的天然次生林不同强度采伐，经 10 年与 15 年自然恢复后的林地为研究对象，利用主成分分析法，定量分析土壤理化特性的动态变化规律。结果表明：采伐强度越大，林地恢复到伐前水平所需的时间越长。中度择伐只需 10 年，强度择伐则需 15 年方可恢复；伐后 15 年土壤密度、水分、孔隙度、团粒结构稳定性和主要养分及其变化率等多数指标低于伐后 10 年；随着采伐强度的增加，伐后 10 年与伐后 15 年平均表现为土壤密度增加，土壤持水量、孔隙度及土壤养分减少，土壤通透性降低。综合评价结果显示，不同强度的采伐作业对林地土壤理化特性的干扰程度依次为：皆伐作业 > 极强度择伐 > 强度择伐 > 中度择伐 > 弱度择伐。提出推广低强度（弱度或中度）择伐，减少高强度（强度或极强度）择伐，避免皆伐的采伐作业方式。

（10）分析不同强度采伐对林地碳储量的影响动态，考虑采伐获得的伐木制品的碳排放，综合分析采伐对森林生态系统碳库的影响，从乔木层生物量池看，弱度择伐伐后 10 年碳储量已经超过伐前，中度择伐要 15 年才能恢复。若考虑伐木制品的碳储量，则中度择伐 10 年恢复到伐前，强度和极强度择伐 15 年恢复到伐前，而皆伐则恢复较为困难，15 年后仍表现为碳源。从碳汇角度出发，采用中度以下的择伐有利于森林的固碳。

（11）通过对山地天然次生林择伐实验样地的 15 年跟踪调查，采用实物量和价值量相结合的评价方法，从涵养水源、保育土壤和固碳释氧 3 方面分析不同强度择伐后森林生态服务功能恢复动态，伐后 10 年弱度和中度择伐其生态服务功能得到恢复，并略有改善，强度和极强度生态服务功能尚未恢复；伐后 15 年，4 种强度的生态服务价值均得以恢复。从采伐对生态服务价值的影响看，影响程度最大，最难恢复的是保育土壤，其次是涵养水源；随择伐强度的增大，涵养水源和保育土壤价值降低，而固碳释氧价值增加。

（12）通过选取纯收益、土壤持水价值变化量、凋落物持水价值变化量、土壤养分价值变化量、凋落物养分价值变化量、固碳价值变化量和制氧价值变化量等 7 个效益指标，运用多目标决策分析方法，定量分析天然次生林 5 种不同强度采伐作业 10 年后的经济和生态效益评价值，以及它们的综合效益评价值。皆伐的经济效益评价值最大，为 0.300，而其生态效益评价值最小，为 0.070；弱度择伐的经济效益评价值最小，为 0.030，而生态效益评价值最大，为 0.670；中度择伐的综合效益评价值最大，为 0.713；皆伐的综合效益评价值最小，为 0.370。提出随着采伐强度的增大，经济效益评价值增大，而生态效益评价值则下降。

（13）在系统研究天然次生林不同强度采伐后，经天然恢复植被的伐后生态恢复动态的基础上，全面提出适合的择伐技术参数和策略，包括培养目标、择伐伐区工艺流程、择伐方式、择伐强度、择伐周期、集材方式和清林方式等技术指标与要求，为天然次生林的可持续经营提供科学依据与实用参考。尤其是提出天然次生林的科学经营，从物种多样性的保护和发展出发，应推行低强度（弱度或中度）择伐经营方式，择伐强度的阈值不超过 30%，以实现林业可持续发展，森林可持续经营。倡导天然次生林经营以弱度、中度择伐取代传统的皆伐，使森林更好地发挥其综合效益。

（14）提出同一择伐的林分，采取阳性树种群状择伐，阴性树种单株择伐；珍贵树木挂牌记号；保留木的小径级、中径级和大径级林木的蓄积比保持在 2:3:5；如果采伐"霸王树"时会损伤较多保留树，则应予以保留或采取环状剥皮处理，使其自然枯死；保留 10%～15% 的倒木和枯立木；油锯（或弯把锯）采造，有集材机械设备的单位推广使用索道集材，集体林区使用手扶拖拉机或手板车集材；强度择伐采用沿等高线分布的带堆法，低度或中度择伐采用散堆法；择伐后采用天然更新和人促天然更新。

3.12.2　讨论与建议

（1）不同强度采伐作业对林地的干扰程度不同，进而引起林地光照条件、温度和湿度等环境因子的不同，从而对林地植被产生不同的影响。皆伐使原有的群落和基质彻底破坏，而弱度和中度择伐林分环境的改变较小，因此采伐作为一种人为干扰，应当控制在适当的水平内。从择伐作业的生态影响来看，低中强度的择伐对群落组成和物种多样性、林分空间结构、凋落物养分总量和土壤理化性质影响不大，甚至略有改善，而蓄积生长量则在强度择伐时最大。因此，根据山地林区山高坡陡，地形复杂的特点及林分状况，建议对天然次生商品林以弱度择伐和中度择伐为宜，择伐强度最大不超过 30%、伐后郁闭度保留 0.6 以上的择伐方式，对非商品林，择伐强度不应超过 20%；有条件的林区，集材方式则以索道集材为主，以手板车或手扶拖拉机集材为辅。

（2）本研究从采伐作业对林分结构、凋落物、土壤和更新的影响等几个方面进行了探讨，关于其他方面的环境影响还没有深入研究。例如，采伐作业对野生动物的影响、保留木生长的定位观测、择伐木的种类和择伐后林分内各种生态因子对更新过程的影响等，均需进行进一步跟踪调查。此外，本研究仅考虑择伐强度对林地生态因子的影响，今后应全面考虑影响伐区的生态因子（采伐强度、集材方式、集材道间距、迹地清理方式和更新方式等）和作业条件（林地坡度、林分类型、母质母岩和径级大小等），研究不同采集作业方式对森林生态因子的动态影响。

（3）森林采伐作业环境成本的定量化研究，尚处于起步阶段，由于试验条件的限制，本研究对采伐作业在水土保持、调节气候、动植物生境和生物多样性保护等方面的环境成本尚未进行科学的计量，这都影响到采运作业的环境成本核算。因此，在采伐作业的环境成本核算中，必须通过对不同林型条件下的伐区进行生态定位研究，为科学地核算采运作业环境成本提供可靠的技术支持。

（4）择伐作业不可能有统一的技术模式，需要根据具体条件灵活选用。各林分林型、立地质量、林分密度、树种组成及生长状况不同，对它们施行的择伐方案，如择伐周期、择伐强度等择伐策略都可能不同。在择伐作业中，要按调查设计要求的采伐强度、保留株数与保留郁闭度进行采伐作业，选择好采伐木，严格控制采伐强度，尽量减少保留木的损伤。正确处理采留关系，掌握采留标准，做到合理采伐。这样既能保证伐区作业质量，又能充分利用森林资源。

（5）现行的森林资源调查技术比较粗放，多层次林分皆按单层林处理；异龄林结构按同龄林处理；树种组成仅区分杉木、马尾松和阔叶树，显然不能适应近自然林业单株抚育管理和择伐利用的原则，且从空间结构优化上，也需要更多的单木信息，必须提出满足天然次生林可持续经营要求的、科学的、实用的天然林资源调查体系。

本篇参考文献

[1] 胡艳波,惠刚盈,戚继忠,等. 吉林蛟河天然红松阔叶林的空间结构分析[J]. 林业科学研究, 2003, 16(5): 523-530.

[2] 惠刚盈,胡艳波. 混交林树种空间隔离程度表达方式的研究[J]. 林业科学研究, 2001, 14(1): 177-181.

[3] 惠刚盈, Von G K, Albert M. 一个新的林分空间结构参数——大小比数[J]. 林业科学研究, 1999, 12(1): 1-6.

[4] 惠刚盈, Von G K, 胡艳波. 林分空间结构参数角尺度的标准角选择[J]. 林业科学研究, 2004, 17(6): 687-692.

[5] Von G K, Hui G Y. Characterzing forest spatial structure and diversity[D]. Proceedings of the SUFOR International Workshop "Sustainable Forestry in Temperate Regions". Sweden: Lund university, 2002.

[6] Hui G Y, Von G K. Das Winkelma β-Herleitung des optimalen Standardwinkels[J]. Allg Forst-u J-Ztg, 2003, 173(10): 173-177.

[7] 刘健,陈平留,林银森. 天然针阔混交林中马尾松种群的空间分布格局[J]. 福建林学院学报, 1996, 16(3): 229-233.

[8] 蒙福祥,刘潘全,荣昌韵. 马尾松不同整地及抚育方式试验初报[J]. 广西林业科技, 1996, 25(1): 20-21.

[9] 温佐吾,孟永庆. 造林技术措施对10年生马尾松幼林生长的影响[J]. 林业科学研究, 1999, 12(5): 493-499.

[10] 洪伟,吴承祯. 马尾松人工林经营模式及其应用[M]. 北京: 中国林业出版社, 1999: 110-131.

[11] 郎奎健,唐守正. IBM PC系列程序集[M]. 北京: 中国林业出版社, 1989: 100-102; 144-145.

[12] Nautiyal J C, Williams J S. Response of optimal stand rotation and management intensity to one-time changes in stumpage Price, management cost, and discount rate[J]. *For. Sci.*, 1990, 36(2): 212-223.

[13] Zabowski. DTimber harvesting and long-term productivity: weathering processes and soil disturbance[J]. *For. Eco. Manage*, 1994, 66: 55-68.

[14] 罗汝英. 森林土壤学(问题和方法)[M]. 北京: 科学出版社, 1982: 136-186.

[15] 张万儒. 森林土壤定位研究方法[M]. 北京: 中国林业出版社, 1986: 1-45.

[16] 中国科学院南京土壤研究所. 土壤理化分析[M]. 上海: 上海科学技术出版社, 1978: 1-135.

[17] 钱颂迪. 运筹学[M]. 北京: 清华大学出版社, 1990: 444-465.

[18] 王永安. 南方森林采伐特点及环境关系[J]. 森林采运科学, 1986, 2(4): 8-12.

[19] 俞新妥. 混交林营造原理及技术[M]. 北京: 中国林业出版社, 1989.

[20] 苏益. 论采运作业对森林生态环境的影响[J]. 中南林学院学报, 1986, 6(1): 52-62.

[21] 林鹏. 福建植被[M]. 福州: 福建科学技术出版社, 1990.

[22] 周新年. 架空索道理论与实践[M]. 北京: 中国林业出版社, 1996.

[23] 粟金云. 山地森林采伐学[M]. 北京: 中国林业出版社, 1993.

[24] 周新年. 林业生产规划[M]. 北京: 北京科学技术出版社, 1994.

[25] 刘金福,洪伟,何宗明,等. 应用集对分析法优选杉木复合经营模式研究[J]. 福建林学院学报, 2000, 20(1): 52-55.

[26] 赵克勤. 集对分析及其应用[J]. 大自然探索, 1994, 13(1): 67-72.

[27] 陈昌雄,陈平留,刘健,等. 闽北天然异龄林林分结构规律的研究[J]. 福建林业科技, 1997, 24(4): 1-4.

[28] 陈萍. 福建森林资源现状及动态分析[J]. 福建林业科技, 2005, 32(3): 198-201.

[29] 张峰,张金屯,上官铁梁. 历山自然保护区猪尾沟森林群落植物多样性研究[J]. 植物生态学报,

2002，26(S1)：46 - 51.

[30] 王念奎，李海燕，荣俊冬，等. 突脉青冈群落乔木层优势种群生态位研究[J]. 福建林学院学报，2010，30(2)：128 - 132.

[31] 陈昌雄，黄宝龙，林立法. 南平市延平区天然阔叶林直径分布的研究[J]. 福建林业科技，2004，31(1)：1 - 4.

[32] 吴可，殷鸣放，周永斌，等. 白石砬子自然保护区林木直径分布及其动态变化[J]. 东北林业大学学报，2010，38(5)：20 - 23.

[33] 李俊，佘济云，胡焕香，等. 昌化江流域天然林直径结构研究[J]. 中南林业科技大学学报，2012，32(3)：37 - 43.

[34] 赵俊卉. 长白山云冷杉混交林生长模型的研究[D]. 北京：北京林业大学，2010.

[35] 张青，赵俊卉，亢新刚，等. 基于长期历史数据的直径结构预测模型[J]. 林业科学，2010，46(9)：182 - 185.

[36] Moykkynen T，Miina J，Pukkala T. Optimizing the management of a Piceabies stand under risk of butt rot[J]. *Forest Pathology*，2000，30(2)：65 - 76.

[37] Bagnaresi U，Giannini R，Grassi R，*et al*. Stand structure and biodiversity in mixed，uneven - aged coniferous forests in the eastern Alps Forestry[J]. *Journal of the Society of Foresters of Great Britain*，2002，75(4)：357 - 364.

[38] 亢新刚，胡文力，董景林，等. 过伐林区检查法经营针阔混交林林分结构动态[J]. 北京林业大学学报，2003，25(6)：1 - 5.

[39] 曹新孙. 择伐[M]. 北京：中国林业出版社，1990.

[40] 郝清玉，张文纲，孙耀东，等. 林分状态与择伐技术指标的关系[J]. 吉林林学院学报，1999，15(4)：217 - 219.

[41] 李蔚. 天然阔叶林建群树种若干测树因子相关关系的探讨[J]. 亚热带水土保持，2005，17(3)：56 - 58.

[42] 刘洋，亢新刚，郭艳荣，等. 长白山主要树种直径生长的多元回归预测模型：以云杉为例[J]. 东北林业大学学报，2012，40(2)：1 - 4.

[43] Melquiades F L，Andreoni L F S，Thomaz E L. Discrimination of land-use types in a catchment by energy dispersive X-ray fluorescence and principal component analysis[J]. *Applied Radiation* and *Isotopes*，2013，(77)：27 - 3.

[44] 白彦锋，姜春前，张守攻. 中国木质林产品碳储量及其减排潜力[J]. 生态学报，2009，29(1)：403 - 409.

[45] 阮宇，张小全，杜凡. 中国木质林产品碳贮量[J]. 生态学报，2006，26(12)：4212 - 4218.

[46] 白彦锋，姜春前，鲁德，等. 中国木质林产品碳储量变化研究[J]. 浙江林学院学报，2007，24(5)：587 - 592.

[47] 刘刚，朱剑云，叶永昌，等. 东莞主要森林群落凋落物碳储量及其空间分布[J]. 山地学报，2010，28(6)：69 - 75.

[48] Houghton R A. Converting terrestrial ecosystems from sources to sinks of carbon[J]. *Arnbio*，1996，25(4)：267 - 272.

[49] Marland G，Schlamadinger B. Forests for carbon sequestration or fossil fuel substitution? A sensitivity analysis [J]. *Biomass and Bioenergy*，1997，13(6)：389 - 397.

[50] Skog K E，Nicholson G A. Carbon cycling through wood products：The role of wood and paper products in carbon sequestration[J]. *Forest Products Journal*，1998，48(2)：75 - 83.

[51] Chen J X，Colombo S J，Ter-Mikaelian M T，*et al*. Future carbon storage in harvested wood products from Ontario[J]. Crown forests. *Canadian Journal of Forest Research*，2008. 38：1947 - 1958.

[52] 叶雨静，于大炮，王玥，等. 采伐木对森林碳储量的影响[J]. 生态学杂志，2011，30(1)：66 - 71.

[53] 伦飞, 李文华, 王震, 等. 中国伐木制品碳储量时空差异[J]. 生态学报, 2012, 32(9): 2918－2928.

[54] IPCC. IPCC Guidelines for National Greenhouse Gas Inventories In: Agriculture, Forestry and Other Land Use [J]. Intergovernmental Panel on Climate Change, 2006.

[55] 侯振宏, 张小全, 肖文发. 中国森林管理活动碳汇及其潜力[J]. 林业科学, 2012, 48(8): 11－15.

[56] 程堂仁, 冯菁, 马钦彦, 等. 甘肃小陇山森林植被碳库及其分配特征[J]. 生态学报, 2008, 28(1): 33－44.

[57] 甘海华, 吴顺辉, 范秀丹. 广东土壤有机碳储量及空间分布特征[J]. 应用生态学报, 2003, 14(9): 1499－1502.

[58] Johnsona D W, Knoeppb J D, Swankb W T. Effects of forest management on soil carbon: results of some1ongterm resampling studies[J]. *Environmental Pollution*, 2002, 116: 201－208.

[59] Olsson B A, Staaf H, Lundkvist H. Carbon and nitrogen in coniferous forest soil after clear felling and harvests of different intensity[J]. *Forest Ecology and Management*, 1996, 82: 19－32.

[60] 于野. 采伐对土壤碳储量和剩余物碳释放的影响[D]. 哈尔滨: 东北林业大学, 2010.

[61] 周莉, 李保国, 周广胜. 土壤有机碳的主导影响因子及其研究进展[J]. 地球科学进展, 2005, 20(1): 99－105.

[62] Costanza R, D'Arge R, De G R, *et al*. The value of the world's ecosystem services and natural capital[J]. *Nature*, 1997, 387: 253－260.

[63] Mooney H A, Cropper A, Reid W. The millennium ecosystem assessment: What is it all about? [J]. *Trends in Ecology and Evolution*, 2004, 19(5): 221－224.

[64] 康文星, 田大伦, 张合平. 杉木人工林采伐后净化大气环境效能损失的评价[J]. 林业科学, 2002, 38(5): 14－17.

[65] 田明华, 赵晓妮. 中国主要木质林产品进口贸易的环境影响评价[J]. 北京林业大学学报(社会科学版), 2006, 5(增): 66－71.

[66] 司今, 韩鹏, 赵春龙. 森林水源涵养价值核算方法评述与实例研究[J]. 自然资源学报, 2011, 26(12): 2100－2109.

[67] 蔡跃台. 不同植被类型土壤理化性质及水源涵养功能研究[J]. 浙江林业科技, 2006, 26(3): 12－16.

[68] 李长荣. 武陵源自然保护区森林生态系统服务功能及价值评估[J]. 林业科学, 2004, 40(2): 16－20.

[69] LY/T 1721—2008, 森林生态系统功能评估规范.

[70] 谢高地, 鲁春霞, 冷允法, 等. 青藏高原生态资产的价值评估[J]. 自然资源学报, 2003, 18(2): 189－196.

[71] 史济彦, 肖生灵. 生态性采伐系统[M]. 哈尔滨: 东北林业大学出版社, 2001.

[72] 李春明. 森林可持续利用的新方式——减少对环境影响的森林采伐(RIL)[J]. 世界林业研究, 2002, 15(5): 20－25.

[73] 陈永富, 华网坤, 王松龄, 等. 热带雨林综合择伐及伐后林分结构分析[J]. 林业科技通讯, 1996(9): 24－25.

[74] 王立海, 王永安, 周新年, 等. 木材生产技术与管理[M]. 北京: 中国财政经济出版社, 2001.

[75] 陈平留, 刘健. 森林资源资产评估运作技术[M]. 北京: 中国林业出版社, 2002.

[76] 游水生, 饶英豪, 罗水发, 等. 福建武平帽布米槠林择伐经营策略初探——Ⅰ. 年龄结构和生长过程分析[J]. 福建林学院学报, 1996, 16(3): 234－238.

[77] 覃林, 陈平留, 刘健. 闽北异龄林生长矩阵模型研究[J]. 生物数学学报, 1999. 14(3): 332－337.

[78] 汤孟平, 唐守正, 雷相东, 等. 林分择伐空间结构优化模型研究[J]. 林业科学, 2004, 40(5): 25－31.

[79] 周新年. 工程索道与柔性吊桥——理论 设计 案例[M]. 北京: 人民交通出版社, 2008.

[80] 周新年. 工程索道与悬索桥[M]. 北京: 人民交通出版社, 2013.

第4篇

森林生态采运工程设计计算机系统

森林生态采运工程设计计算机系统，研究始于1983年，随着计算机在本领域中应用的不断提高，使用机型上，从PC-1500机、APPLE-II机，到IBM系列机、奔腾机等；运用语言上，从BASIC语言，到Visual FoxPro for Windows、MapBasic、Visual Basic 6.0等；采用编程上，从局部进行微机计算，到整个系统全部由计算机完成。该系统包括以下子系统：①基于GIS的优选作业伐区决策支持系统；②伐区调查设计计算机辅助系统；③基于VB的伐区生产工艺平面图设计系统；④森林资源二类调查辅助设计系统；⑤林业架空索道设计系统。

基于GIS的优选作业伐区决策支持系统，以MapInfo为开发平台，以森林生态采运理论为指导，应用GIS技术、DBMS技术和数学规划方法集成技术，使用MapBasic语言进行二次开发，建立地理数据库。系统具有森林资源查询和优选作业伐区功能，有助于在复杂环境条件约束下，为提高决策的科学性，实现最佳森林经营综合效益提供支持。

伐区调查设计计算机辅助设计系统，由基本数据输入，系统智能计算，设计表灵活打印3部分组成。主要包括基本情况输入，全林每木检尺输入，标准木树高的输入，伐区作业条件输入，伐区采伐木蓄积量和材种出材量计算及汇总，木材生产直接成本计算及汇总，木材生产便道直接成本计算，中间楞场、最终楞场生产设计计算，伐区生产用工及费用计算，准备作业条件用工设计计算，采集归装作业条件及用工设计计算，燃油料、材料消耗设计计算等内容，系统支持汇总计算后的设计表打印，同时支持空表打印，并提供系统初始化、数据备份、数据恢复及退出系统等功能。本系统核心是采用Visual FoxPro for Windows数据库管理语言设计而成，能完成伐区调查外业数据处理、内业计算、自动生成、打印伐区调查内业设计完整的14个设计表。

基于VB的伐区生产工艺平面图设计系统，采用面向对象技术，在Windows环境下运用可视化的编程语言Visual Basic 6.0开发，提出2种绘制伐区生产工艺平面图的方法。其一为矢量法。由外业测量数据的输入，经系统处理得出面积、闭合差，并最终形成矢量图形文件；其二为栅格法。采用方格法计算伐区面积，经扫描输入的图像，由系统处理形成栅格图形文件。系统由数据输入（或扫描输入）、系统处理、打印3部分组成，能完成伐区生产工艺平面图的绘制和打印，并纳入伐区的森林采伐更新调查内业设计。

森林资源二类调查辅助设计系统，在简述森林资源二类调查中的抽样调查和小班调查的基础上，对两种调查中的林分蓄积量计算进行了程序设计。利用数理统计的方法对常用的树高曲线方程进行拟合选优和检验，以偏差平均和最小者为优，把最优的树高曲线方程代入主要树种二元立木材积经验公式，得出较准确的每木材积的思路，给林分蓄积量的准确计算提供参考。

林业架空索道设计系统，索道设计推荐使用3种方法：①悬链线理论法，当单跨索道且需精确设计时采用该方法；②无荷参数控制的抛物线理论法，当从无荷算到有荷的单跨或多跨索道设计时采用该方法；③有荷参数控制的抛物线理论法，当从有荷算到无荷的单跨或多跨索道设计时采用该方法。在推导和建立林业索道优化设计数学模型的基础上，应用计算机对索道进行优化设计系统。

森林生态采运工程设计计算机系统，在推导和建立数学模型的基础上，所编制成的系统软件，不仅具有设计合理、界面友好、运算快捷、结果准确、简单易学、操作简便、纠错性强、通用性好等优点，而且对生态无影响，可节省大量人力、物力和财力，可提高设计工效数十倍，大大促进了林业的计算机现代化管理水平。

第1章
基于 GIS 的优选作业伐区决策支持系统

1.1 开发平台及运行环境

利用 Windows 为 GIS 系统平台，应用 MapBasic 语言进行集成开发。硬件基本配置为微型计算机；数据输入设备：扫描仪 1 台，数据化仪 1 台；VGA 彩显 1 台；喷墨彩色打印机 1 台。

1.2 系统结构与功能

1.2.1 系统结构

系统结构如图 4-1-1。

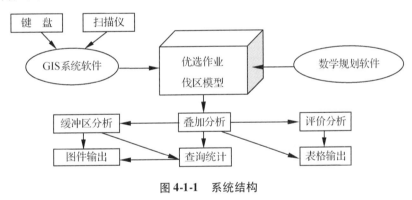

图 4-1-1 系统结构

1.2.2 系统功能

系统功能如图 4-1-2。

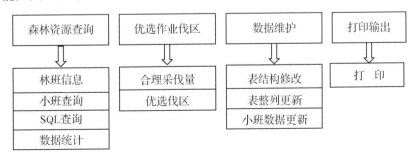

图 4-1-2 系统功能

应用系统采用模块化设计技术，使系统具有可扩充性。整个系统由 5 个模块构成，每个一级功能模块，下设若干个二级功能模块组成。

1.2.2.1 森林资源查询模块

（1）林班信息模块：该模块以空间形式浏览林班信息，并通过专题图渲染，配以图例直观显示，让用户对整个森林资源一目了然。

（2）小班查询：用户通过输入林班号、大班号和小班号，可查询小班的全部属性信息，并以地图和表的形式显示出来。

（3）SQL 查询模块：此模块具有各种条件查询功能，提供算术表达式、逻辑表达式、函数表达式等查询方式，满足用户对林班信息快速查询的需求。

（4）利用工具栏查询：可利用工具栏中的"*i*"，点击地图上某个或几个小班，即可获得所需小班的全部属性信息。

1.2.2.2 优选作业伐区模块

此模块根据用户输入的采伐条件，包括采伐树种、合理采伐量和计划采伐量，可以得出可伐小班分布图。综合考虑树种、蓄积量、生长量、需材单位、道路分布、运输成本、采伐面积和河流分布等森林资源状况和作业条件，通过空间分析得出最佳的作业伐区面积和空间位置。

1.2.2.3 数据维护模块

该模块提供小班信息和生产作业条件更新功能，包括小班数据更新、整个林场数据的表整列更新和表结构修改。

1.2.2.4 森林资源查询模块

打印输出模块：该模块提供查询和分析结果的打印输出，打印输出方式有地图和表格。此外，应用系统可调用 MapInfo 系统的专题地图制作功能，对森林资源的空间分布特征和动态变化进行分析和直观显示，为森林资源管理决策提供参考。

1.3 系统数据分析设计与实现

系统的数据流程图，如图 4-1-3。

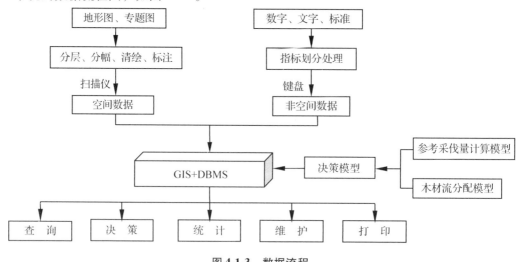

图 4-1-3 数据流程

1.3.1　空间数据分析设计

应用系统的空间数据是以层的形式来组织和管理的，其类型有 3 种：点数据类型、线数据类型和面数据类型。

1.3.1.1　地图数字化

（1）系统数字化所用的图面资料为福建省西芹国有林场，经营范围 1∶10000 的地形图和各种专题图。首先对地图进行分层，分成：大班界、小班界、道路、河流、山脊线、等高线和林权边界 7 层。描绘后再进行扫描处理。

（2）地图配准：一般选用地图上容易辨认的特征点为图层的配准点（如：桥梁、道路的交点，房屋等建筑的某个点）。配准点至少为 3 个，为了提高精度可选用 5 个，其中 4 个配准点分布在图的四周，1 个配准点在图的中央，以提高图的精度。

（3）扫描线跟踪：把分层扫描的 7 个文件以栅格图层输入，进行坐标配准后，分别对扫描线跟踪，建立表文件。

1.3.1.2　空间数据误差消除

数字化后的地图存在许多误差，必须加以消除，如连续线条中有断点、重叠点与伪多边形等各种图形拓扑关系的错误。需要对其进行平滑、拆分和联合等。处理后各小班的面积与西芹国有林场提供的小班面积比较，最大误差小于 2.5%。

1.3.2　非空间数据分析设计

1.3.2.1　非空间数据来源

非空间数据的来源于西芹国有林场二类森林资源调查的小班卡，包括：林班号、大班号、小班号、造林面积、树种组成、生长类型、立地条件、造林时间、平均树高、平均胸径、小班单位面积蓄积量、郁闭度、森林经营类型、山权与林权等一系列属性数据。

1.3.2.2　数据编码

编码主要以国家地理编码标准和国家林业局有关代码标准进行。应用系统对各层数据编码如下：

（1）小班：林班号 + 大班号 + 小班号。

（2）公路线：参照国家基础地理信息系统地形数据库，国道编码国家标准《公路路线命名编号和编码规则》（GB917.1~917.2—1989），并考虑林区道路特点进行编码。

（3）河流：全国河流名称代码采用 6 位数字和字母混合码。

（4）小班因子：根据国家林业局有关代码标准，对小班的山权、林权、树种种类、生长类型、立地等级、土壤类型、起源、坡度、坡向、龄组、森林经营类型、采伐类型、采伐方式和出材等级等进行编码。

1.4　空间分析方法

1.4.1　叠加分析

地图的叠加分析（Overlaying）是 GIS 特有的功能，也是 GIS 区别于其他信息系统的主要标志之一，它提供了抽象的数据类型和对象类型叠加分析的数学模型，通过叠加分析将同一地区，同一比例尺的2组或多组图形要素叠加。

把林班、道路、河流和山脊等图层进行叠加，可得到具有多重属性的林班图。在选择伐区时，因采伐量与小班的出材量可能不同，所得出的采伐面积与小班的面积大小不一致，即经营小班与作业小班不一致，这就需要将这一小班进行分割。系统中以一个矩形区域与小班进行 Intersection 叠加，得出的叠加区域为矩形区域内该小班所有边和属性，得到作业小班面积和采伐量。

1.4.2 缓冲区分析

缓冲区(Buffering)分析是根据数据库中的点、线、面实体，在其周围建立一定宽度范围的缓冲区多边形。沿水库区或主要河流两岸规定的范围内作为水源涵养林，列为禁采林带。利用岸线两侧建立缓冲区，缓冲区内的森林不作为作业伐区选择对象，应用 Intersection 叠加方法，从可采伐区范围中给以剔除。

1.5 优选作业伐区决策模型

1.5.1 合理采伐量计算模型

森林的合理年采伐量根据森林资源生长状况、森林的经营类型、林分年龄结构、树种比例与小班面积等一系列因素综合考虑，用"面积控制法"进行计算。

$$M = SM_P \tag{4-1-1}$$

式中：M 为合理年采伐量(m^3)；S 为年采伐面积(hm^2)；M_P 为成过熟林单位面积出材量(m^3/hm^2)。

合理年采伐面积 $F_i(i=1，2，3，4)$ 的确定：

$$F_1 = \frac{S_1}{n_1}, F_2 = \frac{S_2}{n_2}, F_3 = \frac{S_3}{n_3}, F_4 = \frac{S_4}{n_4} \tag{4-1-2}$$

式中：S_1 为用材林经营面积(hm^2)；S_2 为成过熟林面积(hm^2)；S_3 为成过熟林面积与近成熟林面积之和(hm^2)；S_4 为成过、近熟林面积与中龄林中靠近近熟林的一个龄级面积之和(hm^2)；n_1 为轮伐期年数(年)；n_2 为1个龄级期的年数(年)；n_3 为2个龄级期的年数(年)；n_4 为3个龄级期的年数(年)。

F_1、F_2、F_3 和 F_4 分别为轮伐期公式、成熟度公式、第一林龄公式和第二林龄公式计算的合理年采伐面积。应用系统根据森林资源特点，选择合适的模型计算合理年采伐量，小面积皆伐面积一次不得超过 5 hm^2，坡度平缓、土壤肥沃、容易更新的林分，考虑生态与经济效益，采伐面积可扩大到 $10 \sim 15$ hm^2 [1]。

1.5.2 木材流分配模型

一个木材生产单位往往同时向若干个需材点提供木材，满足客户对木材商品品种和数量的要求。如何分配伐区向需材点供应木材商品的数量，实质上是个带约束条件的优化问题，适合线性规划方法解决。

目标函数:

$$\text{Minimizing} \quad Z = \sum_{i=1}^{I} \sum_{j=1}^{J} \sum_{k=1}^{K} D_{ij} X_{ijk} \tag{4-1-3}$$

约束条件:

$$\sum_{i=1}^{I} X_{ijk} \geqslant Y_{jk} \quad (j = 1, 2, \cdots, J; k = 12 \cdots K)$$

$$\sum_{j=1}^{J} \sum_{k=1}^{K} X_{ijk} \leqslant V_i \quad (i = 1, 2, \cdots, I)$$

$$\sum_{i=1}^{I} V_i \leqslant M$$

式中: Z 为运材总费用(元); D_{ij} 为从小班 i 到需材点 j 的单位运材成本(元/m^3); X_{ijk} 为从小班 i 运到需材点 j 的品种 k 木材材积(m^3); Y_{jk} 为需材点 j 对品种 k 的定货量(m^3); V_i 为小班 i 出材量(m^3); I 为采伐小班数量; J 为需材点数量; K 为木材等级数。

1.6　应用实例

选择福建省西芹国有林场部分林班为试用范围。通过对地图数字化和输入属性数据,建立应用系统空间数据库。系统提供林班、大班和小班各种信息的查询功能,可直观浏览林班的总体概况,如图 4-1-4(a),林分图例以各种色彩表示不同的林种和成熟度,让用户更清楚

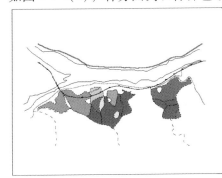

(a)小班概况

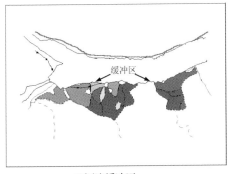

(b)河流缓冲区

(c)作业小班

图 4-1-4　应用示例

了解林班信息；通过系统分析，合理年采伐面积和采伐量分别为 4. 20 hm^2 和 1204 m^3。设需材单位要 600 m^3 杉木，出材率为 0. 8，计划采伐蓄积量为 800 m^3 杉木林。设沿沙溪口水库两岸 200 m 范围内为水源涵养林，在沿河岸 200 m 的范围产生一条 200 m 宽的缓冲区得图 4-1-4(b)，在缓冲区内的林木不能采伐，采伐顺序从谷口深入谷底，并沿道路深入的原则。经过系统决策分析，确定 43 林班 14 大班 5 小班一部分 3. 33 hm^2 为作业伐区，系统自动分割经营小班，得到作业小班，如图 4-1-4(c) 中的阴影部分。

1.7   小结与建议

系统效率和稳定性好，用户界面友好，易于操作，可扩展性强。森林工程的数字化是构建"数字林业"的重要内容，GIS 技术是实现"数字林业"的重要技术支撑之一，GIS 技术在森林工程上的应用研究是当前热点问题之一，许多问题尚进一步研究，如应用 GIS 技术选择集材方式方法、林道网规划与评价、森林采伐作业对森林生态景观的影响评价分析等。

第 2 章
伐区调查设计计算机辅助系统

伐区调查设计是林业生产中合理组织生产，控制森林资源消耗、科学经营和可持续利用森林资源的一项重要工作，其设计质量的好坏，直接影响着林业建设方针的实施及企业的经济效益。因此，林业主管部门对伐区调查设计制定了严格的规程，森林的采伐必须按规程进行伐区调查设计。由于伐区调查设计涉及面广，手工内业设计烦琐且效率低。随着计算机的迅速发展，微机应用于林业对于解决烦琐的计算、提高工效起着重要的作用。为适应发展，提供方便快捷的操作，本系统采用 Visual FoxPro for Windows 数据库语言编写而成。

基于 Windows 平台的 Visual FoxPro 数据库语言，其应用程序能对伐区调查设计内业的各种数据操作进行良好的管理，界面非常直观，便于用户操作，提高了内业设计的速度和质量。使用方便，可添加新的内容、备份、更新各伐区数据资料。通用性好，支持手工修改，木材采运技术定额维护更新，使伐区调查设计更符合生产实际的要求，具有更强的适应性、实用性。本系统供各林业采育场(林场)、乡(镇)采伐证审批主管部门、科研及教学等单位的伐区调查设计使用。

2.1 系统概述

伐区调查设计计算机辅助设计系统由基本数据输入，系统智能计算，设计表灵活打印 3 部分组成，系统核心是为了设计、计算、自动生成、打印伐区调查内业设计完整的 14 个设计表。此 14 个设计表分别为：

设计表 1：伐区调查设计书；

设计表 2：伐区采伐木蓄积量和材种出材量汇总表；

设计表 3：木材生产(基本)直接成本汇总表；

设计表 4：木材生产(基本生产)便道养护计算表；

设计表 5：中间楞场、最终楞场生产费用设计表；

设计表 6：伐区生产用工及费用计算表；

设计表 7：伐区作业条件调查表；

设计表 8：准备作业用工及费用设计表；

设计表 9：准备作业条件及用工设计表(一)；

设计表 10：准备作业条件及用工设计表(二)；

设计表 11：准备作业条件及用工设计表(三)；

设计表 12：准备作业条件及用工设计表(四)；

设计表 13：采集归装段作业条件及作业设计；

设计表 14：燃油料、材料消耗设计表。

2.1.1　系统设计思想

对于一个复杂的系统，为简化其设计难度，将其进行系统的问题抽象具体化，具体应体现在其各模块间的关系。本系统采用了系统模块化思想，尽量减少模块之间的联系，使系统具有较强的适应性。本系统以伐区代号[林班(3位)+大班(2位)+面积最大小班(2位)]为主线建立各模块之间的联系，主要依据林业采育场(林场)进行内业计算的实际情况，结合计算机处理上的需要，将伐区全林每木检尺各径级胸径及其株数输入，标准木树高输入，准备作业输入，燃料消耗输入，采集归装段作业输入，中间楞场、最终楞场生产费用输入分别储存于不同的总库，方便识别、存储及维护。

2.1.2　系统运行环境

系统运行环境为 Windows 操作系统，微机无须配备有 Visual FoxPro 系统。在本系统的正确安装后，可在安装目录下，双击"伐区调查设计.EXE"进入本系统。也可建立 Windows 桌面快捷方式，双击即可启动系统。硬件基本配置微型计算机、VGA 显示器与打印机1台等。

2.2　系统模块及其功能

本系统软件由一个主控模块和8个功能模块(子系统)构成(图 4-2-1)，每一个一级功能模块一般包含若干个二级功能模块组成。

各模块在主控模块程序控制下，以中文菜单显示，用户可以根据菜单，选择相应的功能模块，各个模块间既可以系统地使用，也可以有针对性地使用。各模块之间以伐区代号建立关联。由于本系统数据与数据之间，表格与表格之间层层相连，因此输入数据的顺序必须符合生产实际和计算结果产生的先后顺序，且同时每个伐区数据进行存储。在需要时，可以选用菜单栏相应的菜单进行数据的重新导入。为了操作方便，减少汉字输入，一般在规程中有某一范围的作业条件，都采用方便使用原则，即把每一范围用规范字符表示，作业条件输入只须按鼠标在列表框中选择规范字符即可，本系统极大地简化了数据的输入，用户只需输入最小限度的数据(完成伐区调查设计所必需的不可少的数据)便可完成烦琐的内业设计计算。

2.2.1　全林每木资源调查模块

该模块包括伐区调查设计书输入，每木检尺数据输入，标准木树高输入，打印设计表1(伐区调查设计书)，打印设计表2(伐区采伐木蓄积量和材种出材量汇总表)等二级功能模块。

2.2.1.1　调查设计书输入二级功能模块

该模块要求输入伐区调查设计的伐区代号、山场的地理位置及林分情况、更新状况等。能对伐区代号进行唯一性和正确性检验，防止输入重复或无效的伐区代号。伐区代号的唯一性对数据计算结果的正确性和系统的正确运行起着关键性的作用。

2.2.1.2　每木调查输入二级功能模块

该模块要求输入伐区各树种每木外业调查数据(包括径阶、株数)。具有原始数据快速录入的特点和查询、修改、信息提示等功能。先计算伐区中各树种各径级的总株数，计算伐区各树种用材树、半用材树和非规格木的总株数，6 cm 径级起测，以递增2 cm 为1个径阶圆整

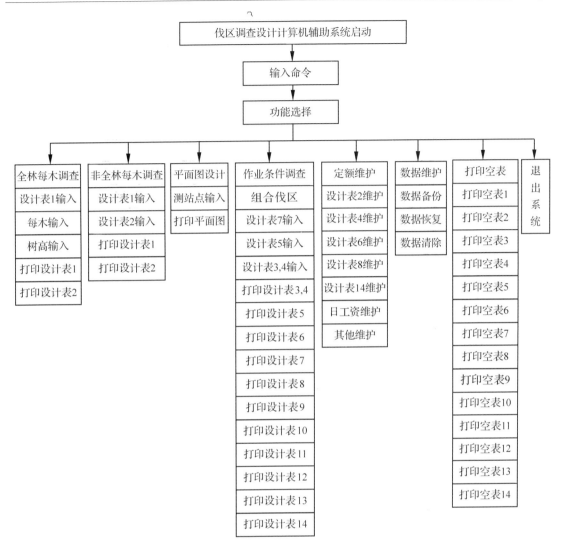

图 4-2-1 伐区调查设计系统主控模块结构流程

成标准径级，再计算出树种的平均胸径。每木调查输入模块流程，如图 4-2-2。

2.2.1.3 树高输入二级功能模块

该模块采用伐区上、中、下各 3 株标准木计算平均树高。根据每木调查数据计算的平均胸径，自动生成各标准树高的胸径，由用户输入树高外业调查数据，即可自动确定所在的树高级。具有原始数据快速录入的特点和查询、修改、信息提示等功能。该模块包括 2 个二级功能模块，即输入树高功能模块、计算树种平均树高并加以判别树高级二级功能模块。其流程图，如图 4-2-2。

2.2.1.4 打印设计表 2 二级功能模块

该模块对各伐区的每木输入、树高输入的原始数据进行处理，经过烦琐复杂的计算，最终得出结果，自动填入相应伐区，并可直接打印。

2.2.1.5 打印设计表 1 二级功能模块

该模块从设计表 2 经处理取得所需的数据，并结合用户所输入的数据得出最终结果，付诸打印。

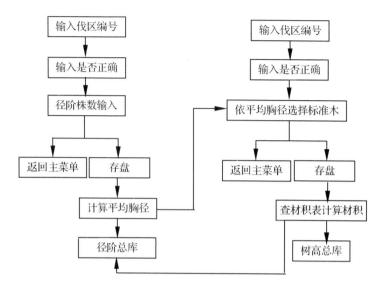

图 4-2-2 每木调查与平均树高输入模块流程

2.2.2 非全林每木资源调查模块

该模块能够处理标准地(带状、块状、小样圆等)调查方法的资源部分。支持手工录入的方式,由用户直接输入设计表2、设计表1的数据,并可直接打印。

2.2.3 伐区平面图设计模块

该模块包括3个二级功能模块。即依据罗盘仪闭合导线外业面积测量数据(采用复站法和跳站法),绘制伐区平面图;计算伐区面积;在平面图上绘制作业设计图标并打印。

2.2.4 作业条件调查模块

该模块按伐区调查设计实际的需要,由用户在已输入的伐区中进行组合,产生作业条件调查表。用户输入调查数据,通过对原始数据进行一系列复杂的自动处理,得出设计表3至设计表14,并具有容错提示信息。

2.2.4.1 组合伐区

由用户进行伐区组合,生成新的组合伐区,产生作业条件调查表。具有极强的灵活性和实用性的特点,能进行多伐区处理。

2.2.4.2 设计表7输入

由用户输入原始调查数据,根据原始数据的相互制约条件,获得各种因子,自动查找相应的定额表,理清各设计表间的先后顺序,通过处理得出设计表6至设计表14所需的结果。并能检验用户输入数据的正确性和规范性。

2.2.4.3 设计表5输入

根据用户输入的中间楞场、最终楞场调查数据,查找相应的定额,通过计算得出所需结果,填入设计表5。

2.2.4.4 设计表 3、设计表 4 输入

由于设计表 3、设计表 4 的表幅较小，把它们放在同一张打印。因此在输入时也保持同一性。在同一界面输入 2 个设计表调查数据，并从已得出的设计表 5、设计表 6 取得所需数据，然后分别处理得出所需结果。

2.2.4.5 打印设计表 3 至设计表 14

经过以上处理，得出设计表 3 至设计表 14，用户便可方便地选择需要打印出来的设计表，将最终结果付诸打印。

2.2.5 定额维护模块

此模块主要为实现本系统的实用性、灵活性而进行各种定额的实时修改，用户能随着物价的涨落，季节时令的变迁，工艺的定额改变，木材出材率的更改等，选择相应的定额表进行维护，使系统具有很强的适应性和灵活性。

2.2.6 数据维护模块

此模块包括数据备份、数据恢复与数据清除 3 个二级功能模块。数据备份对各林业采育场(林场)数据按年份和采育场(林场)的名称进行分类存储。数据恢复对已存储的数据按年份和名称进行恢复，并可删除用户认为已不需要的年份和采育场(林场)的有关数据。数据清除能清除当前采育场(林场)的数据，使得所有数据清空，以便下一轮采育场(林场)数据的输入。数据维护模块有利于用户进行有效的数据管理，并具有丰富的提示信息，以防止用户的误操作。

2.2.7 打印空表模块

此子系统能按用户的需求打印任一张空表。在打印空表之前用户必须先进行数据备份后，才能启用打印空表的功能，并具有相应的提示信息。这样做的目的是为了防止用户因打印空表而丢失数据，避免不必要的输入损失。

2.2.8 退出系统

该模块实现从伐区调查设计系统安全退回 Windows 操作系统。

2.3 系统模块流程图

为了更加深入具体地阐述本系统的设计思想，以下列举了本系统主要的 3 个程序流程图，它们分别是设计表 2(即伐区采伐木蓄积量和材种出材量汇总表)、设计表 8(准备作业用工及费用设计表)、设计表 13(采集归装段作业条件及作业设计)的流程图，分别如图 4-2-3 至图 4-2-5。这 3 个流程图代表了程序设计的主要思路，体现了系统设计的思想。模块流程图中的 Eof( )表示判断的条件：是否到了文件尾。

2.3.1 伐区采伐木蓄积量和材种出材量汇总模块流程

根据伐区调查设计的外业调查(全林每木调查方法)数据输入，每木检尺输入和树高输入

的数据,计算得出平均胸径和平均树高,按福建省森林采伐更新调查设计实施细则和地方标准判断出树高级,查相应的出材率表,计算出各伐区各树种的蓄积量和材种出材量,然后按伐区代号进行小计,最后对所有伐区进行合计,得出设计表2所需的各数据(图4-2-3)。

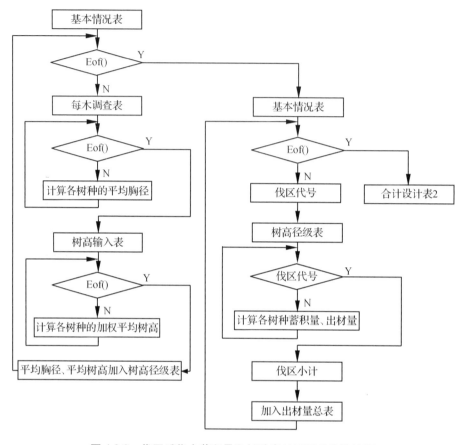

图4-2-3　伐区采伐木蓄积量和材种出材量汇总模块流程

2.3.2　准备作业用工及费用设计模块流程

此模块对设计表9至设计表12已经求得的需工数进行统计,汇总到设计表8,并进一步处理得出各伐区的定额和金额。最终对设计表8所有伐区进行合计(图4-2-4)。

2.3.3　采集归装段作业条件及作业设计模块流程

此模块根据设计表7输入的原始数据,进行判断,获得查找各定额表的所有因子。根据因子查找各定额表,得出符合条件的定额,此算出各项的需工数和金额分别添加入采、集、归装3表,并进行小计,最终对3表进行合计(图4-2-5)。

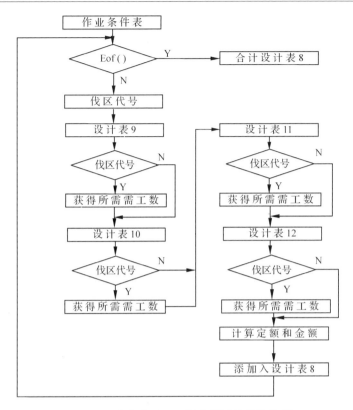

图 4-2-4　准备作业用工及费用设计模块流程

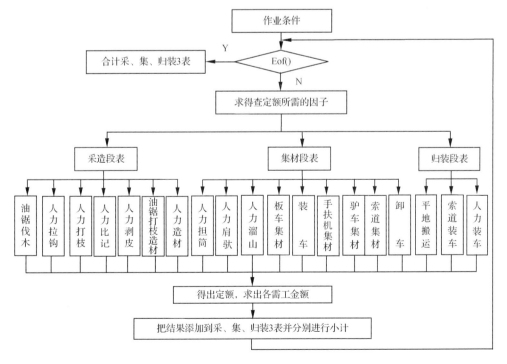

图 4-2-5　采集归装段作业条件及作业设计模块流程

2.4　系统特点

本系统具有界面友好，简单易学，操作方便，输入快捷，纠错性强等特点。解决伐区调查内业设计的计算机化，提高计算的准确性，降低人为的误差，实现基本数据输入，系统自动计算汇总，生成并打印规范的设计表。

（1）界面友好、简单易学：进入本系统后，显示"菜单"式模块，全中文界面，友好直观。便于用户对系统功能一目了然，即使计算机知识一般的操作人员，也可短时间熟练掌握本软件。

（2）操作方便：系统具有方便的点取操作，除说明备注文字外，所有的规范字符均可由鼠标点取选择。建立数据库存储，使数据存储、备份、恢复十分方便。

（3）输入快速：具有数据快速录入，规范字符，字典录入功能。

（4）纠错性强：丰富的提示信息，实时的辨错能力，保证伐区调查数据正确输入，系统能根据已输入的数据进行自动判断后给予提示，并提供初步计算数据供用户校核，验证伐区调查设计的外业、内业的可靠性与正确性。

2.5　小结

本系统采用福建省地方标准[2-3]，依据木材生产规划，开发出适合其实际情况的伐区调查设计计算机辅助系统。本系统以福建省建瓯市林业局设计队提供的调查数据，运行并最终打印出一套（共14张）完整的设计表，经同该设计队技术人员的手工计算的结果进行比较验证，证明其具有高度准确性和高效性（1个伐区手工从计算到出一套设计表需约8小时，本系统只需约30分钟）。

本系统开发完成后，就被建瓯市林业局设计队在生产实践中长期投入使用。解决了手工计算的烦琐，克服了手工计算易错的缺点，极大地提高了工效，具有较高的实用性。本系统采用了Visual FoxPro for Windows可视化语言编制，其界面友好美观，由鼠标操作代替手工操作，能够较简便、快捷而准确地完成整个伐区的外业数据处理、内业设计和设计表打印等功能，适合林区的伐区调查设计，但由于伐区调查设计涉及面广，而且随着生产实践的变化而变化。因此，优化设计必须根据实际需要不断地修改与完善。

第3章
基于 VB 的伐区生产工艺平面图设计系统

在森林采伐更新调查设计中，首先要调查面积。面积测量常使用闭合导线法定界，方格法绘图计算。传统的手工计算绘图，计算量大且效率低。计算后成果要进行精度验算，求算闭合差。该方法虽然简单，但计算工作量大。不少专家早期使用 PC-1500、APPLE-Ⅱ、IBM-PC/XT 等低档机型，采用 BASIC 编程，求算闭合导线面积及其闭合差，绘制伐区平面图。但这些方法均未系统解决应用微机绘制伐区生产工艺平面图问题。随着计算机技术的迅速发展，开发适合林业应用的专门计算机应用系统已成为可能。为适应发展，提供方便快捷的操作，本系统采用 Visual Basic 6.0 for Windows(简称 VB)编写而成。

VB 编程语言是由 Microsoft 公司推出的面向对象的可视化开发工具，利用其图形处理、网络、数据库等技术可开发出基于 Windows 平台的 32 位应用程序。因此，采用 VB 作为语言工具，开发一套用于求算伐区面积，图形绘制的应用系统，以实现伐区调查工作的计算机辅助设计。该系统操作简单、运行方便、可移植性好、界面友好，计算结果精确，提高了内业设计的速度和质量，使伐区调查设计更符合生产实际的要求，具有更强的适应性、实用性。对推广计算机在林业系统的应用，具有重要的现实意义和指导伐区作业的科学决策。

3.1 系统概述

3.1.1 系统设计思想

对于一个复杂的系统，为简化其设计难度，将其进行系统的抽象问题具体化，具体体现各模块间的关系。系统采用了系统模块化思想，尽量减少模块之间的联系，使系统具有较强的适应性。系统以伐区代号[林班(3 位) + 大班(2 位) + 小班(2 位)]为主线建立各模块间的联系，进行数据传输。

3.1.2 系统体系结构

伐区生产工艺平面图系统的结构采用层次型和线型模块结构(图 4-3-1)。系统的结构是在计算机软件和硬件的支持下，应用计算机图形学、数据库的原理，对其进行数据管理和输出。在面向对象程序设计中，过程或数据被结合在一起形成对象，对象中封装了描述该对象的特殊属性(数据)和行为方式(方法)。整个系统由各种不同类型的对象组成，系统的开发就是建立在对 VB 所提供的大量实用对象的组织和应用。图形用户界面(Graphical user interface)是采用事件驱动机制，以窗口、菜单、对话框、图标为主要元素。用户在界面上利用鼠标、键盘进行简单的操作，对系统发出指令，指令所代表的事件驱动相应的应用程序，即脱离伐区生产工艺平面图系统，处于应用程序界面，用户进行操作。系统通过数据链接与应用程序建立数据关联。

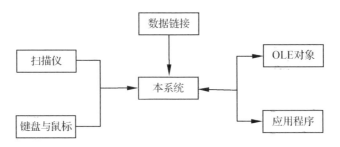

图 4-3-1　系统体系结构

3.1.3　系统运行环境

系统运行环境为 Windows 操作系统，微机无须配备有 VB 系统。在本系统的正确安装后，可在安装目录下，双击：伐区生产工艺平面图设计 . EXE 进入本系统。也可建立 Windows 桌面快捷方式，双击即可启动系统，微机必须安装扫描仪工具软件。硬件基本配置微型计算机；VGA 显示器；打印机 1 台；扫描仪 1 台；1 个 Microsoft 鼠标或兼容的鼠标等。

3.2　系统模块及其功能

应用系统由 1 个主控模块和 5 个功能模块（子系统）构成，每一个一级功能模块包含若干个二级功能模块组成。各模块在主控模块程序控制下，以中文菜单显示，用户可以根据菜单，选择相应的功能模块，各个模块间既可以系统地使用，也可以有针对性地使用（图 4-3-2）。

各模块之间以伐区代号建立关联实现数据传递，扫描、绘图均以操作鼠标完成。

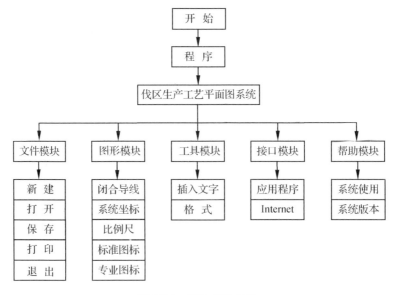

图 4-3-2　系统模块结构

3.2.1　文件模块

文件模块包括新建、打开、保存、打印和退出功能模块。新建功能模块供用户新建图形文件；打开功能模块供打开已有的图形文件，进行浏览或修改；保存功能模块对绘成的图形保存为图形文件供以后使用；打印模块对处理后的伐区生产工艺平面图进行打印；退出功能模块供用户退出系统。

3.2.2　图形模块

矢量法依据罗盘仪闭合导线外业测量数据（采用复站法和跳站法），绘制平面图，运行伐区面积计算功能子模块；栅格法用方格法计算伐区面积，而后采用 300 dpi 扫描伐区平面图。对扫描后的图形或绘制后的伐区平面图，添加作业设计图标后形成伐区生产工艺平面图，并储存为栅格图形文件，付诸打印。

3.2.2.1　坐标模块

在坐标模块中，本系统提供了 4 种系统坐标子模块和一个用户自定义坐标子模块，4 种系统坐标为[4]：① 屏幕左上角坐标；② 屏幕右上角坐标；③ 屏幕左下角坐标；④ 屏幕右下角坐标。使用系统坐标时，用户所要做的只是在菜单中选择，点击鼠标即可确定坐标。为了解决特殊问题，若想让伐区生产工艺平面图在屏幕中央显示，用户可以通过自定义坐标系统，选择坐标的方向，然后点击鼠标即可。

3.2.2.2　比例尺模块

在比例尺模块中系统提供了绘制伐区生产工艺平面图时的几种常用比例，用户只需点击鼠标选取即可。如需特殊的比例，可通过本模块提供的用户自定义比例尺模块，输入所需的比例尺，即可进行伐区生产工艺平面图的绘制。

3.2.2.3　闭合导线功能模块

伐区平面图绘制是依据外业测量的原始参数（方位角，倾斜角和斜距）绘制而成。对复站法，有每个测站点的正反方位角、正反斜距、倾斜角；对于跳站法，有每一测站点的正方位角或反方位角、斜距、倾斜角。根据这些数据，求算出每一测站点的方位角和平距，而后求算各测站点坐标和伐区面积。根据这个思路，设计出流程图（图 4-3-3）。

模块包含数据查询、数据修改、绘制闭合导线图 3 个子模块。数据查询子模块用于查询输入数据是否正确及计算的面积、精度是否满足要求；数据修改子模块用于数据修改操作；绘制闭合导线图子模块包含闭合导线平差前和平差后的站点坐标计算，以及闭合导线的绘制，建立矢量图形文件，用户只需单击鼠标确定即可。

3.2.2.4　标准图标模块

标准图标模块提供绘制标准图标（如直线、平行线、方形、圆等）的功能，用户只需点击其中的图标，然后在绘图区进行绘制。用户可通过这些标准图标组合出其他任何复杂图形，方便地进行伐区作业设计图标等的绘制。

3.2.2.5　专业图标模块

提供绘制伐区生产工艺平面图时常用的专业图标，用户只需选取其中所需的专业图标后，在绘图区点击即可。常见的专业图标如图 4-3-4。

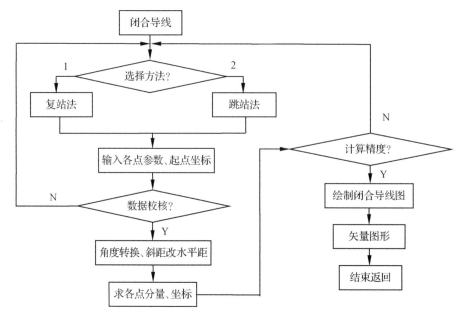

图 4-3-3　伐区闭合导线流程

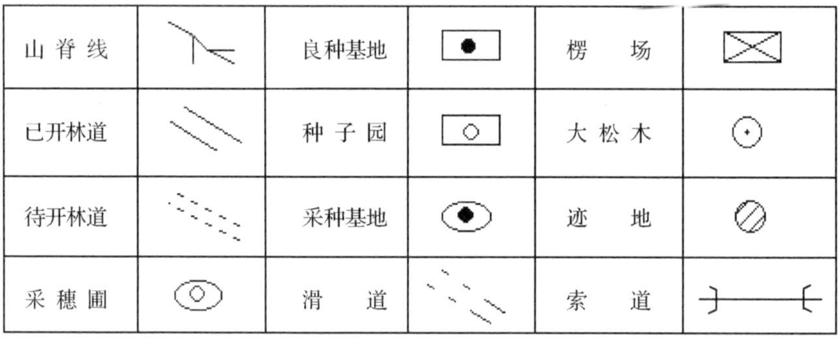

山脊线		良种基地		楞　　场	
已开林道		种子园		大松木	
待开林道		采种基地		迹　　地	
采穗圃		滑　　道		索　　道	

图 4-3-4　绘制伐区常见图标

3.2.2.6　删除模块

删除模块提供 3 种删除方式：①全部删除方式，这种方式用于重绘整个图形，进行重新定义坐标；②块删除方式，这种方式用于删除图形中的封闭的一部分；③域删除方式，这种方式用于按住鼠标连续删除一定的区域。

3.2.2.7　扫描仪功能模块

系统通过 OLE 对象可将扫描仪的驱动程序嵌入或链接进本系统，从而对伐区平面图进行扫描，并用文件模块将其保存或导入本系统进行修改。

3.2.3　工具模块

工具模块包括 2 个二级功能模块：格式模块和插入文字模块。

3.2.3.1　格式模块

格式模块提供系列选项设置，通过这些设置可改变专业图标的大小，闭合图形的填充类型。如要画用斜线填充的矩形，只需选取斜线填充类型，通过标准图标模块选取画矩形的图标,在绘图区单击移动鼠标即可。

3.2.3.2　插入文字模块

插入文字模块提供在图形区输入文字的功能,用于绘图时增加说明性文字。没有合并成图形期间,可将文字移动到绘图区的任何位置,合并后将其当着图形来处理。

3.2.4　接口模块

接口模块是系统的附加功能。接入 Internet 网络提供不同区域数据交换、资源共享。应用程序功能模块通过 OLE 对象,链接其他应用程序,以完善本系统。

3.2.5　帮助模块

帮助模块提供系统的使用操作说明,系统版本说明、版权声明。帮助子系统对用户提供多种辅助帮助功能。

3.3　系统特点

系统界面清晰、直观,操作简便,采用鼠标、键盘、热键控制,即时显示提示信息,计算结果合理、精确,绘图快捷,符合当今流行的视窗操作系统规范。

可移植性好。以林业系统为例进行设计,也可应用于计算面积、绘制平面图的领域,而系统本身修改并不大;可扩充性强。计算机技术的不断发展,伐区生产工艺平面图系统不可能是一成不变的。系统在开发过程中建立工具化的开发环境和预留必要的接口,为进一步扩充提供了可能;系统稳定性好。用户输入非数据的字符,系统拒绝接受并提示用户重新输入数据。

3.4　系统实例

[**例 4-3-1**]　依据罗盘仪闭合导线外业测量数据(表 4-3-1),采用矢量法绘制的伐区生产工艺平面图(图 4-3-5)。

表 4-3-1　建瓯市墩阳林业采育场 110 林班 2 大班 3 小班闭合导线测量数据

测　站	测　　点	前视方位角(°)	后视方位角(°)	倾斜角	斜距(视距)(m)
2	1		206.5	18°	24.8
	3	63.5		7°	22.7
4	3		315	6°	14.3
	5	26.5		2°	22.4
6	5		296.5	0°30′	44.8.
	7	180		27°	25.2
8	7		90	35°	29.8
	9	225		21°30′	16.3

（续）

测　站	测　点	前视方位角(°)	后视方位角(°)	倾斜角	斜距(视距)(m)
10	9		90	16°	32.5
	11	180		9°	10.3
12	11		63.5	10°30′	23.2
	13	346		17°	22.6
14	13		90	14°	5.3
	15	0		10°	10.3

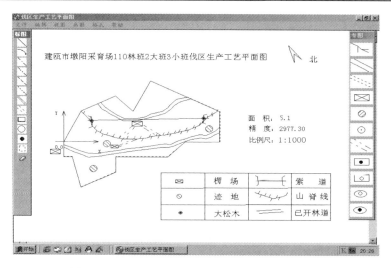

图4-3-5　采用矢量法绘制的伐区生产工艺平面图

[**例4-3-2**]　手工绘制的伐区生产工艺平面图，采用栅格法处理的伐区生产工艺平面图（图4-3-6）。

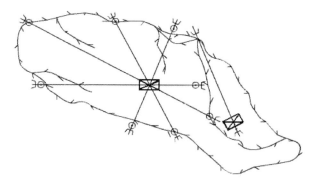

图4-3-6　采用栅格法处理的伐区生产工艺平面图

3.5　小结

　　系统开发完成后，就被福建省建瓯市林业局设计队在生产实践中投入使用至今。解决了绘图计算的烦琐，克服了手工绘图计算易错的缺点，极大地提高了工效，具有较高的实用性。其界面友好美观，由鼠标操作代替手工操作，能较简便、快捷而准确地完成伐区生产工艺平面图的设计、打印等功能，适合林区的伐区调查设计。本系统以建瓯市林业局设计队提供的数据，运行并最终打印出 1 张完整的伐区生产工艺平面图，经同该设计队技术人员的手工绘制计算结果进行比较验证，证明其具有高度准确性和高效性(1 个伐区手工绘制计算 1 张完整的伐区生产工艺平面图需约 2 小时，本系统只需约 10 分钟)。由于伐区调查方式和手段随着生产实践的变化而变化。因此，系统优化设计必须根据实际需要不断地修改与完善。

第4章
森林资源二类调查辅助设计系统

　　国外森林资源调查的发展趋势是向精度高、速度快、成本低和连续化的方向发展。为提高森林调查精度，森林资源调查技术应以数理统计为基础的抽样方法，结合航空相片和其他图片资料进行室内分层判读，用地面测树样点推算蓄积量。这种方法减小外业工作量，适用于我国较大面积地区的森林资源调查。数理统计抽样方法有简单随机抽样、系统抽样、分层抽样、回归估计等。从发展趋势看，数理统计抽样方法与精密测树仪器和电子计算机结合起来，则森林资源调查更能达到精度高、速度快、成本低的效果。

　　对于森林调查材料的计算和整理，几乎所有发达国家全部采用电子计算机处理外业调查数据，并建立计算机数据库，及时提供各种所需资料。除调查材料的数理统计外，林分结构的分析，材积表及收获表的编制，林地境界测量的计算，地图的编制以及遥感图像的处理等都可应用计算机。整理森林调查材料正向计算机自动化和程序系统化的高效率方向发展。

　　森林资源二类调查是林业生产建设的重要基础工作。森林资源二类调查以国有林业局、县或其他部门所属林场为单位，逐个林班、大班、小班调查森林资源现状和动态。其任务是为满足编制森林经营方案、总体设计、县级林业区划和规划、基地造林规划等项需要提供基础资料。通过二类调查，要求把主要森林资源数据和各类土地面积按小班落实到山头地块，以便于各调查单位建立森林资源档案，搞好资源管理，进行合理经营，实现持续利用，充分发挥森林的多种效益，准确地评估林业生产建设成效，明确今后林业工作的方向，为制定林业方针政策、编制发展规划、落实森林经营措施、调整林业区域布局、指导林业生产建设、考核领导林业经营成效和保护发展森林资源目标责任制提供可靠的依据。

　　集体林区伐区调查设计，常采用角规调查法，测定林木径级、树高、工艺用途等级，以及计算蓄积量和材种出材量。在保证限额采伐指标下，无论是制定承包定额，或是确定承包基数时，应有个较科学的数据，以减少盲目性和确定基数的失误而带来的经济损失，提高森林资源利用率，使集体林区有组织有计划地进行木材生产。所研制的角规测树法蓄积量计算系统，经近200多个伐区使用验证表明，不仅提高了内业计算的精确度，可靠性高，而且操作简便，自检能力强，运算速度快，通用性好。适合于各县(市)林业局用以检查、监督、管理伐区工艺设计，各林业采育场、林场、林业站等伐区工艺设计，同时适合于教学和科研。

　　森林蓄积量和生长量是森林调查最重要的因子，而其在森林调查中的内业计算相当烦琐，尤其是每个样地的蓄积量和生长量的查表统计，工作量大，方法机械，利用手工计算不仅耗费大量时间而且枯燥无味，极易出错。森林资源二类调查计算机辅助设计系统，工效提高上百倍。该系统能计算小班调查单株蓄积量，单株生长量，小班总蓄积量；计算抽样调查单株蓄积量，单株生长量，样地的总蓄积量等。

4.1　森林资源抽样调查

森林资源抽样调查就是在调查对象中，按照要求的精度，随机地抽取样本单元组成样本，进行量测和调查，以便推算总体蓄积量的调查方法。

根据抽取样本单元的方法不同，构成了不同的抽样方式，常用系统抽样和分层抽样两种方法。

4.1.1　系统抽样

在总体 N 的单元中，随机确定起点后，按一定的间隔抽取 N 个单元组成样本，用以估计总体的方法，称为系统抽样，又称机械抽样。系统抽样布点均匀，组织样本简便易行，样点定位方便。系统抽样调查的外业工作步骤有：确定调查总体的境界、确定样本单元数、布点、样地的定位、样地设置与调查、内业计算。

4.1.1.1　确定调查总体的境界

根据原有的图面材料，将调查总体的境界准确地勾绘在调查用图上。为了提高工效，缩小蓄积量的变动；抽样设计时，首先将图上集中连片的非林业用地和无林地勾出，不予布点；然后计算总体面积及抽样对象的面积。

4.1.1.2　求算样点数 N

按总体蓄积量抽样精度 90%，可靠性 95% 要求。其计算公式为：

$$N = \frac{t^2 C^2}{E^2} \times (110 \sim 120)\% \qquad (4\text{-}4\text{-}1)$$

式中：t——可靠性指标，当 $P = 95\%$ 时，$t = 1.96$；

　　　E——允许误差，小于或等于 10%。

　　　C——资源变动系数，查抽样对象单位（林场等）过去的资料或运用全距估计法计算，计算式为：

$$C = \frac{X_{\max} - X_{\min}}{XR} \qquad (4\text{-}4\text{-}2)$$

式中：R——全距比值；

　　　$X_{\max}$——最大的蓄积量；

　　　$X_{\min}$——最小的蓄积量；

　　　X——平均蓄积量。

$$X = \frac{\sum\limits_{i=1}^{N} X_i}{N} \qquad (4\text{-}4\text{-}3)$$

系统抽样布点，就是将确定的样本单元数，布设在抽样总体内或布设在抽样对象的面积内。布点时要避免地形和林分特点所能造成的周期性影响。

样地间距 L 的计算式为：

$$L = \sqrt{\frac{A \times 1000}{N \times 15}} \qquad (4\text{-}4\text{-}4)$$

式中：A——抽样总体面积。

4.1.1.3 内业计算

系统抽样的特征数、总蓄积量及其抽样精度计算，见表 4-4-1[5]。

表 4-4-1 系统抽样特征数计算

样地特征数计算	总体特征数计算
样地平均数：$\bar{X} = \dfrac{\sum X_i}{N}$	总蓄积量：$M = A \cdot \bar{X}$（取整数）
样地标准差：$S = \sqrt{\dfrac{\sum X_i^2 - N_i^2}{N - 1}}$	抽样误差限：$\Delta X = t \cdot S_{\bar{X}}$
变动系数：$C\% = \dfrac{S}{\bar{X}} \times 100\%$	估计区间：$M \pm \Delta M = A(\bar{X} \pm t \cdot S_{\bar{X}})$
标准误：$S_{\bar{X}} = \dfrac{S}{\sqrt{N}}$	相对误差限：$E\% = \dfrac{\Delta \bar{X}}{\bar{X}} \times 100\%$
相对误差限：$E\% = \dfrac{t \cdot S_{\bar{X}}}{\bar{X}} \times 100\%$ （可靠性 95%，$t = 1.96$）	抽样精度：$P\% = 1 - E\%$
抽样精度：$P\% = 1 - E\%$	

4.1.2 分层抽样

分层抽样是按照森林各部分的不同特征，把总体分成若干层，然后在各层中进行随机抽样，借以对总体蓄积量进行估计的方法。

目前，许多地区通常用分层抽样调查结果，作为二类调查中总体森林资源控制依据，连同森林分布图、林相图是作为编制森林经营方案和总体设计的基础材料。

4.1.2.1 抽样总体的确定

根据调查的目的，结合林场、林业采育场的实际情况，用现有的地形图、平面图及航空像片等图面材料，确定总体的范围及其面积。

4.1.2.2 分层因子的确定

为了提高抽样效率，保证抽样调查总体蓄积量精度，根据森林结构特点、生产要求和所具备的调查资料来确定分层因子。以小班调查材料为基础，分别统计各层面积、蓄积量、面积权重比和单位面积平均蓄积量。

4.1.2.3 样地数的计算及分配

应用全距法计算得出标准差，按抽样精度为 90% 的要求，采用分层面积比例公式计算样地数，并根据各层面积权重来分配样地数。

4.1.2.4 层特征数和总体特征数计算

分层抽样的层特征数和总体特征数计算，见表 4-4-2[5]。

表 4-4-2　分层抽样特征数计算

层特征数	总体特征数
层平均蓄积量：$\overline{X}_i = \sum \dfrac{X_{ij}}{n_i}$	总体平均数：$\overline{X} = \sum W_i \cdot \overline{X}_i$
层标准差：$S = \sqrt{\dfrac{\sum X_{ij}^2 - n_i \cdot \overline{X}^2}{n_i - 1}}$	总体平均数抽样误差：$S_{\overline{X}} = \sqrt{W_i^2 \cdot S_{xi}^2}$
变动系数：$C_i = \dfrac{S_i}{\overline{X}}$	总体平均数抽样误差限：$\Delta\overline{X} = \pm t \cdot S_{\overline{X}}$
标准误差：$S_{xi} = \dfrac{S_i}{\sqrt{n_i}}$	相对误差：$E\% = \dfrac{\Delta\overline{X}}{\overline{X}} \times 100\%$
相对误差限：$E_i\% = \dfrac{t \cdot S_{Xi}}{\overline{X}_i} \times 100\%$	精度：$P\% = 1 - E\%$
抽样精度：$P_i = 1 - E_i\%$	总体平均蓄积量估测区间：$\overline{X} \pm t \cdot S_{\overline{X}}$
蓄积量：$M_1 = \dfrac{\overline{X}_i}{a} \times A_1$	总体蓄积量估测区间：$\dfrac{(\overline{X} \pm t \cdot S_{\overline{X}}) \cdot A}{a}$（取整数）

4.2　森林资源小班调查

　　森林资源小班是森林经营活动的基本单位，规划设计以小班为基础，森林资源二类调查应落实到小班。调查的主要内容，除包括各地类小班的面积、蓄积量、生长量和枯损量外，还包括立地条件和生态条件的调查，以及有关自然、历史、经济和经营等条件的专业调查。现常采用的小班蓄积量调查方法是角规调查法。

4.2.1　角规点布设

　　根据伐区面积和地形，采取系统布设或典型设置。角规点布设应特别注意的是不能故意在林木生长状况好的地方设点。

　　当 $D_{1.3} \geqslant 5$ cm，林下通视条件好，进行角规点布设时，见表 4-4-3[6]。

　　当 $D_{1.3} < 5$ cm，林下通视困难，用 $R = 3.26$ m 水平面小样圆调查时（周界上一株只计半株），则：

$$每公顷株数 = 样园株数 \times 300$$
$$每公顷蓄积量 = 平均胸径的单株材积 \times 每公顷的株数 \tag{4-4-5}$$

表 4-4-3　角规点数布设

小班面积 A(hm²)	≤3	3.0~6.0	≥6.1
人工林	2	3	4
天然林	3	4	5

　　注：对于幼林小班，其角规观测点数可按表中数的 50% 确定；样园点数是表中数的 2 倍。

4.2.2 角规绕测技术

进行角规绕测时，以测点为圆心，将角规持平，选择合适的角规缺口，角规顶端要贴紧眼睛，记住绕测起点树，绕行一圈观测周围所有树木的胸径位置。同缺口相割的树木1株记数1株，相切的树木一株记数半株，相余的树木则不记数。在同一测点上应正反绕测2次，若计数总和相差不超过1株时，计数值取两者的平均值，否则，应重新绕测。

对于那些难于判断出是否属于相切的临界木，则要实测其胸径 d 和树木到测点的距离 S，按 $R = 50d / \sqrt{F_g}$（F_g 为校正系数，常取 $F_g = 1$）；来测定是否计数。当 $S < R$ 时为相割，计数为1；当 $S = R$ 时为相切，计数为0.5；当 $S > R$ 时为相余，不计数。观测时有灌木遮挡胸高时，可先用角规瞄准树干胸高以上的部位，如能相割或相切时就可计数1株，否则必须实测或砍去灌木观测。

在绕测时，对于计数的树木必须测其胸径值，进行角规控制检尺。同时，每个观测点要测其所处的坡面的倾斜角。

为了正确观测树木，减少误差，提高林木蓄积量的计算精度，在角规绕测中必须注意以下几点：

（1）观测树木必须正反绕测2次，2次相差不能超过1株，否则要重新观测。

（2）观测时，角规杆顶端要贴紧眼睛，否则相当于角规尺长变长，直接影响计数。

（3）设置的角规点，要确定其代表面积的比例。角规点不宜选在林缘，因林缘不能绕测全周，致使结果偏小。

（4）观测点位置要确保有效观测距离。

$$有效观测距离 \geqslant 最大胸径值 × 角规杆长/角规缺口 \tag{4-4-6}$$

（5）角规点要埋设去皮直径 6～8 cm、长 60 cm 的木桩，并用红漆书写点号。

（6）角规点平均坡度测定：实测角规点位置的上、下垂直坡度，反复观测2次，其相差不大于 1°，取平均值为该点平均坡度。

（7）角规点断面积改算：当角规点坡度大于 5° 时，立木断面积测定值要进行改算，按平均坡度查"角规断面积改算表"得改算系数，乘以角规观测断面积得改正后每公顷断面积。

4.3　二类调查中的蓄积量和生长量计算

4.3.1　小班蓄积量计算的数学模型

4.3.1.1　各径级计算株数平均数 B_l（株）

$$B_l = \frac{D_l}{B} \tag{4-4-7}$$

式中：D_l——各径级计算株数合计数（株）；

　　　　B——所测林分（伐区）的角规点总数（个）。

4.3.1.2　各径级圆断面积 F_l（m^2）

$$F_l = \frac{C_l^2 \cdot \pi}{40000} \tag{4-4-8}$$

式中：C_I——径级(cm)，2 cm 进级为 6，8，10，…。

4.3.1.3　各径级每公顷株数 N_I (株/hm^2)

$$N_I = \frac{B_I}{F_I} \tag{4-4-9}$$

4.3.1.4　每公顷胸高断面积 A_1 (m^2/hm^2)

$$A_1 = F_g F \tag{4-4-10}$$

式中：F——计算株数平均数总和。

4.3.1.5　改正后每公顷胸高断面积 A_2 (m^2/hm^2)

$$A_2 = \frac{A_1}{\cos Y} \tag{4-4-11}$$

式中：Y——所有角规点的地面平均坡度(°)，$Y = \dfrac{\sum Y_I}{B}$，Y_I 为各角规点的地面平均坡度(°)。

4.3.1.6　每株平均胸高断面积 A_3 (cm^2)

$$A_3 = \frac{10000 A_2}{H} \tag{4-4-12}$$

式中：H——每公顷株数(株/hm^2)。

4.3.1.7　平均胸径 D (cm)

$$D = \sqrt{\frac{4A_3}{\pi}} \tag{4-4-13}$$

4.3.1.8　每公顷蓄积量 M (m^3/hm^2)

$$M = A_2 F_H \tag{4-4-14}$$

式中：F_H——树种形心高(m)。

当杉、马、阔的树高分别低于Ⅲ级、Ⅴ级、Ⅳ级时，可认为杉、马：$F_H = 0.5\,\overline{H}$；阔：$F_H = 0.45\,\overline{H}$。其中：$\overline{H}$ 为林分(伐区)树种平均高(m)；当杉、马、阔的树高分别高于Ⅲ级、Ⅴ级、Ⅳ级时，查形高表可获得树种形心高。

4.3.1.9　林分(伐区)总蓄积量 M_1 (m^3)

$$M_1 = M M_0 \tag{4-4-15}$$

式中：M_0——林分(伐区)总面积(hm^2)。

4.3.2　样地蓄积量计算的数学模型

4.3.2.1　一元材积表的数学模型

一元材积表的数学模型的建立参考福建省林业厅的技术规定[6]。

4.3.2.1.1　一元立木材积式

$$V = a_0 \times (a_1 + b_1 D)^{b_0} \times (a_2 + \frac{b_2}{k + D})^{c_0} \tag{4-4-16}$$

式中：V——材积；

$\quad\quad D$——胸径；

$\quad\quad a_0$，a_1，a_2，b_0，b_1，b_2，k，c_0——方程参数，其值见表 4-4-4。

表4-4-4　福建省一元立木材积公式各区参数

材　　种		一元材积式	地　区	参　　数				k
				a_1	b_1	a_2	b_2	
杉木	a_0	0.00005806186	南平	-0.25630007	0.97971271	49.651385	-2229.6097	44
			三明	-0.22832250	0.98632576	55.581427	-3255.6648	58
	b_0	1.95533510000	龙岩	-0.25022498	0.98264389	59.248563	-4022.8137	68
			沿海内山	-0.30223013	0.98643860	66.317240	-5783.6481	88
	c_0	0.89403304000	沿海	-0.25584471	0.98861388	34.887721	-1197.8856	34
马尾松	a_0	0.000062341802	南平	-0.08822649	0.97218168	57.073580	-3362.8998	60
			三明	-0.21481104	0.98375868	57.597575	-3309.5367	58
	b_0	1.855149700000	龙岩	-0.14393921	0.98003108	72.128737	-6691.7163	96
			沿海内山	-0.11053913	0.97687390	54.954995	-3142.3184	58
	c_0	0.956824920000	沿海	-0.24670043	0.98483410	55.267388	-3997.7345	74
阔叶树	a_0	0.00005276491	南平	-0.10656866	0.97379406	52.545732	-3791.54790	78
			三明	-0.16799128	0.98336649	35.970928	-1064.72060	30
	b_0	1.88216110000	龙岩	-0.23576906	0.97827332	39.945818	-1530.16060	40
			沿海内山	-0.18300784	0.97984832	30.181778	-607.17247	20
	c_0	1.00931660000	沿海	-0.14274695	0.98057601	31.060604	-997.71731	34

4.3.2.1.2　各树种生长量的计算公式

$$V_1(I) = V(I) \cdot P(J) \tag{4-4-17}$$

式中：$V_1(I)$——生长量；

　　　$V(I)$——蓄积量；

　　　I——样木号；

　　　J——径级；

　　　$P(J)$——某树种各径级生长率，其值查林业调查用表。

4.3.2.2　二元立木材积表的数学模型

应用二元材积表法测算林分蓄积量，先要由经验丰富的技术人员根据小班档案资料和林分情况，估计出林分各树种的平均胸径。以平均胸径作为中央径阶，在每木检尺时，以估计的中央径阶左右各4~6个径阶且不少于20株树木作为标准木，并进行树高测定，用方格纸分树种绘制出树高曲线，便于从中查找出各径阶的树高。在确定林分蓄积量时，先是根据调查计算所得到的树种平均胸径与绘成的树高曲线上查出的平均树高，由树种树高级表查得该树种所处的树高级，然后根据树种树高级立木材积表查得各径阶平均单株立木材积，再乘以相应各径阶的林木株数，得相应各径阶的林木材积，各径阶林木材积相加，即得林分蓄积量。

这种方法比较简单，在实践中广泛应用。但是在绘制树高曲线时，带有一些人为的因素，存在着较大误差，从而由各径阶找出的对应树高也就存在误差，再加上材积表的误差，累积起来就比较大，影响林分蓄积量的精度。

本研究提出的数学模型是分树种利用数理统计的检验方法，对常用的树高曲线方程进行拟合选优，得到所测算林分某树种最优的树高曲线方程，把求得的树高曲线方程代入福建省二元材积的不同树种的经验式，即可算出不同树种的各径阶平均单株立木材积，而后按常规方法算出林分蓄积量。这样，便于计算机统计计算，避免了以前计算蓄积量要靠手工查表的方法。这种计算林分蓄积量新方法，本研究称拟合计算林分蓄积量法。

常用的表达树高依直径变化的方程有：[7]

$$H = a_0 + a_1 \lg D \tag{4-4-18}$$

$$\lg H = a_0 + a_1 \lg D \tag{4-4-19}$$

$$\lg H = a_0 + \frac{a1}{D} \tag{4-4-20}$$

$$H = 1.3 + a_0 D^{a_1} \tag{4-4-21}$$

$$H = a_0 D^{a_1} \tag{4-4-22}$$

$$H = 1.3 + a_1 D - a_2 D^2 \tag{4-4-23}$$

$$H = a_0 + a_1 D + a_2 D^2 \tag{4-4-24}$$

$$H = a_0 + \frac{a_1}{D^2} \tag{4-4-25}$$

$$H = \frac{D^2}{(a_0 + a_1 D)^2} \tag{4-4-26}$$

$$\lg H = a_0 + a_1 \frac{\sqrt{D}}{D} + \frac{a_2}{D} + \frac{a_3}{D^2} \tag{4-4-27}$$

$$H = a_0 + \frac{a_1}{D + K} \tag{4-4-28}$$

以上各式中，H 代表树高，D 代表胸径，a_0、a_1、a_2、a_3 都是待定参数，K 为未知参数。

将所有样本（大于 30 株）进行树高曲线方程拟合，为了使所寻求的曲线方程能跟实际拟合最好，可通过偏差平方和 Q 进行检验，把各公式的 Q 值进行比较，Q 值最小的为最优的树高曲线方程：

$$Q = \sum_{i=1}^{n} (y_i - \hat{y}_i)^2 \tag{4-4-29}$$

式中：y_i——各样本实测树高；

$\hat{y}_i$——拟合树高，$\hat{y}_i = \hat{a} + \hat{b}x$ 为回归方程；

$\hat{a}, \hat{b}$——参数 a，b 的估值。

曲线方程(4-4-18)至方程(4-4-22)可利用曲线相关化成直线回归的方法。以公式(4-4-18)为例作如下简述：令 $x = \lg D$，$y = H$，则式(4-4-18)变为 $y = a_0 + a_1 x$，两个变量 x，y 便是呈线性关系了。这样从所测定的样木的 n 组数据$(D_1，H_1)$，$(D_2，H_2)$，…，$(D_n，H_n)$出发，按 $x = \lg D$，$y = H$ 得到 n 组据$(x_1，y_1)$，$(x_2，y_2)$，…，$(x_n，y_n)$，再根据下式：

$$\hat{a}_0 = \bar{y} - a_1 \bar{x} \tag{4-4-30}$$

$$\hat{a}_1 = \frac{\sum_{t=1}^{n} (x_i - \bar{x})(y_i - \bar{y})}{\sum_{t=1}^{n} (x_i - \bar{x})^2} \tag{4-4-31}$$

式中：$\bar{x} = \frac{1}{n} \sum_{i=1}^{n} x_i$，$\bar{y} = \frac{1}{n} \sum_{i=1}^{n} y_i$。

就可得到参数 a_0 与 a_1 估值 $\hat{a}_0$，$\hat{a}_1$。则

$$\hat{y}_i = \hat{a} + \hat{a}_1 x_i \qquad (4\text{-}4\text{-}32)$$

偏差平方和为：

$$Q = \sum_{i=1}^{n} (y_i - \hat{y}_i)^2 \qquad (4\text{-}4\text{-}33)$$

以同样的方法可以计算出式(4-4-19)至式(4-4-22)树高曲线公式的参数与偏差平方和。

曲线方程(4-4-23)至式(4-4-27)可用多项式回归的方法来检验，任何一个连续曲线都可用分段多项式来逼近，故当(x_i, y_i)的散点图呈多项式起伏变化时，则可利用拟合k次多项式：

$$y = a_0 + a_1 x + a_2 x^2 + \cdots + a_k x^k \qquad (4\text{-}4\text{-}34)$$

来拟合。记：

$$x = \begin{vmatrix} 1 & x_1 & x_1^2 & \cdots & x_1^k \\ 1 & x_2 & x_2^2 & \cdots & x_2^k \\ \vdots & \vdots & \vdots & & \vdots \\ 1 & x_k & x_k^2 & \cdots & x_k^k \end{vmatrix} \qquad (4\text{-}4\text{-}35)$$

$$A = \begin{vmatrix} a_0 \\ a_2 \\ \vdots \\ a_k \end{vmatrix}, \qquad Y = \begin{vmatrix} y_1 \\ y_2 \\ \vdots \\ y_k \end{vmatrix} \qquad (4\text{-}4\text{-}36)$$

多项式$y = a_0 + a_1 x + a_2 x^2 + \cdots + a_k x^k$，用观测数据代入后写成矩阵形式：

$$Y = XB \qquad (4\text{-}4\text{-}37)$$

于是参数的最小二乘法估计量：

$$B = (X^T X) - 1 X^T Y \qquad (4\text{-}4\text{-}38)$$

当$k = 2$时，曲线为抛物线：

$$y = a_0 + a_1 x + a_2 x^2 \qquad (4\text{-}4\text{-}39)$$

参数满足：

$$\sum_{i=1}^{n} [y_i - (a_0 + a_1 x_i + a_2 x^2)]^2 = \min \qquad (4\text{-}4\text{-}40)$$

于是参数a_0，a_1，a_2满足下面方程组：

$$\begin{cases} na_0 + a_1 \sum x_i + a_2 \sum x_i^2 = \sum y_i \\ a_0 \sum x_i + a_1 \sum x_i^2 + a_2 \sum x_i^3 = \sum x_i y_i \\ a_0 \sum x_i^2 + a_1 \sum x_i^3 + a_2 \sum x_i^4 = \sum x_i^2 y_i \end{cases} \qquad (4\text{-}4\text{-}41)$$

解方程组得到$\hat{a}_0, \hat{a}_1, \hat{a}_2$。

那么可求出偏差平方和：

$$Q = \sum_{i=1}^{n} (y_i - \hat{y}_i)^2 = \sum_{i=1}^{n} [y_i - (\hat{a}_0 + \hat{a}_1 x_i + \hat{a}_2 x_i^2)]^2 \qquad (4\text{-}4\text{-}42)$$

对于式(4-4-28)：$H = a_0 + \dfrac{a_1}{D + K}$，令$a = a_0$，$x = \dfrac{a_1}{D + K}$，$y = H$，该公式变为$y = a + x$。

根据最小二乘法原理，其正则联立方程为

$$\begin{cases} \sum y = Na + b \sum x \\ \sum xy = a \sum x + b \sum x^2 \end{cases} \tag{4-4-43}$$

$$a = \bar{y} - b\bar{x} = \frac{\sum y - b \sum x}{N} \tag{4-4-44}$$

$$b = \frac{\sum xy - \dfrac{(\sum x)(\sum y)}{N}}{\sum x^2 - \dfrac{(\sum x)^2}{N}} \tag{4-4-45}$$

由于自变量 x 经过变换后仍包含常数 K，而 K 又是未知数，故采用试探法（迭代法）求 K 值，先给 K 定一个初值，而后按一定间距增加，如 2，4，6，$\cdots$，n。分别把各个 K 值代入公式，直到一个 K 值求出的两个参数 a、b，使标准差 S 为最小值，即：

$$S = \sqrt{\frac{\sum (y - \hat{y})^2}{N - 2}} \tag{4-4-46}$$

此时 a、b、K 即为所求的参数 a_0、a_1、常数 K 的值。

把 a、b、K 代入公式 $H = a_0 + \dfrac{a_1}{D + K}$ 即可求出相对应的树高。

将所求的各参数代入各树高方程，把样本（大于 30 株）各株所测数据代入各树高曲线方程进行拟合，利用数理统计离差平方和的方法，对各树高曲线方程进行离差平方和检验，离差平方和最小的方程为最优的树高曲线方程。把选出的最优的树高曲线方程代入二元材积式：

$$V = a \cdot D^b \cdot H^c \tag{4-4-47}$$

式中：a，b，c——二元材积经验式的参数，其值见表4-4-5；

$\qquad D$——预求算的径阶直径中值；

$\qquad H$——已选定最佳的树高曲线方程 $H = f(D)$。

从而，将选定的 $H = f(D)$ 式代入（4-4-29）计算式，使之变为仅与 D 有关的函数关系式：$V = f(D)$。

表 4-4-5　福建省主要树种二元材积经验式参数

主要树种	a	b	c
杉木人工林	0.000087200	1.785388607	0.9313923697
马尾松人工林	0.000942941	1.832223553	0.8197255549
人工林阔叶树	0.000052760	1.882161000	1.0093170000
沿海木麻黄人工林	0.065504000	1.802326000	0.9770070000
杉木天然林	0.000058060	1.955335000	0.8940330000
马尾松天然林	0.000062340	1.855150000	0.9568250000
阔叶树天然林	0.000052760	1.882160000	1.0093170000

4.4 系统运行环境及运行特点

系统运行环境为 Windows 操作系统，GW – BASIC 解释程序。硬件基本配置微型计算机；VGA 显示器；打印机 1 台；1 个 Microsoft 鼠标或兼容的鼠标等。

本系统数据尽可能采用"人机对话"方式进行；系统具有较强的自检能力。

4.5 系统功能

计算小班调查单株蓄积量、单株生长量、小班总蓄积量。

计算抽样调查单株蓄积量、单株生长量、样地的总蓄积量。

4.6 系统框图

森林资源二类调查功能框图，如图 4-4-1；抽样调查应用一元材积表计算样地蓄积量、生长量的系统流程图，如图 4-4-2；小班蓄积量计算的系统流程图，如图 4-4-3；应用二元材积经验式计算林分蓄积量的系统流程图，如图 4-4-4。

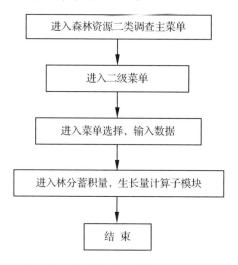

图 4-4-1 森林资源二类调查功能框图

4.7 系统使用说明

4.7.1 原始数据输入

地区号和树种号菜单选择，按显示屏提示输入。

原始数据放在置数语句 DATE 中，最后输完以后要加一个特殊数据 1。用来跳出循环。

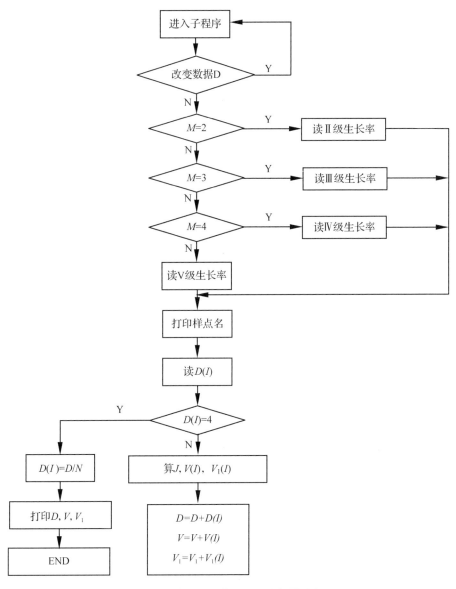

图 4-4-2　抽样调查蓄积量、生长量流程图

4.7.2　系统变量说明

M——龄级；

N——株数；

J——该树种所在的径级，从 6 cm 起以 2 cm 为一个递增进级，采用上限排外法；

$P(J)$——某树种某株生长率（cm）；

$D(I)$——某树种某株胸径（cm）；

$V(I)$——某树种某株蓄积量（m^3）；

$V_1(I)$——某树种某株年生长量（m^3/年）；

D_1——样地某树种的平均胸径（cm）；

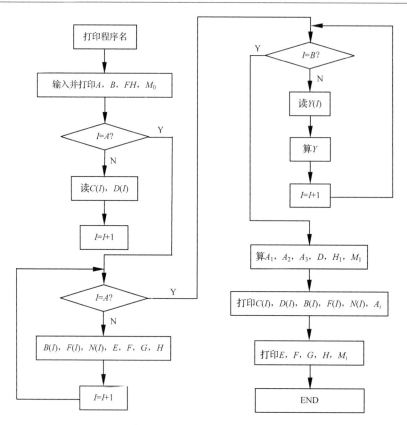

图 4-4-3 小班蓄积量计算的系统流程图

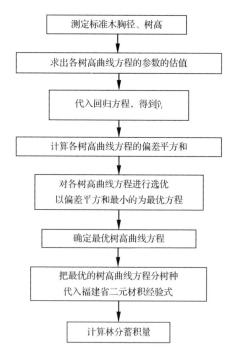

图 4-4-4 应用二元材积经验式计算林分蓄积量流程图

V——样地某树种的总蓄积量(m^3)；

V_1——样地某树种中的总年生长量(m^3/年)。

4.8　系统实例

4.8.1　按角规测树法作伐区蓄积量计算系统实例

某伐区面积 11.7 hm^2（阔叶树标记为 3），设置角规点 11 个。要求计算该伐区阔叶树的每公顷胸高断面积、改正后每公顷胸高断面积、每株平均胸高断面积、平均胸径、每公顷株数、伐区总蓄积量等伐区设计结果。外业调查人员把各角规点计算株数记录汇总，应用微机按角规测树法作蓄积量的计算，即可输出该伐区阔叶树的设计计算结果，见表 4-4-6。

表 4-4-6　应用微机按角规测树法作蓄积量计算

县（市）_____采育场_____工区_____林班_____小班_____

测　量_____设　计_____审核_____ ___年___月___日

1506 - 3

$C(I)$	$D(I)$	$B(I)$	$F(I)$	$N(I)$
8	10.0	0.91	0.00503	181
12	12.0	1.09	0.01131	96
14	3.5	0.32	0.01539	21
16	8.0	0.73	0.02011	36
18	9.5	0.86	0.02545	34
20	6.5	0.59	0.03142	19
22	9.0	0.82	0.03801	22
24	12.0	1.09	0.04524	24
26	2.5	0.23	0.05309	4
28	9.5	0.86	0.06158	14
30	0.5	0.05	0.07069	1
32	2.0	0.18	0.08042	2
34	1.5	0.14	0.09079	2
36	1.0	0.09	0.10179	1
合　计	87.5	7.96	0.65032	457

$A = 14$　　　　　　$B = 11$　　　　　　$F_H = 4.15$　　　　　$M_0 = 11.7$

$A_1 = 7.96$　　　　　$A_2 = 8.65$　　　　　$A_3 = 189$

$D = 16$　　　　　　$H = 450$　　　　　　$M_1 = 419$

A——各径级总数（个）　　　　B——角规点总数（个）　　　　F_H——树种形心高（m）

M_0——伐区总面积　　　　　　$C(I)$——径级（cm）　　　　　　$F(I)$——各径级圆断面积（m^2）

$D(I)$——各径级计算株数合计　　　　　　　　　　　　　　$B(I)$——各径级计算株数平均数

$N(I)$——各径级每公顷株数　　　　　　　　　　　　　　　A_1——每公顷胸高断面积（m^2/hm^2）

A_2——改正后每公顷胸高断面积（m^2/hm^2）　　　　　　　A_3——每株平均胸高断面积（cm^2）

D——平均胸径（cm）　　　　　　H——每公顷株数　　　　　　M_1——伐区总蓄积量（m^3）

4.8.2　按抽样调查法作蓄积量和生长量计算系统实例

福建省三明市某林业采育场杉木人工林某样地，龄级 $M=3$，株数 $N=72$。

要求计算该样地杉木人工林每株蓄积量、每株年生长量、样地平均胸径、样地总蓄积量、样地年生长量等结果。外业调查人员按样木号顺序把各株数胸径 $D(I)$ 记录汇总，应用微机按抽样调查法作蓄积量和生长量计算，即可输出该样地杉木人工林的设计计算结果，见表 4-4-7。

表 4-4-7　应用微机按抽样调查法作蓄积量和生长量计算

县（市）_____采育场_____工区_____林班_____小班_____

测　量_____设　计_____审核_____　___年___月___日

三明 DJ-05-SHAN

$D(I)$	$V(I)$	$V_1(I)$	$D(I)$	$V(I)$	$V_1(I)$
16.7	0.125	0.019	24.0	0.328	0.040
25.4	0.381	0.044	15.6	0.104	0.016
20.9	0.228	0.031	21.7	0.252	0.033
15.2	0.097	0.015	21.1	0.234	0.030
19.1	0.179	0.025	21.5	0.246	0.032
23.1	0.297	0.037	16.1	0.113	0.017
21.3	0.240	0.031	18.2	0.157	0.023
18.4	0.162	0.024	20.9	0.228	0.031
21.7	0.252	0.033	21.1	0.234	0.030
20.7	0.222	0.030	11.5	0.045	0.008
20.6	0.219	0.030	21.7	0.252	0.033
15.6	0.104	0.016	16.5	0.121	0.019
21.5	0.246	0.032	20.1	0.205	0.028
21.0	0.231	0.030	19.0	0.177	0.024
22.6	0.280	0.036	17.0	0.131	0.019
17.8	0.148	0.022	24.7	0.354	0.044
22.0	0.261	0.034	14.9	0.091	0.015
18.4	0.162	0.024	18.5	0.164	0.024
15.8	0.107	0.016	19.8	0.197	0.027
17.0	0.131	0.019	19.1	0.179	0.025
13.7	0.073	0.012	10.0	0.033	0.006
17.5	0.142	0.021	16.2	0.115	0.018
15.8	0.107	0.016	21.6	0.249	0.032
21.5	0.246	0.032	14.6	0.086	0.014
22.6	0.280	0.036	22.1	0.264	0.034
9.7	0.028	0.005	15.5	0.102	0.016

（续）

$D(I)$	$V(I)$	$V_1(I)$	$D(I)$	$V(I)$	$V_1(I)$
18.9	0.174	0.025	23.0	0.294	0.036
19.7	0.195	0.027	13.0	0.063	0.010
23.4	0.307	0.038	17.6	0.144	0.021
18.2	0.157	0.023	15.5	0.102	0.016
15.7	0.105	0.016	14.4	0.083	0.014
15.0	0.093	0.014	14.3	0.082	0.013
16.0	0.111	0.017	12.6	0.058	0.010
14.8	0.090	0.015	17.8	0.148	0.022
17.7	0.146	0.021	17.6	0.144	0.021
21.5	0.246	0.032	17.9	0.150	0.022
$D_1 = 18.4$			$V = 12.501$		$V_1 = 1.721$

$D(I)$——每株胸径（cm）　　　　　　D_1——样地该树种的平均胸径（cm）

$V(I)$——每株蓄积量（m³）　　　　　V——样地该树种的总蓄积量（m³）

$V_1(I)$——每株年生长量（m³/年）　　V_1——样地该树种中的总年生长量（m³/年）

第 5 章
林业架空索道设计系统

随着科学技术的发展，计算机越来越广泛地应用于各行各业。应用计算机进行林业索道优化设计和索道工程设计，成效显著。

本章前 3 节在已有研究的基础上[8]，进行了创新和升华，索道工程设计系统推荐使用三种方法：①悬链线理论法。当单跨索道需精确设计时采用该方法；②无荷参数控制的抛物线理论法。当从无荷算到有荷的单跨或多跨索道设计时采用该方法；③有荷参数控制的抛物线理论法。当从有荷算到无荷的单跨或多跨索道设计时采用该方法。它能绘制索道纵断面图，能检验索道跨越农田、道路、建筑物或变坡点等地面控制疑点，是否与木捆最低点留有一定的后备高度，为集材方式(全悬或半悬)和集材方法(原木、原条、伐倒木或全树)的选择提供依据。本章第 4 节在推导和建立林业索道优化设计数学模型的基础上，应用计算机对索道进行优化设计。它们可供林业采育场、林场、水利工程、桥梁施工、厂矿等拥有索道(或缆索吊车)的生产单位，县(市)林业局进行索道生产管理，索道教学和科研部门使用。

5.1 悬链线理论单跨索道设计

在架空索道设计中，悬链线被公认为真实反映实际悬挂在两端固定式钢索的线形。线形计算关系到索道的净空高、平顺度和支架高度等诸多因素，是索道侧型设计的关键；而拉力计算则是跨距、挠度和钢索破断力等因素相匹配的优化求解，线形与拉力是悬索设计的主要内容。

5.1.1 悬索的假设条件

架空索道设计计算的基础理论，都是建立在均匀重力场作用下的。由悬索的力学微分方程可知，悬索的线形取决于悬索的单位长度重力和由于自重产生的水平拉力，这种曲线与一般的轨迹曲线不同，可称为重力曲线。现对重力曲线作如下假设。

(1)悬索是理想柔性的，既不能受压也不能受弯。因为索的截面尺寸与索长相比十分微小，因而截面的抗弯刚度在计算中可不考虑；悬索的曲线有转折的地方，只要转折的曲率半径不太小，局部弯曲也可不计。

(2)悬索的材料符合虎克定律，应力与应变符合线性关系。

(3)悬索的横截面面积及其自重在外荷载作用下的变化量十分微小，可忽略这种变化的影响。

(4)悬索自重沿曲线均匀分布。

5.1.2　悬索无荷线形及拉力

5.1.2.1　无荷拉力系数 A_0

（1）初始值 $A_0(0)$：

$$A_0(0) = 8 S_0 \cos\alpha \qquad (4\text{-}5\text{-}1)$$

式中：S_0——无荷中挠系数，该理论荐用值 $S_0 \leqslant 0.2$，极限值 $S_0 \leqslant 0.25$。对单跨跨距 $100 \sim$
　　　　500 m 的索道荐用 $S_0 = 0.03 \sim 0.05$，对单跨跨距 $500 \sim 1000$ m 的索道荐用 $S_0 =$
　　　　$0.03 \sim 0.06$；

　　　α——索道弦倾角（°）。

（2）迭代过程：

$$A_0(i) = 2\ln \frac{C(i)+1}{C(i)-1} \qquad (4\text{-}5\text{-}2)$$

其中，$C(i) = \dfrac{1}{2 S_0 A_0(i-1)} \sqrt{A_0{}^2(i-1)\tan^2\alpha + 4\sinh^2 \dfrac{A_0(i-1)}{2}}$　$(i = 1, 2, \cdots, n)$

（3）精确值：

$$A_0 = A_0(n) \qquad (4\text{-}5\text{-}3)$$

精度控制　$\dfrac{\left| A_0(n) - A_0(n-1) \right|}{A_0(n)} < \Delta \qquad (4\text{-}5\text{-}4)$

式中：Δ——预期精度，常取 $\Delta = 0.1 \times 10^{-5}$。

5.1.2.2　悬链线线形方程

以悬链线最低点为原点建立直角坐标系，悬链线的一般方程式为：

$$y = C \cdot \cosh \frac{x}{C} - C \qquad (4\text{-}5\text{-}5)$$

式中：C——补助函数，$C = \dfrac{H_0}{q}$；

　　　H_0——无荷悬索的水平拉力（N），$H_0 = \dfrac{q l_0}{A_0}$；

　　　q——悬索单位长度重力（N/m）；

　　　l_0——悬索水平跨距（m）。

将坐标原点沿 y 轴下移距离为 C，且沿 x 轴左移至索道下支点，建立如图 4-5-1 所示的直角坐标系 XOY，则悬链线方程为：

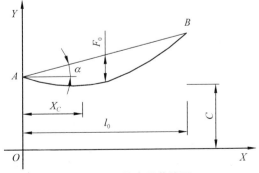

图 4-5-1　悬索无荷线形

$$Y = C\cosh\frac{X - X_C}{C} \tag{4-5-6}$$

式中：X_C——悬链线最低点横坐标（m）。

如图 4-5-1 所示，可设 A、B 两点的坐标分别为（0，Y_1）、（l_0，Y_2），A、B 两点在悬索曲线上，则：

$$Y_1 = C\cosh\frac{X_C}{C}\; ;\; Y_2 = C\cosh\frac{l_0 - X_C}{C}$$

由几何关系可得：$Y_2 - Y_1 = l_0\tan\alpha$，即：

$$C\left(\cosh\frac{l_0 - X_C}{C} - \cosh\frac{X_C}{C}\right) = l_0\tan\alpha \tag{4-5-7}$$

即：$2C\sinh\dfrac{l_0}{2C}\sinh\dfrac{l_0 - 2X_C}{2C} = l_0\tan\alpha$，解得：

$$X_C = \frac{l_0}{2} - C\operatorname{arcsinh}\left(\frac{l_0\tan\alpha}{2C\sinh\dfrac{l_0}{2C}}\right) \tag{4-5-8}$$

5.1.2.3　悬链线的方向系数

$$\frac{dY}{dX} = \sinh\frac{X - X_C}{C} \tag{4-5-9}$$

5.1.2.4　无荷索长 L_W（m）

$$L_W = \int_0^{l_0}\sqrt{1 + \left(\frac{dY}{dX}\right)^2}\,dX = \int_0^{l_0}\cosh\frac{X - X_C}{C}\,dX = C\sinh\frac{X - X_C}{C}\bigg|_0^{l_0}$$

$$= C\left(\sinh\frac{l_0 - X_C}{C} + \sinh\frac{X_C}{C}\right) = 2C\sinh\frac{l_0}{2C}\cosh\frac{l_0 - 2X_C}{2C} \tag{4-5-10}$$

5.1.2.5　悬链线重心坐标 $\overline{X}$（m）

$$\overline{X} = \frac{\displaystyle\int_0^{l_0} X\sqrt{1 + \left(\frac{dY}{dX}\right)^2}\,dX}{\displaystyle\int_0^{l_0}\sqrt{1 + \left(\frac{dY}{dX}\right)^2}\,dX} = \frac{\displaystyle\int_0^{l_0} X\cosh\frac{X - X_C}{C}\,dX}{L_0} = \frac{C\displaystyle\int_0^{l_0} X\,d\left(\sinh\frac{X - X_C}{C}\right)}{L_0}$$

$$= \frac{CX\sinh\dfrac{X - X_C}{C}\bigg|_0^{l_0} - C\displaystyle\int_0^{l_0}\sinh\frac{X - X_C}{C}\,dX}{L_0} = \frac{Cl_0\sinh\dfrac{l_0 - X_C}{C} - C^2\cosh\dfrac{X - X_C}{C}\bigg|_0^{l_0}}{L_0}$$

$$= \frac{Cl_0\sinh\dfrac{l_0 - X_C}{C} - C^2\left(\cosh\dfrac{l_0 - X_C}{C} - \cosh\dfrac{X_C}{C}\right)}{L_0}$$

$$= \frac{Cl_0\sinh\dfrac{l_0 - X_C}{C} - Cl_0\tan\alpha}{L_0} \tag{4-5-11}$$

5.1.2.6　无荷挠度 $F_0(X)$（m）

如图 4-5-1 所示，过 $A\left(0, C\cosh\dfrac{X_C}{C}\right)$、$B\left(l_0, C\cosh\dfrac{l_0 - X_C}{C}\right)$ 两点的直线方程为：

$$Y_{\text{直}} - C\cosh\frac{X_C}{C} = \frac{C\cosh\dfrac{l_0 - X_C}{C} - C\cosh\dfrac{X_C}{C}}{l_0 - 0}(X - 0)$$

将式(4-5-7)代入上式，整理得：

$$Y_{\text{直}} = X\tan\alpha + C\cosh\frac{X_C}{C} \tag{4-5-12}$$

将式(4-5-12)减去式(4-5-6)为任意点 X 处的无荷挠度 $F_0(X)$，即：

$$F_0(X) = X\tan\alpha + C\cosh\frac{X_C}{C} - C\cosh\frac{X - X_C}{C}$$

$$= X\tan\alpha + 2C\sinh\frac{X}{2C}\sinh\frac{2X_C - X}{2C} \tag{4-5-13}$$

5.1.2.7　无荷悬索任意点拉力 $T_X(\text{N})$

无荷悬索任意点的方向系数为：$\tan\theta = \dfrac{dY}{dX} = \sinh\dfrac{X - X_C}{C}$，故任意点拉力为：

$$T_X = H_0\sqrt{1 + \tan^2\theta} = H_0\sqrt{1 + \left(\sinh\frac{X - X_C}{C}\right)^2} = H_0\cosh\frac{X - X_C}{C} \tag{4-5-14}$$

5.1.2.8　无荷悬索平均拉力 $T_0(\text{N})$

在悬索上下支点之间，悬链线由于自重产生的拉力 T 为：

$$T = qY = qC\cosh\frac{X - X_C}{C} = H_0\cosh\frac{X - X_C}{C}$$

因为 $Y = C\cosh\dfrac{X - X_C}{C}$，故：

$$ds = \sqrt{1 + \left(\frac{dY}{dX}\right)^2}\,dX = \cosh\frac{X - X_C}{C}\,dX$$

无荷平均拉力为：

$$T_0 = \frac{1}{L_0}\int_{l_0} T\,ds = \frac{H_0}{L_0}\int_{l_0}\left(\cosh\frac{X - X_C}{C}\right)^2 dX$$

$$= \frac{H_0}{L_0}\left\{\frac{l_0}{2} + \frac{C}{4}\left[\sinh\frac{2(l_0 - X_C)}{C} + \sinh\frac{2X_C}{C}\right]\right\}$$

$$= \frac{H_0}{L_0}\left(\frac{l_0}{2} + \frac{C}{4}\cdot 2\sinh\frac{l_0}{C}\cosh\frac{l_0 - 2X_C}{C}\right)$$

$$= \frac{H_0}{2L_0}\left(l_0 + C\sinh\frac{l_0}{C}\cosh\frac{l_0 - 2X_C}{C}\right) \tag{4-5-15}$$

令 $T_0 = T_X$，解得无荷平均拉力横坐标：$X_0 = C\operatorname{arccosh}\left(\dfrac{T_0}{H_0}\right) + X_C$。

5.1.3　振动波往返所需时间

5.1.3.1　弦振动方程

被一定拉力 T 架设在两个支点间的悬索，可看成是一条完全弹性体的弦线。如果被敲击产生振动，该振动波则沿着弦线传播。其拉力 T 和波的传递速度 v 之间的关系由下面导出。

两端固定弦的振动方程为：

$$\begin{cases} \dfrac{\partial^2 u}{\partial t^2} = \dfrac{T}{\rho} \dfrac{\partial^2 u}{\partial X^2} \\ u(0,t) = u(l_0,t) = 0 \end{cases} \qquad (4\text{-}5\text{-}16)$$

式中：ρ——弦线密度（kg/m），$\rho = q/g$。

另一方面，弦振动波是一种横波（即质点的振动方向和波的传动方向相互垂直），假定它以波速 v 向另一端传播。由振动学知道，任何复杂的振动都可以看作是由几个或多个谐振动的合成的，而谐振动位移 Y 随时间 t 变化规律为：

$$Y = A\cos\omega t$$

式中：A、ω ——分别为振幅、圆频率。

假定 $t=0$ 时，位移为 0。谐振动引起的波动为简谐波，当波速为 v 时，简谐波传播规律为：

$$Y = A\cos\omega\left(t - \frac{x}{v}\right)$$

于是有：$\dfrac{\partial^2 Y}{\partial X^2} = -A\dfrac{\omega^2}{v^2}\cos\omega\left(t - \dfrac{X}{v}\right)$，$\dfrac{\partial^2 Y}{\partial t^2} = -A\omega^2\cos\omega\left(t - \dfrac{X}{v}\right)$

比较上述两式，即得：

$$\frac{\partial^2 Y}{\partial t^2} = v^2 \frac{\partial^2 Y}{\partial X^2}$$

这就是简谐波的波动方程。由于弦振动波可以看成是一些简谐波的合成，根据叠加原理，弦振动波的波动方程也为：

$$\frac{\partial^2 u}{\partial t^2} = v^2 \frac{\partial^2 u}{\partial X^2} \qquad (4\text{-}5\text{-}17)$$

比较方程(4-5-16)和方程(4-5-17)，即

$$T = \rho v^2 \qquad (4\text{-}5\text{-}18)$$

5.1.3.2 振动波往返所需时间

在架空悬索的一个支点附近用木棍或其他东西用力敲击时，由悬索引起的振动波向另一端传出，当遇到障碍后又反传回来，直到渐渐衰弱消失。振动波往返一次所需时间 S_E 由下面导出。

因为 $dS_E = \dfrac{dL}{v} = \dfrac{dL}{\sqrt{T/\rho}} = \sqrt{\dfrac{q}{gT}}dL$，而 $dL = \cosh\dfrac{X - X_C}{C}dX$，$T = H_0\cosh\dfrac{X - X_C}{C}$，所以

$$dS_E = \sqrt{\frac{q}{gH_0}}\sqrt{\cosh\frac{X - X_C}{C}}dX。$$

考虑往返，$S_E = 2\sqrt{\dfrac{q}{gH_0}}\displaystyle\int l_0{}_0 \sqrt{\cosh\dfrac{X - X_C}{C}}dX$，将 $\cosh\dfrac{X - X_C}{C}$ 按级数展开取前 2 项，即

$$S_E = 2\sqrt{\frac{q}{gH_0}}\int l_0{}_0 \left[1 + \frac{(X - X_C)^2}{4C^2}\right]dX = 2l_0\sqrt{\frac{1}{gC}}\left[1 + \frac{l_0^2}{12C^2}\left(1 - \frac{3X_C}{l_0} + \frac{3X_C^2}{l_0^2}\right)\right]$$

若在下支点敲击时，$X_C = 0$，则

$$S_E = 2l_0\sqrt{\frac{1}{gC}}\left(1 + \frac{l_0^2}{12C^2}\right) \qquad (4\text{-}5\text{-}19)$$

把计算出的 S_E 作为测定承载索安装架设张紧程度的依据。

5.1.4　悬索有荷线形及拉力

5.1.4.1　有荷水平拉力与有荷挠度的关系

在单集中荷重作用下，悬索线形呈 2 条平顺而又相连续的悬链线形，如图 4-5-2。

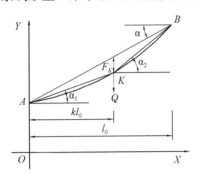

图 4-5-2　悬索荷重线形

设在距离下支点 X 处有一荷重 Q，设 k 为荷重点 K 的距离系数，即 $k = X/l_0$；并设 F_K 为荷重点挠度，H_K 为相应的水平拉力，假设荷重补助函数为：

$$C_K = \frac{H_K}{q} \tag{4-5-20}$$

α_1、α_2 分别为 AK、KB 的荷重倾角，有：

$$\tan\alpha_1 = \tan\alpha - \frac{F_K}{kl_0}$$

$$\tan\alpha_2 = \tan\alpha + \frac{F_K}{(1-k)l_0} \tag{4-5-21}$$

类似无荷重的情形，可得到荷重下 AK、KB 段悬链线的最低点横坐标 X_{C_1}、X_{C_2} 为：

$$\begin{cases} X_{C_1} = \dfrac{kl_0}{2} - C_K \text{arcsinh}\left(\dfrac{kl_0\tan\alpha_1}{2C_K\sinh\dfrac{kl_0}{2C_K}} \right) \\[4mm] X_{C_2} = \dfrac{(1-k)l_0}{2} - C_K \text{arcsinh}\left[\dfrac{(1-k)l_0\tan\alpha_2}{2C_K\sinh\dfrac{(1-k)l_0}{2C_K}} \right] \end{cases} \tag{4-5-22}$$

荷重下 AK、KB 段悬链线的长度：

$$L_1 = 2C_K\sinh\frac{kl_0 - 2X_{C_1}}{2C_K}\cosh\frac{kl_0 - 2X_{C_1}}{2C_K}; \quad L_2 = 2C_K\sinh\frac{(1-k)l_0}{2C_K}\cosh\frac{(1-k)l_0 - 2X_{C_2}}{2C_K}$$

$$\tag{4-5-23}$$

荷重下整条链长为：

$$L_K = L_1 + L_2 \tag{4-5-24}$$

AK、KB 段悬链线的平均拉力分别为：

$$
\begin{cases}
T_1 = \dfrac{H_K}{2L_1}\left(kl_0 + C_K\sinh\dfrac{kl_0}{C_K}\cosh\dfrac{kl_0 - 2X_{C_1}}{C_K}\right) \\[4mm]
T_2 = \dfrac{H_K}{2L_2}\left[(1-k)l_0 + C_K\sinh\dfrac{(1-k)l_0}{C_K}\cosh\dfrac{(1-k)l_0 - 2X_{C_2}}{C_K}\right]
\end{cases}
\tag{4-5-25}
$$

整条悬链线的平均拉力为：

$$
T_K = \frac{L_1 T_1 + L_2 T_2}{L_1 + L_2}
\tag{4-5-26}
$$

AK、KB 段悬链线重心的横坐标：

$$
\begin{cases}
\overline{X}_1 = \dfrac{1}{L_1}\left[C_K kl_0\sinh\dfrac{kl_0 - X_{C_1}}{C_K} - C_K kl_0\tan\alpha_1\right] \\[4mm]
\overline{X}_2 = kl_0 + \dfrac{1}{L_2}\left[C_K(1-k)l_0\sinh\dfrac{(1-k)l_0 - X_{C_2}}{C_K} - C_K(1-k)l_0\tan\alpha_2\right]
\end{cases}
\tag{4-5-27}
$$

设 P_1、P_2、P 分别为 AK、KB 段及整条悬链线的自重，则 $P_1 + P_2 = P$，$P_1/P_2 = L_1/L_2$，则：

$$
P_1 = \frac{PL_1}{L_1 + L_2}，P_2 = \frac{PL_2}{L_1 + L_2}，P = qL_0
\tag{4-5-28}
$$

荷重时 H_K 与 F_K 关系：如图 4-5-2，以 AB 为研究对象，以 B 点为矩心，由平衡条件，可得：

$$
V_A l_0 + H_K l_0\tan\alpha = P_1(l_0 - \overline{X}_1) + P_2(l_0 - \overline{X}_2) + Q(1-k)l_0
$$

以 AK 为研究对象，以 K 为矩心，有：

$$
V_A kl_0 + H_K(kl_0\tan\alpha - F_K) = P_1(kl_0 - \overline{X}_1)
$$

由上两式消去 V_A，整理后即得有荷水平拉力与有荷挠度的关系为：

$$
H_K = \frac{(1-k)\overline{X}_1 P_1 + k(l_0 - \overline{X}_2)P_2 + k(1-k)l_0 Q}{F_K}
\tag{4-5-29}
$$

5.1.4.2　有荷挠度与水平拉力的精确解

荷载大小与位置的改变、支点位移、温度变化都会引起悬索线形的变化，建立悬索的状态协调方程：

$$
L_K - L_0 = \Delta L_e + \Delta L_t
\tag{4-5-30}
$$

式中：L_K ——有荷索长（m）；

ΔL_e ——由于拉力引起的钢索的弹性伸长变化量（m），$\Delta L_e = \dfrac{1}{EA}(T_K L_K - T_0 L_0)$；

E ——钢索的弹性模量（MPa）；

A ——钢索的金属横截面面积（mm^2）；

ΔL_t ——由于温度引起的索长改变量（m），$\Delta L_t = \varepsilon\Delta t l_0$；

ε ——钢索的线膨胀系数（$℃^{-1}$），$\varepsilon = 1.1\times10^{-5}$；

Δt ——温度变化值（℃），$\Delta t = t_2 - t_1$；

t_2 ——悬索使用时的温度（℃）；

t_1 ——悬索安装时的温度（℃）。

将 L_K、T_K 代入式（4-5-30），将得到荷重补助函数 C_K 的超越方程，用牛顿迭代数值解法求解。

悬索有荷线形和有荷水平拉力计算牛顿迭代流程图，如图 4-5-3，其中 $\Delta_1 = \dfrac{|F_K^{(j)} - F_K^{(j-1)}|}{F_K^{(j)}}$，$\Delta_2 = \dfrac{|H_K^{(j)} - H_K^{(j-1)}|}{H_K^{(j)}} -$，$\Delta$ 为预期精度，常取 $\Delta = 0.1 \times 10^{-5}$。

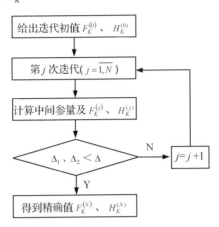

图 4-5-3　牛顿迭代流程

牛顿迭代过程如下：

(1) 近似采用抛物线公式确定初始值：
$$F_K^{(0)} = 4(k - k^2)F_0 \; ; \; H_K^{(0)} = H_0$$

(2) 计算中间参量及 $F_K^{(j)}$、$H_K^{(j)}$：
$$F_K^{(j)} = \frac{L_W}{L_K - \Delta L_e - \Delta L_t} F_K^{(j-1)} \quad (j = 1, 2, \cdots, N)$$

$$H_K^{(j)} = \frac{(1 - k)\overline{X}_1 P_1 + k(l_0 - \overline{X}_2)P_2 + k(1 - k)l_0 Q}{F_K^{(j)}}$$

(3) 判断收敛条件：
$$\frac{|F_K^j - F_K^j|}{F_K^j} < \Delta \; , \; \frac{|H_K^j - H_K^{(j-1)}|}{H_K^j} < \Delta$$

若满足上式时，$F_K^{(N)}$、$H_K^{(N)}$ 为精确值。否则，令 $j = j + 1$，开始循环迭代计算，直至满足收敛条件。

考虑支点位移的迭代计算。当考虑支点位移，则式(4-5-20)至式(4-5-30)中各水平跨距 l_0 改为支点位移后的水平跨距 $l_0 - \Delta l$（Δl 为支点相对水平位移量）进行计算。

5.1.4.3　有荷索长 $L_Y(\mathrm{m})$ 和有荷平均拉力 $T_1(\mathrm{N})$

取 $k = \dfrac{1}{2}$，由式(4-5-25)、式(4-5-26)算出的第 N 次迭代值 L_K、T_K 分别为 L_Y、T_1，即

$$L_Y = L_K \left(k = \frac{1}{2} \right) \tag{4-5-31}$$

$$T_1 = T_K \left(k = \frac{1}{2} \right) \tag{4-5-32}$$

5.1.4.4 有荷挠度 $F_K(J)$（m）

$$F_K j = F_K \left(k = \frac{J}{M} \right) \tag{4-5-33}$$

式中：M——跨距等分数，J 为 1，2，…，M；

　　　F_K——将各等分点 k 值代入式(4-5-20)迭代计算的精确值。

5.1.4.5 有荷水平拉力 $H_K(J)$（N）

$$H_K j = H_K \left(k = \frac{J}{M} \right) \tag{4-5-34}$$

式中：H_K——将各等分点 k 值代入式(4-5-20)迭代计算的精确值。

5.1.5 悬索安全性与耐久性

5.1.5.1 有荷最大拉力 T_M（N）

荷重位于跨中时，上支点的拉力为最大。

$$T_M = H_K \cosh \frac{(1-k)l_0 - X_{C_2}}{C_K} \tag{4-5-35}$$

式中：C_K、X_{C_2}、H_K——当 $k = 1/2$ 时，分别由(4-5-20)、(4-5-22)和(4-5-29)各式迭代计算结果。

5.1.5.2 悬索实际安全系数 N_1

$$N_1 = \frac{TC_T}{T_M} = \frac{T_P}{T_M} \geqslant N_T \tag{4-5-36}$$

式中：T——钢丝绳钢丝的破断拉力总和；

　　　C_T——钢丝绳破断拉力降低系数；

　　　T_P——所选钢丝绳的破断拉力，按 GB/T 20118—2006 选取；

　　　N_T——许可安全系数，N_T 设计时荐用：集材索道 $N_T \geqslant 2.5$，运材索道 $N_T \geqslant 3$；临时性索道 $N_T \geqslant 2$。

若算出的 N_1 不满足要求时，可重选较大规格的钢索；若钢索由库存选定，则减小设计荷重，重新进行设计计算。

5.1.5.3 悬索耐久性 C

$$C = \frac{T_M}{Q_1} \geqslant [C] \tag{4-5-37}$$

式中：Q_1——跑车的一个车轮承受的轮压，$Q_1 = \dfrac{Q}{N_0}$，N_0 为跑车轮数；

　　　$[C]$——耐久性许可值，$[C] = 20 \sim 30$。

若算出的 C 值不满足要求时，可酌情重选钢索规格，或改变设计荷重，或重选车轮数较多的跑车等重新计算。

5.1.6 索道侧型设计

5.1.6.1 求地面疑点与有荷悬索线形垂直距离 H_Y（m）

H_Y 包括跑车、捆木吊索、木捆、后备高度之和，如图 4-5-4（虚线为有荷线形）。

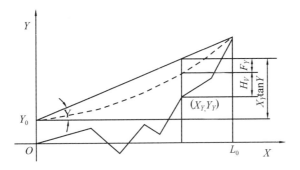

图 4-5-4　地面疑点与有荷悬索线形垂直距离 H_Y

$$H_Y = Y_0 + X_Y \tan Y - (Y_Y + F_Y) \tag{4-5-38}$$

式中：F_Y——地面疑点处悬索的有荷挠度(m)；

X_Y、Y_Y——以索道下支点的地面点为原点建立直角坐标系，地面变坡点(包括疑点)的水平距离 X_Y 为正值，地面变坡点与索道下支点的高程之差 Y_Y(正负号由此而定)；

Y_0——承载索下支点与其地面点间高差(m)，即索道下支点高程。

后备高度 C_1(m)，即木捆最低点至地面净空高为：

$$C_1 = H_Y - (有荷悬索线形至木捆最低点高度)$$

5.1.6.2　确定集材方式方法

全悬空集材时，为了使跑车能在自重作用下下滑，应保证设计荷重 $P \geqslant 10$ kN；木捆净空高 $C_1 \geqslant 0.5$ m(若跨越农田、建筑物或公路时，则 $C_1 \geqslant 4$)。C_1 不满足要求时，可视具体情况采取以下措施：张紧承载索；提高不满足所在跨的上、下支点高度；开挖疑点；增设中间支架等。确定索道集材方式方法，见表 4-5-1。

表 4-5-1　确定集材方式方法(m)

集材方式方法	$C_1 \geqslant 0.5$	$C_1 \geqslant 4$
重新计算	$H_Y < 3$	$H_Y < 10.5$
半悬伐倒木集材	$3 \leqslant H_Y < 7$	/
全悬原木集材	$7 \leqslant H_Y < 12$	$10.5 \leqslant H_Y < 15.5$
全悬伐倒木或原条集材	$H_Y \geqslant 12$	$H_Y \geqslant 15.5$

注：H_Y 为地面可疑点至有荷线形的垂直距离。

5.1.7　系统实例

[例 4-5-1]　某伐区架设 1 条单跨单线 3 索增力式集材架空索道。已知参数为水平距离 $L_0 = 404$ m；索道的弦倾角 $\alpha = 11.27°$。

索道下支点至地面高度 $Y_0 = 0.5$ m，地面变坡点总数 $K = 7$ 个，各坐标为(0，0)；(30，-20)；(204，0.5)；(254，-9.5)；(304，30.5)；(370，40.4)；(404，80.5)。

按悬链线理论进行索道的设计计算，初定无荷中挠系数 $S_0 = 0.04$，安全系数 $N_T = 2.5$，设计荷重 $P = 26000$ N，跨距等分数 $M = 20$，木捆净空高 $C_1 = 0.5$ m，索道投产与安装时温度

差 $\Delta t = 10(℃)$。

初选 K_1 跑车：跑车轮数 $N_0 = 4$ 个。

所选承载索：钢丝绳 28 6×19 SFC1570 B ZS（GB/T20118—2006），钢丝绳的破断拉力 $T = 378000$ N，横截面面积 $A = 289.95$ mm^2，单位长度重力 $Q = 27.0$ N/m，弹性模量 $E = 100000$ MPa。

要求按悬链线理论，对该索道进行完整的设计计算，绘制索道纵断面图，确定集材方式方法。

微机输出结果：

应用计算机按悬链线理论，输出该索道计算结果及绘制索道纵断面图（图 4-5-5）。

应用计算机按悬链线理论作单跨索道设计

县（市）＿＿＿采育场＿＿＿工区＿＿＿林班＿＿＿小班＿＿＿

测量＿＿＿设计＿＿＿审核＿＿＿20＿＿年＿＿月＿＿日

给定条件数据

跨距（m）：$L_0 = 404$

索道弦倾角（°）：$\alpha = 11.27$

承载索弹性模量（MPa）：$E = 100000$

索道下支点至地面高度（m）：$Y_0 = 0.5$

设计荷重（N）：$P = 26000$

温度差（℃）：$\Delta t = 10$

无荷中挠系数：$S_0 = 0.04$

初选承载索安全系数：$N_T = 2.5$

跨距等分数：$M = 20$

木捆净空高（m）：$C_1 = 0.5$

跑车轮数（个）：$N_0 = 4$

支点位移量（m）：$\Delta l = 0$

承载索规格参数

单位长度重力（N/m）：$Q = 27.0$

钢丝绳的破断拉力（N）：$T = 378000$

横断面面积（mm^2）：$A = 289.95$

设计计算结果

悬索无荷索长（m）：$L_W = 413.57$

无荷平均张力（N）：$T_0 = 35659$

下支点安装拉力（N）：$T_X = 34852$

无荷水平张力（N）：$H_0 = 34823$

无荷跨中张力（N）：$T_C = 35503$

振动波往返一次所需时间（s）：$S_E = 7.24$

按等分点计算无荷挠度 $F_0(J)$（m）

$F_0(1) = 3.047$	$F_0(2) = 5.778$	$F_0(3) = 8.191$	$F_0(4) = 10.287$	$F_0(5) = 12.065$
$F_0(6) = 13.524$	$F_0(7) = 14.664$	$F_0(8) = 15.483$	$F_0(9) = 15.982$	$F_0(10) = 16.160$
$F_0(11) = 16.015$	$F_0(12) = 15.546$	$F_0(13) = 14.753$	$F_0(14) = 13.634$	$F_0(15) = 12.188$
$F_0(16) = 10.413$	$F_0(17) = 8.308$	$F_0(18) = 5.873$	$F_0(19) = 3.104$	$F_0(20) = 0$

悬索有荷索长（m）：$L_Y = 414.91$

有荷水平张力（N）：$H_P = 126931$

有荷平均张力(N)：$T_1 = 130434$　　　　　　　　有荷最大张力(N)：$T_M = 134327$

承载索实际安全系数：$N_1 = 2.81$　　　　　　　承载索耐久性：$C = 20.67$

按等分点计算有荷挠度 $F(J)(\mathrm{m})$

$F(1) = 8.466$	$F(2) = 12.900$	$F(3) = 16.169$	$F(4) = 18.727$	$F(5) = 20.754$
$F(6) = 22.342$	$F(7) = 23.547$	$F(8) = 24.000$	$F(9) = 24.924$	$F(10) = 25.127$
$F(11) = 25.013$	$F(12) = 24.577$	$F(13) = 23.808$	$F(14) = 22.682$	$F(15) = 21.164$
$F(16) = 19.197$	$F(17) = 16.678$	$F(18) = 13.413$	$F(19) = 8.900$	$F(20) = 0$

地面可疑点坐标

水平距离(m)：$X_Y = 304$　　　　　　　　　　垂直距离(m)：$Y_Y = 30.5$

疑点参数计算

有荷挠度(m)：$F_Y = 21.077$　　　　　　　疑点至有荷线形垂直距离(m)：$H_Y = 9.502$

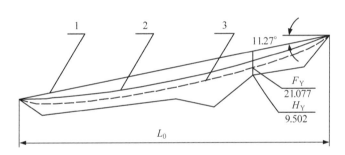

图 4-5-5　单跨索道纵断面设计

1—索道弦线；2—悬索无荷线形；3—悬索有荷线形；折线为索道的地面纵断面线

结　　论

本索道选用全悬原木集材为宜。

5.2　无荷参数控制的抛物线理论多跨索道设计

亚洲国家与我国南方习惯以无荷参数控制的抛物线理论单跨或多跨索道设计。堀氏抛物线理论[9]是在加氏抛物线理论[10]的多跨索道设计理论基础上，将多跨影响因素(钢索弹性伸长、支点位移和温度变化的影响)综合考虑，提出综合补正理论。无荷中挠系数 S_0：加氏理论的推荐值为[0.03，0.05]，极限值为[0.02，0.08]；堀氏理论的推荐值为 $S_0 \leqslant 0.06$，极限值为 $S_0 \leqslant 0.10$。堀氏抛物线理论明显扩大了应用范围。杜氏抛物线理论[11]认为最大拉力位于索道的全线路的最高支点，比加氏理论认为最大拉力位于最大跨的上支点，在考虑工程索道的安全性上更符合实际情况。著者经多年的悬索理论研究和工程实践，引领了国家行业林业架空索道系列标准[12-13]，并在完善和充实上述 3 种抛物线理论的基础上，有机结合系统地提出抛物线理论多跨索道设计，以无荷技术参数控制设计计算，从无荷算到有荷。

系统能绘制索道纵断面图和确定集材方式方法，并能提供索道设计结果主要参数如下。

① 提供索道安装架设主要参数：无(有)荷中挠系数、下支点安装拉力、振动波敲击法往返所需时间、无荷索长等。

② 确保索道生产安全主要参数：承载索实际安全系数、耐久性参数等。

③ 提供绘制索道纵断面图主要参数：按等分点计算无(有)荷挠度等。

④ 多跨索道检验纵断面设计主要参数：弯折角、弯挠角和安全靠贴系数等。

5.2.1 系统数学模型

5.2.1.1 计算无荷主要参数

（1）多跨索道设计计算跨的判断（表4-5-2）：判断出设计计算跨后，对该跨的承载索的各技术参数进行设计计算。

表4-5-2 判断设计计算跨(m)

设计计算跨	$L_M \geqslant 500$	$L_M < 500$
最大跨所在跨	$\Delta L \geqslant 20$	$\Delta L \geqslant 10$
最大弦倾角所在跨	$\Delta L < 20$	$\Delta L < 10$

注：L_M—最大跨距；ΔL—最大与最小跨距之差。

（2）设计计算跨的无荷中挠系数 S_{0M} 的确定：将设计计算跨视为单跨索道考虑，荐用取 $S_{0M} = 0.03 \sim 0.05$，$S_0 = S_{0M}$。

（3）各跨无荷中挠系数 $S_0(I)$ 及其无荷中央挠度 $F_0(I)$(m)：

$$S_0(I) = \frac{S_{0M} l(I)}{lM} \tag{4-5-39}$$

$$F_0(I) = S_0(I) l_0(I) \tag{4-5-40}$$

式中：l_M——计算跨的弦线长度(m)；

$l(I)$——各跨弦线长度(m)，$l(I) = \dfrac{l_0(I)}{\cos\alpha_0(I)}$；

$l_0(I)$——各跨水平跨距(m)；

l_0——全线路水平跨距，$l_0 = \sum\limits_{I=1}^{N} l_0(I)$；

$\alpha_0(I)$——各跨的弦倾角(°)；

N——跨数，$I = 1,2,3,\cdots,N$。

（4）各跨无荷索长 $L_0(I)$ 和全线路无荷索长 L_0(m)：

$$L_0(I) = \left[1 + \frac{8}{3} S_0^2(I) \cos^4\alpha_0(I)\right] l(I) \tag{4-5-41}$$

$$L_0 = \sum_{I=1}^{N} L_0(I) \tag{4-5-42}$$

（5）振动波往返一次所需的时间 $S_E(I)$(s)：

$$S_E(I) = \sqrt{\frac{S_0(I) l_0(I)}{0.306}} \tag{4-5-43}$$

5.2.1.2　计算设计荷重 $P(\mathrm{N})$

$$P = (P_1 + P_2)(1 + G) + \frac{W_Q}{2} \tag{4-5-44}$$

式中：P_1、P_2——分别为木捆和跑车重量(N)；

　　　W_Q——牵引索自重(N)，$W_Q = Q_Q L_0$，鞍座上有托索器时，$W_Q = Q_Q L_{0M}$；

　　　L_{0M}——计算跨的无荷索长(m)；

　　　Q_Q——牵引索单位长度重力($\mathrm{N/m}$)，其规格按 GB/T 20118—2006 选取；

　　　G——冲击系数，$G = 6S_{0M}$。

5.2.1.3　承载索设计计算

（1）初选承载索规格：

根据设计荷重 P 按 GB/T 20118—2006 初选承载索规格。如库存钢索，则可酌情选用，而后进行计算。

（2）无荷重时最大拉力 T_W 与下支点安装张力 $T_X(\mathrm{N})$：

$$T_W = T'_W + qH \tag{4-5-45}$$

$$T_X = \frac{qL_{0M}}{8S_{0M}} \sqrt{1 + (\tan\alpha_{0M} - 4S_{0M})^2} \tag{4-5-46}$$

式中：q——承载索单位长度重力($\mathrm{N/m}$)；

　　　H——计算跨上支点到索道最高支点的垂直距离(m)；

　　　α_{0M}——计算跨的弦倾角($°$)；

　　　T'_W——计算跨的无荷最大拉力(N)，$T'_W = \dfrac{qL_{0M}}{8S_{0M}} \sqrt{1 + (\tan\alpha_{0M} + 4S_{0M})^2}$。

（3）计算各跨荷重比 $N(I)$：

$$N(I) = \frac{P}{qL_0(I)} \tag{4-5-47}$$

计算跨的荷重比 n_M 为：

$$n_M = \frac{P}{W}$$

式中：W——计算跨悬索自重(N)，$W = qL_{0M}$。

（4）无补正有荷最大拉力 $T_Q(\mathrm{N})$：

$$T_Q = T'_Q + qH \tag{4-5-48}$$

式中：T'_Q——计算跨的无补正有荷最大拉力(N)，计算式为：$T'_Q = H_{max}\sqrt{1 + \left[\tan\alpha_{0M} + \dfrac{4S_{0M}(1 + n_M)}{\sqrt{1 + 3(n_M + n_M^2)}}\right]^2}$；

　　　H_{max}——无补正有荷水平拉力(N)，$H_{max} = H_0 G_{\mathrm{II}}$；

　　　G_{II}——有荷悬索荷重因数，计算式为：$G_{\mathrm{II}} = \sqrt{1 + 3(n_M + n_M^2)\dfrac{\omega_M^2 l_{0M}^3 \cos^3\alpha_{0M}}{\displaystyle\sum_{I=1}^{N}\left[\omega^2(I) l_0^3(I) \cos^3\alpha_0(I)\right]}}$；

　　　$\omega(I)$——线载荷在 X 轴上的投影，$\omega(I) = \dfrac{qL_0(I)}{l_0(I)}$。

（5）有补正有荷最大拉力 $T_M(\mathrm{N})$：

$$T_M = H_M \sqrt{1 + \left[\tan\alpha_{0M} + \frac{4S'_0(1 + nM)}{\sqrt{1 + 3(nM + nM^2)}} \right]^2} + qH \tag{4-5-49}$$

式中：H_M——有补正有荷水平拉力（N），$H_M = H'_0 G_{II}$；

H'_0——有补正无荷的水平拉力（N），$H'_0 = \dfrac{qL_{0M}}{8S'_0}$；

S'_0——有补正无荷中挠系数，$S'_0 = \varepsilon S_0$；

ε——综合补正系数，计算式为 $\varepsilon^3 + b\varepsilon - a = 0$，其中 $a = \dfrac{G_{II}}{M_{SI}}$；$M_{SI} =$

$\dfrac{64 \sum\limits_{I=1}^{N} \left[S_0(I) \cos^2\alpha_0(I) \right]^3}{3\lambda q \sum\limits_{i=1}^{N} l_0(I)}$；$b = \dfrac{G_I}{M_{SI}} - (1 + D_{SI})$；$\lambda = \dfrac{1}{EF}$；$D_{SI} =$

$\dfrac{3\Delta}{8 \sum\limits_{I=1}^{N} \left[S_0(I) \cos^2\alpha_0(I) \right]^2}$；$\Delta = N(\omega_1 \Delta t) + \dfrac{D_L}{l_M}$；

G_1——无荷悬索荷重因数，$G_1 = 1$；

Δt——钢索投产时与安装时的温差，比安装时温度高取正值，否则取负值；

ω_1——钢索的热膨胀系数，一般 $\omega_1 = 1.1 \times 10^{-5}$；

D_L——计算跨上、下支点弦线方向位移量之和（m）。

（6）计算跨的无补正有荷中挠系数 S：

$$S = rS_0 \tag{4-5-50}$$

式中：r——计算跨的中央挠度增加系数，$r = \dfrac{1 + 2n_M}{\sqrt{1 + 3(n_M + n_M^2)}}$。

（7）计算跨的有补正有荷中挠系数 S'：

$$S' = S\varepsilon \tag{4-5-51}$$

（8）承载索的校核：

1）承载索安全系数 N_1 的校核：

在刚安装架设投产初期，悬索成无补正有荷状态，此时的拉力大于投产中后期的有补正有荷状态下拉力。因此，必须用无补正有荷最大拉力 T_Q 校核承载索安全系数 N_1。

$$N_1 = \frac{TC_T}{T_Q} = \frac{T_P}{T_Q} \geqslant 2 \tag{4-5-52}$$

式中：T——所选钢索钢丝的破断拉力总和。

2）校核承载索拉力与轮压的比值 C：

$$C = \frac{T_Q}{Q} = \frac{T_Q N_0}{P} \tag{4-5-53}$$

式中：P——设计荷重；

N_0——跑车轮数。

C 值必须满足 $20 \leqslant C \leqslant 30$，$C$ 若不在此范围内，就增加跑车轮数，或酌情重选钢索，或改变设计荷重。

5.2.1.4　索道侧型设计

索道各跨的弦倾角正负号的约定：弦倾角自左至右，仰角为正，俯角为负。

（1）各跨支点的弯折角 $\delta(I)$（°）：

$$\delta(I) = \alpha(I) - \alpha(I+1) \tag{4-5-54}$$

式中：$\alpha(I)$、$\alpha(I+1)$——相邻两跨的弦倾角（°）。

（2）弯折角的正切值 $\tan\delta(I)$：

$$Z(I) = \tan\delta(I) \tag{4-5-55}$$

要求 $Z(I)$ 的绝对值满足：$2\% \leqslant |Z(I)| \leqslant 8\%$。

（3）侧型参数的校核：

1）凸形线路校核弯挠角的正切值 $\tan\theta(I)$：

$$\tan\theta(I) = \left\{ \left[\tan\alpha(I) - \tan\alpha(I+1) \right] + \frac{q\left[l_0(I) + l_0(I+1) \right]}{2H \cdot \cos\alpha_{CP}} \right\} + \frac{P}{H_{\max}} \tag{4-5-56}$$

式中：α_{CP}——相邻两跨的索道弦倾角平均值，$\alpha_{CP} = \dfrac{\alpha(I) + \alpha(I+1)}{2}$。

要求：$\tan\theta(I)$ 必须在 $[10\%, 35\%]$ 范围内。

当弯挠角的正切值大于许用值时，可视具体线路情况采取以下措施：①增设中间支架；②降低计算跨支架高度；③中间支架高度不变，将前后跨支点升高。

2）凹形线路校核承载索在鞍座处的安全靠贴系数 $K(I)$：

$$K(I) = \frac{q\left[l_0(I) + l_0(I+1) \right]}{2T_Q\left[\tan\alpha(I+1) - \tan\alpha(I) \right] \cos^2\alpha_{CP}} \tag{4-5-57}$$

要求：$K(I) \geqslant 1.05$（集材索道）；$K(I) \geqslant 1.2$（运材索道）。

当安全靠贴系数小于许用值时，根据具体线路情况采取下列措施：①增设中间支架；②升高中间支架或降低前后跨支点高度；③增设承载索的压索装置。

5.2.1.5　悬索无荷线形 $f_{0x}(I)$ 和有荷线形 $f_D(I)$ 的计算（m）

$$f_{0x}(I) = m_0(I)f_0(I) \tag{4-5-58}$$

$$f_D(I) = r(I)f_{0x}(I)\varepsilon \tag{4-5-59}$$

式中：$m_0(I)$——线形系数，$m_0(I) = 4(k - k^2)$；

　　　k——距离系数，$k = \dfrac{x}{l_0(I)}$；

　　　x——各跨悬索上任意点到本跨下支点的距离；

　　　$r(I)$——各跨挠度增加系数，$r(I) = \dfrac{1 + 2n(I)}{\sqrt{1 + 12\left[n(I) + n^2(I) \right](k - k^2)}}$。

5.2.1.6　求地面变坡点与有荷悬索间的垂直距离 $H_Y(J)$（m）

以索道第 1 跨下支点（即山下起点）的地面坐标为原点建立直角坐标系，地面变坡点至索道下支点的水平距离 $X_Y(J)$ 为正值，变坡点与索道下支点的地面点高程之差 $Y_Y(J)$（正负号由此而定）。J 为 1，2，3，…，S，其 S 为变坡点总数（包括索道起点、终点在内）。则 $H_Y(J)$ 为：

$$H_Y(J) = Y(I-1) - Y_Y(J) + \left[X_Y(J) - X(I-1) \right]\tan\alpha_0(I) - F_Y(J) \tag{4-5-60}$$

式中：$F_Y(J)$——地面变坡点处悬索的有荷挠度（m）；

$X_Y(J)$、$Y_Y(J)$——变坡点的 X、Y 坐标(m)；

$X(I-1)$——索道各支点至索道下支点的水平距离(m)；

$Y(I-1)$——索道各支点至索道下支点的地面坐标高程之差(m)。

后备高度 $C_1(m)$，即木捆最低点至地面净空高为：
$$C_1 = H_Y - (有荷悬索线形至木捆最低点高度)$$

上述侧型设计中的 $\tan\theta(I)$ 或 $K(I)$ 及后备高度 C_1 不满足要求时，除挖疑点外，不论采取何种措施，只要数据一有更动，就得重新进行设计计算。

5.2.1.7　集材方式方法的选择（表 4-5-1）

5.2.1.8　工作索和绞盘机的选择

非闭合增力式索道的工作索的最大受力产生在重载提升或重载运行过程中。

（1）工作索选择：

1）提升木捆时起重索的拉力 $T_2(N)$：
$$T_2 = T_Q + T_q + T_R + T_a \tag{4-5-61}$$

式中：T_Q——木捆重量产生的拉力(N)，$T_Q = \dfrac{Q}{2\sin\dfrac{\theta}{2}}$，$Q$ = 木捆重 + 载物钩重；

θ——起重索拉力包角，$120° \leqslant \theta \leqslant 180°$；

T_q——起重索自重附加在跑车上的分力，$T_q = \pm q_Q h$；

h——集材点到绞盘机位置高度差，绞盘机高于集材点取"+"号，反之取"-"号；

q_Q——起重索的单位长度重力(N/m)；

T_R——综合阻力，绕过滑轮、贴地运行等产生的摩擦阻力，$T_R = (T_Q + W)f_0$；

W——起重索自重，$W = q_Q L_0$；

f_0——综合摩擦系数：当滑轮数少（7 个以下），集距较短（500 m 以下）时，取 0.06 ~ 0.12；当滑轮数多，集距较长时，取 0.12 ~ 0.2；

T_a——惯性力，把木材视为匀速上升，$T_a = 0$。

起重索安全系数 N_2 的校核：
$$N_2 = T_{PQ}\frac{C_T}{T_2} = \frac{T_P}{T_2} \geqslant 3.5 \tag{4-5-62}$$

式中：T_{PQ}——起重索钢丝的破断拉力总和(N)。

2）跑车运行时牵引索的拉力 $T_3(N)$：
$$T_3 = T'_Q + T'_R + T_q + T_a \tag{4-5-63}$$

式中：T_a——运行惯性力，$T_a = \dfrac{a}{g}(Q' + W')$，$Q'$ = 木捆重 + 跑车重；

W'——牵引索附加于跑车上的自重，$W' = \dfrac{W_Q}{2}$，W_Q 为牵引索自重；

g——重力加速度(m/s²)，$g = 9.81$；

a——加速度(m/s²)：一般制动时，3 ~ 4 秒，$a = 0.1 ~ 0.3$；紧急制动时，1 ~ 2 秒，$a = 0.5 ~ 1$；

T_q——牵引索自重附加在跑车上的分力；

T'——线路坡度及重车产生的拉力，$T'_Q = Q'\sin\gamma - fQ'\cos\gamma$；

f——跑车运行阻力系数，$f = 0.008 \sim 0.012$；

γ——跑车升角，即为跑车车轮与悬索切线和水平线夹角，它与载荷 P 大小成正比，与跨距 l_0 成反比，$\tan\gamma = \tan\alpha + \dfrac{2x - l_0}{2H_{max}}\left(\dfrac{P}{l_0} + \dfrac{q}{\cos\alpha}\right)$。它是确定牵引力 T_3（或下滑力）及索道选型的重要参数，在多跨索道中，当计算牵引索在跑车运行中的最大拉力，应选择索道弦倾角最大跨的跑车靠近上方支架时的升角进行分析，$\tan\gamma = \tan\alpha + \dfrac{l_0}{2H_{max}}\left(\dfrac{P}{l_0} + \dfrac{q}{\cos\alpha}\right)$；当检查跑车能否靠自重下滑越过中间支架时，则应选择索道弦倾角最小跨的跑车靠近下方支架的升角来研究，$\tan\gamma = \tan\alpha - \dfrac{l_0}{2H_{max}}\left(\dfrac{P}{l_0} + \dfrac{q}{\cos\alpha}\right)$；

T'_R——重车的综合阻力，$T'_R = (T'_Q + W)f_0$，$W = Q_Q L_0$。

讨论：

① $T_3 > 0$，只考虑制动力；$T_a \neq 0$，跑车靠重力能越过中间鞍座，能自滑，不需要牵引，可设计成重力式自滑索道；

② $T_3 < 0$，跑车不能自滑，需要牵引；

③ 当 $\alpha \geqslant 10°$ 时，起动时求 T_3，制动时求 $T_{回}$［只要 $P = 0$，代入式（4-5-63）求出 $T_{回}$］，二者取较大值校核；

④ 当 $\alpha < 10°$（缓坡）时，求 T_3。

牵引索安全系数 N_3 的校核：

$$N_3 = T_{Pq}\frac{C_T}{T_3} = \frac{T_P}{T_3} \geqslant 3.5 \tag{4-5-64}$$

式中：T_{Pq}——牵引索钢丝的破断拉力总和（N）。

（2）绞盘机所需实际功率 N_X 的校核（kW）：

$$N_X = \frac{FV}{\eta_1 \eta_2} \times 10 - 3 \tag{4-5-65}$$

式中：F——缠绕在绞盘机主卷筒中层上的工作索的最大牵引力（N），T_2 与 T_3 中选较大值作为 F；

　　　V——缠绕在绞盘机主卷筒中层上的工作索的牵引速度（m/s）；

　　　η_1——绞盘机从发动机输出轴至卷筒轴之间的总传动效率，取 $\eta_1 = 0.6 \sim 0.7$；

　　　η_2——内燃机高山功率效率，海拔每升高 1000 m，柴油机功率降幅为 10%，取 $\eta_2 = 0.9$；汽油机功率降幅为 15% ~ 20%，取 $\eta_2 = 0.8 \sim 0.85$。

5.2.2　系统功能

5.2.2.1　承载索设计计算与选择

可选择新索或库存钢索。在保证生产安全前提下，尽量选用库存钢索，以减小成本。

5.2.2.2　承载索安全系数的检验

承载索的安全系数检验，若没通过条件，则系统显示未通过信息，可进行调整或重新设计。

5.2.2.3   多跨索道弯挠角及安全靠贴系数验算

检测多跨索道的弯挠角和安全靠贴系数，确保跑车运行平稳。若不满足条件，则显示未通过信息，可进行调整或重新设计。

5.2.2.4   疑点检测

以随机控制或人为控制的方式进行疑点检测，可判断索道能否越过农田、公路或建筑物等控制点，若不能满足条件，则显示未通过信息，自动返回，重新设计。

5.2.2.5   工作索及绞盘机的选择

按相应集材方式方法进行工作索的选择计算，并对预选的绞盘机功率进行校核验算。

5.2.2.6   索道纵断面图绘制

利用 AutoCAD 强大的图形处理能力，采用 VBA（Visual Basic for Application）作为 AutoCAD 的二次开发工具，在 VB 中直接操作 AutoCAD 进行索道纵断面图的绘制、编辑及尺寸标注。

5.2.3   系统运行环境及运行特点

5.2.3.1   系统运行环境

系统运行环境为 Windows 操作系统，Microsoft Visual Basic 6.0 解释程序。硬件基本配置微型计算机；VGA 显示器；打印机 1 台；1 个 Microsoft 鼠标或兼容的鼠标等。

5.2.3.2   系统运行特点

（1）简捷高效。数据输入吸收了 VB 6.0 语言的可视化特点，输入界面简洁，更符合输入习惯，对于要经常变动的数据放置一组，如索道参数、跑车型号等；对于不是经常要变动的放置一组，如初选承载索和牵引索的规格参数等，则采用直接赋值的语句进行写入，如果需要更改，系统会自动给出赋值语句提供修改。

（2）自检性强。带有自检功能，自动对各个计算结果按索道设计规范规定进行校核，若不满足条件则自动返回；对输入数据进行检验，若输入数据变动异常，则会出现提示信息。系统支持联机打印功能。

5.2.4   系统设计方法

5.2.4.1   从专业角度考虑

将索道设计这个抽象问题具体化，转化为几个比较具体的问题：

（1）多跨索道设计计算跨的判断；

（2）承载索的选择与验算；

（3）敲击法传波往返所需时间、承载索的实际安全系数和耐久性；

（4）索道线路侧型设计及其纵断面图绘制；

（5）集材方式方法的确定；

（6）工作索及绞盘机的选择。

5.2.4.2   从程序设计角度考虑

将整个系统化为若干个解决某一具体问题的相对独立的过程，系统采用窗体界面和代码分开设计写入，最后再将这些模块封装起来成为一个工程，再运行即得到索道设计系统。系统设计思路，如图 4-5-6。

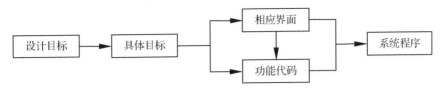

图 4-5-6　系统设计思路

5.2.4.3　系统组成及关键技术

5.2.4.3.1　系统组成

多跨索道设计系统由启动菜单界面(包括新建工程、打开工程、保存工程和系统退出)、索道设计结果界面[相关参数结果输出、无(有)荷挠度结果输出]、文本输出版本界面(文本输出支持打印)、帮助界面(包括版本说明和使用帮助)以及一些信息提示窗口、校核程序模块、功能代码和一些命令按钮等组成。

5.2.4.3.2　系统关键技术

(1)系统设计思路

对于一个复杂的系统,为简化其设计难度,将系统抽象的问题具体化,根据变量的传递关系,体现各模块间的联系。系统按照结构化分析(Structured Analysis)方法,按照"自顶向下,逐步求精"的原则,确定相应的系统数据流程图,在设计阶段把流程图与结构化设计(Structured Design)方法相结合,运用"模块化设计"思想,把系统分为若干功能模块,再把各功能模块按不同功能分为若干个子模块,使系统具有较强的适应性。

(2)系统开发步骤

系统以 Visual Basic 6.0 为开发工具,采用面向对象的编程方法,把面向对象设计方法和结构化程序设计方法相结合,其开发步骤如下。

① 准备工作。开发之前,在考虑到系统要实现抛物线理论多跨索道设计系统的基本技术参数输入,通过微机计算能输出抛物线理论多跨索道设计系统的数据等功能,分析系统需要使用几个功能模块、每个模块需实现哪些功能、关键问题、使用什么算法等,并构思相应的多跨索道设计流程图。

② 创建用户程序界面。新建工程,建立窗体对象,并在各窗体上放置所需控件,对各控件的大小与位置进行调整,使其在窗体上分布美观,有条理。

③ 设置窗体和控件属性。建立系统界面后,就可通过属性窗口来设置各窗体及控件对象的初始性,如 Name、Caption 等。

④ 编写事件驱动代码。编写各事件过程与通用过程的代码,并进行调试。这是真正实现程序功能的步骤,要不断进行调试、排错。

⑤ 编译。编译成可执行文件,方便用户使用。

⑥ 打包。把系统可执行文件及相关文件、文档等打包成可执行安装程序,方便软件移植和发布。

(3)抛物线理论多跨索道设计系统流程(图 4-5-7)

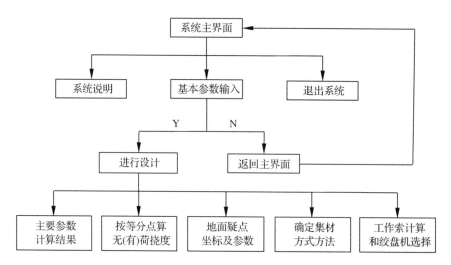

图 4-5-7 抛物线理论多跨索道设计系统流程

5.2.5 系统实例

[例4-5-2] 某伐区架设1条3跨($N=3$)的单线三索增力式集材架空索道。已知参数为

跨号 I	弦倾角 $a(I)$（°）	跨距 $l_0(I)$（m）
1	11.27	404
2	14.18	287
3	10.35	200

地面变坡点 $S=9$，测量得地面变坡点坐标为

跨号 I	变坡点数 $N(I)$	地面变坡点坐标 $X_Y(J)$、$Y_Y(J)$（m）
1	4	(0，0)；(166，−49)；(280，20)；(404，70)
2	4	(518.8，32)；(576.2，50)；(691，148)
3	3	(791，100)；(891，184)

试选牵引索 136×19 NFC 1570 BZS（GB/T 8706—2006），其单位长度重力 $Q_Q = 5.93$ N/m，钢索许可破断拉力 $T'_{Pq} = 81500$ N；承载索 286×19 NFC 1670BZZ（GB/T 8706—2006），其单位长度重力 $Q_S = 27.5$ N/m，横截面面积 $A = 289.95$ mm²，钢索许可破断拉力 $T = 402000$ N；钢索弹性模量 $E = 1 \times 10^5$ MPa。木捆重量 $P_1 = 20000$ N。

初选 K_1跑车：跑车轮数 $N_0 = 4$ 个，跑车自重 $P_2 = 1450$ N，载物钩重 $P_3 = 100$ N，鞍座处设置有托索器；初选闽林821绞盘机：额定功率为51.5 kW，绞盘机位置低于集材点73.2 m；起重牵引速度 $V = 1.5$ m/s。

初定无荷中挠系数 $S_{0M} = 0.0355$，各跨线形按 $M = 20$ 等分计算；计算跨支点位移量 $D_L = 0.2$ m；温差 $D_T = 10$℃。索道下支点坐标(0，0.5)。

要求进行完整的多跨索道设计计算，并绘制索道纵断面图，确定集材方式方法。

微机输出结果：

应用计算机按抛物线理论，输出该多跨索道计算结果及绘制索道纵断面图（图4-5-8）。

应用计算机按抛物线理论作多跨索道设计

县（市）_____采育场_____工区_____林班_____小班_____

测量_____设计_____审核_____20____年____月____日

给定条件数据

跨距（m）：　　　　　　$l_0(1) = 404$　　　　$l_0(2) = 287$　　　　$l_0(3) = 200$

弦倾角（°）：　　　　　$a(1) = 11.27$　　　$a(2) = 14.18$　　　$a(3) = 10.35$

投产时与安装时最大温差（℃）：$D_T = 10$　　　索道下支点坐标：$(X_0, Y_0) = (0, 0.5)$

投产时与安装时支点最大位移（m）：$D_L = 0.2$　　跨距等分数：$M = 20$

无荷中挠系数：$S_{0M} = 0.0355$　　　　　　木捆重量（N）：$P_1 = 20000$

跑车重量（N）：$P_2 = 1450$　　　　　　　跑车轮数（个）：$N_0 = 4$

载物钩重（N）：$P_3 = 100$　　　　　　　绞盘机低于集材点（m）：$h = -73.2$

牵引索规格参数

单位长度重力（N/m）：$Q_Q = 5.93$　　　　钢索许可破断拉力（N）：$T_{Pq} = 81500$

承载索规格参数

单位长度重力（N/m）：$Q = 27.5$　　　　钢索横截面面积（mm^2）：$A = 289.95$

钢索许可破断拉力（N）：$T_P = 402000$　　钢索的弹性模量（MPa）：$E = 1 \times 10^5$

设计计算结果

无荷中挠系数：　　　　　$S_0(1) = 0.0355$　$S_0(2) = 0.0255$　$S_0(3) = 0.0175$

无荷中央挠度（m）：　　　$F_0(1) = 14.342$　$F_0(2) = 7.321$　$F_0(3) = 3.504$

有荷中挠系数：　　　　　$S(1) = 0.0408$　　$S(2) = 0.0294$　$S(3) = 0.0202$

有荷中央挠度（m）：　　　$F_D(1) = 25.169$　$F_D(2) = 12.876$　$F_D(3) = 6.171$

无荷索长（m）：　　　　　$L_0(1) = 413.22$　$L_0(2) = 296.47$　$L_0(3) = 203.46$

有荷索长（m）：　　　　　$L_1(1) = 415.88$　$L_1(2) = 297.42$　$L_1(3) = 203.79$

振动波往返一次所需时间（s）：$S_E(1) = 6.8$　$S_E(2) = 4.9$　$S_E(3) = 3.4$

无荷总索长（m）：$L_0 = 913.16$　　　　　有荷总索长（m）：$L_1 = 917.09$

无荷最大拉力（N）：$T_W = 45278$　　　　下支点安装张力（N）：$T_X = 40079$

无补正有荷水平拉力（N）：$T_{max} = 167735$　无补正有荷最大拉力（N）：$T_Q = 177877$

综合补正系数：$\varepsilon = 1.527344$　　　　有补正有荷最大拉力（N）：$T_M = 119186$

承载索实际安全系数：$N_T = 2.26$　　　　承载索拉力与轮压的比值：$C = 26.12$

弯折角（°）：$S_S(1) = -2.91$　　　　　　安全靠贴系数：$K_K(1) = 1.05$

弯折角(°)：$S_S(2) = 3.83$　　　　　　　　弯挠角正切值(%)：$J(2) = 27.33$

第(1)跨

按等分点计算无荷挠度(m)：$F_F(1)$

$F_F(0.05) = 2.725$　　$F_F(0.1) = 5.163$　　$F_F(0.15) = 7.314$　　$F_F(0.2) = 9.179$　　$F_F(0.25) = 10.757$

$F_F(0.3) = 12.047$　　$F_F(0.35) = 13.051$　　$F_F(0.4) = 13.768$　　$F_F(0.45) = 14.199$　　$F_F(0.5) = 14.342$

按等分点计算有荷挠度(m)：$F_D(1)$

$F_D(0.05) = 10.153$　　$F_D(0.1) = 14.600$　　$F_D(0.15) = 17.644$　　$F_D(0.2) = 19.916$　　$F_D(0.25) = 21.655$

$F_D(0.3) = 22.982$　　$F_D(0.35) = 23.963$　　$F_D(0.4) = 24.641$　　$F_D(0.45) = 25.038$　　$F_D(0.5) = 25.169$

第(2)跨

按等分点计算无荷挠度(m)：$F_F(2)$

$F_F(0.05) = 1.391$　　$F_F(0.1) = 2.636$　　$F_F(0.15) = 3.734$　　$F_F(0.2) = 4.686$　　$F_F(0.25) = 5.491$

$F_F(0.3) = 6.150$　　$F_F(0.35) = 6.662$　　$F_F(0.4) = 7.029$　　$F_F(0.45) = 7.248$　　$F_F(0.5) = 7.321$

按等分点计算有荷挠度(m)：$F_D(2)$

$F_D(0.05) = 5.362$　　$F_D(0.1) = 7.576$　　$F_D(0.15) = 9.098$　　$F_D(0.2) = 10.236$　　$F_D(0.25) = 11.109$

$F_D(0.3) = 11.776$　　$F_D(0.35) = 12.269$　　$F_D(0.4) = 12.610$　　$F_D(0.45) = 12.810$　　$F_D(0.5) = 12.876$

第(3)跨

按等分点计算无荷挠度(m)：$F_F(3)$

$F_F(0.05) = 0.666$　　$F_F(0.1) = 1.261$　　$F_F(0.15) = 1.787$　　$F_F(0.2) = 2.243$　　$F_F(0.25) = 2.628$

$F_F(0.3) = 2.943$　　$F_F(0.35) = 3.189$　　$F_F(0.4) = 3.364$　　$F_F(0.45) = 3.469$　　$F_F(0.5) = 3.504$

按等分点计算有荷挠度(m)：$F_D(3)$

$F_D(0.05) = 2.626$　　$F_D(0.1) = 3.665$　　$F_D(0.15) = 4.383$　　$F_D(0.2) = 4.921$　　$F_D(0.25) = 5.334$

$F_D(0.3) = 5.650$　　$F_D(0.35) = 5.883$　　$F_D(0.4) = 6.045$　　$F_D(0.45) = 6.140$　　$F_D(0.5) = 6.171$

地面疑点坐标

水平距离(m)：$X_Y = 691$　　　　　　　　垂直距离(m)：$Y_Y = 148$

疑点参数计算

有荷挠度(m)：$F_Y = 0$　　　　　　　　疑点至有荷线形垂直距离(m)：$H_Y = 5.523$

集材方式方法

采用半悬空伐倒木索道集材。

工作索计算与绞盘机选择

起重索最大拉力(N)：$T_2 = 12502$　　　起重索实际安全系数：$N_2 = 6.52$

牵引索最大拉力(N)：$T_3 = 10295$　　　牵引索实际安全系数：$N_3 = 7.92$

设计荷重(N)：$P = 27244$　　　绞盘机所需实际功率(kW)：$N_X = 32.06$

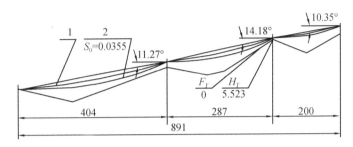

图 4-5-8　多跨索道纵断面设计

1－索道各跨无荷线形 $F_F(J)$；2－各跨有荷线形 $F_D(J)$；

斜直线为各跨索道弦线；折线为索道的地面纵断面线

5.3　有荷参数控制的抛物线理论多跨索道设计

　　欧洲国家与我国北方习惯以有荷参数控制的抛物线理论单跨或多跨索道设计。著者在完善和充实杜氏抛物线理论[11]的基础上，系统地提出抛物线理论多跨索道设计方法。有荷中挠系数 S：推荐值为 $[0.04，0.06]$，极限值为 $S \leqslant 0.08$[15]。

5.3.1　系统数学模型

5.3.1.1　设计计算跨的确定（表 4-5-2）

5.3.1.2　承载索的拉力计算（N）

　　(1)计算破断拉力 T_{Pj}：

　　林用集材索道，一般按挠度条件计算承载索的破断拉力 T_{Pj}，来确定承载索规格。

$$T_{Pj} = \frac{2PR_L\cos\beta}{8S_M\left(\dfrac{R_L}{N_T} - H_F\right)\cos^2\beta - L_M} \tag{4-5-66}$$

式中：P——设计荷重(N)；

　　　　R_L——钢丝绳破断长度(m)，双绕钢丝绳取 $R_L = 9\,\sigma_B$；

　　　　σ_B——钢丝的极限强度(MPa)，$\sigma_B = 1570 \sim 1870$；

　　　　N_T——安全系数，$N_T = 2 \sim 3$；

　　　　β——计算跨的弦倾角(°)；

　　　　L_M——计算跨的水平距离(m)；

　　　　S_M——计算跨的有荷中挠系数，当跑车位于计算跨跨中时，一般控制在 0.04~0.06 范
　　　　　　　围内，最大不超过 0.08；

H_F——从挠度控制点到山上的全线路最高点（或端点）间高差（m）。

运材索道，常按寿命条件计算承载索的破断拉力 T_{Pj}

$$T_{Pj} = \frac{V_1}{E_B} \sqrt{\tau^3} \sqrt{\frac{E_S}{\sigma_B} N_T^3} \tag{4-5-67}$$

式中：V_1——跑车的最大轮压（MPa），$V_1 = \dfrac{P}{N_A}$，N_A 为跑车轮数；

　　　　E_B——承载索的弯曲应力 σ_W 与拉应力 σ_L 之间的比值，取 $E_B = \dfrac{\sigma_W}{\sigma_L} = 0.6 \sim 0.7$；

　　　　τ——有荷时承载索的拉力变动系数，$\tau = \dfrac{T_M}{T_{\min}}$。具有配重的承载索，$\tau = 1.25$，两端固
　　　　　　　定式承载索，$\tau = 1.3 \sim 1.8$；

　　　　E_S——承载索的弹性模量（MPa）。

当算出 T_{Pj} 后，按 GB/T 20118—2006 选用钢索规格，查出钢索单位长度重力 Q（N/m），
钢索横截面面积 F（mm^2），按 σ_B 值查出钢丝绳的许可破断拉力 T_P，应满足条件：$T_{Pj} \leqslant T_P$。

（2）线路上承载索允许最大拉力 T_M：

$$T_M = \frac{T_P}{N_T} \tag{4-5-68}$$

（3）线路上承载索允许最大平均拉力 T_1：

$$T_1 = T_M - \frac{QH}{2} \tag{4-5-69}$$

式中：H——索道全线路高差（m）；单跨等高支点 $H = S_M L_M$。

（4）计算平均安装拉力 T_0：

平均安装拉力位于索道全线路的 $\dfrac{H}{2}$ 处，计算式为：

$$T_0^3 - T_0^2 \Big[T_1 - \frac{E_S F A_1}{L T_1^2} \pm \varepsilon T_A E_S F \Big] = \frac{E_S F A_0}{L} \tag{4-5-70}$$

式中：A_0——无荷状态下，全线路各跨距的无荷重因数总和，$A_0 = \displaystyle\sum_{i=1}^{N} \frac{Q^2 L_i^3}{24 \cos^3 \beta_i}$；

　　　　L_i、β_i——分别为水平距离与弦倾角，$I = 1, 2, \cdots, N$，N 为跨数；

　　　　A_1——有荷状态下，跑车位于计算跨跨中时，全线路最大荷重因数，计算式为：

$$A_1 = A_0 + \frac{L_M P}{8 \cos^2 \beta} \Big(P + \frac{Q L_M}{\cos\beta} \Big)；$$

　　　　L——全线路各跨弦长的总和（m），$L = \displaystyle\sum_{i=1}^{N} \frac{L_i}{\cos\beta_i}$；

　　　　ε——钢索的线膨胀系数，$\varepsilon = 1.1 \times 10^{-5}$；

　　　　T_A——投产时与安装时的最大温差（℃），较安装时增温为正号，减温为负号。

（5）线路最低支点安装拉力 T_Z 的计算：

$$T_Z = T_0 - \frac{1}{2} QH \tag{4-5-71}$$

若单跨等高支点，T_Z 为跨中安装张力。

（6）不考虑支点位移，有载时承载索平均拉力 T_X 的计算：

$$T_X^3 + T_X^2 \left[\frac{E_S F A_0}{L T_0^2} \pm \varepsilon T_A E_S F - T_0 \right] = \frac{E_S F A_1}{L} \qquad (4\text{-}5\text{-}72)$$

此时，求出 T_X 与 T_1 应等值或近似等值。

（7）不考虑支点位移，有载时承载索最大拉力 T_N 的计算：

$$T_N = T_X + \frac{1}{2} QH \qquad (4\text{-}5\text{-}73)$$

此时，求出 T_N 与 T_M 应等值或近似等值。

（8）考虑支点位移，有载时承载索拉力计算：

两端固定式集材索道采用立木支架及树根锚桩时，在有载情况下支点产生较大的位移，引起承载索弹性模量 E_S 的减小。承载索拉力计算时，须将式（4-5-70）及式（4-5-72）中的 E_S 置换成 E_φ，计算式为：

$$E_\varphi = \frac{E_S}{1 + \dfrac{E_S A_Y}{L \sigma_L}} \qquad (4\text{-}5\text{-}74)$$

式中：E_φ——换算弹性模量（MPa）；

A_Y——从安装完毕到正常投产，承载索起点与终点的立木支点的最大位移总量（m）；

σ_L——承载索锚结处的最大拉应力（MPa），$\sigma_L = \dfrac{T_N}{F}$。

式（4-5-74）代入式（4-5-70）（T_0 改为 T_Q）得 T_Q 为考虑支点位移承载索平均安装拉力；式（4-5-74）代入式（4-5-72）（T_X 改为 T_S）得 T_S 为考虑支点位移承载索有荷平均拉力。此时，求出 $T_Q \neq T_0$，而 T_S 与 T_1 应等值或近似等值。

（9）无荷水平拉力 H_0：

$$H_0 = T_0 \cos X_C \qquad (4\text{-}5\text{-}75)$$

式中：X_C——承载索平均弦倾角（°），$X_C = \dfrac{\sum\limits_{i=1}^{N} \beta_i L_i}{\sum\limits_{i=1}^{N} L_i}$。

若单跨等高支点，则 $H_0 = T_Z$。

（10）承载索最大允许水平拉力 H_T：

$$H_T = T_1 \cos X_C \qquad (4\text{-}5\text{-}76)$$

若单跨等高支点，则 $H_T = T_1 - \dfrac{1}{2} Q S_M L_M$。

5.3.1.3 索道线路侧型设计

多跨架空索道各跨弦倾角 β_i 自左至右仰角为正值，俯角为负值代入下述弯折角、弯挠角、安全靠贴系数公式计算。单跨架空索道不必计算式（4-5-77）至式（4-5-82）。

5.3.1.3.1 各支点弯折角 $Z(I)$ 的计算（°）

$$Z(I) = \beta_i - \beta_{i+1} \qquad (4\text{-}5\text{-}77)$$

当 $Z(I) > 0$ 时，该支点为凸形，只需检查该支点的弯挠角，荐用 $\tan Z(I) \leqslant 5\% \sim 8\%$；当 $Z(I) \leqslant 0$ 时，该支点为凹形，只需检查该支点的安全靠贴系数。

5. 3. 1. 3. 2　凸形支点的弯挠角正切值 $J(I)$ 的验算（%）

$$J(I) = \left[(\tan\beta_i - \tan\beta_{i+1}) + \frac{50}{H_T}Q \frac{L_i + L_{i+1}}{\cos\dfrac{\beta_i + \beta_{i+1}}{2}} \right] + 100 \frac{P}{H_T}(1 + Z_Z + Z_Y) \quad (4\text{-}5\text{-}78)$$

式中：Z_Z、Z_Y——某支点左、右跨距内载荷分布系数。

　　弯挠角的正切值荐用 $J(I) \leqslant 31\%$，否则应降低鞍座高度。

　　载荷分布系数的计算：

　　集材索道，只 1 个跑车运行在线路上，即跑车数 $b = 1$，则 $Z_Z = Z_Y = 0$。

　　运材索道，当跨距中出现跑车数 $b < 3$ 时，则：

$$Z_Z = Z_Y = (b - 1)\left(1 - 0.5b \frac{a}{l_0}\cos\beta\right) \quad (4\text{-}5\text{-}79)$$

　　当 $b > 3$ 时，则：

$$Z_Z = Z_Y = 0.5\left(\frac{1}{a\cos\beta} - 1\right) \quad (4\text{-}5\text{-}80)$$

式中：a——跑车间距（m）；

　　　　l_0——跑车所在跨距（m）；

　　　　β——跑车所在跨距的弦倾角（°）。

5. 3. 1. 3. 3　凹形支点安全靠贴系数 $K(I)$

$$K(I) = \frac{Q\left(\dfrac{L_i}{\cos\beta_i} + \dfrac{L_{i+1}}{\cos\beta_{i+1}}\right)}{2T_M'(\sin\beta_{i+1} - \sin\beta_i)} \quad (4\text{-}5\text{-}81)$$

式中：$K(I)$——靠贴系数，不计风力作用时，K 值不得小于 1.20；考虑风力时，K 值不得小于 1.05。否则增高该鞍座或降低承载索的安装拉力等措施；

　　　　T_M'——被检查的凹陷支点［即弯折角 $Z(I)$ 为负值］的相邻跨距中均无跑车情况下，该支点承载索无荷最大拉力（N）。

5. 3. 1. 3. 4　升角的验算

　　集材索道，一般将重载跑车下坡运行到最大跨距的低支点附近处，作为最大下坡升角的验算位置。最大下坡升角是保证跑车顺利通过低支点鞍座的重要参数。

$$T_W = \tan\beta \pm \frac{L_M}{2H_T}\left(\frac{Q}{\cos\beta} + \frac{P}{L_M}\right) \quad (4\text{-}5\text{-}82)$$

式中：T_W——平均升角的正切值，认为上坡与下坡均相等。

　　跑车向高支点运行取正号，向低支点运行取负号。T_W 值为负是正常的，说明下坡有利于通过低支点；T_W 值为正的，说明有可能将低支点再向低调整，调到 T_W 为负值为好。

5. 3. 1. 3. 5　承载索安全系数的验算

$$N_E = \frac{T_S C_T}{T_N} = \frac{T_P}{T_N} \geqslant N_T \quad (4\text{-}5\text{-}83)$$

式中：T_S——钢丝绳钢丝的破断拉力总和；

　　　　C_T——钢丝绳破断拉力降低系数；

　　　　T_P——所选钢丝绳的破断拉力；

　　　　N_T——许可安全系数，N_T 设计时荐用：集材索道 $N_T \geqslant 2.5$，运材索道 $N_T \geqslant 3$；临时性

索道 $N_T \geqslant 2^{[14]}$。

如 N_E 值不符合要求，应采取降低安装拉力，增大承载索直径或减小载量等措施。

5.3.1.3.6　承载索的寿命 E_B 验算

危险区段的承载索寿命条件按下式验算：

$$E_B = \frac{\sigma_W}{\sigma_L} \leqslant 0.6 \sim 0.7 \qquad (4\text{-}5\text{-}84)$$

式中：σ_W——承载索的弯曲应力（MPa），$\sigma_W = \frac{V_1}{F}\sqrt{\frac{E_S}{\sigma_L}}$ ；

σ_L——承载索的拉应力（MPa），$\sigma_L = \frac{T_1}{F}$。

若算得 E_B 不符合要求，应采取减少跑车轮压 V_1 值或增加承载索拉应力 σ_L 值等措施。

5.3.1.3.7　求中央挠度（m）和中挠系数

（1）各跨的无荷中央挠度 $F_0(I)$ 和无荷中挠系数 $S_0(I)$：

$$F_0(I) = \frac{QL_i^2}{8H_0\cos\beta_i} \qquad (4\text{-}5\text{-}85)$$

$$S_0(I) = \frac{F_0(I)}{L_i} \qquad (4\text{-}5\text{-}86)$$

（2）各跨的有荷中央挠度 $F(I)$ 和有荷中挠系数 $S(I)$：

$$F(I) = \frac{L_i^2}{8H_T}\left(\frac{Q}{\cos\beta_i} + \frac{2P}{L_i}\right) \qquad (4\text{-}5\text{-}87)$$

$$S(I) = \frac{F(I)}{L_i} \qquad (4\text{-}5\text{-}88)$$

5.3.1.3.8　求振动波往返一次所需的时间 $S_E(I)$（秒）

$$S_E(I) = \sqrt{\frac{S_0(I)L(I)}{0.306}} \qquad (4\text{-}5\text{-}89)$$

5.3.1.3.9　求索长（m）

（1）各跨的无荷索长 $L_W(I)$：

$$L_W(I) = \frac{L_i}{\cos\beta_i} + \frac{Q^2 L_i^3}{24H_T^2\cos^2\beta_i} \qquad (4\text{-}5\text{-}90)$$

（2）各跨的有荷索长 $L_P(I)$：

$$L_P(I) = \frac{L_i}{\cos\beta_i} + \frac{Q^2 L_i^3}{24H_T^2\cos^2\beta_i} + \frac{PL_i}{8H_T^2}\left(\frac{QL_i}{\cos\beta_i} + P\right) \qquad (4\text{-}5\text{-}91)$$

5.3.1.3.10　线形计算（m）

（1）无荷线形计算：

$$F_K(J) = 4\frac{X}{L_i}\left(1 - \frac{X}{L_i}\right)F_0(I) = 4X_{ij}(1 - X_{ij})F_0(I) = A_{ij}F_0(I) \qquad (4\text{-}5\text{-}92)$$

式中：X_{ij}——距离系数。各跨按水平距离分成若干等分，常为 10 等分（$X_{ij} = \frac{X}{L_i} = 0.1,\ 0.2,\ \cdots,$

1.0）或 20 等分$\left(\frac{X}{L_i} = 0.05,\ 0.1,\ \cdots,\ 1.0\right)$；

$F_K(J)$——无荷悬索挠度(m)。

(2)有荷线形计算：

$$F_X(J) = 4\frac{X}{L_i}\left(1 - \frac{X}{L_i}\right)F(I) = 4X_{ij}(1 - X_{ij})F(I) = A_{ij}F(I) \tag{4-5-93}$$

式中：$F_X(J)$——有荷悬索挠度(m)。

5.3.1.3.11　求地面变坡点与有荷悬索的垂直距离 $H_Y(J)$(m)

以索道第1跨下支点(即山下起点)的地面坐标为原点建立直角坐标系，地面变坡点至索道下支点的水平距离 $X_Y(J)$ 为正值，变坡点与索道下支点的地面点高程之差 $Y_Y(J)$(正负号由此而定)。J 为 1，2，3，…，S，其 S 为变坡点总数(包括索道起点和终点在内)。则 $H_Y(J)$：

$$H_Y(J) = Y(I-1) - Y_Y(J) + [X_Y(J) - X(I-1)]\tan\beta_i - F_Y(J) - FF(I_0) \tag{4-5-94}$$

式中：$F_Y(J)$——地面变坡点处悬索的有荷挠度(m)；

$X_Y(J)$、$Y_Y(J)$——变坡点的 X、Y 坐标(m)；

$X(I-1)$——索道各支点至索道下支点的水平距离(m)；

$Y(I-1)$——索道各支点至索道下支点的地面坐标高程之差(m)；

$FF(I_0)$——由鞍座吊索挠度影响的附加挠度(m)，$FF(I_0) = \dfrac{q_D L_D^2}{8T_D\cos X_D} + \dfrac{PL_D}{8T_D\cos X_D} +$

$$\dfrac{QL_D(L_i + L_{i+1})}{8T_D\cos X_D\cos\dfrac{\beta_i + \beta_{i+1}}{2}}$$

q_D——鞍座吊索的单位长度重力(N/m)；

L_D——鞍座吊索两支架水平距离(N/m)；

X_D——鞍座吊索跨距的弦倾角(°)；

T_D——鞍座吊索拉力(N)，$T_D = \dfrac{P_D}{N_T}$；

P_D——鞍座吊索破断拉力(N)，$P_D = \dfrac{2PR_L\cos X_D}{8S_D\left(\dfrac{R_L}{N_T} - H_D\right)\cos^2 X_D - L_D}$；

S_D——鞍座吊索的有荷中挠系数，常取 $S_D \geqslant 0.1$；

H_D——鞍座吊索两支架高差(m)。

后备高度 C_1(m)，即木捆最低点至地面净空高为：

$$C_1 = H_Y - (\text{有荷悬索线形至木捆最低点高度})$$

上述侧型设计中的 $J(I)$ 或 $K(I)$ 及后备高度 C_1 不满足要求时，除挖疑点外，不论采取何种措施，只要数据一有更动，就得重新进行设计计算。

5.3.1.4　确定集材方式方法(表4-5-1)

5.3.1.5　集材索道的牵引计算(N)

5.3.1.5.1　全悬式集材索道的牵引计算

(1)起升木材时牵引索拉力 P_Q：

$$P_Q = (1 + W_H C_1)(P_2 - P_3 K_1\sin X_C) \tag{4-5-95}$$

式中：W_H——滑轮阻力系数，通常 $W_H = 0.03$；

C_1——牵引索绕过的滑轮数;

P_2——木材重量(N);

P_3——作用在跑车上的工作索重量(N),$P_3 = q_1 L_1 K_1$;

L_1——牵引索长度(m),它近似等于线路(弦长)总长度,$L_1 \approx L$;

q_1——牵引索单位长度重力(N/m);

K_1——牵引索悬空长度系数,当线路长度在 500 m 以上时,$K_1 = 0.3 \sim 0.6$。

(2)木材悬空运行时牵引索拉力 P_X:

$$P_X = \left[(P_1 + P_2 + K_1 P_3)(K\cos X_C - \sin X_C)\right](1 + W_H C_1) + P_G \qquad (4\text{-}5\text{-}96)$$

式中: P_1——跑车重量(N);

K_1——跑车运行阻力系数,$K = \dfrac{\mu_1 r_1}{R_1} + \dfrac{\mu_0}{R_1}$;

μ_1——跑车滚动轴承的摩擦系数,$\mu_1 = 0.010 \sim 0.015$;

$\dfrac{r_1}{R_1}$——轴承半径 r_1 与车轮半径 R_1 的比值,$\dfrac{r_1}{R_1} = \dfrac{1}{6} \sim \dfrac{1}{9}$;

μ_0——车轮滚动摩擦系数,$\mu_0 = 0.5 \sim 0.6$;

P_G——跑车起动时惯性力(N),$P_G = \dfrac{(P_1 + P_2 + KP_3)V_0}{T_S g}$;

g——重力加速度(m/s^2),$g = 9.81$;

V_0——牵引索运行速度(m/s);

T_S——牵引索加速或减速时间,$T_S = 3 \sim 4$ s。

(3)重载跑车下滑时,靠近回空卷筒的回空索拉力 P_H:

$$P_H = \left[P_2\left(\frac{A_H}{B_1} + A_F\right)(\sin X_C - K\cos X_C) - L_2 q_2(\sin Y - W_2 \cos Y)\right](1 + W_H C_2) \qquad (4\text{-}5\text{-}97)$$

式中: A_H——木材对承载索的荷重系数。全悬时 $A_H = 1$;小头半悬时,$A_H = 1/3$;大头半悬时,$A_H = 2/3$;

B_1——跑车增力倍数。如增力式跑车,$B_1 = 2$;GS$_3$ 跑车,$B_1 = 3.75$;

A_F——工作索的悬空部分对承载索附加荷重系数。当索道长度在 500 m 以下时,$A_F = 1.05$;索道长度为 $500 \sim 1000$ m 时,$A_F = 1.1$;

L_2——回空索的计算长度(m),它近似等于线路长度,$L_2 \approx L$;

q_2——回空索单位长度重力(N/m);

Y——地面平均坡度(°);

C_2——回空索绕过的滑轮数;

W_2——钢索在地面的运行阻力系数,一般 $W_2 = 0.4 \sim 0.6$;钢索悬空时,$W_2 = 0$。

(4)跑车回空时,靠近回空卷筒的回空索拉力 P_{H_1}:

$$P_{H_1} = \left\{\left[P_{K_1} + q_2(L - L_3)K_2 \sin X_C\right](1 + W_H C_2) - q_2 L_2(\sin Y - W_2 \cos Y)\right\}(1 + W_H C_2)$$

$$(4\text{-}5\text{-}98)$$

式中: P_{K_1}——跑车回空时,牵引跑车运行、牵引起重索绕过滑轮及从卷筒抽索等克服的阻力(N),$P_{K_1} = \left[P_J + (P_1 + q_1 L_1 K_1)(\sin X_C - K\cos X_C)\right](1 + W_H C_1)$;

L_3——从牵引起重卷筒到停车落钩处的牵引起重索长度(m);

P_J——卷筒轴承阻力(N), $P_J = \dfrac{\mu_2 d_J}{d_Q G_J}$;

d_J——卷筒轴径(mm);

d_Q——卷筒直径(mm);

G_J——卷筒及卷筒容纳钢丝绳重量(N);

μ_2——轴承摩擦系数;滚动轴承 $\mu_2 = 0.03$;滑动轴承 $\mu_2 = 0.10 \sim 0.15$;

K_2——回空索的悬空长度系数。

5.3.1.5.2   增力式集材索道的回空索拉力计算

跑车回空时,靠近回空卷筒处的回空索拉力 P_{H_2},计算式为:

$$P_{H_2} = \{[P_{K_2} + q_2(L - L_3)K_2 \sin X_C](1 + W_H C_2) - q_2 L_2(\sin Y - W_2 \cos Y)]\}(1 + W_H C_2)$$

$$(4\text{-}5\text{-}99)$$

式中: P_{K_2}——跑车回空时,牵引跑车运行、牵引起重索绕过滑轮及从卷筒抽索等克服的阻力
 (N), $P_{K_2} = [P_1 + q_2(L - L_3)K_2 + q_1 K_1 L_1](\sin X_C + K \cos X_C) + q_1 L_1 K_1(1 + W_H C_1)$。

5.3.1.5.3   半悬式集材索道的牵引索拉力计算

半悬增力式集材索道在等速运行条件下,牵引索拉力 P_B,计算式为:

$$P_B = P_2\left[\frac{A_H K_S}{B_1} + A_F(K \cos C - \sin C)\right](1 + W_H C_1) + (1 - K_1)L\left(\frac{q_1 + q_2}{2}\right)(W_2 \cos Y - \sin Y)$$

$$+ \frac{1 - A_H}{B_1}P_2(W_1 \cos Y - \sin Y) + q_2 L_2(W_2 \cos Y + \sin Y)(1 + W_H C_2)$$

$$(4\text{-}5\text{-}100)$$

式中: K_S——跑车受力系数,全悬式索道, $K_S = 1$;如带起重索卡的跑车并为半悬式索道, K_S
 $= 2\sin\left(\dfrac{\varphi}{2}\right)$, φ 为木捆吊索与回空索的夹角;

W_1——原条在地面运行阻力系数, $W_1 = 0.5 \sim 0.7$。

如考虑起动时,式(4-5-100)应加上惯性力 P_G(N), $P_G = \dfrac{(P_1 + P_2 + q_1 L_1 + q_2 L_2)V_0}{T_s g}$。

5.3.1.5.4   循环式集材索道的牵引索计算

(1)循环牵引索在运行中的阻力 P_C:

$$P_C = P_Z + P_Y + P_G \tag{4-5-101}$$

式中: P_Z——跑车及牵引索的重量分力(N), $P_Z = \left(\dfrac{P_1 + P_2}{a} + q_1\right)H_1 - \left(\dfrac{P_1}{a} + q_1\right)H_1 = \dfrac{P_2}{a}H_1$;

a——跑车间距(m);

H_1——支架高差(m);

q_1——循环牵引索单位长度重力(N/m);

P_Y——跑车及牵引索的运行阻力(N), $P_Y = \left(\dfrac{2P_1 + P_2}{a} + 2q_1\right)K\sum\limits_{i=1}^{N} L_i$;

P_G——惯性阻力(N), $P_G = \dfrac{V_0}{gT_S}\left(\dfrac{2P_1 + P_2}{a} + 2q_1\right)L$。

（2）循环牵引索的张紧力（配重）G 计算：

循环牵引索的张紧位置，一般布置在山下绞盘机摩擦卷筒的空车边附近，张紧力 G 为：

$$G = 2P_0 \tag{4-5-102}$$

$$P_M = P_0 + P_C \tag{4-5-103}$$

$$P_0 = \frac{P_C}{e^{\mu X_V} - 1} K_B \tag{4-5-104}$$

$$P_0 = (200300)q_1 \tag{4-5-105}$$

式中：P_0——卷筒出索拉力（松边最小拉力）（N），按钢索不打滑条件计算式为式（4-5-104），

或按挠度条件的经验公式为式（4-5-105）；

P_M——循环牵引索的最大拉力（紧边）（N）；

K_B——不打滑条件系数，$K_B = 1.2$；

μ——牵引索与卷筒间的附着系数，一般 $\mu = 0.1$；

X_V——牵引索在摩擦卷筒上的包角（rad）。

5.3.1.6　工作索及绞盘机选择

5.3.1.6.1　工作索的选择

不同类型索道的工作索拉力确定按 5.3.1.5，工作索规格按下式确定：

$$P_P = P_M N_G \leqslant T_P \tag{4-5-106}$$

式中：P_P——工作索的计算破断拉力（N）；

P_M——工作索最大拉力（N），如全悬式，则起升木材 P_Q 与重载运行 P_X 中取较大者；

N_G——工作索的安全系数，集材索道 $N_G = 2 \sim 3$；运材索道 $N_G = 2 \sim 4$；循环牵引索道

$N_G = 3 \sim 4$；

T_P——所选钢丝绳的破断拉力，$T_P = [P_S] C_T$，$[P_S]$ 为所选工作索钢丝的破断拉力总和

（N）。

5.3.1.6.2　绞盘机功率的计算（kW）

（1）缠卷式卷筒绞盘机功率的计算：

缠卷式卷筒，适于集材距离短，一般在 $300 \sim 500$ m；集材距离变化范围超过 20%；经常

转移的集材索道。其绞盘机功率 N_C 验算式为：

$$N_C \approx \frac{(P_{J1} + P_J) V_0}{I_D} \times 10 - 3 \tag{4-5-107}$$

式中：P_{J1}——工作索的最大静拉力（N），$P_{J1} = P_Z + P_Y + P_H + P_T$；

P_Z——跑车与牵引索的重量分力（N），开式牵引时，$P_Z = (q_1 L + P) \sin X_M$，闭式牵引

时，$P_Z = \pm \left(\dfrac{P}{a} + q_1 \right) H$，$H$ 为全线路总高差（m），式中正号为上坡运行，负号

为下坡运行；

X_M——承载索最大弦倾角（°）；

P_Y——跑车运行阻力（N），开式牵引时，$P_Y = (q_1 L + P) K \cos X_C$，闭式牵引时，$P_Y =$

$\left(\dfrac{P}{a} + q_1 \right) K \sum\limits_{i=1}^{N} L_i$；

P_H——牵引索绕过滑轮阻力（N），$P_H = W_H P_M$；

P_T——凸起侧型的运行阻力（N），$P_T = 2P_M\sin\dfrac{X_C}{2}$；

I_D——总传动效率，一般 $I_D = 0.7 \sim 0.8$。

（2）摩擦式卷筒绞盘机功率的计算

摩擦式卷筒，适于集材距离长，一般在 $500 \sim 1000$ m；线路坡度为 $10° \sim 25°$；封闭形循环牵引的集材索道，其绞盘机功率 N_M 验算式为

$$N_M \approx \frac{P_C + P_J}{I_D}V_0 \times 10^{-3} \tag{4-5-108}$$

5.3.1.6.3 绞盘机卷筒的验算

（1）缠卷式主卷筒容绳量 L_S(m)：

$$L_S = L + L_H + L_Q \tag{4-5-109}$$

式中：L_H——索道横向集材距离(m)；

L_Q——后备长度，一般 $L_Q = 30$ m。

（2）摩擦式卷筒缠绕圈数的验算：

鼓形摩擦卷筒缠绕圈数 Z_S

$$Z_S = \frac{\lg P_M - \lg P_0}{2\pi\mu\lg e} = \frac{\ln P_M - \ln P_0}{2\pi\mu} \tag{4-5-110}$$

多环槽形摩擦卷筒，是由带槽的驱动卷筒与从动卷筒构成，钢丝绳可平行或"8"字形缠绕，摩擦力后者大于前者，耐久性前者优于后者。钢丝绳缠绕圈数 Z_S 按式(4-5-110)验算，为保持钢丝绳的耐久性，一般 $Z_S \le 3$。这时，钢丝绳的安装拉力 P_0 的计算式为：

$$P_0 = \frac{P_M - P_0 e^{\mu X_V}}{e^{\mu X_V} - 1} \tag{4-5-111}$$

式中：X_V——工作索在卷筒上的包角，平行绕 1 圈的包角值为 π，"8"字形绕 1 圈包角值为 1.5π。

5.3.2 系统功能

5.3.2.1 承载索的选择

（1）在已有库存钢索的情况下，优先选定库存承载索，根据其规格参数计算出其许可的最大设计荷重。

（2）在无库存承载索的情况下，根据给定的设计荷重，计算出承载索的计算破断拉力 T_P，为承载索的选择提供依据。

5.3.2.2 承载索的寿命验算和安全系数检验

进行承载索的寿命验算和安全系数的检验。

5.3.2.3 多跨索道的弯挠角、安全靠贴系数和升角验算

检测多跨索道弯挠角、安全靠贴系数，并进行升角验算，以确保索道线路平顺，跑车运行平稳。

5.3.2.4 疑点检测

以随机控制或人为控制的方式进行疑点检测，判断索道能否越过农田、公路、建筑物等控制点。

上述的检验、验算、检测，若不满足条件，则显示未通过信息，自动返回，重新设计。

5.3.2.5　集材方式方法的确定

自动确定集材方式方法。

5.3.2.6　工作索及绞盘机的选择

按照相应的集材方式方法进行工作索的选择计算，并为绞盘机的选择提供有关参数(如绞盘机功率、卷筒容绳量等)。

5.3.2.7　索道纵断面图的绘制

自动绘制索道纵断面图，并能根据需要将图幅适当放大或缩小。

5.3.3　系统关键技术

(1) 将多跨索道设计转化为计算跨设计的思路，再通过控制计算跨有荷中挠系数进行设计计算。

(2) 抽象问题具体化的解题思路。将索道设计这个抽象问题转化成几个相对独立的具体问题，以便各个击破，思路清晰。

(3) 程序模块化设计思路。程序模块化设计可为今后系统进一步完善和发展创造了有利条件。

(4) 系统计算从挠度控制点到全线路最高点(或端点)间高差 H_F 时，采用纵坐标相减法，适合任何线形的索道。

(5) 对于多跨索道，绘制有荷线形时，考虑到鞍座吊索的弹性伸长，引起鞍座点的下沉，采用先定鞍座点再画线的方法进行，因此较为合理。

5.3.4　系统实例

[例 4-5-3]　某伐区架设 1 条 3 跨($N=3$)单线 3 索集材架空索道。已知参数为

第 1 跨：$X(1)=11.27°$；$L(1)=404$ m。

第 2 跨：$X(2)=14.18°$；$L(2)=287$ m。

第 3 跨：$X(3)=10.35°$；$L(3)=200$ m。

试选择双绕钢丝绳：承载索 $6×19-28-170$(GB/T 8918—1996)，其 $V=1700$ MPa，$F=289.95$ mm^2，$Q=27.4$ N/m，$T_S=492500$ N，$E=10^5$ MPa；牵引索 $6×19-12.5-155$(GB/T 8918—1996)，其 $Q_1=5.412$ N/m，$P_S=88700$ N；回空索 $6×19-11-155$(GB/T 8918—1996)，其 $Q_2=4.144$ N/m；钢索破断拉力降低系数 $C_T=0.85$；鞍座吊索 $6×19-23-170$(GB/T 8918—1996)，其 $Q_D=19.03$ N/m，两支架高差与水平距离分别为 $H_D=2$ m、$L_D=15$ m，弦倾角 $X_D=8°$，有荷中挠系数 $S_D=0.1$。

初选 K_3-1 跑车，跑车轮数 $N_A=4$，车轮半径 $R_1=100$ mm，增力倍率 $B_1=2$，跑车重 $P_1=1800$ N；木捆重 $P_2=24000$ N，$P=30000$ N。

初选有荷中挠系数 $S_M=0.06$，各跨线形按 $M=10$ 等分绘制，安全系数 $N_T=2.5$，承载索起终点固定，索道下支点坐标(0, 0.5)，支点位移总量 $A_Y=0.2$ m，不计温差 $T_A=0℃$。

地面变坡点数 $S=9$，测得变坡点坐标(m)：(0, 0)；(166, -49)；(280, 20)；(404, 70)；(518.8, 32)；(576.2, 50)；(691, 148)；(791, 100)；(891, 184)。

初选闽林 821 型绞盘机，卷筒轴径 $D_J=70$ mm，卷筒直径 $D_Q=240$ mm，卷筒及其容纳钢

丝绳重量 $G_J = 3500$ N，牵引索运行速度 $V_0 = 4$ m/s，木捆大头半悬 $A_H = 0.667$，$A_F = 1.1$；地面平均坡度 $Y = 25°$。

要求对该索道进行完整的设计计算，确定集材方式方法，对工作索及绞盘机进行计算选择，绘制索道纵断面图。

微机输出结果：

应用计算机以有荷参数控制设计计算，输出该索道计算结果及绘制索道纵断面图(图 4-5-9)。

应用计算机按有荷参数控制作多跨索道设计

县(市)＿＿＿采育场＿＿＿工区＿＿＿林班＿＿＿小班＿＿＿

测量＿＿＿设计＿＿＿审核＿＿＿20＿＿年＿＿月＿＿日

给定条件数据

计算跨跨距(m)：$L_M = 404$

有荷中挠系数：$S_M = 0.06$

索道下支点高程(m)：$Y_0 = 0.5$

投产时与安装时最大温差(℃)：$T_A = 0$

投产时与安装时最大位移(m)：$A_Y = 0.2$

初选承载索安全系数：$N_T = 2.5$

木捆最低点至地面净空高(m)：$C_1 = 0.5$

计算跨弦倾角(°)：$X_M = 11.27$

承载索弹性模量(MPa)：$E_S = 100000$

跑车轮数：$N_A = 4$

跨数：$N = 3$

跨距等分数：$M = 10$

设计荷重(N)：$P = 30000$

钢索极限强度(MPa)：$V = 1700$

承载索规格参数

钢丝的破断拉力(N)：$T_S = 492500$

单位长度重力(N/m)：$Q = 27.4$

横截面面积(mm²)：$F = 289.95$

破断拉力降低系数：$C_T = 0.85$

设计计算结果

一、承载索拉力计算

最大允许平均拉力(N)：$T = 151215$

平均安装拉力(N)：$T_0 = 74751$

有载承载索最大拉力(N)：$T_N = 153812$

承载索实际安全系数：$N_E = 2.7$

最大允许水平拉力(N)：$H_T = 147910$

下支点安装拉力(N)：$T_Z = 72154$

支点位移承载索平均安装拉力：$T_Q = 76835$

危险区段承载索寿命条件：$E_B = 0.67$

二、侧型设计及验算

弯折角(rad)：$Z(1) = -0.05$

弯折角(rad)：$Z(2) = 0.07$

平均升角正切值：$T_W = 0.06$

安全靠贴系数：$K(1) = 1.27$

弯挠角正切值(%)：$J(2) = 24.97$

<u>跨号：I = 1</u>

无荷中央挠度(m)：$F_0(1) = 7.796$ 　　　　无荷中挠系数：$S_0(1) = 0.0193$

有荷中央挠度(m)：$F(1) = 24.339$ 　　　　有荷中挠系数：$S(1) = 0.0602$

无荷索长(m)：$L_W(1) = 412.34$ 　　　　有荷索长(m)：$L_P(1) = 414.9$

振动波往返一次所需时间(s)：$S_E(1) = 5.0$

按等分点计算无荷挠度(m)：$F_K(1)$

$F_K(0.1) = 2.807$ 　　$F_K(0.2) = 4.989$ 　　$F_K(0.3) = 6.549$ 　　$F_K(0.4) = 7.484$ 　　$F_K(0.5) = 7.796$

按等分点计算有荷挠度(m)：$F_X(1)$

$F_X(0.1) = 8.762$ 　　$F_X(0.2) = 15.577$ 　　$F_X(0.3) = 20.445$ 　　$F_X(0.4) = 23.365$ 　　$F_X(0.5) = 24.339$

<u>跨号：I = 2</u>

无荷中央挠度(m)：$F_0(2) = 3.98$ 　　　　无荷中挠系数：$S_0(2) = 0.0139$

有荷中央挠度(m)：$F(2) = 16.52$ 　　　　有荷中挠系数：$S(2) = 0.0576$

无荷索长(m)：$L_W(2) = 296.17$ 　　　　有荷索长(m)：$L_P(2) = 297.93$

振动波往返一次所需时间(s)：$S_E(2) = 3.6$

按等分点计算无荷挠度(m)：$F_K(2)$

$F_K(0.1) = 1.433$ 　　$F_K(0.2) = 2.547$ 　　$F_K(0.3) = 3.343$ 　　$F_K(0.4) = 3.821$ 　　$F_K(0.5) = 3.980$

按等分点计算有荷挠度(m)：$F_X(2)$

$F_X(0.1) = 5.947$ 　　$F_X(0.2) = 10.573$ 　　$F_X(0.3) = 13.877$ 　　$F_X(0.4) = 15.859$ 　　$F_X(0.5) = 16.520$

<u>跨号：I = 3</u>

无荷中央挠度(m)：$F_0(3) = 1.905$ 　　　　无荷中挠系数：$S_0(3) = 0.0095$

有荷中央挠度(m)：$F(3) = 11.083$ 　　　　有荷中挠系数：$S(3) = 0.0554$

无荷索长(m)：$L_W(3) = 203.36$ 　　　　有荷索长(m)：$L_P(3) = 204.54$

振动波往返一次所需时间(s)：$S_E(3) = 2.5$

按等分点计算无荷挠度(m)：$F_K(3)$

$F_K(0.1) = 0.686$ 　　$F_K(0.2) = 1.219$ 　　$F_K(0.3) = 1.600$ 　　$F_K(0.4) = 1.829$ 　　$F_K(0.5) = 1.905$

按等分点计算有荷挠度(m)：$F_X(3)$

$F_X(0.1) = 3.990$ 　　$F_X(0.2) = 7.093$ 　　$F_X(0.3) = 9.310$ 　　$F_X(0.4) = 10.640$ 　　$F_X(0.5) = 11.083$

无荷总索长(m)：$L_W = 911.87$　　　　　有荷总索长(m)：$L_P = 917.37$

地面疑点坐标

疑点水平距离(m)：$X_Y(7) = 691$　　　　疑点垂直距离(m)：$Y_Y(7) = 148$

疑点参数计算

点有荷挠度(m)：$F_Y(7) = 0$　　　　疑点至有荷线形垂直距离(m)：$H_Y(7) = 5.523$

集材方式方法

　　本索道选用半悬空伐倒木集材为宜。

三、工作索的计算与绞盘机的选择

牵引索最大拉力(N)：$P_M = 12146$　　　　牵引索的计算破断拉力(N)：$P_P = 36437$

绞盘机功率(kW)：$N_C = 62.6$　　　　卷筒容绳量(m)：$L_S = 991$

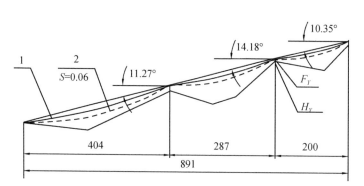

图 4-5-9　索道纵断面图

1—索道各跨无荷线形；2—索道各跨有荷线形；斜直线为
各跨索道弦线；折线为索道的地面纵断面线

5.4　林业索道优化设计

5.4.1　系统综述

5.4.1.1　系统设计思路

　　系统包括林业索道承载索的优化设计和给定设备的林业索道优化设计。

5.4.1.1.1　林业索道承载索的优化设计子系统(LYH-A)

　　林业索道承载索的优化设计，主要考虑新开发、或无现存设备、或现存钢索型号较多的场合，选择承载索规格型号的最优方案，可节省投资，合理选购钢索提供最优的决策。

　　控制某控制点或跨中有荷挠度系数 S，小于该点允许的有荷挠度系数 S_X(即 $S < S_X$)或等

于特定的某控制点 $S = S_X$ 来对承载索进行优化设计。

5.4.1.1.2　给定设备的林业索道优化设计子系统(LYH-B)

给定设备的林业索道优化设计，在给定库存设备的前提下，对索道能承担木捆的设计运材量、绞盘机档位、台班产量进行优化设计，为索道的架设、安装与使用提供可靠的技术参数，使索道既安全、经济，又能按期完成生产任务。

控制某控制点或跨中有荷挠度系数进行优化设计，选出台班产量最大的方案。

5.4.1.2　系统程序框图

林业索道优化设计系统流程，如图 4-5-10。

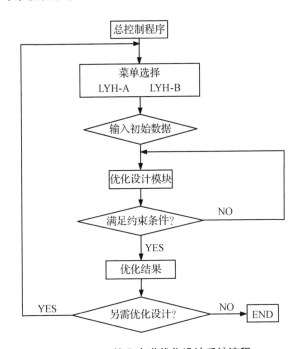

图 4-5-10　林业索道优化设计系统流程

5.4.1.3　多跨索道转化成单跨索道的优化设计思路

(1)多跨索道设计计算跨的判断：判断出设计计算跨后，对该跨承载索的各技术参数进行设计计算，设计计算跨有荷中挠系数 S 推荐值为 $[0.05，0.065]$，理论极限值为 $S \leqslant 0.08$。此外，多跨索道需考虑侧型设计条件进行约束。

(2)非计算跨有特殊要求时的优化设计：对非计算跨有特殊要求时，则按计算跨和非计算跨分别进行优化设计。二者优化结果比较后，LYH-A 子系统选出规格型号较大的钢索；LYH-B 子系统选出台班运材量较小的设计方案。

5.4.1.4　系统数学模型概述

5.4.1.4.1　系统目标函数

(1) LYH-A 子系统的目标函数：林业索道承载索优化设计的目标函数为：在确定跨距、钢索型号和跑车行走轮数下，运 1 m³ 木材所需消耗钢索的用钢量最少。通常视悬索总长为常数，用钢量仅考虑钢索的单位长度重力 Q 有关，故其目标函数表达式为：

$$\min \frac{Q}{W} = \frac{100 K_L R U_0}{N_0 V} \tag{4-5-112}$$

式中：Q——初选钢索的单位长度重力（N/m）；

　　　W——索道额定运材量（m^3），一般为 6000～7000；

　　　V——钢索的有效强度（MPa），其值等于钢丝抗拉强度 V_B 乘以捻挠率（亦称钢索破断拉力降低系数）C_T，即 $V = V_B C_T$；6×19 股交绕索 $C_T = 0.85$；

　　　N_0——跑车的行走轮数；

　　　R——钢索单位体积重力（N/m·mm^2），$R = \dfrac{Q}{A}$，A 为初选钢索的横截面面积（mm^2）；

　　　K_L——承载索拉应力安全系数，$K_L = \dfrac{V}{V_L}$，V_L 为承载索有荷平均拉应力（MPa），$V_L = \dfrac{T_1}{A}$，T_1 为承载索有荷平均拉力（N）；

　　　U_0——当地钢索削弱修正系数，常取 $U_0 = 1$。若需精确计算，$U_0 = \dfrac{PT_1}{100UW}$，$T_1$ 为实际平均拉力（N），P 为设计荷重（N），U 为轮压（N），$U = \dfrac{P}{N_0}$。

（2）LYH – B 子系统的目标函数：给定设备的林业索道优化设计的目标函数为：在确定索道类型、钢索、跑车和绞盘机型号、额定运材量等条件下，使台班运材量 G（m^3/台班）最大。即：

$$\max G = V_1 N \tag{4-5-113}$$

式中：V_1——索道每次木捆运材量（m^3/次），近似取设计荷重 P 的吨位数；

　　　N——台班工作时间内，索道台班吊运木捆的次数。

5.4.1.4.2　系统约束条件

系统约束条件及其设计技术参数的约束，见表4-5-3。

表4-5-3　系统约束条件及其设计技术参数约束

约 束 条 件		LYH – A	LYH – B	索道技术参数约束
（1）耐久性条件	M	M	M	耐久性参数 20～30
（2）承载索拉应力条件	K_L	K_L	K_L	拉应力安全参数 3
（3）承载索弯曲耐久性条件	K_Z	K_Z	K_Z	总应力安全系数 1.6
（4）承载索线形条件	S	S	S	许可最大有荷挠度系数 S_X
（5）生产率条件	V_1	V_1		跑车额定运材量 V_x
跑车最大运材量条件	V_2		V_2	跑车额定负荷吨位数 V_x
（6）弯挠角的正切值条件	$W(I)$	$W(I)$	$W(I)$	$W(I) = 10\%\sim35\%$
安全靠贴系数条件	$K(I)$	$K(I)$	$K(I)$	$K(I) \geqslant 1.05$
（7）绞盘机牵引力条件	T_Z		T_Z	绞盘机最大牵引力 F_1
（8）工作索安全条件	K_G		K_G	工作索安全系数 4

5.4.2　系统数学模型

5.4.2.1　林业索道承载索优化设计的数学模型
5.4.2.1.1　目标函数

林业索道承载索的优化设计的目标函数为：$\min \dfrac{Q}{W} = \dfrac{100K_L R U_0}{N_0 V}$。

5.4.2.1.2　约束条件

（1）承载索耐久性条件：承载索耐久性条件用耐久性参数 M 来约束，表达式为：

$$M = \frac{100 U_0 W}{P} \in M_X \tag{4-5-114}$$

式中：M_X——承载索允许的最小耐久性参数，推荐：集材索道 20～30；运材索道 25～30。

（2）承载索拉应力条件：承载索拉应力条件用拉应力安全系数 K_L 来约束，计算式为：

$$K_L = 2\left(1 + \frac{E}{M^2 V}\right) + 2\sqrt{\frac{E}{M^2 V}\left(2 + \frac{E}{M^2 V}\right)} \geqslant [K_L] \tag{4-5-115}$$

式中：E——钢索弹性模量（MPa），$E = (0.9 \sim 1.1) \times 10^5$，新索取低限，旧索取高限，常取
　　　　$E = 1 \times 10^5$；
　　　$[K_L]$——承载索的许用拉应力安全系数，$[K_L] = 3$。

（3）承载索弯曲耐久性条件：承载索弯曲耐久性条件用总应力安全系数 K_Z 来约束，表达式为：

$$K_Z = \frac{0.8K_L}{1 + \dfrac{1}{M}\sqrt{\dfrac{EK_L}{V}}} \geqslant [K_L] \tag{4-5-116}$$

式中：$[K_Z]$——承载索的许用总应力安全系数，$[K_Z] = 1.6$。

（4）承载索线形条件：用有荷悬索某控制点或跨中的点荷作用下的垂度比 S（即有荷挠度系数 $S = \dfrac{F}{L_0}$，F 为控制点垂度，即该点有荷挠度）来约束。要求跑车在某点必须通过的高程或使跑车的牵引运行平稳，避免垂度过大。计算式为：

$$S = \left(\frac{K_L R L_0}{2V}\sec Y + \frac{N_0 P}{100 U_0 W}\right)X_J(1 - X_J)\sec Y \leqslant S_X \tag{4-5-117}$$

式中：S_x——某控制点的许可最大有荷挠度系数；
　　　Y——计算跨的弦倾角（°）；
　　　X_J——计算跨某控制点的无量纲横坐标，$X_J = X/L_0$，X 为该控制点水平距离（m），L_0
　　　　　为跨距（m）。

（5）生产率条件：用跑车每次的实际运材量 V_1（m³/次）来约束，其值为设计荷重 P（N）的吨位数，必须大于或等于按生产任务所选跑车每次额定运材量 V_x（m³/次），确保生产任务按期或超额完成，即：

$$V_1 = \frac{P}{10000} \geqslant V_x \tag{4-5-118}$$

从式（4-5-118）中可导出钢索至报废为止，跑车运行次数 $N = \dfrac{W}{V_1} = \dfrac{10000W}{P}$。

（6）索道侧型设计条件：用弯挠角的正切值 $W(I)$（凸形线路）或安全靠贴系数 $K(I)$（凹形线路）来约束。

多跨索道的弦倾角按"自左至右，仰角为正，俯角为负"的原则代入；弯折角 $\delta(I) = \alpha(I) - \alpha(I+1) > 0$ 的线形为凸形，只需检查承载索的弯挠角大小；弯折角 $\delta(I) \leqslant 0$ 的线形为凹形，只需检查鞍座处的安全靠贴系数。

① 凸形线路的弯挠角的正切值条件：

$$W(I) = \tan\alpha(I) - \tan\alpha(I+1) + \frac{Q[L_0(I) + L_0(I+1)]}{2H_P \cos X_P} + \frac{P}{H_P} \qquad (4\text{-}5\text{-}119)$$

式中：$\alpha(I)$、$\alpha(I+1)$——相邻两跨的弦倾角（°）；

$\qquad X_P$——相邻两跨的平均弦倾角，$X_P = \dfrac{\alpha(I) + \alpha(I+1)}{2}$；

$\qquad H_P$——有荷时的水平张力（N），$H_P = T_C \cos X_C$；

$\qquad T_C$——有荷允许平均拉力（N），$T_C = T_M - \dfrac{H_0 Q}{2}$；

$\qquad H_0$——索道全线路的高差（m）；

$\qquad T_M$——有荷最大允许拉力（N），$T_M = \dfrac{T C_T}{N}$；

$\qquad T$——承载索钢丝的破断拉力总和（N）；

$\qquad N$——实际安全系数，荐用 $N \geqslant 3$，取 $N = 3$；

$\qquad X_C$——多跨索道弦倾角的平均值（°）。

弯挠角的正切值 $W(I)$ 应保证：集材索道 $W(I) = 0.10 \sim 0.35$，运材索道 $W(I) = 0.10 \sim 0.31$。要尽可能使各跨负荷均匀，避免承载索在支架上产生过大的弯挠角。

② 凹形线路的安全靠贴系数条件：

$$K(I) = \frac{Q[L_0(I) + L_0(I+1)]}{2T_M[\tan\alpha(I+1) - \tan\alpha(I)] \cos^2 X_P} \qquad (4\text{-}5\text{-}120)$$

安全靠贴系数 $K(I)$ 荐用：集材索道 $K(I) \geqslant 1.05$；运材索道 $K(I) \geqslant 1.2$。

5.4.2.2　给定设备的林业索道优化设计的数学模型

5.4.2.2.1　目标函数

给定设备的林业索道优化设计的目标函数为：$\max G = V_1 N$。

5.4.2.2.2　约束条件

（1）耐久性条件：承载索的耐久性条件用耐久性参数 M 来约束，其表达式见式（4-5-114）。

（2）承载索拉应力条件：承载索拉应力条件用拉应力安全系数 K_L 来约束，计算式见式（4-5-115）。

（3）承载索弯曲耐久性条件：承载索弯曲耐久性条件用总应力安全系数 K_Z 来约束，计算式见式（4-5-116）。

（4）索的线形条件：索的线形条件用某控制点或跨中的点荷作用下的垂度比 S（即有荷挠度系数）来约束。

$$S = \left(\frac{K_L L_0 Q}{2C_T T \cos Y} + \frac{N_0 P}{100 U_0 W}\right)\frac{X_J(1 - X_J)}{\cos Y} \leqslant S_X \qquad (4\text{-}5\text{-}121)$$

（5）跑车的最大运材量条件：跑车最大的实际运材量 V_2（m³/次）必须小于或等于跑车本身所能承担的最大额定负荷的吨位数 V_X，即：

$$V_2 \leqslant V_X \tag{4-5-122}$$

（6）索道侧型设计条件：凸形线路，用弯挠角的正切值 $W(I)$ 来约束见公式（4-5-119）；凹形线路，用安全靠贴系数 $K(I)$ 来约束见公式（4-5-120）。

（7）绞盘机牵引力条件：绞盘机的牵引作用有：回空、拖集、起重、重载运行、落钩卸材。而在提升木捆（即起重）过程，需要的牵引力最大。正常工作时，木材提升过程是匀速上升的，惯性力 $T_A = 0$。

工作索提升拉力 T_Z（N）为：

$$T_Z = T_G + T_B + T_R \leqslant F_1 \tag{4-5-123}$$

式中：T_G——荷重阻力（N）；

　　　　F_1——给定绞盘机最大牵引力（N）。

　　　　T_B、T_R——分别为牵引索自重在跑车上产生的分力（闭式牵引索道 $T_B = 0$）、综合阻力（表 4-5-4、表 4-5-5 注释）（N）。

荷重阻力 T_G 为木捆和挂钩重量产生绳索拉力，与索道索系类型有关，现分 4 类索道索系讨论：

① KJ$_3$ 索道：

$$T_G = P + W_Z$$

由于载物钩重量 W_Z 很小，则：

$$T_G \approx P \tag{4-5-124}$$

② ZL（增力式）索道：

$$T_G = P/2\sin\frac{Y_Y}{2} \tag{4-5-125}$$

式（4-5-125）中 Y_Y 为起重牵引索在游动滑轮上的包角，常为 120°~180°，取 150°，则：

$$T_G = \frac{P}{2\sin\dfrac{150°}{2}} \approx 0.5176P \tag{4-5-126}$$

③ GS$_3$ 索道：

$$T_G = \frac{P}{3.75\eta} \approx 0.2837P \tag{4-5-127}$$

④ YP$_{2.5}$-A 遥控索道：

$$T_G = \frac{P}{3.33\eta} \approx 0.3192P \tag{4-5-128}$$

式（4-5-124）、式（4-5-126）属于开式索道索系；式（4-5-127）、式（4-5-128）属于闭式索道索系。η 为跑车内部的起升机构的传动效率，其值为 0.94。

表 4-5-4、表 4-5-5 的变量说明：

a. 运行荷重 Q_1：重载运行时近似取设计荷重 P，回空运行时只取跑车自重 W_C（N）。

b. 线路坡度与重车荷重产生的拉力 T_Q（N）：它与承载索荷重 Q_1、索道的弦倾角 Y、跑车走轮的轴承类型等有关，跑车车轮轴与其轴承间的摩擦系数为 0.008~0.025，取 0.01。

表 4-5-4   开式索道索系的绞盘机牵引力（N）

	F_Z	F_H
顺坡	$T_Q - T_R + T_A - T_B$	$T_Q + T_R + T_A + T_B$
逆坡	$T_Q + T_R + T_A + T_B$	$T_Q - T_R + T_A - T_B$

注：F_Z—工作索重载运行牵引力（N）；F_H—工作索回空运行牵引力（N）；$Q_1 = P + W_C$（重载），$Q_1 = W_C$（回空）；

$T_Q = Q_1(\sin Y + 0.01\cos Y)$；$T_R = 0.12(T_Q + W_I)$；$T_A = 0.051(Q_1 + W_I)$ $T_B = Q_1 H_1$

表 4-5-5   闭式索道索系的绞盘机牵引力（N）

	F_Z	F_H
顺坡	$T_Q - T_R + T_A$	$T_Q + T_R + T_A$
逆坡	$T_Q + T_R + T_A$	$T_Q - T_R + T_A$

注：$T_R = 0.12(T_Q + 2W_I)$；$T_A = 0.051(Q_1 + 2W_I)$。

c. 工作索运行综合阻力 $T_R(\text{N})$：它与工作索通过滑轮数及其质量、拖地多少、线路长短等有关，综合摩擦阻力系数为 $0.06 \sim 0.20$，取 0.12；W_I 为工作索重量（N），$W_I = 10Q_I \sum_{I=1}^{N_1} \dfrac{L_0(I)}{\cos Y(I)}$，重载时，$Q_I \Leftarrow Q_L$，$Q_L$ 为给定牵引索单位长度重力（N/m）；回空时，$Q_I \Leftarrow Q_H$，Q_H 为给定回空索单位长度重力（N/m）。

d. 跑车运行的惯性力 $T_A(\text{N})$：它与制动状况有关。一般制动时，加（减）速度 a 取 $0.1 \sim 0.3$ m/s²；紧急制动时，取 $0.5 \sim 1$ m/s²。设计时考虑到索道的生产安全，同时考虑到紧急制动较少出现，因而取紧急制动低限 $a = 0.5$，$g = 9.81$ m/s²，则有 $\dfrac{a}{g} = 0.051$。

e. 工作索自重在跑车上产生的分力 $T_B(\text{N})$：H_1 为工作索两端点高差（m）。

f. 如果 F_Z 或 F_H 为负值，则说明不需要动力牵引，而需要制动。

（8）工作索安全条件：由于在索道生产中，回空索受荷较小，只需牵引索满足安全条件即可，它用拉应力安全系数 K_G 来约束，即：

$$K_G = \frac{C_T T_L}{T_Z} = \frac{T_P}{T_Z} \geqslant [K_G] \tag{4-5-129}$$

式中：T_L——给定牵引索钢丝的破断拉力总和（N）；

$[K_G]$——工作索许用拉应力安全系数，取 $[K_G] = 4$。

（9）索道台班吊运木捆趟数 N：

$$N = \frac{33.8 T_T}{\left[\sum_{I=1}^{N_1} \dfrac{L_0(I)}{2\cos Y(I)} + L_P \right]\left(\dfrac{1}{V_Z} + \dfrac{1}{V_H} \right) + T_K + T_X} \tag{4-5-130}$$

式中：T_T——台班工作时间（h）；

L_P——平均单侧横向集距，常为 $30 \sim 80$ m，取 60 m；

T_X——卸材时间（min），据实测表明：$T_X = 1.5 \sim 5$ min，取 2.5 min。

a. 每趟捆挂木材时间 $T_K(\text{min})$

每趟捆挂木材时间 T_K，它与集材方式方法、单位面积蓄积量 $A(\text{m}^3/\text{hm}^2)$、单株材积 B_1（m³/株）有关，见表 4-5-6。

据现场实测资料统计,半悬原条集材与半悬伐倒木集材时间相差甚小,仍可套用表 4-5-6;全悬伐倒木捆木时间约为半悬伐倒木捆木时间的 1.5 倍,全悬原木捆木时间约为半悬伐倒木时间的 2.1 倍。

b. 跑车重载运行的最大速度 V_Z 和回空运行的最大速度 V_H(m/min)

它是按重载与回空所需的牵引力 F_Z、F_H 来确定绞盘机的档位速度,从而确定重载与回空运行的速度,重载与回空所需的牵引力。求法见表 4-5-4、表 4-5-5。

表 4-5-6　T_K 实测结果(min)

$A \backslash B_1$	< 0.14	0.14 ~ 0.35	0.35 ~ 0.65	> 0.65
< 75	10.2	10.3	6.4	7.7
75 ~ 105	7.8	7.7	4.4	6.3
105 ~ 120	4.3	3.8	4.7	3.1
> 120	3.9	2.2	1.5	2.7

5.4.3　系统功能与流程图

5.4.3.1　林业索道承载索的优化设计子系统(LYH – A)

5.4.3.1.1　特定控制点的不同条件

(1)若要求某线路特定控制点 $S < S_X$ 时的情况

由式(4-5-116)得:

$$M = \sqrt{\frac{EK_L}{V}} \bigg/ \left(\frac{0.8K_L}{K_Z} - 1 \right) \tag{4-5-131}$$

当 $K_L = 3$,$K_Z = 1.6$ 时,代入(4-5-131)式的值令为 M_C,即:

$$M_C = 2\sqrt{\frac{3E}{V}} \tag{4-5-132}$$

对于 $6 \times 19 + 1$ 的钢索 $C_T = 0.85$,则 $V = C_T V_B = 0.85 V_B$ 及 $E = 10^5$(MPa)的 M_C 值,计算结果列于表 4-5-7。

表 4-5-7　当 $K_L = 3$,$K_Z = 1.6$ 时应有的 M_C 值

V_B/MPa	1370	1520	1670	1810	1960
M_C	32.1	30.5	29.1	27.9	26.8

由表 4-5-7 可见:M_C 值在 30 左右,亦即安全系数取值与 M_C 值是适应的。

当 $K_Z = 1.6$ 时,由(4-5-115)式知 K_L 与 M 成反比:$M > M_C$ 时,$K_L < 3$;$M < M_C$ 时,$K_L > 3$。

若将 $K_L = 3$,代入(4-5-116)式,得:

$$K_Z = 2.4 \bigg/ \left(1 + \sqrt{\frac{3E}{V}} \Big/ M \right) \tag{4-5-133}$$

式(4-5-133)可知 K_Z 与 M 成正比:$M > M_C$ 时,$K_Z > 1.6$;$M < M_C$ 时,$K_Z < 1.6$。

综上所述,当 $M < M_C$ 时,$K_Z = 1.6$,$K_L > 3$;当 $M \geqslant M_C$ 时,$K_L = 3$,$K_Z > 1.6$。经上述处

理，就能满足耐久性条件、拉应力条件和弯曲耐久性条件。

（2）若要求某一特定控制点 $S = S_X$ 时的情况

① 先考虑 $K_L = 3$ 时，改变 Q 以适应其他约束条件

由式（4-5-117）右边建立等式，得：

$$P = \frac{100U_0W}{N_0}\left[\frac{S_X\cos Y}{X_J(1 - X_J)} - \frac{K_LRL_0}{2V\cos Y}\right] \qquad (4\text{-}5\text{-}134)$$

根据 P 再算 M［式（4-5-114）］，K_Z［式（4-5-133）］，V_1［式（4-5-118）］。

② 若以上 3 个约束条件中，有 1 个不能满足，则只能按 $K_Z = 1.6$ 重新计算：由耐久性条件式（4-5-114）得 $P = \dfrac{100U_0W}{M}$。

由线形条件得到求 P 的表达式（4-5-134），所以，在 $M_X \leqslant M \leqslant M_C$ 内一定能找到一个 M_I，使得 2 个 P 求出的值相等（或接近等值）。再把 M_I 赋值给 M，计算 K_L［式（4-5-115）］，V_1［式（4-5-118）］。

c. 若还不能满足上述 3 个约束条件，则只能改变钢索规格参数 V、Q、A 及跑车轮数 N_0，必要时重新考虑跑车每次额定运材量 V_X 是否规定合理。

d. 由（4-5-112）式导出的值令为 Q_0，即：

$$\frac{100K_LRU_0W}{N_0V} = Q_0 \leqslant Q \qquad (4\text{-}5\text{-}135)$$

式（4-5-135）表明：当 $K_L = 3$ 时，满足所有约束条件的钢索单位长度重力 Q 的可选范围（即材料的可选性条件）是很广的。但从用钢量最省出发，则选择略大于 Q_0 的 2 种钢索型号，提供优化结果，权衡取舍。

5.4.3.1.2　程序框图

LYH - A 子系统优化设计模块结构如图 4-5-11。

5.4.3.1.3　系统功能

根据实际情况提供选择的钢索型号，进行单跨或多跨索道承载索的优化设计，选出既符合实际情况，经济上又合理的钢索。为承载索的精确设计计算提供可靠的依据。

不仅能满足某控制点或跨中的有荷挠度系数 S 小于该点允许的有荷挠度系数 S_X，而且能满足要求某控制点或跨中有特定 $S = S_X$ 的情况的承载索优化设计。

通过侧型条件的约束，防止承载索的漂脱，使索道线形平顺，能确保索道的生产安全。

数据库中表"DATA"存储钢丝绳 $\Phi 18 \sim \Phi 46$ 的机械性能与参数的相关数据，表"索道初始数据"存储用户所输入的数据，表"JG"存储优化计算结果。

5.4.3.2　给定设备的林业索道优化设计子系统（LYH - B）

5.4.3.2.1　台班运行趟数与台班额定运材量

（1）台班运行趟数条件：由于各林场、林业采育场经营管理水平不同，跑车的横向拖集距离因地而异，所以台班运行趟数也不同；对于顺坡、逆坡集材方式不同，其牵引作用也不同；档位速度选择，无论是牵引或是回空均根据绞盘机卷筒牵引力来确定所需要的最大速度，且以此作为台班产量设计的依据。

对于不同的挠度系数 S，其允许设计荷重不同，根据设备满负荷条件与 S_X 限制前提下，由不同挠度系数确定设计荷重比较，并以台班产量达到最大时的允许挠度系数，作为给定设

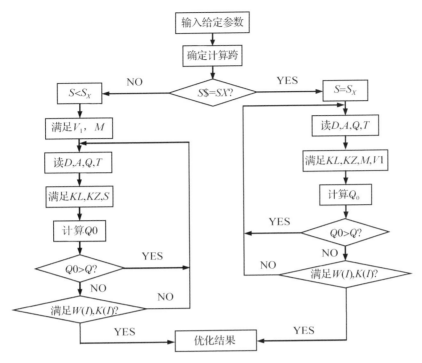

图 4-5-11　LYH – A 子系统优化设计模块结构

备的索道优化设计的依据。

（2）台班额定运材量条件：由于在索道生产中，生产任务一般都规定在一定时期内完成。因此，在优化设计时必须考虑到生产任务的完成，索道设计的台班运材量 G 必须大于或等于台班额定运材量 G_x，即 $G \geqslant G_x$ 条件下提供索道的最佳设计方案。当对于台班额定运材量有特定要求，而现在设备又不满足条件时，只能添置新设备来满足生产需要。

5.4.3.2.2　程序框图

LYHB – 1 子系统优化设计模块结构如图 4-5-12。

5.4.3.2.3　系统功能

能完整地进行给定设备的单跨或多跨索道的优化设计。根据限制某控制点或跨中 $S \leqslant S_x$ 的前提下，选出台班产量最大的最优方案，并提供起吊的设计荷重和绞盘机各工作环节的档位。

能充分发挥给定设备经济效益，合理选择库存设备，挖掘其潜力。在优化过程中，能提出某一设备不满足生产要求的原因，可供决策者更换和购置新设备参考，以达到生产安全及投资最少目的。

数据库中表"JPJ"存储绞盘机的数据，表"TK"存储表 4-5-6 的内容，表"索道"存储输入的索道初始数据。

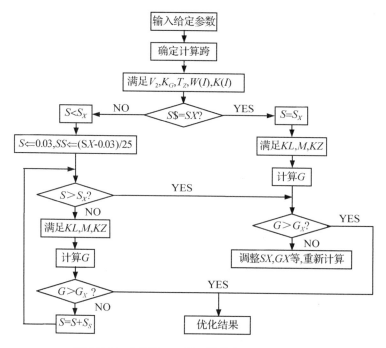

图 4-5-12　LYHB－1 子系统优化设计模块结构

5.4.4　系统使用说明

5.4.4.1　运行环境

　　系统运行环境为 Windows 操作系统，Microsoft Visual Basic 6.0 解释程序。硬件基本配置微型计算机；VGA 显示器；打印机 1 台；1 个 Microsoft 鼠标或兼容的鼠标等。

5.4.4.2　使用向导

　　系统采用 VB 6.0 可视化语言编写，界面友好直观，具有方便、快捷的鼠标点取和键盘录入功能，能迅速而准确地完成林业索道的优化设计。

　　（1）在目标文件夹中，双击"林业索道优化设计系统．exe"，运行系统。

　　（2）点击"进入"按钮，进入选择界面。

　　（3）可选择林业索道承载索优化设计和给定设备的林业索道优化设计 2 个子系统之一，进行运算。选择完毕后，点选"继续"按钮，进入输入界面（选择"林业索道承载索优化设计"，则进入输入界面 1；反之则进入输入界面 2）。

　　（4）在输入数据界面 1 中，输入运算所需的初始数据，"前跨"、"后跨"等按钮，可以让用户方便地查询自己所输的数据内容，"报表"按钮可以更加直观地显示数据内容。输入完毕后，点击"计算"按钮，进行优化设计，并进入 a 结果界面。在输入数据界面 2，输入完毕后，点选"下一步"按钮，进入输入数据界面 3，再输入剩余所需的数据，点击"开始计算"按钮，进行优化设计，并进入 b 结果界面。

　　（5）林业索道承载索优化设计结果界面：将结果按钢丝绳直径 D 和钢丝绳公称抗拉强度 V_B 大小进行升序排列，并显示出来。点击"报表生成"按钮，可以调出 Excel，显示结果，这时可选择打印结果；点击"进行新的设计"按钮，将弹出对话框，询问是否保留数据，用户决定后，进入选择界面；点击"退出"，则关闭系统。

（6）给定设备的索道优化设计结果界面：以文本形式展示结果，可从"文件"的菜单中选择返回，回到选择界面。

5.4.4.3　注意问题

严格遵循运行结果中提示的不满足条件下须采取的措施。若不按提示要求改变给定条件或设备或采取措施，虽然继续运行程序，可得出既定条件下的优化结果，但它不能满足生产安全要求，须特别注意。为节省打印纸，可先显示优化结果，满足林业架空索道设计规范时，再运行程序，联机打印优化结果。

5.4.5　系统实例

5.4.5.1　林业索道承载索优化设计子系统

[**例 4-5-4**]　某伐区架设 1 条单跨（$N_1 = 1$）单线 3 索增力式集材索道。要求对该承载索进行优化设计。

已知参数为

控制点的无量纲横坐标：$X_J = 0.3$　　　　　控制点允许的有荷挠度系数：$S_X = 0.05$

控制点有荷挠度系数：$S = S_X$（即 $S\$ = S_X$）　　承载索的弹性模量（MPa）：$E = 100000$

当地钢索削弱修正系数：$U_0 = 1$　　　　　跑车每次额定运材量（m³/次）：$V_x = 2$

承载索最小耐久性参数：$M_X = 20$　　　　索道额定运材量（m³）：$W = 6000$

跑车轮数（个）：$N_0 = 4$　　　　　　　　承载索破断拉力降低系数：$C_T = 0.85$

索道弦倾角（°）：$Y = 11.27$　　　　　　　索道跨距（m）：$L_0 = 300$

计算机输出该索道的承载索优化结果：

林业索道承载索的优化设计

县（市）_____采育场_____工区_____林班_____小班_____

测量_____设计_____审核_____20____年____月____日

给定条件数据

跨数：$N_1 = 1$　　　　　　　　　　　悬索上控制点的无量纲横坐标：$X_J = 0.3$

控制点允许的有荷挠度系数：$S_X = 0.05$　承载索弹性模量（MPa）：$E = 100000$

当地钢索削弱修正系数：$U_0 = 1$　　　　跑车每次额定运材量（m³/次）：$V_x = 2$

承载索最小耐久性参数：$M_X = 20$　　　索道额定运材量（m³）：$W = 6000$

跑车轮数（个）：$N_0 = 4$　　　　　　　承载索破断拉力降低系数：$C_T = 0.85$

索道弦倾角（°）：$Y = 11.27$　　　　　索道跨距（m）：$L_0 = 300$

优化设计结果

P	N	M	V_1	K_L	K_Z	S	Q_0	D	A	Q	V_B
29110	2061	20.6	2.91	3.61	1.6	0.05	38.80	34	433.13	40.93	1550
28390	2113	21.1	2.84	3.66	1.6	0.05	43.63	37	515.46	48.71	1400

P：索道设计荷重（N）　　　　N：钢索至报废为止跑车运行次数（次）　　M：承载索耐久性参数

V_1：跑车实际运材量（m^3/次）　　　K_L：承载索拉应力安全系数　　　K_Z：承载索总应力安全系数

S：悬索上控制点有荷挠度系数　　　Q_0：计算钢索单位长度重力（N/m）　　D：初选钢索直径（mm）

A：初选钢索横截面面积（mm^2）　　Q：初选钢索单位长度重力（N/m）　　V_B：初选钢索的钢丝抗拉强度（MPa）

[例4-5-5]　某伐区架设1条双跨（$N_1 = 2$）集材索道，要求对该承载索进行优化设计。

已知参数为

$N_1 = 2$　　　　　$X_J = 0.5$　　　　$S_X = 0.064$　　　$S < S_X$（即 $S \$ \neq S_X$）　　$E = 100000$

$U_0 = 1$　　　　　$V_x = 2$　　　　　$M_X = 20$　　　　　$W = 6000$　　　　　$N_0 = 4$

弦倾角（°）：$Y(1) = 11.27$　　　　　　　$Y(2) = 14.18$　　　　　　$C_T = 0.85$

跨距（m）：$L_0(1) = 404$　　　　　　　$L_0(2) = 287$

计算机输出该索道的承载索优化结果：

林业索道承载索的优化设计

县（市）_____采育场_____工区_____林班_____小班_____

测量_____设计_____审核_____20____年____月____日

给定条件数据

跨数：$N_1 = 2$

控制点允许的有荷挠度系数：$S_X = 0.064$

当地钢索削弱修正系数：$U_0 = 1$

承载索允许的最小耐久性参数：$M_X = 20$

跑车轮数（个）：$N_0 = 4$

第1跨弦倾角（°）：$Y(1) = 11.27$

第2跨弦倾角（°）：$Y(2) = 14.18$

悬索上控制点的无量纲横坐标：$X_J = 0.5$

承载索弹性模量（MPa）：$E = 100000$

跑车每次额定运材量（m^3/次）：$V_x = 2$

索道额定运材量（m^3）：$W = 6000$

承载索破断拉力降低系数：$C_T = 0.85$

第1跨跨距（m）：$L_0(1) = 404$

第2跨跨距（m）：$L_0(2) = 287$

优化设计结果

P	N	M	V_1	K_L	K_Z	S	Q_0	D	A	Q	V_B
20000	3000	30	2	3	1.64	0.043	27.04	28	289.95	27.4	1850
20000	3000	30	2	3.01	1.6	0.045	32.36	31	357.96	33.83	1550
22500	2667	26.7	2.25	3	1.6	0.047	25.01	28	289.95	27.4	2000
22500	2667	26.7	2.25	3.1	1.6	0.049	30.38	31	357.96	33.83	1700
25000	2400	24	2.5	3.13	1.6	0.052	26.11	28	289.95	27.4	2000
25000	2400	24	2.5	3.25	1.6	0.054	31.88	31	357.96	33.83	1700
27500	2182	21.8	2.75	3.27	1.6	0.056	27.28	28	289.95	27.4	2000
27500	2182	21.8	2.75	3.41	1.6	0.058	33.45	31	357.96	33.83	1700
30000	2000	20	3	3.49	1.6	0.062	31.46	31	357.96	33.83	1850
30000	2000	20	3	3.57	1.6	0.063	35.04	34	433.13	40.93	1700

安全靠贴系数 $K(1) = 1.36$

P：索道设计荷重(N)　　　　　N：钢索至报废为止跑车运行次数(次)　　M：承载索耐久性参数

V_1：跑车实际运材量(m^3/次)　　K_L：承载索拉应力安全系数　　　　K_Z：承载索总应力安全系数

S：悬索上控制点有荷挠度系数　　Q_0：计算钢索单位长度重力(N/m)　　D：初选钢索直径(mm)

A：初选钢索横截面面积(mm^2)　　Q：初选钢索单位长度重力(N/m)　　V_B：初选钢索的钢丝抗拉强度(MPa)

5.4.5.2　给定设备的林业索道优化设计子系统

[**例 4-5-6**]　某伐区架设 1 条单跨($N_1 = 1$)单线 3 索增力式集材架空索道，根据现有设备，给定参数为

台班工作时间(h)：$T_T = 8$　　　　　　　　索道额定运材量(m^3)：$W = 6000$

承载索的最小耐久性参数：$M_X = 20$　　　　钢索的弹性模量(MPa)：$E = 100000$

钢索破断拉力降低系数：$C_T = 0.85$　　　　当地钢索削弱修正系数：$U_0 = 1$

工作索两端点的高差(m)：$H_1 = 80$　　　　索道的跨距(m)：$L_0 = 700$

索道的弦倾角(°)：$Y = 11.27$　　　　　　伐区单位面积蓄积量(m^3/hm^2)：$A = 75$

伐区平均单株材积(m^3/株)：$B_1 = 0.2$　　台班额定运材量(m^3/台班)：$G_X = 20$

给定 $K_2 - 2$ 跑车：自重 $W_C = 1290$ N，轮数 $N_0 = 2$ 个，跑车额定运材量 $V_X = 2\ m^3$/次。

给定闽林 821 绞盘机：$H = 4$ 档，卷筒各档的牵引力 $F(J)$(N)和牵引速度 $V(J)$(m/min)分别为：$F(1) = 30000$，$V(1) = 56$；$F(2) = 16800$，$V(2) = 118$；$F(3) = 9200$，$V(3) = 215$；$F(4) = 6000$，$V(4) = 363$。

给定钢索：承载索钢丝的抗拉强度 $V_B = 1550$ MPa，单位长度重力 $Q = 27.4$ N/m，钢丝的破断拉力总和 $T = 449000$ N；牵引索单位长度重力 $Q_L = 5.412$ N/m，钢丝的破断拉力总和 $T_L = 88700$N；回空索单位长度重力 $Q_H = 3.045$ N/m，钢丝的破断拉力总和 $T_H = 49900$ N。

有荷悬索上控制点的无量纲横坐标：$X_J = 0.35$。

控制点允许的有荷挠度系数：$S_X = 0.05$。

要求利用现有设备，采用半悬伐倒木逆坡集材，要求控制点的有荷挠度系数 $S = S_X$，确定该索道集材最佳方案。

计算机输出该索道给定设备的优化结果：

给定设备的林业索道优化设计

县(市)_____采育场_____工区_____林班_____小班_____

测量_____设计_____审核_____20____年____月____日

给定条件数据

索道类型：增力式　　　　　　　　　　集材方式方法：半悬伐倒木或原条逆坡集材

单位面积蓄积量(m^3/hm^2)：$A = 75$　　平均单株材积(m^3/株)：$B_1 = 0.2$

索道额定运材量(m^3)：$W = 6000$　　　台班额定运材量(m^3/台班)：$G_X = 20$

跨距(m)：$L_0 = 700$　　　　　　　　　弦倾角(°)：$Y = 11.27$

给定设备条件

跑车每次额定运材量（m³/次）：$V_X = 2$

跑车轮数（个）：$N_0 = 2$

承载索单位长度重力（N/m）：$Q = 27.4$

牵引索单位长度重力（N/m）：$Q_L = 5.412$

回空索单位长度重力（N/m）：$Q_H = 3.045$

悬索控制点的无量纲横坐标：$X_J = 0.35$

绞盘机档位数：$H = 4$

第1档卷筒牵引力（N）：$F(1) = 30000$

第2档卷筒牵引力（N）：$F(2) = 16800$

第3档卷筒牵引力（N）：$F(3) = 9200$

第4档卷筒牵引力（N）：$F(4) = 6000$

跑车自重（N）：$W_C = 1290$

承载索钢丝的抗拉强度（MPa）：$V_B = 1550$

承载索钢丝的破断拉力总和（N）：$T = 449000$

牵引索钢丝的破断拉力总和（N）：$T_L = 88700$

回空索钢丝的破断拉力总和（N）：$T_H = 49900$

控制点允许的有荷挠度系数：$S_X = 0.05$

跨数：$N_1 = 1$

第1档卷筒牵引速度（m/min）：$V(1) = 56$

第2档卷筒牵引速度（m/min）：$V(2) = 118$

第3档卷筒牵引速度（m/min）：$V(3) = 215$

第4档卷筒牵引速度（m/min）：$V(4) = 363$

优化设计结果

G	N	V_1	T_Z	F_Z	V_Z	F_H	V_H	M	K_L	K_Z	K_G	S
40.7	20	2	12490	6610	215	-310	363	30	3	1.6	6	0.05

G：设计台班运材量（m³/台班）　　N：台班运材趟数　　　　　　V_1：跑车每次实际运材量（m³/次）

T_Z：工作索提升拉力（N）　　　　F_Z：工作索重载运行牵引力（N）　V_Z：重载运行速度（m/min）

F_H：工作索回空运行牵引力（N）　V_H：回空运行速度（m/min）　　　M：承载索耐久性参数

K_L：承载索拉应力安全系数　　　K_Z：承载索总应力安全系数　　　K_G：工作索拉应力安全系数

S：悬索上控制点有荷挠度系数

[**例4-5-7**] 某伐区架设1条双跨（$N_1 = 2$）单线双索闭式牵引集材架空索道，根据现有设备，给定参数为

$T_T = 8$；$W = 6000$；$M_X = 20$；$E = 100000$；$C_T = 0.85$；$U_0 = 1$；$H_1 = 232$；$A = 75$；$B_1 = 0.2$；$G_X = 20$；$L_0(1) = 700$；$Y(1) = 11.27$；$L_0(2) = 400$；$Y(2) = 13$。

给定 $YP_{2.5} - A$ 遥控跑车：$W_C = 4500$，$N_0 = 4$，$V_X = 2.5$；给定闽林821绞盘机：$H = 4$，$F(1) = 30000$，$V(1) = 56$；$F(2) = 16800$，$V(2) = 118$；$F(3) = 9200$，$V(3) = 215$；$F(4) = 6000$，$V(4) = 363$。

给定钢索：承载索 $V_B = 1700$，$Q = 27.4$，$T = 492500$；循环牵引索 $Q_L = Q_H = 5.142$，$T_L = T_H = 97300$；$X_J = 0.5$，$S_X = 0.06$。

要求利用现有设备，采用全悬原木顺坡集材，要求控制点的有荷挠度系数 $S < S_X$，确定该索道集材最佳方案。

计算机输出该索道给定设备的优化结果：

给定设备的林业索道优化设计

县（市）_____ 采育场_____ 工区_____ 林班_____ 小班_____

测量_____ 设计_____ 审核_____ 20_____年_____月_____日

给定条件数据

索道类型：$YP_{2.5}-A$

单位面积蓄积量(m^3/hm^2)：$A=75$

索道额定运材量(m^3)：$W=6000$

第 1 跨跨距(m)：$L_0(1)=700$

第 2 跨跨距(m)：$L_0(2)=400$

集材方式方法：全悬原木顺坡集材

平均单株材积($m^3/$株)：$B1=0.2$

台班额定运材量($m^3/$台班)：$G_X=20$

第 1 跨弦倾角(°)：$Y(1)=11.27$

第 2 跨弦倾角(°)：$Y(2)=13$

给定设备条件

跑车每次额定运材量($m^3/$次)：$V_X=2.5$

跑车轮数(个)：$N_0=4$

承载索单位长度重力(N/m)：$Q=27.4$

牵引索单位长度重力(N/m)：$Q_L=5.412$

回空索单位长度重力(N/m)：$Q_H=5.412$

悬索控制点的无量纲横坐标：$X_J=0.5$

绞盘机档位数：$H=4$

第 1 档卷筒牵引力(N)：$F(1)=30000$

第 2 档卷筒牵引力(N)：$F(2)=16800$

第 3 档卷筒牵引力(N)：$F(3)=9200$

第 4 档卷筒牵引力(N)：$F(4)=6000$

跑车自重(N)：$W_C=4500$

承载索钢丝的抗拉强度(MPa)：$V_B=1700$

承载索钢丝的破断拉力总和(N)：$T=492500$

牵引索钢丝的破断拉力总和(N)：$T_L=97300$

回空索钢丝的破断拉力总和(N)：$T_H=97300$

控制点允许的有荷挠度系数：$S_X=0.06$

跨数：$N_1=2$

第 1 档卷筒牵引速度(m/min)：$V(1)=56$

第 2 档卷筒牵引速度(m/min)：$V(2)=118$

第 3 档卷筒牵引速度(m/min)：$V(3)=215$

第 4 档卷筒牵引速度(m/min)：$V(4)=363$

优化设计结果

G	N	V_1	T_Z	F_Z	V_Z	F_H	V_H	M	K_L	K_Z	K_G	S	$K(1)$
30.3	12	2.5	10251	5481	363	325	363	24.2	3.2	1.6	8.1	0.06	3.576

G：设计台班运材量($m^3/$台班)　　N：台班运材趟数　　　　V_1：跑车每次实际运材量($m^3/$次)

T_Z：工作索提升拉力(N)　　　　F_Z：工作索重载运行牵引力(N)　V_Z：重载运行速度(m/min)

F_H：工作索回空运行牵引力(N)　V_H：回空运行速度(m/min)　　M：承载索耐久性参数

K_L：承载索拉应力安全系数　　K_Z：承载索总应力安全系数　K_G：工作索拉应力安全系数

S：悬索上控制点有荷挠度系数　$K(1)$：安全靠贴系数

本篇参考文献

［1］周新年. 林业生产规划［M］. 北京：北京科学技术出版社，1994.

［2］福建省建瓯市林业委员会. 国有林业采育场木材采运技术定额. 1996：1－59.

［3］福建省林业厅. 福建省森林采伐更新调查设计实施细则（试行）. 1990：1－195.

［4］Petroutsos E. Visual Basic 6.0 从入门到精通［M］. 邱仲潘，译. 北京：电子工业出版社，1999：126，257.

［5］贾乃光. 数理统计［M］. 北京：中国林业出版社，1993.

［6］福建省林业厅. 福建省森林资源规划设计调查和森林经营方案编制技术规定. 1996.

［7］北京林业大学. 测树学［M］. 北京：中国林业出版社，1993.

［8］周新年. 架空索道理论与实践［M］. 北京：中国林业出版社，1996.

［9］堀高夫（日）. 悬索理论及其应用［M］. 张育民，译. 北京：中国林业出版社，1992.

［10］加藤诚平（日）. 林业架空索道设计法［M］. 张德义，关承儒，译. 北京：农业出版社，1965.

［11］А·И·杜盖尔斯基（苏）. 架空索道及缆索起重机［M］. 孙鸿范，译. 北京：高等教育出版社，1955.

［12］森林工程　林业架空索道　设计规范（LY/T1056—2012）.

［13］森林工程　林业架空索道　使用安全规程（LY/T 1133—2012）.

［14］森林工程　林业驾空索道　架设、运行和拆转技术规范（LY/T 1169—2016）.

［15］周新年. 工程索道与柔性吊桥——理论 设计 案例［M］. 北京：人民交通出版社，2008.

［16］周新年. 工程索道与悬索桥［M］. 北京：人民交通出版社，2013.

芒萁 *Dicranopteris dichotoma*

黑莎草 *Gahnia tristis*

长叶菝葜 *Smilax lanceifolia*

羊角藤 *Morinda umbellate*

流苏子 *Coptosapelta flavecens*

乌毛蕨 *Blechnum orientale*

蕨 *Pteridium aquilinum*

海金沙 *Lygodium japonicum*

中华里白 *Hicriopteris chinensis*

里白 *Hicriopteris glauca*

狗脊 *Woodwardia japonica*

淡竹叶 *Lophatherum gracile*

马尾松 *Pinus massoniana*

杉木 *Cunninghamia lanceolata*

白花龙 *Styrax faberi*

红皮树 *Styrax suberifolia*

拟赤杨 *Alniphyllum fortunei*

赤楠 *Syzygium buxifolium*

杜鹃 *Rhododendron simsii*

刺毛杜鹃 *Rhododendron championae*

马银花 *Rhododendron ovatum*

乌饭树 *Vaccinium bracteatum*

米饭花 *Vaccinium sprengelii*

越桔 *Vaccinium vitis-idaea*

黄瑞木 *Adinandra millett*

格药柃 *Eurya muricata*

细齿叶柃 *Eurya nitida*

木荷 *Schima superba*

厚皮香 *Ternstroemia gymnanthera*

杜英 *Elaeocarpus decipiens*

华杜英 *Elaeocarpus chinensis*

薯豆 *Elaeocarpus japonicus*

山杜英 *Elaeocarpus sylvestris*

梨茶 *Camellia octopetala*

油茶 *Camellia oleifera Abel*

连蕊茶 *Camellia fraterna*

猴欢喜 *Sloanea sinensis*

福建野樱 *Prunus campanulata*

石斑木 *Rhaphiolepis indica*

锈毛石斑木 *Rhaphiolepis ferruginea*

福建悬勾子 *Rubus fujianensis*

沿海紫金牛 *Ardisia punctata*

朱砂根 *Ardisia crenata*

网脉叶酸藤果 *Embelia rudis*

杜茎山 *Maesa japonica*

杨梅 *Myrica rubra*

狗骨柴 *Tricalysia dubia*

粗叶木 *Lasianthus acuminatissimus chinensis*

紫珠 *Clerodendrum bodinieri*

大青 *Clerodendrum cyrtophyllum*

草珊瑚 *Sarcandra glabra*

野葡萄 *Vitis adstricta*

木莲 *Manglietia fordiana*

野含笑 *Michelia skinneriana*

福建含笑 *Michelia fujianensis*

荚蒾 *Viburnum dilatatum*

木通 *Akebia quinata*

五月茶 *Antidesma bunius*

东南野桐 *Mallotus lianus*

山乌柏 *Saplum discolor*

乌柏 *Sapium sebiferum*

算盘子 *Glochidion puberum*

华南桂 *Cinnamomum austro-sinense*

浙江桂 *Cinnamomum chekiangense*

桂北木姜子 *Lindera subcoriacea*

乌药 *Lindera aggregata*

山苍子 *Litsea cubeba*

木姜子 *Litsea pungens*

刨花润楠 *Machilus Pauhoi*

黄绒润楠 *Machilus grijsii Hance*

绒毛润楠 *Machilus Velutina*

红楠 *Machilus thunbergii*

新木姜子 *Neolitsea aurata*

红叶树 *Halicia cochinchinensis*

虎皮楠 *Daphniphyllum oldhamii*

老鼠矢 *Symplocos stellaris*

羊舌树 *Symplocos glauca*

福建山矾 *Symplocos fukienensis*

山矾 *Symplocos. sumuntia*

黄牛奶树 *Symplocos laurina*

密花山矾 *Symplocos congesta*

薄叶山矾 *Symplocos anomala*

枫香 *Liquidambar formosana*

檵木 *Loropetalum chinense*

矩叶鼠刺 *Itea oblinga*

石栎 *Lithocarpus glaber*

栓皮栎 *Quercus variabilis*

米槠 *Castanopsis carlesii*

苦槠 *Castanopsis sclerophylla*

甜槠 *Castanopsis eyrei*

丝栗栲 *Castanopsis fargesii*

秀丽锥 *Castanopsis jucunda*

罗浮栲 *Castanopsis fabri*

青冈 *Cyclobalanopsis glauca*

杞李参 *Dendropanax dentiger*

榕冬青 *Ilex ficoidea*

厚叶冬青 *Ilex elmerrilliana*

三花冬青 *Ilex triflora*

黄毛冬青 *Ilex dasyphylla*

冬青 *Ilex purpurea*

毛冬青 *Ilex pubescens*

毛枝冬青 *Ilex pubilimba*

台湾冬青 *Ilex formosana*

福建冬青 *Ilex fukienensis*

阔叶冬青 *Ilex latifrons*

少叶黄杞 *Engelhardtia fenzelii*

野樱 *cerasus conradinae*

石楠 *Photinia serrulata*

椤木石楠 *Photinia davidsoniae*

褐斑石楠 *Photinia hirsuta*

胡枝子 *Lespedeza bicolor*

红豆树 *Ormosia hosiei*

花榈木 *Ormosia henryi*

铁线莲 *Clematis henryi*

野漆 *Toxicodendron succedaneum*

笔罗子 *Meliosma rigida*

石梓 *Gmelina chinensis*

野菊 *Dendranthema indicum*

云冷杉 *Abies nephrolepis*

红松 *Pinus koraiensis*

野柿 *Diospyros kaki*

延平柿 *Diospyros tsangii*

罗浮柿 *Diospyros morrisiana*

油柿 *Diospyros oleifera*

著者公开发表的
山地森林生态采运部分论文论著目录

1. 王学让，周新年. J₃绞盘机回空卷筒总成及其传动系的改进设计. 福建林业科技, 1983, 10(1): 30-33.

2. 周新年，黄岩平. 悬索无荷中央挠度系数的误差分析. 福建林学院学报, 1984, 4(2): 67-74.

3. 周新年. 微型电子计算机在多跨索道设计中应用. 福建林业科技, 1985, 12(1): 45-53.

4. 周新年. 索道的侧型设计研究. 福建林学院学报, 1985, 5(2): 27-32.

5. 王学让，周新年，黄斌. 连根拔树和全树集材的试验研究. 林业科技, 1985, 10(3): 48-50.

6. 周新年. 多跨索道设计的微机程序简介. 林业科技, 1985, 10(5): 50-51; 10(6): 51-54.

7. 周新年，黄岩平. 悬索无荷索长的误差分析. 森林采运科学, 1986, 2(2): 35-40.

8. 王学让，周新年. 山地林区松树全树采集新工艺试验. 福建林业科技, 1986, 13(2): 27-32.

9. 周新年，编译. 架空索道有效承载能力的确定. 国外林机, 1986, (2): 17-20; (3): 25-29, 32.

10. 周新年. 单跨索道承载索安装的索长计算程序. 广东林业科技, 1986, 2(3): 19-22.

11. 周新年，蔡志伟，黄岩平. 无荷悬索的实用精度探讨. 林业科学, 1986, 22(3): 270-279.

12. 周新年，王学让，潘仁钊. J₃绞盘机的改进设计. 林业机械, 1986, 14(4): 37-40.

13. 周新年. 悬链线理论及其应用研究 Ⅰ. 悬链线法作单跨索道设计的微机程序. 福建林学院学报, 1987, 7(1): 35-44.

14. 周新年. 索长法指导承载索安装. 林业建设, 1987(2): 45.

15. 周新年，陈杰，黄斌，王学让. 松根采集试验与调查研究. 广东林勘设计, 1988(1): 29-33.

16. 周新年. 摄动法作单跨索道设计软件. 林业机械, 1988, 16(1): 8.

17. 周新年. 悬索无荷弹性伸长的误差分析. 浙江林学院学报, 1988, 5(1): 48-57.

18. 周新年. 用悬索曲线理论设计单跨索道的微机程序. 中南林学院学报, 1988, 8(2): 155-164.

19. 周新年. 三角形集材索道. 福建林学院学报, 1988, 8(3): 300-308.

20. 周新年. 斜齿轮最小齿数的探讨. 林业机械, 1988, 16(5): 23.

21. 周新年. 多跨索道(加氏)的设计计算程序. 广东林业科技, 1988, 4(5): 9-19.

22. 周新年. 林业索道承载索优化设计及其应用. 林业勘察设计(福建), 1989(1): 40-47.

23. 周新年. 林业索道承载索的优化设计. 林业科学, 1989, 25(2): 127-132.

24. 周新年. 我国林业索道的发展与展望. 林业科技, 1989, 14(5): 58-61.

25. 周新年，林家密. 森林经营方案的经济决策系统研究. 林业勘察设计(吉林), 1990(2): 13-22.

26. 周新年. 索道纵断面图的程序设计. 福建林学院学报, 1990, 10(2): 104-111.

27. 周新年. 半悬空伐倒木集材的捆木过程研究. 森林采运科学, 1990, 6(2): 37-41.

28. 周新年. 摄动法作单跨索道设计的微机程序. 东北林业大学学报, 1990, 18(3): 74-82.

29. 周新年. 给定设备的林业索道优化设计. 南京林业大学学报, 1990, 14(3): 77-83.

30. 周新年. 林用绞盘机卷筒的标准化. 林业科技, 1990, 15(5): 56-58.

31. 周新年，陈杰，黄斌，王学让. 松根采掘与集根研究. 林业科技开发, 1990, 4(4): 55-57.

32. 周新年，林忠民. 角规测树法蓄积量计算系统. 林业勘察设计（福建），1991（1）：15 – 18.

33. 周新年. 间伐集运材索道障碍树处理范围. 林业机械，1991，19（6）：28.

34. 周新年. 林业索道设计系统. 林业科学，1992，28（1）：47 – 51.

35. 周新年，邱仁辉，译. 影响油锯的伐木因素和伐木技术. 国外林业，1992（2）：53 – 55.

36. 周新年，邱仁辉，摘译. 影响油锯造材的因素与造材技术. 林业科技开发，1992，6（3）：43 – 44.

37. 周新年，吴佐仁. 福建省林业委托生产研讨. 林业经济问题，1992，12（4）：54 – 57、35.

38. 周新年，邱仁辉. 福建省天然林择伐研究. 福建林业科技，1992，19（4）：56 – 60.

39. 周新年. 我国采运机械化生产现状及其发展对策. 林业科技开发，1992，6（4）：10 – 11.

40. 周新年. 试论我国南方林区采运机械系统现状及其发展. 林业建设，1992（4）：25 – 28.

41. 周新年. 角规测树存在问题及其分析. 广东林勘设计，1993（1）：35 – 38.

42. 周新年，译. 木材拖运规则. 广东林勘设计，1993（1）：66.

43. 周新年，译. 二次集材与装车场的影响因素. 林业调查与设计（江西），1993（1）：38.

44. 周新年. 林业索道优化设计系统. 南京林业大学学报，1993，17（1）：73 – 77.

45. 周新年. 角规测树研究. 林业勘察设计（黑龙江），1993（2）：5 – 11.

46. 周新年，译. 索道集材发展史. 四川林勘设计，1993（2）：72，75.

47. 粟金云，周新年. 南方森林采伐更新设计诸问题研究. 森林采运科学，1993，9（2）：11 – 16.

48. 周新年. 两端固定式半悬空集材索道设计. 福建林学院学报，1993，13（3）：223 – 229.

49. 周新年. 微机绘制索道侧型图的研究. 西南林学院学报，1993，13（3）：190 – 198.

50. 周新年，译. 固定式装车方法. 林业建设，1993（4）：39 – 40.

51. 周新年，蔡志伟. 无荷悬索计算精度与悬空条件的研究. 林业科学，1993，29（4）：350 – 354.

52. 周新年，邱仁辉，蒋瑞良. 国营林业采育场机械设备管理浅析. 林业科技开发，1993，7（4）：47 – 48.

53. 周新年，陈江火，方金武. 福建省采运机械化的发展与展望. 森林采运科学，1993，9（4）：18 – 23.

54. 周新年，邱仁辉，译. 作锯材原木、造纸材用的小径木的造材技术. 国外林业，1993（4）：21.

55. 周新年，译. 采运成本分析. 四川林勘设计，1993，（3）：58 – 59；（4）：55 – 60；1994，（1）：61 – 63.

56. 周新年. 两端固定式半悬空集材索道设计理论推导. 福建林学院学报，1994，14（1）：45 – 52.

57. 周新年，张正雄. 我国林业计算机应用的发展与展望. 林业建设，1994（3/4）：30 – 36.

58. 周新年，译. 造纸材装卸车. 四川林勘设计，1995（1）：61 – 63.

59. 周新年，译. 移动式集材装车联合机. 林业勘察设计（江西），1995（1）：43.

60. 周新年. 架空索道设计系统. 林业资源管理（北京），1995（2）：58 – 60.

61. 周新年. 我国林业索道设计模型. 林业建设，1995（3）：8 – 14.

62. 周新年，王文卷，罗立强. 我国森林采伐更新的发展与展望. 森林工程，1995，11（3）：7 – 15.

63. 周新年，译. 直升飞机集材. 四川林勘设计，1995（4）：60 – 61.

64. 周新年，译. 木材牵引车与挂车结构机理. 国外林业译丛（云南），1995：46 – 49.

65. 周新年，郑绍金，林华忠. 综合轮伐期研讨. 林业科学，1995，31（5）：474 – 479.

66. 周新年. 我国木片生产的发展与展望. 林业建设，1995（6）：23 – 30.

67. 周新年. 我国林业索道规范设计系统. 东北林业大学学报，1996，24（1）：92 – 95.

68. 周新年，译. 集材杆与钢塔架的安装. 林业勘察设计（江西），1996（2）：29 – 30.

69. 周新年. 毛竹伐区开发生产工艺研究（Ⅰ）. 林业建设，1996（2）：24 – 31.

70. 周新年，邱仁辉，江衍强，曾国容，吴远彬. 福建省贮木场的发展与展望. 福建林学院学报. 1996，16（2）：183 – 187.

71. 周新年. 森林经营规划中的综合轮伐期研究. 四川林勘设计，1996（2）：8 – 14.

72. 周新年. 我国林业生产规划发展与展望. 林业勘察设计(黑龙江), 1996(2): 40 - 46.

73. 周新年, 林圣万, 吴沂隆. 影响伐区作业的生态因子分析研究. 森林工程, 1996, 12(3): 1 - 4.

74. 周新年. 考虑生态的伐区作业探讨. 中南林学院学报, 1996, 16(3): 71 - 75.

75. 周新年. 两端固定式半悬空集材索道设计的应用. 林业建设, 1996(5): 6 - 9.

76. 周新年. 抛物线法(堀氏)多跨索道设计模型. 四川林勘设计, 1996(4): 32 - 37.

77. 刘炳麟, 周新年, 温国良. 三明市林业产业现状与改革前景. 森林工程, 1996, 12(4): 5 - 9.

78. 周新年. 林业架空索道设计规范系统. 林业资源管理(北京), 1996(特): 3 - 6.

79. 周新年, 阙树福, 毛云灿, 潘仁钊, 张利明, 叶穗文, 陈小明, 吴伯林. 拟合计算林分蓄积量法的研究. 四川林勘设计, 1997(1): 24 - 27.

80. 邱仁辉, 周新年, 杨玉盛, 陈隆安, 陈小明, 何邦友, 彭建林, 吴伯林. 架空索道集材对林地土壤影响的研究. 福建林学院学报, 1997, 17(2): 102 - 106.

81. 周新年. 从科技成果的发表评述我国林业索道科技的发展. 森林工程, 1997, 13(2): 1 - 5.

82. 周新年, 刘炳麟, 温国良. 三明市森工企业改革与发展前景. 林业科技开发, 1997, 11(3): 15 - 17.

83. 周新年. 抛物线法(堀氏)多跨索道设计系统. 计算机应用研究, 1997, 14(3): 168 - 170.

84. 邱仁辉, 周新年, 黄武, 罗积长, 支新标. 国有林场建立森林防火工程体系研讨. 林业建设, 1997(3): 22 - 25.

85. 邱仁辉, 周新年. 不同强度的择伐作业对保留木与幼树幼苗的影响. 森林工程, 1997, 13(3): 5 - 7.

86. 周新年, 黄冰. 毛竹伐区开发生产工艺研究(Ⅱ). 世界林业研究(中国山区林业发展论坛), 1997, 10(专): 243 - 247.

87. 周新年. 林业索道优化设计理论及其工程应用. 计算机应用研究, 1997, 14(4): 206 - 209, 189.

88. 郭建钢, 周新年, 丁艺, 粟金云, 邱仁辉. 不同集材方式对森林土壤理化性质的影响. 浙江林学院学报, 1997, 14(4): 344 - 349.

89. 邱仁辉, 周新年, 杨玉盛, 何宗明. 闽北常绿阔叶林采集方式选择多目标决策. 福建林学院学报, 1997, 17(4): 340 - 343.

90. 张良弓, 周新年. 阔叶林不同采育方式生态经济效益的试验研究. 森林工程, 1997, 13(4): 1 - 5.

91. Zhou Xinnian, Qiu Renhui, Zhang Liming, Pan Renzhan, Mao Yuncan. Ecological selective cutting and sustainable utilization of evergreen broad-leaf forest. Proceedings of International Seminar on Forest Harvesting and Sustainable Development of Community in Forest Regions. China Forestry Publishing House. 1997: 42 - 46.

92. 王立海, 周新年, 粟金云. 面向 21 世纪森林工程专业本科人才培养要求. 中国林业教育, 1998, 16(1): 20 - 22.

93. 周新年. 架空索道设计理论及其工程应用. 计算机应用研究, 1998, 15(1): 27 - 30.

94. 邱仁辉, 周新年, 杨玉盛. 半悬索道集材对林地土壤理化性质的影响. 浙江林学院学报, 1998, 15(1): 37 - 41.

95. 邱仁辉, 周新年, 杨玉盛. 手扶拖拉机集材对集材道土壤影响的研究, 吉林林学院学报, 1998, 14(1): 24 - 26, 30.

96. 邱仁辉, 周新年, 杨玉盛. 手板车集材对集材道土壤影响的研究. 福建林学院学报, 1998, 18(1): 16 - 18.

97. 周新年, 郑丽凤, 邱仁辉, 游明兴, 潘仁钊. 半悬空集材索道计算机辅助设计系统. 林业建设, 1998(2): 18 - 21.

98. 郭建钢, 周新年, 熊文愈, 粟金云, 陈长雄, 肖火盛, 张庆美. 主伐方式对马尾松林地土壤理化性质影响的研究. 林业科技, 1998, 23(2): 16 - 19.

99. 周新年，阚树福，毛云灿，潘仁钊，张利明，叶穗文，陈小明. 森林资源二类调查辅助设计系统. 四川林勘设计，1998(2)：42－46.

100. 周新年，邱仁辉，杨玉盛，何宗明，林海明. 不同采伐、集材方式对林地土壤理化性质影响的研究. 林业科学，1998，34(3)：18－25.

101. 邱仁辉，周新年，杨玉盛. 土滑道集材对集材道土壤理化性质的影响. 福建林学院学报，1998，18(3)：211－214.

102. 周新年，郑丽凤，谢建文，游明兴，潘仁钊. 半悬空集材索道系统. 森林工程，1998，14(3)：37－38.

103. 周新年. 抛物线法(杜氏)多跨索道设计系统. 林业建设，1998(6)：8－12.

104. 邱仁辉，周新年，杨玉盛，何宗明. 采集作业对林地土壤化学性质影响的研究. 中南林学院学报，1998，18(Z)：18－22.

105. 罗桂生，周新年，吴沂隆. 悬链线理论及其应用研究 Ⅲ. 悬链线精确算法单跨索道设计模型. 福建林学院学报，1999，19(2)：110－113.

106. 周新年，罗桂生，吴沂隆，谢建文，官印生. 悬链线理论及其应用研究 Ⅳ. 悬链线精确算法单跨索道设计系统. 福建林学院学报，1999，19(3)：205－208.

107. 周新年，冯建祥. 森林采运工程音像教学片创作及其教学效果. 森林工程，1999，15(3)：14，21.

108. 周新年. 架空索道优化设计理论与实践. 林业资源管理(北京)，1999(特)：163－169.

109. 郭建钢，周新年，丁艺，程禄阳，肖瑞良. 山地森林采伐研究进展. 见：中国林学会森林生态分会. 森林生态学论坛(Ⅰ). 北京：中国农业科技出版社，1999：59－64.

110. 周新年，詹正宜. 抛物线法(加氏)多跨索道设计系统. 浙江林学院学报，2000，17(1)：50－55.

111. 郭建钢，周新年，刘小锋. 森林生态采运技术与森林可持续经营. 福建林学院学报，2000，20(2)：189－192.

112. 周新年，阚树福，毛云灿，潘仁钊，张利明，林海明，叶穗文，陈小明. 伐区调查设计计算机辅助系统. 北京林业大学学报，2000，22(3)：52－57.（EI 收录）

113. 高瑞加，周新年. 福建沿海地区木片生产的经济决策研究. 福建林业科技，2000，27(3)：16－20.

114. 周新年. 林业私有林研究. 林业建设，2000(5)：6－14.

115. 郭建钢，周新年，王国良，杨长江. 不同采集方式对马尾松林天然更新影响的研究. 福建林学院学报，2000，20(4)：302－305.

116. 周新年，郭建钢. 伐区采育作业系统综合效益评价的研究. 林业科学，2000，36(6)：28－34.

117. 李春茂，周新年，高瑞加，郑丽凤. 生态旅游环境效应研究. 福建林业科技，2000，27(4)：38－41.

118. 邱荣祖，周新年，龚玉启. "3S"技术及其在森林工程上的应用与展望. 林业资源管理(北京)，2001(1)：66－70.

119. 罗才英，周新年，冯建祥，罗桂生，张正雄. 以手扶拖拉机为原型机的集材绞盘机系列研究. 林业机械与木工设备，2001，29(3)：14－16.

120. 邱荣祖，周新年. 基于 GIS 的优选作业伐区决策支持系统. 遥感信息，2001(3)：37－40，插页4.

121. 周新年，游明兴，邱仁辉，杨玉盛，潘仁钊. 我国南方集体林区伐区采集作业模式选优. 林业科学，2001，37(4)：99－106.

122. 周新年. 面向21世纪森林工程专业的现状与发展. 森林工程，2001，17(5)：20－22.

123. 邱仁辉，周新年，杨玉盛. 择伐对林地土壤物理性质影响及作业技术. 福建林学院学报，2001，21(4)：301－303.

124. 周新年. 架空索道设计系统. 中国索道，2001，1(6)：15－25，28.

125. 郑丽凤，周新年. 悬链线理论及其应用研究 Ⅴ. 单跨索道多荷重悬链线算法理论推导. 福建林学院学报，2002，22（1）：13－16.

126. 邱仁辉，周新年，杨玉盛. 森林采伐作业环境保护技术. 林业科学，2002，38（2）：144－151.

127. 张正雄，周新年，吴能森，冯建祥，陈玉凤. 生态旅游景区简易悬索桥设计研究. 东北林业大学学报，2002，30（2）：66－68.

128. 周新年，吴沂隆，曾国容，余松泽，吴强. 森林合理年采伐量——"分期计算，综合平衡"计算. 林业科学，2002，38（3）：78－86.

129. 周新年，沈宝贵，游明兴，吴远彬，林海明. 伐区采集作业综合效益评价的研究. 山地学报，2002，20（3）：331－337.

130. 郑丽凤，周新年，王树宏，张正雄，罗仙仙. 单跨索道多荷重悬链线算法设计系统. 福建林学院学报，2002，22（3）：205－208.

131. 周新年，邱荣祖，张正雄，郑丽凤，钟恭远，罗仙仙. 基于VB的伐区生产工艺平面图设计系统. 北京林业大学学报，2002，24（3）：83－88.

132. 周新年. 林业索道优化设计理论及其应用. 中国索道，2002，2（4）：33－35；2（5）：24－28；2（6）：22－25.

133. 周新年，冯建祥，罗仙仙，谢建文，陈勇，黄庆华. 受限地段过河索道设计研究. 福建林学院学报，2003，23（1）：1－4.

134. 邱仁辉，周新年，杨玉盛. 森林采伐作业的环境影响及其保护对策. 中国生态农业学报，2003，11（1）：130－132.

135. 周新年，张正雄，郑丽凤，王勇，罗仙仙. 林业索道在山区水利吊装工程上的应用. 林业科学，2003，39（2）：140－144.

136. 罗仙仙，周新年，胡永生，郑丽凤，李纲，冯建祥，陈永祥. 双承载缆索在特大桥吊装工程上的设计与应用. 福建林学院学报，2003，23（4）：305－308.

137. 周新年，刘永川，胡永生，许少洪，郑丽凤. 我国开展森林认证面临问题与对策. 林业资源管理（北京），2003（6）：4－8.

138. 张正雄，周新年，刘爱琴，林海明，高山. 农用车集材对马杉混交林迹地土壤影响的研究. 福建林学院学报，2004，24（1）：5－7.

139. 张正雄，周新年，高山，林必辉，李勤良. 皆伐对短轮伐期尾叶桉林地土壤性质的影响. 福建林学院学报，2004，24（2）：111－113.

140. 张正雄，周新年，赵尘，许少洪，高山. 人工林伐区土滑道集材对土壤理化性质的影响. 南京林业大学学报，2004，28（2）：47－50.

141. 张正雄，周新年，高山，陈珍华，李勤良. 皆伐作业对林地土壤因子的影响. 安全与环境学报，2004，4（4）：35－37.

142. 周新年，罗仙仙，罗桂生，郑丽凤，官印生. 牛顿迭代法悬索线形与拉力的研究. 林业科学，2004，40（5）：164－167.

143. 周新年，林炎. 我国旅游交通现状与发展对策. 综合运输，2004（11）：49～52.

144. 张正雄，周新年，郑世群，丘进渊，李勤良，陈玉凤. 杉阔混交人工林皆伐前后植物种类组成变化. 福建林学院学报，2005，25（1）：1－4.

145. 周新年，郑丽凤，邓盛梅，官印生，罗仙仙. 我国工程索道的发展与展望. 福建林学院学报，2005，25（1）：85－90.

146. 张正雄，周新年，赵尘，高山，许少洪，陈珍华. 手板车集材对人工林林地土壤理化性质的影响. 东北林业大学学报，2005，33（1）：14－15.

147. 蔡志伟，周新年，苏益. 漳州集体林权制度改革的研讨. 林业建设，2006（3）：12－15.

148. 郑丽凤，周新年，江希钿，官印生，杨荣耀，巫志龙. 松阔混交林林分空间结构分析. 热带亚热带植物学报, 2006, 14(4): 275 – 280.

149. 周新年, 张正雄, 陈玉凤, 李纲, 邓盛梅. 人工林伐区木材运输作业模式选优. 林业科学, 2006, 42(8): 69 – 73.

150. 张正雄, 周新年, 陈玉凤, 丘进渊, 赵尘. 不同采集作业方式对森林景观生态的影响. 中国生态农业学报, 2006, 14(4): 47 – 50.

151. 张正雄, 周新年, 陈玉凤. 人工林伐区不同集材方式对林地土壤的影响. 山地学报, 2007, 25(2): 212 – 217.

152. 周新年, 张正雄, 巫志龙, 邓盛梅, 郑丽凤. 森林生态采运研究进展. 福建林学院学报, 2007, 27(2): 180 – 185.

153. 周新年, 官印生, 张正雄, 巫志龙, 郑丽凤, 李纲, 苏鑫加, 冯建祥. 武当山特殊吊装索道设计研究. 林业科学, 2007, 43(3): 108 – 112.

154. 张正雄, 周新年, 郑世群, 陈玉凤. 皆伐前后尾叶桉人工林林地植被组成的变化. 森林工程, 2007, 23(3): 1 – 3.

155. 官印生, 周新年, 郑丽凤, 巫志龙, 李纲. 抛物线理论多跨索道设计模型. 起重运输机械, 2007(7): 12 – 17.

156. 张正雄, 周新年, 陈玉凤, 郑丽凤. 人工林伐区人力担筒集材对土壤理化性质的影响. 福建农林大学学报, 2007, 36(4): 377 – 380.

157. 周新年, 巫志龙, 郑丽凤, 邓盛梅, 林海明, 许少洪. 森林择伐研究进展. 山地学报, 2007, 25(5): 629 – 636.

158. 巫志龙, 周新年, 郑丽凤, 高山, 罗积长, 陈诚焕. 人工针阔混交林择伐后凋落物及土壤养分含量分析. 福建林学院学报, 2007, 27(4): 318 – 321.

159. 周新年. 加强高等林业教育 推进林业现代化. 中国林业教育, 2008, 26(1): 10 – 14.

160. 郑丽凤, 周新年, 巫志龙, 罗积长, 蔡瑞添, 林海明. 天然林不同强度采伐 10 年后林地土壤理化性质分析. 林业科学研究, 2008, 21(1): 106 – 109.

161. 郑丽凤, 周新年, 巫志龙, 罗积长, 蔡瑞添, 方万春, 王秀明. 人工林择伐对林地土壤理化性质的影响. 福建农林大学学报, 2008, 37(1): 66 – 69.

162. 张正雄, 周新年, 陈玉凤, 陈珍华. 汽车运材对人工林伐区林地土壤的影响. 南京林业大学学报, 2008, 32(1): 99 – l02.

163. 胡喜生, 周新年, 陈全辉, 李纲, 范雪飞. 大学校园道路景观评价方法研究. 江西农业大学学报(社会科学版), 2008, 7(1): 111 – 114, 118.

164. 巫志龙, 周新年, 郑丽凤, 高山, 罗积长, 蔡瑞添, 方万春, 王秀明. 天然林择伐 10 年后林地土壤理化性质研究. 山地学报, 2008, 26(2): 180 – 184.

165. 张正雄, 周新年, 陈玉凤, 高山, 林海明. 皆伐对不同坡度和结构的林分土壤理化性状的影响. 中国生态农业学报, 2008, 16(3): 693 – 700.

166. 周新年, 邱荣祖, 张正雄, 林雅惠, 巫志龙, 郑丽凤. 环境友好型的木材物流系统研究进展. 林业科学, 2008, 44(4): 132 – 138.

167. 张正雄, 周新年, 赵尘, 陈玉凤. 南方林区人工林生态采运作业模式选优. 林业科学, 2008, 44(5): 128 – 134.

168. 郑丽凤, 周新年, 罗积长, 吴美玲, 陈贞兰. 择伐强度对天然针阔混交林更新格局的影响. 福建林学院学报, 2008, 28(4): 310 – 313.

169. 胡喜生, 周新年, 兰樟仁, 巫志龙, 陈洪乐, 刘波, 谢惠兰. 人工林桉树胸径分布模型的研究. 福建林学院学报, 2008, 28(4): 314 – 318.

170. 周新年, 巫志龙, 郑丽凤, 蔡瑞添, 罗积长, 林海明. 天然林择伐 10 年后凋落物现存量及其养分含量. 林业科学, 2008, 44(10): 25 – 28.

171. 郑丽凤, 周新年. 择伐强度对天然林树种组成及物种多样性影响动态. 山地学报, 2008, 26(6): 699 – 706.

172. 周新年, 巫志龙, 罗积长, 张正雄, 郑丽凤, 胡喜生. 人工林生态采运研究进展. 山地学报, 2009, 27(2): 149 – 156.

173. 郑丽凤, 周新年, 巫志龙. 土壤理化性质在不同强度采伐干扰下的响应及其评价. 福建林学院学报, 2009, 29(3): 199 – 202.

174. 巫志龙, 周新年, 邓盛梅, 蔡瑞添, 罗积长, 江建明. 基于集对分析的天然次生林伐后 10 年的效益研究. 安全与环境学报, 2009, 9(4): 97 – 101.

175. 郑丽凤, 周新年. 择伐强度对中亚热带天然针阔混交林林分空间结构的影响. 武汉植物学研究, 2009, 27(5): 515 – 521.

176. 张正雄, 周新年, 邓盛梅, 陈玉凤. 人工林伐区索道集材对土壤理化性状的影响. 南京林业大学学报, 2009, 33(5): 151 – l54.

177. 胡喜生, 周新年, 邱荣祖. 采伐对森林景观影响的研究进展. 北华大学学报, 2009, 10(5): 442 – 447.

178. 郑丽凤, 周新年, 胡喜生, 巫志龙, 蔡瑞添. 择伐作业体系下天然林直径分布. 东北林业大学学报, 2009, 37(9): 22 – 24.

179. 巫志龙, 周新年, 张正雄, 郑丽凤, 李纲, 李东辉. 工程索道实验室凸显创新建设. 福建农林大学学报(哲学社会科学版), 2009, 12(Z): 103 – 107.

180. Wu Zhilong, Zhou Xinnian, Zheng Lifeng, Hu Xisheng. The species diversity and stability of natural secondary community with different intensity cutting ten years later. Proceedings of the International Conference on Logging and Industrial Ecology. Northeast Forestry University Press. 2009, 10: 80 – 85. (CPCI-S 收录)

181. Hu Xisheng, Zhou Xinnian, Qiu Rongzu. Research advance in effects of harvesting on forest landscape. Proceedings of the International Conference on Logging and Industrial Ecology. Northeast Forestry University Press. 2009, 10: 92 – 99. (CPCI-S 收录)

182. Zhou Xinnian, Wu Zhilong, Zheng Lifeng. Comprehensive benefits evaluation of natural secondary forest with cutting10 years later based on multi-object decision model. Proceedings of the International Conference on Logging and Industrial Ecology. Northeast Forestry University Press. 2009, 10: 118 – 122. (CPCI-S 收录)

183. Zheng Lifeng, Zhou Xinnian, Wu Zhilong. A quantitative study on environmental costs of forest cutting operation. Proceedings of the International Conference on Logging and Industrial Ecology. Northeast Forestry University Press. 2009, 10: 123 – 128. (CPCI-S 收录)

184. Zheng Lifeng, Zhou Xinnian. Diameter distribution of trees in natural stands managed on polycyclic cutting system. Forestry Studiers in China. 2010, 12(1): 21 – 25.

185. 周新年, 沈嵘枫, 郑丽凤, 张正雄, 巫志龙. "工程索道"网络课程教学平台组织设计. 森林工程, 2010, 26(1): 93 – 96.

186. 郑丽凤, 周新年. 山地森林采伐作业的环境成本定量研究. 山地学报, 2010, 28(1): 31 – 36.

187. 郑丽凤, 周新年, 巫志龙. 悬索的理论计算与实测误差分析. 北华大学学报, 2010, 11(2): 162 – 168.

188. 沈嵘枫, 周新年, 景林, 徐锦强, 胡喜生, 张春晖. 工程索道课程建设静态树形菜单设计. 福建电脑, 2010(2): 113 – 114.

189. 周新年, 巫志龙, 林燕紫, 朱丁强, 黄瑞章. 我国吊装索道研究进展. 起重运输机械, 2010(3): 1 – 5.

190. 巫志龙, 周新年, 张正雄, 郑丽凤, 李纲, 李东辉. 工程索道特色实验室建设. 实验室研究与探索，2010，29（4）：148－150，154.

191. 周新年，巫志龙，官印生，张正雄，郑丽凤，陈裕云，冯建祥. 移动式承载索应用于特大桥吊装工程的设计. 林业科学，2010，46（6）：107－112.

192. 周新年，蔡瑞添，巫志龙，郑丽凤，陈金太，林海明，周成军. 天然次生林考虑伐后环境损失的多目标决策评价. 山地学报，2010，28（5）：540－544.

193. 罗才英，周新年，冯建详. 柔性吊桥缆索吊装施工技术. 福建林学院学报，2010，30（4）：175－179.

194. 张正雄，赵尘，周新年，邓盛梅，蔡瑞添. 皆伐与不同迹地清理方式对我国南方林地土壤温度的影响. 森林工程，2010，26（6）：1－3.

195. 沈嵘枫，周新年，周成军，张春晖，黄瑞章. 工程索道课程网络教学模式研究. 森林工程，2010，26（6）：92－94.

196. 周新年，巫志龙，周成军. 我国工程索道技术装备及其发展趋势. 林业机械与木工设备，2010，38（12）：4－12，23.

197. Wu Zhilong, Zhou Xinnian, Zheng Lifeng, Hu Xi-sheng, Zhou Cheng-jun. Species diversity and stability of natural secondary communities with different cutting intensities after ten years. Forestry Research. 2011，22（2）：205－208.

198. 周新年，张正雄，郑丽凤，沈嵘枫，冯辉荣，巫志龙，周成军. "工程索道"国家精品课程建设. 福建农林大学学报（哲学社会科学版），2011，14（3）：86－90.

199. 周新年，陈辉荣，巫志龙，胡喜生，周成军，郑端生. 山地人工林择伐技术研究进展. 山地学报，2012，30（1）：121－126.

200. 周新年，巫志龙，周成军，冯建祥. YP$_{1.0}$-A 遥控跑车及其遥控系统设计. 林业科学，2012，48（2）：144－149.

201. 王小桃，周新年，冯辉荣，巫志龙，周成军. 基于 VB6.0 的悬链线理论单跨索道侧型图设计. 福建农林大学学报，2012，41（2）：149－152.

202. 廖晓丽，周新年，刘健，余坤勇，郑德祥，赖日文. 沿海防护林主要造林树种木麻黄适生立地条件的研究. 福建林学院学报，2012，32（2）：107－112.

203. 周新年，郑端生，沈嵘枫，周成军，巫志龙，黄世周，林拥军，黄伟彬. 遥控跑车的遥控液压技术研究进展. 福建林业科技，2012，39（2）：190－194.

204. 王坤，周新年，巫志龙，黄世周. "工程索道"课程教学资源网络共享平台的设计与开发. 中国林业教育，2012，30（3）：76－78.

205. 王小桃，周成军，周新年，黄瑞章，陈辉荣，郑端生. 基于 VB6.0 的抛物线理论多跨索道设计系统. 起重运输机械，2012（6）：73－76.

206. 陈辉荣，周新年，蔡瑞添，胡喜生，巫志龙，周成军. 天然林不同强度择伐后林分空间结构变化动态. 植物科学学报，2012，30（3）：230－237.

207. 周新年，巫志龙，周成军，王小桃，黄瑞章，陈辉荣，郑端生. 基于 VB6.0 的抛物线理论多跨索道侧型图设计. 福建林学院学报，2012，32（3）：208－212.

208. 周新年，张正雄，郑丽凤，沈嵘枫，巫志龙，周成军，杨志勇. 林业架空索道设计规范修订研究. 林业机械与木工设备，2012，40（8）：40－43.

209. 冯辉荣，周新年，李闽晖，杨开兴，王勃，巫志龙，王小桃. 轻型索道集材与开路集材三大效益对比分析. 林业科学，2012，48（8）：129－134.

210. 潘瑞春，黄瑞章，周新年，周成军. 道路工程软土地基处理方案选择研究进展. 公路交通科技（应用技术版），2012，8（10）：23－26.

211. 周成军，沈嵘枫，周新年，吴传宇. 电动汽车车身结构轻量化研究进展. 林业机械与木工设备，

2012, 40(11): 14 - 18.

212. 周成军, 巫志龙, 周新年, 林海明, 陈辉荣, 林志敏. 山地杉木人工林不同强度择伐后生长动态仿真. 山地学报, 2012, 30(6): 669 - 674.

213. 周新年, 胡喜生, 陈辉荣, 郑丽凤, 林海明, 巫志龙, 周成军, 郑端生. 天然次生林不同择伐强度后林分生长动态仿真. 林业科学, 2013, 49(1): 134 - 141.

214. 郑端生, 沈嵘枫, 周新年, 周成军, 吴传宇, 肖明, 侯远票. $YP_{2.0} - A$ 型遥控跑车减速机构仿真及优化. 福建林业科技, 2013, 40(1): 81 - 84, 102.

215. 巫志龙, 陈金太, 周新年, 胡喜生, 周成军, 陈辉荣. 择伐强度对天然次生林乔木层6种优势种群生态位的影响. 热带亚热带植物学报, 2013, 21(2): 161 - 167.

216. 黄瑞章, 潘瑞春, 周新年. 抛石挤淤结合强夯置换法在道路软基处理中的应用. 路基工程, 2013(2): 73 - 77, 82.

217. 周成军, 巫志龙, 周新年, 郑丽凤. 学术论文选题类型、原则与途径. 成都师范学院学报, 2013, 29(4): 43 - 48.

218. 周成军, 巫志龙, 周新年, 景林, 黄世周. 抢险救灾应急遥控索道遥控系统研发. 福建林学院学报, 2013, 33(3): 200 - 206.

219. 巫志龙, 周成军, 周新年, 张正雄, 沈嵘枫, 李纲. 森林作业与规划动态仿真实验室建设. 实验技术与管理, 2013, 30(8): 117 - 220.

220. 巫志龙, 周成军, 周新年, 郑群瑞, 陈辉荣, 李智丰. 杉阔混交人工林林分空间结构分析. 林业科学研究, 2013, 26(5): 609 - 615.

221. 冯辉荣, 周成军, 周新年. 埃特金加速迭代法及其在单跨悬索状态方程中的应用. 福建农林大学学报, 2013, 42(3): 333 - 336.

222. 周新年, 陈辉荣, 游航, 胡喜生, 郑丽凤, 巫志龙. 基于时间序列的天然林林分直径分布预测模型. 福建林学院学报, 2013, 33(3): 200 - 206.

223. 沈嵘枫, 周成军, 周新年. 集材索道遥控跑车及其液压系统设计. 林业科学, 2013, 49(10): 135 - 139.

224. 周成军, 周新年, 吴能森, 沈嵘枫, 王日强. 基于VB的缆索吊装设计系统. 林业机械与木工设备, 2013, 41(11): 22 - 28.

225. 郑丽凤, 周新年, 李丹, 巫志龙, 周成军, 周媛. 森林采伐对闽北天然次生林碳储量的影响动态. 安全与环境学报, 2013, 13(6): 162 - 167.

226. 周新年, 邱荣祖, 张正雄, 郭建钢, 郑丽凤, 吴能森, 沈嵘枫, 巫志龙, 周成军. 森林工程创新人才培养综合改革与实践. 森林工程, 2013, 29(6): 171 - 175.

227. 冯辉荣, 周成军, 周新年, 巫志龙. 单跨架空索道货物脱钩跳跃弦振动响应分析. 力学与实践, 2014, 17(2): 190 - 194, 189.

228. 沈嵘枫, 周成军, 周新年, 郑端生, 粘雅玲, 戴之铭. YP2.0-A遥控跑车虚拟样机设计与仿真. 福建林业科技, 2014, 41(2): 67 - 69, 89.

229. 赖阿红, 游航, 周新年, 巫志龙, 周成军, 郑长仙, 卢秀琳. 基于VBA的杉阔混交人工林林分择伐空间结构分析. 森林工程, 2014, 30(4): 66 - 70, 76.

230. 周新年, 巫志龙, 周成军, 郑丽凤, 张正雄, 沈嵘枫, 冯辉荣, 郑世飞, 程良, 刘富万. 工程索道创新训练平台的规划建设. 森林工程, 2014, 30(4): 192 - 196.

231. 周新年, 巫志龙, 周成军, 张正雄, 郑丽凤, 沈嵘枫, 冯辉荣, 黄瑞章, 刘富万. "工程索道"国家级精品资源共享课建设. 长沙大学学报, 2014, 28(5): 120 - 124.

232. Feng Huirong, C. W. Lim, Chen Liqun, Zhou Xinnian*, Zhou Chengjun, Lin Yi. Sustainable Deforestation Evaluation Model and System Dynamics Analysis. The Scientific World Journal, Volume 2014, Article ID

106209，14 pages，http：//dx. doi. org/10. 1155/2014/106209.（EI 和 SCI 收录）

233. Wu Zhilong, Zhou Chengjun, Zhou Xinnian*, Zheng Lifeng, Lai Ahong, Lu Xiulin. Study on the Ecological Response of *Cunninghamia lanceolata* Plantation to Selective Cutting Intensity in Mountain South China. International Conference on Environment and Sustainablity（ICES2014），103 - 109.（EI 和 ISTP 收录）

234. 周媛，郑丽凤，周新年，巫志龙，周成军，李丹. 基于行业标准的木材生产作业系统碳排放. 北华大学学报，2014，15(6)：815 - 820.

235. 巫志龙，周成军，周新年，郑丽凤，赖阿红，卢秀琳，刘富万，苏春敏. 杉木人工林择伐5年后生态效果综合分析. 林业资源管理(北京)，2014(6)：128 - 134.

236. 郑丽凤，周媛，周新年，李丹，巫志龙，周成军. 山地森林采伐后生态服务功能恢复动态. 林业经济问题，2015，35(1)：1 - 6，12.

237. 巫志龙，周成军，周新年，刘富万，赖阿红，苏春敏. 杉阔混交林不同强度择伐对土壤温度的影响. 森林与环境学报，2015，35(1)：8 - 12.

238. 周新年，赖阿红，周成军，巫志龙，刘富万，苏春敏. 山地森林生态采运研究进展. 森林与环境学报，2015，35(2)：185 - 192.

239. 卢秀琳，周成军，周新年，巫志龙，刘富万，李玉瑞. 集材绞盘机噪声及其对环境的影响. 森林与环境学报，2015，35(3)：225 - 229.

240. 赖阿红，巫志龙，周新年，周成军，刘富万，苏春敏. 杉阔混交林择伐空间结构二元分布特征. 森林与环境学报，2015，35(4)：337 - 342.

241. 沈嵘枫，张小珍，周新年，巫志龙. 森林工程采运装备虚拟实验示范中心建设. 实验科学与技术，2015，13(5)：163 - 165，168.

242. Zhou Xinnian, Zhou Yuan, Zhou Chengjun, Wu Zhilong, Zheng Lifeng, Hu Xisheng, Chen Hanxian, Gan Jianbang. Effects of cutting intensity on soil physical and chemical properties in a Mixed Natural Forest in Southeastern China. Forests, 2015(6)：4495 - 4509.（SCI 收录）

243. Zhou Yuan, Zheng Lifeng, Zhou Xinnian, Hu Xisheng, Wu Zhilong, Zhou Chengjun, Li Dan. Greenhouse Gas（GHG）emissions and the optimum operation model of timber production systems in Southern China. Fresenius Environmental Bulletin, 2015, 24(11a)：3743 - 3753.（SCI 收录）

244. Feng Huirong, Chen Liqun, Zhou Xinnian?, Wang Zhiqiao, Zhou Chengjun. Generalized variational principle of an elastic body with voids and their applications, Journal of Vibration Engineering & Technologies, 2015, 3(5)：653 - 666.（SCI 收录）

245. Feng Huirong, Chen Liqun, Yuan Tianchen, Zhou Chenjun, Zhou Xinnian?, Lan Lishan. Modeling and analysis of coupled vibration of a carriage and skyline, Journal of Vibration Engineering & Technologies, 2015, 3(6)：779 - 792.（SCI 收录）

246. 周成军，巫志龙，周新年，冯辉荣，郑世飞，刘富万. 多跨索道的可移动中间支架设计. 森林与环境学报，2016，36(1)：104 - 110.

247. 张小珍，沈嵘枫，周成军，周新年. 前悬架刚柔耦合建模及仿真分析. 陕西科技大学学报，2016，34(1)：143 - 147.

248. 赖阿红，巫志龙，周新年，周成军，王孔晓. 择伐强度对杉阔混交人工林空间结构的影响. 北华大学学报，2016，17(1)：109 - 115.

249. 沈嵘枫，张小珍，粘雅玲，周新年. 基于尺寸、形状联合优化的握索支架设计. 机械设计，2016，33(5)：40 - 43.

250. 张小珍，沈嵘枫，周成军，周新年，林曙，吴传宇. 夹爪结构的设计与分析. 福建农林大学学报，2016，45(3)：356 - 360.

251. 周成军，巫志龙，周新年，张正雄，郑丽凤，沈嵘枫，冯辉荣，林如玉. 林业架空索道架设、运行和拆转技术规范修订. 林业机械与木工设备, 2016, 44(8): 36-40.

252. 张小珍, 沈嵘枫, 周成军, 周新年, 林曙, 吴传宇. 基于 MotionView 的前悬架试验与优化分析. 福建农林大学学报, 2016, 45(5): 607-610.

253. 吴传宇, 周成军, 周新年, 张正雄, 张火明, 林敏. 集材绞盘机新型摩擦卷筒试验与仿真分析. 福建农林大学学报, 2016, 45(5): 611-616.

254. 巫志龙, 周成军, 周新年, 张正雄, 郑丽凤, 沈嵘枫. "工程索道" 创新人才培养实践教学体系构建. 实验科学与技术, 2016, 14(5): 178-182, 189.

255. 张小珍, 沈嵘枫, 林曙, 周新年, 许浩. 南方丘陵地区 CFJ20H 8W 采伐机底盘初步结构确立. 鸡西大学学报, 2016, 16(12): 63-67.

256. Wu Chuanyu, Zhou Chengjun, Zhou Xinnian, Zhang Zhengxiong, Shen Rongfeng, Zhang Huoming. Optimization design of friction drum of farm winch. Chemical Eegineering Transactions, 2016 (55): 199-204. 199DOI: 10.3303/CET1655034. (EI 收录)

257. Wu Chuanyu, Zhou Chengjun, Zhou Xinnian, Zhang Zhengxiong, Shen Rongfeng, Zhang Huoming. Test and analysis of a skidding winch drum with combined shaped groove. International Journal of Simulation Systems, Science & Technology, 2016(17): 11.1-11.5. DOI: 10.5013/IJSSST. a. 17.48.11. (EI 收录)

258. 张小珍, 周成军, 沈嵘枫, 周新年, 江倩, 林曙. 混合动力林木联合采伐机底盘动力系统设计. 森林与环境学报, 2017, 37(1): 107-113.

259. 冯辉荣, 周成军, 周新年, C. W. Lim, 陈立群. 重刚比对悬索静态位形影响的建模与分析. 森林与环境学报, 2017, 37(3): 302-308.

260. 周成军, 卢秀琳, 周新年, 巫志龙, 苏春敏, 刘富万, 李玉瑞山岳型景区客运索道支架对景区植物的干扰. 北华大学学报(自然科学版), 2017, 18(5): 676-682.

261. 巫志龙, 周成军, 周新年, 郑丽凤, 林海明, 蔡瑞添, 刘富万, 赖阿红. 山地杉木人工林择伐环境效益价值动态变化. 北华大学学报, 2017, 18(6): 796-801.

262. 周成军, 卢秀琳, 黄晓丽, 周新年, 巫志龙, 刘富万, 吕世文. 基于沉积学的客运索道支架处土壤重金属评价. 森林工程, 2017, 33(6): 31-35.

263. 周媛, 郑丽凤, 周新年, 巫志龙, 周成军, 罗伟, 林玥霏. 基于采伐剩余物的生物质固体燃料生态效益分析. 森林工程, 2018, 34(1): 24-29, 40.

264. Wu Zhilong, Zhou Chengjun, Zhou Xinnian*, Hu Xisheng, Gan Jianbang. Variability after 15 years of vegetation recovery in natural secondary forest with timber harvesting at different intensities in southeastern China: community diversity and stability. Forests, 2018, 9(1), 40; doi: 10.3390/f9010040. (SCI 收录)

265. 吴传宇, 周成军, 周新年, 张正雄, 张火明, 林敏. 基于功能模块化的轻型绞盘机研发. 森林与环境学报, 2018, 38(2): 247-251.

266. 周成军, 巫志龙, 周新年, 张正雄, 郑丽凤, 沈嵘枫, 冯辉荣. 基于创新能力培养的工程索道类课程改革. 福建医科大学学报(社会科学版), 2018, 19(2): 37-40.

267. 樊仲谋, 周成军, 周新年, 吴能森, 张世杰, 蓝天华. 无人机航测技术在森林资源调查中的应用. 森林与环境学报, 2018, 38(3): 297-301.

268. 周新年. 林业生产规划. 北京: 北京科学技术出版社, 1994.

269. 周新年. 架空索道理论与实践. 北京: 中国林业出版社, 1996.

270. 史济彦, 周新年, 涂庆丰, 等. 中国森工采运技术及其发展. 哈尔滨: 东北林业大学出版社, 1998.

271. 王立海, 王永安, 周新年, 等. 木材生产技术与管理. 北京: 中国财政经济出版社, 2001.

272. 郭建钢, 周新年, 杨玉盛, 等. 山地森林作业系统优化技术. 北京: 中国林业出版社, 2002.

273. 周新年. 工程索道与柔性吊桥—理论 设计 案例. 北京: 人民交通出版社, 2008.

274. 周新年. 科学研究方法与学术论文写作－理论. 技巧. 案例. 北京：科学出版社，2012.
275. 周新年. 工程索道与悬索桥. 北京：人民交通出版社，2013.